KB088987

개미와 공작

사이언스 클래식 31

개미와 공작

협동과 성의 진화를 둘러싼
다윈주의 최대의 논쟁

헬레나 크로닌

홍승효 옮김

The Ant
and
the Peacock

사이언스
SCIENCE 북스
BOOKS

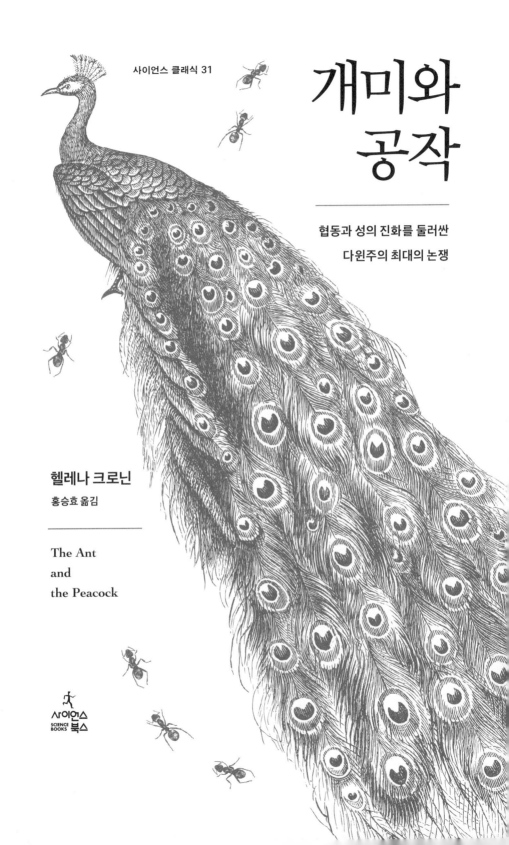

추천사

헬레나 크로닌, 당신은 도대체 누구십니까?

❖

어느덧 수십 권의 책을 낸 작가가 됐지만 나는 아직 이런 멋진 제목을 떠올려보지 못했다. 『개미와 공작』. 나에게는 자크 뤼시앵 모노 (Jacques Lucien Monod)의 『우연과 필연(*Chance and Necessity*)』(1970년) 이래 가장 강렬하게 다가오는 제목이다. 『우연과 필연』은 사실 노벨상을 수상한 위대한 생물학자가 썼으니 망정이지 지나치게 대담하고 외람되기까지 한 제목이다. 세상만사 중에 우연 혹은 필연으로 설명하지 못할 게 없을지니 세상을 그냥 통째로 설명하겠다는 이 제목은 대담하기 짝이 없지만, 나를 학문의 세계로 이끌어 준 책인 까닭에 누가 뭐라 해도 나에게는 최고의 제목이다.

『개미와 공작』은 주제의 담대함과 더불어 은유의 아름다움까지 갖추었다는 점에서 『우연과 필연』을 뛰어넘는다. 자연 선택(natural selection)이라는 새로운 메커니즘으로 진화 현상을 가지런히 설명하기 시작한 다윈에게도 두 가지 큰 고민이 있었다. 우선 그는 철저히 개체 중심적 선택(organism-centered selection)의 틀에, 개미를 비롯한 이른바 사회성 곤충의 자기희생을 어떻게 끼워 맞출 수 있을지 심각하게 고민했다. 오죽하면 다윈이 만일 훗날에 그의 이론이 무너진다면 아마도 이타주의의 진화를 설명하지 못한 것이 원인이리라고 토로했겠는가? 그의 또 다른 고민은 심지어 인간에서도 대놓고 드러나는 암수의 성차였다. 이 고민은 『종의 기원』보다 12년 후에 출간한 『인간의 유래』에서 성 선택(sexual selection)이라는 별개의 메커니즘을 소개하며 해결의 실마리를 잡기 시작했다. '개미'와 '공작'은 바로 다윈의 이 두 고민을 상징한다.

다윈 탄생 200주년과 『종의 기원』 출간 150주년을 맞았던 2009년의 어느 늦은 밤, 런던 세인트판크라스(St. Pancras) 기차역에서 헬레나 크로닌을 처음 만났다. 그해 내내 나는 『다윈의 사도들(*Darwin's Apostles*)』(곧 출간될 예정이다.)이라는 책을 집필하기 위해, 우리 시대 최고의 다윈주의 학자들을 인터뷰하러 세계를 누비고 있었다. 크로닌과 일정을 잡는 일이 특별히 어려웠다. 때마침 그의 남편이 병원에서 수술 일정을 기다리고 있어서, 어렵게 잡은 인터뷰 일정은 번번이 무산되고 말았다. 거의 포기하고 과학 저술가 매트 리들리(Matt Ridley)와 마이클 셔머(Michael Shermer)를 만나러 뉴캐슬(Newcastle)에 도착했을 때, 크로닌으로부터 한 통의 이메일이 날아왔다. 시간 조율은 여전히 어려웠고 결국 그가 기차역으로 나를 마중 나오면서 우리의 인터뷰가 성사됐다.

인터뷰를 시작하자마자 다짜고짜 제목 이야기부터 꺼냈다. 제목이 정말 멋지다고 했더니 뜻밖에도 본인도 그렇게 생각한다는 답이 돌아왔다. 흠칫 당황하는 내 모습에 환한 미소를 띠며 본인이 지은 제목이 아니라고 말을 이었다. 수술실로 들어가는 오빠에게 아직 책 제목을 정하지 못했다고 이야기했는데 이튿날 마취에서 깨어나자마자 오빠가 제안한 제목이 바로 『개미와 공작』이었단다. 우리 분야의 전문가도 아닌 사람이 몽롱한 상태에서 고안해 낸 제목에 내가 이렇게까지 열광하다니…….

크로닌에게 던진 내 다음 질문은 무례하기 짝이 없었다. "이 책을 받아 들기 전까지 우리 중에 당신에 대해 아는 사람이 아무도 없었습니다. 당신은 도대체 어디서 나타난 사람입니까?" 그는 이 질문 또한 선선히 받아들였다. 이런 종류의 전문 서적에는 맨 뒤에 참고 문헌 목록이 길게 붙어 있기 마련이고, 그 참고 문헌에서 가장 긴 목록은 대개 저자 자신의 문헌들인 경우가 많다. 놀랍게도 이 책은 그가 최초로 출간한 문헌이었다. 그는 그때까지 책은 고사하고 논문, 수필, 심지어는 서평조차 써 본 적이 없는 사람이었다. 이 책은 그가 런던 정치 경제 대학(London School of Economics and Political Science, LSE) 철학과에 제출한 박사 학위 논문이었다. 더욱 놀랍게도 그의 학위 논문이 통과되기 전까지 그는 진화 생물학자는 고사하고 그 어떤 생물학자도 만나 본 적이 없었다. 그가 만난 최초의 진화 생물학자는 바로 그의 논문에 외부 심사자로 참여한 영국 서섹스 대학교(University of Sussex)의 메이너드 스미스 교수였다. 그의 추천으로 크로닌은 자신의 논문을 책으로 출간하게 됐고 메이너드 스미스는 이 책에 추천사를 썼다.

자연 선택의 메커니즘을 따로, 그리고 거의 동시에 생각해 낸 다윈과 월리스의 관계는 우리가 알던 것보다 훨씬 깊고 미묘하다. 다윈이 아직 생존해 있을 때 이미 '다윈주의(Darwinism)'라는 용어도 만들고 스스로를 "다윈보다 더 다윈주의자(more Darwinian than Darwin himself)"라고 부른 월리스지만, 성 선택에 관해서는 다윈과 매우 다른 견해를 갖고 있었다.

월리스는 자신의 자서전에 적지 않은 분량을 「다윈과 나의 견해 차이」라는 소제목으로 묶어 두기도 했다. 한편으로 나는 월리스에 관한 『끝없는 열대(*Infinite Tropics*)』라는 책의 초벌 번역을 끝낸 상태인데 나중에 이 책과 함께 읽으면 도움이 될 것이라고 생각한다. 이런 이야기를 다 풀어 놓고도 여전히 남는 질문 하나, 학자로서 처음 써 낸 책의 무게와 깊이가 어찌 이처럼 대단할 수 있을까? 『개미와 공작』은 지금껏 내가 읽어 본 과학책 중 최고 수준의 책이다. 헬레나 크로닌, 당신은 도대체 누구십니까?

최재천
(이화 여자 대학교 에코 과학부 석좌 교수)

다윈이 이 책을 읽는다면

✤

성 선택 이론의 역사에는 확실히 이상한 구석이 있다. 다윈의 진화 이론에서 성 선택은 중요한 부분을 차지한다. 그는 비적응적으로 보이는 여러 가지 정교한 성적 장식들을 설명해야만 했다. 반면 그와 동시에 자연 선택을 발견했던 월리스는 이 개념에 조금도 흥미가 없었다. 진화를 논의할 때 성 선택은 100년 가까이나 거의 거론되지 않았다. 처음에 주된 어려움은 '선택'이라는 개념에 관한 것이었다. 이 개념은 행동을 기계론적으로 해석하려는 행동주의자들의 시도에 걸맞지 않았다. 1930년에 피셔가 선택의 진화에 대한 설명을 제시했지만 당시 그의 아이디어는 거의 영향을 끼치지 못했다. 1940년대와 1950년대에 '근대적 종합(modern synthesis)'이 이루어지는 동안 암컷의 선택이라는 개념이 받아들여졌으나 오로지 암컷이 같은 종과 짝짓기를 하게끔 보장하는 과정으로서 수용됐다. 아마도 이것은 당연한 일이었을 것이다. 당시의 주된 진화적 문제는 종의 기원과 본성에 관한 것이었기 때문에, 불행히도 다윈의 성 선택 이론은 무시되었다.

내가 1956년에 적어도 스스로에게는 만족스러운, 암컷 초파리가 수컷을 선택하는 방식에 대한 논문을 발표했을 때 단 한번도 그 논문을 구할 수 있는지 문의받은 기억이 없다. 당시 옥스퍼드 대학교에서 틴베르헌의 지도를 받으며 동물 행동학을 공부하던 동년배들은, 구애 춤을 추는 동안 암컷의 주의를 끌지 못해서 짝짓기에 실패하는 수컷도 있다는 나의 설명을 수긍하지 않았다. 동물 행동학자들은 동물의 행동에 동기 부여라는 개념을 도입했지만, 동물이 짝짓기를 할 능력이 없어서 하지 못한다는 사실을 이해할 수 없었다. 그 당시에는 마음은 의욕이 넘치지만 몸이 안 따라 준다는 생각을 받아들일 수 없었다.

성 선택에 대한 무시는 1970~1980년대에 열광으로 바뀌었다. 나는 이런 태도 변화를 여성 운동의 영향으로 돌리고 싶다. 물론 열렬한 여성주의자들이 새로운 이론적, 실험적 연구들을 수행했을 리는 없다. 그러나 나는 암컷 선택에 대한 태도가 여성 운동의 영향을 무의식적으로라도 받았을 것이라고 생각한다. 1960년 이후로 진화 생물학의 주된 특징은 첫눈에는 진화 이론에 이례적인 것처럼 보이는 특징들, 예를 들면 성과 노화, 관습적 행동, 성적 장식과 무엇보다도 가장 중요하게는 협동에 대해서 다윈주의적으로 설명하려는 꾸준한 시도였다. 1960년 이래로 어째서 이 문제들이 우리에게 그토록 중요하게 여겨졌는지는 잘 모르겠다. 피셔와 홀데인 둘 다 협동에 관심이 있었다는 사실에도 불구하고, 전에 이 주제들은 대개 무시당했다. 조지 윌리엄스는 1966년에 출간한 영향력 있는 저서 『적응과 자연 선택』을, 초유기체(superorganism)에 대한 에머슨의 강의를 듣고 자극받아서 쓰게 되었다고 내게 말했다. 이와 비슷하게 내 관심사도 필립 잭슨 달링턴 주니어(Philip Jackson Darlington Jr.) 와 윈에드워즈의 글을 읽으며 촉발됐다. 그러나 이런 사실은 과학에서 잘못된 아이디어의 중요성을 예시해 주기는 하지만, 1960년대에 행동에 대한 기능적인 설명을 제공하려는 관심이 꽃필 수 있었는데도 그보다 30년 전에는 그러지 못한 이유를 설명하지는 못한다.

헬레나 크로닌은 성 선택과 협동의 진화를 자신의 핵심 주제로 삼으며 이 의문에 정면으로 맞섰다. 아기는 내버리고 목욕물은 보존하는, 즉 과학을 무시하고 과학자의 정치적인 전술들은 졸렬하게도 상세히 묘사하는 것이 과학사의 최신 유행이다. 정말 기쁘게도 크로닌은 이런 학파에 속하지 않는다. 그녀는 내게 다윈과 월리스의 아이디어와 그들 사이의 차이에 대해 알지 못했다고 말하고는 했다. 그녀는 같은 주제들에 대한 현대 연구들을 이해했다. 다윈에게 개미와 공작은 자신의 이론이 대면한 두 가지의 주된 어려움을 상징한다. 협동의 존재와 부적응적으로 보이는 장식이 바로 그 어려움이다. 나는 다윈이 그 이후 일어난 일들에 대한 크로닌의 설명을 즐겁게 읽으리라 생각한다.

존 메이너드 스미스
(John Maynard Smith, 영국 왕립 학술원 회원)

서문

다윈보다 더 다윈적인

❖

어마어마하게 깊은 구렁이 찰스 로버트 다윈(Charles Robert Darwin) 이전과 우리의 세계를 나누고 있다. '어마어마한'은 다윈과 앨프리드 러셀 월리스(Alfred Russel Wallace)의 업적을 묘사하기에 지나치게 강한 단어가 아니다. 자연 선택 이론은 앞서 과학이 침묵했던 지점인 우리의 존재를 이해하게 해 주었으며, 생명체에 대한 우리의 이해에 일대 혁신을 일으켰다. 『개미와 공작(*The Ant and the Peacock*)』은 이 대단히 뛰어난 이론과 근대에 번성한 그의 후손들을 축하한다.

이 이론은 대단히 뛰어나지만 획일적이지는 않았다. 다윈이 태양이라면 월리스는 달이라고 불렸다. 하지만 월리스는 창백한 반사광이 아니었다. 그는 그들의 공동 이론에서 뚜렷이 다른 자신만의 개념을 단호히 주장했다. 월리스가 스스로를 "다윈보다 더 다윈주의적"이라고 선언할 정도로, 그의 시각에서는 다윈조차 수정론자로 보일 수 있었다. 그들의 논박은 단지 개인적인 선호의 문제이거나 역사적으로 별로 중요하지 않은 사실이 아니었다. 진화 이론에 대한 이해와 강조점에서 그들은 상당한 차이를 보인다. 이 차이는 너무 중요해서 (이것은 이 책의 한 주제이기도 한데) 오늘날까지 집요하게 지속되고 있다. 실제로 최근에는 이 차이가 다시 새롭게 부각되기도 했다.

이 두 사람에게 즐거운 시기가 도래했다. 1960년대 이래로 다윈주의 이론은 끊임없이 변화에 휩쓸려 왔다. 다윈주의 이론의 과거 흔적 위에서 새로운 주장이 탄생했다는 이 생각들은 너무나 새로워서, 다윈과 월리스의 이론과는 거리가 멀어 보일지도 모른다. 그러나 더 자세히 들여다보면, 이 생각들이 다윈주의의 초창기까지 거슬러 올라가는 오랜 논쟁의 일부분임을 알 수 있다. 우리는 현대의 논쟁 속에서 창시자들의 목소리로 메아리치는 대화들을 듣는다. 이 책의 초안 한 장을 읽은 어느 선도적인 다윈주의자는 "오랫동안 내가 실제로는 월리스주의자였다는 사실을 깨닫지 못했어!"라고 내게 말했다. 따라서 『개미와 공작』은 여러 가지 점에서 다윈 대 월리스의 역사이다.

이 책은 논란이 많은 두 가지 이슈, 성 선택과 이타주의의 이력을 추적한다. 다윈주의의 두 공동 발견자들의 의견이 가장 악명 높게 엇갈린 부분이, 바로 성 선택에 관한 것이었다. 성 선택 이론은 처음 등장한 후로 오랫동안 관심을 끌지 못했다. 그러나 지금 이 이론은 뜨겁게 논의되는 이슈다. 이타주의 역시 오랫동안 주의를 받지 못했다. 늘 그렇듯 이 문제에 대한 다윈과 월리스의 반응 역시 달랐다. 그러나 이 책은 이 이론의 현재와 과거 간의 연관성보다는 차이에 관심이 더 많다. 19세기 다윈주의자들에게는 이타주의가 어려움이라고 거의 여겨지지 않았던 반면,

최근에는 분명한 이례로서 사람들을 괴롭혔다. 다행히 이 어려움은 성공적으로 해결됐다.

따라서 이 책은 적절한 시기에 발간된 셈이다. '다윈 산업'이라고 알려지게 된 역사 연구가 엄청나게 분출되는 중에도 성 선택과 이타주의는 놀랍게도 거의 다뤄지지 않았기에 더욱 그렇다. 성 선택 이론을 상세히 설명한 『인간의 유래와 성 선택(Descent of Man, and Selection in Relation to Sex)』(이하 『인간의 유래』)는 다윈의 저서 중 『종의 기원(Origin of Species)』에 버금가는 책이다. 그에게 성 선택은 단지 자연 선택의 별로 중요하지 않은 변종이나 하나의 장식이 아니라, 생물계에 만연해 있는 독특한 힘이었다. 역사가들은 대개 이 책과 이론을 무시했다. 이타주의 역시 거의 주목을 끌지 못했다. 1920년대부터 1960년대까지 횡행했던 종의 이익이라는 모호한 견해 때문에 특히 그랬다. 그러나 굴곡진 운명을 겪은 이 이론은 오늘날 새롭게 이해되며 드디어 역사적으로 철저히 검증받을 기회를 맞이했다.

이 책의 내용은 과거에만 한정되지 않기 때문에 또한 적절하다. 이 책은 때때로 놀랄 만큼 많고 새로운 발상들의 소요 속으로 온화하게 인도해 준다. 최신의 견해들 중 현재 주목받는 견해들은 무엇일까? 또 그들 사이의 관계는 어떨까? 『개미와 공작』은 현재 여러 학회와 모임에서 활발히 논의되고 있는 개념들을 정리한다.

실제로 신(新)다윈주의 세계의 지도를 제작하는 일은 이 책의 출발점 중 하나다. 내가 맨 처음 다윈주의 이론에 흥미를 가진 것은 철학자들의 비판 때문이었다. 그 철학자들이 옳다고 생각해서가 아니라 심각하게 틀렸다고 확신했기 때문이다. 방법론 학자들은 오랫동안 신문 지상에서 다윈주의를 "검증할 수 없는", "쓸모없는 형이상학", "공허한 동어 반복" 등으로 혹평해 왔다. 최근에 다윈주의의 전성기를 맞아서도 이 비판은 거의 변하지 않았다. 이러한 인색한 평가들, 그리고 다윈과 월리스가 남긴 장대한 유산들 사이의 괴리는 나를 만족시키지 못했다. 나는 다윈주의 이론이 개척하는 새로운 영역을 더 많이 탐험하리라고 결심했다. 이 책은 부분적으로는 이 새로 발견된 땅을 훑어가는 나의 개인적인 여행 기록이다.

『개미와 공작』은 과학책도 역사책도 철학책도 아니다. 그럴지라도 이 책은 세 가지 모두를 어느 정도 혼합하고 있다. 아무런 전문적인 지식이 없어도 분명 이 책을 읽을 수 있다. 그러나 나는 관련 전문 지식을 가진 독자들이 이 책에서 새로운 사실들을, 특히 역사와 과학, 철학이 서로의 이해를 도울 수 있는 사실들을 자신들의 지식과는 다른 방식으로 발견하기를 희망한다.

이 책은 앨리슨 퀵(Allison Quick)과의 공동 작업에서 출발했다. 그녀는 초반부에 나를 긴밀하게 도와주었다. 그녀에게 큰 빚을 졌다. 우리가 함께 나눈 토론들이 그립다. 존 왓킨스(John Watkins)는 책의 초고를 주의 깊게 읽어 주었다. 철학자라면 누구든 비평하는 법을 알 것이다. 그는 격려하는 법 역시 알고 있다. 존 메이너드 스미스(John Maynard Smith)의 열정은 내가 이 모든 불안감을 견디는 힘이 됐다. 피터 밀른(Peter Milne)은 인정사정없지만 건설적인 비평을 해 주었다.

옥스퍼드 대학교의 동물학과에 자리를 마련해 준 데 대해 리처드 사우스우드(Richard Southwood) 경에게 깊이 감사드린다. 이곳은 일하기에 이상적인 곳이었으며 잦은 정규 세미나뿐만 아니라 차와 커피 모임을 갖기에도 최상의 제도를 갖춘 곳이었다. (이 이야기를 하자마자 그것이 바로 학부의 일상이라는, 내 견해를 강화시켜 주는 이야기를 커피 모임 자리에서 들었다.) 학부의 여러 사람들. 특히 앨런 그래픈(Alan Grafen), 윌리엄 도널드 해밀턴(William

Donald Hamilton), 폴 하비(Paul Harvey), 앤드루 포미안코프스키(Andrew Pomiankowski), 앤드루 리드(Andrew Read)에게 깊이 감사한다.

여러 사람이 너그러이 이 원고의 초안을 읽고 비평과 토론을 해 주었으며 충고와 격려를 아끼지 않았다. 그들 중에는 오브리 쉐이햄(Aubrey Sheiham), 니컬러스 맥스웰(Nicholas Maxwell), 마이클 루스(Michael Ruse), 닐스 롤한센(Nils Roll-Hansen), 어맨다 윌리엄스(Amanda C. de C. Williams), 마이클 조페(Michael Joffe), 데이비드 루벤(David Ruben), 피터 어바크(Peter Urbach), 존 워렐(John Worrall), 니컬러스 해밀턴 바턴(Nicholas Hamilton Barton), 존 스티븐 존스(John Stephen Jones), 존 듀랜트(John Durant), 피터 벨(Peter Bell), K. E. L. 시먼스(K. E. L. Simmons), 칼 제이 바제마(Carl Jay Bajema)가 있다. 케임브리지 대학교 출판사의 앨런 크라우든(Alan Crowden)은 헌신적이며 재미있는 편집자였다.

내 형제인 데이비드 크로닌(David Cronin)은 이 책의 제목을 지어 주었으며, 리처드 도킨스(Richard Dawkins)는 1장의 제목을 지어 주었다.

영국 학술원과 레버흄 재단, 너필드 재단, 왕립 학회에도 감사를 표하고 싶다. 이들은 모두 내 연구를 관대히 후원해 주었다.

마지막으로 리처드 도킨스(Richard Dawkins)에게 특별히 감사드린다.

헬레나 크로닌

차 례

3부
개미

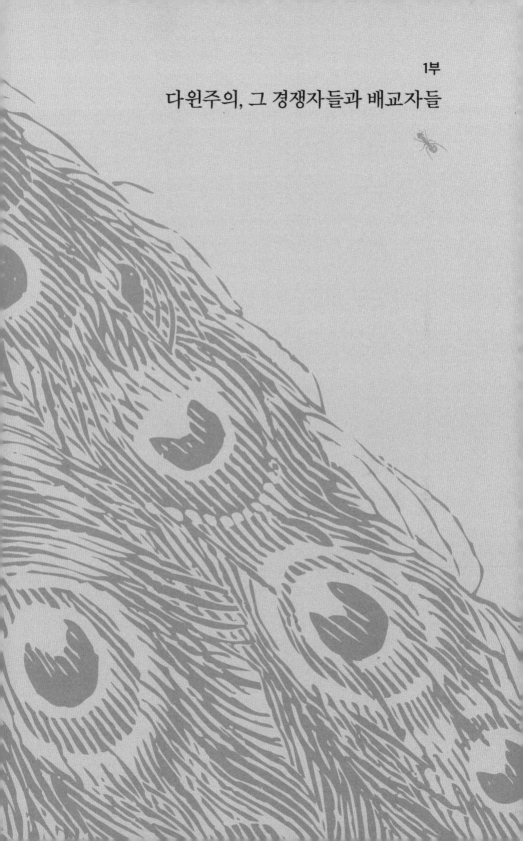

1부
다원주의, 그 경쟁자들과 배교자들

1장

살아 있는 기록 보관소

❖

우리는 조상의 지혜가 담긴, 살아 있는 기록 보관소다. 우리의 몸과 마음은 선조들의 드문 성공을 기리는 산 기념물이다. 이것이 바로 다윈이 우리에게 가르쳐 준 것이다. 인간의 눈과 두뇌, 본능은 자연 선택이 거둔 승리의 유산이며, 과거로부터 축적된 경험의 화신이다. 이 생물학적 유산은 우리가 새로운 유산, 즉 여러 세대에 걸쳐 축적된 재능인 문화적 진보를 수립하게 해 주었다. 과학은 이러한 유산의 일부이며, 이 책은 과학의 가장 중요한 업적 중 하나를 다룬다. 바로 다윈의 이론이다. 이 이야기는 성공 스토리다. 매우 설명하기 힘들었던 두 가지 수수께끼를 다윈주의가 마침내 해결해 낸 이야기다. 그 수수께끼 중 하나는 이타주의의 문제다. 이타주의는 이 책의 제목에 쓰인 '개미'에서 전형적으로 나타나는 행동이다. 또 다른 수수께끼는 성 선택의 문제로, 공작이 그 대표적인 예라 할 수 있다.

개미와 다른 사회성 곤충들은 오랫동안 정직함의 전형으로 여겨졌다. 자신에게 엄청난 손해가 발생하는 경우에조차 다른 개체들을 위해 행동하며 서로 보살피고 공유하는, 공동체 정신을 가진 피조물로 말이다. 이렇게 성스러운 헌신은 결코 곤충들에게만 국한되지 않는다. 많은 동물들이 포식자의 존재를 경고하기 위해 스스로를 위험에 빠뜨리며, 다른 개체의 자녀 양육을 돕느라 생식을 포기하고, 자신의 굶주림을 달래 줄 음식을 남과 공유한다. 그러면 이렇게 보유자들에게 불리한 영향을 미치는 특징을, 자연 선택은 어떻게 발현시켰을까? 다른 개체를 유리하게 하는 자기희생, 특히 번식 희생이 어떻게 여러 세대를 거쳐 전해졌을까? 어떻게 자연 선택은 타인을 우선시하는 당신을 선호할 수 있을까? 자연 선택이 선호하는 자들은 분명 가장 빠른 자, 가장 용감한 자, 가장 교활한 자이지 공동체의 공공성을 위해 이빨과 발톱을 포기하는 자들이 아니다.

이 책의 제목과 동일한 이름의 주인공, 공작은 화려한 꼬리가 골칫거리였다. 화려한 꼬리는 자연 선택에 위배된다. 효율성, 실용성, 이익과는 거리가 멀고 소유자에게 짐이 되는, 화려하고 장식적인 존재다. 공작의 '꼬리'나 그에 준하는 장식과 색깔, 노래, 춤들은 곤충에서 물고기를 거쳐 포유류에 이르기까지 동물계 전체에 만연한다.

처음에는 공작 깃털의 찬란한 아름다움이나 수사슴 뿔의 화려함이, 타 개체를 위해 먹이를 찾거나 보초병으로 행동하며 겪는 위험과는 전혀 무관해 보일지도 모른다. 즉 제멋대로의 자아도취는 자기희생적인 이타주의와는 정반대로 보일지도 모른다. 그러나 다윈주의자에게 이 두 특성은 똑같은 어려움을 제기한다. 이것들은 그 소유자에게 불이익만을 주지 않는가? 그렇다면 자연 선택은 이 특성을 선호하기보다 제거해야 하지 않을까?

이 문제들은 1세기 이상이나 꽤 잘못된 방식으로 풀이됐다. 이 시기 동안 다윈의 이론은 눈, 거미줄, 딱따구리의 부리, 깃털로 장식된 씨앗같이 명백히 적응적인 특성들을 꽤 잘 설명했다. 그럼에도 새의 이타적인 경계성이나 공작의 화려한 꼬리를 설명할 힘은 없다고 간주되거나 오해를 받았다. 그러나 지난 수십 년 동안 다윈주의는 혁명적인 변화를 겪었다. 이러한 변화에 뒤이어 이타주의와 성 선택은 더 이상 난감한 예외로 치부되지 않았다.

현재를 이해하면 과거를 밝힐 수 있다. 신다윈주의에서 발생한 최근의 혁명적인 변화들은, 이전의 다윈의 생각들을 더 잘 이해할 수 있는 강력한 도구를 제공했다. 우리는 새로운 아이디어를 고려하며 19세기로 되돌아가, 당시의 진화 이론과 이타주의, 성 선택의 문제들이 어떻게 다루어졌으며, 해결되지 않은 이유는 무엇인지 새로운 시각으로 재조명할 수 있다. 그 결과, 역사가 현재를 밝힐 수 있다. 과거와의 연속성은 기대하지 않은 해결의 실마리를 현재의 논쟁에 제공할 수 있다. 나아가 역사는 우리가 다윈주의의 위상을 자세히 설명하도록 도울 수도 있다. 이 이론이 완벽히 성공했음에도, 몇몇 철학자들은 이 성공을 아이작 뉴턴(Issac Newton)과 알베르트 아인슈타인(Albert Einstein)처럼 그들이 선호하는 과학의 다른 승리들과 비교해서 부족한 부분들을 찾았다. 그러나 실제로 다윈주의는 너무나 많은 것들을 매우 잘 설명한다.

역사가들은 역사를 역행해 보는 방식을 종종 묵살한다. 그들은 '휘그식' 역사 해석(역사를 무한한 진보의 과정으로 보는 관점. —옮긴이)의 편협한 현실 안주에서 벗어나기를 간절히 원한다. 과거는 더 이상 현재의 승리를 위한 필연적인 진보의 과정이 아니기 때문이다. 그러나 과학사에서는 가

장 새로우면 가장 뛰어나다고 기대할 만한 이유가 분명히 있다. 어떤 상
승 추세도 꺾이는 지점이 있으며 가끔 막다른 골목에 처하기도 한다. 그
러나 그 시대의 과학적 지식은 대개 그때까지의 최상의 시도들을 통합
한 것이다. 물론 진보를 보장할 수는 없다. 그럼에도 과학은 대부분의 인
간 활동들보다 훨씬 믿을 만하다. 그래서 나는 낙관적으로 회고한다. 현
재에 대한 고전적인 해석은 과거의 문제와 해결책들을 배제하기보다는,
설사 잘못되었더라도 사물이 어떻게 합리적일 수 있는지 이해하도록 도
와준다. 또 우리가 오래된 아이디어들을 평가하는 것을 돕는다. 설사 그
아이디어가 이제는 교과서에서 사라진 것일지라도 그렇다. 아래 글은 생
물학자인 메이너드 스미스가 휘그적인 시선들을 의례적으로 거부하는
사람들 중 한 명에 대해 쓴 글이다.

> 그(에른스트 마이어(Ernst Mayr))는 과학의 역사를 휘그식으로 해석하는 글을
> 쓰지 말아야 한다고 주장한다. 하지만 휘그적인 역사 해석이야말로 그가 지
> 금껏 글을 써 왔던 방식이다. 공정하게 말해, 일생 동안 자연의 본성을 이해
> 하기 위해 분투해 온 사람이, 또 자신이 이해한 바가 맞다는 것을 타인에게
> 설득하느라 싸워 온 사람이 어떻게 다른 방식으로 역사를 쓸지 나는 상상할
> 수 없다. 결국 빅토리아 시대의 영국이 실제로 지금까지 인류가 도달했던 문
> 명 수준의 최정점이었다면, 또 지속적인 진보의 보장이 본질적으로 수용되
> 는 것이라면, 캐서린 매콜리(Catharine Macaulay, 휘그식 역사 해석의 창시자. — 옮
> 긴이)가 역사를 쓰는 방식은 훨씬 더 많이 권장되어야 한다.
>   이러한 주장이 유행에 뒤떨어졌더라도, 사실 우리는 과거의 어느 때보다
> 생물학을 더 잘 이해하고 있으며 만약 가능하다면 앞으로의 진보는 현재 우
> 리가 선 지점에서 시작될 것이다. 그러므로 우리가 어떻게 여기에 도달했는
> 지는 확실히 이야기할 가치가 있다.(Maynard Smith 1982a, 41~42쪽)

그러므로 좋든 싫든 이 책 전반에 걸친 나의 입장은 오늘날 우리가 아는 바들을 최대한 동원해, 바로 그 지점에서 시작한다. 몇몇 장에서는 이러한 입장이 공공연히 드러나고 그 외의 장들에서는 은밀하게 숨어 있다. 과학 이론이나 과학과 관련된 문제들에 국한할 때 내 역사적 입장은 '내재주의(internalism)'다. 최근 다원주의 역사가들은 개개의 과학자들과 그들이 이룬 발견들에 미치는 정치적, 경제적, 사회적, 심리적인 영향들과 다른 비과학적인 영향들에 집중하며, '외재주의(externalism)'로 기울고 있다. 빅토리아 사회의 기록물에 등장하는 세심한 학문들을 비웃는 것은 아니지만, 과학자들의 과학에 집중하는 과학사가 존재할 여지는 있다.

이 책의 2부와 3부는 성 선택과 이타주의에 대한 것이다. 1부는 다원주의, 특히 성 선택과 이타주의의 역사에서 등장했던 여러 주제들을 제시한다. 이 주제들은 다원주의의 성공과 그 경쟁 이론들의 실패, 다원과 월리스의 이론과 오늘날 그 이론의 직계 후손들을 구분하는 핵심 특징들, 적응적인 설명들에 대한 다원의 대안들을 다룬다. 어떻게 공작이 지금의 꼬리를 가지게 됐으며, 개미가 현재의 사회를 이루게 되었는지에 더 관심이 있는 독자들은 2부와 3부를 먼저 봐도 좋겠다.

2장

다윈 없는 세상

1859년

    다윈이 없는 세상을 상상해 보자. 다윈과 월리스가 생명체에 대한 생각을 바꾸지 않은 세상을 상상해 보자. 지금은 이해할 수 있지만 다윈이 없다면 당황스럽고 알 수 없게 돼 버릴 일들은 무엇일까? 또 긴급한 설명이 필요하다고 여겨질 일은 무엇일까?

    대답은 '생명체들, 역사 동안 지상에 존재했던 모든 생명체들(그리고 아마도 지구 이외에 다른 곳에 존재하는 생명체들)에 대한 거의 모든 것들'이다. 1850년대에 다윈과 월리스가 큰 성공을 거두었던 명쾌한 해법을 제시하기 전에, 다른 무엇보다 사람들을 당황시키고 혼란에 빠뜨렸던 유기체의 특성은 두 가지다.

첫 번째는 '설계'다. 말벌과 표범과 난, 인간과 점균류는 각자 자신에 맞게 설계된 외양을 지녔다. 눈도, 신장도, 날개도, 화분 주머니도 그렇다. 개미 군집도, 수분자 역할을 해 줄 벌들을 끌어들이는 꽃들도, 새끼를 돌보는 암탉도 그렇다. 이 모든 것들은 돌, 별, 원자, 불과는 뚜렷한 대조를 보인다. 생명체들은 다양한 방식으로. 아름다우면서도 복잡하게 주변 환경과 (자기 자신들뿐만 아니라) 다른 생명체들에게 적응한다. 멋들어지게 기능하는 완전체로서 말이다. 그들은 목적을 갖고 행동하며 고도로 조직화된 복잡성과 정확성, 효율성을 가졌다. 이것을 두고 다윈은 "가장 많은 찬사를 불러일으키는 공동 적응(co-adaption)과 구조의 완벽성"(Darwin 1859, 3쪽)이라고 표현했다. 적절한 표현이다. 그렇다면 어떻게 이런 일이 발생했을까?

두 번째 수수께끼는 '다양성 속의 유사성'이다. 즉 유기체 전반에 걸쳐 나타나는 놀랄 만큼 계층적인 관계들, 유기체 집단들 사이의 차이점과 그럼에도 확연히 존재하는 유사성들, 무엇보다도 빽빽이 늘어선 수많은 종들을 묶어 주는 연관 관계들 말이다. 19세기 중반까지 이러한 기본 패턴들을 알려 주는 증거들이 여러 생물학 분야에서 등장했다. 화석 기록은 시간상의 연속성을, 지리적인 분포는 공간상의 연속성을 보여 주는 증거였다. (특히 비교 연구들에서) 분류 체계는 소위 '유형의 통일성'이라는 토대 위에 구축됐다. 형태학과 발생학은 이른바 상호 유연성(mutual affinity)이 기반이 됐다. 이 모든 증거들은 항상 존재해 온 다양성과 그 너머의 규칙성들을 풍부하게 드러내 주었다. 이와 같은 관계들을 어떻게 설명해야 할까? 여기서 종 분화란 낭비적인 현상일까?

다윈 이론에서, 이 두 질문의 해답과 생물계에 대한 다른 많은 질문들의 해답은 서로 딱 맞아떨어진다. 다윈과 월리스는 생명체들이 진화했다고 가정했다. 그들의 문제는 이러한 진화가 일어나는 기작, 적응과 다양성 모두를 설명할 수 있는 기작을 발견하는 것이었다. 자연 선택은 이 문제에 대한 그들의 해법이었다. 개체들은 서로 다르다. 그리고 이 변이들의 일부는 유전된다. 유전적인 변이들은 무작위로 일어난다. 즉 유기체의 생존과 번식에 작용하는 효과와는 무관하게 발생한다. 그러나 이 변이들은 자신이 부여하는 적응적인 장점에 따라 차별적으로 승계된다. 따라서 시간이 지날수록 개체군들은 더 잘 적응된 개체들로 이루어질 것이다. 이후 환경이 변해서 이전과는 다른 적응들이 유리해지면 생명체들은 점차 분기할 것이다.

이 모든 것들, 즉 자연 선택이 경이로운 결과물들을 만들어 내는 방식의 핵심은 작지만 많은, 축적된 변화들의 힘이다.(Dawkins 1986, 특히 1~18, 43~74쪽) 자연 선택이 원시 수프에서 난초와 개미로 단숨에 건너뛸 수는 없다. 그러나 수백만 개의 작은 변화들, 이전에 일어났던 변화들과 크게 다르지는 않지만 아주 긴 시간 동안 축적된 변화들로, 극적인 변화를 일으킬 수 있다. 이러한 변화들은 무작위로 일어난다. 그 변화가 좋은 것일지 나쁜 것일지 아니면 아무 영향도 끼치지 않을지는 상관없다. 만약 그것이 이익이 된다 해도, 단지 우연일 뿐이다. 하지만 절대로 있을 법하지 않은 우연은 아니다. 절묘하게 아름다운 난과는 상당히 거리가 먼 유기체에서 아주 조금 더 가까운 유기체로의 변화처럼, 매우 작은 변화이기 때문이다. 그 덕분에 엄청난 행운이 될 사건이, 발생 가능한 현상으로 받아들여질 수 있다. 자연 선택은 이 우연한 이점들을 포착할 뿐만 아니라 아주 오랜 기간에 걸쳐 하나하나 차곡차곡 축적한다. 그리하여 우리가 외경심에 사로잡혀 감탄하는, 복잡하며 다양한 적응들을 구축한다. 즉 자연 선택의 힘이란 무작위로 생성되는 다양성에서 기인한다. 이 다양성은 기회주의적이며 보존적인 선택압(slelective force)으로 방대한 기간

찰스 로버트 다윈

에 걸쳐 모양을 갖춘다.

　동일한 증거(예로 Bowler 1984, Rehbock 1983, 15~114쪽, Ruse 1979a를 참조하라.)
에 대한 경쟁 설명들은 (라마르크주의와 1859년 이후에 등장한 경쟁 설명들을 잠시
제쳐 두면) 별반 인상적이지 않다. 이 이론들의 설명력이 얼마나 부족한지
살펴볼 때, 또 그럼에도 이들이 수세기 동안 걸출한 사상가들에게 주요
한 설명으로 받아들여졌다는 점을 상기하면 우리는 다윈 이론이 없는

세상이 어떤 모습일지, 그 세상이 얼마나 빈곤할지 너무나 쉽게 상상할 수 있다.

1858년에 다윈과 월리스는 자신들의 이론을 공동 논문으로 린네 학회(the Linnean Society)에 처음으로 제출했다. (이들의 발견은 과학사에 있어 몇 안 되는, 거의 동시에 이루어진 발견들 중 하나였다.) 그리고 1859년에 다윈은 『종의 기원』을 출간했다. 1859년 이전의 박물학은 상당 부분이 자연 신학과 긴밀하게 연결돼 있다.(예로 Gillespie 1979, Gillispie 1951을 참조하라.) 신과 함께 한 박물학은 명백히 의도적으로 보이는 디자인이 어디서 생겨났는지에 대해 예상 가능한 답변을 제시했다. 즉 그 디자인이 최고의 설계자의 작업이라는 것이다. 자연 신학은 의도적으로 설계된 것처럼 보이는 자연 속의 이 디자인들을 신의 존재에 대한 증거로 사용했다. 이 입장이 자연 신학을 말쑥하게 만들어 줬는지는 모르지만 과학은 답보했다. 과학의 답보는 진화론 반대자들에게만 국한된 이야기가 아니다. 진화에 대한 개념은 19세기 초에 거의 대부분의 사람들에게서 거부당했지만, 19세기 중반에 이르면서 점차 받아들여지기 시작했다. 그러나 진화론자들조차도 작용 기제에 대해서는, 의도적인 디자인이라는 생각(혹은 애매모호한 입장)에 의지하는 경향이 있었다.

하지만 직접적인 과학적 가치가 없는 이론들이, 다른 방식으로 과학에 기여할 수도 있다. 여기서 이 이론들은 다윈 이론을 설명해 주는 역할을 했다. 이러한 관점에서 다윈 이전에 존재했던 의도적인 설계 이론은 그들이 가장 중요하게 생각하는 두 가지 주요한 문제들 중, 적응이나 다양성에 의존해 두 종류로 나눌 수 있다. 몇몇 사람들이 볼 때 의도적인 설계는 개별 유기체들의 적응적인 세부 사항에서 명백히 드러난다. 반면 어떤 사람들에게 그것은 자연의 완전한 계획이 드러낸 웅장한 흐름 속에 놓여 있다.

1849년 브라질 정글을 탐험 중인 26세의 앨프리드 러셀 월리스

먼저 조개껍데기의 나선무늬, 날개의 펄럭임, 꽃잎의 모양 등 생명체들에 존재하는 적응의 세부 사항들에서 '목적성'을 찾는 관점을 택해 보자. 이들 박물학자들은 유기체의 각 부분이 아무리 작고, 겉보기에 중요하지 않을지라도 유기체에게 어떤 쓸모가 있는지 알아보는 것이 자신들의 주 업무라고 여겼다. 박물학의 이 움직임은 설계에 대한 소위 공리주의적인 입장인 자연 신학파와 그 중심 교의가 유사했다. 이 입장은 유기체의 적응이 가지는 유용성과 기능을 천우신조의 설계의 증거로 해석한다. 즉 자연에 깃든 목적이 신의 목적이라는 것이다. 다음은 데이비드

흄(David Hume)이 사망한 지 3년 뒤인 1779년에 출간된 『자연 종교에 관한 대화(*Dialogues Concerning Natural Religion*)』에 실린 공리주의적 주장에 대한 패러디다. (여기서 '자연'이라는 단어는 소위 입증된 상대편, 즉 현재는 생물학이라 불리는 박물학이나 지금은 물리학이라 불리는 자연 철학처럼 맹신이나 계시가 아닌 자연계에 존재하는 증거에 근거하는 입장과, 종교나 신학을 구분하는 데 사용됐다.) 이 책은 자연 종교를 기가 죽을 정도로 비판했다. 흄이 생전에 이 책의 출간을 보류한 이유였다. 흄의 패러디는 여러 견실한 원본들보다 훨씬 더 날카롭고 간단명료하다. 아래의 문구는 유기체를 기계에 비유한다.

> 세상을 돌아보라, 세상 전체와 각 부분들을 응시하라. 당신은 …… 이 모든 다양한 기계들이, 심지어 아주 작은 부분들조차 보는 모든 사람들에게 감탄을 불러일으킬 만큼 정확하게 서로에게 적응된 모습을 …… 발견할 것이다. 전 자연에 신의 수단을 적용한 결과물은 인간 재능의 산물들, 즉 인간의 설계와 사고, 지혜와 지능의 산물들과 꼭 닮았다. 그러므로 결과가 서로 닮았기 때문에 유추 법칙을 사용해 그 원인 역시 유사할 것이라고, 또 창조주는 인간의 정신과 다소 비슷할 것이라는 추론이 도출된다. 비록 창조주는 자신이 수행하는 과업의 위엄에 비례하는, 훨씬 큰 권능을 지녔을지라도 말이다.(Hume 1779, 17쪽)

누구든 이 글을 보면 박물학이 이 신학적인 주장을 어떻게 반전시킬 수 있는지 즉각 눈치챌 것이다. 신의 존재에 대한 증거로써 자연의 설계를 들지 않고, 명백히 부자연스러우며 별나게 복잡한 자연의 적응적인 설계에 대한 설명 중 하나로 신의 존재를 언급하는 것이다.

19세기 초 윌리엄 페일리(William Paley) 부주교는 공리주의적인 관점들을 한데 모아 체계화해서 많은 사람들에게 알렸다. 다윈이 완전히 정통했던, 그의 저서 『자연 신학(*Natural Theology*)』(1802년)은 고전이 됐다. 그는 공리주의적 주장의 특별판을 유명하게 만들었다. 그는 이렇게 말했다. 시계처럼 공들여 세공한 기구를 보라. 당신은 시계공이 있는 것이 틀림없다고 생각할 것이다. 마찬가지로 생명체처럼 복잡하고 잘 적응된 사물에는, 틀림없이 설계자가 있다. 페일리의 저서는, 1830년대에 매우 야심찬 프로젝트인 『브리지워터 보고서(*The Bridgewater Treatises*)』(브리지워터 백작이 편찬을 지시했기 때문에 붙은 이름이다.)로 대체됐다.(예로 Gillispie 1951, 209~216쪽을 참조하라.) 이 보고서는 총 여덟 명의 기고가가 참여한 연속 간행물이었다. 그들은 무려 다음과 같은 주장을 하도록 요청받았다.

> 신의 권능과 지혜, 자애는 그의 창조물들에 드러나 있다. 창조물들은 여러 타당한 근거들로 그의 업적을 분명하게 보여 준다. 그 예로 동물, 식물, 광물계에 존재하는 창조물들의 다양성, 소화된 음식물의 전환, 인간의 손의 구조, 그 외 무수히 많은 다양성들, 또 예술, 과학과 문학의 전 영역에 걸쳐 이루어진 고금의 발견들을 들 수 있다.(Chalmers 1835, 9쪽)

실로 거창한 계획이다. 생물과 무생물, 자연물과 인공물 등 세상의 모든 측면에서 나타나는 공리주의적인 논거들뿐만 아니라 천우신조의 설계 증거들이라니. 게다가 이 기고자들은 영국의 철광석이 그것을 녹이는 데 필요한 석탄 옆에 하늘의 도움으로 근접해 있다는 것뿐만 아니라 우리가 도덕률의 기초가 되는 재산권에 대한 본능을 가질 만큼 운이 좋았다는 점까지 빼먹지 않고 언급하는 철저함을 보였다. 그러나 이것은 유기체의 적응이야말로 단연코 가장 대중적인 증거라는 사람들의 착각에, 공리적인 근거가 강력한 영향력을 미친다는 징표이다. 유명한 역사가이자 과학 철학자인 윌리엄 휴얼(William Whewell)이 작성한 기고문은 표면

상으로는 심지어 천문학에 대한 것이었다. 그러나 그는 유기체의 경이로운 설계를 어떻게든 오래 설명하려고 했다.

　박물학과 신학에 대한 이 공리주의적인 사고 방식은, 19세기 전반 동안 영국에서 견고한 영향력을 발휘했다. 이 주장의 가장 대중적인 버전은 특정한 창조론과 결합하여 나타난다. 이런 창조론은 신이 모든 유기체를 단번에 창조하지 않았으며 새로운 창조물을 내놓기 위해 여전히 수시로 자연계에 개입한다는 이론이다. 이런 '공리주의적 창조론'은 심지어 이 시기에 지배적인 위치를 차지하기도 했다.(이 학파의 대표적인 작품 목록은 Gillespie 1979, 172~173쪽의 n6을 참조하라.)

　이제 박물학의 다른 전통을 살펴보자. 이 전통은 개개의 유기체에서 나타나는 세부적인 적응들이 아니라 자연의 전체적인 배열에 주목한다. 이 입장은 때로 "이상주의자" 혹은 "초월론자"적 관점이라 불린다. (이 말을 철학에서의 이상주의나 초월주의와 혼동하지 않아야 한다. 이 둘은 서로 관련은 있지만 의미가 다른 개념이다.) 이상주의자들에게 의도적인 설계란 무엇보다도 '다양성 속의 유사성'에서 발견된다. 그들은 창조물에 대한 신성한 청사진인 극소수의 기본 구조 설계도 위에 모든 생명체들이 세워진다고 주장한다. 유기체의 형태는 주로 이 청사진에 따라 결정된다. 유기체들은 이 이상적인 패턴들을 우선적으로 나타낸다. 공리주의적인 창조론자들의 자긍심이자 기쁨인 적응적인 변형은, 지대한 영향을 미치는 이 설계에 비해 부차적인 것으로 여겨진다. 이상주의자들은 자신들의 주된 과업이 생명체의 다양한 모습들 뒤에 놓인 통합적인 대계획을 밝혀내는 일이라고 생각한다. 따라서 이상주의도 공리주의적 창조론처럼 의도적인 설계라는 개념의 지배를 받는다. 그러나 그것은 다른 종류의 설계다. 그 설계는 적응적인 세부 사항들이나 기능과 유용성에서 엿보이는 것이 아니라 하나의 총체인 생물계의 균형과 질서 속에서, 서로 다른 종들 사이의 연관 관계와 생물의 다양성을 넘어서는 이른바 통합 계획으로부터 나타난다. 유기체의 균형과 질서는 매우 인상적이며 지극히 완벽하다. 그러므로 이러한 균형과 질서가 결코 우연일 수는 없다. 저명한 비교 해부학자인 리처드 오언(Richard Owen)이 개발한 원형(archetype) 이론이 이러한 관점을 완벽하게 보여 준다. (현재 오언은 1860년에 새뮤얼 윌버포스(Samuel Wilberforce) 주교가 영국 과학 진흥 협회에서 악명 높은 연설을 하기 전에 그를 부추긴 인물로 가장 잘 알려졌다.) 오언은 원형이 주요 유기체 집단을 이루며, 신의 마음속에 존재하는 기본 계획이라고 생각했다. 한 유기체 집단 내에서 연속적인 변화의 흐름을 보여 주는 화석들은 신이 개입해 원래 형태들을 서서히 변화시켜서 나타난 결과였다.

이 이상론적인 입장은 18세기에 대륙에는 큰 영향을 미쳤지만 영국에서는 그다지 호응을 얻지 못했다. 그러나 19세기 초의 몇십 년 동안 스코틀랜드에서, 한 이상주의자 학파가 당시 영향력 있는 해부학자였던 로버트 녹스(Robert Knox, 후에 그는 버크와 헤어 살인 사건(윌리엄 헤어와 윌리엄 버크가 처음에는 무덤을 도굴해서 에든버러 의과 대학에 재직하던 녹스에게 해부용 시신을 조달하다가, 나중에는 무연고의 노숙자나 여행객을 살해해 그 시신을 공급한 끝에 체포된 사건. — 옮긴이)에 자신도 모르게 연루되어 명성을 더럽힌다.)와 그의 제자였던 에드워드 포브스(Edward Forbes, 그는 다윈이 자신의 죽음을 기려 출간될 원고에 대해 두 번째로 선택한 편집장이었기 때문에 매우 존경을 받았다.)의 지도 아래 성장한다. 이 견해는 포브스와 오언의 업적 덕분에 1840년대에 영국에서 입지를 강화했으며, 1850년대 초부터는 전성기를 누렸다. 1859년이 되자 이상주의는 공리주의적 창조론을 밀쳐 내고 자연 신학의 제1위를 차지했다. 잘 알려진 수학자이자 종교에 관해 논란을 일으킨 글을 쓴 작가 베이든 파월(Baden Powell)이 1850년대에 자연 신학서들을 비평했을 때, 그는 적어도 몇몇 주요 작가가 "신 존재에 대한 확실한 증거로써 '질서(order)' 개념을 분명하게 포착했다. 이들은 천우신조의 설계를 증명하기 위해 '목적을 달성하는 수단의 종속(즉 적응)'에만 의존하지 않았다."라며 만족감을 표했다.(Powell 1857, 170쪽) 이것은 강하지는 않더라도 박물학에 어느 정도 영향을 미쳤다. 예를 들어 저명한 박물학자인 윌리엄 카펜터(William Carpenter)는 이상주의가 여러 증거들로부터 분명히 지지받고 있다고 주장하며 공리주의적 창조론에 도전했다.

> 모든 생명체에 근본적인 계획, 설계의 통일성이 있는지 아니면 각 유기체는 다른 유기체와 상관없이 독자적으로 개발됐는지 확인할 목적으로, 이러한 사람들이 자연으로 나가 자연이 제공한 다양한 형태와 조합을 있는 그대로 세심하게 조사한다면, 그들은 전자의 원칙으로부터 자신들에게 거부할 수 없는 힘이 작용하고 있음을 발견하리라고 우리는 확신한다.(Carpenter 1847, 489~490쪽)

종종 이상주의자들은 공리주의적 창조론은 장점을 내세우는 공허한 목적론이라고 얕보고는 한다. 공리주의적 창조론자들이 궁극적인 원인(final cause, 목적인이란 아리스토텔레스(Aristoteles)가 제시한 운동하고 변화하는 감각적 사물의 네 가지 원인 중 하나로, 목적인은 대상이 원래 쓰이는 용도에 관한 원인을 의미한다. ─옮긴이)에 따라 적응을 설명하기 때문이다. (한 형질을 설명해 내는 일은 만약 그 형질이 특정한 적응 목적을 위해 특별히 설계된 것으로 보이면, 더 이상의 설명이 필요 없는 궁극적인 원인에 도달했다고 여겨진다.) 심지어 녹스는 공리주의적 창조론자들의 고전을 "허튼소리 보고서"라고 폄하하듯 고쳐 부르기까지 했다.(Blake 1871, 334쪽) 녹스는 궁극적인 원인에 호소하는 태도를 저속하고 순진하다고 생각했기 때문이다. 그러나 이상주의자들이 이렇게 잘난 체할 이유는 없었다. 분명 그들은 위대한 설계자와 적응적인 세부 사항들을 결합해서 이야기하기를 꺼렸다. 대신에 그들은 (아리스토텔레스의 구분을 계몽적이라고 생각했던 사람들에게는 형상인(formal cause)에 가까운) 이상적인 패턴들을 따라 표출되는 힘에 상당히 막연하게 의존했다.(형상인이란 대상의 정의나 형태, 특성이나 원형에 따라 결정되는 원인으로, 아리스토텔레스가 제시한 감각적 사물의 네 원인 중 하나이다. — 옮긴이) 일부 이상주의자들은 어쨌든 자신들은 설명을 제공하려고 했던 것이 아니며, 단지 원형을 사용하여 현상을 범주화하려고 시도했을 뿐이라고 주장하기도 했다. 그럼에도 이상주의는 과학적으로 받아들여질 수 없는, 의식적인 설계라는 가정에 공리주의적 창조론만큼이나 의존한다. 이 점을 차치하더라도 무엇을 설명하려는 시도조차 하지 않는 이론에 왜 만족해야 하겠는가?

1859년에는 자연을 해석하는 두 가지 서로 다른 방식이 존재했다. 공리주의적 창조론자들은 적응의 복잡성과 숙련된 솜씨, 기발한 유용성, 동물 혹은 식물이 그 주변 환경에 세심하게 들어맞는다는 생각에 사로잡혀 있었다. 그들은 종들 사이의 관계에 그다지 주의를 기울이지 않은 채 유기체들을 개별적으로 연구했다. 반면 이상주의자들은 까다로운 세부 사항들에 관심이 없었다. 그들은 창조의 거대한 전체 계획과 자연의 다양성을 통합하는 패턴들에 사로잡혀 있었다. 물론 이 관점들은 개념적으로나 실천적으로나 서로 절충이 불가능할 만큼 완전하게 서로 대조되지는 않는다. 『로제의 유의어 사전(Roget's Thesaurus)』으로 유명한 피터 마크 로제(Peter Mark Roget)는 공리주의적 창조론지인 『브리지워터 보고서』에 기여한 동시에 통합 계획을 의도적인 설계의 증거로 보고 달려들었다. 반대로 원형론자인 오언은 같은 목적으로 기능적인 적응을 활용하는 데 부끄러움이 없었다. 그러나 둘 사이의 차이와 절충점이 무엇이든지 간에, 이 두 학파는 하나의 원칙으로 수렴된다. 즉 자연을 조사하면 의도적인 설계를 보게 된다는 것이다. 다윈주의가 제공했던 대안적인 해석은 이 배경 원칙을 거슬렀다. 이제부터 다윈 이론이 이 두 종류의 증거를 어떻게 다루는지 살펴보자. 먼저 적응부터 시작하자.

가장 자극적인 적응들

다윈주의가 겪은 가장 큰 도전이자, 따라서 가장 큰 승리는 바로 적응 증거였다. 또 다른 증거인 다양성의 패턴들은 단지 진화가 사실이라고 상정하는 것만으로도, 다윈이 지적했듯이 어느 정도 설명할 수 있다. 주된 문제는 적응적인 설계의 복잡성을 설명할 수 있는 진화 기제를 발견하는 일이었다.

종의 기원을 고려하며, 유기체의 상호 연관성, 그들의 발생학적 관계와 지리적 분포, 지질학적 천이(종의 진화를 포함한 환경 변화에 따라서, 아주 오랜 시간에 걸쳐 식생이 바뀌어 가는 현상. ─ 옮긴이)와 그 외의 다른 관련 사건들에 대해 곰곰이 생각하는 박물학자는, 각 종들이 독립적으로 창조되지 않고 다른 종들로부터 변화를 일으켜 생겨났다는 결론에 충분히 도달할 수 있다. 그렇지만 이러한 결론은 그 근거가 충분할지라도 세상에 거주하는 수 없이 많은 종들이 어떻게 변형되어 왔으며, 감탄을 자아낼 정도의 완벽한 구조와 어떻게 상호 적응을 이루었는지를 보여 줄 때까지 만족스럽지 못할 것이다.(Darwin 1859, 3쪽)

비글호 항해 동안, 다윈은 남아메리카의 대초원인 팜파스에서 현대 생명체와 화석의 형태 사이에 놀랄 만한 유사성이 존재한다는 사실과 현대 동식물상의 지리적인 분포에 연속성이 있다는 사실을 발견하고 매우 큰 감명을 받았다. 그는 진화의 기제로 적응을 설명할 수 없다면, 단

시간의 연속성

마타코 혹은 세띠아르마딜로(three-banded armadillo). 다윈은 남아메리카의 라플라타에서 현재 그곳에 사는 아르마딜로와 그들의 집 아래 묻힌 화석화된 갑옷이 매우 닮았다는 사실에 많이 놀랐다. 현대의 종들과 멸종된 거대한 종들 사이에 근연 관계가 존재한다는 사실은 다윈이 『종의 기원』에서 말했듯이 "교육을 받지 못한 사람의 눈에도 분명한" 것이었다. 그러나 그는 이 거대한 조상종과 그가 마주쳤던 수줍은 작은 동물들 사이의 차이에도 몹시 놀랐다.

"브라질의 아르마딜로(*Dasypus minutus*)는 …… 종종 납작하게 땅에 엎드려 시선을 피한다. 아르마딜로를 붙잡으려면 거의 말에서 굴러 떨어질 정도로 재빠르게 그들을 알아봐야 한다. 이 동물은 부드러운 흙 속에 잽싸게 숨어 버리므로 말에서 내리기도 전에 몸통 뒷면의 25퍼센트가 거의 사라진다. 이렇게 멋진 작은 생명체들을 죽이는 것은 유감스러운 일이다. 이 동물의 등에 칼을 갈면서, 가우초(남아메리카의 목동)가 했던 말처럼 '이들은 매우 조용하다.(Son tan mansos.)'"(다윈의 『연구 일지(*Journal of Researches*)』(지금은 『비글호 항해기』로 알려진 다윈의 연구 노트이다. ─옮긴이)에서 인용)

지 진화만으로는 이 모든 사실을 충분히 설명할 수 없다는 사실을 깨달았다.

　　이러한 사실들은 명백히 …… 종들이 서서히 변형되었다는 가정하에서만 설명될 수 있다. …… 그러나 …… 온갖 종류의 유기체들이 자신의 서식지에 아주 잘 적응한 무수히 많은 사례들을 설명할 (필요가 있다는 것) …… 역시 명백하다. …… 나는 항상 이러한 적응들에 매우 감명을 받았다. 이들을 설명할 수 없는 한, 종들이 변화해 왔다는 사실을 간접적인 증거들로 증명하

려는 수고는 거의 소용없는 일로 여겨졌다.(Darwin, F. 1892, 42쪽)

우리는 다윈주의가 적응을 축적된 선택으로 설명한다고 여겨 왔다. 선택압을 통과한 작고 비직접적인 변이들이 오랜 시간 동안 축적돼서 광대하고 복잡하며 다양한, 무엇보다도 적응적인 변화들을 초래했다고 말이다. 적응이란 세상에 대한 정보들을 성공적으로 혼합한 것으로 생각할 수도 있다.(Young 1957, 19~21쪽) 적응의 원료들을 제공해 주는 작은 변화들은, 유기체의 환경과 무관하게 임의적으로 생긴다. 그러나 이러한 변이들이 적응되도록 하는 선택압들은 주변 환경에 관한 필수적이며, 종종 매우 상세한 정보들을 전달한다. 그래서 한 유기체는 부모로부터 세상의 여러 측면들에 대한 모형, 즉 부모들의 주변 환경에 대응되는 특성들을 물려받는다. (어쩌면 그렇다기보다 부모들의, 혹은 더 오래전 조상들의 세계와 환경에 대한 모형을 물려받는다.) "성체는 …… 유전자로 전달된, 환경에 대한 정보를 보유한다고 생각할 수 있다."(Young 1957, 21쪽) 자연 선택이 임의적인 변이들에 대해 행사하는 통제력은 기존에 수립된 세상에 대한 모형과 현재 세상에서 들어오는 새로운 정보들을 끊임없이 비교한다는 점에서, 공학자들이 말하는 음의 되먹임 개념과 다소 유사하다.(Young 1957, 23~27쪽) 그 최종 결과물인 적응은 의도적이고 의식적인 설계라는 생각을 불러일으킨다.

그래서 다윈과 월리스는 현재 설계자 없는 설계를 설명하는 표준 해법으로 인식되는 방식을 선구적으로 활용하기 시작했다. 우리는 경쟁 이론들이 의도적인 설계라는 개념에 의존해야만 했던 두 가지 방식을 다윈 이론에서는 발견할 수 없다고 깨달을 때, 우리가 곧 살펴보게 될 오해들에도 불구하고 다윈과 월리스의 성공에 더욱더 감사하게 된다.

먼저 자연 선택의 원료들, 즉 진화의 기반이 된 변화, 차이, 돌연변이들은 생겼을 때부터 설계의 대상이 아니었다. 이것들은 임의로 우연히 생겨났다. 여기서 '임의'는 잘 알지 못하기 때문에 무작위적으로 보이는 사건들을 의미하지 않는다. (철학에서의 인식론적인 개념으로 이해되어서는 안 된다.) 자연 선택이 작용하는 이 작은 변화들이 실제로 그렇게 보일지도 모른다. 그러나 여기서 임의는 세계에 대한 지각이라기보다는, 세계의 상태에 대한 묘사(소위 철학자들이 존재론적인 묘사라고 부르는 것)를 의미한다. 그렇다고 "무질서"하다거나 "결정론적이지 않다."라는 의미 역시 아니다.(결정론이란 인간의 행위를 포함해 이 세상에서 일어나는 모든 일은 우연이나 선택의 자유에 따라 발생하지 않고, 일정한 인과 관계의 법칙에 따라 결정된다는 이론을 말한다. — 옮긴이) 예를 들면 돌연변이를 일으킨 우주 광선에는 무질서한 부분, 특히 결정론적이지 않은 부분이 없다. 오히려 적응적인 가치 측면에서 임의란, "미리 정해져 있지 않다."라는 의미다. 변이 생성에 관한 법칙이 존재하지만 그 법칙은 임의성과 양립할 수 있다는 자신의 견해를 설명하기 위해, 다윈은 아래의 유추를 사용한다.

건축가에게 낭떠러지에서 떨어진 가공하지 않은 돌들로 건물을 세우라고 요구하자. 이때 각 돌 조각의 모양은 우연의 산물로 여겨질 것이다. 그러나 실제로 그것은 중력의 힘, 바위의 속성과 낭떠러지의 경사에 따라 결정됐을 것이다. 이 사건들과 조건들은 모두 자연 법칙에 따라 정해진다. 그러나 이 자연 법칙들과 각각의 돌 조각을 건축가가 사용한 용도 사이에는 아무런 관계가 없다. 각 생명체의 변이들은 확고한, 변하지 않는 법칙들에 따라 같은 방식으로 결정되었을 것이다. 그러나 이 법칙들과 선택의 작용으로 천천히 형성되는 생명체의 구조 사이에는 아무런 관계도 없다.(Darwin 1868, ii, 248~249쪽)

1859년 이후 잠시 동안 인기를 끌었던 소위 진화적 목적론이라고 불리는 이론에서 대응되는 속성들과, 자연 선택 이론의 이런 임의성을 대조해 보자. 예를 들면 미국의 저명한 식물학자인 아사 그레이(Asa Gray)가 다윈 이론에 대해 제기했던 '진보'라는 개념을 고려할 수 있다.(Gray 1876) 그레이는 스스로를 다윈주의자라고 여겼으며 실제로 미국에서 다윈주의의 열렬한 옹호자이기도 했다. 그러나 그는 신의 개입에 대한 믿음을 포기할 수 없었다. 그래서 철학자 존 듀이(John Dewey)가 "할부 계획에 대한 설계"라고 부르며 통렬하게 비판했던 개념을 고안해 냈다.(Dewey 1909, 12쪽) 그것은 바로 자연 선택이 작용하기에 매우 적합한 변이들을 신이 제공한다는 이론이었다. 그레이는 변이의 원천에 의식적인 설계라는 개념을 재도입했다. 동시에 선택의 역할은 여전히 남겨 놓았다. 적어도 그렇게 알려져 있다. 분명한 것은 만약 자연 선택 이외의 다른 선택들이 사전 선택 작업을 너무 많이 한다면, 자연 선택이 작용할 여지가 거의 남지 않으리라는 점이다. 다윈은 그레이의 의도를 고려한다 해도, 그가 무심코 자연 선택을 완전히 불필요하게 만들어 버릴 것이라고 생각했다.(Darwin 1868, ii, 526쪽) 그래서 그는 그레이의 이론에 반대했다. 그레이의 이론이 의도적인 설계라는 개념을 재도입했을 뿐만 아니라, 변이들이 지시 없이 생겨난다는 것을 보여 주는 많은 실험적 증거들, 특히 가축의 인위 선택(artificial selection) 과정에서 얻은 실험 증거들이 존재했기 때문이다.(일례로 Darwin, F. 1887, i, 314쪽, ii, 373, 378쪽, Darwin, F. and Seward 1903, i, 191~193쪽)

누군가 특히 열렬한 다윈주의자처럼 보이는 사람이 설계자의 존재를 유지하기 위해, 어떤 극단적인 조치도 마다하지 않을 수 있는 상황이 오늘날에는 이상하게 보일지도 모른다. 그러나 이것이 그레이만의 견해는 결코 아니었으며, 이런 견해를 가질 만한 신학적인 동기를 가진 사람들 역시 여럿이었다. 설계자의 지시로 변이들이 나타난다는 진화 이론을 당시의 여러 선두 과학자들이 채택했다. 이들 중에는 지도적 위치에 있는 지질학자이자 다윈의 멘토 중 하나였던 찰스 라이엘(Charles Lyell)과 유명한 천문학자였던 윌리엄 허셜(William Herschel)의 아들 존 허셜(John Herschel)도 포함된다.(Darwin, F. 1887, ii, 241쪽, Darwin, F. and Seward 1903, i, 190~192쪽, n2, 330~331쪽, n1, n2, Herschel 1861, 12쪽을 참조하라.) 비교적 덜 유명했던 사람을 하나 말하자면 아가일 공작(Duke of Argyll)이다. 그는 이런 견해를 담은 『법의 통치 기간(Reign of Law)』(1867년)이라는 대중서를 써서 큰 성공을 거두었다. 아마도 자연 선택이 작용하는 변이가 어디서 유래했느냐는 질문에 다윈주의가 침묵한 탓일 것이다. 설계자를 진화 이론에 되돌릴, 하늘이 준 기회처럼 보였다. 서둘러 덧붙이면 다윈주의는 변이의 기원을 비록 설명하지 못할지라도 완전히 충분한 이론이다. 그럼에도 이런 침묵은 몇몇 다윈주의자들을 괴롭혔다. 피터 메더워(Peter Medawar, 후천성 면역 내성을 발견해 프랭크 맥팔레인 버넷(Frank Macfarlane Burnet)과 1960년에 노벨 생리·의학상을 받은 영국의 생물학자이다. — 옮긴이)처럼 유명한 생물학자조차 "현대 진화론의 주된 약점은 변이, 즉 진화의 **후보자(candidature)**들, 선택 대상이 되는 돌연변이가 발생한 표현형들을 충분히 설명할 수 있는 이론이 부족하다는 것이다."라며 한탄했다.(Medawar 1967, 104쪽)

대안 이론들은 변이를 제거하거나 보유하는 선택 과정을 설계자에 의존해 설명했다. 그러나 자연 선택 이론에서 이 과정은 선택자의 이익과는 무관하게 진행된다. 선택을 지시하는 숙고도, 계획도, '마음'도 없다. 목적이나 목표를 포함하는 것은 아무것도 없다. 선택 과정은 환경의 압력 이외에 미래를 계획하는 다른 어떤 것의 개입도 받지 않는다. 공학자의 음의 되먹임을 기억하라. 월리스가 말했듯이 "이 원칙은 증기 기관의 원심 속도 조절기와 똑같이 작동한다. 증기 기관의 원심 속도 조절기는 이상이 눈에 띄기 전에 그것을 점검하고 바로잡는다."(Darwin and Wallace 1858, 106~107쪽)

'의식적인 설계자가 없는 선택'이라는 개념은 '설계를 불가능하게 하는 임의성'이라는 개념과 별개이다. 가축의 인위 선택을 예로 들어 이것을 살펴볼 수 있다. 다윈이 지적했듯이, 이때 변이의 원천은 (다윈이 비록 가축화에서 변이의 원천이 '뚜렷하다.'고 믿었을지라도) 야생에서의 원천과 동일하지만 변화(선택)의 매개자는 다르다. "인간이 선택을 하는 대리인일 때, 우리는 변화의 요소 두 가지가 달라진다는 점을 분명히 알 수 있다. 다양성은 어떤 식으로든 활성화되지만 특정한 방향으로 변이를 축적하는 것은 인간의 의지다. 자연 상태에서의 적자생존은 후자로 언급한 이 대리인이다."(Peckham 1959, 279~280쪽) 따라서 다윈과 월리스의 이론은 이전에는 누구도 다루지 못했던 일을 해냈다. 이 이론은 변이나 선택, 둘 중 하나만으로는 엄청난 창조력을 발휘할 수 없다는 사실을 보여 준다. 그러나 변이는 지시받지 않았으며 선택에는 의도적인 선택자가 개입하지 않았다.

이 해답의 명쾌한 단순성과 엄청난 설명력에도 불구하고, 다윈주의는 맨 처음 주창된 이후로 이 이론이 설계자 없는 설계 문제를 실제로 해결했다는 사실을 강경하게 부정하는 소수의 비평가들로부터 놀랍게도 계속해서 괴롭힘을 받아 왔다. 이 비평가들은 크게 두 범주로 분류된다. 그들의 견해는 서로 매우 모순적이다. 몇몇은 다윈 이론이 전적으로 우연에 의존한다고 비난한다. 이들은 적응이 우연히 생성될 가능성이 매우 적다는 점을 지적한다. 물론 복잡하고 성능이 좋은 구성 요소들이 아무런 지시 없이 단숨에 생겨나기란 거의 불가능하다. 이 점에서 그들은 옳다. 그러나 다윈주의가 이러한 가정하에 성립된다는 생각은 완전히 잘못됐다. 다른 비평가들은 정반대의 불만을 표출했다. 즉 다윈주의

적응의 힘

벌새(Humming-bird)와 박각시나방(Humming-bird hawk-moth)

"나는 여러 번 박각시나방을 벌새로 착각하고 잘못 쏘았다. …… 많은 경험 뒤에야 이 두 개체를 구별하는 법을 비로소 배웠다. 이 둘의 유사성은 원주민들의 주목을 끌었다. 원주민들은 이 두 종이 서로 변형 가능하다고 굳게 믿는다. 교육을 받은 백인들조차도 그렇다. 그들은 애벌레가 나비가 되는 변태를 관찰하고는, 이러한 변화는 나방이 벌새로 변하는 일보다 조금도 더 멋지지 않다고 생각한다. …… 흑인들과 인디언들은 내게 두 종이 같다고 주장했다. '그들의 깃털을 보세요.' 원주민들은 말했다. '눈도 똑같고 꼬리도 똑같아요.' 이러한 믿음은 너무 깊이 뿌리박혀서 이 주제를 논리적으로 설명하여 설득하려고 해도 소용이 없었다. 박각시나방은 대부분의 나라에서 발견되며 어디서든 비슷한 습관이 있다. 그중 잘 알려진 한 종이 영국에서 발견된다. 굴드는 어느 영국 신사와 격렬한 언쟁을 벌였던 일을 이야기해 주었다. 그 신사는 벌새가 영국에서 발견됐다고 단언했다. 날아다니는 벌새 한 마리를 데번셔에서 직접 봤다는 것이다. 데번셔에는 박각시나방이 있었다."((헨리 월터 베이츠(Henry Walter Bates)의 『아마존 강의 박물학자(*The Naturalist on the River Amazons*)』에서 인용)

가 우연에만 의존하지 않고 설계자의 존재를 은밀히 존속시킨다는 것이다. 따라서 의도적인 설계자의 존재를 떨쳐 내는 데 실패했다는 주장이다. 이 불평들도 표적을 완전히 잘못 겨냥했다. 선택은 강력한 성형력을

THE ANT AND THE PEACOCK

48 개미와 공작

가지고 있지만 미래를 내다보지는 못한다. 첫 번째 집단은 다윈주의의 결론(즉 적응적인 복잡성)이 전제를 따르지 않는다고 주장한다. 두 번째 집단은 다윈주의의 결론이 전제를 따르지만 그것은 문 뒤에 우쭐해서 서 있는 설계자가 존재하기 때문에 가능하다고 주장한다.

이 두 비평들은 모두 하나의 오류를 범하고 있다. 이들은 한편에는 맹목적이며, 특별한 지식도, 보급 경로도 없는 우연들이 어마어마하게 급증하고 있으며, 또 다른 한편에는 의도적이며 유도된 설계의 정교한 안목이 존재하는데, 둘 사이에 제3의 통로는 없다고 가정한다. 이 가정의 배경에는 오랜 역사적 전통이 존재한다. 한쪽에는 기원전 3세기의 쾌락주의로 바로 이어지는 소수의 견해가 있다. 이 견해는 설계자의 존재를 회피하기 위해 우연을 언급했다. 확실히 자포자기적인 방식이다. 유기체의 적응들이 우연히 많이 생길 수 있다는, 직관적으로 가능성이 상당히 낮아 보이는 주장을 하며 설계자의 존재를 미결 상태로 남겨 두는 편이 훨씬 더 만족스러워 보인다. 그리고 실제로 다른 한쪽을 차지한 대다수는 전적인 우연만으로 복잡하고 기능적인 질서가 생성된다는 생각은 타당하지 않다고 본다. 이 생각은 너무 타당하지 않기 때문에, 설계가 있으므로 설계자가 존재한다는 견해를 지지하기 위한 귀류법(어떤 명제가 참임을 증명할 때, 그 명제의 결론을 부정할 경우(혹은 모순 판단이 참이라고 할 경우)에 기본 가정이나 공리가 성립하지 않아 부조리에 빠짐을 밝혀서 간접적으로 그 결론이 성립함을 증명하는 방법. — 옮긴이)으로 활용됐다. "설계자가 있음에 틀림없다. 그렇지 않다면 우연이 혼자서 설계를 책임져야 하기 때문이다. 이것은 명백히 터무니없는 이야기다!" 이 쾌락주의적 시각에 대한 비판들은 17세기에 다시 나타났다. 원자론이 조성했고 위험한 무신론에 대항해, 천우신조의 설계라는 주장이 스스로 방어할 필요를 느낀 때였다. 이 주장들은 1859년까지 자연 신학 내에 단단히 자리를 잡았다. 그래서 다윈주의가 등장했을 때 여기에 반대하는 세력은, 비록 오해였을지라도 "설계가 아니라면 완전한 우연뿐"이라는 이분법을 행사할 만반의 준비가 되어 있었다. 이 주장들 중 일부는 대중 언론에서 왔다.(Ellegård 1958, 115~116쪽) 또 매우 저명한 비평가들 역시 목소리를 크게 높였다. 비평가들은 이 이분법이 현재에 지독히도 부적합하다는 사실을 이해하고, 자연 선택이 진정한 대안을 제공했다는 사실을 주목하는 데 분명 실패했다.

예를 들어 존 허셜은 자연 선택이 완전한 우연 이외에 아무것도 아니라고 믿는 비평가들 중 한 사람이었다. 그는 조너선 스위프트(Jonathan Swift)가 『걸리버 여행기(Gulliver's Travels)』(Swift 1726, 227~230쪽)에서 단어를 임의로 조합해 책을 쓰는 라푸타 사람들의 관례를 가소롭다는 듯 설명한 데 비유하며 득의만면해 말했다. "우리는 라푸타 인들이 책을 쓰는 방식을 윌리엄 셰익스피어(William Shakespeare)의 작품들과 『프린키피아(Principia)』(1867년 뉴턴이 출판한 저서로 원제는 『자연 철학의 수학적 원리(Philosophiæ Naturalis Principia Mathematica)』이다. — 옮긴이)를 쓰기에 충분한 방식으로 받아들일 수 없는 것처럼, 자연 선택과 임의적이며 우연적인 변이 원칙이 과거와 현재의 생물계를 충분하게 설명해 내는 원칙이라고 받아들일 수 없다."(Herschel 1861, 12쪽) 다른 누구도 아닌, 바로 저명한 물리학자 켈빈 경(Lord Kelvin)이 존 허셜의 비판을 "가장 가치 있고 유익하다."라고 평가했다.(Thomson 1872, cv쪽) 그는 1871년에 영국 학술 협회의 회장단 연설에서 이러한 의견을 만족스레 발표했다. 독일의 유명한 발생학자인 카를 에른스트 폰 베어(Karl Ernst von Baer) 역시 자신이 다윈주의라고 여겼던 것을 증명하는 귀류법으로, 걸리버의 역설적인 이야기를 활용했다.

사람들은 오랫동안 이 라푸타 인에 대한 보고서를 쓴 작가가 농담을 한다고 여겼다. 유용하고 중요한 사물들이 우연한 사건들로부터 생길 수 없다는 점이 자명하기 때문이다. …… 이제 우리는 이 철학자를 사려 깊은 사상가로 인정해야만 한다. 그가 현재 과학의 승리를 예측했기 때문이다.

우연들이라고!? …… 이 셀 수 없는 우연들이 질서 잡힌 무엇인가를 초래하려면 기적적인 조화를 이뤄야만 할 것이다.(Baer 1873, 419~425쪽)

이러한 입장은 19세기 내내 인기가 있었다. 이 주장은 다윈이 죽기 전 해에 출간된 한 영향력 있는 책에서 전형적으로 나타난다. 저자는 널리 읽히며 매우 존경받던 작가인 윌리엄 그레이엄(William Graham)이었다. 그는 다음과 같이 말했다. "다윈이 …… 제기한 가장 중요한 이슈는 우연이나 목적이 세계를 지배한다는 것이다."(Graham 1881, 50쪽) 그는 우연(다윈주의)이 진화를 설명하기에 불충분하다고 결정했다. "우리는 설계 개념을 활용해야만 한다. 왜냐하면 설계의 유일한 대안인 우연이, 여전히 현실과는 동떨어져 있기 때문이다. …… (만약) 설계를 부정한다면, 우연이 대안으로 제시되어야 할 것이다."(Graham 1881, 345쪽) 이러한 목소리들의 반향이 다윈주의의 죽음이라고 알려진 유명한 논쟁들(과학 영역 내에서는 그러한 논쟁들이 없다.)에서 아직까지도 울려 퍼진다.(예를 들면 Hoyle and Wickramasinghe 1981, 13~20쪽, Koestler 1978, 166~168쪽, 173~177쪽, Ridley 1985a에서 여러 다른 사례들을 비평하고 있다.)

다윈주의를 비판하던 한 집단은 잘못된 정보에 근거한 비평가들의 집단이었다. 반대 방향에서 공격하는 또 다른 집단은 자연 선택 이론이 완전한 우연에 의존하지 않고 선택자, 설계자를 은밀히 도입한다고 평가했다. 많은 19세기의 논평가들이 이렇게 생각했다. 그들에게 다윈의 이론은 가축 선택에의 비유나 의인화된 자연에 기대는 것처럼 보였다. 월리스가 다윈에게 아래와 같이 썼던 것처럼.

저는 …… 수많은 똑똑한 사람들이 자연 선택의 자동적이고 필연적인 효과들을 명확히 볼 수 없거나 전혀 볼 수 없다는 사실에 거듭 충격을 받아 왔습니다. …… (최근의 한 기사는) 당신이 자주 비유하는 인간의 가축 선택처럼, 자연 선택도 지능을 지닌 "선택자"의 끊임없는 주시를 필요로 한다는 사실을 당신이 모른다며 맹목성 같은 점들을 비난했습니다. …… (그리고 또 다른 기사는) "자연 선택의 작용에 사고와 방향이 필수적"이라는 사실을 보지 못한다며 그것이 당신의 약점이라고 말했습니다.(Marchant 1916, i, 170)

역사가들은 이 19세기의 입장을 자연 신학의 "위대한 설계자 편향"에서 비롯된 잔여물로 보는 경향이 있다.(Gillespie 1979, 83쪽이 그 예이다.) 그러나 오늘날의 유명한 저작물들에도 똑같은 오해를 하는 논평가들이 가득하다.(Ridley 1985a이 여러 사례들을 제시한다.) 그리고 일부 과학사가들(Manier 1980, Young 1971이 그 예이다.) 역시, 좋게 보더라도 애매하다고 말할 수 있는 입장을 취한다. 그들은 다윈주의의 수용을 선택자 가설이 도와준다는 입장을 고수한다. 그러나 이들은 다윈주의에 선택자를 더한다면, 더 이상 다윈주의가 아니라는 사실을 분명히 이해하지 못하고 있다. (짐작하건대) 하늘의 위대한 선택자라는 입장을 고수하지 않았던 사람들조차도, 환경의 압력이 가축 사육자를 대신할 수 있다는 생각을 확신하지 못할 것이라고 여겨진다. 물론 (다윈이 『종의 기원』에서 호소했던). 가축 선택의 비유는 다윈의 이론에 반드시 필요한 것은 아니다. 실제로 월리스는 처음으로 자신들의 이론을 발표했던 린네 학회의 공동 논문 기고문에서 이 비유의 사용을 분명히 거부했다.(Darwin and Wallace 1858, 104~106쪽) 어찌됐든 이 이론이 현실적으로 해석된다면, 어째서 하나의 비유가 필수겠는가?

상당수가 저명한 인사들로 이루어진 이 비평가들이 다윈 이론을 잘못 이해하고 있다는 비난은 부당하며 심지어는 지각없는 행동으로까지 보일 수 있다. 어쨌든 비슷한 사례들을 들어 보자. 아인슈타인이 양자 역학을 불충분한 이론이라고 주장했다고 해서 누구도 그가 양자 역학을 제대로 이해하지 못했다고 비난하지는 않을 것이다. 과학자는 한 이론의 전제가 사실이면 그 결론도 역시 사실이라고 받아들인다. 또는 그 전제들을 받아들이지 않을 수도 있다. 실제로 아인슈타인의 입장이 바로 그랬다. "신은 주사위 놀이를 하지 않는다." 그러나 이것이 다윈 비평가들의 일반적인 입장은 아니었다. 그들은 전제와 관련된 사항들을 당혹스러울 정도로 오해하는 것처럼 보인다. "다윈주의가 우연에만 기댄다."라는 입장에 따르면, 적응을 만들어 내는 일은 불가능하다. "다윈주의에 설계가 연루된다."라는 견해에서, 다윈주의는 설계자를 상정해 "설계"를 설명한다. 아인슈타인과 달리, 이 경우들은 다윈주의를 순전히 오해했다고 여겨진다.

이러한 오해가 너무나 본질적인 탓에, 자신의 분야에서 굉장히 성공한 과학자들 간에도 만연하여 오래 이어졌다는 사실은 매우 놀랍다. 하워드 그루버(Howard Gruber)가 지적했듯이, 다윈이 살던 때에 이미 다른 분야들에서 유사한 체계들을 발견할 수 있었다. 당시 학자들은 자동 조절 기계들을 개발하는 중이었으며 조직적이지 않은 우연한 요소들이 높은 수준의 질서를 만든다는 생각은, 경제학자들과 도덕 철학자들에게 친숙했다. 애덤 스미스(Adam Smith)의 "보이지 않는 손"이 그 전형적인 예이다.(Gruber 1974, 13쪽) 이 비유들은 매우 정확하다고 인정된다. 사회 과학 분야에서 특히 그렇다. 그럼에도 우리가 앞서 살펴봤듯 월리스는 증기 기관의 조종자를 적절한 예시로 인식했고 다윈은 사회 이론들이 시사적이라고 생각했을 수 있다.(Schweber 1977)

흄의 유쾌한 표현에 따르자면, 적응은 "그에 대해 한번도 생각해 본 적조차 없는 모든 사람들을 황홀할 정도로 감탄시킨다." 그러나 우리는

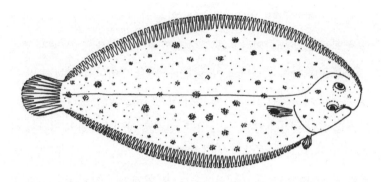

역사의 소인

모래가자미(sand sole, *pegusa lascaris*)의 비뚤어진 눈은 적응의 '불완전함'을 말해 준다. —
"내가 당신이라면, 여기서 시작하지 않았어."

"가자밋과(*Pleuronectidae*)나 넙치류 생선은 비대칭적인 몸이 특징이다. 이들은 몸의 한쪽 면
이 바닥을 향해 누워 있다. …… 가장 놀라운 특징은 눈이다. 양쪽 눈이 모두 머리의 윗면에 위치한
다. 그러나 어렸을 때는 눈이 양쪽에 각각 하나씩 놓여 있으며, 몸도 전체적으로 대칭적이다. ……
그러다 점점 아래쪽에 달린 눈이 머리를 빙 돌아 위쪽으로 천천히 미끄러져 이동한다. 이전에 생
각했던 것처럼 눈이 두개골을 직접 관통해서 이동하지는 않는다. 아래쪽 눈이 이처럼 위쪽으로 이
동하지 않는다면 한쪽 면을 아래로 한 특유의 자세로 누워 있을 때, 물고기는 아래쪽 눈을 사용할
수 없을 것이다. 또 그 눈이 모래 바닥에 마모되기도 쉬울 것이다."(다윈, 『종의 기원』에서 인용)

적응이 얼마나 황홀하며 완벽하기를 바라는 것일까? 이것은 다윈주의
자들 사이에서 오랫동안 논쟁의 핵심이었다. 전 다윈적인 두 학파의 사
고를 비교하는 작업은 다윈주의의 세계관에 대해 많은 것을 알려 준다.
공리주의적 창조론자들은 적응에서 완벽함을 보았다. 이상주의자들은
동일한 증거에서 해당하는 기능에만 불완전하게 적응된 구조들을 보았
다. 다윈주의는 이 두 학파의 중간 지점에 있다. 선택의 힘은 창조론자들
이 총애할 정도로 경이로운 적응 결과들을 만들 수 있다. 그러나 그 시
작점이라 할 임의적인 변이들은 이전 세대들에게 적절한 해결책들이었
기 때문에, 이 변이의 결과는 모든 제약에서 벗어난 설계자의 흠잡을 데
없는 각인보다는 손에 쥐어진 패 안에서 최선을 다해야만 했던 흔적들

을 숨김없이 보여 준다. 그렇다고 이 불완전한 구조물들이 이상적인 형태의 아무 목적 없는 구조물은 아니다. 이들은 제약된 조건 내에서 선택된 좋은 해결책들이다. 우리는 먼저 다윈주의를 공리주의적 창조론과 대조해서 살펴볼 생각이다. 그 뒤에 이상주의와 대조해 보려고 한다.

자연 선택이 '불완전성'을 기대하는 곳에서, 공리주의적 창조론자들은 '완전성'을 기대하는 이유는 역사와 관련이 있다. 이들에게 눈, 날개, 지느러미는 처음부터 그 목적을 위해 설계됐다는 의미에서 적응이다. 각 종들은 기성품으로 창조됐으며, 창조된 뒤 변하지 않았다. 따라서 유기체의 적응은 조상들의 적응에 제약을 받지 않는다. 그러나 다윈이 이해한 적응은 적응의 최종 상태뿐만 아니라 역사적인 시작점까지 포함하는 개념이다. 공리주의적 창조론자들이 말하는 설계자는 자연 선택의 작업 방식을 지켜보면서, 아일랜드에서 길을 잃은 여행자에게 던지는 충고를 되풀이할 것이다. "내가 당신이라면, 여기서 시작하지 않았어." 날개는 새의 환경에 적합하다. 날개가 주변 환경에 꼭 맞게 창조됐기 때문이 아니라 새의 조상들이 과거 환경에 적응했기 때문이다. 따라서 '불완전성'이 나타나리라고 기대한다. 즉 조상 대의 적응이 현재는 관련 구조의 완벽함을 제약하는 요소로 작용할 것이다. 물론 역사적인 이론들 역시 완전성을 기대하는 이론이 될 수도 있다. 일례로 발달 계획이 자신의 기능에 완벽하게 들어맞는 적응들과 함께, 단계마다 전개된다고 예측하는 이론을 들 수 있다. 그러나 다윈주의의 역사는 예지력이 없다.

불완전성의 발견이 다윈에게는 문제가 되지 않는다. 하지만 흔적 기관들은 공리주의적 창조론자들에게 상당히 당혹스러울 수 있다.

쓸모없어 보이는 이 이상한 기관, 혹은 부위들은 자연계에서 매우 흔히 볼 수 있다. …… 이들에 대해 곰곰이 생각하면, 모든 사람들이 충격을 받을 것이 틀림없다. 대부분의 기관과 부위들이 특정한 목적에 걸맞도록 절묘하게 적응됐다고 주장하는 바로 그 입장에 따르면 이 흔적 기관 혹은 위축된 기관들은 불완전하고 쓸모없다고 여겨질 것이다.(Darwin 1859, 450~453쪽)

인류의 절반이 불완전성의 증거였다. "만약 모든 것이 다 설계됐다면 인간 역시 그래야만 한다. …… 그러나 나는 남성의 흔적 유방이 …… 설계된 것이라고 인정할 수 없다."(Darwin, F. 1887, ii, 382쪽) 그러나 다윈의 이론에 따르면 이 구조들은 아무런 난제도 일으키지 않는다.

수정된 상속(descent with modification)에 대한 내 견해에서는 흔적 기관의 기원을 간단히 찾을 수 있다. …… 그것은 단어 속의 글자들에 비유할 수 있다. 철자에는 여전히 포함되지만 발음은 되지 않는 글자 말이다. 그러나 이 글자들은 단어의 어원을 찾을 때 단서 역할을 할 수 있다. …… 불완전하고 쓸모없거나, 발육 부전이 심하거나 혹은 흔적 상태인 기관들은 보통의 창조론에서 기대되는 것처럼 어려움을 제기한다기보다는 오히려 예상할 수 있는 것이며, 유전 법칙에 따라 설명이 가능하다.(Darwin 1859, 454~456쪽)

역사는 기능 변화의 유산 또한 남겨 놓았다. 각 부위들은 그들이 본래 '창조된' 목적이 아닌 새로운 쓸모에 적응했다. 옛 적응들로부터 새로운 적응들이 재활용됐다. "어떤 물고기들은 부레가 부력을 만드는 기능을 제대로 발달시키지 못한 것처럼 보인다. 대신 부레는 원시적인 호흡 기관이나 폐로 바뀌어 있다."(Darwin 1859, 452쪽) (현대의 동물학자들은 원시 폐가 부레로 이용되는 식으로, 다른 방향으로 재활용이 진행됐다고 생각한다.) 이것은 유능한 창조자의 특징이 아니다. 적응은 "신성한 숙련공"의 작업이라기보다는 "숙련된 땜장이"의 작업에 훨씬 가까워 보인다.(Jacob 1977, Ghiselin 1969,

134~137쪽, Gould 1980, 19~44쪽, 1983, 46~65, 147~157쪽)

　　난초에 대한 다윈의 저서에는 『영국과 외국의 난초들이 곤충으로 수
정되는 다양한 장치들에 대하여(*On the Various Contrivances by which British and
Foreign Orchids are Fertilised by Insects*)』(1862년)이라는 강력한 제목이 붙었다. 마
이클 기셀린(Michael Ghiselin)은 다윈의 방법을 평가하면서, 이 연구가 공
리주의적 창조론자들이 총애하는 "장치들"이 실제로 어떤 "장치들"인
지 보여 준, 정말 기분 좋은 사례라고 지적했다.(Ghiselin 1969, 134~137쪽) 다
윈의 책은 "이전부터 존재하던 구조와 능력들이 새로운 목적을 위해 어
떻게 활용되는지"를 설득력 있게 설명해 준다.(Darwin 1862, 214쪽, 또한 예로
348~351쪽도 참조하라.) 난초의 경우에는 타화 수정(다른 개체 또는 다른 그루나 같
은 그루 안의 다른 꽃 사이에서 이루어지는 수정이다. — 옮긴이)이 목적이다. 이 책의
제목이 완벽한 설계를 주장하는 공리주의적 창조론자들을 반어적으로
비판하고 있음은 의심할 여지가 없다. "장치"는 페일리 주교가 가장 좋
아하는 개념 중 하나였기 때문이다. (왜 전능한 신이 장치에 의존해야 하는지 당
신이 의아해할 경우에 대비해 설명을 하자면, 페일리의 신학에서는 바로 그 장치가 신이 존재
한다는 증거이기 때문이다. 균형, 통일성 혹은 풍부함 같은 증거들과는 대조되는 증거 말이
다.(Manier 1978, 72쪽)) 이 책이 처음 출간되었을 때, 다윈은 그레이에게 아
래와 같은 흥미로운 편지를 썼다.

　　제가 이 난초 책 마지막 장에서 목적이 동일한 수단들이 무한히 다양하게
　　나타나는 원인과 의미에 대해 말한 것을 어떻게 생각하는지 듣고 싶습니다. 그
　　것은 설계, 그 끝없는 의문과 관련됩니다. …… 누구도 이 책의 가장 주된 관심
　　사가 적에 대한 '우회적인 공격'이었음을 감지하지 못했을 것입니다.(Darwin, F.
　　and Seward 1903, i, 202~203쪽, 또한 Darwin, F. 1887, iii, 266쪽도 참조하라.)

그레이가 목적론적인 성향이 강했다는 점을 감안할 때, 그가 곧 의도적인 설계의 옹호자들에 대한 '우회적인 공격'을 간파했다는 사실은 그다지 놀랍지 않다. 그러나 다윈의 역설은 덜 다윈적이었던 많은 동시대인에게 이해되지 않았다. 예를 들어 아가일 공작은 다윈이 "설계자-목적론"을 버릴 수 없다며 의기양양하게 결론을 내렸을 정도다.

> 이처럼 별난 식물목(目)의 복잡한 구조를 묘사해야만 할 때, 순수 자연주의의 가장 진보된 신봉자인 그가 본능적으로 사용하는 언어들을 관찰하는 일은 흥미롭다. '자연에게 의도를 귀속시킬 때의 주의 사항'은 그에게는 해당되지 않을 것 같다. 다윈은 사물에서 의도를 보고 있으며, 의도를 보지 못하면 발견할 때까지 부지런히 찾는다. …… "장치"("특이한 장치", "훌륭한 장치")라는 표현이 여러 번 반복된다.(Argyll 1862, 392쪽, 또한 Darwin, F. 1887, iii, 274~275쪽도 참조하라.)

이제 이상주의자들로 화제를 바꿔 보자. 우리는 적응의 완전성에 대한 매우 새로운 견해에 직면하게 된다. 그들에게 의도적인 설계란 특정 유기체가 아니라 창조의 전체적인 패턴에서 나타났다. 그러므로 전체 종들에 관한 거대한 계획을 유지하기 위해, 특정 종에서의 적응의 효율은 당연히 희생될 수 있다. 따라서 이상주의자들은 완전성을 강조하지 않을 뿐만 아니라 불완전성을 강조하려고 특별히 애쓰기까지 했다.(Bowler 1977, Cain 1964, Ospovat 1978, 1980, Yeo 1979) 그렇기에 저명한 동물학자인 아서 제임스 케인(Arthur James Cain)은 이 이론과 전통의 주된 단절이, 구조를 기능에 인상적일 정도로 잘 들어맞는 것으로 설명했던 아리스토텔레스에서부터 나타나기 시작했다고 보았다.(Cain 1964, 37~38, 46쪽) 만약 형태가 기능에 우선한다면 무용성, 불필요한 중복과 부적응이 나타나리라고 예상된다. 공리주의적 창조론자들이 위대한 설계자의 양탄자 아래로 당황스럽게 쓸어 담았던 쓸모없는 흔적 기관들은 이상주의자들을 만나 신기축을 열었으며 감탄의 대상이 되었다. 기능적인 의미는 없지만 원형 이론에 깔끔하게 잘 들어맞는 상동성(homology, 서로 다른 종들 사이에 나타나는 구조의 유사성)보다, 구조가 기능에 비해 중요함을 더 잘 보여 주는 증거가 어디 있겠는가?

예를 들어 오언(Owen 1849, 또한 Cain 1964도 참조하라.)은 척추동물의 사지를 비교하고 듀공(주로 인도양에 사는 거대한 초식 동물이다. ─ 옮긴이)의 "지느러미"와 박쥐의 날개, 말의 다리와 인간의 사지 사이에 상동성이 존재하는 이유를 물었다. 만약 공리주의적 창조론자들이 가정하는 것처럼 설계의 기준이 기능이었다면, 왜 구조와 쓰임새 사이의 관련성이 그렇게 작을까? 또 서로 다른 역할을 수행하는 구조들이 어째서 그렇게나 서로 많이 닮았을까? 어쨌든 인간이 만든 기구들은 목적이 달라지면 구조적으로도 다양해진다. 공리주의적 창조론자들은 자연의 도구들에서 엄청난 다양성을 발견하리라고 예상했을 것이다. "인간의 사지도 기계처럼 직접적, 목적론적으로 그 역할에 적응했을 것이다."(Owen 1849, 10쪽) 그러나 반대로 "여러 동물들의 …… 선천적인 기구들의 구조에서는 일치성이 훨씬 더 많이 나타난다."(Owen 1849, 10쪽) 따라서 이러한 상동성은 공리주의적 창조론자의 견해로는 설명할 수 없다. 그러나 모든 척추동물들을 동일한 기본 계획 위에 만들었다고 한다면, 상동성은 정확히 기대되는 특징이다. 나중에 다윈이 했던 것처럼 오언도 유기체들은 결코 완벽한 기계가 아니며, 오히려 부조화와 쓸모없는 중복을 보일 것이라는 점을 강조했다. 구조와 기능 사이에 기계와 같은 대응을 기대하는 공리주의적 창조론자는 이런 이례들을 설명할 수 없다. "아마도 창조된 기관들을 만들어진 기계에 빗대어 판단하기 때문에 이런 오류가 생길 것이다."(Owen 1849, 85쪽, 예로 Knox 1831, 486쪽도 참조하라.)

이 중 몇몇은 확실히 다윈에게 적절한 증거였다. 예를 들면 오언이 사용한 상동성에서 나타나는 쓸모없음은 공리주의적 창조론에 불리하면서, 동시에(원형은 계통 발생론에 따라 대체된다.) 진화를 지지하는 증거로 쓸 수 있다. 오언의 주장을 똑같이 반복한 아래의 문장은 그 예이다.

잡는 데 적합하도록 형성된 인간의 손, 파는 데 적합한 두더지의 앞발, 말의 다리, 쇠돌고래(porpoise)의 노, 박쥐의 날개가 모두 동일한 패턴 위에서 구축되었으며, 같은 종류의 뼈들로 구성되고, 상대적으로 동일한 위치에 놓여 있다는 사실보다 더 흥미로운 것이 있을까? 같은 부류에 속한 구성원들 사이의 패턴의 유사성을 용도나 목적인으로 설명하려고 시도하는 일보다 가망 없는 일도 없다. 이러한 시도가 성공할 수 없음은 오언 또한 "사지의 본성"에 관한 자신의 가장 흥미로운 연구에서 인정했던 바이다.(Darwin 1859, 434~435쪽)

(물론 오언은 이 점을 '인정'하라고 강요받지 않았다. 반대로 그는 공리주의적 창조론자들의 견해를 반박하고 자신의 견해를 지지할 증거로 여기에 주목했다.) 같은 의도로 다윈 역시 기능이 분명히 없는 일련의 상동성(동일한 유기체 내의 서로 다른 부위들 사이의 상동성)들을 예로 들었다.

대부분의 생리학자들이 두개골의 뼈들이 …… 일정한 수의 기본 척추뼈들과 상동 관계에 있다고 생각한다. …… 일반적인 창조론의 시각에서 이러한 사실은 얼마나 불가해한가! 왜 뇌는 엄청나게 많은 수의 뼈 조각들로 이루어진, 유별난 형태의 상자 속에 갇혀 있어야만 할까? 이러한 분리된 조각들이 포유동물이 출산할 때 이득이 된다는 설명은, 오언이 언급했듯이 동일

한 구조를 지닌 새의 두개골에는 전혀 해당되지 않는 이야기다.(Darwin 1859, 436~437쪽)

다윈은 이런 '무용성'을 크게 강조했다. 실제로 케인에 따르면, "그와 오언(그리고 '자연 철학자들(Naturephilosophen, 그들은 이상주의자들이기도 하다.)')은 동물들의 불완전함, 자기 삶의 양식에 적응하지 못한 정도를 의미하는 그 불완전함을 수 세기 동안의 다른 누구보다 높이 평가했다."(Cain 1964, 46쪽)

그러나 지나친 불완전함은 지나친 완벽함 만큼이나 다윈의 목적에 도움이 되지 않았다. 어쨌든 자연 선택은 설계의 놀라운 위업을 달성할 수 있다. 따라서 다윈은 이상주의의 불완전성에 맞서서 '완벽성'을 강조하거나, 어쨌든 자신의 이론이 '불완전성'을 예측했다고 보여 줘야만 했다. 또 다시 그는 난초에 대한 자신의 연구에서 이러한 두 가지 교훈을 모두 얻었다. 이상주의자들이 설계자의 주형이 가장 중요하다고 가정한다면 그들은 이 주형을 더 자세히 살펴봐야 한다.

몇몇 박물학자들은 셀 수 없이 많은 구조들이 단지 다양성과 아름다움을 위해 창조되었다고 믿고 있다. 마치 노동자가 일련의 다양한 패턴들을 만들어 내듯이 말이다. 나는 구조의 이러저러한 세부 사항들이 쓸모가 있는지 없는지가 자주 의심스러웠다. 그러나 만약 쓸모가 없더라도, 이 구조들은 유용한 변이들의 자연 보존 과정으로 만들어질 수 있다.(Darwin 1862, 352쪽)

어떤 '불완전성'도 거대한 패턴의 하위 요소들이 아니며 계통 발생과 자연 선택의 유산이다.

참으로 아름다운 외래종을 들여다보고 …… 그것이 얼마나 크게 변형되어 왔는지 관찰하는 일은 흥미롭다. …… 각각의 난초들이 특정 '이상형'에 기반을 두고, 현재 우리가 보는 바로 그 모습 그대로 창조되었다는 말에 진정 만족할 수 있을까? 또 전체 질서에 관해 한 가지 계획을 선택한 전능한 창조주가, 만물이 이 계획에서 벗어나기를 원하지 않았으리라는 말에 우리는 진정 만족할 수 있을까? 따라서 창조주가 한 기관이 다양한 기능들(때로 원래 기능에 비해서 중요성이 적은 기능들)을 수행하게 만들고, 어떤 기관들은 쓸모없는 흔적 기관으로 바꾸어 그들 모두를 마치 서로 무관한 것처럼 배열한 후, 긴밀히 협업하도록 만들었다는 말에 우리는 진정 만족할 수 있을까? 오히려 모든 난초 후손들의 공통적인 특징들이 있으며, 현재 난초들의 놀라울 정도로 다양한 구조는 오랫동안 느린 변화의 과정을 거치며 생성됐다는 시각이 훨씬 단순하고 지적이지 않을까?(Darwin 1862, 305~307쪽)

공리주의적 창조론자들의 완벽성과 이상주의자의 불완전성에 대한 다윈의 조심스러운 재작업은 단순한 승리주의(특정한 원칙, 종교, 문화, 사회 체계가 다른 모든 것들보다 우월하다거나 반드시 이긴다고 믿는 사고 방식을 말한다. ─ 옮긴이)가 아니다. 그의 재작업은 기존 지식이 자신의 이론을 어떻게 지지하는지에 관한 것이다. 오래된 증거, 이전에는 다른 이론을 뒷받침했던 증거들이 새로운 이론을 어떻게 입증할까? 뉴턴이 갈릴레오 갈릴레이(Galileo Galilei)와 요하네스 케플러(Johannes Kepler)의 유산을 다룬 방식에 대한 칼 포퍼(Karl Popper)의 예시를 고려해 보자. 뉴턴의 이론은 이 전임자들이 세운 여러 업적을 간단히 대체하지 못했다. 오히려 그 반대였다. 새로운 이론은 이전 이론들을 설명할 뿐만 아니라 정정하기까지 해야 한다. "즉 이 두 이론을 단순히 결합하는 것이 아니라 …… **그들을 설명하면서 동시에 정정해야 한다.**"(Popper 1957, 202쪽) 이 작업은 부수적인 도움 없이 오직 뉴턴 이론의 기본 가정들만을 사용해 이루어져야 한다. 존 윌리엄 네빌

왓킨스(John William Nevill Watkins)가 표현했듯이, 뉴턴의 이론은 "동일한 일련의 기본 가정들로 이 두 이론의 근접성이 설명되므로, 서로 공통 요소가 없어 보이는 두 이론들에서 먼저 얻은 일련의 결과들에 따라 입증된다. 그리고 이 이론들의 정정 사항들은 어설프게 고쳐진 것이 아니라이 기본 가정들로부터 **체계적으로** 유도된다."(Watkins 1984, 302쪽) 낡은 지식은 그런 방식으로 뉴턴 이론을 강력하게 확증하며 새 지식으로 전환됐다. 다윈주의와 기존 이론들의 경우에서, 우리는 뉴턴이 쓴 관찰들만큼 정확한 관찰을 갖고 있지 않다. 수치로 표현되는 부분에서는 확실히그렇다. 그러나 질적인 측면에서는 포퍼의 아이디어에 입각해 작업을 추진한다. 이전 이론들의 실험 결과에 대한 강력한 정정, 오래된 자료에 대한 새로운 시선의 심층적인 탐구 등이 여기에 해당한다. 이러한 재해석은 (대개 역사에서 나오는) 어떤 부수적인 가정들에 기대지 않고, 다윈 이론만의 기본적인 가정들과 변이, 유전과 선택에 대한 가정들에서 자연스럽게 도출된다.

다양성 속의 유사성

적응적인 복잡성은 다윈과 월리스가 풀어야 했던 주된 문제 중 하나였다. 또 다른 문제는 유기체 집단들 사이의 놀라운 유사성과 결부된 엄청난 다양성이었다. 오늘날 우리는 그 해결책을 알지 못한 채, 이 증거들을 거의 살펴볼 수 없다. 그 해결책이란 바로 진화다. 진화는 수정된 상속이다. 상속은 유사성을, 수정은 다양성을 초래한다. 그러나 수정하더라도 유사성은 보존된다. 변화가 새로운 형태로의 급진적 도약을 통해일어나기보다는 작은 차이들에 기반을 두고 점진적으로 이루어지기 때문이다. 대체로 우리는 두 가지 부류의 증거들을 각각 설명하기 위해 다원 이론의 두 가지 측면(진화에 대한 일반론과 자연 선택이라는 특정한 기제)를 생각할 수 있다. 자연의 위대한 계획은 근본적인 유사성을 보여 준다. 이것은 상속의 역사로부터 초래된다. 적응은 이 유사성에 부여된 다양성을 보여 준다. 다양성은 진화의 방식인, 자연 선택으로 만들어진 수정에서 초래된다. 다음은 자신의 이론과 두 종류의 증거들 사이의 관계에 대한 다윈의 견해이다.

> 일반적으로 모든 유기체들은 **유형의 통일성(unity of type)과 생존 조건(the conditions of existence)이라는 두 가지 위대한 법칙들에 기반을 두고** 형성된다고 여겨진다. 유형의 통일성은 기본 구조의 일치를 의미한다. 이것은 같은 종류에 속한 유기체들에서 볼 수 있으며 생활 습관과는 큰 상관이 없다. 내 이론에서 **유형의 통일성은 상속의 통일성으로 설명된다. 생존 조건이라는 표현은 …… 자연 선택의 원칙으로 완전히 포괄된다.** 자연 선택이 각 유기체의 다양한 부위들을 삶의 유기적, 비유기적인 조건들에 현재 적응시키고 있거나 과거 오랜 시간 동안 적응시킴으로써 작용하기 때문이다.(Darwin 1859, 206쪽, 고딕체는 이 책의 저자가 강조한 것이다.)

이 두 번째 부류의 증거로 이상주의는 신용을 얻었다. 유사성 검색은 이상주의자 프로그램의 가장 핵심적인 부분이었다. 그에 반해 공리주의적 창조론은 이와 같이 유기체를 설계하는 측면에 대해 세부적으로 말한 적이 거의 없었다. 그러나 이상주의가 공리주의적 창조론보다 이 문제를 더 잘 설명할지라도 『종의 기원』이 출간되기 전까지는 둘 중 어느 쪽도 이 문제를 제대로 설명하지 못했다.

시간이 지날수록 박물학 역시 진일보하여 1859년에는 10년, 20년 전에 비해 증거가 훨씬 더 포괄적이고 풍부해졌다. 증거가 늘어날수록 다원주의의 대안 이론들은 확신을 가지고 이것들을 설명하기가 점점 어려워진다는 것을 느꼈다. 이 판단이 아주 정확할 수는 없다. 특수 창조설(special creationism) 같은 아이디어는 본질적으로 매우 모호하기 때문에 이러한 사실들을 제대로 설명할 수 있을지 없을지를 말하는 것조차 불가능하다. 그럼에도 그때까지는 이 모든 이론들이 어느 측면에서는 서로 조화를 이루었다는 점만은 분명하다. 이 이론들의 핵심 교리가 의도적인 설계에 호소한다는 점을 기억하자. 확실히 증거는 자연에 어떤 패턴들이 존재함을 보여 준다. 하지만 이 패턴들은 너무나 임의적이며 분명한 계획이 없어서, 잘 조직된 창조자의 작업이라고 보기 어렵다. 분류학 분야를 살펴보자. 분류 결과는 전능한 설계자의 정교한 솜씨보다는 손수 서투르게 조립하는 열성가의 작업에 더 가까워 보인다. 예를 들어 박물학자들은 여기 한 종(species)은 속(genus)으로 승격시키고 저기 한 목(order)은 과(family)로 강등시키며, 유기체 집단에 부여한 지위를 끊임없이 수정해야만 했다. 분류 작업을 하면서 유기체들 사이의 어떤 고유한 위계를 알아낸 것이 아니라, 단지 예측할 수 없고 제멋대로로 보이는 생명체 집단들을 대담한 발견자들이 찾아낼 뿐이기 때문이다.(Darwin 1859, 419쪽) 지리적인 분포도 사정이 비슷했다. 물론 신은 특정한 유기체를 아무 장소에나 자유롭게 놔둘 수 있다. 그러나 섬에 사는 종들을(Darwin 1859, 388~406쪽) 한번 생각해 보자. 왜 섬에 존재하는 종의 수는 대개 육지보다 더 적을까? 왜 (개구리, 두꺼비, 영원(蠑螈) 같은) 전체 종들이 모두 존재하지 않을까? 섬에 넣어 줬을 때 이들이 번창하는 경우에도 말이다. 어째서 멀리 떨어진 섬들이 박쥐를 선호하고 그 밖의 다른 포유류는 거부하는 듯 보일까? 왜 이웃한 섬에 거주하는 종은 멀리 떨어진 섬에 거주하는 종들보다 서로 더 많이 닮았을까? 아마도 잘못 제기됐겠지만(Sulloway 1982), 다윈과 관련해 전통적으로 제기되는 문제는 다음과 같다.

왜 신은 갈라파고스 제도의 각 섬들에 각기 고유한 핀치와 거북이 종들을 제공하기로 결정했을까?

공리주의적 창조론과 이상주의는 의도적인 설계라는 개념에 낙담하고 있었다. 이 개념들은 자연에서 발견되는 패턴들을 설명하는 데 유용했지만 무계획적인 느낌을 주는 현상들을 다룰 방법은 제시하지 못했다. 곧 이상주의자들은 자연이 이른바 선험적인 계획을 항상 말끔하게 따르지는 않는다는 사실을 깨달았다. 과거 자료를 소급해, 선험적인 패턴이라고 알려진 변형들을 점점 더 재해석해야만 했다. 이 점에서 공리주의적 창조론은 최악의 상황을 겪는 중이었다. 한편으로는 이론이 너무 약해서 이런 종류의 증거들 속에서 어떤 패턴들이 발견될지를 제시하지도 못했고, 다른 한편으로는 천우신조의 설계에 사로잡혀서는 계획의 불완전성을 보이는 증거들이 점점 늘어나는 데 당황하고 있었다.

다윈 이론에서는 다양성 속의 유사성을 보이는 증거들이 수정된 상속으로 쉽게 설명됐다. 자연의 광범한 패턴들은 상속으로 설명된다. 자연의 예측불허의 변화들은 자연 선택이 가져온 적응적인 수정들에서 기대되는 바였다. 그러나 이런 종류의 사실들이 정확히 어떻게 다윈 이론을 확증해 주는가? 일반적으로 확증이라는 개념에는 예기치 않은 새로운 사실들에 대한 성공적인 예측이 포함된다. 광선은 강한 중력장 안에서 구부러진다는 아인슈타인의 놀라운 예측을, 아서 스탠리 에딩턴(Arthur Stanley Eddington)이 의기양양하게 확증했듯이 말이다. 확증은 이미 기록된 배경 지식이 아니라는 의미에서, "시간적으로 새롭다."라고 할 수 있는 예측들에 의존한다.(Popper 1957) 그러나 분류학이나 지리적 분포 등에서, 다윈 이론은 새로운 예측들에 대해서 시간적으로는 그다지 강하지 못하다. 증거들은 대부분 이미 잘 알려진 상태이며, 다윈 이전의 박물학에도 자세히 기록돼 있다.

그러나 증거가 시간적으로 새롭지 않더라도 새로울 수는 있다.(Zahar 1973) 요는 어느 누구도 한 이론의 알려진 모든 증거들을 급하게 망라하여, 그에 입각한 예측들을 확증된 사실로 보여 줄 수는 없다는 것이다. 이러한 종류의 예측들은 새롭다고 여겨지지 않는다. 그러나 이 이론이 증거에 기초해 구성되지 않았으며, 그럼에도 성공적인 예측이 그로부터 도출될 수 있다고 가정해 보자. "장치 없이" 이론으로부터 나오는 예측 말이다.(Watkins 1984, 300쪽) 이러한 종류의 예측은 새롭다고 여겨질 수 있으며 이 이론을 뒷받침할 확증을 제공한다. 이 아이디어에는 "누구도 동일한 사실을 두 번(이론을 구성할 때 한 번, 그 이론을 지지할 때 다시 또 한 번) 사용할 수 없다는 단순한 규칙이 담겼다. 그러나 그 사실이 설명을 위해 사전에 정해 놓은 것이 아니라면, 한 이론이 설명하는 사실은 **그 이론의 제안자가 그 사실을 사전에 알고 있었든 아니든** 그 이론을 지지한다."(Worrall 1978, 48~49쪽) 어떤 사실이 이러한 의미에서 새로운지를 판단하려면 그 이론이 수립된 방식을, 특히 연구 프로그램의 발견법(heuristics, 모든 경우를 고려하지 않고 나름대로 발견한, 혹은 편리한 기준에 따라 그중 일부만 고려해 문제를 해결하는 방법이다. ─ 옮긴이)에 따라 수립됐는지 고려해야만 한다.(Worrall 1978, Zahar 1973) 이론의 구축 방식을 조사하지 않고서 증거의 새로움을 결정할 수는 없다.(Watkins 1984, 300~304쪽) 이 경우에 중요한 조건은 그 이론에서 예측을 끌어낼 때 기본 가정이 중요한 역할을 하는지와, 이 기본 가정들이 그 이론의 경쟁 이론들보다 더 큰 예측력과 설명력을 부여하느냐다. 그럴 경우 즉석에서 조정해 만들어 내지 않은, 이미 알려진 특정한 사실들을 예측하고 설명하는 능력은 그 기본 가정들의 우월성을 나타낸다. 그 이론이 증거들을 감안해서 즉흥적으로 어설프게 손본 것이 아닌 한, 증거들이 얼마나 친숙한지, 이론 구성에서 어떤 역할을 하는지와 상관없이 이 증거들은 그 이론을 입증해 준다. 다양성 속의 유사성에

관한 증거들이 다윈주의가 나타나기 이전에 오랫동안 잘 알려진 것임에
도, 다윈 이론을 인상적으로 입증해 줄 수 있는 이유가 바로 이것이다.

다윈이 "위대한 사실들"이라고 불렀던, 다양성 속에 유사성을 보여
주는 사실들에는 광범위하고 이질적인 증거들이 포함된다. 여기에는 인
간의 배(embryo)와 개구리 배의 유사성부터 민물고기의 고르지 못한 분
포, 뉴질랜드에서 관찰되는 오래전에 멸종한 종과 현대의 거대한 새들
사이의 유사성까지 포함된다. 이렇게 많은 사실들을 아우르며, 각 증거
들의 개별적인 측면뿐만 아니라 총체적인 측면을 종합적으로 다룬다는
점이 다윈 이론이 지닌 포괄성의 징후이다. 다윈 이전의 이론들은 단지
몇 가지 분야의 특정한 증거들에만 집중했으며 다른 것은 거의 손대지
않았다. 이상주의 프로그램의 핵심은 분류를 할 때 볼 수 있는 유형의
통일성과 형태학, 발생학에서 나타나는 상호 연관성들이었다. 그러나 이
상주의는 초월적인 계획을 드러내는 단서들을 제외하고는 지질학적 천
이에 관심을 거의 기울이지 않았다. 지리적인 분포 역시 두 학파 모두에
서 크게 무시당했다. 이상주의는 지리적 분포를 거의 건드리지 않았으
며, 공리주의적 창조론은 '창조의 중심'에 대해 모호하게 중얼거렸을 뿐
이다. 따라서 이 이론들 내에서는, 지금까지 서로 아무 연계가 없던 현상
들이 여전히 무관한 채로 존재했다. 다윈은 자신의 이론의 포괄성을 핵
심적인 지지 증거로 삼아 달려들었다. 그의 결정적인 발언을 들어 보자.
그는 자연 선택에 대해 다음과 같이 말했다.

유기체의 지질학적 천이, 과거와 현재의 지리적 분포, 상호 연관성과 상
동성 같은 여러 가지 크고 독립적인 사건들을 설명하는지 시험해서, 이 가
설을 검증할 수 있다. 나에게 이 가설은 모든 질문을 고려하는, 공정하고 타
당한 유일한 방식이다. 자연 선택의 원칙이 여러 가지 많은 사건을 정말로 설

명할 수 있다면, 이 원칙을 받아들여야만 할 것이다.(Darwin 1868, i, 9쪽, 또한 Darwin, F. and Seward 1903, i, 455쪽도 참조하라.)

"그 설명은 과학적이지 않다."

이 이론에서 자연스럽게 도출된 결과로, "크고 독립적인 사건 부류들"뿐만 아니라 적응의 증거까지 설명하는 능력은 다윈주의의 통합성과 설명력을 가장 인상적으로 입증해 준다. 이러한 성취가 다윈 이전의 사고 학파들과 어떻게 비교되는지에 대한 다윈의 의견을 들어 보자.

또 흔적 기관을 다루려는 공리주의적 창조론자의 시도에 대한 그의 반응을 살펴보자. 대부분의 공리주의적 창조론자들은 정확한 적응이라는 개념을 재빨리 포기한 뒤, 대신 풍부함의 원칙이나 대칭의 원칙 같은 일종의 전체적인 조화라는 개념으로 후퇴하는 식으로 반응했다. (이상주의적인 설계 개념보다 이상주의 자체에 훨씬 충실한 도피다.) 다윈은 이러한 무의미한 호소들을 모두 경멸했다.

> 박물학 연구에서 흔적 기관은 대개 "대칭성을 위해" 혹은 "자연의 계획을 완성하기 위해" 창조됐다고 일컬어진다. 내게 이러한 설명은 단지 사실의 재언급으로 여겨진다. 대칭성을 획득하고 자연의 계획을 완성하기 위해서 행성이 태양 주위를 타원형 궤도로 돌기 때문에, 위성 역시 그 행성 주위를 타원형 궤도로 돈다는 말이 충분한 설명일까?(Darwin 1859, 453쪽)

다음은 난초에 대한 그의 책에서 인용한 구절이다.

> 화분 덩이(pollen-mass)의 특징이라 할 모든 세부 구조들이 암그루에서

도 쓸모없는 상태로 똑같이 나타난다. …… 머지않아 박물학자들은 이전에 근엄하고 박식한 사람들이 이 쓸모없는 기관들은 "자연의 계획을 완성하기 위해" 전능한 손으로 특별히 창조돼 탁자 위의 식기들처럼 적절한 위치에 배열된 것들(이것은 저명한 식물학자가 사용한 비유다.)이며, 유전으로 유지되는 잔여물이 아니라고 주장했던 말을, 놀라며 어쩌면 조소하면서 들을 것이다.(Darwin 1862, 2nd end., 202~203쪽)

공리주의적 창조론자들이 구사하는, 훨씬 믿기 어려운 또 다른 전략은 흔적 기관의 무용성을 단호히 부정하는 것이다. 적절한 시각을 취한다면 결국 흔적 기관들도 경제성을 나타내지 않겠는가? 아래는 이 전략에 대한 다윈의 설명이다.

흔적 기관 …… 에 대한 …… 새로운 설명 …… 이 있다. 바로 노동과 물질의 경제성이 신의 위대한 지배 원칙이라는 설명이다. (여기서 종자와 어린 아이의 낭비 행위는 무시된다.) 그런데 동물의 구조에 대한 새로운 계획을 수립하려면 생각을 해야 하고, 생각은 노동이다. 따라서 신은 획일적인 계획을 유지해서 흔적 기관들을 남겨 두었다. 과장해서 하는 말이 아니다.(Darwin, F. 1887, iii, 61~62쪽)

또한 다윈은 자신보다 앞서 상동성을 설명하려 했던 시도들을 비과학적이라고 일축했다. 공리주의적 창조론에 대해 그는 이렇게 말했다. "각 존재들을 개별적으로 창조했다는 일반적인 견해에 대해 우리는 각 부류에 속하는 모든 동식물들을 획일적인 조절 계획에 따라 만들어 내는 일이 창조주를 기쁘게 했다고밖에 설명할 수 없다. 그러나 이 설명은 과학적이지 않다."(Peckham 1959, 677~678쪽) 또 이상주의에 대해서는 이렇게 말했다. "상동 기관은 …… 쉽게 이해된다. 만약 우리가 …… 적응의 …… 상속을 …… 인정한다면 말이다. …… 어떤 다른 관점에서도 유사성은 …… 완전히 설명될 수 없다. …… 획일적이고 이상적인 계획에 따라 유사성이 만들어졌다는 주장은 과학적인 설명이 아니다."(Darwin 1871, 31~32쪽)

분류에 관해서 그는 다음과 비슷한 말을 했다. "많은 박물학자들이 …… 자연 체계가 …… 창조주의 계획을 밝혀 줄 것이라고 …… 생각한다. 그러나 창조주의 계획이 의미하는 바가 시간이나 공간의 질서인지 혹은 그 밖의 다른 어떤 것인지가 명시되지 않는 한, 그에 대한 어떤 것도 지식으로 인정받아서는 안 된다고 여긴다."(Darwin 1859, 413쪽) 이러한 비평들은 다윈이 초창기(아마도 1838년)에 노트에 급히 썼던 논평을 되풀이한다.

여러 종류의 구조 유형들이 어떤 계획에 따라 동물들을 창조하려는 신의 의지로 생성되었다는 말은 설명이 아니다. **이 설명에는 물리 법칙의 특징이 없으며** 따라서 완전히 쓸모없다. 이 설명은 아무 것도 예측하지 못한다. 신의 의지는 어떻게 작용하는지, 인간의 의지처럼 변덕스러운지 아니면 변함없는지 등, 신의 의지에 대해서 우리가 전혀 모르기 때문이다. 우리가 아는 원인은 결과가 아니다.(Gruber 1974, 417~418쪽)

다윈은 동일한 노트에서 목적인을 "불임 처녀"라고 일축했다.(Gruber 1974, 419쪽)

마지막으로 이상주의에 대한 사례를 하나 살펴보자. 우리는 이상주의자들이 경험에 의지하지 않고도, 자연의 위대한 패턴과 그 기본 법칙에 대한 지식을 획득할 수 있다는 생각에 얼마나 깊이 빠져 있는지 경시하기 쉽다. 그리고 그 결과로 그들이 실제 사실, 특히 이 위대한 설계에 맞지 않는 적응들이 제기하는 이례들을 다룰 때에 얼마나 무신경한지 과소평가하기 쉽다.

> 엄격히 말해서 이 법칙들을 따르는 것처럼 보이는 특정한 현상들은 그 법칙을 지지하는 증거로 여겨지지 않았다. 오히려 선험적이라고 알려진 지식들의 예시로 여겨졌다. 이와 똑같이 중요한, 이 법칙들을 훼손시키는 것처럼 보이는 현상들은 큰 관심의 대상이 아니었다. 왜냐하면 이러한 불일치가 해석이 불충분하거나 과학이 불완전해서 야기됐을 수도 있기 때문이다.(Rehbock 1983, 21쪽)

어떻게 이상주의가 적응에 거의 주의를 기울이지 않을 수 있었는지 이해하려면 이 점을 명심해야 한다. 다윈의 동시대인 중 한 사람이 1870년 대에 《정원사의 연대기(Gardener's Chronicle)》에 쓴 글 중 아래의 논평은 다윈이 행한 적응 연구와 엄청난 기여를 멍청하게 만드는, 이상주의의 영향에 대해 진술하고 있다.

> 우리 대부분이 페일리가 설계의 증거와 설계자가 꼭 필요하다는 증거로 시계를 활용했던 사실을 기억한다. 20년 혹은 30년 전, 새로운 학파가 등장했다. …… 이 학파에서는 형태의 변형이 이상적인 패턴이나 원형에 변이가 생겨서 나타나며, 특정한 목적을 위한 적응은 몇몇 경우에서는 인정되지만, 그 외의 경우들에서는 신빙성이 없는 것으로 치부된다. 다윈 씨가 과학에 바친 가장 중요한 노고는, 이전에는 미리 운명 지어진 특정한 패턴의 무의미한 묘사나 사소한 순간 중 하나로 여겨졌던 많은 적응들이 실제로 어떤 구체적인 목적을 위한 적응이라는 점을 입증한 일이었다.(Barrett 1977, ii, 187쪽)

(인정컨대 이 논평자는 공리주의적 창조론자의 자연 신학을 지지하는 증거로 다윈의 적응주의를 환영해서 상황을 망쳐 놓았다!)

자신의 경쟁자들에 대한 다윈의 논평은 최근 다윈주의 역사 기록학을 지배하던 경향을 훌륭하게 바로잡아 준다. 많은 역사가들이 19세기의 관점에서 다윈의 경쟁자들을 이해하기 위해 비상하게 노력하고 있다. 그러나 이 입장에서는 다윈의 기여가 얼마나 큰지 볼 수 없다. 19세기의 시점에도 불구하고, 다윈은 20세기의 다윈주의자들보다 더 많이 알았다.

경쟁자들과 어리석은 행동들: 1859년 이후

지금까지 다윈주의는 쟁쟁한 적수를 만난 적이 없다. 우리가 과학 영역에 속하지도 않는, 자연 신학의 영향을 받은 명백히 부족한 이론들하고만 다윈주의를 비교했기 때문이다. 그러면 라마르크주의는 어떨까? 또 19세기 중반 이후 등장한, 이전의 경쟁 이론들보다 훨씬 과학적인 다른 대안 이론들은 어떨까? 인정하건대 이 이론들은 결국 모두 사실이 아니라고 판명됐다. 그러나 적어도 이들은 다윈의 이론과 설명 대상이 동일한 후보 이론들이다.

그런데 만약 그렇지 않다면? 이 장의 뒷부분에서는 바로 이러한 가정에 도전하려고 한다. 우리는 다윈주의의 만만찮은 경쟁자처럼 보이는 이 이론들이, 실제로는 사실 관계에 있어서나 이론적으로나 제 역할을 하지 못한다는 주장들을 살펴볼 것이다. 이러한 주장들은 대안 이론들이 현실 세계에 얼마나 부합하느냐에 대한 실험적인 증거들(귀납적인 주장들)에 근거하지 않는다. 이들은 적응적인 복잡성들이 발견되는 어떤 가상의 세계를 설명하기 위해 필요하며 다윈주의가 충족시키는 필요조건들을, 왜 다른 대안 이론들은 충족시키지 못하는지에 관한 순수한 추론, 기본 원리, 연역적인 주장에 더 가깝다. 그렇다고 다윈주의에 경쟁자가 있을 수 없다는 이야기는 아니다. 단지 지금까지 어느 누구도 경쟁자로서의 요건을 아주 조금이라도 충족하는 이론을 제기한 적이 없다는 얘기다.

이제부터 라마르크주의를 자세히 살펴볼 예정이다. 역사적으로 이 이론이 다윈주의 이론의 가장 적합한 대안으로 여겨졌기 때문이다. 라마르크주의는 **사용 유전**(use-inheritance)이라는 단어로 요약할 수 있다. 여기서 '사용(use)'은 유기체의 활동이 유기체를 그 활동에 알맞게 변형시킨다는 개념이다. 기린이 목을 길게 늘이면 늘일수록, 기린의 목은 더 길어진다. 대장장이가 이두박근을 사용하면 할수록, 이두박근이 더 크게 발달한다. 우리가 유산소 운동을 하면 할수록 폐활량이 증가한다. '불용(disuse)'은 반대 개념이다. 타조가 날개를 사용하지 않을수록, 날개는 비행 기능을 잃어버릴 것이다. 사용과 불용이라는 개념이 유전이라는 개념과 결합해 획득 형질의 유전이라는 개념을 낳는다. 획득 형질의 유전이란 어떤 유기체가 일생 동안 사용과 불용의 과정으로 획득한 형질들이 그 유기체의 후손에게 전해진다는 이론이다.

내가 방금 라마르크주의라고 정리한 것이 라마르크가 원래 주장했던 바가 아닐지도 모른다. 라마르크가 실제로 던졌던 질문이 무엇인지는 분명치 않다. 그러나 적어도 영국에서 라마르크주의는 방금 묘사한 대로 이해되며 받아들여지고 있다. 그리고 바로 이 라마르크주의가 다윈주의의 역사에 영향을 미쳤다.(Bowler 1983, 58~140쪽) 역사에는 라마르크로 알려진 장 바티스트 앙투안 드 모네(Jean-Baptiste Antoine de Monet)는 1809년에 발표한 자신의 유명 저서 『동물 철학(Philosophie Zoologique)』에서 이 이론을 설명했다. 그의 생전에 그를 따른 추종자들은 거의 없었으며,

그는 1829년에 사람들에게 잊힌 채로 사망했다. 그러나 19세기 후반까지 영국에서는 대부분의 다윈주의자들(여기에는 다윈 자신도 포함된다. 하지만 월리스는 아니었다.)이 진화를 일으키는 부수적인 동인으로 '사용 유전설'을 받아들였다. 그들은 자연 선택이 단연코 지배적인 동인이라고 생각했지만 다른 기제들로부터도 작은 도움을 받는다는 사실을 기꺼이 수용했다. 사용 유전설, 일반적으로는 획득 형질의 유전이라 불리는 이 이론을 공격하기 시작한 사람은 유명한 독일의 생물학자이자 열렬한 다윈주의자인 아우구스트 바이스만(August Weismann)이었다. 그의 시도는 대단히 복잡한 반응들을 불러일으켰다.(예로 Bowler 1984, 237~239쪽을 참조하라.) 다윈주의자들에게 지지받는 진화의 보조 기제였던 라마르크주의는 그의 작업에 따라 대략 1880년대 후반부터 그 지위를 잃게 됐다. 다른 한편에서는 그가 이 두 이론들 간의 차이점을 분명하게 만들어 줌으로써, 다윈주의에 호감이 없던 박물학자들을 자극해 라마르크주의를 포괄적으로 진화를 설명할 수 있는 대안 이론으로 다시 보게 만들었다. 그에 따라 사용 유전 이론이 영국에서 네오라마르크주의(neo-lamarkism)라는 이름으로 다시 유행했다. 이 일은 다윈주의가 가장 크게 배척당했던 바로 그 시기, 1880년대 다윈 사망 이후부터 곧바로 시작돼서 1940년대까지 지속됐다. 바야흐로 다윈주의의 몰락이라고 불렀던 시기였다.(Bowler 1983을 참조하라.) 네오라마르크주의의 전성기는 1890년부터 세기의 변환기를 거쳐 지속되다 1920년대에 내리막을 걷게 됐다.

라마르크주의의 종말에도 불구하고 이것이 여전히 다윈주의자들에게 만만찮은 이슈인 데에는 두 가지 중요한 이유가 있다. 첫째로 아직도 때때로 라마르크주의를 입증한다고 주장되는 발견들이 등장하며, 그것이 많은 비생물학자들과 몇몇 생물학자들에게 기대에 찬 흥미를 불러일으키면서 환영받기 때문이다. 둘째 이유는 여기에 있는 우리를 위해서

다. 일단 우리가 라마르크주의의 부족한 점을 충분히 이해하면, 진화에 관한 이론이 성립하려면 어떤 조건들이 필요한지 알게 되고 라마르크주의와는 달리 다윈주의가 이 요구들을 충족시키는 이유를 이해하게 된다. 우리는 지상의 생명체들이 라마르크적인 방법에 따라 현재의 모습에 도달하지 않았다는 사실을 안다. 그런데 이것은 단지 우리 별에만 해당되는 뜻밖의 사실일까? 아니면 우주 그 어디에서도 라마르크적인 생명체, 즉 자연 선택의 관여 없이 라마르크적인 방법으로만 진화한 생명체가 발견될 리 없다고 기대할, 더 근본적인 원인이 있을까? 실제로 그렇게 여길 만한 이유가 존재한다.

나는 라마르크주의가 왜 그렇게 지속적으로 사람들을 매혹시키는지 궁금하다. 그래서 라마르크주의 지지자들이 제시한 이유들 중 몇 가지를 열거할 예정이다. 이 중 일부는 의심할 바 없이 중복된다. 이 이론을 조사해 보면 그 주장들이 설득력이 있다기보다는 비논리적이며 지지자들이 제기한 이슈들은 외관상으로는 라마르크주의를 지지하는 것 같지만 실제로는 다윈와 윌리스의 이론으로 훨씬 잘 설명된다는 사실을 알게 된다.

몇몇 다윈주의자들이 라마르크주의에 끌리는 이유 중 하나는 다윈의 이론은 자연 선택이 작용하는 변이들의 기원을 설명할 수 없으므로, 불완전하다고 생각하기 때문이다. 메더워조차도 이 점을 고민했다. 라마르크주의가 가진 가장 큰 힘 중 하나가 이것인 듯하다. 라마르크주의는 적응의 원천을 설명해 준다. 적응은 환경이 제기한 도전들과 필요에 반응해 나타난다.

또 다른 이유는 희망이다. 다윈주의가 등장한 이래로 종종 표명됐던 이 희망은 라마르크주의가 진화에 질서를, 다윈주의에는 결핍됐다고 느껴졌던 지표를 부여하리라는 희망이다. 이러한 희망은 면역학자인 에드워드 스틸(Edward J. Steele)을 자극했다. 그는 일생 동안 부모가 획득한 면역 내성(immunological tolerance, 면역계가 생체를 공격하지 않는 현상이다. — 옮긴이)이 자손에게 전달될 수 있다(Steele 1979)고 주장해서, 1980년대 초 학계에 일시적인 동요를 일으켰다. 이후 후속 연구들이 이루어져 이 주장은 기각됐다.(예로 Howard 1981, 104~105쪽, 또한 Dawkins 1982, 164~173쪽도 참조하라.) 스틸에 따르면 다윈주의는,

> 생명체의 적응 형태의 복잡성과 정교함을 보고 '방향성을 지닌' 진보가 일어난다고 느끼는 우리의 직관적인 믿음에 어떤 만족스러운 설명도 제시하지 않는다. …… (따라서 우리는) 많은 …… 유기체들에서 …… 복잡성의 진화에 연속적인 '방향감'을 제공해 주는 …… 라마르크주의적인 유전 양상이 존재할 가능성을 (고려해야만 한다.)(Steele 1979, 1쪽)

이것 외에 흔히 제시되는 또 다른 이유는 19세기 소설가이자 논객이었던 새뮤얼 버틀러(Samuel Butler)가 한 말이다. 버틀러는 짧은 기간 동안 다윈주의에 대한 의견을 자주 바꾸다가 결국은 매우 냉담한 태도를 취하게 됐다.(Butler 1879가 그 예이다.) 그는 다윈주의가 자연이 맡은 어떤 심각한 역할에서도 마음과 의지와 의도를 제거했다고 느꼈다. 반대로 그는 유기체가 주변 환경에 적절하고 창조적으로 반응하는 라마르크적인 기제에 매혹됐다. 그는 이 기제가 마땅히 주어졌어야 했던 목적성을 진화의 중심부에 부여했다고 생각했다.

라마르크주의의 마지막 매력은, 아마도 과학적인 만큼 정치적이며 사회적인 측면일 것이다. 아서 케스틀러(Arthur Koestler)는 자신의 저서인 『산파개구리의 사례(The case of the midwife toad)』(1971년)에서 제1차 세계 대전 당시 빈에서 근무했던 실험 생물학자인 파울 캄머러(Paul Kammerer)의 이

야기를 언급했다. 케스틀러는 라마르크주의에 끝까지 전념했으며 다윈주의에 대해서는 삐딱한 태도를 취했다. (말이 나왔으니 말인데, 케스틀러의 저서 중 하나가 스틸을 고무시켜 "날카로운 경외감"(Steele 1979, 서문)을 품게 했으며 케스틀러는 스틸의 몇몇 연구들을 경제적으로 지원하기도 했다.) (비록 캄머러의 시대는 케스틀러 당시보다 훨씬 과학적으로 정당화됐지만) 캄머러는 케스틀러에 대응되는, 보다 과거의 인물이다. 다음은 캄머러가 라마르크적인 유전설을 믿는 이유를 서술한 글이다. 바로 라마르크적인 유전 양상이 우리가 더 나은 미래에 도달하도록 도와줄 수 있기 때문이다.

> 획득 형질의 유전 가능성에 관한 가설에 대해 …… 개체의 노력은 낭비되지 않는다. 이 노력은 개체 자신의 생애에만 제한되지 않고 여러 세대를 관통하는 생명액 속으로 흘러 들어간다. …… 우리는 아이들과 학생들에게 생존 경쟁(struggle for existence)에서 이기는 법과 더 완벽한 상태에 이르는 법을 지도해서 단기적인 이익 이상의 것을 줄 수 있다. 이러한 교육의 추출물이 인간의 영속적인 부분을 구성하는 물질 속으로 침투할 것이기 때문이다. 과거로부터 전해진 유전 물질 속에 포함된 잠재력의 유물들로부터 만들어진 우리는, 자신의 선택과 기호에 따라 미래에는 더 낫고 더 새로운 형태로 변형될 것이다.(Koestler 1971, 17쪽)

그러므로 우리가 일생 동안 투쟁과 노력을 통해 획득한 진보들은 우리와 함께 소멸되지 않아도 된다. 대장장이의 아들은(아마도 그의 딸 역시) 불룩한 이두박근을 지닌 채 태어날 것이다. 언어학자의 자손은 여러 언어를 구사할 수는 없을지라도 적어도 매우 뛰어난 언어 학습 능력을 지닌 채 태어날 것이다. 그리고 특히 우리가 바리케이드와 전선 앞에서 엄청난 대가를 치르며 배운 정치적 교훈들을 후속 세대들은 그렇게 뼈아프게 재학습할 필요가 없을 것이다. 이것은 최소한 열렬한 라마르크주의자들이 세상을 보는 일반적인 방식이다. 라마르크식 유전은 이런 논리로 우리 모두가 매 세대마다 급진적으로 새로 시작할 신성한 능력을 상실한 보수주의자로 태어난다고 보장할 수 있다. 또 희생양 만들기와 식민지화, 박탈의 역사에서 얻은 유산이, 희생당하고 식민지화됐으며 박탈당한 유전자들이라는 사실을 보장할 수도 있다. 실제로 라마르크주의는 보수당원들에게 매력적으로 보일 수 있다. "라마르크주의는 지금 (1930년대) 보수를 지지하는 데 이용된다. 이 견해를 지지하는 영국의 생물학자는 오랜 세월 동안 억압받아 온 조상을 가진 사람들에게는 자치정부를 제공해 봤자 소용없다고, 또 여러 세대에 걸쳐 문맹이었던 조상의 후손들은 교육을 시켜 봤자 소용없다고 생각한다."(Haldane 1939, 115쪽)

라마르크주의를 반박하는 실험 증거들을 논의할 필요는 없다. 획득 형질은 유전되지 않는다고 판명됐기 때문에 결국 이 이론이 폐기되리라는 것을 모두 안다. 그러나 나는 이러한 사실을 보여 주는 가장 유명하며 영향력 있는 실험에 대해 하나만 언급하고 싶다. 이 실험은 손상의 유전 여부를 알아보기 위해 쥐의 꼬리를 절단한 실험으로 (대략 1875~1880년) 바이스만이 수행했다. 도대체 어째서 이런 실험을 수행해야 했을까? 여러 세대에 걸쳐 반복적으로 일어난 손상일지라도 대개는 그로부터 유전적 변화가 일어나지 않는다는 사실을 상식과 일상의 경험으로 모두 알지 않는가? 만약 모든 획득 형질들이 유전된다면, 유대계 남자 아기들이 할례를 받을 필요가 있겠는가? 그들이 할례를 받은 아버지로부터 태어났으며, 그 아버지의 아버지 역시 할례를 받았고 그 아버지의 아버지 역시 여러 세대에 걸쳐 할례를 받았는데도 말이다. 하지만 모두가 이러한 사실을 알고 있는가? 아래는 이 질문에 대한 메이너드 스미스의 잊을 수 없는 답변이다.

소년이었을 때 버나드 쇼(Bernard Shaw)의 『메투셀라로 돌아가라(*Back to Methuselah*)』 서문을 읽고 후손들의 꼬리 유무를 알아보기 위해 쥐의 꼬리를 자른 바이스만이 규칙을 찾는 데 지나치게 얽매이는, 잔인하고 무지막지한 독일인이라고 생각했다. 이 얼마나 우스꽝스러운 실험인가! 쥐가 환경에 대한 적응으로써 자기 꼬리를 적극적으로 숨기는 행위를 하지 않았기 때문에, 어떤 라마르크주의자도 이러한 손실이 유전된다고 기대하지 않을 것이다. 훨씬 후에 바이스만이 내가 상상했던 인물이 아니라는 것을 깨달았다. 그는 자신의 이론을 처음 제기했을 때 개의 꼬리를 바짝 자르면, 종종 꼬리가 없는 새끼들이 태어난다는 (잘 알려진 사실이라고 주장된) 반대에 부딪혔다. 그랬기에 그는 쥐 실험을 수행했던 것이다. "세상이 다 아는 사실이야."라는 식의 반대는 존 버든 샌더슨 홀데인(John Burdon Sanderson Haldane)이 한때 조비스카 고모의 이론(Aunt Jobisca's theorem, 원문 그대로임)이라고 불렀던 것의 초창기 버전인 셈이다.(Maynard Smith 1982c, 2쪽)

라마르크주의자들은 다음 세대로 유전되는 획득 형질은 그 세대의 단순한 변화가 아니라 (사용과 불용으로 생긴 변화들인) 적응이라고 강조함으로써, 획득 형질이 유전되지 않은 여러 난감한 사례들을 해명하려고 시도했다. 이러한 구별은 이 이론에 반드시 필요한 것이었다. 한 개체가 일생 동안 겪는 많은 변화들이 대부분 질병, 부상, 노화 등 다소 불유쾌한 것들이라는 불행한 사실을 고려할 때 말이다. 그러나 라마르크주의자들은 신체가 어떻게 이 적절하지 않은 변화들과 유용한 획득 형질들을 구분하는지, 또 육체가 물려받은 수천 가지의 자연스런 충격들과 심적 고통들을 어떻게 적응과 구분하는지 결코 설명할 수 없었다. 왜 대장장이의 아들은 아버지의 심하게 다친 등이나 화상 입은 손이 아니라 고도로 발달된 근육을 물려받을까? 전통적으로 라마르크주의자들은 유전

체계가 '분투'나 '필요'에 대한 반응으로 생긴 변화들만을 받아들인다는 식으로 애매하게 표현했다. 이런 답변은 유전적으로 라마르크주의에 맞지 않으며, 사실상 다윈주의적인 가정들을 몰래 차용하고 있다.

바이스만이 라마르크주의를 기각한 이유가 무고한 쥐들을 고문한 결과는 아니었다. 그에게는 대안 이론이 있었고 이것을 위해 매력적인 이미지들을 만들었다. 불멸의 생식질 강(river of the germ plasm)이 그것이다.(예로 Maynard Smith 1958, 64~68쪽, 1982c, 2, 4쪽, 1986, 9~10쪽을 참조하라.) 바이스만에 따르면 유전 단위(세대를 거쳐 전달되는 유기체의 일부분)는, 적어도 대체로 침범할 수 없으며 불멸이다. 그는 이 주장으로 다음 이야기를 전달하려 했다. 유기체를 두 부분으로 나누어 보자. 한 부분은 신체를 구성하는 세포들(체세포)로, 다른 한 부분은 새로운 신체인 자손을 형성하는 생식 세포(생식질)로 생각할 수 있다. 그의 이론은 체세포와 생식 세포 사이의 상호 작용이 일방통행으로만 이루어진다는 것이다. 생식 세포들은 신체를 만들어 낸다. 이들은 후손의 모습, 성별, 호랑이일지 달팽이일지, 클지 작을지를 결정한다. 그러나 신체는 생식 세포에 어떤 영향도 못 미친다. 신체는 단지 그 안에 생식 세포를 담아 다음 세대에게 전달하는 수동적인 보호자일 뿐이다. 생식 세포들은 다른 생식 세포들로부터 만들어지지, 자신들이 거주하는 신체(체세포)로부터 만들어지지 않는다. 생식 세포들은 신체의 변화에 따라 달라지지 않으므로, 침범이 불가능하다고 말할 수 있다. 또 생식 세포는 자신의 복제품들을 다음 세대로 전달하기 때문에 잠재적으로는 불멸이다. 바이스만의 이론에서 획득 형질의 유전은 불가능하다. 한 개체에서 일생 동안 일어난 신체 변화에 대한 정보가 생식 세포로 유입되지 않기 때문이다. 불멸의 생식질 강은 자신이 관통하는 개체들에게 무슨 일이 생겼는지와는 무관하게 흘러간다.

최근에서야 라마르크주의에 반대하는 훨씬 근본적인 이유들이 제대

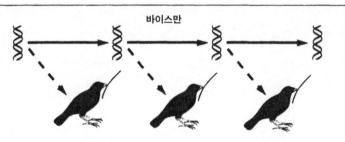

라마르크

신체가 부모의 신체로부터 직접 복제된다. 바우어새는 부모의 획득 형질들과 모든 특성들을 복제한다.

바이스만

유전자들만 복제된다. 바우어새들은 더 많은 유전자들을 만들어 내려는 유전자의 방식을 따를 뿐이다. 불멸의 생식질 강은 신체 변화의 영향을 받지 않는다.

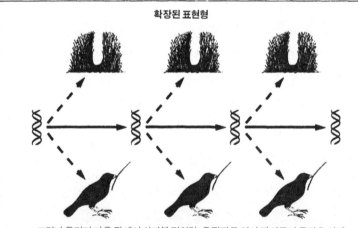

확장된 표현형

…… 그러나 우리가 다음 장에서 살펴볼 것처럼, 유전자들 역시 자신들이 몸담은 신체를 넘어서는 표현형의 영향을 받을 수 있다. 즉 바우어새뿐만 아니라 정자(bower)의 영향도 받는다.

무엇이 복제되는가? 어떻게 복제되는가?

로 인식됐다. 동물학자인 도킨스가 바로 이런 통찰력을 제공했다.(Dawkins 1982, 174~176쪽, 1982a, 130~132쪽, 1983, 1986, 287~318쪽, 특히 288~303쪽) 그는 라마르크주의가 다윈주의의 대등한 경쟁자라는 주장을 완전히 무너뜨릴, 아니면 라마르크주의가 자연 선택이 진행되는 방식을 다소 강화한다고 설명할 수 있는 세 가지 강력한 주장들을 내놓았다. 라마르크주의는 사용과 불용으로 획득된 형질들이 유전된다고 주장한다. 도킨스의 주장들 중 첫 번째는 바로 이 사용과 불용에 대한 것이다. 두 번째는 형질의 획득에 대한 것이며 세 번째는 사용 유전을 필요로 하는 배 발생학에 대한 것이다.

첫째, 사용과 불용이 적응을 일으키는 적절한 수단일까? 라마르크주의는 유기체들은 대개 자신들이 가진 능력을 더 개발하기 위해 그 능력을 반복해서 사용함으로써 자기 자신을 향상시키고 적응들을 개선한다고 (혹은 사용하지 않아서 쇠퇴시킨다고) 주장한다. 적응은 무언가를 하는 행위가 미래에 같은 일을 하는 능력을 향상시키기 때문에 나타난다. 대장장이의 불룩한 이두박근과 기린의 매우 길게 늘어난 목이 즉시 떠오른다. 이 오래된 예로써 사람들은 라마르크주의가 작용하는 방식을 직관적으로 알 수 있다. 아마도 향상된 근력과 더 길어진 목은 이러한 방식으로 나타났을 수 있다. 그러나 향상된 시력은 어떤가? 원시적인 초기 형태의 눈을 반복적으로 사용하는 것만으로는 결코 눈의 적응적인 복잡성이 초래될 수 없다. 라마르크주의에 따르면 적응적인 향상은 사용/불용과 연결된다. 그러나 대개는 그렇지 않다. 또 어떤 고도로 복잡한 적응, 세련되고 복잡한 적응들에서도 이런 일은 일어나지 않을 것 같다. 자연 선택에는 이런 어려움이 없다. 자연 선택은 얼마나 깊이 숨겨져 있든, 얼마나 드물게 발휘되든, 얼마나 간접적인 형질이든지 간에 유리한 형질은 무엇이든 이용할 것이다. 그러므로 유리한 형질과 진화한 형질 사이에는 자동적인 대응 관계가 발생한다. 적응은 사용과 불용이라는 매우 제한적인 필요조건을 통과하지 않아도 된다.

둘째 주장은 라마르크주의가 유기체들이 적응적으로 반응하는 이유를 설명할 수 없다는 것이다. 우리는 방목된 기린의 수가 지나치게 많아지자, 굶주리게 된 기린이 (나뭇잎을 먹기 위해) 높은 가지로 목을 뻗었을 것이라는 주장을 당연하게 받아들인다. 그러나 왜 기린은 몸을 구부려서 굶어 죽지 않았는가? 우리는 그런 상황에서 기린의 목이 더 짧아지기보다는 더 길어지고, 목의 근육이 수축되기보다는 이완되고, 기린이 두 손 놓고 있기보다는 뭐든 먹으려고 노력했을 것이라는 주장을 당연하게 받아들인다. 그러나 우리는 이 주장들을 당연시해서는 안 된다. 왜 동물이 자신의 필요에 적절한 행동을 취해야 하는가? 또 어째서 그 행동에 적절한 생리 상태가 나타나야 하는가? 동물들이 무엇인가를 배울 때 다수의 잘못된 행동들 대신에 올바른 행동을 학습하는 이유는 무엇인가? 동물의 행동, 학습 등은 모두 적응적인 반응들이다. 적응적으로 반응하는 방식은 많다. 그러나 비적응적으로 반응하는 방식들은 훨씬 더 많다. (여기에는 아예 반응을 하지 않는 것도 포함된다.) 그러므로 우리는 어떻게 적응 반응이 일어나는지 물어야만 한다. 이 물음에 대해 라마르크주의와 다윈주의는 근본적으로 다른 대답을 제시한다.

적응의 기원에 대한 **선택** 모형과 **지시** 모형 사이의 구분이, 둘 사이의 이런 차이를 뚜렷하게 부각시킨다. 특정한 자물쇠에 맞는 열쇠를 제작해야 하는 자물쇠 장수를 예로 들어 보자. 지시 방식은 납으로 자물쇠의 주형을 떠서 맞춤 열쇠를 만드는 것이다. 이때 설계의 정확성이 요구되는데, 이 조건을 따르기 위해 주변 환경으로부터 지시를 받는다. 선택 방식은 열쇠 한 묶음을 임의로 택해 그중에서 맞는 것을 찾을 때까지, 계속 자물쇠에 열쇠를 꽂아 보는 것이다. 라마르크주의는 지시적인 이론이다. 반면 다윈주의는 선택적인 이론이다. 다윈주의는 맨 처음에 기린이 적절하면서도 적응적인 행동을 어떻게 하게 됐는지 쉽게 설명할 수 있다. 이런 특성은 여러 가지 가능한 유전적인 변화들 중에서 미미하나마 개선을 불러올 수 있는 변화를 실제로 일으킨, 기린들의 긴 계보를 거쳐 상속된다. 그런데 여기서 열쇠 제작자에 대한 비유가 너무 엄격하게 쓰였다. 기린들이 자물쇠를 열게 될 단 하나의 열쇠를 반드시 발견할 필요는 없다. 단지 최종 열쇠에 조금 더 근접한 열쇠를 발견하는 것만으로도 충분하다. 여기서 '조금'이 얼마나 작든 그렇다. 실제로 전체 열쇠 꾸러미 중에서 만족스러운 변화를 일으킨 적응적인 열쇠들은 점점 더 많이 선택받게 된다. 이것과는 달리 라마르크주의는 어떻게 기린들이 적절한 일을 행하도록 지시를 받았는지를, 다소 불가사의한 그 방식을 설명해야만 한다. 이 이론은 유기체는 환경에게서 어떤 반응이 필요한지 배우고, 환경으로부터 적절한 정보들을 모으며 지시를 받기 때문에 적응적으로 반응한다고 가정한다. 그러나 이 이론은 그러한 정보들을 받아들이는 유기체의 능력에 대해서는 설명하지 않았다. 어쨌든 지시를 받은 자물쇠공은 밀랍을 사용해야만 한다. 나무나 물이나 흐늘흐늘한 젤리는 사용할 수 없다. 라마르크주의는 이 문제에 어떻게 대답할 것인가? 다윈주의적인 적응에 은밀히 기댈까? 혹은 기린이 구부리기보다는 몸을 늘일 것이라는 사실을, 기린의 근육이 뚝 끊어지기보다는 몸을 지탱해 줄 것이라는 사실을, 동물은 유해한 물질보다 영양가가 많은 음식에 대한 입맛을 발달시킬 것이라는 사실을, 동물은 고통을 찾기보다 피할 것이라는 사실을 당연시하면서? 라마르크적인 기제들로는 적응이 나타날 수 없다. 이 기제들로는 다윈주의적인 수단들로 생겨난 특성들을 '획득하려는' 경향을 미래 세대들에게 건네주는 것 외의 다른 일을 할 수 없다. 어떤 지시적인 이론도 궁극적으로는 선택적인 모형에 기초해야(혹은 의도적인 설계에 기대야) 한다. 따라서 라마르크주의는 결코 다윈주의 이론의 제한적인 부속물 이상이 될 수 없다. 라마르크주의는 결단코 진화에 대한 통합 이론으로서 다윈주의를 대체할 수 없다.

대개 라마르크주의가 전달할 수 없는 바로 그 특성 때문에, 라마르크주의자들이 이 이론에 기대를 걸게 된다는 점은 아이러니다. 예를 들면 그들은 세대를 거쳐 전달되는 학습된 행동에 희망을 걸었다. 그러나 학습은 결국 라마르크주의적인 이유에서가 아니라 다윈주의적인 이유에서, 적응으로 판명됐다. 또 그들은 우연에 따라 수동적으로 조종되는 눈먼 다윈주의적인 힘들은 전혀 할 수 없는 방식으로 진화의 경로를 안내하며 창의적인 개시자의 역할을 한다고 생각해서, 사용 유전을 환영했다. 그러나 또 다시 이런 역할이야말로 라마르크주의가 원칙적, 선천적으로 제공할 수 없다는 점이 밝혀졌다. 만약 라마르크주의적인 기제들이 어딘가로 가야 한다면, 다윈주의의 업적들에 업혀야만 할 것이다.

이제 라마르크주의에 반대하는 세 번째 주장을 살펴보자. 앞의 두 가지와는 달리 세 번째 주장은 어떤 가상의 세계보다도 우리의 실제 현실에 더 잘 적용된다. 기정사실로 받아들여지는 발생학의 특정 원칙들을 활용했기 때문이다. 이 주장은 레시피와 청사진 사이의 차이점에 기초한다. 레시피는 이전 상태로 되돌릴 수 없는 지시문들이다. 케이크를 보고 케이크 레시피를 만들어 낼 수는 없다. 출력된 문서를 보고서 문서 작성 프로그램을 복원할 수도 없다. 이처럼 레시피에서는 최종 산출물과 그 지시문 사이의 관계가 너무 길고 복잡해서 그 둘을 1대 1로 간단히 대응시킬 수 없다. 따라서 비가역적인 과정이다. 반면 청사진은 양방향으로 진행 가능한 지시문들이다. 인형의 집을 주의 깊게 살펴보면, 만드는 방법을 알 수 있다. 이 경우에 구조와 계획 사이에는 단순하고 가역적인 1대 1 대응 관계가 존재한다.

배 발생학의 역사 동안에 단세포들이 완전히 발달한 유기체로 변형되는 방식에 대해 상반된 입장을 보이는 두 학파가 존재했다. 후성설(레시피-케이크)과 전성설(청사진-집)이 그것이다. 만약 우리가 배 발생이 청사진처럼 일어나는 세계에 산다면 획득 형질의 유전 역시 가능하다. 라마르크주의는 신체 정보가 유전자로 유입되는 과정을 요구한다. 그럼으로써 한 세대의 신체 변화가 다음 세대로 병합되는 것이다. 만약 배 발생이 청사진에 따라 이루어진다면, 배 발생 과정의 양 극단인 신체와 유전자(혹은 유전자 속에서 유전 정보를 운반하는 물질인 DNA)는 동일한 구조를 가질 것이다. 이 유질동상(isomorphism, 아이소모르피즘, 동형 이질, 구조 동일성이라고도 하며, 소재는 다르나 구조는 같은 경우를 의미한다. ─ 옮긴이)은 자연히 지시 과정을 거꾸로 되돌리기 위한, 내재된 규칙들을 제공할 것이다. 이 경우 표현형(바이스만이 신체라고 부른 눈, 날개, 껍질, 꽃잎 등 유전자들이 영향력을 행사하는 여러 방식들)이 거꾸로 유전형(유기체의 유전적 구성, 특정한 유전자 세트) 위에 새겨질 수 있으며 그 정보들은 다음 세대에서 표현형으로 되읽힐 수 있다.

그러나 발생학은 레시피와 같다고 판명됐다.(예로 Maynard Smith 1986, 99~109쪽을 참조하라.) 유전자가 자신을 운반하는 신체를 만들고 행동을 구현하는 정보들은, 케이크 만드는 방법에 대한 레시피의 정보처럼 비가역적이지, 청사진에 담긴 빌딩 제조 방법에 대한 정보처럼 가역적이지 않다. DNA는 세포의 증식, 사망, 다른 세포와의 결합 등 세심하게 관리되는 연속적인 사건들을 단계적으로 어떻게 진행할지 알려 주는 지시 사항들을 발행한다. 이 과정의 각 단계는 이전 단계 위에서 이루어진다. 각 단계의 발달은 전 단계의 발달 사항에 영향을 받는다. 따라서 전체를 이루는 각각의 부분들은, 각 과정들이 진행된 역사, 각자가 발생한 시간과 위치로부터 근본적인 영향을 받는다. 각 조각들은 따로따로 인식 가능한 형태로 저장되지 않는다. 여기에 어떤 연관 관계가 존재한다면, 일련의 지시문들과 후성적인 과정의 연속적인 단계들 사이의 대응 속에 있을 것이다. 꼭 레시피처럼 말이다. 만약 어떤 것과 레시피를 연결시킨 다면 케이크의 각 부분들이 아니라 재료를 모으고, 섞고 굽는 등의 일련 의 각 단계들과 연결될 것이다. 이 모든 사실들은 결정적으로 라마르크 주의에 반하며 다윈주의를 지지한다. 어디서든 면역 체계의 많이 알려 지지 않은 부분에서, 획득 형질이 유전된다고 판명해 줄 발견이 아마도 곧 이루어지리라는 라마르크주의자들의 희망은 헛되다. 후성적인 레시 피 발생학의 세계에서는 획득 형질의 유전이 불가능하다.

라마르크주의에 반하는 이 세 번째 주장은 발생학이 청사진 대신 레 시피 같다는 우연한 사실에 의존했다. 이 만일의 사태가 단지 완전한 우 연의 문제일까? 아니면 청사진 발생학이 본질적으로 불가능한 어떤 이 유가 있을까? 청사진 같은 배 발생을 하는 생명체들은 자신의 발달을 어떻게 조정할까? 만약 그 과정에서 그들이 잃는 게 있다면 그것은 무엇 일까? 이러한 솔깃한 추측들은 이 장의 목적과는 다소 동떨어진 곳으로 우리의 주의를 돌려놓는다. 결론은 다윈주의의 가장 만만찮은 대안 이 론, 반다윈주의자들이 자신들의 가장 큰 희망을 걸었던 이론조차도 결 국은 그다지 만만찮은 후보가 아니었다는 것이다.

이제 다윈주의에 대한 다른 역사적인 도전자들을 간략하게 살펴보 자. 그들은 두 진영으로 분류할 수 있다. 하나는 정향 진화(orthogenesis, straight-line evolution, 생물이 자연 선택이나 다른 외부의 힘과는 독립적으로, 어떤 분명하 고 예정된 방향을 따라서 진화한다는 주장. ― 옮긴이)이며 다른 하나는 돌연변이설 (mutationism, evolution by directed mutation alone, 돌연변이가 일으키는 불연속적, 급진 적 진화가 종의 기원이 된다고 보며 자연 선택은 종의 기원을 설명하는데 필요하지 않다는 주 장. ― 옮긴이)이다.(Bowler 1983, 141~226쪽, 1984, 253~256, 259~265쪽, Dawkins 1983, 412~420쪽, 1986, 230~236쪽, 305~306쪽, 세기 전환기의 평가에 대해서는 Kellogg 1907,

274~373쪽을 참조하라.)

　정향 진화는 진화가 '직선'을 따라 진행되며 이 과정은 환경의 압력이 아니라 유기체에 내재된 동인이 주도한다는 이론이다. 처음에 이 이론은 스위스 태생의 동물학자인 테오도어 아이머(Theodor Eimer)의 지지를 받으며 많은 사람들에게 알려졌다. 그는 19세기 말의 30년 동안 독일어로 이것에 대한 책을 썼다. 20세기에 들어와 처음 몇십 년 동안은 미국의 고생물학자인 헨리 페어필드 오즈번(Henry Fairfield Osborn)이 이 이론의 유력한 지지자였다. 정향 진화는 거의 포괄적인 진화 이론으로서 19세기 말과 20세기 초반에 걸친 몇십 년 동안 큰 영향력을 발휘했다. 1920~1930년대에 라마르크주의가 쇠퇴하자 이 이론은 라마르크주의를 능가하는, 다윈주의의 가장 만만찮은 대안 이론이 됐다.

　진화를 진행시키는 힘으로 주장됐던 내재된 동력이 발견되지 않았음은 말할 필요도 없다. 그럼에도 정향 진화는 적응에 대한 포괄적인 설명으로써 다윈주의의 맞수로 꼽힌, 아주 예상 밖의 후보자였다. 내재된 동력이 자연 선택의 도움 없이도, 환경에 적응된 형태들을 어떻게 발달시킬 수 있을까? 또 적응적인 복잡성을 이끄는 복잡하고 섬세한 경로를 어떻게 따라갈까? 정향 진화설은 지시적인 이론이다. 이 이론도 모든 지시적인 이론들처럼 설계의 문제를 한발 뒤로 미뤄 놓는다. 놀랍지 않게도 정향 진화의 지지자들은 적응을 설명하려고 애쓰기보다는 논설로 일소하려고 노력했다. 그들은 적응의 이례로 보이는 것들에 와락 덤벼들어서, 다윈주의의 증거가 추측한 것보다 덜 실용적이며 덜 명쾌하고 덜 경제적이라고 재해석하려 했다. 그들은 자연에서 적응의 사례들을 추적하기보다는 다윈주의가 전혀 설명할 수 없다고 여겨지는 대규모의 패턴과 규칙성, 질서를 추적하려고 애썼다. 그들은 멸종된 '큰뿔사슴(Irish elk, 거대한 뿔로 유명한 홍적세 시대의 포유동물이며, 지구상에 살았던 가장 큰 사슴이다. ― 옮긴이)'의 거대하게 가지를 친 뿔과 정교하게 말린 암모나이트 화석의 나선형 껍데기, 또 이들처럼 특이한 점증적 확대를 보여 주는 다른 특징들을, 적응적인 이점과는 무관하며 심지어 진화적인 참사에 이르더라도 고정된 방향으로 종을 몰아가는, 가속력의 증거라고 의기양양하게 지적했다. 그들은 종을 퇴화됐거나 유해한 구조로 냉혹하게 이끌어 마침내 멸종하게 만드는 정향 진화의 동향을, 고생물학이 풍부하게 밝혀냈다고 주장했다. 오늘날 고생물학자들은 이 "동향"의 많은 부분이 정향 진화적인 상상력이 빚어낸 인공물이라고 주장한다.(Simpson 1953, 259~265쪽이 그 예이다.)

적응을 훼손시키면서 자연의 거대한 패턴들을 강조하는 이 태도는 이상주의를 연상시킨다. 실제로 정향 진화는 이러한 입장의 직접적인 계승자다. "실용적인 요소들을 희생시키는 발달의 규칙성에 매료된, 정향 진화의 지지자들은 이상주의가 현대 생물학에 미친 영향의 마지막 흔적을 보여 준다."(Bowler 1984, 254쪽) 일례로 미국에서 정향 진화설을 발전시킨 것은 19세기 중반의 저명한 고생물학자 루이 아가시(Louis Agassiz, 하버드 대학교 교수로, 스위스에서 태어나 독일과 프랑스에서 교육을 받아 대륙적인 배경을 지녔다.)의 반진화론적 이상주의였다. 이러한 분위기 속에서 정향 진화처럼 장래성 없는 후보가 다윈주의의 대안 이론으로 어렵게 대항하고 있었다. 정향 진화가 적응의 정도를 덜 심각하게 보이게 하고, 진화의 근본적인 방향성이나 질서처럼 여겨지는 것을 과장하는 한, 이 이론은 살아남을 것이다.

이제 돌연변이설을 살펴보자. 돌연변이설은 도약 진화론이다. 도약 진화론은 근본적으로 새로운 형태가 갑자기 출현해서 진화가 진행된다는 견해이다. 도약 진화론은 자연 선택의 역할을 허용한다. 큰 영향력을 미치는 임의적인 변화가 때로 이점을 가져다주기도 하고, 진화를 새로운 방향으로 밀고 갈 수도 있다는 점에서, 실제로 도약 진화론자들이 옳을 수도 있다. 완전히 새롭고 복잡한 적응(미분화된 피부에서 눈이 생겨남)은 아니더라도, (미분절 동물에서 기본 디자인이 분절되어 반복해서 나타나는 변화처럼) 유사한 구조가 반복해서 나타나는 변화는 발생학적으로 가능성이 희박한 일이 아닐 것이다. 또 이러한 변화가 선택적인 재앙에 크게 개입할 확률도 높지 않을 것이다. 따라서 대돌연변이(macromutation, 여러 종류의 유전 형질에 동시에 변이가 일어난 돌연변이. ─ 옮긴이)가 지구 생명체의 역사에서 어떤 중요한 역할을 담당했을 수도 있다. 1940년대에 독일계 미국인 유전학자인 리처드 골드슈미트(Richard Goldschmidt)가 제안한 '희망적인 괴물(hopeful monster, 우연한 대돌연변이 때문에 출현한다는 가설적인 생물 개체. ─ 옮긴이)'이라는 개념은 바로 이러한 종류의 이론이다.

이제 선택적인 도약 진화론에 대해서는 그만 살펴보자. 이 이론의 돌연변이설 버전은 이보다 덜 존경받는다. 이 이론은 선택의 역할을 중요하게 여기지 않는다. 돌연변이설에 따르면, 선택이 많이 혹은 전혀 작용하지 않아도 유전 물질상의 임의적인 변화만으로도 충분히 적응이 일어날 수 있다. 돌연변이들은 그냥 그 자체로 적응적이며, 적절한 변화들은 그럭저럭 일어난다. 분명 이 견해는 불충분하다. 이 돌연변이들은 틀림없이 아직까지 발견되지 않은 어떤 불가사의한 힘, 스스로 꽤나 긴 설명이 필요한 힘에서 유도된 것이 틀림없다. 혹은 확실히 믿기 어려울 정도로 너그러운 행운에, 적응적인 적합성을 의존할 것이다. 심각하게 받아들일 수 없을 정도로, 너무나도 너그러운 행운 말이다. 정향 진화처럼 돌연변이설도 20세기 초에 전성기를 누렸다. 돌연변이설은 정향 진화처럼 비적응적인 편향을 보인다. (활동 시기 동안 한때라도) 돌연변이설을 지지했던 사람들 중에는 네덜란드의 생물학자인 휘호 더 프리스(Hugo de Vries)와 덴마크의 생물학자인 빌헬름 요한센(Wilhelm Johannsen), 영국의 생물학자인 윌리엄 베이트슨(William Bateson)과 염색체설의 창시자인 미국의 생물학자 토머스 헌트 모건(Thomas Hunt Morgan)이 있다.

1세기 전 바이스만은 다음과 같이 썼다. "다른 설명들은 모두 우리의 기대에 못 미치며, 설계 원칙의 도움 없이 유기체의 적응을 설명 가능한 이론이 더 발견될 가능성을 상상도 할 수 없기('있을 것 같지 않은'이라는 표현이 상황을 묘사하는 데 더 적합해 보인다.) 때문에"…… "우리는 자연 선택이 맞다고 가정해야만 한다."(Weismann 1893, 328쪽) 우리는 이제 바이스만의 직관이 왜 옳았는지 이해할 수 있다.

그 모든 것들과의 결별

옥스퍼드 대학교의 동물학과 도서관에는 1907년에 출간된 『오늘의 다윈주의(*Darwinims To-day*)』라는 책이 한 권 있다. 이 책의 저자는 동물학자이자 당시 스탠퍼드 대학교의 교수였던 버넌 라이먼 켈로그(Vernon Lyman Kellogg)다. 20세기 초에 켈로그는 다윈 이론과 그 대안 이론들의 입장을 조사했다. 그는 스스로 공표한 자신의 라마르크주의적인 성향에 크게 영향을 받지 않고, 소수 견해에서 다수의 견해를 편견 없이 조심스럽게 분리해 내며 각 이론들을 매우 신중하게 조사했다. 켈로그는 이러한 작업을 수행하는 데 필요한 소양을 특히 잘 갖추었다. 라이프치히와 파리에서 몇 년 동안 연구를 수행하면서 북아메리카적인 사고 방식뿐만 아니라 대륙적인 사고 방식까지도 두루 접했기 때문이다. 이 책은 다윈주의가 몰락하던 시기에 진화 이론이 처한 상태를 잠시 들여다보는 매혹적인 경험을 제공한다.

그리고 다윈주의가 얼마나 몰락했던지 간에, 정향 진화와 돌연변이설에 관한 켈로그의 의심할 바 없이 객관적이며 주의 깊은 설명을 읽으면서, 나는 이 이론들이 여전히 다윈주의의 포괄적인 대안 이론 혹은 적어도 유용한 보완 이론이라고 생각하기가 어렵다는 사실을 깨닫는다. 확실히 다윈의 공헌을 완전히 이해하고 그 엄청난 설명력에 감사했던 사람이라면 이 도전자들이 틀렸을 뿐만 아니라(혹은 대부분 잘못됐을 뿐만 아니라) 다윈주의와 같은 부류에 속하지도 않으며, 종종 과학 영역 내에 속하지조차 않는다고 느낄 것이다.

적어도 당시의 한 생물학자에 관해서는, 내 희망이 이루어졌다. 동물학과에 소장된 『오늘의 다윈주의』에는 다음과 같은 슬픈 비문이 적혀 있다. "1905~1914년에 동물학 강사이자 시범 설명자였고 뉴 칼리지의 선임 연구원이자 지도 교수였으며 1916년 7월 10일 프랑스에서 사망한 제프리 왓킨스 스미스(Geoffrey Watkins Smith)의 유산임." 세대를 막론하고 책의 각 페이지들에는 마음에서 우러난 견해들이 남아 있다. 나는 페이지의 여백들 이쪽저쪽에서 제프리 스미스의 손때 묻은 흔적과 연필로 쓴 논평들을 발견했다. 이러한 평가들은(그중에는 "바보 같은 소리! 당치도 않다! …… 헛소리(141, 306쪽)" 등도 있다.) 출간물로서의 예의에 구애받지 않은, 정직하고 진심어린 반응들이어서 가치가 있다.

제프리 스미스는 정향 진화와 돌연변이설에 전혀 감명을 받지 않았다. 일례로 정향 진화의 "증거"(제프리 스미스의 글을 인용함)들을 들어 보자. 여기에는 큰 공통 집단에서 분기한 서로 다른 집단들 사이의 평행 진화(parallel evolution)도 포함된다. 그 예로는 기린, 낙타, 라마 등 우제류의 여러 속(genera)에서 뒤 발가락이 감소해 완전히 사라지는 현상을 들 수 있다. 이러한 현상은 정향 진화론자들에게 "확실한 혹은 확정적인 수정 방향"을 대변한다.(Kellogg 1907, 279~280쪽) 그러나 제프리 스미스는 이것에 동의하지 않았다. "자연 선택만으로 이러한 현상을 충분히 설명할 수 없다고?"라며 그는 과장스럽게 되묻는다. "신체의 구조, 혹은 실제 화학 조

성은 많은 경우에 특정한 몇몇 방향으로만 변화한다."(Kellogg 1907, 280쪽)
는 증거에 대해서도 반대한다. "이것은 정향 진화만의 고유한 증거가 아
니다. 선택의 방향도 다양한 유기체의 성질에 따라 제한된다." 고생물학
은 "정향적 진화의 존재를 입증하는 것 같다. …… (왜냐하면) 우리는 항
상 제한된 종류의 발달 경로만을 보기 때문이다."(Kellogg 1907, 281쪽)라는
주장에 대해 제프리 스미스는 다음과 같이 외친다. "누가 그 외의 것을
기대할 수 있겠는가?" 그는 돌연변이설 역시 똑같이 설득력이 떨어진다
고 생각했다. 켈로그가 다윈주의는 자연 선택이 이점이 없어 보이는 (제
프리 스미스는 "없어 보이는"에 밑줄을 그었다.) 고정된 경로를 따라 진행되는 발달
과, 더 나쁘게는 심지어 죽음과 멸종에까지 이를 수 있는 "극단적인 발
달"을 둘 다 설명할 수 없다는 점을 "주로 비판받고 있다."라고 말했을 때
(Kellogg 1907, 274~275쪽), 페이지의 여백에는 다음과 같은 간결한 노트가
적혀 있었다. "이 두 가지 모두 그다지 대단치 않은 문제다." 케임브리지
대학교의 존경받는 동물학자인 아서 에버렛 시플리 경(Sir Arthur Everett
Shipley)은 제프리 스미스가 살해당했을 때 다음과 같이 썼다. "그는 가
장 비범한 능력을 가진 동물학자였으며 그레고어 요한 멘델(Gregor Johann
Mendel)의 수많은 열렬한 지지자들과는 달리 분별력을 잃지 않은 사람이
었다."(Ann 1917, 36쪽) 멘델의 다른 지지자들은, 짐작컨대 돌연변이설의 특
정 버전에 열중한 나머지 분별력을 잃었다.(Schuster and Shipley 1917, 278쪽)

켈로그는 다윈주의가 오늘날의 생물학자들을 만족시킬 수 없다고
분명히 주장했다.(Kellogg 1907, 375쪽) 전 세계의 모든 생물학자들을 고려
했을 때 이는 의심할 바 없는 사실이었다. 다윈주의가 실패했다고 여겨
지는 지점에서 정향 진화와 돌연변이설이 번성했다. 그러나 켈로그는 다
음과 같은 사족을 덧붙였다. "그러나 특히 영국에는 철저한 다윈주의자
들이 여전히 존재한다. 이들은 자신들의 위대한 동포가 종의 기원에 관

해 설명한 내용에 대한 이 모든 비판들을 심각하게 받아들이지 않는다."
(Kellogg 1907, 389쪽) 그리고 그는 "신다윈주의(Neo-Darwinism, 당시 다윈주의를
부르던 명칭, 다윈주의에 바이스마니즘(Weismannism)이 더해졌다.)"가 윌리스와 영국
의 여러 많은 생물학자들, 그리고 유럽과 미국의 몇몇 박물학자들에게
거의 완전히 받아들여졌다고 이야기했다.(Kellogg 1907, 133쪽) 아마 영국에
서는 다윈과 윌리스의 직계 학파가 훨씬 강력한 영향력을 행사했을 것
이다. 더욱이 이상주의는 결코 강하게 받아들여질 수 없었다. 제프리 스
미스의 경우, 그의 '철저한 다윈주의'와 상대 이론에 대한 적개심은 단순
한 편협함의 결과가 분명히 아니었다. 그는 나폴리의 해양 생물 실험소
(Stazione Zoologica)의 활기차고 국제적인 분위기 속에서 일했으며 다윈주
의에 대한 비판과 당시 유행하던 대안 이론들에도 분명 친숙했다. 그의
입장은 그 시절의 박식했던 한 과학자가 심사숙고해서 내린 결론이었다.

과거에서 온 이 목소리는 우리에게 또 다른 교훈을 준다. 만약 우리
가 이전 시대의 과학 이론들을 오늘날의 지식으로 판단한다면, 현재의
과학 교과서에 후손을 남기지 못한 가망 없는 이론들은 과소평가될 것
이다. 이러한 사실이 우리로 하여금 지나치다 싶을 정도로 관용을 베풀
어 비판적인 판단을 억제하도록 부추길 수 있다. 어쨌든 당대의 과학자
들이 만약 어떤 이론을 진지하게 받아들였다면, 비록 지금은 그 이론이
틀리다고 밝혀졌을지라도 그것을 덜 진지하게 받아들일 사람이 우리
중에 있을까? 이러한 관용에도 나름의 가치는 있다. 그러나 제프리 스미
스의 반응이 상기시키듯이, 여기에는 한계도 따른다. 우리가 모든 사정
을 안다고 해서 다윈주의의 대안 이론들이 지닌 부족함을 드러내는 것
을 두려워하며 지나치게 너그럽게 다뤄서는 안 된다. 사정을 다 안다는
이해가 아니라, 다윈주의에 대한 이해를 갖추고서 제프리 스미스와 다
른 많은 학자들은 대안 이론들을 거부했다. 대안 이론들이 영향력 있는

추종자들을 많이 거느릴 때조차 그랬다. 정향 진화와 돌연변이설이 무엇을 제공했어야만 했는지 살펴본 후, 그는 '그 모든 것들과의 확고한 작별 인사'로 응답했다.

다윈주의의 역사에서 이 구절은 우리에게 이상한 아이러니를 보여준다. 대개 비과학적이라는 비난을 받았던 것은 다윈주의 자체였지, 다윈주의의 적수가 아니었기 때문이다. 19세기 말부터 20세기에 접어든 후 수십 년이 지날 때까지 다윈주의는 보통 잘못된 질문을 고집해 과학의 진보를 방해한다는 이유로 꽤 많은 책망을 받았다. 당시는 생물학이 훌륭한 과학으로서 자립한 시절이었다. 대개 여기서 '훌륭한'은 가장 협소한 의미로 실험실을 기반으로 삼아 간단명료한 사실들을 수집하는, 실험적인 학문을 의미한다고 해석됐다. (하지만 부끄럽게도 '과학적인'은 오늘날에도 여전히 너무나 자주 그런 의미로 받아들여진다.) 이런 관점에서 다윈 이론은 추측에 근거하며, 검증할 수 없고 정확하지 않은, 그리고 (과학의 범위를 완전히 넘어서는 것이기 때문에 가장 나쁜 비판이라고 할) 목적론적이라는 오명을 써왔다. 과학은 적응적인 질문들을 던지려는 시도조차 해서는 안 된다고 선포됐다. 말하자면 생화학적이거나 생리학적인 경로에 대한 정확한 묘사만이 과학에 필요한 전부였다.

이러한 태도는 당시에 생물학의 역사를 저술한 에릭 노르덴시욀드 (Erik Nordenskiöld)의 영향력 있는 책에도 나타난다. 이 책은 다윈주의에 특히 적대적이다.

질문을 던진다. 왜 고양이에게 발톱이 있을까? …… (다윈은 대답한다.) 고양이가 생존 경쟁에서 살아남을 수 있도록 …… 그러나 …… 이 질문은 …… 말도 안 된다. …… 생물학은 고양이의 발톱이 발달하고 사용되는 조건들만 알아내려고 노력할 뿐이지 결코 그 이상은 아니다. 그 이상을 질문하려는 사람들은 "자연에게 공정한 질문을 던져야" 한다는 프랜시스 베이컨(Francis Bacon)의 필요조건을 충족시키지 못한다. 그러나 다윈과 그의 동시대인들은 이런 잘못된 질문들을 자연에 계속 던진다.(Nordenskiöld 1929, 482쪽)

"생물학이 완전한 과학으로 발전하는 일을 조금도 지체시키지 않은 것은"(Nordenskiöld 1929, 471쪽) 노르덴시욀드가 불평한, 목적론적인 다윈주의의 질문들이었다. 예를 들어 노르덴시욀드에 따르면 수컷은 외양이 화려하고 상대를 고를 때 무차별적인 반면, 암컷은 외양이 단조롭고 상대를 고르는 데 까다로운 이유를 설명하기 위해 생물학은 다윈의 성 선택 이론 같은 추측에 기댈 필요가 없다. 이 질문에 대한 대답은 "생리 물질의 분비와 그 분비물과 2차 성징 사이의 관계에서 찾아야 한다. 성 채색(sexual coloration, 생육기에 나타나는 색깔로, 종종 성에 따라 다르다. ― 옮긴이)과 짝짓기 방식은 둘 다 여기서 그 설명을 찾을 수 있다."(Nordenskiöld 1929, 474쪽) 다른 말로 수컷과 암컷이 다른 이유는 그들의 호르몬이 서로 같지 않기 때문이다. 그게 전부다. **왜** 호르몬이 서로 다른지 물어보라. 그런 질문이 목적론에 몸을 담그는 일이 되는 이유가 무엇인가. 똑같은 태도가, 아니 실제로는 똑같은 사례가 에마누엘 라들(Emanuel Rádl)의 생물학의 역사에도 불쑥 나타난다. 이 책은 노르덴시욀드와 동일한 시대에 쓰여진 것으로 역시 다윈주의를 지지하지 않는다.

다윈이 동물의 미를 논할 때 대개 그는 전적으로 2차 성징을 다룬다. 그러나 몇몇 생물학자들은 2차 성징은 완전히 1차 생식선(sex gland, 정소, 난소 등의 생식샘. ― 옮긴이)의 영향이라고 생각한다. 그들은 색채, 무늬, 뿔, 가지를 친 뿔과 '수컷의' 다른 장식적인 특징들의 발달이 수컷 생식선의 분비물들 때문이며, 동시에 이 생식선이 이에 대응하는 암컷의 특성을 발달시키는

것을 막는다고 생각한다. 암컷의 생식선은 정확히 반대 작용을 한다.(Rádl 1930, 105~106쪽)

노르덴시욀드는 자신이 좋은 과학의 대표 모형이라고 생각하는 유전 연구와 다윈주의를 대조시켰다.

> 유전은 이 시대에 가장 인기 있는 연구 분야이다. …… 확실히 자연 선택에는 몇몇 유전 연구자들이 제기한 원칙들이 포함된다. …… 그러나 그것은 실제로 아무런 실질적인 중요성도 지니지 않는다. 이 현상은 관찰될 수 없으며 따라서 정확한 관찰에 기반을 둔 연구의 대상이 될 수 없다. …… 유전 연구가 정확한 과학이 된 바로 그 이유에서, 유전 연구는 추측에 근거하는 낡은 다윈주의를 따를 수 없다. 그러나 생명의 일반적인 개념이 어떻게 바뀌든지, 사실과 믿을 만한 결과들에 집중하는 방식이 승리한다는 데는 의심의 여지가 없다.(Nordenskiöld 1929, 594쪽)

역시 그 시절에 찰스 싱어(Charles Singer)가 저술한 생물학의 역사 역시 비슷한 태도를 보인다. "다윈의 계획에서 '우연'이란 요소는 단지 베일에 가려진 목적론일 뿐이다. 자연 선택은 '원인'의 지위까지 승격됐으나 과학은 원인이 아니라 조건을 다루어야만 했다. 다윈은 자신의 이론을 '~일 수도 있다'와 '~일지도 모른다'로 가득 채웠을 뿐 관찰되고 입증된 사실들로 채우지 않았다."(Singer 1931, 305쪽, 또한 548쪽도 참조하라.) 그런데 싱어는 모건의 충고를 들었다.(Singer 1931, ix쪽) 모건은 선두적인 멘델주의자이자 자칭 다윈주의자가 된 때에도, 자연 선택과 목적론에 대한 혹은 그가 합목적성이라고 여기는 것에 대한 초기의 오해를 버리지 않았다. "그는 분명 선택이라는 개념을 결코 마음 편히 여기지 않았다. …… 이 개넘, 아마도 바로 '선택'이라는 용어가 그를 괴롭혔을 것이다. 선택이란 용어는 목적의식이 있는 것처럼 들린다. 모건은 목적론적인 사고를 몹시 혐오했기에 진화 이론의 합목적성(혹은 그가 합목적성이라고 여겼던 것)에 반발했다."(Allen 1978, 314쪽, 또한 115~116, 314~316쪽도 참조하라.)

당시 학생이었던 유명한 동물 행동학자 니콜라스 틴베르헌(Nikolaas Tinbergen)은 적응적인 질문을 던지는 무모한 행동이 얼마나 비난받았는지를 다음과 같이 회상했다.

> 다윈 이후, 선택 이론의 무비판적 수용에 대한 반발이 일기 시작해서 비교 해부학의 전성기에 최고조에 달했다. 이런 반발은 생리학으로 기우는 경향이 있는 많은 생물학자들에게 여전히 영향을 미친다. 이것은 생의 과정과 구조의 생존 가치 및 기능에 대해 무비판적으로 추측을 만들어 내는 습관에 대한 반발이었다. 이런 반응은 물론 그 자체로 건전한 것이지만 (기대처럼) 생존 가치를 연구하는 방법을 개선하려는 시도를 불러일으키지는 않았다. 오히려 과학에서 발생할 수 있는 가장 개탄스러운 상황 중 하나인, 해당 문제에 대한 관심 부족을 더욱 심화시켰다. 더 심각한 것은 이 반응이 편협한 태도로까지 발달했다는 점이다. 생존 가치를 궁금해 하는 것조차 비과학적이라고 여겨졌다. 동물학 교수 중 한 사람이 "맹금류에게 공격당했을 때 많은 새들이 더 밀집하는 이유가 무엇인지 누구 아이디어를 낼 사람 있나?"라고 물었을 때 나는 생존 가치의 문제를 꺼낸 적이 있다. 그때 그가 단호하게 호통을 쳐서 얼마나 당황했는지 아직도 기억한다.(Tinbergen 1963, 417쪽)

우리가 적응적인 설명들을 살펴볼 때 알게 되는 것처럼 오늘날에도 이런 교수의 태도는 별로 사라지지 않았다.

생물학이 보다 높은 위치에 도달하기를 바라며 물리학을 우러러봤던 시기에, 과학자들과 역사가들이 과학에 대해 어느 정도 이런 생각들을 지녀야 했다는 점은 이해할 수 있다. 생물학은 새로운 지위에 대해서뿐만 아니라, 다윈의 표현을 빌리면 '꽤 알려지지 않았던' 당시의 세상을 실제로 좀 더 알게 돼서 굉장히 기뻐하고 있었다. 다소 이해할 수 없는 것은 다윈주의자의 기획이 왜 그렇게 심하게 오해를 받아 비과학의 쓰레기 더미로 던져졌어야 했느냐이다. 이러한 사실은 다윈주의에 대한 반감이 어떤 상황의 결과로 나타났다기보다는, 그 자체로 먼저 존재했다는 의심을 불러일으킨다. 즉 다윈주의에 대한 거부를 이끈 것으로 알려진 실증주의의 오해는, 실은 방법론적인 겉치레로써 나중에 덧칠됐을 뿐이다. 겉만 번지르르한 방법론을 말하며 자기 의견을 지지하기 위해 베이컨의 무거운 권위를 끌어온 노르덴시윌드와 다른 사람들은 완전히 과녁을 벗어났다. 그들은 다윈주의의 적응적인 설명들을 수용하기 위해 목적인에 대한 베이컨의 공격을 취했다. 그러나 베이컨은 "자신이 진정한 목적인이라고 생각했던 것들, 즉 신의 목적이든, 인간 마음의 목적이든 의식적인 목적과 본질적으로 연결돼야 하는 것들을" 비난했다. 베이컨이 반대했던 이런 설명들은 아리스토텔레스의 사례가 보여 주듯 아무 쓸모도 없어 보인다.(Urbach 1987, 102쪽, 또한 100~102쪽도 참조하라.) 앞에서 살펴본 바와 같이 베이컨의 비판은 다윈 이전의 박물학과 간혹 다윈 이후에 나타난 다윈주의의 경쟁자들을 특징짓는 설명들에는 확실히 잘 적용됐다. 그러나 다윈주의적인 설명들은 전혀 손상시키지 않는다. 이는 베이컨도 분명히 인식한 부분이다. 자연 선택주의자들의 반대급부로 베이컨을 언급하는 것은 너무나 부적절해서 설명의 대상과 목적에 근본적인 오해가 있음을 보여 준다. 이것은 다소 다른 맥락에서 미국의 저명한 유전학자인 허먼 조지프 멀러(Hermann Joseph Muller)가 자신의 스승인 모건과 당시의 다른 반다윈주의자들에 대해 언급했던 말을 생각나게 한다. "우리에게는 그가 마치 자연 선택을 이해하지 못하는 것처럼 보인다. 그는 그 시절에는 매우 흔했던 정신적인 장벽을 갖고 있었다."(Allen 1978, 308쪽)

우리는 지구상의 생명체뿐만 아니라, 지구와 여러 기본 조건들이 비슷한 다른 세계의 생명체들에 대해서도 어째서 그들이 지금과 같은 모습인지, 1859년에 나타난 다윈주의가 여전히 가장 잘 설명할 수 있는 이유를 살펴보았다. 1859년 이후, 다윈과 월리스의 유산은 여러 중요한 변화들을 겪었다. 제일 최근에 일어난 가장 극적인 변화는 고전에서 현대 다윈주의로의 이행이다. 이제부터 우리는 이 변화를 살펴보려고 한다.

3장

신·구 다윈주의

❖

과거 이론들의 예측들

지난 몇십 년간 다윈 이론은 혁명적인 변화를 겪었다. 이 혁명은 두 가지 새로운 사고 방식들을 결합한다. 한때 개별 유기체들에 초점을 맞추고 유전 단위를 암묵적으로 언급했던 다윈주의의 설명은 유전자에 영광의 자리를 내주었다. 또 한때 다윈주의가 유기체의 구조에 집중했다면 이제는 유기체의 행동, 특히 사회적 행동과 진화의 산물 중 하나인 제도와 책략에 대한 연구가 급증하고 있다.

다윈이 좋아했던 자연 선택의 작용에 대한 두 사례를 살펴보자. 딱따구리의 부리와 혀는 특정한 먹이에 딱 맞게 적응했으며 어떤 씨앗들

다윈을 기쁘게 했던 두 가지 적응들: 딱따구리와 깃털 달린 씨앗들

"딱따구리의 …… 이 구조 …… 그들의 다리, 꼬리, 부리와 혀는 나무껍질 아래 사는 곤충들을 잡는 데 감탄스러울 만큼 잘 적응됐다."(다윈, 『종의 기원』에서 인용)

딱따구리의 혀는 종종 끈적끈적한 물질로 덮였고 미늘이 돋아 있다. 셀레우스 플라베센스(*Celeus flavescens*), 베닐리오르니스 올리비누스(*Veniliornis olivinus*), 평선딱따구리(*Dryocopus lineatus*)는 네 개부터 여섯 개까지 미늘을 갖고 있다. 혀는 길게 늘어나는 유연한 설골 혹은 '뿔'의 도움을 받아 상당한 길이까지 내밀어진다. 뿔은 종마다 다른 위치에서 끝난다. 어떤 경우(큰솜털딱따구리(*Picoides villosus*), 헤미키르쿠스 콩크레투스(*Hemicircus concretus*)와 헤미키르쿠스 카넨테(*Hemicircus canente*))에는 뿔이 두개골 뒤쪽으로 굽이굽이 둥글게 돌아가 오른쪽 눈구멍에서 고리를 만들기도 한다.

은 아주 순한 산들바람도 자신들을 운반할 수 있는 우아한 깃털을 지녔다.(Darwin 1859, 3, 60~61쪽, Darwin and Wallace 1858, 94, 97쪽, Darwin, F. 1892, 42쪽, Peckham 1959, 357쪽이 그 예이다.) 이들은 고전 다윈주의의 대표적인 사례들이다. 이것은 『종의 기원』과 월리스의 『다윈주의(*Darwinism*)』가 전형적으로 보여 주었던 접근 방식이다. 이 방식은 특히 보유자 자신이나 자손들에게 이익을 주어 보유자의 생존 혹은 번식을 돕는 구조들을 다루었다.

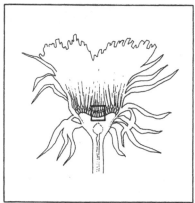

"날개와 깃털을 가진 …… 씨앗들은 …… 일상의 미풍에도 부드럽게 퍼질 수 있도록 모양이 다양하며 구조가 우아하다."(다윈, 『종의 기원』에서 인용)

전자 현미경으로 스캔한 모습은 다윈이 단지 추측만 했던 세상을 보여 주었다. 이것은 서양민들레 (*Taraxacum officinale*) 내부 깊숙한 곳의 꽃 부분을 27배로 확대한 사진이다.

그러나 근대 다원주의에서는 똑같은 딱따구리와 씨앗들이 인정사정없는 공갈범이나 타산적인 도박꾼으로, 타인의 행동에 따라 자신의 행동을 바꾸는 노련한 책략가로, 체계적으로 이웃을 착취하는 자로, 혹은 이와는 정반대로 자신의 생존이나 번식 기회를 희생하면서까지 이웃들에게 봉사하는 존재로 보일 것이다.

이 새로운 다원주의는 자신이 대체한 과거의 이론과는 근본적으로 달라서, 두 이론은 양립할 수 없다고 주장되었다.(Sahlins 1976이 그 예이다.) 실제로 다원주의 사고의 변화는 이전 이론의 발달된 형태이며 범위의 확장이다. 오늘날의 다원주의에 비해 고전적인 이론은 제한적이다. 그럼에도 고전 이론은 근대적 시각들을 예측한다. '다윈' 이론은 고전 이론에서 논리적으로 도출되는 어떤 내포된 결과들을 가졌지만 최근에 와서야 그 점이 인식됐다.(Dawkins 1978a, 710쪽) 다윈 자신의 '진짜' 다원주의에 대한 그리운 방어들에도 불구하고(Sahlins 1976, 71~91쪽이 그 예이다.) 고전 다원주의가 근대의 발달을 개략적으로 알려 주는 데 실패했다고 말한다면, 다원주의는 1세기 이상 보여 줬던 인상적인 설명력을 지니지 않았다는 뜻이다.

다원주의에 최근 혁명적인 변화가 있었다고 말하면 대부분의 다원주의자들은 즉시 진화 생물학의 근대 종합설(Modern Synthesis)을 떠올릴 것이다. 종합은 1930년에서 1950년 사이에 일어났다. 이 혁명은 멘델의 유전학을 다윈 이론에 첨가한 것으로, 이 강력한 조합은 자연 개체군 내의 변이와 지리적 분포를, 또 화석 기록에 드러난 지구 생명체의 역사와 새로운 종의 기원을, 어떻게 설명할 수 있는지 상세히 보여 주었다. 다윈 이론의 중대한 진보였다. 이 사건을 논의하지 않는 이유는 그 가치를 폄하해서가 아니다. 이 혁명의 측면들은 대부분 잘 인식됐으며 널리 기록, 분석됐다. 혁명은 어떤 측면에서는 근대의 종합 작업을 발전시켰지만, 다

케임브리지 대학교의 유전학 교수 아서 밸푸어 경(Sir Arthur Balfour)의 관사였던 위팅헴의 산장에서 탁상 계산기를 두드리는 1952년의 로널드 에일머 피셔

른 측면에서는 초창기 다윈의 사고와 더 큰 유사성을 보여 주었다.

한편으로 혁명은 근대 종합설을 여태 도외시되던 영역들까지 확장시켰으며, 자신의 모태가 된 아이디어들을 명확하게 만들었다. 나는 이 최근의 혁명이 대략 1960년대 중반 이후부터 지난 몇십 년 동안(이 혁명이 가장 큰 영향을 미쳤던 시기이기도 하다.) 일어났다고 평가한다. 그러나 이런 사고 방식은 근대의 종합에 관한 두 고전인 로널드 에일머 피셔(Ronald Aylmer Fisher)의 『자연 선택의 유전학적 이론(Genetical Theory of Natural Selection)』(1930년)과 홀데인의 『진화의 원인(The Causes of Evolution)』(1932년), 그리고 수얼 라이트(Sewall Wright)의 연구에서 이미 상당한 정도로 예측됐다. 라이트의

유니버시티 칼리지 런던에서 강의를 하는 1948년의 존 버튼 샌더슨 홀데인
당시 학부생이었던 존 메이너드 스미스는 동료 대학생이 "생명의 위험을 무릅쓰고" 이 사진을 찍었다고 말했다.

연구는 후에 『진화와 개체군 유전학(*Evolution and the Genetics of Population*)』 (1968~1978년)으로 나온다. 그들 연구의 이런 측면이 왜 훨씬 널리 받아들여지지 못했는지 나는 알지 못한다. 다윈 이론은 자신의 기여를 더 많이 인정받았다면, 쓸모없는 여러 우회로를 피해 갔을 것이다. 실제로 이 아이디어들의 잠재력을 깨닫는 일은 후속 세대들에게 남겨진 몫이었다.

다른 한편으로 우리는 고전 다윈주의와 이 최근의 혁명 사이에 근대 종합설과는 독립적인 연속성이 있다는 사실을 발견한다. 이 진보에 한해서는, 수학적 방법론이 부족하거나 유전 이론이 불충분하다는 이유로 고전 다윈주의의 제약들이 생기지 않는다. 이 두 영역의 발전은 다윈 이론이 현재와 같은 완전한 힘을 가지는 데 필수적이었지만, 유전자 중심의 평이한 사고나 전략적인 사고에 꼭 필요하지는 않다.

최근의 사고 방식과 고전적인 사고 방식 사이에 연속성이 존재하기 때문에 새로운 발달 사항들은 우리가 고전 다윈주의의 본질, 특히 그 한계를 이해하도록 도와준다. 사람들은 근대적인 시각에서 사후에 비판한 내용들을 활용하여, 고전적인 접근 방식의 가장 중요한 요소들을 찾아낼 수 있다. 우리는 근대 다윈주의의 두 가지 지배적 원리인 유전자 중심성과 전략적인 사고 전환을 취해서, 고전 다윈주의가 근대 다윈주의와 어떻게 다르며 왜 다른지 살펴볼 수 있다.(근대 다윈주의의 주요 특징들은 최근의 여러 책들에 정확히 기술되어 있다. 조지 크리스토퍼 윌리엄스(George Christopher Williams)의 영향력 있는 책인 『적응과 자연 선택(*Adaptation and Natural Selection*)』(1966년)은 불후의 통찰력을 제공한다. 도킨스의 『이기적 유전자(*The Selfish Gene*)』와 『눈먼 시계공(*The Blind Watchmaker*)』(1976년, 개정판 1986년)은 고전이다. 마크 리들리(Mark Ridley)의 『진화의 문제점들(*The Problems of Evolution*)』(1985년) 역시 좋은 자료다. 동물 행동에 대해서는 존 리처드 크렙스(John Richard Krebs)와 니컬러스 배리 데이비스(Nicholas Barry Davies)가 편집한 최고의 교과서인 『행동 생태학(*Behavioral Ecology*)』(2판 1978년)과 메리언 스탬프 도킨스(Marian Stamp Dawkins)의 『동물 행동의 이해(*Unravelling Animal Behavior*)』(1986년)을 보라. 우리가 이 장의 뒷부분에서 다룰 예정인 확장된 표현형의 발상에 대해서는 도킨스의 책(Dawkins 1976, 2nd edn., 234~266쪽, 1982)을 참조하라. 게임 이론의 개념과 진화적으로 안정된 전략에 대해서도 역시 이 장에서 간단히 언급할 예정인데 다음 책들을 참조하라.(Dawkins 1980, Maynard Smith 1978b, 1978c, 1982, 1984, Parker 1984))

　　나는 다윈 이론이 발표된 이후 첫 몇십 년 동안에 집중할 예정이다. 특히 고전적인 접근 방식을 대표하는 다윈의 저서에 집중하겠다. 다윈주의가 그 뒤 반세기 혹은 그 이상의 시간 동안 정체됐다고 주장하려는 것은 아니다. 우리는 성 선택과 이타주의를 다룰 때 이 시기 이후의 발달 사항에 주목할 예정이다. 다윈 이론의 이 부분은 최근 매우 급진적으로 변화했지만, 어쨌든 그 시기 동안에는 놀랍게도 거의 변하지 않았다.

　　어떤 입장이 받아들여지지 않는다는 사실을 입증하기란 확실히 어렵다. 부정적인 예시들은 거의 설득력이 없으며 심지어 지금은 사라진 견해가 과거에는 어딘가 다른 곳에서 표현됐을 것이라는, 아마도 정기적으로 표현됐으리라는 의혹을 불러일으키기까지 한다. 내가 채택한 한 가지 해결책은 근대의 다윈주의자들에게는 유전자 중심적이거나 전략적인 설명의 주요 후보가 되는, 고전 다윈주의의 잘 알려진 사례들을 선택하는 것이다. 다른 해결책은 고전 다윈주의가 이러한 제한들에도 불구하고 어떻게 그런 성공을 거두었는지 설명하는 것이다. 세 번째 해결책은 전략적인 사고에 관하여 고전 다윈주의가 왜 그렇게 다른 방향을 취했는지 설명할, 몇 가지 배경 이유를 밝혀내는 것이다.

　　그러나 우선은 이미 들었을 수도 있는, 의견이 다른 투덜거림들을 미리 막으려고 한다. 근대의 다윈주의자들 모두가 내 평가를 다 받아들이지는 않을 것이다. 그러나 나는 이 이론 자체를 다룰 뿐이며 개인들이 이 이론을 어떻게 해석하기로 결정할지를 다루지는 않는다. 우리는 이 이론의 기본 교의(이 이론이 실제로 이야기하는 바는 무엇인가?)들과 이 이론이 실행자들에게 어떻게 여겨지는지(그 이론에 대해 무슨 이야기가 들리는가?)를 구별해야만 한다. 나는 이 중 전자를 다루고 있다.

유기체에서 유전자로

주르뎅 씨(Monsieur Jourdain, 몰리에르(Molière)의 희곡 「서민귀족」의 주인공 — 옮긴이)는 자신이 항상 산문체로 이야기하고 있었으며, 스스로 그것을 전혀 몰랐다는 사실을 40년이 지나서야 알아차렸다. 근대의 다윈주의는 다윈 이론이 항상 유전자들 혹은 적어도 유전 단위들에 대해서 이야기하고 있었으며, 그에 대해 전혀 인식하지 못했다는 사실을 1세기가 지난 뒤에야 깨달았다. 고전 다윈주의가 개별 유기체와 그 자손들의 관점에서 자연 선택의 작용을 분석할지라도 자연 선택이 궁극적으로는 복제자가 거주하는 유기체보다는 복제자를 다룬다는 생각이, 이 유기체 중심적인 견해 내부의 어딘가에도 도사리고 있었다. 이것은 결국 번식 성공(reproductive success)이 실제로 관련되는 부분이다. 오늘날의 다윈주의는 이 시점을 택한다. 그리고 거기에서 지금까지 인식되지 못한, 매우 생산적이며 다양한, 함축된 내용들을 발견한다.

근대 다윈 이론은 유전자와 그 유전자의 표현형적 효과와 관련이 있다. 유전자들은 자연 선택이 자신을 정밀히 조사할 수 있도록 스스로를 있는 그대로 드러내지 못한다. 그들은 꼬리, 모피, 근육, 껍데기 등을 내세운다. 또 그것들은 빨리 달리고, 위장을 잘하고, 짝을 유혹하고, 좋은 둥지를 세우는 능력으로써 드러난다. 유전자의 차이는 표현형 효과에서의 차이로 나타난다. 자연 선택은 표현형의 차이에 작용해서 유전자에 작용한다. 따라서 유전자들은 표현형적 효과의 선택 가치에 비례해 다음 세대에 전달된다.

이쯤에서 나는 '초록 눈동자에 상응하는 유전자' 같은 표현이 초록 눈동자에 대응되는 특정 유전자를 의미하지 않는다는 점을 강조하고 싶다. 그것은 차이에 대한 표현이다. 케이크 레시피에 적힌 개개의 단어는 각각의 케이크 조각에 대응되지 않는다. 그러나 레몬이 바닐라로 바뀌었을 때처럼 레시피에서 한 단어의 차이는 두 가지 다른 케이크 사이의 차이에 대응한다. 이것과 비슷하게 특정 유전자들을 신체의 특정 부위와 대응시키지는 못한다. 그러나 식별 가능할 정도로 다른 유전형들은 식별 가능하게 다른 표현형에 상응한다. 이 점은 매우 중요하다. (내가 이 책 전체에 걸쳐 사용할) '초록 눈동자에 상응하는 유전자들' 같은 표현들이 보통은 단순한 단일 유전자/단일 표현형 효과 모형을 가정한다거나, 티끌만 한 증거도 없이 특정한 유전자들의 존재를 상정한다고 받아들여지기 때문이다.

하나의 유전자가 많은 표현형적 효과를 낼 수도 있으며, 그 각각의 효과들이 저마다 긍정적이거나 부정적이거나 혹은 중립적인 선택 가치를 지닐 수도 있다. 유전자의 운명을 결정하는 것은 한 유전자의 표현형적 효과가 지닌 전체적인 선택 가치이다. 우리가 초록 눈동자에 상응하는 유전자라고 이야기할 때는, 그 유전자가 가진 효과 중 단지 한 특성만을 골라내고 있을 뿐이다. 갈색 눈동자를 만드는 유전자와 초록 눈동자를 만들어 내는 유전자들 사이의 차이점이 더 가느다란 발톱, 더 긴 팔다리, 더 작은 턱 등 모든 다른 종류의 특징들을 야기할 수도 있다. 다윈은 이러한 '성장의 상관관계'가 "꽤 엉뚱한 결과를 초래할 수 있다. 따라서 파란 눈동자를 가진 고양이들은 언제나 귀머거리다. …… 털이 없는 개들은 치아에 결함이 있다. …… 발이 깃털로 덮인 비둘기들은 바깥쪽을 향한 발가락들 사이에 피부가 있다."(Darwin 1859, 11~12쪽)라고 언급했다. 우리는 엉뚱한 사례들에 주목하는 경향이 있다. 그러나 이러한 다면 발현 효과(pleiotropic effect, 다형질 발현, 다면 현상이라고도 하며 하나의 유전자가 둘 이상의 표현 형질에 영향을 미치는 현상을 뜻한다. ─ 옮긴이)는 일반적인 현상이다. 유전자의 시각에서 보면, 표현형들은 적응과 부수 효과로 깔끔하게 나뉘지 않는다. 단지 여러 표현형적 효과가 있을 뿐이며, 적응이란 이 효과의 전체 이익이 전체 비용을 상회하는 특수한 경우에 해당한다. 따라서 눈과 같은 적응에 드는 비용은 단지 단백질 합성, 색소 축적, 혹은 비타민 A의 활용에 드는 비용이 아니라, 눈에 동반되는 표현형적 효과를 만드는 데 드는 비용들을 모두 고려해야 한다.

그러므로 자연 선택은 표현형적 효과들에서 오는 되먹임으로 유전자에 작용한다. 유전자들은 다른 경쟁 표현형들보다 선택적으로 유리한 점이 있는 표현형으로 발현되는 한 영속한다. 대개 우리는 표현형적 효과가 유전자가 담긴 유기체의 몸에 제한돼 나타난다고 생각한다. 그러나 최근의 혁명을 이끄는 설계자 중 한 사람인 도킨스가 주장했듯이, 우리가 여기서 멈추어야 할 필요는 없다. 다윈주의는 표현형의 개념을 상당히 자연스럽고 설득력 있게, 또한 실질적으로 매우 유익하게 확장시킬 수 있다.

새의 둥지를 고려해 보자. 우리는 재료를 모으는 새의 부리가 부리를 만드는 유전자들의 표현형적 효과라는 사실을 쉽게 받아들인다. 정확히 똑같은 방식으로, 둥지 역시 둥지의 구축에 관여하는 유전자들의 표현형적 효과로 간주될 수 있다. 차이점은 오직 둥지에서는 표현형적 효과가 새의 신체를 넘어 확장됐다는 것뿐이다. 따라서 우리는 둥지를 하나의 표현형, 확장된 표현형으로 생각할 수 있다.

확장된 표현형이 새의 둥지나 거미의 그물 혹은 비버의 댐 같은 인공물에만 국한될 필요는 없다. 우리는 일반적으로 유기체의 행동에 대한 유전적인 조절이 그 몸에 있는 유전자들에서 기인한다고 생각한다. 그러나 원칙적으로 한 유기체가 이미 만들어진 다른 유기체의 단백질과 비타민 혹은 미네랄을 착취하는 것과 같은 방식으로, 다른 유기체의 기존 신경 체계와 근력, 행동 가능성을 착취하지 않을 이유는 없다. 자연

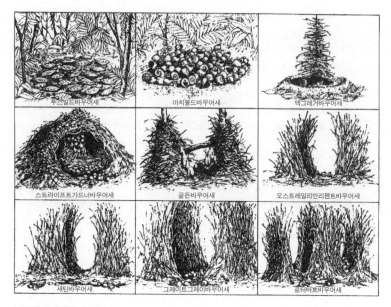

수컷 바우어새의 건축물

새의 신체는 표현형이다. 새의 둥지와 정자들은 확장된 표현형으로 생각할 수 있다. 수컷 바우어새의 건축물들은 드문드문 장식이 된 땅 위의 빈터에서부터 정교하게 장식된 정자에 이르기까지 다양하다. 이 건물들은 새의 신체처럼 종의 특징이다.

선택은 자기 자신의 이익을 위해 다른 유기체의 행동을 성공적으로 조종할 수 있는 유전자들을 선호할 것이다. 유기체가 다른 유기체를 조종하는 행위는 조종 유전자의 확장된 표현형으로 생각할 수 있다. 기생충을 예로 들어 보자. 전통적으로 기생충은 적극적으로 식사 메뉴를 구하지 않고 무료 점심을 단지 감사히 즐길 뿐이라고 여겨졌다. 초대받지 않은 손님들이 숙주에게 미치는 영향은 단지 기생충의 약탈 행위에서 의도되지 않은 부작용쯤으로 여겨졌다. 그러나 때때로 기생충에 감염된 유기체들이 자기 자신에게는 전혀 득이 되지 않지만 기생충에게는 매우 유익한 방식대로 행동하는 경우가 있다. 이러한 사실은 현재 조종이 일어나고 있을 가능성을 강력하게 시사한다.

공상 과학 소설에서 가장 친숙하게 사용되는 문학적 장치는 인간 숙주에 침입하는 외계 기생충이다. 이 기생충들은 인간이 그들의 명령에 따라 행동하게 만들어 번식하며, 다른 운 없는 지구인들에게 옮겨 간다. 그러나 기생충이 다른 유기체의 행동을 바꿀 수 있다는 개념은 단순한 픽션이 아니다. 이러한 현상은 그다지 드물지 않다. 이 현상을 발견하려면 단지 호수와 벌판 그리고 숲을 쳐다보기만 하면 된다.(Moore 1984, 82쪽)

주변의 호수를 들여다보라. 옆새우(*Gammarus*)와 다른 '민물 새우들', 엄격히 말하자면 새우가 아니라 작은 새우 같은 다각 갑각류(amphipod crustacean)들을 볼 수 있을 것이다. 이 단각류들(amphipod)은 기생충에 감염되었을 때 극단적으로 변화한다. 이 기생충들 중에는 구두동물(acanthocephalans 혹은 thorny-headed worms) 세 종(플리모르푸스 파라독수스(*Plymorphus paradoxus*), 플리모르푸스 마릴리스(*Plymorphus marilis*), 코리노소마 콘스트릭툼(*Corynosoma constrictum*))가 있다.(Bethel and Holmes 1973, 1974, 1977, 또한 Dawkins 1990과 Holmes and Bethel 1972, Moore 1984, 82~85, 89쪽, Moore 1984a, Moore and Gotelli 1990도 참조하라.) 감염되지 않은 단각류들은 수면을 피해 빛에서 먼 쪽으로 이동한다. 건드리면 즉시 깊숙이 잠수해서 흐린 어둠 속으로 사라져 안전한 진흙 속에 묻힌다. 그러나 기생충에 감염되면 도망치는 행동을 덜하게 되고, 신중함이 크게 저하된다. 플리모르푸스 파라독수스에 감염되면, 이들은 수면의 빛을 향해 위로 올라간다. 몸을 건드리면 식물이나 그 외 자신과 접촉한 사물들에 집요하게 달라붙거나, 들러붙을 대상을 발견할 때까지 수면을 스치듯 지나가며 눈에 띄는 교란을 일으킨다. 이 모든 행동들은 그들이 수면에서 먹이를 먹는 포식자들, 특히 청둥오리와 비버, 사향뒤쥐들에게 손쉬운 사냥감이 되게 한다. 플리모르푸스 마릴리스에게 감염된 단각류들은 빛을 향해 움직이지만 항상 수면까지 올라가지는 않는다. 그들은 잠수하는 오리들, 특히 작은 흰죽지들에게 전보다 훨씬 취약해진다. 코리노소마 콘스트릭툼에게 감염된 단각류들은 수면의 빛을 향해 움직인다. 건드렸을 때에 전체의 절반 이상이 물속으로 잠수하며 나머지는 수면에 남는다. 그들은 잠수하는 오리나 수면에서 먹이를 먹는 오리들 모두에게 잡아 먹힌다. 왜 이런 자살 행동을 할까? 또 어째서 세 가지 다른 방식으로 자살을 하는 것일까? 불길한 힌트가 하나 있다. 바로 위의 세 포식자 집단들이 구두동물 세 종의 생애 주기상에서 다음번 숙주가 된다는 점이다. 즉 플리모르푸스 파라독수스의 숙주는 청둥오리와 비버, 사향뒤쥐이며, 플리모르푸스 마릴리스의 숙주는 흰죽지이고 코리노소마 콘스트릭툼의 숙주는 청둥오리와 흰죽지다. 이보다 더 불길한 힌트도 있다. 단각류들은 구두동물이 다음 숙주를 찾아갈 준비가 되기 전에는 이런 변화를 겪지 않는다. 그러니까 기생충들은 자신의 적응적인 목적을 위해 숙주의 신체를 조종하는 것 같다. 단각류들의 행동은 한 벌레의 조종 유전자의 확장된 표현형으로 간주할 수 있다.

혹자는 "왜 유전자를 끌어들이는가?"라고 물을지 모른다. 어째서 단순히 구두동물들이 단각류들을 조종한다고 말하지 않느냐는 뜻이다. 그러나 유전자를 끌어들인 것은 내가 아니라 자연 선택이다. 우리는 다원주의적 적응에 대해 이야기하고 있으므로 유전자들을 결부시켜야만 한다. 유전자들의 표현형적 효과가 유전자 보유자인 구두동물들만큼이나 단각류들의 행동에서도 (적어도 우리에게는) 놀랍게 보였을 뿐이다.

확장된 표현형적인 조종은 결코 기생충들의 전유물이 아니다. 성 선택과 이타주의를 조사하면 이러한 경우들을 많이 보게 된다. 여기서는 이 관점이 다원주의가 나온 이후 100년 동안의 관점들과 얼마나 다른가가 중요하다. 고전 다원주의는 적응이 그들의 보유자나 자손들에게 얼마나 이로운가에 대한 것이었다. 확장된 표현형은 우리에게 근대 다윈주의가 이 관점을 다음과 같이 변화시켰음을 상기시킨다. "동물의 행동은 그 행동에 '상응하는' 유전자들의 생존을 극대화하는 경향이 있다. 그 유전자가 그런 행동을 수행하는 특정 동물의 몸속에 있든지 없든지 상관없이."(Dawkins 1982, 233쪽)

일단 우리가 자연 선택이 작용하는 대상을 조화로운 완전체인 개체들이 아니라 그들의 이기적이며 조종적인 유전자들이라고 보게 되면, 한 신체를 공유하는 유전자들 사이에 이해의 충돌이 발생할 가능성이 나타난다. 개체 중심적인 다윈주의는 암묵적으로 조화를 당연하게 받아들인다. 근대 다윈주의는 이 가정에 의문을 제기하면서 한때 완전히 기이하게 여겨졌던 아이디어들을 제시했다. 무법 유전자(outlaw genes) 현상을 살펴보자. 무법 유전자란 자신이 선택받는 데는 유리하지만 한 게놈(genome, 한 유기체 내에 존재하는 유전자 전체) 내에 있는 대부분의 다른 유전자들에게는 해가 되는 표현형적 효과를 가진 유전자들이다. 일례로 이른바 분리 왜곡 인자(segregation distorter)를 고려해 보자. 분리 왜곡 인자는 생식 세포가 정자나 난자가 되는 멘델의 50퍼센트 가능성을 그 이상으로 조절하기 위해, 감수 분열(생식 세포를 형성할 때의 세포 분열)에 영향을 미치는 표현형적 효과를 가진 유전자이다. 이런 식으로 감수 분열에 힘을 미치는 유전자는 다른 조건이 동일할 때, 자연 선택에게 선호되는 경향이 있다. 이 유전자 역시 게놈의 다른 유전자들에게 해로운 표현형적 효과를 줄 수 있다. 실제로 그럴 가능성이 매우 높다. 대부분의 새로운 돌연변이들은 여러 가지 다면 발현 효과를 내며, 그중 대부분은 해로운 것이다. 이 경우 분리 왜곡 인자는 무법 유전자가 될 것이다. 이 유전자는 다른 유전자들에게 해로운 영향을 끼침에도 불구하고 개체군 내에 널리 퍼질 것이다.

우리는 고전 다윈주의의 유기체 중심적인 시각인, 개체의 생존과 번식에 관한 다윈주의로부터 꽤 멀리 여행을 왔다. 돌이켜 보면 유전자 중심적인 접근 방식과 유기체 중심적인 접근 방식은 매우 다른데, 어떻게 광범위한 설명에서는 둘이 그렇게 일치할 수 있는지 의아하다. 어쨌든 다윈주의는 더 이상 한 유기체 내의 모든 유전자들의 이해가 서로 일치한다고 기대하지 않는다. 유전자 중심적인 다윈주의는 이전에는 아주 다루기 힘들다고 여겨졌던 문제들을 해결하고, 그 문제들을 다루는 유용한 방식들과 새로운 이슈들을 만들어 내는 데 매우 성공적이었다. 그렇다면 개체의 이익에 호소하던 유기체 중심적인 이론이, 어떻게 그렇게 오랫동안 뛰어난 성공을 거두었을까?

간단히 대답하면 유기체 중심적인 다윈주의는 훌륭한 근사치라는 것이다. 이기적인 유전자에게조차 성공적인 전략은 바로 그 유전자가 깃든 유기체의 생존과 번식을 촉진하는 일일 것이다.

자연 선택의 많은 작업들은 개체들이 살아남아 자손을 남기고 그 자손들을 돌보려 애쓰는 일들로 이루어진다. 이 말은 자연 선택의 활동 전부를 특징짓기에는 매우 부족하지만 그중에서 인상적인 부분들을 잘 포착하고 있다. 개체의 생존은 유전자 중심적인 관점에서도 무시할 수 있는 문제가 아니다. 어쨌든 유기체가 단지 유전자들의 운송 수단에 지나지 않는다고 여겨질지라도, 유기체는 유전자를 운반하기에 안전해야만 한다. 그래서 게놈 속의 다양한 유전자들은 더 많은 시간 개체의 생존으로부터 이익을 얻을 것이다. 더욱이 유전자들은 혼자 고립되어 선택되는 게 아니라, 유전자 풀(gene pool, 유전자 공급원이라고도 하며, 유성 생식을 하는 집단에서 집단 내 모든 개체들 안에 있는 유전 정보의 총합을 뜻한다. ─ 옮긴이)에 속한 다른 유전자들의 배후 사정과 비교하여 선택된다. 따라서 어느 정도는 자신이 신체를 공유하는 다른 유전자들과 공존해 선택된다. 그러므

1986년에 교토에서 열린 최적의 전략과 사회 구조에 대한 컨퍼런스에 참석한 윌리엄 도널드 해밀턴

로 무법 유전자 같은 파괴 공작원들에도 불구하고 대개의 경우 다윈주의는 개체의 생존에 대해서, 이러한 이해의 충돌을 고려할 필요가 없다. 번식에 대해 사람들은 고전 이론이 유전자 중심적인 관점에 가깝다고 기대할 것이다. 분명 번식이라는 개념 안에는 복제자 중심적인 개념이 내포돼 있기 때문이다.

어쨌든 유성 생식을 하는 개체군에서 유기체들은 자신을 완벽히 복사하듯이 번식하지 않는다. 유성 생식을 하든 무성 생식을 하든 어떠한 유기체도 그렇게 하지 않는다. 자손이 획득 형질을 물려받지 않는 한, 그런 일이 어떻게 가능하겠는가? 고전 다윈주의는 자연 선택이 동일한 개체의 번식이 아니라 형질의 번식, 즉 동일한 딱따구리가 아니라 그 딱따구리의 잘 적응된 부리를 필요로 한다는 점을 인지하고 있다. 자식을 돌보는 행위는 지금은 친족 선택(kin selection, 자연 선택이 친족을 돕는 유기체의 행동을 선호할지도 모른다는 원리)이라는 훨씬 일반적인 원리로 인식되는 현상의 특수한 경우일 뿐이다. 부모의 양육은 단연코 가장 흔하게 나타나는 경우이기 때문에, 고전 다윈주의는 적용 가능한 범위가 매우 제한적임에도 친족 선택의 많은 영역들을 아우를 수 있었다.

더 일반적으로는 조화가 이기심으로부터 나온다고, 즉 조화로운 개체들이 이기적인 유전자들로부터 생긴다고 기대할 만한 좋은 이유가 있다. 모든 유전자들은 번식의 지협을 통과해야만 한다. 이러한 사실은 공통된 이해를 불러일으킨다.

> 만약 모든 복제자들이 다음 세대로 넘어가려는 자신들의 유일한 희망이 개체의 번식이라는 전통적인 장애물을 통과해야만 이루어진다는 사실을 '안다면' 모든 유전자들은 '내심 동일한 이해', 바로 공유하는 신체의 번식 연령대까지의 생존, 성공적인 구애, 번식, 부모 역할의 성공적인 완수를 달성하는 일을 최우선시할 것이다. 공유하는 신체의 정상적인 번식에 모든 복제자들이 동일한 이해관계를 가졌을 때, 한층 온당해진 이기심이 불법이 자행되지 못하도록 막는다.(Dawkins 1982, 134~135쪽)

따라서 대부분의 경우에 개체의 이익과 자식의 이익에 대한 생각은 제대로 운용될 수 있을 정도로 유전자의 관점과 근사(近似)할 것이다. 이것이 고전적인 다윈주의가 유기체에 제한적이었음에도 불구하고, 인상적으로 성공할 수 있었던 이유이다.

조직에서 전략가로

두 캐나다 인이 도보 여행 중이었다. 그들은 회색 곰 한 마리가 자신들의 뒤를 빠르게 쫓아오는 모습을 발견하고 소스라치게 놀랐다. 두 사람은 즉시 달리기 시작했고 곰은 그 뒤를 맹렬히 추격했다. 갑자기 둘 중 한 사람이 멈춰 섰다. 그는 배낭을 미친 듯이 뒤지더니 운동화를 꺼내 들었다. "그 운동화가 곰보다 빨리 달리도록 도와줄 거라고 생각하는 건 아니겠지?" 놀란 친구가 헐떡이며 물었다. 그는 "맞아. 하지만 이 운동화가 너보다 빨리 달리도록 도와줄 거야." 라고 대답했다.

운동화를 신은 친구는 근대 다원주의적 전략가의 참된 정신을 지니고 있다. 그는 달리기 능력뿐 아니라 행동 반응에 대해서도 생각한다. 그는 변화를 위해 멈춰서는 비용을 더 빨리 달려서 얻는 이익과 비교해 저울질한다. 그리고 다양한 전략들을 고려한 뒤 그중 하나를 선택한다. 그는 지금 그 곰이 하는 일뿐만 아니라 자기 자신을 포함한 그 외의 존재들이 하는 일을 고려해 전략을 결정한다. 또한 그는 다른 사람들이 지불할 비용과는 상관없이 자기 자신에게 이익이 되는 '이기적인' 전략을 선택한다.

전략적 사고는 고전 다원주의에서 두 가지 주요한 변화가 일어난 뒤에야 발달할 수 있었다. 첫째는 지불 비용은 더 크게, 얻을 이익은 덜 낙관적으로 의식하는 적응에 대한 시각이다. 둘째는 행동, 특히 사회적 행동에 대한 강조의 증가다. 전략가들은 물론 달리기 주자가 아니며 개똥지빠귀나 쥐도 아니다. 그들은 바로 유전자들이다.

그럼 적응을 보는 시각을 변화시켜 보자. 고전 다원주의는 적응의 이점을 찾아내는 데 능숙하지만 적응의 비용을 고려하는 데는 다소 서투르다. 근대 다원주의는 적응의 비용에 훨씬 신경을 쓰며, 이익은 더 작게

평가한다. 근대 다원주의는 적응이 지불한 희생을 인정하는 데 더 빠르면서, 적응의 이점은 약화시키고 덜 좋게 보는 시각을 택한다.

이제 자연 선택은 마치 다양한 가능성들을 살펴보고 주어진 제약 내에서 가장 최적화된 선택지를 고르는 일처럼 생각된다. 적응에는 교환이 수반되기 때문에 비용은 최종 선택의 일부분으로 여겨진다. 비용은 경쟁하는 요구 사항들 사이의 균형을 맞추느라 발생하며 반드시 지불해야만 한다. 비용에는 물질과 에너지와 시간의 고갈, 그 외 유기체가 겪는 다른 변화들, 기회비용과 아마도 환경의 낙후가 포함될 것이다. 따라서 적응은 본질적으로 생성 과정에서 손실을 낳는다. 고전 다원주의는 적응을 이익과 손실 사이의 절충이라기보다는 명백한 이익으로 보았다. 물론 고전 다원주의에도 근대적 시각의 일부 측면들, 특히 '의도하지 않은 결과'를 가지는 적응에 대한 발상이 내포되어 있다. 우리는 다윈이 성장의 상관관계를 언급했다는 사실에 주목해야 한다. 그럼에도 고전 다원주의는 적응이 지불한 비용을 완전히 고려하는 데 일반적으로 실패했다. 비용은 종종 과소평가됐고 해로운 것이라기보다는 중립적인 것으로 여겨지거나 간과됐다. 간단히 말해 근대 다원주의에서 적응의 비용은 불가피한 반면, 고전 다원주의에서는 부수적이다.

고전 다원주의가 비용을 공정히 다루지 못한 데는 아마도 공리주의적 창조론자의 사고 방식이 작용했을 것이다. 공리주의적 창조론자들은 자연이 본질적으로 상냥하다고 보았으며 적응의 이점에 집중했다. 비록 다원주의에서 경쟁은 무엇보다 가장 중요했고 자연은 훨씬 무자비하다고 여겨졌지만, 적응을 순수하게 좋은 것으로 보는 '공리주의적 창조론자'의 입장이 여전히 남아 있었다. 때때로 낙관주의라는 비난이 다원주의의 주변을 어슬렁거린다. 이런 비난은 대부분 잘못됐다. 그러나 비용에 관해서는 옳을 수도 있다. 고전 다원주의는 모든 사물에서 완벽을 보는 팽글로스 박사(Dr. Pangloss, 볼테르(Voltaire)의 소설 『캉디드(*Candide*)』에 등장하는, "모든 것은 최선의 상태에 있다."라고 말하며 지금 우리가 사는 이 세상을 유토피아로 보는 이상주의자. — 옮긴이)의 경향을 보이지는 않지만, 이런 낙관론 중 일부를 정말 드러내기는 했다. 사물의 안 좋은 면을 못 보는 능력 말이다.

이에 대해서는 성 선택과 이타주의에 관해 논의할 때 다룰 예정이다. 여기서는 예시 하나만 들려고 한다. 이 예시는 처음 보기에는 반례로 여겨지기 때문에 더욱 놀랍다. 그것은 '불완전한' 적응을 고전 다원주의가 취급하는 방식이다. 초창기 다원주의자들은 의식적인 설계를 부정하고 자연 선택의 임시 변통적인 작용을 지지하는 증거로써, 적응의 불완전성을 강조하는 데 상당한 매력을 느꼈다. 이런 강조가 비용에 대한 판단 실패와 동석했다는 사실은 이상하게 여겨진다. 그러나 다윈과 동시대인들은 이런 특성들이 얼마나 비적응적인가라는 문제에, 그럼에도 자연 선택이 그 시스템의 균형을 어떻게 유지해 왔는가에 대한 문제보다 훨씬 더 열중했다. 한 형질이 적응적이라고 주장하려면 반드시 이익이 비용을 얼마나 상회하는지 보여 주어야 한다. 그러나 한 형질이 불완전하다고 주장하려면 어떠한 비용-이익 분석도 수행하지 않은 채, 단지 불완전성의 목록만 만들면 된다. 불완전한 적응은 불완전하기 때문에 비용이 발생하는 적응이 아니라 단지 이상치에 미치지 못하는 적응으로 여겨졌다.

일례로 초창기 다원주의자들이 일률적이지 않은 행동을 수반하는 적응들을 어떻게 보았는지 살펴보자. 실행이나 결과가 변화하는 행동은 불완전한 적응의 으뜸가는 후보자로 간주되었다. 예를 들면 이런 행동들은 동일 반응에 대해 불완전하게 진화한 적응으로, 혹은 조상의 서식 환경으로의 우연한 복귀로, 혹은 중요하지 않은 개체의 변이로 종종 설명되었다.

아메리카 "타조"(레아)와 찌르레기(*Molothrus bonariensis*)의 괴상한 알 낳는 습관에 대한 다윈의 논의를 살펴보자.(Darwin 1859, 218쪽, Peckham 1959, 395~396쪽) 그는 한쪽 끝의 레아에서 중간에 찌르레기를 거쳐 다른 쪽 끝에 있는 유럽산 뻐꾸기의 잘 연마된 기생 본능까지, 기생의 단계적 변화(그라데이션)를 보여 주려고 시도했다.(Peckham 1959, 390~396쪽) 이것은 다윈주의의 표준적인 절차다. 이런 그라데이션은 자연 선택이 작용하는 방식에 관한 모형을 제공해 준다. 그러나 다윈의 흥미를 가장 끌었던 것은 이 그라데이션을 따라 나타나는 "불완전성"이었다. 의도적인 설계가 작용하지 않았음을 보여 주기 때문이다. 그는 이 찌르레기의 습관이 "완벽과 거리가 멀다."라고 말한다.(Peckham 1959, 395쪽) 이 새는 대부분 잃게 될 것이 틀림없는 매우 많은 수의 알을 남의 둥지에 낳는다. 이들은 알을 맨 땅 위로 떨어뜨려 낭비한다. 또 때로는 매우 허접한 둥지를 짓기도 한다. 그들이 이 둥지를 완성하거나 사용하는 경우는 거의 없다. 다윈은 이러한 불완전성이 창조론자조차 진화론자로 변화시키기에 충분하다고 기쁘게 말한다. "허드슨 씨는 진화를 매우 불신하는 사람이다. 그러나 그는 이 찌르레기의 불완전한 속성에 몹시 충격을 받아서는, 내 말을 인용해 다음과 같이 물을 것이다. '우리가 이 습성들을 특별히 부여받은 혹은 창조된 본능이 아니라, 한 가지 일반적인 법칙에 따른 결과, 즉 변화로 봐야만 할까요?'"(Peckham 1959, 396쪽) 다윈은 자연 선택이 이런 손실들을 어떻게 보상하는지 보여 주려고 노력하기보다는 설계자가 어울리지 않는 불완전성의 사례로 의기양양하게 활용했다. 레아의 행동 역시 어수선하고 비규칙적이다. 레아는 여러 암컷들이 2~3일 간격으로 하나의 둥지에 많은 수의 알을 같이 낳는다. 한 둥지에서 많은 수의 알들을 부화시키고 새끼를 돌보는 일은 어렵다. "그러나 이러한 본능은 찌르레기의 사례에서처럼, **아직 완벽하지 않다.** 놀랄 만큼 많은 수의 알들이 평지 위에 흩뿌려져서, 나는 하루에 적어도 20개 이상의 유실되고 낭비된 알들을 주운 적도 있다."(Peckham 1959, 396쪽, 굵은 글씨는 이 책의 저자가 강조한 것이다.) 다시 말하지만 다윈은 자연 선택이 어떻게 레아가 그러한 낭비적인 번식 습관을 발달시키도록 허용했는지 설명하는 일보다, 불완전함의 증거 자체에 더 흥미가 있었다. 덧붙여 말하자면 이 모든 논의들은 "본능"이라는 제목이 붙은 절로 『종의 기원』에도 언급되어 있다. 전략적인 사고가 가장 많이 등장한다고 기대되는 절이다.

다양한 행동이나 구조를 항상 단지 불완전성으로만 다루었다는 인상을 받아서는 안 된다. 다윈주의에는 설계를 거스르는 불완전한 지점들을 기록해야 할 필요도 있었지만, 동시에 변이를 적응적으로 설명해야 할 필요가 훨씬 더 많았다. 게다가 너무 많은 불완전한 적응들의 발견은 목적 달성에 위험 요소가 될 수도 있다. 어찌 됐든 알을 하나 잃는 일은 불운으로 간주될지도 모른다. 그러나 알을 많이 잃어버리는 행위는 부주의한 행동으로 비친다. 자연 선택의 포용 범위를 넘어서는 부주의 말이다. 그래서 다양성 역시 적응적으로 설명해야 한다. 일례로 이타주의에 대한 논의에서 우리는 다윈이 몇몇 식물들에서 나타나는 이형성(dimorphism, 두 가지 다른 형태)에서 적응적인 목적을 찾는 작업을 지속했다는 사실을 보게 될 것이다. 이전에 그는 여기에 적응적인 목적이 없다고 여겼다. 어쨌든 초창기 다윈주의자들이 다양한 행동을 적응적으로 설명하는 일보다 그 행동의 '불완전성'을 포착하는 데, 더 관심이 많았다는 사실만은 의심할 바 없다.

이것과는 대조적으로, 근대의 다윈주의는 다양성을 자연 선택의 실수로 설명하기보다 기대되는 바로 종종 강조한다. 다윈주의자들은 최근 타조(이번에는 레아와 행동 방식이 똑같은, 진짜 아프리카타조(*Struthio camelus*)이다.)의 다른 특성들을 살펴보았다.(Bertram 1979, 1979a) 무신경해 보이는 알 낳기 습관은 더 이상 단일한 행동 적응이 불완전하게 실행된 결과로 간주되지 않는다. 대신 다양한 방식들 중에서 선택된 행동으로 여겨진다. 알을 돌보는 방식은 다양하다. (자기 알이든 남의 알이든) 알을 품는 행위와 품지 않는 행위 모두에 이익과 비용이 따른다. 예를 들면 다른 개체들의 알들은, 자신의 알이 포식될 확률을 낮춰 주는 완충 장치 역할을 할 수 있다. 알 돌보기를 도와줄 짝이 없는 암컷은, 양모가 자신이 낳은 알만을 선호해 다른 알들을 결국 버릴지도 모른다는 위험에도 불구하고 배우자가 있는 암컷의 둥지에 알을 낳음으로써 자신의 최선을 다하는지도 모른다. 또 둥지를 짓는 데 드는 비용이 다른 개체에게 알을 품게 했을 때 겪는 불리함을 상회할 수도 있다. 그 결과로 알들은 일부는 부화하고 일부는 죽는, 뒤섞인 운명에 처한다. 고전 다윈주의는 부화한 알과 버려진 알의 무더기에서, 무엇보다 먼저 의식적인 설계의 부재를 가리키는 불완전한 본능을 본다. 근대 다윈주의에게는 동일한 무더기가 혼합된 전략을 선택한 결과로 비추어진다.

다윈주의자들이 불완전성에 매달리면서 비용을 과소평가했던 두 번째 사례는 눈에 대한 것이다. 다윈주의자들은 겉보기에 완벽한 눈의 모습에 크게 당황했다. 다윈은 일찍이 눈에 대해 고민하며 몸서리를 친 적이 있다고 고백한 바 있다.(Darwin, F. 1887, ii, 273, 296쪽) 이해할 수 있는 일이다. 눈의 정밀한 공학은 임시방편으로 서투르게 수선한 결과라는 다윈주의적인 가정보다 위대한 눈의 설계자라는 공리주의적 창조론자들의 학설을 더 잘 지지해 주는 것처럼 보였다. 다윈주의자들은 눈이 완벽한 광학 도구가 아니라는 증거를 찾아내는 데 사로잡혔다. 다행히도 저명한 생리학자이자 물리학자인 헤르만 루트비히 페르디난트 폰 헬름홀츠(Hermann Ludwig Ferdinand von Helmholtz)가 눈에 관한 가장 우수한 자료를 제공해 주었다. 시의적절하게도 그는 『인간의 유래』의 2판에서 다윈의 구원자가 되었다.

우리는 …… 자연 선택을 통해 변화된 부분에 …… 절대적인 완벽을 기
대할 권한이 없다. …… 일례로 인간의 눈 같이 취약한 기관을 들 수 있다. 우
리는 이 분야에서 유럽의 최고 권위자인 헬름홀츠가 인간의 눈에 대해 어
떻게 말했는지 안다. 만약 안경사가 내게 매우 부주의하게 만들어진 도구
를 팔았다면, 나는 그것을 환불하는 행동이 완전히 정당화된다고 생각한
다.(Darwin 1871, 2nd edn., 671~672쪽, 또한 1859, 202쪽도 참조하라.)

다윈주의자들은 곧 눈의 이점뿐만 아니라 불완전한 부분도 보게 되었
다. 그럼에도 그들은 눈과 관련돼 발생할 수 있는 비용들을 즉시 알아차
리지는 못했다. 다윈이 두더지처럼 구멍 속에 사는 몇몇 생물들의 눈이
퇴화되거나 피부나 털에 덮인 이유를 설명한 내용을 살펴보자.(Darwin
1859, 137쪽) 다윈은 눈이 염증에 걸리기 쉽다는 점을 인정했다. 또 자연
선택이 보호 기구를 발달시킬 때 어떤 역할을 했을지도 모른다는 점을
인정했다. 그럼에도 그는 상처가 너무 심해서, 자연 선택이 눈을 덮어 버
리는 방향으로 진행됐을 것이라고 생각했다. 그는 그 주된 원인이 사용
하지 않는 형질은 점점 퇴화하는 현상이 유전돼 나타난 결과, 즉 라마르
크적인 기제일 것이라고 결론을 내렸다. 그의 견해에 따르면 이러한 생명
체들에서 눈은 해로운 영향을 별로 미치지 않지만, 사용되지 않고 퇴화
될 정도로 비용이 많이 드는 기관이다. 이 해로운 영향이 그 하나만으로
도 자연 선택이 작용하기에 충분한 조건이라는 사실을, 다윈주의자들
이 알아차리기 시작한 때가 우연히도 바로 19세기 후반, 라마르크주의
자들이 이 사례를 활용하려고 노력했던 때였다.(Wallace 1893, 655~656쪽이
그 예이다.)

근대 다윈주의는 고전적인 사고 방식에 비해 적응 비용을 더 의식하게 됐으며, 나아가 적응이 주는 이익이 적은 경우에 대해서도 인식하게 되었다. 고전 다윈주의에 따르면, 적응은 보유자나 그 자손들에게 이익이 되기 때문에 선택된 특징이다. 근대 다윈주의는 이러한 관대한 가정에 도전한다.

유전자 중심적인 시각에서 적응이 '이익을 주는 대상은' 유전자이지 유기체가 아니다. 한 형질의 보유자가 그로부터 이익을 보기는커녕 다른 유기체에 있는 유전자가 이기적으로 조종하는 대상이 될 수도 있다. 실제로 무법 유전자에서 배운 것처럼, 어떤 유기체도 이익을 전혀 보지 못하는 경우가 있을지도 모른다.

나아가 이익에 대한 개념 또한 변화했다. 성 선택에 대한 근대적인 설명을 살펴보면 이 점을 알게 된다. 여기서 진화적으로 안정된 전략(ESS, Evolutionarily stable strategy)의 사례를 하나 들어 보자. ESS는 진화 게임 이론의 핵심 개념이다. 수학적인 게임 이론에서 원리들을 빌린 이 이론은 진화적 문제에 매우 성공적으로 적용돼 왔다. 한 개체군 내의 개체들에게 두 가지 전략이 유용하다고 상상해 보자. 달리 말해서 제한된 몇 가지 대안적인 행동 패턴들에 '상응하는 유전자'가 있다고 상상해 보자. 말하자면 싸움을 심화시킬 때와 포기하고 도망갈 때에 대한 일련의 결정안이 있을 수 있다. (물론 의식적인 결정을 말하는 것은 아니다. 우리는 지금 행동 방식이 결정되면 그대로 유기체가 행동하게 만드는 표현형적 효과를 가진 유전자들에 대해 말하고 있다.) 우리는 이 전략 세트가 진화 게임을 구성한다고 생각할 수 있다. ESS는 침해할 수 없는 전략이라는 의미에서 이와 같은 게임의 '해결책'이다. 특정한 때에 개체군의 대다수가 이 전략을 채택한다면, 자연 선택은 다른 어떤 유용한 전략보다 이것을 선호할 것이다. (이 전략을 택한 사람들이 그렇지 않은 사람보다 항상 더 좋은 결과를 낼 수 있는 그런 전략 말이다.) (비록 정확하지는 않지만) 직관적으로는 명료하게 ESS를 이해하는 방법은, 자기 스스로에게 맞서 성공하는 전략으로 생각하는 것이다. 진화의 시간을 거치면서, 어떤 성공적인 전략이 한 개체군 내에 확산되면 마침내 그 전략이 가장 자주 부딪치는 대상은 바로 자기 자신이 된다. 만약 이 전략이 침해되지 않는다면, 그 전략은 자기 자신과 마주쳤을 때도 성공적이어야만 한다. ESS의 개념을 고려하면, 강조점에서 중요한 변화가 발생한다. 전통적으로 진화에 대한 가장 중요한 질문은 '그 적응으로 어떤 이익을 얻느냐?'라는 것이었다. 그러나 진화 게임 이론은 이 질문에 똑같이 중요한 새로운 질문을 덧붙인다. "진화적으로 안정된 전략인가?" 이 이론은 더 나아가 '이익'의 개념에 큰 혼란을 주어 망가뜨릴 수도 있다. 가상의 '전갈 게임'을 고려해 보자.(Dawkins 1980, 336~337쪽) 이 게임이 정한 조건하에서는 죽어가면서도 자신을 살해한 상대를 치명적으로 찌르려고 시도하는 전략이 ESS가 될 수 있다. 그러나 고전 다윈주의가 보기에는 이러한 행동은 어떤 면에서도 이익이 되지 않는다.

> 자신의 생존이나 유전적인 성공에 관한 한, 보복은 개별 복수자에게 아무런 가치도 없는 일이다. 일단 전갈에 쏘이면 죽는다. 맞서서 되쏘아도 아무런 이득이 없다. 그러나 보복은 지배적인 전략이다. …… ESS이기 때문이다. 우리는 동물 행동을 반드시 개인의 이득 측면에서 해석해야 한다는 생각을 깨뜨리는 중이다. 왜 전갈들은 보복을 하는가? 그렇게 하는 것이 그들의 포괄 적응도에 이익을 주기 때문이 아니다. 이익은 없다. 전갈들은 복수(전략)가 ESS이기 때문에 …… 보복을 한다.(Dawkins 1980, 336쪽)

이제 고전 다윈주의가 근대 다윈주의보다 전략적인 마인드를 덜 갖춘 두 번째 부분을 살펴보자. 고전 다윈주의는 구조에 집중하면서 행동, 특히 사회적인 행동을 상대적으로 간과한다. 이 말이 다윈의 저서에서 공통적으로 엿보이는 인상에 어긋나는 것처럼 보일지도 모른다. 우리는 그가 생태학(Bowler 1984, 151~152쪽, Coleman 1971, 15, 57쪽, de Beer 1971, 571쪽, Ghiselin 1974, 26쪽, Kimler 1983, 112쪽, Manier 1978, 82~83쪽, Ospovat 1981가 그 예이다.)뿐만 아니라 동물 행동학(Lorenz 1965, xi~xii쪽, Mayr 1982, 120쪽, Ruse 1982, 189쪽이 그 예이다.) 역시 창시했다는 이야기를 종종 듣지 않았는가?

분명 다윈의 저서들은 생물계가 유기체의 환경 중 가장 중요한 부분이라는 생각을 항상 피력했다. 다윈은 아주 극단적인 무기물의 환경을 제외하고는, 다른 유기체들이 기후나 지형보다 훨씬 중요한 선택압(selective force)이라고 반복적으로 강조한다.(Darwin 1859, 68~69, 350, 487~488쪽이 그 예이다.) 유기체들은 단지 무기물의 환경에만 적응하는 것이 아니라 서로에게도 적응한다. 확실히 그는 유기체의 세계가 서로 긴밀하게 맞물려 있다고 인식했다. 이러한 세계에서는 한 유기체에서 생긴 작은 변화조차도 멀리 영향을 미칠 수 있다. 깃털 달린 씨앗을 다시 한번 살펴보자. 깃털 달린 씨앗은 바람에 적응한 결과이지, 다른 식물체들에 반응해서 생겨나지 않았다.

모든 유기체의 구조는 가장 본질적이지만 종종 숨겨진 방식으로, 다른 모든 유기체의 구조와 연관된다. 그 구조로 식량이나 주거지를 놓고 경쟁하거나 혹은 도망치거나 혹은 먹이를 먹을 수도 있다. 호랑이의 이빨과 발톱의 구조에서 이 점은 명확하다. 호랑이의 털에 매달린 기생충의 다리와 손톱도 그렇다. 그러나 민들레의 아름답고 깃털 달린 씨앗에서 …… 이 상관성은 처음에는 …… 공기 …… 라는 (요소)에만 국한되는 것처럼 보인다. …… 그러나 깃털 달린 씨앗의 장점이 다른 식물체들로 두텁게 덮인 땅과 가장 큰 상관이 있다는 점은 의심할 여지가 없다.(Darwin 1859, 77쪽)

이런 통찰은 다윈의 저서에서 흔히 나타난다. 이는 근대 다윈주의가 고전적인 발상에서 근본적으로 벗어나지 않았음을 알려 준다. 이 통찰에서 근대적인 사고의 요소들을 찾을 수 있다. 실제로 이런 통찰은 다윈의 계승자들이 남긴 작업들보다, 다윈 자신의 기여 속에서 훨씬 더 많이 발견된다. 그럼에도 다윈은 이 통찰들을 공정하게 다루지 않았다.

아주 최근까지 구조를 행동보다 더 집중적으로 연구하게 만든, 너무 뻔하며 실제적인 이유의 중요성을 누구도 과소평가하지 말아야 한다. 동물(과 식물)의 행동을 체계적으로 관찰하고 기록하는 일에는, 종종 현실적인 장애물들이 어마어마하게 존재했다. 유기체의 구조에 대한 질문들은 오래전에 해결됐음에도, 동일한 유기체에 관한 동물 행동학적인 질문들은 이론적인 이유보다는 실질적인 이유로 지금까지도 답변되지 않은 채 남은 경우를 자주 발견할 수 있다.

다윈주의가 초창기에 다루려고 시도했던 증거가 무엇이었는지도 염두에 두어야 한다. 이러한 태도는 구조의 세부 사항들에는 헌신했지만 행동은 매우 무시했던, 다윈 이전 박물학의 유산이었다. 서로 이유는 달랐지만 다윈 이전의 사고 학파들 중 공리주의적 창조론자들과 이상주의자들은 모두 유기체의 행동보다는 구조에 집중했다. 공리주의적 창조론자들이 구조에 몰두한 이유는 완벽을 탐색하기 위해서였다. 유기체의 세계는 숙련된 장인의 설명서에 따라 건축된 구조들로 가득 차 있다. 그러나 둥지나 거미줄처럼 '완벽한' 가공품을 만들어 내거나 굉장히 규칙적이지 않은 한, 행동은 깔끔히 해석하기에는 덜 정돈돼 있으며 처리하기가 쉽지 않아 보인다. 페일리가 가장 좋아하는 사례로 해부학을 인용했다는 사실은 그다지 놀랍지 않다. 이상주의자들은 그들의 가장 중요한 임무가 이상형의 변이들을 추적하는 일이기 때문에, 구조에 집중했다. 물론 다윈주의는 이 두 전통들을 모두 떨쳐 냈다. 그럼에도 이들은 초기 다윈 이론이 다룬 증거의 대부분을 구성했다.

다윈 이전 시대의 행동에 대한 견해들은 크게 두 가지 전통으로 뚜렷이 나뉜다.(Richards 1979, 1982) 한쪽은 르네 데카르트(René Descartes)와 아리스토텔레스적인 사고 학파다. 그들은 인간의 행동은 이성의 지배를 받으며, 그 외 다른 모든 피조물들의 행동은 고정된 본능으로 조절된다고 생각했다. 다른 한쪽에는 존 로크(John Locke)에서 유래한 감각론자의 전통이 있었다. 이 전통은 타고난 본능을 경시했으며, 인간이든 인간이 아니든 모든 행동에서 경험과 이성의 역할을 강조했다. 분명히 다윈주의는 이 견해들 중 어느 쪽에도 깔끔하게 들어맞지 않는다. 우리는 인간의 이타주의를 논의하면서 다윈주의자가 이해하는 바와 이해하지 못하는 바에 대해 자세히 살펴볼 예정이다. 현재 시점에서 가장 적절한 질문은 19세기 다윈주의자들이 인간과 다른 동물들 사이의 연속성에 대한 의문들을 어떻게 다루었느냐다. 이 논쟁에 대한 몰두가, 그들이 행동을 연구할 때조차 행동의 사회적인 측면들을 분석하지 못하게 막았다.

다윈주의가 모든 측면에서 부득이하게 연속성을 주장해야만 하는 것은 분명 아니다. 인간의 이타주의를 다루면서 살펴보겠지만, 이러한 광범위한 프로그램이 어리숙해 보일 수 있는 명쾌한 다윈주의적인 이유들이 실재한다. 그럼에도 다윈주의 초기에 가장 선호되던 반다윈주의적인 계책은, 인간과 다른 모든 생명체들 사이의 단절이라고 알려진 특성들에 호소하는 것이었다. 가능한 한 많은 영역에서 이 공격들을 물리치는 일이, 다윈주의의 사례들에 신빙성을 확실히 부여해 주었을 것이다. 그래서 19세기 다윈주의의 두 가지 선구적인 행동 연구들과 몇십 년 동안 그 주제를 다룬 고전들은, 무엇보다도 인간과 다른 동물들 사이에 큰 차이가 있다는 주장을 반격하는 데 헌신했다. 그 두 가지 업적이 다윈의 『인간의 유래』(1871년)과 『인간과 동물의 감정 표현(*The Expression of the*

Emotions in Man and Animals)』(1872년)이다. 혹자는 인간에 대한 흥미가 사회적 행동에서 관심을 돌려놓기보다는, 오히려 그것을 가장 우선시하도록 만들었을 것이라고 기대할지도 모른다. 이제 우리는 연속성에 대한 의문들이 어떻게 다윈을 사회적인 행동 대신에, 다른 동물들의 정신 상태와 감정, 인간의 특수한 형질들에 대한 비적응적인 설명들이라는 두 영역에 집중하도록 이끌었는지 살펴보려고 한다.

먼저 『인간의 유래』를 살펴보자. 이 책에서 다윈이 가장 광범위하게 다루는 주제는 사회적 행동이다. 이에 대해 논의할 때, 그의 주요 관심사는 인간의 '정신력'과 다른 동물들의 정신력 사이에 연속성을 수립하는 일이다. 특히 그의 목표는 우리의 도덕감이다. 일반적으로 도덕감은 인간과 다른 모든 동물들 사이의 가장 큰 차이점이라고 여겨졌기 때문이다. 다윈은 겉보기에는 다른 동물들과 구별되는 인간의 도덕적 양심이 동물의 사회성에 진화적 뿌리를 둔다고 주장하려고 노력했다. 그래서 그가 예시로 든 다른 동물들의 사회적 행동에 대한 모든 증거들은, 인간과 동물의 정신력을 비교하는 작업의 한 부분으로써 불쑥 등장했다.(Darwin 1871, 34~106쪽) 그가 우리에게 속임수를 사용하는 코끼리, 골난 말, 복수심에 불타는 원숭이, 장난기 많은 개미, 질투하는 개, 호기심 많은 사슴, 흉내쟁이 늑대, 주의 깊은 고양이, 상상력이 풍부한 새 등과 같은 풍부한 행동 일화들을 제시했을지라도 그의 진정한 관심사는 행동이 아니라 그에 동반되는 감정이었다. 일례로 그는 코끼리가 바람잡이처럼 행동한다고 말했다. 그러나 그의 관심사는 이 책략의 적응적인 이점이 아니라 코끼리들이 자신들이 속임수를 쓴다는 사실을 인식하는지의 여부였다.(Darwin 1871, 2nd edn., 104~105쪽) 그는 다른 종의 새끼 원숭이뿐만 아니라 심지어 새끼 강아지와 고양이까지 입양한 개코원숭이(비비) 암컷의 이야기를 들려주었다. 이 행동은 매우 비적응적으로 보인다.

그러나 그가 이 행동에 대해 유일하게 언급한 것은 암컷 비비의 넓은 마음이었다.(Darwin 1871, i, 41쪽) 사회적 행동(Darwin 1871, i, 74~84쪽)을 다루는 데 특별히 할애한 장에서도 그의 관심사는 사회적 행동 그 자체라기보다는 사회적 행동과 관련된 정신 능력, 즉 "사회적인 본능(social instinct)"이었다. 사랑, 동정과 기쁨은 경계성(warning call), 노동 분업 혹은 상호 방위(mutual defence)보다 훨씬 더 많은 관심을 받았다. 사회적 행동에 대한 연구는, 감정과 정신 그리고 도덕성을 숙고하는 큰 흐름 뒤로 감춰졌다.

지금 다윈의 방법을 폄하하자는 것이 아니다. 인간의 이타주의를 논의하며 살펴보겠지만, 적어도 인간에 관한 한 그는 매우 생산적인 연구 진행 방식을 우연히 발견했다. 바로 진화 심리학의 방법론이었다. 진화 심리학은 그로부터 100년이 지난 후에야 비로소 인정받기 시작한 접근 방식이다. 그러나 인간이 관련되지 않은 부분에서, 행동 연구는 곤란을 겪었다.

혹자는 '인간과 동물의 감정 표현'이 사회적 적응에 대해 더 많은 것을 이야기해 주리라 기대할지 모른다. 정보, 속임수, 조종처럼 감정 표현으로 이루어진 여러 행동들은 확실히 동료 생명체들과 관련이 있다. 그러나 인간의 비유일성(non-uniqueness)에 대한 흥미는 다시 다윈을 애먼 곳으로 데려갔다. 여기서 그의 표적은 인간의 표현 수단들이 감정을 소통하기 위해서만 창조된, "특별히 제공받은 것"(Darwin 1872, 10쪽)이며 다른 동물들에서는 발견되지 않는다는 창조론자들의 견해였다.(Darwin 1872, i, 5쪽, Darwin, F. 1887, iii, 96쪽) "특별한 제공" 주장은 적응들이 각자 하나의 특별한 용도를 제공한다고 간주하는 공리주의적 창조론자들의 방식을 적용해서 출현했다.(Ospovat 1980, 188~189쪽이 그 예이다.) 여기서 공리주의적 창조론자들에게 감정 표현이란 인간을 다른 동물들로부터 떼어 놓는, 기분 좋은 효과를 냈다. 예를 들면 다윈은 얼굴 근육들과 같은 인간의 특징들이 지금은 표현 수단이지만, 원래는 꽤 다른 기능들을 제공했을 것이라는 주장을 입증하기 위한 주요 작업으로써 감정 표현을 선택했다. 이런 목적을 가지고 그는 감정 표현의 생리적인 기반, 즉 자연 선택이 처리한 원료 물질이 무엇인지를 부지런히 조사했다. 그는 이 일에 상당히 헌신했다. 바로 다음 단계인 자연 선택이 이 물질을 사용하는 방식에 대해서는, 동물의 표현 수단을 상대적으로 간략히 논의하는 것 이외에는 거의 다루지 않았다.(Darwin 1872, 83~145쪽) 이 책은 감정의 적응적인 표현보다 혈관과 신경, 근육을 더 많이 다루었다.

게다가 이런 적응들을 논의할 때조차 다윈에게는 이 형질들이 표현 용도로 특별히 창조되지 않았다고 주장하려는 의도가 더 많았다. 그래서 그는 표현 수단들이 실제로 감정을 표현한다는 점을 인정하면서도, 이 수단들이 표현 목적만을 위해 어떤 변화를 겪었다는 점은 종종 부인했다. 예를 들면 그는 얼굴 표정이 언어의 소통 능력을 강화시킨다는 점을 인정한다. 그러나 그는 어떤 단일한 근육도 이 기능을 위해 특별히 적응되지는 않았다고 주장한다.(Darwin 1872, 354쪽) 때로 그는 심지어 여기에 어떤 적응적인 기능이 있다는 것 자체를 부인하기도 한다. 예를 들어 창조론자들에 따르면 홍조는 표현을 위해 특별히 제공된 것이다. 다윈은 홍조에 어떤 쓸모가 있다는 점을 성 선택에 관련해서조차 단호히 부인한다.(Darwin 1872, 336~337쪽) 웃음도 불필요한 신경 에너지를 소모하는 생리적 이점 이외에 다른 "용도가 없다." 비록 현대의 동물 행동학자들(Charlesworth and Kreutzer 1973, 108~110쪽이 그 예이다.)처럼 그도 웃음이 사회적인 맥락 속에서 발달했다고 여겼을지라도 말이다.

따라서 다윈이 행동, 심지어 사회적 행동을 결코 무시하지 않았을지라도 그와 그의 동시대인들의 견해는 시야가 좁았다. 19세기에 이런 편견의 근원이 존재했지만 그 영향력은 더 먼 시대까지 발휘됐다. 1960년

1984년 서식스 대학교의 자기 책상에 앉아 있는 존 메이너드 스미스

대에조차 "행동 연구에서 (근대 생물학의 방대한 한 분야이지만) …… 진화 원리들의 적용은 아직 가장 초보적인 단계에 머물렀다."(Mayr 1963, 9쪽)

이 "초보 단계"에서 오늘날의 다원주의로 변화하려면, 무엇보다도 유기체들이 사회적 존재인 세계를 발견해야 한다. 고전 다원주의에서 무기물의 압력을 제외한 전형적인 선택압은, 포식자와 피식자 혹은 기생 생물과 숙주 같은 한 종과 다른 종의 구성원들 사이의 관계였다. 근대의 다원주의적인 유기체에서는 당연히 소속 개체군(같은 종, 혹은 같은 성별, 같은 먹이를 찾아다니는 집단이나 둥지) 내 행동 유형들의 상대적인 빈도에 따라 행동의 성공 여부가 결정된다. 만약 두 유형 중 더 드문 쪽이 성공한다면, 선택은 다양성을 유지하게끔 자동적으로 작용할 것이다. 이것은 빈도 의존적인 선택으로 알려져 있다. 무엇보다도 진화의 게임 이론이 빈도 의존성을 다루는 수단을 제공한다. 성공이 다른 개체의 행동에 별다른 영향을 받지 않는다면, 적응은 단지 최적화로 분석될 수 있다. 사회적 행동에서 자주 그렇듯이 빈도 의존성을 고려하면 게임 이론이 적절한 도구가 될 가능성이 더 커진다. 진화 게임 이론의 발달에 누구보다 많이 기여한 사람은 저명한 진화 유전학자인 메이너드 스미스다. 아래는 그가 최적화 이론을 사용 가능한 조건들을 게임 이론의 분석에 요구되는 조건들과 비교한 방식이다.

진화의 게임 이론은 특정한 표현형의 적합도(한 유전자가 자신을 성공적으로 복제할 확률. ― 옮긴이)가 개체군 내에서 그 표현형의 빈도에 의존할 때, 표현형 수준으로 진화를 생각하는 방식이다. 일례로 날아다니는 새에서 날개 형태의 진화와 분산 행동의 진화를 비교해 보자. 날개 형태를 이해하려면 그 새가 사는 대기 조건과 날개 모양에 따라 양력과 항력(양력은 비행하는 물체가 위로 뜨게 도와주는 힘이며, 항력은 공기 저항, 유체 저항이라고도 한다. ― 옮긴이)이 달라지는 방식을 반드시 알아야만 한다. 또한 새의 날개들이 깃털로 구성된다는 사실 때문에 생기는 제한 요건들도 고려해야만 한다. 아마도 박쥐나 익룡에서는 이 제한 요건들이 달라질 것이다. 그러나 그 개체군 내 다른 구성원들의 행동을 반드시 알아야 할 필요는 없다. 이것과는 달리 분산의 진화는 적합한 짝을 발견하고 자원 경쟁을 피하며 포식자에 대항해 공동 방어를 펼치는 등의 일과 관련된다.

날개 형태의 경우, 우리는 선택이 특정한 표현형을 선호하는 이유를 알고
자 한다. 이때 적절한 수학적 도구는 최적화 이론이다. 우리는 어떤 특징들
이 …… 적합도에 기여하는지 결정해야 하는 문제를 대면하는 것이며, 성공
여부가 다른 개체들의 행동에 따라 달라질 때 발생하는 특별한 어려움들에
직면하지는 않는다. 후자의 경우에 적합한 방법은 게임 이론이다.(Maynard
Smith 1982, 1쪽)

분명히 게임 이론의 주된 적용 분야가 사회적 행동일지라도 이 이론
은 원칙상 구조, 색깔, 발달 유형 등 다른 문제들에도 적용될 수 있다. 특
정한 모양의 부리가 번식을 포기하고 둥지에서 형제들을 돕는 일만큼이
나 사회적이며 심지어 빈도 의존적인 형질일 수 있다. 날개 형태도 빈도
의존적인 선택의 대상일지도 모른다. 후류를 만들어 내는 자동차 경주
를 생각해 보라. 아니면 포식자들의 전략이 표준적인 피식자들에게 맞
춰 적응됐을 때, 희소한 비행 기술이 가질 장점에 대해 생각해 보라. 식
물의 성장에도 이와 같은 문제가 존재할 수 있다.

식물에게 최적화된 성장 패턴은 근처의 식물들이 무엇을 하느냐에 달려
있다. 혼자 자라는 식물에게 목질의 거대한 나무줄기는 종자나 화분 생산에
득이 되지 않는다. 잎들은 광합성 작용에 더해서 경쟁자들에게 그늘을 드리
우는 정도를 따져 선택될 것이다. 달리 말해 식물 성장의 기능적 분석은 게
임 이론의 문제이지 최적화 이론의 문제가 아니다.(Maynard Smith 1982, 177쪽)

부리나 날개 혹은 식물의 성공이 빈도 의존적이라면, 고전 다윈주의
가 어떻게 이것을 분석하지 않고도 그런 성공을 거두었는지 다시 한번

의문이 생긴다.

그 이유는 첫째로 고전 이론과 근대 견해들 사이에 연속성이 존재한다고 예상되듯이, 고전 다윈주의에서도 종 내부의 사회적이며, 빈도 의존적인 압력들이 무시되지 않았기 때문이다. 대표적인 예가 성 선택 이론이다. 비록 여러 가지 측면에서 성 선택은 고전 다윈주의의 전형적인 형태는 아니지만 말이다. (게다가 게임 이론적인 분석을 쉽게 수행하기 힘들지만 말이다.) 또 다른 예는 나비의 의태(동물이 다른 생물이나 무생물의 모양, 색채, 행동을 비슷하게 해서 자신을 보호하는 현상. ─옮긴이) 행동 같은 사례들이다. 이 사례는 일찍이 다윈 이론에 설명력의 승리를 안겨 주었다.(Bates 1862, [Darwin] 1863, Wallace 1889, 232~267쪽, 1891, 34~90쪽) 맛없는 종들을 흉내 내어 자신을 보호하는 맛있는 나비에게, 이와 같은 전략의 보호 가치는 동종 나비와 모방 대상이 되는 종들의 상대적인 비율에 큰 영향을 받는다고 여겨진다.(Wallace 1891, 58, 60쪽이 그 예이다.)

둘째로 환경이 비전략적이라는 가정이 한정적으로 통용된다고 생각할 수 있다. 따라서 복잡한 사회적 행동을 설명하려고 시도하지 않는한, 다윈 이론은 빈도 의존성을 분석하지 않고도 오랫동안 성공할 수 있었다. 날개 형태와 분산 행동을 대조한 사례를 다시 한번 살펴보자. 만약 날개 형태가 빈도 의존적인 형질이 아니라면, 사실 게임 이론은 불필요하다. 그렇지만 엄밀히 말한다면 이 경우에도 여전히 게임 이론의 적용은 가능하다. 이때 날개 형태에 대한 선택은 빈도 의존성이 0으로 감소한, 제한적인 사례로 간주할 수 있다. 그 결과로 최적화된 형태는 다른 개체들의 행동에 영향을 받지 않는다. 도킨스는 날개 형태를 개인적인 활동으로 다루는 분석과 사회적(이며 빈도 의존적인) 행동으로 다루는 이론을 비교하며, 최적 섭식 이론(optimal foraging theory)의 사례로 이 점을 설명한다.

최적 섭식 이론의 연구자는 다른 포식자들이 하는 행동을 고려할 필요가 없다고 가정한다. 이러한 가정이 실제로 정당화될 수도 있다. …… 이 경우에 ESS를 신경 쓰는 것은 불필요해 보인다. …… 그러나 절대적으로 잘못된 일은 아닐 수 있다. 만약 다른 개체들의 존재가 어느 한 개체의 최적화 규칙에 영향을 미친다고 판명됐다면, ESS 분석은 분명히 필요할 것이다.(Dawkins 1980, 357쪽)

다시 한번 고전 다윈주의는 우수한 근사치로써 성공했다고 할 수 있다. 이 이론은 한편으로는 사회적 행동들을 어느 정도 포함했으며 다른 한편으로는 광범위한 형질들을 비사회적으로 다룰 수 있었다.

복잡성과 다양성

딱따구리의 효율적으로 가공된 부리에서 기생충의 부도덕한 조종 행위까지, 또 상서로운 적응들의 이익을 누리는 유기체와 그 자손들로부터 원대한 영향력을 지닌 표현형으로 상대를 교묘하고 노련하게 압도하는 이기적인 유전자까지 먼 길을 여행했다.

적응에 대한 질문들은 이 여행 내내 되풀이되는 주제였다. 앞 장에서 봤듯이 다윈은 적응의 증거들을 다룰 때 페일리와 오언을, 즉 적응에 대한 완벽주의적 접근과 비완벽주의적 접근을 서로 대응시켜 이득을 보았다고 여겨진다. 이 장에서 우리는 생명체들의 복잡한 형질들에 대한 이 두 가지 해석들 사이에 존재하는 건설적인 긴장감을 보았다. 이 두 접근 방식들은 다윈주의의 역사 내내 변함없이 존재했던, 적응주의자와 비적응주의자 간 설명상의 차이를 반영한다.

비논리적일지라도, 이 대안적인 견해들은 역사적으로 접근 방식의 다른 차이점들에 편승하는 경향이 있다. 우리는 다윈과 윌리스의 주요한 두 문제점이었던 다양성 속의 유사성과 적응이, 그때부터 현재까지 다윈주의자들을 분열시킨 두 가지 다른 관심 영역들, 다소 경쟁하는 두 가지의 다른 우선 사항을 분명히 밝혀 준다고 개략적으로 생각할 수 있다. 미국의 저명한 진화학자인 마이어는 다음과 같이 말했다. "관심사에서 1순위를 차지하는 것이 다양성(종 분화)인지 적응(계통 발생의 진화)인지에 따라 진화론자들 사이에는 충분히 강조되지 않은 근본적 차이점들이 존재한다."(Mayr 1982, 358쪽, 예로 Simpson 1953, 384~386쪽도 참조하라.) 마이어에게는 종의 다양성이 먼저였다. 메이너드 스미스는 다음과 같이 말했다. "다윈에게는 새로운 종의 기원이 핵심 문제였다. 마이어에게 그것은 핵심 문제였지만, 나는 확신이 덜 간다고 말했을 것이다. 나는 다윈에게 가장 중요한 문제가 유기체의 적응에 대해 그럴듯한 설명을 제공하는 일이었다고 생각한다."(Maynard Smith 1982a, 41쪽) 이것은 메이너드 스미스 본인 역시 마찬가지였다.

당연하게도 비적응주의는 종 분화를 핵심 문제로 생각한 다윈주의자들에게 훨씬 적합했다. 이들은 발달상의 제약들이 적응에 발휘할 수 있는 보수적인 힘, 발생학이 적응의 진취성의 기세를 꺾는 방식을 강조하려는 경향을 지닌다. 최고의 관심사가 적응인 다윈주의자들은 진화의 역사를 형성하는 자연 선택의 힘에 대한 확신이 훨씬 강했다. 그들은 발달상의 제약들이 스스로 (새로운 적응 경로를 개척해서, 아마도 수단보다는 '제약들'로써 선택압을 덜 받는) 선택압의 대상이 된다고 생각한다. 이 서로 다른 지지점들이 다윈 이전의 두 전통인, 이상론자와 공리주의적 창조론자들 사이의 차이점과 오언과 페일리 사이의 차이점에 대응하는 다윈주의 내부의 차이점이다.

이런 분류는 다윈주의의 역사 전체를 통해 반향을 불러일으켰다. 앞으로 우리가 조사할 논쟁들 속에서 이들이 불쑥 튀어나오는 모습을 보게 될 것이다. 그것은 다윈주의 내에서 반복되는 불일치, 때때로 극심하며 매우 험악하게 나타나는 불일치의 원인이었다. 그러나 우리가 일단 그 역사적 뿌리를 이해하면, 이러한 외양상의 불화 중 많은 부분은 단지 겉모습에 지나지 않았다는 것이 드러난다. 분열이 발생한 논쟁은 자연선택의 설명 능력, 특히 적응적인 설명을 할 능력들에 관해서 오래 지속돼 온 논쟁이었다. 바로 이것이 다음 장의 주제이다.

4장

설계의 경계

❖

자연 선택이 어떤 형질들을 설명해 주리라고 기대해야 할까? 눈, 캥거루의 주머니, 인간의 턱, 치타의 전력 질주, 카멜레온의 위장? 공작의 꼬리, 자살을 초래하는 벌의 침 쏘기, 피의 진홍 빛깔, 새 날개의 반짝이는 색깔은 또 어떨까? 자연 선택이 인간의 이타주의와 음악에 대한 사랑, 공격성, 성적 질투를 설명해 준다고 기대해도 될까? 이혼율, 전쟁, 정치적 탄압은 어떨까? 간단히 말해 자연 선택은 얼마나 많은 영역에 관여할 수 있을까? 이 모든 것들을 설명할 수 있을까? 그럴 수 없다면 어떤 대안적인 설명이 존재할까?

인간의 이타주의를 살펴보자. 생물학적으로는 이타주의를 전혀 설명할 수 없다는 입장이 있다. 대개 인간의 사회적 행동은, 이를테면 정치적, 경제적, 사회적 혹은 문화적 분석의 대상이지 다윈주의가 설명할 대상이 아니라고 주장됐다. 생물학은 설명 체계에서 아주 차원이 낮은 단계에 속한다고 지적된다. 만약 이 수준에서 우리가 서로에게 친절한 이유를 설명하려고 하면, 더 이상 '친절'이 보이지 않을 것이며 아마도 우리 자신조차 볼 수 없게 될 것이라고 말이다. 또 어떤 사람들은 다윈주의가 정통적이지 않은 입장을 취할 때만 이 문제를 다룰 수 있다고 주장한다. 인간의 이타주의와 벌의 침 쏘기 같은 명백히 자기희생적으로 보이는 많은 사례들이 집단 수준에서의 선택, 즉 개체에 대한 선택이 아니라, 이들이 속한 집단의 이익에 대한 선택이 이루어지기 때문에 일어난다고 말이다. 공작의 꼬리 같은 장식적인 형질들에 대해서도 비슷한 주장이 제기됐다. 이 형질들을 다윈주의적인 동력인 성 선택으로 설명할 수 있지만 이 동력은 근본적으로 자연 선택과는 다르다고 말이다. 이 다양한 견해들에 대해서는 나중에 다시 살펴보겠다. 앞서 우리는 다윈주의에 반대하는 입장들을 다루었다. 나는 여기서 몇몇 형질들은 단지 적응적인 설명의 대상이 아니기 때문에, 자연 선택을 고려하지 않아야 한다는 의견에 집중할 예정이다.

앞서 살펴보았듯이, 적응은 다윈이 설명하려고 시도했던 두 가지 근본적인 문제들 중 하나였다. 사실 적응은 이 두 가지 문제들 중 좀 더 근본적이다. 생명체들이 진화했다는 가정만으로는 적응을 설명할 수 없기 때문이다. 지금까지 제기된 모든 이론들 중에서 다윈주의가 가장 큰 성공을 이룬 부분은 생명체가 어떻게 의도적인 설계자의 개입 없이, 의도적으로 설계된 것처럼 보이는 외양을 갖추게 됐는지 단독으로 설명할 수 있다는 것이다. 따라서 다윈주의자가 적응임이 분명한 사례들에 도전하는 일이 이상해 보일 수 있다. 그러나 다윈주의를 반대하는 사람들은 그저 자신들이 실제로는 존재하지 않는 상상의 이점들을 찾느라 시간을 낭비하지 않기 위해, 훈제 청어와 야생 거위에 대한 다윈주의의 우화를 없애려고 노력하고 있을 뿐이라고 말한다. 어쨌든 몇몇 형질들은 자연 선택의 산물이 아니며 긍정적이든 부정적이든 어떤 선택 가치도 지니지 않았다는 그들의 지적은 옳다. 다윈주의자들은 이 점을 명심해야 한다. 그들이 경고하듯이 모든 경우에 적응적인 설명이 적절하리라고 생각해서는 안 된다. 바로 다윈 자신이 했던 말보다 이러한 입장을 더 잘 드러내는 발언은 없을 것이다. 그는 1860년대 후반에, 자신이 이전에 분명히 적응이 아닌 경우에조차 자연 선택이 한몫을 한다고 생각하며 자연 선택에 너무나 집착했다고 생각했다.

> 이제 나는 ……『종의 기원』의 이전 판들에서, 내가 현상의 원인을 자연 선택의 작용으로 너무나 많이 돌렸을지도 모른다는 사실을 …… 인정한다. 전에 나는 판단이 가능한 선에서는 이득이 되지도 해가 되지도 않는 듯한 많은 구조들을 충분히 살펴보지 않았다. 이 점을 지금까지 내 저서에서 발견한 가장 큰 실수 중 하나라고 생각한다.(Darwin 1871, i, 152쪽)

나는 이런 관점을 '비적응주의(non-adaptationism)'라고 부를 것이다. 어떤 면에서 이러한 명칭은 적절하지 않다. 반적응주의(anti-adaptationism)라는 어감을 주기 때문이다. 당연한 이야기지만 비적응주의를 따르는 다윈주의자들도 적응적인 설명을 제시한다. 그러나 어떤 측면에서 이 명칭은 유감스러울 정도로 적절하다. 일부 다윈주의자들에게 적응주의자라는 단어는 답답하고 편협하며 구속적인 견해를 연상시키는 모욕적인 단어가 되었다. 이제 불균형을 바로잡을 시간이다. '적응주의자'라는 단어의 사회적 지위를 개선함으로써 우리는 다시 시작할 수 있다. 그렇게 하면 '비적응주의자'라는 단어가 자연스레 그 반대편에 위치하게 된다. 물론 나는 용어 그 자체가 중요하지는 않다는 점은 안다. 그러나 명칭은 다윈주의를 그 본뜻과 너무 다르지 않게끔 상기시키는 데 유용하다. 어쨌든 이 명칭을 말뜻 그대로 해석해서는 안 된다. 이것은 설명력을 가진 엄밀한 주장이 아니라, 접근 방법과 성향, 선호를 묘사한다.

적응과 비적응에 대한 다윈주의 논쟁은 그 이론 자체만큼이나 오래 됐다.(Provine 1985) 논쟁을 이렇게 오래 끈 이유 중 하나는 일부 다윈주의 자들이 광범한 개혁 운동의 일환으로 비적응주의에 도전해 왔기 때문 이다. 그들은 자연 선택에 대한 엄격한 충성을 뛰어넘어 설명안들을 다 양하게 만들려고 시도해 왔다. 때로 다윈론자라고 불리는 이 사람들은 우리에게 보다 전기(電氣)적인 세계에 대한 많은 비전들을 제시해 준다. 이 전기적인 세계에서는 자동 반사적인 초적응주의(hyper-adaptationism) 가 생명체의 특성에 대해 훨씬 예민하고 복잡한 분석을 제시해 준다고 여겨진다.

이것이 19세기의 저명한 다윈주의자였던 조지 존 로마네스(George John Romanes)의 입장이었다. 그는 스스로 울트라 다윈주의라고 불렀던, 그 시대의 가장 존경할 만한 사람이었다. 그는 자연 선택만으로 아니 사 실상 어떤 동인 하나만으로, 진화 전체를 설명할 수 있다는 주장을 받 아들일 수 없었다. "엄청나게 복잡하고 한없이 다양한 유기체의 진화 과 정에 오직 하나의 원칙이 배타적으로 어디든지 관여하는 일은 불가능 하다."(Romanes 1892~1897, ii, 2쪽) 그는 다윈주의를 너무나 전적으로 확신했 으며 12가지 명제의 형태로(Romanes 1890) 요약한 다윈주의의 "일반 결론 들"은, 자연 선택이 변화의 유일한 수단은 아니라는 다윈의 진술로 시작 했다. 그는 자신이 지나치게 열성적인 적응주의로 여겨지는 상황을 특별 히 경멸했다.(Romanes 1892~1897, ii, 20~22쪽이 그 예이다.)

다윈은 자신의 '큰 실수'를 철회하기는 했지만 후에 로마네스처럼 비적응주의를 전적으로 받아들이지는 않았다. 그러나 이 철회는 그가 자주 강조했던 생각의 한 단면을 반영한다.(Peckham 1959, 232~241쪽이 그 예이다.) 당시 그는 독일의 존경받는 식물학자였던 샤를기욤 네겔리(Charles-Guillaume Nägeli)의 1865년도 논문을 읽고 큰 의구심을 느꼈다. 이상주의자였던 네겔리는 식물의 많은 형질들이, 예를 들면 축을 따라 돋아난 잎의 배열 같은 형질들이 아무런 적응적인 가치도 지니지 않는다고 주장했다. 이 쓸모없다고 여겨지는 여러 특징들에 대해 다윈은 그즈음 자신이 난초에서 발견한 놀랄 만큼 다양한 수분 방식들 같이, 아직 미처 그 기능을 다 인식하지 못한 특징들을 어렵사리 증거로 제시했다. 그럼에도 다윈은 네겔리가 제시한 몇몇 사례들에 당황했다. 그는 그 사례들이 실제로 적응이 아니며 자연 선택의 직접적인 결과로 설명할 수 없다는 데 동의했다. 훨씬 일반적인 다윈론의 이슈들에 대해 다윈은 처음에는 꽤 원론적인 다윈주의자의 입장을 취했지만, 이후의 『종의 기원』 수정판들에서 보이듯이 그는 난제들이 축적될수록 점점 가톨릭 교도적인 입장으로 변해 갔다. 『종의 기원』 초기판의 결말 부분에서 그는 자신의 이론을 요약하면서 "미미하지만 유리한 많은 변이들이 연속해서 축적되면서 혹은 자연 선택 과정을 거치며" 진화가 일어났다고 주장했다.(Peckham 1959, 747쪽) 최종판에서 그 요약은 다음과 같이 확장됐다. " …… 변이들, 신체 부위의 사용과 불용이 유전된 결과에 중요하게 도움을 받은 변이들, 잘 알지 못하기 때문에 우리에게는 자연 발생한 것처럼 보이는 변이들, 외부 환경 조건의 직접적인 작용에 따라 생겨난 변이들 ……."(Peckham 1959, 747쪽) 그리고 그는 다음과 같이 덧붙인다.

최근 내 결론이 오해를 많이 받아서 내가 자연 선택이 종 변화의 유일한 기제라고 주장한다고 여겨지고 있지만, 나는 이 책의 초판과 이후 수정판들에서 가장 눈에 잘 띄는 위치, 즉 도입부의 끝부분에서 다음과 같이 말했다는 사실을 언급하고 싶다. "나는 자연 선택이 변화의 주된 기작이지만 유일한 기작은 아니라고 확신한다."(Peckham 1959, 747쪽)

　머지않아 다른 많은 사람들이 동일한 확신을 품게 됐다. 로마네스의 바로 뒤를 이어서 다윈주의적 비적응주의(와 다원론)의 전성기가 도래했다. 다윈주의가 퇴색하는 동안, 대부분의 비다윈주의자들은 적응의 중요성과 만연함이 과장됐다고 믿었다. 1890년대 중반부터 약 20년 동안, "신다윈주의의 선택주의자-적응주의자 견해는 …… 『종의 기원』이 첫 출간된 이후 현재까지 계속해서 대역경을 겪어 왔다."(Provine 1985, 837쪽) 특히 우리는 정향 진화와 돌연변이설이 어떻게 설계를 부정하는 경향이 있는지를 살펴보았다. 라마르크주의가 쇠퇴한 후에 이 이론들은 다윈주의의 주요한 대안 이론들이었다. 1930년대까지 비다윈주의자들은 다윈주의의 설명 범위가 극단적으로 제한된다고 주장하기 위해, 선택에 중립적이라고 알려진 형질들을 교리 문답서를 잘 연습해서 말하듯 읊조릴 수 있었다.(Bowler 1983, 144~146, 202~203, 215~216쪽) 자연에 대한 이런 시각은 진화에 대한 사고에 깊이 침투하여 심지어 다윈주의에도 어느 정도 흡수되었다. (당시 몇몇 자연주의자들은 매우 자유로운 다윈주의자들이어서, 그들이 다윈주의자인지 아닌지 결정하기 어려웠다는 사실을 기억하라.)

　최근 로마네스의 입장이 부활하고 있다. 특히 하버드 대학교의 생물학자인 스티븐 제이 굴드(Stephen Jay Gould)와 리처드 르원틴(Richard Lewontin)은 불합리하게 자기만족적인 오늘날의 '범선택주의(panselectionism)'라는 입장에 반대하며, 훨씬 다원론적인 주장을 펼쳤다.(Gould 1978, 1980, 1980a, 1983, Gould and Lewontin 1979, Lewontin 1978, 1979, 이 외에도 예시로 Ho and Fox 1988도 참조하라.) 그들은 로마네스와는 달리 다윈주의의 범주 아래서 탈선하지 않

THE ANT AND THE PEACOCK

았다. 그러나 로마네스처럼 이들도 자연 선택이라는 단일 기제로 생명체의 놀랄 만한 다양성과 복잡성을 설명할 수 있다는 주장을 받아들일 수 없었다. "(다수의 기제들을 도입해야만 한다는 입장)의 기저에는 …… 자연의 환원 불가능한 복잡성이 놓여 있다." 유기체들은 생명의 당구대 위에서 예측 가능한 새로운 위치로, 단순하고 측정 가능한 외부의 힘에 따라 나아가는 당구공이 아니다.(Gould 1980, 16쪽) 다원론적이며 조정적인 입장이 …… 그런 복잡한 세계를 대하고 취할 수 있는 유일하게 합리적인 입장이다.(Gould 1978, 268쪽) 이 다원론적인 프로그램을 이끄는 것은 비현실적인 적응주의에 반대하는 입장이다.

적응주의자 전통에 대응하는 역사는 월리스로 거슬러 올라간다. 그가 강건하며 전향적이기조차 했던 적응주의자이면서 맹렬한 반다원론자였던, 선도적인 인물이었기 때문이다. 사실 월리스는 로마네스가 그 '초다원주의적인' 범죄들, 열성적인 적응주의에서 제일가는 악인으로 뽑은 인물이다. 월리스의 추종자들 중에는 동물학자이자 옥스퍼드 대학교의 곤충학 교수였던 에드워드 배그널 풀턴(Edward Bagnall Poulton), 동물학자이자 옥스퍼드 대학교의 비교 해부학 교수이며 후일 영국 자연사 박물관 관장을 지낸 에드윈 레이 랭키스터(Edwin Ray Lankester) 등을 비롯해 당시 유명한 다원주의자였던 사람들도 몇 명 있었다.(Poulton 1908, xliv~xlv쪽 106~107쪽이 그 예이다.) 이러한 사고 학파는 다원주의가 퇴색하면서 오랫동안 침체됐다. 그러나 다윈 이론의 통합, 즉 대종합으로 적응주의는 서서히 긴장을 되찾았다. 이 세대의 월리스에 대응되는 인물이 피셔였다. "피셔는 그 이전의 또 아마도 그 이후의 다른 어떤 진화론자들보다 더 철저한 선택론자이자 적응주의자였다."(Provine 1985, 856쪽) 그 이후의 누구보다 더하다고? 글쎄, 적응주의가 얼마나 성공적이었다고 판명될지 예단하지는 말자.

역사는 적응주의와 비적응주의가 무엇을 제공해야만 하는지 비교하는 일이, 단지 역사적인 관심사의 문제만은 아니라는 사실을 우리에게 보여 준다. 더 심각한 주장들을 조사하기 전에 비적응주의자들의 비판으로 구성해 낸, 패러디 적응주의자를 다루어 보자. "적응주의자"를 더러운 세계의 존재로 만든 것이 바로 패러디 적응주의자다.

첫째로 패러디 적응주의자는 한없이 낙천적인 사람이다. 그는 자연 선택이 완벽하게 설계된, 최적으로 기능하는 유기체를 창조한다고 가정한다. 당시 선두적인 멘델주의자였던 베이트슨이 세기의 전환기에 쓴 책의 표현을 빌자면, "적응의 기적을 생각하며 넋을 잃는 사람들은 …… 모든 것에서 좋은 점을 발견하려고 (시도한다) …… '모든 것들이 최선의 상태.'라는 교리를 …… 전해 (듣고) …… 이 빛나는 원리의 예시들은 …… 낙천주의자 자신도 시기할 능력들 덕에 발견됐다."(Bateson 1910, 99~100쪽, 예로 Gould 1980, Gould and Lewontin 1979도 참조하라.) (만약 베이트슨의 말이 비적응주의자들에게조차도 지나치게 탐탁찮아 하는 것으로 들린다면, 초기 멘델주의자들은 일반적으로 다윈주의에 적대적이었다는 사실에 유념하라.)

그러나 이것과는 반대로 다윈 이론은 완벽주의자의 가정들을 자연스럽게 피한다. 고전 다윈주의의 자연 선택조차도 결코 낙천주의자의 최적화 작용 같은 일을 수행하지 않는다. 오늘날의 다윈주의는 더욱 그렇다. 적응주의를 완벽주의와 연관 짓는 일이 다윈 이전의 공리주의적 창조론자들의 암흑시대로 되돌아가는 일이라고 적응주의자들은 종종 불평한다.(Pittendrigh 1958가 그 예이다.) 그리고 확실히 (그냥 내 생각일 뿐이어서, 일관성이 없을 수도 있지만) 적응주의자들은 대개 한없이 낙천적인 사람들이 아니다. 예를 들면 마이어는 자신을 적응주의자라고 생각했지만 동시에 낙천주의적인 시각은 강하게 거부했다.(Mayr 1983) 그리고 스스로를 최고의 적응주의자(arch-adaptationist)라고 고백한 도킨스는 자신의 저서인 『확장된 표현형(*the Extended Phenotype*)』에서 다윈주의자들이 완벽을 기대하지 말아야 하는 이유를 논의하는 데에 한 장 전체를 할애했다.(Dawkins 1982, 3장)

둘째로 우리의 쓸모없는 적응주의자(straw-adaptationist)는 적응주의적 설명의 범위를 극도로 부풀린 주장들을 만들어 낸다는, 또 유기체의 **모든** 형질들이 적응적인 이점을 지닌다고 가정하는 설명의 제국주의라는 비난을 받고 있다. 예를 들면 다음은 "제국주의!"라는 외침을 울려 퍼지게 만든 월리스의 주장이다. "유기체의 본성에 관한 어떠한 확고한 사실도, 어떤 특별한 기관도, 어떤 특징적인 무늬 형태도, 본능 혹은 습관의 어떤 특이한 점도 …… 존재할 수 없지만 이런 특징들은 그것을 소유한 개체나 인종들에게 지금 유용하거나 한때 유용했음에 틀림없다는 것이 …… 자연 선택 이론으로부터 나온 필연적인 추론 결과이다."(Wallace 1891, 35쪽) 다시 한번 말해서 "흔적 기관 혹은 상동, 상사 기관이 아닌 기관이나 특성을 '쓸모없다.'라고 단정하는 것은 사실에 대한 진술이 아니며, 결코 사실에 대한 진술일 수도 없다. 그것은 단지 그 목적이나 기원에 대해 우리가 모르고 있음을 표현할 뿐이다."(Wallace 1889, 137쪽) 다음은 『종의 기원』의 초판에서 비슷한 믿음을 드러내며 다윈이 한 말이다. "모든 생명체들에서 구조의 전체 세부 사항들은 …… 직접적이든 간접적이든 복잡한 성장 법칙을 통해, 그 형태를 보유한 조상들에게 특별한 쓸모가 있었거나 지금 그 형태를 보유한 후손들에게 유용한 것으로 생각할 수 있다."(Darwin 1859, 200쪽)

그러나 이것은 제국주의적인 설명이 아니다. 비평가들은 자연 선택이 유일한 진화적 동인이라는 주장과 유기체의 모든 특성들이 틀림없이 적응적이라는 주장을 융합한다. 예를 들면 로마네스는 월리스를 다음과 같은 견해를 고수하는 사람으로 표현한다. "자연 선택은 **유일한** 변형

수단이다. …… 그러므로 반드시 유용성의 원칙이 **보편적으로** 적용될 것이 틀림없다."(Romanes 1892~1897, ii, 6쪽, 굵은 글씨는 이 책의 저자가 강조한 것이다.)

1세기가 더 지난 후, 굴드는 "진화 이론에서 가장 근본적인 질문일지도 모르는 것"을 언급한 후, 의미심장하게도 한 가지가 아닌 두 가지 질문을 간결하게 설명했다. "진화적 변화의 동인으로써 자연 선택은 얼마나 **독점적**인가? 유기체의 **모든** 특징들을 적응으로 보아야만 하는가?"(Gould 1980, 49쪽, 굵은 글씨는 이 책의 저자가 강조한 것이다.) 그러나 자연 선택이 모든 특징들을 생성하지는 않을지라도 적응을 만들어 낸 유일하며 진정한 기제일 수는 있다. 우리는 모든 특징들이 다 적응적이라고 주장하지 않고도, 모든 적응적인 특징들이 자연 선택의 결과라고 주장할 수 있다. 앞서 살펴보았듯이 부수 효과들, 즉 적응의 '의도되지 않은' 표현형적 부산물들이 생길 수도 있다. 시간상의 차이 역시 마찬가지다. 유기체들은 현재 자신의 환경에 대한 적응이 아니라, 이전 세대들의 환경에 대한 적응을 물려받는다. 그리고 이 두 환경들은 서로 결정적으로 다를지도 모른다. 물론 질병도 감안해야 한다. 적응이 유기체들에서 만연하기 때문에 생물학 연구에 목적론이 필요하다는 이마누엘 칸트(Immanuel Kant)의 견해를 비판하며, 다윈은 반례로 구순열이나 병든 간이 유전된다는 사실을 언급했다.(Manier 1978, 54쪽) 유기체의 표준적인 환경이 아닌 곳에서 유전이 스스로를 비정형적으로, 그리고 아마도 선택적으로 유불리와 무관하거나 불리한 방식으로 드러낼 수도 있다. 다윈은 앵무새들이 특정한 물고기의 지방을 먹었을 때나 두꺼비 독이 주입됐을 때 깃털색이 어떻게 바뀌는지 언급했다.(Darwin 1871, 152쪽) 따라서 자연 선택을 진화의 유일한 기제로 여길지라도, "모든 형질들은 적응적이다."라는 보편적인 주장이 적응주의에 내재될 수 없음은 분명하다. 제국주의라고 의심받는 월리스와 다윈의 진술을 다시 한번 살펴보면, 이러한 결론을 지지하게 될 것이다. 둘 다 적응이 도처에 널려 있다는 식의 포괄적인 주장을 한 적이 없다. 둘 다 자신들의 단언을 내가 앞서 언급했던 것들과 그 이상의 의구심들, 즉 흔적 기관, 상관성, 과거에는 유용했지만 현재는 유용하지 않은 형질들, **확고한** 사실들, **특별한** 기관들, **특징적인** 무늬들, 본능의 **특성** 등으로 얼버무린다.

결국 적응주의자는 독단가로 여겨진다. 그는 "적응적인 이야기의 대안 설명들을 고려하기를 꺼리는 태도"를 보인다.(Gould and Lewontin 1979, 581쪽) 비평가들은 왜 그가 자신의 입장을 결코 포기하지 않는지 불평한다. 그의 주장들이 초제국주의적이지 않을 때조차, 그의 실행 태도는 초제국주의적이다. 그는 아주 사소하거나 주변적인 영역을 제외하고는 대안적인 설명들을 고려하기를 거부한다. 이것은 순전히 독단이다. 독단은 생산성이 없으며, 현재 작용 중인 요인들에서 다원주의자들의 눈을 돌려놓는다.

많은 적응주의자들이 독단적이라는 비난을 부인하지 않을 것이다. 비록 그들이 그 비난을 '끈기'나 '인내'로 부르기를 더 선호할지라도 말이다. 그러나 그들은 생산성이 없다는 비난만큼은 가장 단호하게 부인한다. 반대로 그들은 자신들의 접근 방식이 매우 생산적인 것으로 판명되리라 단언한다. 그들의 '독단'은 역사 덕분에 혐의를 벗었다. 아래에 나오는 전형적인 적응주의자의 신념 선언은 이런 정신을 정확히 포착했다. "나는 지난 몇 년 동안 밝혀진 사실들로부터 다음과 같은 확신을 얻었다. 지금 우리에게 쓸모없어 보이는 매우 많은 구조들이 장차 쓸모 있다고 판명될 것이라고, 따라서 자연 선택의 범주 안에 들 것임을 확신한다." 이 '적응주의자'는 바로 다윈이었다. 이것은 그가 자연 선택에 대한 자신의 헌신을 철회했던 『인간의 유래』의 바로 그 문단에서 한 말이다. 그는 초판 이후 3년 만에 출간된 2판에서 이 말을 덧붙였다.(92쪽) 이 3년 사이에 자연 선택이 던진 빛이 상당히 밝았음에 틀림없다.

다윈의 경험을 마음에 새긴 채 패러디 적응주의자에 대한 논의는 끝내고, 훨씬 심각한 이슈들을 살펴보자. 비적응주의는 확실히 다윈주의자들이 고려할 필요가 있는 의문들을 제기한다. 한 형질이 적응이 아닌 경우는 언제인가? 그리고 만약 그 형질이 자연 선택의 결과물이 아니라면 어떻게 설명해야 하는가? 우리는 역사적으로 비적응주의자들이 전형적으로 좋아했던 해답들 중 일부에 집중할 예정이다.

우연의 쓰레기 더미

우연은 적응을 설명할 수 없다. 그러나 해결해야 할 문제가 만약 적응적인 가치가 없다고 추정되는 형질들을 설명하는 일이라면, 우연은 타당한 설명이 될 수 있다.

실제로 우연은 다윈 이론에서 실재적인 위치를 차지한다. 각 세대에서 개체군 내의 유전자들은 전 세대의 유전자들의 표본일 뿐이다. 확실히 자연 선택은 무작위 추출로 이루어진다. 그러나 자연 선택이 아닌 단순한 표집 오차에 따라 일부 유전자들이 제거되고 다른 유전자들이 그 자리를 대체할 가능성 또한 존재한다. 어떤 종류의 표집 오차든지, 작은 개체군에서 그 가능성은 증가한다. 유전적 부동(genetic drift)으로 알려진 이 아이디어는 근대 다윈주의의 일부분을 차지한다. 물론 기쁘게도 유전적 부동이 적응 이론으로 병합될 수도 있다. 유전자 빈도의 우연한 변화는, 선택이 작용할 수 있는 원료를 제공하기 때문이다. 마이어가 창시자 원리(founder principle)라고 불렀던 것이 그 한 예이다.(Mayr 1942, 237쪽) 창시자 원리는 특정한 유전형이 우연하게 지리적으로 고립됨으로써, 새로운 유기체 집단이 어떻게 진화할 수 있는지 설명한다. 만약 개체군으로부터 떨어져 나온 조각이 매우 작다면, 예를 들어 가임 암컷이 단 하나일 정도로 매우 작다면 개척 개체군의 유전자들은 부모 개체군의 유전자 구성과 상당히 다를 가능성이 크다.

그건 그렇고 유전적 부동을 분자 진화 중립설(neutral theory of molecular evolution)과 혼동하지 말아야 한다.(Kimura 1983) 이 이론 역시 우연을 진화의 동인으로 가정하지만 표현형에 영향을 미치지 않는 분자 수준의 변화와 관련이 있으며 우리가 관심이 있는 진화, 즉 적응적인 변화와는 상관이 없다. 그래서 공작의 꼬리나 벌의 침 쏘기 같은 다른 어떤 표현형적 특징들을 설명하는 데 적절하지 않다.

유전적 부동 이론을 감안할 때 우리는 이 질문이 우연도 역할을 수행하는지의 여부에 대한 것이 아님을 알 수 있다. 우연이 일정한 역할을 수행할 수 있다는 데는 의견이 일치한다. 그러나 우연은 실제로 얼마나 큰 역할을 수행하는가? 또 특정 사례에서 그 영향력을 어떻게 추적할 수 있는가? 이 질문들은 다윈주의자들 사이에 열띤, 때로는 격렬한 논쟁을 불러일으켰다. 너무 격렬해서 심지어 근대 종합설의 창시자들 사이의 관계를 틀어지게 만들 정도였다.(Provine 1985a) 아직도 이 문제는 해결되지 않았다. 하지만 최근 몇십 년간 상당한 사고의 변화가 일어났다. 꽃잎의 모양과 조개의 패턴, 또 그 외 중요하지 않거나 이상해 보이는 특징들은, 자신들이 우연의 무심한 손으로 무가치한 것이 되는 모습을 목격할지도 모른다. "1940년대와 1950년대에는 곤혹스러운 진화 현상의 원인을 거의 모두 유전적 부동으로 귀속시키는 경향이 발달했다."(Mayr 1982, 555쪽) "북아메리카에서는 특히 유전적 부동이 매우 인기가 있다. 만약 어떤 특징의 적응적인 기능을 확실하게 생각해 낼 수 없으면 유전적 부동을 원인으로 내세웠다."(Ruse 1982, 97쪽) 그러나 그 후로 다윈의 적응주의가 다시 나타났다. 그리고 유전적 부동을 원인이라고 생각했던 현상들이 실은 놀라울 정도로 복잡하며 정교하게 조절된 적응이라는 사실이 자주 밝혀졌다. 유전적 부동이 진화에서 무시해도 좋을 만큼의 역할을 수행했다는 이야기가 아니다. 유전적 부동의 역할에 대해서는 아직도 논란이 많다. 그러나 지난 30년간 다윈의 설명은 우연을 묵인했을 때보다, 우연에 도전하면서 더 멀리 나아갈 수 있었다. 유전적 부동으로 설명했던 현상을 자연 선택이 구해 낸 사례를 하나만 들어 보자.

세파이아 네모랄리스(*Cepaea nemoralis*)는 영국에 흔한 달팽이로 유럽에서도 많이 서식한다. 이 달팽이의 껍데기는 노랑, 갈색 혹은 분홍색이며 검은 띠 줄무늬가 드문드문 또는 촘촘하게 둘러졌거나 전혀 없는 경우도 있다. 줄무늬의 밀도는 지리적으로 달라진다. 세파이아 네모랄리스는 매우 흔하다. 여러 속의 달팽이들에서 껍데기의 색깔과 줄무늬는 종 간뿐만 아니라 종 내에서도 달라진다. 이러한 다양성에 관한 이슈는 100살이나 된 악명 높은 다윈주의 논쟁과 연결된다.(Mayr 1963, 309~310쪽이 그 예이다.) 여기서 다윈의 흥미를 불러일으켰던 것은 이 작은 연체동물이 아니었다. 그보다 훨씬 일반적인 이슈였다. 개체군 내의 다형성(polymorphism, 생물의 같은 종 내에서 개체가 어떤 형태와 형질 등에 있어 다양성을 나타내는 상태이다. ─옮긴이)은 적응적인가? 또 같은 종에 속하는 개체군들 사이의 변이는 어떠한가? 그러면 한 종의 특정한 성질들인, 종종 점 하나의 색깔처럼 미미하지만 분류학자들이 진단 기준으로 삼을 정도로는 믿을 만하게 구별되는 근연종들 사이의 차이점은 어떠한가? 간단히 말해서 이 모든 다양성의 의미는 무엇이며, 그 의미는 어떤 수준에서 나타나는가? 다양성은 적응적인가? 아니면 아무런 의미가 없는가? 즉 자연 선택과는 무관한 일인가? 이런 질문들에 대한 다윈의 견해는 크게 분열돼서 이 달팽이들에게 약간의 악명을 가져다줄 정도였다. 이 악명은 다윈주의가 느꼈던 장황한 어려움의 측면에서, 눈이나 공작의 꼬리에 대응될 만큼 당시에는 나름대로 큰 것이었다. 이 논쟁은 19세기에 처음으로 터졌지만, 꽤 최근까지도 간헐적으로 웅성웅성대며 계속 이어지고 있다. 심지어 지금도 대개는 이 현상을 우연만으로 설명할 수 없으며 자연 선택이 어떤 작용을 한다는 데 동의하는 분위기지만, 그 어떤 작용이 정확히 무엇이냐에 대해서는 아직 의견의 일치를 보지 못했다.

다윈주의가 나온 뒤 초창기 몇십 년 동안, 몇몇 다윈주의자들은 종에 고유한 많은 특징들(특히 분류학자들이 종들을 분류하는 데 의지할 수 있는 차이점들)이 적응적으로 설명돼서는 안 된다고 느꼈다. 그들은 종 간의 작은 차이들은 단지 차이일 뿐이지 적응이 아니라고 분명히 말했다.(Kellogg 1907, 38~44쪽, 136쪽, 375쪽이 그 예이다.) 그들은 이 차이들이 종 분화가 지리적인 고립(혹은 갑작스런 번식상의 단절을 불러올 수 있는 어떤 다른 원인)으로 시작되기 때문에 생긴다고 주장했다. 만약 개체군의 일부분이 우연히 고립되어 새로운 종이 형성된다고 할 때, (선택이 작용하지 않고 생긴 뚜렷한 변이들이나 정향 진화적 경향처럼 비다윈주의적이며 비적응적인 많은 동인들을 언급하지 않는다면) 부모 종과의 차이점들이 우리가 현재 유전적 부동이라고 부르는 것의 결과일 수도 있다. 1870~1890년대에 로마네스는 점점 수용적으로 변해 가는 청중들에게 이 견해를 강력히 주장했다.(Romanes 1886, 1886a, 1892~1897, ii, 223~226쪽, iii, 1~40쪽이 그 예이다.) 그는 미국의 박물학자였던 존 토머스 굴릭(John Thomas Gulick) 목사가 수행한 샌드위치 섬(지금의 하와이)에 서식하는 아차티넬라속(Achatinella)의 달팽이에 관한 연구를 홍보했다.(Gulick 1872, 1873, 1890) 굴릭은 자신에게는 균일해 보이는 매우 작은 지역 내에서 많은 종들과 풍부한 다양성을 발견했다. 이러한 방대한 다양성이 생긴 적응적인 이유를 발견할 수 없어서, 그는 그 원인을 자연 선택이 차후에 개입하지 않은 지리적인 고립에 돌렸다. 컬럼비아 대학교의 동물학과 교수인 헨리 크램턴(Henry Crampton)은 1906년부터 몇십 년 동안 파르툴라속(*Partula*)에 속하는 폴리네시아의 달팽이를 단속적으로 연구해 왔다. 그는 굴릭과 비슷한 정도의 엄청난 변이를 발견하고 이러한 현상이 (완전한 원인은 아닐지라도) 지리적 고립과 유전적 부동 때문에 나타났다고 결론지었다.(Crampton 1916, 12쪽, 1925, 2쪽, 1932, 4쪽이 그 예이다.) 영국의 매우 유명한 아마추어 박물학자(결국 국제 자연 보호 협회장이 되었다.)인 시릴 다이버(Cyril Diver)는 1920년대에 작업을 시작했다. 그는 세파이아속(*Cepaea*)의 지역 개체군들 사이에서 비적응적인 것이 틀림없어 보이는 차이들을 발견하고는 비슷한 결론을 내렸다.(Diver 1940, 323~328쪽)

이 기간 동안 다윈주의가 쇠퇴한 영향으로, 비적응주의자들(비다윈주의자들뿐만 아니라 다윈주의자들 역시)은 자신들에게 유리한 증거로써 달팽이 사례를 더욱더 많이 수집했다. "진화의 종합설이 등장하기 이전에 가장 잘 알려졌으며 가장 장관을 이룬 분류 작업 중 하나는 달팽이에 대한 것이다."(Provine 1985, 842쪽) 그리고 이 작업은 비적응주의를 지지하는 가장 유명하며, 가장 대단한 증거가 됐다. 이렇듯 1920~1930년대에 적응적인 사고는 굉장히 안 좋은 상황에 처했기 때문에, 동물에서든 식물에서든 종 또는 속 수준의 분류에 사용되는 형질들 중 대다수가 비적응적인 형질이라고 널리 생각됐다. 이러한 견해는 당시 계통 분류학에 가장 큰 영향력을 미친 교과서인 『자연에서의 동물의 변이(*The Variation of Animals in Nature*)』 덕분에 더욱 강화되었다. 기 코번 롭슨(Guy Coburn Robson)과 오아인 웨스트매콧 리처즈(Owain Westmacott Richards, 나중에 임페리얼 칼리지 런던의 곤충학 교수가 된다.)가 쓴 이 책은 분류의 기준인 특정한 차이점들 중 상당수가 쓸모없으며(Robson and Richards 1936, 314~315, 366쪽이 그 예이다.) 종의 분기 역시 많은 부분은 유전적 부동의 결과라고 단언했다.(99~100, 200~201, 203~204쪽) 적응주의는 1940년대에 근대적 종합이 이루어진 이후에야 점점 선호되는 것처럼 보이기 시작했다. 이러한 변화의 시작을

롭슨과 리처즈의 책을 대체한 두 권의 교과서에서 엿볼 수 있다. 줄리언 헉슬리(Julian Huxley)가 편집한 『신계통 분류학(*The New Systematics*)』(1940년)과 마이어가 쓴 『계통 분류학과 종의 기원(*Systematics and the Origin of Species*)』(1942년)이 그것이다.(Huxley 1940, 2쪽이 그 예이다.) 그러나 마이어의 책은 명백히 다음과 같이 말한다. "다형성에 수반되는 형질들 중 대부분이 생존 가치에 관한 한, 완전히 중립적이라는 간접 증거들이 상당히 많다. 예를 들면 달팽이 껍질의 줄무늬 유무에 따라 뚜렷한 선택상의 이점이나 불리한 점이 있다고 믿을 만한 근거는 없다." "달팽이의 줄무늬 같은 색깔 패턴의 변이는 …… 그 자체로는 매우 대수롭지 않은 선택적인 가치를 가지는 것이 확실하다."(Mayr 1942, 75, 32쪽) 그리고 토머스 헨리 헉슬리(Thomas Henry Huxley)는 여전히 유전적 부동을 언급하려는 경향이 너무 많아서, 2년 후에 출간된 자신의 저서 『진화: 근대적 종합(*Evolution: The modern synthesis*)』(1942년)에서는 굴릭과 크램턴의 설명에 심하게 의존해서 달팽이의 다형성을 설명했다. 윌리엄 프로바인(William Provine)이 지적했듯(Provine 1985, 858쪽) 헉슬리의 의존 수준은 매우 높아서, 그는 20년 후 출간된 2판에서는 "세파이아속 같은 달팽이의 분화를 비롯해, 지역적인 분화를 설명할 때 유전적 부동은 부족하고 자연 선택은 효과적"이라고 강조하는 것으로 기존 설명을 수정해야만 했다.(Huxley 1942, xxii~xxiii쪽)

비록 이 달팽이들이 비적응적인 껍질에서 벗어나는 데 오랜 시간이 걸렸지만, 다윈주의자들은 달팽이 껍질이 무엇을 말하는지 새롭게 바라보기 시작했다. 월리스는 처음부터 이 껍질들이 우리에게 적응주의에 대해 가르쳐 주었다는 입장을 고수했다.(Wallace 1889, 131~142, 144~150쪽이 그 예이다.) 그는 굴릭이 발견한 차이에 대해 자연 선택이 영향을 미친 것이 틀림없다고 주장했다. 비록 우리에게는 이 달팽이들의 환경이 대동소이해 보일지라도 말이다. 그가 통렬하게 호소했듯이, 박물학자들은 자신이 그 달팽이 껍질 안에 있다고 생각해야만 한다.

우리에게는 동일해 보이는 조건들이 이 연체동물들처럼 작고 섬세한 유기체들에게도 동일하게 느껴질 것이라는 가정은 오류이다. 우리는 그들의 필요와 어려움들을 전혀 모른다. 어떤 특정 시대에 존재했던 다양한 식물 종들의 정확한 비율, 곤충이나 새들 각 종의 숫자, 태양 빛에 대한 노출 정도와 …… 또 그 외 우리에게는 전혀 중요하지 않고 인식할 수도 없는 미미한 차이들이 이 작은 생명체들에게는 가장 중요할 수 있으며 자연 선택이 크기, 형태나 색깔 등의 아주 작은 적응들을 초래하기에 충분한 조건일 수 있다.(Wallace 1889, 148쪽)

세파이아 네모랄리스의 사례에서 선택압, 인간의 눈에 띄지 않는 압력들을 달팽이의 시각에서 바라본 것은 태양광 노출에 관한 직관에 이르기까지 모두 하나의 예언이었다고 밝혀졌다. 1950년대에 케인과 필립 맥도널드 셰퍼드(Philip MacDonald Sheppard)가 선두에서 이런 사실을 발견했다.(이에 대한 요약과 이후의 발견들에 대한 정보는 Jones et al. 1977, Maynard Smith 1958, 156~159, 166~168쪽, Sheppard 1958, 87~91, 94~95쪽을 참조하라.)

달팽이의 선택압 중 하나는 노래하는 개똥지빠귀의 예리한 시선에서 기인한다. 이것은 특히 달팽이가 개똥지빠귀의 추적을 피하는 최상의 방법이 끊임없이 변화한다는 사실에 의거해서 찾아낼 수 있다. 달팽이는 껍데기 무늬로 위장을 하는데 그에 대한 선호도가 계절마다, 또 장소마다 달라진다는 증거가 존재한다. 예를 들면 봄에는 분홍색과 갈색 껍데기가 선호된다. 반면 여름의 나뭇잎을 배경으로 했을 때는 노란색이 선호된다. 민무늬 껍질은 짧은 잔디처럼 상대적으로 획일적인 배경 속에서 눈에 덜 띈다. 반면 줄무늬 껍질은 생울타리나 거친 목초에서 위장 효과가 더 좋다. 그러나 높은 수준의 다형성을 설명하려면 이것만으로는 충분하지 않다. 왜냐하면 결국 개똥지빠귀가 달팽이를 선택적으로 포식하게 되어 변이를 제거할 것이기 때문이다. 희귀성의 빈도 의존적인 장점(이른바 빈도 하락 선택(apostatic selection)이라고 불리는)이 때때로 이에 대한 해답이 될 수 있다. 만약 포식자들이 자기 먹이에 대한 '검색상(search image)'을 구축해야만 한다면, 자주 마주치지 않는 형태의 먹이를 알아채기 어려울 것이다. 비록 그 형태가 (우리가 보기에는) 꽤 눈에 띄는 것일지라도 말이다. 월리스의 추측과 같이, 또 다른 선택압은 달팽이 껍질 무늬에 따라 "태양광에 대한 노출을" 즐기는 정도가 달라진다는 것이었다. 비록 우리에게는 그들의 환경이 서로 동일해 보이지만 말이다. 어두운 색깔의 (줄무늬) 껍데기는 밝은 색의 (민무늬) 껍데기보다 태양 에너지를 더 많이 흡수한다. 줄무늬 달팽이는 차갑고 그늘진 미기후(microclimate, 주변 다른 지역과는 특히 다른, 특정한 좁은 지역의 기후이다. — 옮긴이)에서 유리하지만 따뜻하고 햇살이 내리쬐는 장소에서는 열 충격으로 죽기 쉽다. 예상대로 자신의 껍데기 유형에 적합한 기후 조건을 가진 장소에서 해당 달팽이들이 발견된다. 그러나 왜 몇몇 개체군들에서는 이들이 서로 섞여서 함께 존재하는가? 이 점은 명확치 않다. 그렇지만 한 개체군 내에서도 달팽이들이 껍데기 유형에 따라 햇볕을 쬐는 시간을 달리하면서 자신들만의 미기후를 만들 수도 있다.(Jones 1982a)

선택압을 입증해도 유전적 부동의 개입을 완전히 배제할 수는 없다는 사실을 기억하자. 선택압들이 가해졌음에도, 확실히 달팽이들은 그들의 다형성 중 일부를 우연에 빚지고 있을 것이다. 예를 들면 대규모의 홍수가 지역의 개체군들을 휩쓸어 버린 후, 1948년에 동앵글리아의 저지대 소택지들에서 세파이아속이 다시 서식하게 됐을 때, 창시자 효과가 발생했을 것으로 보인다. 또 새로 물을 뺀 네덜란드의 간척지에서도 창시자 효과가 발생했다.(Jones et al. 1977, 128~130쪽, Cameron et al. 1980, Ochman et al. 1983, 1987 역시 참조하라.)

몇몇 논평가들은 다양한 줄무늬의 수와 색깔들에 어떤 의미가 있는 것이 틀림없다는 월리스의 주장에 아무런 증거 없이 반대했다. 존 레시(John Lesch)는 이것을 "굴릭의 자료에 대한 다소 어색한 해석"으로 묘사했다.(Lesch 1975, 497쪽) 굴드와 르원틴은 이것이 적응주의 규칙을 지나치게 적용한, 확실한 사례라고 강력히 비판했다. "적절한 적응적인 주장을 찾을 수 없을 때, 처음에는 그 실패의 원인을 유기체의 서식지와 행동에 대해 불완전하게 이해한 탓으로 돌린다. …… 서로 다른 동물들이 동일한 환경에 서식하는 것처럼 보임에도, 달팽이의 색깔과 형태의 모든 세부 사항들이 틀림없이 적응인 이유를 월리스는 고민해야 한다."(Gould and Lewontin 1979, 586쪽) 그리고 그들은 우리가 방금 주목했던 월리스가 쓴 문단을 인용했다.

나는 월리스의 문단이 굴드와 르원틴에게 비웃음을 당하는 것을 보고 다소 실망했다. 나는 바로 그 동일한 단어들에서 적응적인 설명을 찾는 다윈주의자가, 우리와는 매우 다른 세상을 사는 다른 생명체들에 대해 얼마나 민감하게 이해하는지를 보고 오랫동안 감탄했다. (달팽이들이 자기 자신의 미기후를 만든다는 사실이 밝혀져서 태양광에 대한 월리스의 제안이 옳은 것으로 판명됐음에도, 르원틴이 적응주의자 지망생들에게 "유기체들이 환경을 수동적으로 경험하지 않고 그들 스스로 어떤 외부 요인들이 서식지의 일부가 될지 결정"하기 때문에 적응적인 설명들에 문제가 존재할 수 있다는 주장(Lewontin 1978, 159쪽)을 설파했다는 사실은 역설적이다.) 나는 이 특정한 사례에서 월리스가 옳다고 판명됐기 때문에, 그가 옳았다는 결론을 이끌어 내려는 것이 아니다. 물론 그는 옳았다. 월리스가 다윈주의자들은 곤혹스런 현상들을 르원틴이 "우연의 쓰레기 더미"(Lewontin 1978, 169쪽)라고 불렀던 것으로 처리하기 전에, 먼저 적응 원칙들을 적용하기 위해 진지하고 체계적이며 엄중하게 시도해야 한다고 주장했기 때문이다.

함께 묶인 이상한 편차들

흰 모피에 대응하는 유전자를 이야기할 때 우리는 그 유전자의 표현형적 효과들 중 오직 하나만을 골라내 말하는 중이다. 그 유전자가 꼬리 길이나 손톱 모양을 변화시킬지도 모른다. 이 '의도하지 않은' 표현형적 효과들은 선택의 부수적인 효과로 간주될 수 있다. 이 경우에는 겨울철의 위장을 위한 적응의 부수 효과다. 비적응주의자들에 따르면, 다윈주의자들이 적응적으로 설명하려고 용감하게 분투하는 모든 종류의 특징들이 결코 적응은 아닐지도 모른다. 그들은 단지 부수 효과일 수도 있다(Lewontin 1978, 167~168쪽, 1979, 13쪽이 그 예이다. Gould and Lewontin의 "스팬드럴 (spandrels)"이라는 개념 역시 참조하라. 스팬드럴은 유기체들의 구조적 특성으로부터 자동적으로 생기는 결과를 의미한다.(Gould and Lewontin 1979, 581~584쪽, 595~597쪽))

이러한 설명이 비적응주의에 대단한 승리를 안겨 주지는 않은 것 같다. 그들은 근본적으로 자연 선택의 작용에 간접적이나마 의존하기 때문이다. 그래서 그들은 적응주의자들이 강조하는 자연 선택의 중요성을 결국에는 용납한다.

우리는 …… 유기체에게 아무런 도움도 주지 않는 …… 변형들이 …… (자연 선택에 따라) 획득될 …… 수 없다는 사실을 …… 명심해야만 한다. 그러나 우리는 …… 구조의 많은 이상한 편차(deviation)들을 하나로 묶어서 …… 한 부분의 변화가 종종 …… 상당히 예상치 못한 성격의 다른 변화들을 …… 이끌어 내는 …… 상관성의 법칙을 잊지 …… 말아야 한다. …… **그러므**

로 아직 확실하지는 않지만 자연 선택의 직·간접적인 결과들이 안전하게, 매우 널리 확대될지도 모른다.(Darwin 1871, i, 151~152쪽, 굵은 글씨는 이 책의 저자가 강조한 것이다.)

사실 몇몇 비적응주의자들은 이런 "확대"를 부정직한 적응주의자의 술수(선택되지 않은, 비적응적인 형질이라는 데 동의했음에도 자연 선택에 매달리는 수단)로 분류한다.(Romanes 1892~1897, ii, 171쪽, 268~269n)

그러나 이러한 설명 뒤에 숨은 가정들을 자세히 살펴보면, 우리는 그들이 실제로는 적응주의적인 사고 방식에 조금도 걸맞지 않음을 발견할 것이다. 예를 들어 수사슴의 가지를 많이 뻗은 바로크 양식의 커다란 뿔들이 자연 선택의 부수 효과에 지나지 않으며 단지 자연 선택이 수행한 다른 활동들의 자동적인 결과일 뿐 적응이 아니라는 주장이 무슨 의미인지 생각해 보자. 이 사례는 극단적이기는 하지만 실제로 주장되었다. 논의는 이렇게 진행된다. 이 뿔은 자연 선택이 작용하는 다른 몇몇 특징들의 발생학적 발달과 결부되어, 자연 선택의 직접적인 개입 없이도 특대형 크기에 도달한다. 그들은 몇몇 적응들을 자신들의 생물학 패키지의 일부로써 받아들인다. 다윈이 "성장의 상관관계"라는 말로 의미한 바를 설명하면서 주장했던 바와 같이, "전체 조직은 성장·발달하는 동안 서로 매우 긴밀하게 연결돼서 어느 한 부분에서 미세한 변이가 발생해 자연 선택을 통해 축적될 때, 다른 부분들도 변화한다."(Darwin 1859, 143쪽) 이러한 주장으로 매우 그럴듯하고 훨씬 합리적인 가정이 하나 만들어진다.

받아들일 수 없는 것은, 이 가지를 친 뿔이 선택적으로 중립적이며 이익이 되지도 해가 되지도 않는다는 가정이다. 가지를 친 뿔처럼 매우 장식적이고, 눈에 띄며, 정교한 구조의 경우에는 이 가정을 받아들이기가 확실히 어렵지만, 덜 화려한 특징의 경우에는 이 말이 언뜻 보기에 훨씬 그럴듯할지도 모른다. 그러나 우리는 "그렇더라도 그럴 수 있어."라고, 너무 기꺼이 이 가정을 받아들여서는 안 된다. 어쨌든 우리는 자연 선택의 눈이 얼마나 날카로운지, 또 우리에게 자질구레한 사정으로 보이는 것들을 삶과 죽음의 문제로 어떻게 격상시킬 수 있는지 너무 잘 안다. 자연 선택의 감시가 얼마나 삼엄한지에 대한 적응주의자의 직관에 더해서 이 가정을 받아들여서는 안 되는 훨씬 중요한 이유가 또 하나 있다. 한 유전자의 어떤 '의도되지 않은' 부수 효과가 중립적일 가능성은 거의 없다. 따라서 그 부수 효과들이 모두 중립적이라는 가정은 거의 성립할 수 없다. 그렇다면 만약 부수 효과의 설명이 이런 가정, 혹은 간접적으로 그것에 근접하는 무엇인가를 만들어 낸다면, 우리는 이 설명이 옳을 가능성을 꽤 잘 묵살해 버릴 수 있다. 오늘날의 비적응주의자들은 중립성에 대해서 그렇게 강한 가정을 하지 않을 것이라고 생각하는 것이 안전하다. 그러나 아마도 고전 다윈주의자들이 때때로 부수 효과에 대해 이야기 할 때는 (비용에 대해 제대로 인식하지 못한 결과로) 마음 한편에 이와 같은 개념이 일부 존재할 것이다.

가지를 친 뿔이 한낱 부수 효과에 지나지 않는다는 주장의 근저에 놓일 수 있는 훨씬 그럴듯한 다른 가정은, 이 자연 선택의 '의도되지 않은 결과들'이 중립적이지는 않지만 (실제로는 해롭지만) 그럼에도 피할 수 없다는 것이다. 그들은 피할 수 없다. 그들이 어떤 적응의 발생학적 발달과 매우 긴밀하게, 또 변경할 수 없게 결부돼서 자연 선택이 그 연결 고리를 잘라내지 못하기 때문이다. 발달 과정이 서로 연결된 표현형들을, 선택이 낱낱이 쪼개 놓을 수는 없다. 이러한 견해에 따르면, 부수 효과들에는 비용이 따르지만 연대 관계를 유지해서 얻는 적응적인 이점이 이 비용을 상회한다. 이 견해에는 표현형적 효과들을 따로 떼어 놓는 데 필요한 변이들이 현재 유용하지 않기 때문에 자연 선택이 다른 적응적인 표현형들을 선호할 수 없으며, 동시에 원하지 않는 부수 효과들을 약화시킬 수도 없다는 매우 강한 가정이 수반된다. 중립성에 대한 주장과는 달리, 이 주장에는 내재적으로 불합리한 점들이 확실히 없다. 이들은 자연 선택이 대부분의 적응주의자들이 믿고 싶어 하는 것보다 힘이 약하다고 (발달상의 제약들은 더 강하다고) 주장한다. 그러나 선택이 개별 사례들에서 실제로 얼마나 큰 힘을 발휘하는가는 실증의 문제다.

달팽이들이 유전적 부동의 대상이었듯이, 가지를 친 뿔들은 부수 효과의 문제였다. 나는 이 문제에서 적응주의자가 거둔 성공이 어떻게 비춰지는가에 대한 한 예로써, 이 인상적인 구조를 조금 더 다루어 보려고 한다.

적응적인 수수께끼를 제기하는 것은, 단지 가지를 친 뿔의 엄청난 크기가 아니라 뿔의 크기와 몸의 다른 부분 사이의 관계다. 사슴이 커질수록, 대개 가지를 친 뿔도 (몸 크기에 비례한 것보다 더 크게) 증가한다. 큰 사슴의 가지를 친 뿔들은 작은 사슴의 뿔보다 절대적으로 더 큰 것이 아니라 상대적(즉 신체 크기에 비해서)으로 더 크다. 이러한 관계는 같은 과(Cervidae)에 속하는 다른 종들에도 동일하게 적용된다. 순록 같은 큰 종들은 먼잭 같은 작은 종들보다 신체 크기에 비해 훨씬 더 큰 뿔을 지녔다. 종 내에서도 같은 현상이 나타난다. 덩치 큰 성체는 작은 성체에 비해 과장되게 큰 뿔을 가진다. 정향 진화의 전성기인 20세기 초반에는 이러한 과잉 성장이 정향 진화적 경향, 거침없는 진화력의 진전을 보여 주는 주요한 예로 받아들여졌다. 이 현상을 비다윈주의의 손아귀에서 비틀어 빼낸 이가 바로 헉슬리(Huxley 1931, 1932, 42~49, 204~244쪽)였다. 헉슬리는 이 풍성한 성장을 상대 성장(allometry)의 결과로 설명했다. 상대 성장은 유기체의 서로 다른 특성들 간의 균형이다. 전통적으로는 몸 전체와 일부분

간 크기의 균형에 집중했으며, 근래에 와서는 구조와 행동 사이의 균형에 집중한다. 헉슬리는 정향 진화의 모호한 경향 이면에, 매우 정확하고 일정한 비율이 숨어 있음을 보여 주었다. 양 축에 대수적으로 눈금을 매겨 그 위에 신체 크기와 가지를 친 뿔 크기를 점으로 표시하면, "점들은 …… 정확하게 일직선을 따라 내려간다."(Huxley 1931, 822쪽) 이때 기울기는 1보다 크다. 즉 가지를 친 뿔 크기는 신체 크기와 우성장(개체 전체의 성장에 비해서 어느 부분 또는 기관이 빠른 성장을 보이는 것. — 옮긴이) 관계에 있다. 헉슬리는 이 상대 성장 관계를 적응의 부수 효과로 제시했다. 그의 시각에서 신체와 가지를 친 뿔은 공통된 발달 기제로 매우 긴밀하게 연결된다. 따라서 상대적으로 큰 가지를 친 뿔들은 큰 신체 크기에 대한 선택이 이루어진 결과, 자동적으로 만들어진 산물이다. 큰 종들과 큰 개체들의 커다란 가지를 친 뿔은, 이에 대응되는 보다 작은 뿔의 웃자란 버전으로 생각할 수 있다. 그는 "이 관계의 정확한 기제가 현재는 모호하다."라고 인정했다.(Huxley 1932, 49쪽) 그러나 신체와 가지를 친 뿔의 발달에 영향을 주는, 이를테면 성장 호르몬을 상상할 수 있을 것이다. 즉 신체 크기의 증가를 선택함으로써 성장 호르몬의 생산 증가를 초래했으며, 그 부수 효과로 가지를 친 뿔이 더 커진 것인지도 모른다.

비록 헉슬리가 내재된 정향 진화적 경향이라는, 외부의 주장을 몰아 내려고 노력했을지라도 그는 거대하게 가지를 친 뿔의 1차 원인으로 자연 선택을 고려하지 않았다. 그의 설명은 여전히 비적응적이다. 헉슬리는 다윈주의로 가지를 친 이 뿔들을 구해 냈다. 그러나 적응주의 역시 가지를 친 뿔들을 구해 줄 수 있을까? 일부 비적응주의자들, 가장 악명 높은 르원틴에 따르면, 적응주의를 시도할 필요도 없다고 한다.(Gould and Lewontin 1979, 587, 591~592쪽, Lewontin 1978, 167~168쪽, 1979, 13쪽) "비록 상대 성장의 패턴들이 고정된 형태 그 자체로서 선택의 대상이기는 하지만 상대 성장에서의 몇몇 규칙성들 중 십중팔구는 적응의 직접적인 통제하에 있지 않을 것이다."(Gould and Lewontin 1979, 591쪽) "큰뿔사슴의 극단적으로 커다랗게 가지를 친 뿔에 대해 적응의 원인을 구체적으로 제시할 필요는 없다. 오직 필요한 것은 상대 성장 관계가 극단적인 형태에서 특별히 부적응(maladaptation)은 아니라는 점이다."(Lewontin 1979, 13쪽) 어떠한 적응적인 설명도 불필요하다면, 가지를 친 뿔에 대한 설명 역시 그러할 것이다. 그러나 만약 "상대 성장의 패턴이 고정된 형태 그 자체로 선택의 대상이라면" 왜 가지를 친 뿔만 비적응적으로 취급하도록 특별히 지목하는가?

실제로 가지를 친 뿔의 상대 성장 이면에는 적응적인 힘이 존재한다고 판명됐다. 이 힘은 티머시 휴 클러턴브록(Timothy Hugh Clutton-Brock)과 폴 하비(Paul Harvey)가 보여 주었듯이, 암컷을 둘러싼 수컷들 사이의 경쟁이다.(Clutton-Brock, 1982, 108~113, 119~120쪽, Clutton-Brock and Harvey 1979, 559~560쪽, Clutton-Brock et al. 1980, 1982, 287~289, 291쪽, Harvey and Clutton-Brock 1983) 헉슬리는 단순히 신체 크기와 가지를 친 뿔의 크기를 점으로 표시해서 직선이 나타남을 발견했다. 그러나 암컷을 둘러싼 수컷의 경쟁 강도에 따라 사슴 종을 셋으로 구분하면, 다른 그림이 나타난다. 가지를 친 뿔과 신체의 크기는 둘 다 수컷들 간의 경쟁 강도와 각자 독립적으로 연관되므로 서로 관계가 있다. 즉 이 둘은 공통된 원인의 독립적인 결과이다. 경쟁(일부다처 정도)이 치열할수록, 수컷은 신체 크기에 더 많이 투자하며, 가지를 친 뿔 크기에는 그보다 더 많이 투자한다. 따라서 큰 짝짓기 집단을 형성하는 종들은 더 큰 신체를 가지는 경향이 있다. 그리고 큰 뿔이 작은 뿔보다 더 좋은 무기이므로 짝짓기 집단을 크게 형성하는 종들은 작게 형성하는 종들보다 상대적으로 더 큰 뿔을 가진다. 가지를 친 뿔과 신체의 관계는 헉슬리가 발견한 깔끔한 하나의 일직선이 아니라 별개의 일직선 세 개인 것으로 밝혀졌다. (헉슬리의 상대 성장 관계는 세 개의 짝짓기 범주 각각에 대해서는 여전히 유효하다. 이것은 그다지 놀라운 일이 아니다. 종들의 신체 크기가 클수록 일부다처 정도가 더 심해지기 때문이다. 이것은 각각의 짝짓기 범주 내에도 적용되는 사실이다.) 가지를 친 뿔의 크기는 단지 신체 크기에 대한 적응의 후류로 나타난 특성이 아니다. 그 자체가 적응이다.

당연하게도 이 선택압은 멸종한 큰뿔사슴의 별나게 큰 가지를 친 뿔역시 설명해 준다. 이 뿔은 자연 선택의 결과라기에는 너무나 거대하고 비례에 맞지 않아서 정향 진화적인 경향이 통제하는 것이 틀림없으며, 결국 그것 때문에 큰뿔사슴이 멸종했을 것이라고 여겨지는, 구조의 반적응주의, 반다윈주의에서 가장 선호한 사례였다. 그러나 큰뿔사슴이 일부다처제이고 수컷들이 싸울 때에 이 뿔을 무기로 사용했다면 가지를 친 뿔의 상대적으로 거대한 크기는 예상 가능한 결과다. 언뜻 보기에는 직관에 반하는 것 같은, 손바닥처럼 가지를 친 뿔의 생김새 역시 그렇다.(Clutton-Brock 1982, 112~113쪽, Clutton-Brock et al. 1982, 299쪽)

가지를 친 뿔은 상대 성장을 설명하는 성공 스토리 중 오직 작은 일부에 지나지 않는다. 유인원에서의 뇌 크기(Clutton-Brock and Harvey 1980), 치아 크기와 구세계 원숭이들(Harvey et al. 1978, 1978a), 영장류의 고환 크기(Harcourt et al. 1981)와 다른 많은 상대 성장의 사례들이 적응주의적이며 정밀한 조사의 대상이 됐다. 나아가 이 적응적인 분석들은 그렇지 않았다면 숨겨졌을 차이, 비정상성들을 드러내 보여 주었다. 하비와 클러턴브록은 이것에 대한 명시적인 사례들을 언급했다.

로저 쇼트(Roger Short)는 …… 수컷의 고환 크기가 암컷이 번식 주기 동안 한 수컷하고만 짝짓기를 하는 종들에서보다, 둘 이상의 수컷들과 짝짓기를 하는 (영장류) 종들에서 더 클 것이라고 예상했다. 암컷의 선택이 자유로울 때, 각 수컷의 정자는 다른 수컷들의 정자들과 경쟁을 해야만 한다. 이때 가장 많은 수의 정자를 생산해 낸 수컷이 자식을 남길 확률이 가장 클 것이다.

쇼트의 예상은 코주부원숭이를 제외하고는 자료와 정확하게 맞아떨어졌다. 코주부원숭이들은 암컷들이 여러 수컷들과 짝짓기를 한다는 문헌 기록에도 불구하고, 자기 몸 크기에 비해 고환이 작다. 그러나 이후 행해진 세밀한 현장 연구에서 코주부원숭이도 결코 예외가 아님이 밝혀졌다. 암컷들은 임신할 가능성이 큰 기간에는 오직 한 수컷하고만 짝을 맺었다.(Harvey and Clutton-Brock 1983, 315쪽)

헉슬리에게 상대 성장의 상수는 그저 상수였을 뿐이다. 즉 변하지 않는 일정한 숫자였다. 아니면 적어도 발달 과정의 제약에 갇힌 채로 자연 선택의 손길을 넘어서 존재하는 것이었다. 그러나 여러 성장 기제들 중에서 오직 발생학만이 통제력을 발휘한다고 가정할 이유가 무엇인가? 또 발생 과정의 통제력 자체를 조율하는 것은 결국 무엇인가? 도킨스가 지적했듯이 "한 기간의 상수들이 다른 기간에는 변수일 수 있다. 상대 성장의 상수는 발생학적 발달의 매개 변수이다. 다른 매개 변수들처럼 상대 성장의 상수도 유전적인 변화의 대상이 될 수 있으며 따라서 진화의 시간 동안 달라질 수도 있다."(Dawkins 1982, 33쪽) 이 변화는 적응적일 수 있다.

지금까지 우리는 다면 발현의 기본 개념('의도치 않은' 표현형적인 부수 효과)에 동의했다. 이제 그 개념에 도전할 시간이다. 그것도 적응적으로 도전해야 한다. 우리는 확장된 표현형이라는 아이디어로 이미 이 작업을 어느 정도 진행했다. 이러한 도전이 없다면 기생충에게 감염당한 달팽이의 두꺼운 껍질은 단지 기생 생물이 활동한 결과 나타난 불운한 부수 효과로밖에 볼 수 없지만, 이와 같은 도전하에서는 기생 생물 유전자의 확장

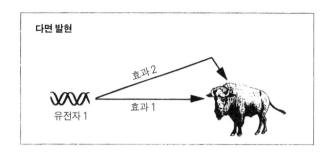

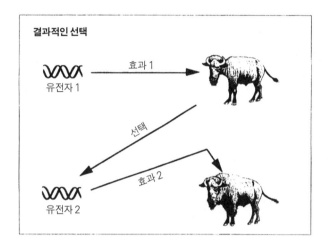

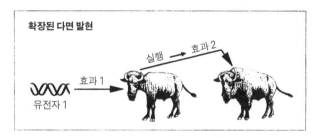

확장된 다면 발현: 들소의 큰 머리에 어울리는 목을 얻는 세 가지 방법 중 하나

된 표현형으로 판명될 수도 있다. 즉 다면 발현이 아니라 적응으로 판명

될 수 있다. 확장된 표현형의 세계로 우리를 인도하는 주장의 방식을 따

르면서, 나는 '확장된 다면 발현'의 왕국으로 우리를 이끄는 추론 방식

을 제시하고 싶어졌다. 우리는 다면 발현적인 효과들이 우리가 다면 발현에 대해 평소 지녔던 생각보다, 훨씬 적응적이며 동시에 훨씬 흔하다고 입증되는 모습을 목격할 것이다.

앞에서 드물게 큰 구조를 다룬 방식대로, 들소의 특징적인 큰 머리를 살펴보자. 막대한 중량의 머리를 지탱하려면 강한 지지 근육이 필요하다. 큰 머리를 선호한 자연 선택은 머리와 근육 사이의 기능적인 조화를 찾아내는 문제도 스스로 해결해야 한다. 이 둘 사이의 조화를 어떻게 이룰 것인가?

이 문제는 일반적으로 다면 발현이라고 여겨지는 방식으로 해결될 수 있다. 뜻밖에 찾아온 변덕스러운 행운에 힘입어, 더 큰 머리에 상응하는 유전자가 더 큰 근육 역시 부여해 줄 수 있다. (여기서 '상응하는 유전자'란 항상 유전적인 차이에 대한 진술이다.) 하지만 이것은 있을 법하지 않은 우연이다. 이런 우연이 큰 머리가 더 작은 근육을 동반하는 경우, 혹은 근육 크기에는 전혀 변화가 없는 경우보다 더 많이 일어날 것 같지는 않다. 오히려 자연 선택이 훨씬 적극적으로 관여했을 가능성이 더 크다. 유전자 풀이 큰 머리에 상응하는 유전자들로 채워질수록, 선택압은 큰 근육에 상응하는 유전자들을 선호할 준비를 할 것이다. 이 과정은 다면 발현과 구별된다. 이 경우에는 오직 여러 세대가 지난 후에야 이러한 조화가 이루어지기 때문이다. 큰 근육을 만들어 내는 유전자들이 불쑥 나타날 때까지, 자연 선택은 이러한 조화를 이룰 수가 없다.

지금까지 두 가지 가능성들을 살펴보았다. 이제부터는 확장된 다면 발현의 입장에서 생각해 보자. 들소는 단순히 목 근육만을 가지고 태어나지 않는다. 그들은 운동으로 이 근육들을 성장시킬 수 있는 성향 역시 지니고 태어난다. 그래서 머리가 큰 들소는 자동적으로 큰 목 근육을 발달시키는 경향이 있을 것이다. 이 말은 언뜻 들었을 때 다면 발현을 이야기하는 것처럼 들리지 않는다. 그러나 결국 다면 발현은 한 유전자가 다양한 표현형적 효과를 내는 경우가 아닌가? 큰 머리 유전자가 목 근육에 미치는 효과는, 엄격히 말해서 그 유전자의 표현형적 효과이다. 보통의 환경, 즉 들소가 자신의 머리와 목을 정상적으로 움직일 수 있는 환경에서는 큰 머리 유전자를 소유한 개체는 누구든 큰 목 근육을 가지는 경향이 존재할 것이다. 따라서 이 유전자는 큰 머리에 상응하는 것만큼이나 큰 목 근육에도 상응하는 유전자로 간주할 수 있다. 만약 이 표현형의 범주를 '다면 발현'에 포함시키고자 한다면, 더 커진 목 근육들은 다면 발현이다. 그런데 여기서 중요한 것은 다면 발현에 대한 우리의 일반적인 시각과는 달리, 단지 방금 유용하다고 판명된 발생학적 연관성 때문에 다면 발현이 임의적, 불확정적으로 변덕스럽게 발달하지 않는다는 점이다. 다면 발현은 적응적인 이유들로 발달한다.

"유전자가 머리 크기에 미치는 효과는 1차적이며, 목 근육에 미치는 효과는 간접적이며 따라서 2차적이다."라는 주장에 반대할 수도 있다. 다면 발현 효과는 대개 한 유전자의 직접적이며 1차적인 효과라고 주장할지도 모른다. 그러나 실제로는 그렇지 않다. 머리 크기에 대한 것을 비롯해 어떤 다면 발현 효과들은 간접적이다.(Dawkins 1982, 195~197쪽) "모든 동물학자들과 동물 행동학자들이 관찰한 대부분의 유전자 효과들은 길고 복잡하다. …… **어떤** 유전적 형질이 …… , 훨씬 기능적인 다른 형질의 '부산물'이 아니라면, 형태학적으로, 생리학적으로 혹은 행동학적으로 (무엇일까?) 만약 우리가 이 문제에 대해 충분히 생각한다면, 단백질 분자를 제외한 모든 유전적 효과들이 '부산물'에 지나지 않음을 발견하게 될 것이다."(Dawkins 1982, 197쪽) 유전자에서 단백질을 거쳐 들소의 거대한 머리로 진행되는 발생학 과정을 모르기 때문에 우리가 발견하지 못한, 원인과 결과의 긴 사슬이 존재한다. 머리 크기를 이 유전자의 "1차적인"

효과라고 부르는 것은 단지 우리가 이 사슬을 모르기 때문이다. 우리가 이 유전자의 어떤 특정 효과를, 즉 목 근육에 미치는 효과를 "2차적"이라고 부르려는 이유는 오직 이 운동 효과가 작동 중임을 알아서이다. 실제로 발달 사슬에서 이 "2차적인" 효과의 연결 상태는 다른 어떤 효과들의 연결 상태와 다르지 않을 것이다. 만약 우리가 증가한 머리 크기에 상응하는 유전자가 증가한 근육 크기와 어떤 방식으로든 연결됐다는 것은 알아도, 운동 효과의 세부 사항들에 대한 발생학적 지식이 없었다면 이 강력한 근육들을 단지 머리 크기 유전자의 운 좋은 다면 발현 효과로 지적했을 것이다. 그 근육들이 정말 "2차적인" 효과인지 의문을 제기하지도 않은 채 말이다. 우리는 일반적인 다면 발현 효과와 일생 동안 개체가 겪는 적응적인 변형을 구분할 수 없을 것이다. 실제로 두개골 발달의 발생학이 최종적으로 밝혀지면 우리는 이 유전자가 머리 크기에 미치는 효과가, 더 빨리 발현되는 "보다 1차적인" 어떤 효과로부터 시작된 일종의 발달상 연쇄 반응이라는 사실을 발견할지도 모른다. 이 1차적인 효과는 아마도 어떤 의미에서는 다시 '운동'일 수도 있다. 그러나 이 "보다 1차적인 효과"조차 그보다 앞서 일어난 다른 어떤 효과의 결과물일 것이 틀림없다. 또 이 효과 역시 일종의 '운동 효과'일 수도 있다. 그렇다면 우리는 다면 발현에 대한, 동시에 적응적이라는 것에 대한 우리 생각을 확장할 필요가 있다. 아직 유전자들은 대개 우리가 알 수 없는 방식으로 작용한다. 그들이 다면 발현적인 수준에서 단지 우연한 연결 고리들을 만들어 내는 것처럼 보일 때, 실제로는 훨씬 적응적인 어떤 일을 하는 중일지도 모른다. 어쩌면 자연 선택이 가능하게 해 준 적응적인 기회들을 활용하는 중일지도 모른다.

부수 효과라는 의견을 끈질기게 적응으로 재해석하면서, 표현형적 효과가 비적응적인 정도와 어떤 효과가 실제로도 단지 부수 효과일 가능성을 다원주의자들이 체계적으로 과소평가하는 방식을 적어도 한 가지 지적하는 것이 공정하다고 느꼈다. 어떤 유전자의 부수 효과들에 대해 이야기할 때, 다른 효과들이 서로 연결됐을 가능성이 적어 보이기 때문에 우리는 다른 가능성들을 무시하고, 직관적으로 그럴듯하다고 느껴지는 연관 관계를 선택하는 경향이 있다. 그러나 어쩌면 우리의 직관은 너무 보수적이라서 무엇이 부수 효과인지 제대로 안내해 줄 수 없을지도 모른다. 아마도 이러한 직관들 중 상당수는 부적절할 것이다. 우리는 이 유전자들이 뜻밖의, 예상치 못한 모든 종류의 연결 관계들로써 효과를 내는 것이 가능하며 이 연결 관계 중 일부가 표현형의 수준에서 우리에게 특이하게 보일 수 있다는 점에 주목했다. 다른 표현형적 효과들과의 연결 관계, 적응적인 표현형 효과들과의 연결 관계가 발생학적인 발달 과정 속에 깊이 숨어서, 그런 관계가 존재하리라고 우리가 생각조차 하지 않는 부수 효과들이 존재할까? 또 단지 직관적으로 다면 발현으로 여겨지는 범주 안에 포함되지 않기 때문에 인식되지 못한 부수 효과들이 존재할까?

지금까지 우리는 부수 효과에 대한 개념을 다면 발현에 의존해 왔다. 다면 발현의 효과는 발생과 발달의 개입으로 생긴다. 그러나 비적응주의자는 이와 같은 개념이 우리의 주의를 너무 편협하게 만든다고 반대할지도 모른다. 대개 부수 효과의 영역은 마음에 떠오르는 '다면 발현'보다 훨씬 더 넓은 범위를 아우른다. 색깔을 예로 들어 보자. 유기체들은 반드시 어떤 색깔을 띠어야만 한다. 무기 물질조차도 색깔을 띤다는 사실을 인정해야만 한다! 따라서 색깔이 반드시 기능을 지닐 필요는 없다. 색깔은 물리학과 화학 법칙의 작용에 따라 자동적으로 생겨난다. 아마도 적응주의자들은 식물과 동물의 색깔에 대한 적응적인 설명들을 너무 쉽게 찾아내려 할 것이다. 어쨌든 색깔을 띤 상태가 단지 물리학과 화학의 부수 효과라고 한다면, 우리는 유기체들의 특정한 색깔에 의미를 부여하는 데 주의해야만 한다. 만약 우리가 인간 혈액이 붉은 이유를 설명하고자 한다면, 결코 자연 선택에 호소해서는 안 된다. 혈액의 색깔은 헤모글로빈 분자의 물리·화학적 특성이다. 거기에는 아무런 적응적 목적이 없다. 따라서 물리학과 화학으로 충분하다. 아마도 다윈주의자들이 의심했던 것보다 더 많은 유기체의 특성들이 '혈액의 색채'와 같을 것이다.

몇몇 부수 효과들에 대해서는 물리·화학적인 설명이 적절하며 적응적인 설명은 적절하지 않다는 비적응주의적인 주장과, 적절한 환원 수준으로 파고드는 일에 따르는 순전히 실증적인 어려움을 제기하는 주장을 혼동해서는 안 된다. 일례로 인간을 설명할 때 자주 언급되는 악명 높은 문제들을 살펴보자. 실증적인 어려움에 대한 주장은 이타주의와 이혼율, 또 전쟁까지 인간의 모든 특성들을 생물학적으로 설명하려고 시도하는 일이 가망 없는 일이라고 이야기한다. 유감스럽게도 우리는 현대의 자연과 동떨어진 환경 속에서 관련 유전자들이 어떻게 발현될지 알지 못하며, 이것에 더해 현상의 복잡성이 그 세부 사항들의 파악을 완전히 불가능하게 만들기 때문이다. 원칙상 생물학적인 설명은 적절하다. 그러나 그렇게 철저하게 환원시키려는 시도가 실질적으로는 지나치게 야심찬 일일 수 있다. 한편 물리·화학적 부수 효과라는 주장은 이것과는 꽤 다르다. 이 주장은 설명 수준의 체계에서, 자연 선택이 어떤 특징을 설명하기에는 원칙적으로 잘못된 환원 수준에 있다고 이야기한다. 즉 원칙적으로 충분히 환원되지 못했다. (이것은 실증 주장이 뒤바뀐 안이다.)

이 사실은 우리에게 새로운 어려움을 안겨 준다. 어떤 특징들을 부수 효과로 볼 것인가? 다시 한번 우리는 실제로 단순한 부수 효과들에 대해, 어떻게 말해야 할지 질문할 필요가 있다. 처음에는 상식이 훌륭한 인도자가 되어 줄 것 같다. 그러나 다시 살펴보면 현실은 그렇게 녹록치가 않다. 색깔 문제를 좀 더 살펴보자.

놀랍게도 통상 지금은 적응적이라고 여겨지는 동식물 색채의 많은 측면들이 다윈 이전의 시대에는 전혀 기능적이라고 여겨지지 않았다. 이 것은 부분적으로는 이상주의 때문이다. 예를 들어 다윈주의에 고무되기 전, 헉슬리는 유럽의 이상주의(Bartholomew 1975, Gregorio 1982, Hull 1983)에 강한 영향을 받아 새, 나비와 꽃들의 색깔에 어떤 쓸모가 있다는 사실을 부인했다.

새나 나비의 경우를 살펴보자 …… 윤곽선과 색채의 아름다움이 …… 그 동물에게 무언가 **이로운** 역할을 한다고 잠시라도 생각할 수 있을까? 밝아지고 우아해지는 것이 칙칙하고 밋밋할 때보다 삶을 더 쉽고 낫게 만들어주는 어떤 작용을 수행하는가? …… 누가 꽃의 색채와 형태에서 실증적인 목적을 발견하리라고 꿈이라도 꾸었겠는가?(Huxley 1856, 311쪽)

물론 이 질문에 공리주의적 창조론자들이 그랬다고, 색깔을 적응적으로 설명하려고 틀림없이 시도했다고 즉시 대답하고 싶다. 그렇기에 공리주의적 창조론자들이 실제로는 그다지 그렇지 않았다는 사실을 발견하고 훨씬 더 놀라게 된다. 그들이 그러지 않은 이유는 적응적인 설명이 칙칙하고 아리송한 색채들은 훌륭하게 다룰 것 같지만 화려하고 눈에 띄는 색채들에 대해서는 부적절해 보여서이다.(Kottler 1980, 205쪽) 다윈주의자들이 이 분야의 선두 주자라는 주장과는 달리, 다윈 이전의 자연 신학이 색깔을 적응적으로 설명하는 전통을 잘 수립했음을 보이려는 시도들이 존재해 왔다.(Blaisdell 1982) 그러나 여기에 인용된 '설명들'은 너무 비적응적이고 부족하며 설득력이 없어서, 의도한 건 아니지만 오히려 다원주의의 자랑이 사실임을 증명한다. 나는 다윈 이전의 학자들이 색깔을 물리학과 화학의 부수 효과로 보았다고 주장하려는 것이 아니다. 그러나 어쨌든 그들이 다윈주의자들의 방식대로 색깔을 적응으로 보지는 않았음이 분명하다.

다윈주의는 색깔에 대한 박물학자들의 생각을 바꾸었다. 월리스는 이것을 다윈주의의 가장 위대한 승리 중 하나로 자랑스럽게 선택했다.

> 다윈주의 이론을 적용한 많은 경우들 중에서 …… 어떤 것도 …… 동물과 식물의 색깔을 다룬 경우보다 …… 성공적이지 않다. 기존의 박물학자들에게 색깔은 사소한 특성이었다. …… 그래서 대부분의 경우에 색깔은 그 보유자들에게 어떠한 쓸모나 의미를 가진다고 여겨지지 않았다. …… 그러나 다윈의 연구들은 이 문제에 관한 우리의 시각을 완전히 바꿔 놓았다. …… 유기체의 모든 고정된 특성들은 유용성의 법칙의 작용하에 발달했다는 그의 위대한 일반 원리가, 색깔같이 주목할 만하고 눈에 띄는 형질은 …… 반드시 …… 대부분의 경우에 그 보유자의 무사한 생존과 관련이 있을 것이라는 필연적인 결론으로 이끌었다. 지속적인 관찰과 조사는 …… 이러한 결론이 사실임을 보여 주었다.(Wallace 1889, 187~188쪽)

이러한 성공 중 많은 부분이 월리스의 노력에서 나온 것으로, 그는 만만찮은 반대에 부닥쳤다. 그의 반대자들은 반다윈주의자들에 국한되지 않았다. 많은 다윈론적 다윈주의자들이 색깔의 여러 가지 독특한 측면들이 비적응적이라고 생각했다. 우리는 종 특이적인 차이들이 논박의 주요 쟁점이었다는 사실을 알고 있다. 더구나 월리스에게는 매우 놀랍게도, 다윈은 그 증거 중 상당수를 성 선택의 경우로 바꾸려고 시도했다. 월리스가 자신의 자서전에서 자연 선택의 영역을 넓히려는 전투에서 거둔, 두 가지 가장 위대한 승리 중 하나로 색깔을 고른 일은 놀랍지 않다. 실제로 이 영역에서 그는 자신을 다윈보다 더 다윈주의적인 사람으로 묘사하며 기뻐했다.(Wallace 1905, ii, 22쪽)

여기까지는 매우 적응적이다. 그러나 월리스조차 적응주의자들이 물리·화학적인 부수 효과를 경계해야만 한다고 애를 써서 강조했다.

> 모든 눈에 보이는 사물들은 반드시 색채를 띠어야 한다. 보이기 위해서는 빛을 상대의 눈으로 보내야만 하기 때문이다. …… 무기체들의 세계에서 우리는 풍부하고 다양한 색깔들을 발견한다. …… 여기서 우리는 색깔이 그 보유자에게 주는 **쓸모**에 대해 아무런 의문도 제기할 수 없다. 아마 혈액의 선명한 붉은 빛에 대해서도 거의 그럴 것이다. …… 혹은 지표면의 상당 부분을 덮은 전 세계적인 푸른 덮개에 대해서도 그렇다. 동물과 식물의 어떤 색깔 혹은 여러 밝은 색깔들은 하늘이나 대양의 색깔처럼, 루비나 에메랄드의 색깔처럼 아무런 설명도 필요하지 않을지 모른다. 즉 단순히 물리학적인 설명만이 필요할 뿐이다.(Wallace 1889, 188~189쪽)

나뭇잎의 초록 색깔은 클로로필이 존재해서 나타난다. 따라서 "비적응적이다. …… (그들은) 화학적 조성이나 분자 구조의 직접적인 결과다. 또 채소의 정상적인 특성이며, 아무런 특별한 설명도 필요 없다."(Wallace 1889, 302쪽) 혈액의 경우에 피의 색은 혈액에 감추어졌으므로 선택압의 대상이 될 수 없다.(Wallace 1889, 297쪽) 그런데 이것은 비적응주의자들이 가장 선호하는 주장이 됐다. 그들은 색깔은 일반적으로 적응적이라는 견해를 폄하하기 위해, 달팽이 껍질 안쪽의 미생물들이나 다른 알려지지 않은 현상들의 색깔을 흔히 인용했다.(Bowler 1983, 151, 203쪽이 그 예이다.)

그러나 월리스가 헌신적인 적응주의자였다는 사실을 기억하자. 그는 적응적인 설명들이 언제 적용되는지에 관한 질문에도 관심이 있었다. 패턴은 색깔이 단순히 물리학과 화학의 자동적인 결과가 아니라는 증거 중 하나다. "우리의 주의를 끄는 것은 동물과 식물의 색깔이 지닌 놀라운 개성이다. 즉 색채들이 때로는 구조적인 특성에 부합되게, 때로는 그들과 완전히 독립적으로 확고한 패턴 속에 위치한다는 사실이다. 동시에 그들은 동류에 속하는 종들 내에서도, 종종 가장 놀라우면서도 환상적인 방식으로 달라진다."(Wallace 1889, 189쪽) 불변성 역시 자연 선택이 작용 중이라는 사실을 제시한다. 가축에 대한 인위 선택은 이것에 대한 독립적인 증거를 제공한다. 색깔은 야생에서는 거의 변하지 않지만 가축화 과정에서는 크게 달라진다. 가축화 과정에서는 선택압이 다른 곳으로 옮겨 간다.(Wallace 1889, 189~190쪽)

패턴과 불변성의 기준은 너무 확실하고 상식적이라 논쟁의 여지가 전혀 없는 것처럼 들릴지도 모른다. 또 이 기준은 적어도 몇몇 사례에서는 명백한 결정을 보장해 주는 것처럼 보인다. 그들은 공작 꼬리의 색깔은 적응적인 설명을 필요로 하지만 내부 장기의 색깔은 그렇지 않다는 우리의 직관을 확실히 지지해 준다. 분명 이 부분은 모든 다윈주의자들이 동의하는 지점인 것 같다.

하지만 아니었다. 때때로 패턴에서는 색채의 분포와 강도가 단지 물리학이나 구조적 특징의 자동적인 결과물인 경우도 존재한다. 이런 경우 우리는 이 색깔이 "구조적 특성과 부합되게", "확고한 패턴 속에 자리 잡았다."라고 기대할 것이다. 이 경우 패턴은 적응의 흔적이 아니라 오히려 부수 효과를 진단하는 특징이 될 것이다. 따라서 월리스의 기준은 완전히 오도되었다. 이것은 정확히 이러한 기준에 따라서 공작의 꼬리를 적응이 아니라 물리·생물학적으로 설명해야 한다고 주장한, 19세기의 권위 있는 한 박물학자가 실제로 강력히 권고한 내용이다. 그의 주장이 모든 경우에 다 그렇지는 않았지만, 적어도 현재 공작의 꼬리에는 지독히 부적절해 보인다. 그 박물학자는 바로 월리스였다.

불변성의 기준도 공격을 받았다. 분류에서 사용되는 종 특이적인 특성들에 관한 논박을 살펴보자. 그 예로 몇몇 조류 종에서의 색채의 독특한 번쩍임을 들 수 있다. 물론 이 특성들은 놀랄 만큼 변하지 않는다. 그러므로 분류에 사용된다. 일부 비적응주의자들은 빨리 달리는 능력 같이 적응적이며 종 특이적인 특성이, 빨간 점 같은 물리·화학적인 부수 효과를 자동적으로 일으킨다면 자연 선택이 달리기 속도에 대해 계속 작용하는 한은 이 빨간 점이 변하지 않고 남을 가능성이 있다고 추론했다. 이 비적응주의자들은 변하지 않는 많은 특성들이, 빨리 달리는 능력보다는 이 빨간 점 같아서 그 불변성에도 불구하고 아무런 적응적인 가치도 지니지 못할 것이라고 주장했다.

패턴과 불변성은 색깔이 부수 효과라는 주장을 물리칠 보증서가 아니다. 그러나 다른 길, 적응적인 길로 가면서, 우리는 "보이지 않음"이 "적응적이 아님"을 시사한다는 주장을 무조건 받아들이면 안 된다. 단지 혈액의 구조가 눈에 보이지 않기 때문에, 그 색깔을 단순히 물리학과 화학의 부수 효과라고 생각해서는 안 된다. 그래야 하는 명백한 이유가 몇 가지 있다. 우리는 대개 한 유기체의 색깔을 다른 유기체의 감각 기관에 작용하는 위장술, 경계색 등으로 생각한다. 그러나 무기체들 역시 유기체의 색깔을 선택하는 동인이 될 수 있다. 그 예로 태양 광선이 어두운 색깔을 선택한 경우를 들 수 있다. 그리고 유기체의 감각을 선택의 동인으로 생각할 때조차, 인간의 시각에서 '보이는 것'이 무엇인지 생각해서는 안 된다. 더 일반적으로 말해, 우리는 인간 중심적인 생각에 우선권을 주어서 특정 경험을 판단하면 안 된다. 결국 유기체들이 물리적인 특성들을 경험하는 방식은 대단히 종 특이적이며, 한 특성의 적응적인 이점은 우리 인간들이 그것을 경험하는 방식 혹은 경험 여부와는 아무 관계가 없을지도 모른다.

> 온도의 변화는 열 신호로써 포유류의 내부 장기들에 도달하지 않으며 화학적인 신호로 와 닿는다. …… 그늘에서 먹이를 찾는 개미들은 오직 잠시 동안만 온도의 변화를 추적한다. 그러나 더 긴 시간 동안 햇빛을 배고픔으로 경험할 것이다. …… 자외선은 벌들에게 먹이의 원천을 안내해 준다. 반면 우리에게 자외선은 피부암을 유발한다.(Lewontin 1983, 77쪽, 세부적인 사례들은 Dawkins 1986, 21~41쪽을 참조하라.)

그러나 이와 같이 더욱 확실한 이유들 외에도, 생물학적인 기능과 '부수 효과'로 보이는 색깔이 우리의 일반적인 이해보다 더 긴밀하게 연결된 다른 경로가 있을지도 모른다. 다시 한번 혈액의 붉은색을 떠올려 보자. 월리스처럼 열렬한 적응주의자조차 혈액의 붉은색을 물리학적으로는 설명해도 되지만 적응적으로는 설명하지 말아야 하는, 헤모글로빈 분자의 완전히 부수적인 특성이라고 가정했다. 다윈주의자들은 여러 세대동안 물리·화학적 부수 효과의 좋은 사례로, 혈액의 색을 습관적으로 언급했다. 그러나 실제 상황은 이 모범적인 사례에서 느껴지는 것보다 덜 부수적일 것이다. 결국 적응적인 기능과 색깔은 긴밀하게 서로 연결돼 있다.

> 색채로 보이는 분자의 진동은 화학적으로 불포화되는 원자의 종류와 그 수준을 변화시켜서 만들어 낼 수 있다. 많은 경우에 불포화된 발색단들은, 증가된 반응성 혹은 화학적 안정성과 색채를 한 분자에게 모두 부여할 수 있다. 따라서 이러한 화합물들이 생화학적으로 중요한 역할을 한다고 쉽게

가정할 수 있다. …… 또는 이들은 특정 대사 과정의 대표적인 부산물을 이룰지도 모른다. …… **이와 같은 사례들에서 색채와 생화학적인 활성은 동일한 기본적인 분자 현상의 서로 맞물린 두 가지 효과이다.**(Fox 1953, 4~5쪽, 또한 9쪽을 참조하라. 굵은 글씨는 이 책의 저자가 강조한 것이다.)

인정하건대 혈액의 붉은색은 여전히 부수 효과로 가장 잘 설명된다. 그러나 혈액을 우리에게 붉은색으로 보이게 만드는 특성들은 산소와의 결합력과 긴밀하게 연결되며, 이런 이유로 적응적인 역할을 수행한다. 색채를 단순한 부수 효과로 지체 없이 치부해 버리면, 이러한 긴밀함이 잘못 전달될 수 있다. 물리학과 화학의 자동적인 작용들과 적응 사이의 인과 관계는, 윌리스와 많은 비적응주의자들이 가정했던 것보다 훨씬 가깝고 덜 임의적일 수 있다.

실제로 이 사례는 우리가 방금 주목했던 주장, 보이는 실체로써 색채가 가지는 특성들은 지각 중심적인 편견이므로 색채를 자연 선택의 관심 대상으로 보는 주장을 강화해 준다. 일단 혈액의 붉은색을 우리가 지각하는 색채가 아니라 특정한 빈도를 가진 분자의 진동으로 생각하기 시작하면, 우리는 그것이 어떻게 보이는지와 무관하게 자연 선택이 적응적인 용도를 부여할 수 있는 특성으로 보게 된다. 우리는 색채를 스스로가 지각하는 바대로 생각하지 말아야만 한다. 또 우리는 어떤 특성을 스스로가 경험한 바대로 생각하지 말아야 한다. 우리에게 색으로 보이는 특성들이 다른 기능도 수행할 수 있다. '색채'의 생물학적인 가치는 보이지 않는 물리·화학적인 특성들 때문에 생긴다. 우리가 경험한 혈액의 붉은색은 부수 효과임에 틀림없다. 그러나 그렇다고 거기서 바로 비적응적인 설명으로 도약해서는 안 된다. 자연 선택은 아마도 우리의 경험과는 무관하게 일어날 것이다. 그렇다고 혈액이 '붉은색'이냐 아니면 다른 '색채'냐에, 자연 선택이 무심하다는 이야기는 아니다.

이 모든 논의의 핵심은 단지 적응적인 잠재력을 감지하는 것이 얼마나 힘들 수 있는지, 자연 선택이 '숨겨진' 색깔조차 어떻게 정밀하게 조사할 수 있는지, 또 우리가 색채의 가시성(특히 우리에게 보이는 색채)처럼 명백히 상식적인 개념을, 적응적인 목적의 인도자로 삼아서는 왜 안 되는지 다시 한번 주의하자는 것이다. 비적응주의자는 혈액의 색채에 대해서조차 너무 낙관해서는 안 된다!

마음의 가공품들

지금까지 적응적인 형질에 대한 의심은 모두 그것이 적응이냐 아니냐에 대해서였다. 그러나 무엇이 적응인지를 결정할 때, 형질 그 자체에 대해서도 의심할 필요가 있다. 비적응주의자는 다윈주의자가 어떤 특성은 적응적인 설명을 요구한다고 주장해도 된다고 말할지도 모른다. 하지만 우선 무엇이 하나의 특성을 이루는지 어떻게 알 수 있을까? 자연은 우리가 각각 다른 색깔의 물감을 칠할 수 있도록 칸을 나누고 숫자를 매겨 놓은 그림이나, 골상학자의 해골 모형처럼 말끔하게 표시되지 않는다. 설명하기 전에 분석이 이루어져야 한다. 만약 이런 분석에서 얻은 묘사가 옳지 않다면, 우리가 설명을 시도하는 대상은 마음의 가공품, 정신적인 건축물에 지나지 않을 것이다. 이 문제는 르원틴이 제기했다.

진화를 설명하기 위해 …… 그 유기체를 어떻게 …… 여러 부분들로 나눠야 할까(?). 진화의 역학에 걸맞는 '자연스러운' 봉합선은 무엇일까? 진화에서 표현형의 국소 해부학은 무엇일까? 진화에서 표현형의 단위는 무엇일까?(Lewontin 1979, 7쪽)

한 유기체를 각기 특정한 적응으로 여겨지는 부분들로 절개하는 일에는 …… 선험적인 (결정)이 요구된다. …… 그 유기체를 나눌 적절한 방식을 결정해야만 하는 것이다. …… 다리는 진화에서 한 단위인가? 즉 다리의 적응적 기능을 추론할 수 있는가? 만약 그렇다면 다리의 각 부분들은 어떤가? 말하자면 발, 혹은 발가락 한 개, 혹은 발가락의 뼈 한 개는 어떤가?(Lewontin 1978, 161쪽)

그렇지 않다면 종아리 부분을 포함하는 정강이처럼 훨씬 임의적인 단위들을 덧붙이는 것은 어떤가? 르원틴은 계속 주장한다. "적응적인 설명을 하려는 일부 시도들은 오도됐다. 이것은 단지 문제가 되는 실체들이 적응의 단위가 아니기 때문이다."(Gould and Lewontin 1979, 585쪽, Lewontin 1978, 161~164쪽, 1979, 7쪽)

그러면 "적응의 단위"가 정말로 적응의 단위인 경우는 언제인가? 우리가 보는 기준이 자연이 보는 기준과 일치할 때인가? 해답은 그 단위가 선택이 작용 가능한 단위일 때임이 분명하다. 고전 다원주의에서는 그 단위를 정확하게 구체화하기 어려웠을 것이다. 그러나 근대 다원주의에서 그 단위는 명백히 유전자이며, (그 유전자의 대안적인 형태들, 즉 대립 유전자들과 대비되는) 모든 표현형적 효과들을 분기된 가지로 표시한 나무이다. 발가락뼈와 눈썹의 모양이 동일한 유전자의 다면 발현 효과라고 증명됐다면, 이 이상한 조합이 바로 훌륭한 적응의 단위이다. 자연 선택은 개체군 내의 유전적 차이에 작용한다. 발가락뼈를 길게 늘려 주는 유전적인 변화가 눈썹을 구부러지게도 한다면, 적응적인 설명을 하기 위해 그 사실을 인식해야만 한다. 우리는 발가락 길이의 차이뿐만 아니라 발가락 길이와 눈썹 모양의 차이를 만드는 유전적 차이들에 관심을 가져야만 한다. 비록 눈썹 모양이 선택적으로 중립적이라고 판명될지라도 말이다.

이것은 고전 다원주의의 유기체 중심적인 시각에서는 분명하지 않지만, 유전자 중심적인 이론에서는 쉽게 도달할 수 있는 답이다. 적응의 단위에 대한 질문은 표현형들 간의 관련성에 대한 질문이다. 유전자 중심적인 분석은 우리에게 이 연결 고리를 어떻게 만들어야 할지 말해 준다. 그렇게 하는 동안 우리는 한 유전자의 적응적인 효과들과 동일한 유전자의 다면 발현적 부수 효과들 간 구분이 얼마나 임의적인지 다시 한번 깨닫게 된다. 이 구분은 우리가 만들어 낸 것으로, 많은 경우에 매우 유용하다. 그러나 자연 선택이 존중하는 구분은 아니다. 전후 맥락이 우리가 아니라 자연 선택의 관심을 끄는 것일 때, 이 구분이 우리를 잘못 인도하지 못하도록 경계해야 한다.

이 해결책은 원칙상으로는 아주 그럴듯해 보인다. 그러나 불행히도 이것은 (관련 유전자들의 모든 표현형적 효과들을 추적할 수 있는, 굉장히 일어나기 어려운 경우를 제외하고는) 개별 사례들에 큰 도움이 되지 않는다. 그래서 지금까지 대개 우리는 무심코 가공품들을 제조해 왔으며, 우리 자신을 해결할 수 없는 수수께끼로 만들어 버렸다. 사실 이 방식은 비적응주의자들에게도 개방돼서, 그들은 이 방법으로 다루기 힘든 경우들을 놀랄 만큼 쉽게 상상해 낼 수 있다. 이 어려운 사례들은 적응주의자들을 영원히 수세에 몰아넣을 수도 있다. 표범이 반점을 가진 이유와 표범이 그렇게 특징적인 색깔을 띠는 이유를 성공적으로 설명할 수 있는 적응주의자는, 내가 반점 수가 79개나 91개일 때에 비해 80개일 때 어떤 이점이 있는지 물었을 때 급격히 힘이 빠질 것이다.

분명히 그럴 것이다. 그러나 나는 이 적응주의자가 이스라엘의 동물학자 아모츠 자하비(Amotz Zahavi)였다면 어땠을까 생각하지 않을 수 없다. 그는 옳든 그르든, 표범의 반점을 어떻게 나눌지라도 우리에게 그것이 똑같아 보이는 일은 결코 없다고 확신시킬 대답을 재빨리 제시할 것이다. 실제로 자하비는 이것과 비슷한 일을 수행했다. 표범의 반점과 얼룩말의 줄무늬 같은 놀라운 표지들을 적응주의의 시선으로 본 그는 실제로 적응적인 설명의 봉합선을 다시 그려 냈다.(Zahavi 1978) 자하비는 왜 동물이 특정 세부 사항을 지닌 특정한 패턴을 가지는지 질문한다. 패턴들은 종종 신호로 설명된다. 그러나 패턴과 신호 사이의 관련성은 대개 임의적이거나, 기껏해야 엄청난 양의 현혹적인 선들 같은 몇몇 단순한 생리학적 효과에 기반을 둔 것으로 여겨진다. 얼룩말의 줄무늬는 대개 위장을 하거나 포식자를 혼동시키기 위한 것으로 여겨진다. 그러나 자하비가 지적한 것처럼, 이러한 설명은 왜 줄무늬들이 정확히 그 지점에 위치하는지에 대해서는 설명해 줄 수 없다. 이 얼룩말이 자신의 자질을 다른 개체들에게 광고하기 위해 이 줄무늬들을 사용한다고 가정해 보자. 즉 얼룩말은 자신이 크고 근육질이며 억세고 혹은 다리가 길다는 점을 포식자들이나 예비 배우자들에게 알리려 시도하는 중이라고 말이다. 이 경우에 줄무늬들은 훌륭한 자질들을 강조하는 방식으로 전략적인 위치를 잡을 것이다. 자연 선택은 "특정 메시지를 전달하기 위해 **특정한 패턴들을**" 사용하는 중일 것이다.(Zahavi 1978, 182쪽) 자하비는 우리가 적응적인 형질들 주위에 새로운 선을 긋도록 독려한다.

실제로 그는 우리에게 더 많은 일을 하도록 요청한다. 그는 일반적인 직관에 반하는 자신의 생각을 문제 해결에 적용한다. 이 생각은 "핸디캡 원리(the handicap principle)"로 알려졌으며 우리는 '공작'과 '개미'를 다룰 때에 이 원리를 다시 살펴볼 예정이다. 자하비는 얼룩말들이 줄무늬를 장식적으로 사용하는 것이 아니라 결점을 숨기고 속이기 위해, 다리를 더 길어 보이게 만들기 위해, 근육을 실제보다 더 크게 부풀리기 위해, 마치 그것 때문에 고통을 겪는 것처럼 부적절성을 드러낼 패턴들과 적절한 위치에서 긍정적인 주의를 끌 수 있는 배열들을 사용함으로써, 잠재

내 이론을 도입하는 최고의 방법은 간소한 예를 드는 것이다. 이런 목적으로 원반 광고를 사용할 예정이다. 당신이 원반 한 벌을 갖고 있다고 가정해 보자. 원반들은 모두 거의 원형이지만 그중 일부는 다른 원반들보다 더 둥그렇다. 당신이 경쟁하는 원반의 품질을 평가하는 감정가라고 가정해 보자. 고품질의 원반들은 완벽한 원형이며 덜 둥근 원반들은 품질이 낮다. 지금 당신은 감각의 한계 때문에 한 특정한 원반이 얼마나 완벽한지 결정하는 데, 큰 어려움을 겪고 있을지도 모른다. 그러나 원반의 중심에 찍힌 점이 당신이 원반의 둥근 정도를 판단하는 일을 도와주고, 완벽한 원반을 완벽에 가까운 원반에서 분리해 내는 일을 쉽게 만들어 줄 것이다. (이 효과가 아래 그림에 나타나 있다.)

만약 중심에 찍힌 점이 감정가가 원반의 둥근 정도를 평가하는 일을 돕는다면, 원반의 가운데에 점을 찍는 것이 완벽한 원반 제조자에게 이익이 될 것이다. 만약 감정가들이 이 점을 완벽한 원반을 선별하는 데 사용하기로 결정한다면, 완벽한 원반들(혹은 그 원반의 제조자들)과 감정가 모두 이익을 얻기 때문에 둘 사이의 연합이 생길 것이다.

원반이 얼마나 완벽한지 결정하는 일을, 점이 어떻게 쉽게 만드는지 보라.

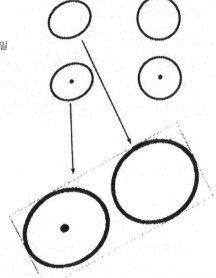

정직한 광고?

자하비가 장식적인 패턴과 예술의 진화에 대해 그린 삽화에 나타난 핸디캡 원리이다. 자연은 핸디캡을 위조하지 않지만 예술은 위조할 수 있다. 점이 찍힌 동그라미가 덜 완벽해 보인다는 사실은 그다지 놀랍지 않다. 실제로 덜 완벽하기 때문이다!

적으로 자신을 불리하게 만드는 중이라고 주장한다. 얼룩말은 자신의 자질을 정직하게 드러낼 수 있을 정도로, 자신이 충분히 크고 근육질이며 다리가 길다는 사실을 보여 주는 중이다. "긴 목을 가진 동물은 링을 목 주위에 씌움으로써 목의 길이를 드러내는 중인지도 모른다. 목이 짧은 개체들은 링을 쓰면 목이 훨씬 더 짧아 보일 것이다. 링은 불리한 조건이다. '내 목은 너무 길어서, 짧아 보이게 만들어도 될 만큼 여유가 있어.'"(Zahavi 1978, 183쪽) 그래서 자하비의 아이디어는 특정한 패턴들을 설명해 줄 뿐만 아니라, 자신의 핸디캡 원리로 우리가 설명의 경계를 새로 긋도록 요청한다. 자연 선택의 결과라기에는 너무 이상하거나 비용이 많이 들어서, 전에는 간과되거나 무시되어 왔던 특징들이 갑자기 적응적인 설명의 그럴듯한 후보가 되었다.

이 장을 끝마칠 시점이다. 나는 이렇게 놀랄 만큼 특이한 내용으로 이 장을 끝맺고 싶지는 않다. (비록 자하비의 이론이 점점 적합한 지위를 얻어 간다고 여겨질지라도 말이다.) 전반적인 핵심은 자연 선택이 얼마나 지략적이고 미묘한 책략가일 수 있는가이다. 비록 자하비의 추측만큼 지략이 있고 미묘하지는 않을지라도 말이다. 일단 이 점이 인정받으면, 비적응적인 설명들은 단지 문제를 설명할 마지막 수단으로만 다뤄지게 된다. 확고한 적응주의자들은 "구조의 사소한 각 세부 사항들에 무슨 쓸모가 있는가에 대한 연구는, 자연 선택을 믿는 사람들에게는 결코 소득 없는 일이 아니다."(Darwin 1862, 351~352쪽)라고 확신할 것이다.

2부
공작

5장

공작 꼬리 속의 침

❖

자연 선택에 위배되는 것

한때 눈은 완벽해 보이는 외양 때문에 다윈을 몸서리치게 만들었다. 공작의 꼬리는 그의 내적 평화를 훨씬 더 크게 위협했다. "공작 꼬리의 깃털 모양은 볼 때마다 걱정이 된다!"(Darwin, F. 1887, ii, 296쪽) 다윈주의자들에게 이 화려한 꼬리는 그 안에 침을 품고 있다. 적어도 눈은 매우 유용한 기관이다. 누구도 눈이 이익인지 아닌지 문제 삼지 않을 것이다. 그러나 공작의 꼬리는 화려한 의상이다. 이색적이고 특이하며, 과장됐고 장식적이며 도대체 아무런 쓸모가 없어 보이는데다, 실제로 그 보유자에게 과중한 부담을 줘서 피해를 입히기도 한다. 더 나쁜 사실은 '공작' 꼬리가 동물계 도처에 풍부하게 존재한다는 점이다. 여러 종들에서, 특히 조류와 곤충류에서 암컷은 다윈주의의 규칙에 따라 경제적, 실용적으로 옷을 입는다. 반면 수컷들은 자연 선택에 위배되는데도 화려한 색깔과 바로크 양식의 장식, 정교한 노래와 댄스 순서를 좋아하며, 극악하게도 다윈주의의 규칙들을 무시한다. 공작 암컷은 비용을 절감하는 냉정한 공학자가 설계한 것 같다. 반면 그녀의 배우자는 할리우드 뮤지컬 세트에서 걸어 나온 것 같다.

이 현상이 다윈주의에 제기하는 어려움은 분명하다. 공작 꼬리의 **이점**은 무엇인가? 다윈주의의 생존 경쟁에서 공작 꼬리가 그 혹은 그의 자식들을 어떻게 도울까? 실제로 공작 꼬리가 보유자를 방해하는 일 이외에 어떻게 다른 일들을 할 수 있을까? 다윈은 자연 선택에는 이처럼 명백히 무가치해 보이는 화려함을 설명할 힘이 없다는 결론에 이르렀다. 그의 해결책은 성 선택 이론이었다. 그는 수컷의 장식이 단지 암컷들이 가장 잘 꾸민 수컷과 짝짓기하기를 선호하기 때문에 진화했다고 주장했다. 이것은 확실히 장식적인 수컷들에게 짝짓기상의 이점을 주며, 궁극적으로는 번식에서 더 큰 성공을 거둘 가능성을 높인다. 그러므로 수컷들은 진화의 시간을 거치며 훨씬 더 과장되고 과도한 화려함을 발달시키게 됐다.

다윈은 동성 구성원들보다 번식적으로 유리해지는 것에 영향을 주는 특징들을 다루기 위해 성 선택을 선택했다. 여기에는 짝을 얻기 위한 수컷들 간의 직접적인 경쟁인 위협, 전투와 그것에 동반되는 무기들이 포함된다. '암컷의 선택' 발상과는 달리, 이 형태의 성 선택은 고전 다윈주의에 쉽게 흡수될 수 있었으리라 여겨진다. 힘, 날카로운 발톱, 빠른 반응 같이 어찌 됐든 자연 선택이 선호했을 형질들이 필요해 보이기 때문이다. 그래서 다윈 이론의 이 측면은 논란의 여지가 거의 없이 받아들여졌으며(Groos 1898, 229~230쪽, [Mivart] 1871, Wallace 1905, ii, 17~18쪽이 그 예이다.) 성 선택을 둘러싼 논쟁과 거의 무관했다. 다윈이 말한 것처럼, "대부분의 …… 박물학자들은 …… 동물 수컷의 무기들이 성 선택의 결과라는 주장, 즉 가장 잘 무장한 수컷들이 가장 많은 암컷들을 얻어 자신의 남성적인 우월성을 수컷 자손들에게 전달해 준다는 주장을 인정한다. 그러나 많은 박물학자들은 동물 암컷들이 특정 수컷들을 다른 수컷들보다 더 선호해 어떤 선택력을 행사한다는 주장은 의심하거나 부인한다."(Dawin 1882: Barrett 1977, ii, 278쪽) 수컷들 간의 직접적인 경쟁은 수용하면서도 암컷의 선택은 거부하는 이러한 태도는 이 이론의 역사 전반에 걸쳐 지배적이었다. 우리는 의견의 일치보다 논쟁에 대해 더 자세히 살펴볼 것이다. 암컷의 선택과 수컷의 경쟁은 꽤 다른 이론적인 이슈들을 제기한다. 다윈의 동시대인들의 확신에 찬 주장에도 불구하고 고전 다윈주의는 수컷들 간의 경쟁이, 아무런 쓸모가 없어서 전혀 무기로는 보이지 않는 무기들을 종종 만들어 낸 이유를 설명할 수 없었다. 도대체 왜 공작이 다른 공작의 꼬리에 위협받아야만 하는가? 발톱과 이빨은 위협적이다. 그러나 깃털과 노래는 그렇지 않다. 우리는 이 문제(전통적인 경쟁)을 이타주의 파트에서 조사할 예정이다. 여기서는 다윈과 그의 비평가들이 가장 관심을 가졌던 부분, 수컷의 놀라운 장식들과 암컷의 선택이 그 장식을 낳게 한 선택압이라는 주장에 집중하겠다.

성 선택이 곧 암컷의 선택(아니면 훨씬 일반적으로는 배우자 선택을 뜻한다. 일부 종들에서는 성별 간의 이형성이 역전되어 나타난다. 즉 '공작의 꼬리'를 가진 쪽이 암컷이다.)은 아니다. 배우자 선택은 확실히 성 선택의 중요한 구성 요소이다. 모든 성 선택에는 배우자 선택이 수반된다. (지금 우리가 수컷들 간의 직접적인 경쟁을 배제하고 이야기한다는 점을 기억하라.) 그러나 모든 배우자 선택이 성 선택을 유발하지는 않는다. 성 선택이 일어나려면 배우자 선택이 선택압으로 작용해야만 한다. 그래서 배우자가 좋아하는 형질들을 보유한 (또 이 측면에서 동성의 다른 개체들과 유전적으로 다른) 개체들을 선호하는 번식률의 격차를 초래해야만 한다. 예를 들면 동류 교배(assortative mating, 여러 특징들이 유사한 상대 간의 혹은 다른 상대 간의 짝짓기)는 배우자 선택에 의존하지만, 반드시 짝짓기상의 이점을 부여해서 선택이 이루어지게 하지는 않는다.

성 선택은 짝짓기 체계의 진화와도 다르다. 짝짓기 체계와 성 선택 작용은 서로 영향을 주고받는 관계다. 일례로 다른 모든 사항들이 동일할 때, 성 선택이 일어날 가능성이 일부일체제보다 일부다처제에서 얼마나 더 많은지 생각해 보자.

일부일처제 종에서 암컷의 선택은 도대체 어떻게 선택압으로 작용할까? 모든 수컷들이 배우자를 얻을 수 있다면, 가장 잘 꾸민 수컷이 어떻게 다른 개체들보다 더 큰 번식 성공을 달성할 수 있을까? 다윈은 영국의 야생 오리나 멋쟁이새(bullfinch), 대륙검은지빠귀 같은 일부일처제 새들에서도, 대개 수컷들이 암컷에게 선택되는 것처럼 보인다는 사실을 알았다. 그는 이 사실이 자신의 이론에 문제를 제기한다는 점을 제대로 인식했다.(Darwin 1871, i, 260~271쪽, ii, 400쪽) 그는 이것에 대해 수컷의 매력과 번식 성공이 암컷의 이른 번식과 번식 성공 사이의 관련성과 직결된다고 대답했다. 그는 가장 일찍 번식 준비가 된 암컷들은 영양을 가장 잘 섭취했으며, 따라서 가장 건강하므로 번식 준비를 일찍 마치게 된 것이라고 주장했다. 확실히 가장 건강한 암컷이 번식에서 가장 큰 성공을 거두는 경향이 있다. 따라서 일찍 짝짓기를 한 수컷들 역시 번식 성공을 크게 거두는 경향이 있을 것이다. 물론 이 수컷들은 가장 매력적인 수컷들일 것이다. 이와 같은 조건들 아래에서 성 선택이 작용할 수 있다는 다윈의 생각은 옳을 듯하다. 피셔(Fischer 1930, 153~154쪽)는 일찍 번식하는 암컷의 성향이 음식 공급량의 변화 때문에, 유전되지 않을 것이 틀림없다고 지적했다. 그렇지 않다면 더 이른 번식을 선호하는 쪽으로 선택이 이루어져야 하는데, 실제로는 오히려 번식 시기가 안정적으로 고정된 편이다. 그는 다윈의 이론이 작동하는 방식을 매우 간략하게, 정량적으로 설명했다. 최근 이루어진 훨씬 자세한 수학적 분석은 다윈과 피셔의 추측을 입증해 주었다.(Kirkpatrick et al. 1990)

성 선택이 암컷의 까다로움이 진화에 미친 결과들을 다룰지라도, 까다로움이 진화한 궁극적인 원인이 성 선택은 아니다. 다윈은 왜 암컷들이 일반적으로 까다로운지, 또 까다로움이 존재하는 이유는 무엇인지에 대해 만족할 만한 해답을 제시하지 못했다. 그의 이론적 근거는 비논리적이었다. (다윈의 주장에 대해 그렇게 말할 수 있는 경우는 흔치 않다!) 그는 자연의 일반적인 법칙은 정자가 난자로 운반된다는 것이지 그 반대가 아니며, 따라서 수컷은 무차별적인 탐색자로, 암컷은 차별적인 선택자로 바뀐다고 주장했다.(Darwin 1871, i, 271~274쪽, Darwin F. and Seward 1903, ii, 76쪽, 월리스가 다윈에게 보낸 출간되지 않은 편지는 Kottler 1980, 214쪽, n60을 참조하라.)

근대의 다윈주의는 양성 간의 훨씬 근본적인 차이에서 까다로움이 기인한다고 인식한다.(Dawkins 1976, 2nd edn., 300~301쪽이 그 예이다.) 유성 생식을 하는 어떤 개체군을 상상해 보라. 이 개체군에는 공작의 꼬리, 암컷의 까다로움 등 양성을 비대칭적으로 만드는 모든 사항들이 존재하지 않는다고 가정하자. 유성 생식이 부과하는 유일한 조건은 짝짓기가 그 개체군을 구성하는 서로 다른 종류의 두 유기체, 즉 청색과 분홍색 사이에서만 이루어져야 한다는 것이다. 이 경우 왜 까다로움이 진화하리라고 기대해야 하는가? 한 개체의 번식 노력이 배우자를 얻기 위한 경쟁과 자식 양육에 드는 노력들 사이의 교환을 시작한다는 뜻이라고 가정하자. 이제 청색 무리가 자식 양육에 바치는 노력보다, 배우자 경쟁의 결과가 번식 성공의 편차를 더 키운다고 상상하자. 즉 번식 성공도가 1등인 청색과 꼴등인 청색 사이의 격차는 자식 양육보다는, 배우자 경쟁에 따라 더 많이 좌우된다. 분홍색 무리의 상황은 정반대다. 분홍색 무리에서는 좋은 부모 역할이 배우자 경쟁의 결과보다 번식 성공에서 더 큰 편차를 낳는다. 그렇게 되면 청색 무리는 동일한 노력을 자녀 양육보다 핑크를 얻기 위해 경쟁하는 데 들일 경우, 더 많은 보상을 받을 것이다. 그리고 분홍색 무리는 배우자 쟁탈전보다 자녀에게 자원을 투입해서 더 많은 이익을 낼 것이다. 중요한 것은 이런 경향이 자기 강화적이라는 점이다. 일단 청색과 분홍색이 분기하기 시작하면, 차이는 점점 확대된다. 청색 무리는 부모 노릇보다 배우자 경쟁에 자원을 쏟으면 쏟을수록 더 많은 보상을 얻으므로, 점점 그 작업에 매진할 것이다. 배우자 경쟁을 위해서 아주 약간 더 노력하면 번식 성공에 실질적인 차이를 가져올 수 있다. 반면 청색이 자녀 양육에 아무리 많은 노력을 들여도 그와 그 다음 세대의 청색 무리 간 번식 성공도는 차이가 미미할 것이다. 분홍색에서는 상황이 딱 정반대다. 각 세대가 짝짓기보다 자식들에게 번식 자원을 많이 투자할수록, 다음 세대에서 그 가치가 점점 커질 것이다. 인정컨대 우리는 양성 간에 최초의 차이를 수립했을 뿐이다. 그러나 이 과정이 자기 강화적이기 때문에, 최초의 차이가 매우 작았더라도 양성은 배우자 경쟁 투자자와 자식 양육 투자자로 계속해서 분기할 것이다. 즉 모든 일은 작고 우연한 몇 가지 변동에서 비롯될 수 있다. 그러므로 청색과 분홍색이 출발선에서는 서로 비슷했을지라도 번식 투자 전략에서 작은 차이가 생기자마자, 그것은 우리에게 '암컷'과 '수컷'으로 익숙한 종류의 차이들로 증폭될 것이다. 이것이 수컷 공작들이 자식을 돌보는 일보다 경쟁자들에게 깊은 인상을 남기고, 질 좋은 꼬리를 기르며, 접근 가능한 모든 암컷들을 놓고 격렬하게 경쟁하는 데 훨씬 관심이 많은 이유다. 그리고 또한 암컷 공작들이 경쟁 관계에 많은 신경을 쏟기보다 자식의 아

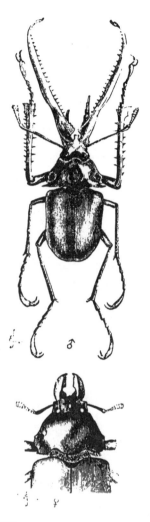

우아한 수컷들, 볼품없는 암컷들

키아소그나투스 그란티이(*Chiasognathus grantii*, 위쪽이 수컷, 아래쪽이 암컷)

"사슴벌레과(Lucanidae) 수컷의 큰 턱은 …… 매우 눈에 띄며 아주 우아하게 가지가 나 있어서 그것들이 수컷들에게 하나의 장식품으로써 쓸 만할지도 모르겠다는 의혹이 때때로 머릿속을 스친다. …… 칠레 남부에서 관찰되는 사슴벌레과의 키아소그나투스 그란티이는 화려한 딱정벌레로서 …… 엄청나게 발달한 큰 턱을 가졌다. 그는 용감하며 호전적이다. 어느 쪽에서 위협하든, 그는 둥글게 트인 커다란 턱을 마주 돌리며 동시에 크게 울부짖는다. 그러나 턱은 실제적인 통증을 유발할 정도로 손가락을 찌를 만큼 충분히 강하지는 않았다."(다윈, 『인간의 유래』에서 인용)

비가 될 개체를 고르는 데 매우 까다로워지는 이유이기도 하다.

논쟁의 역사

다윈은 1871년에 『인간의 유래』를 출간해 자신의 이론을 자세히 설명했다. 이 책은 곧 상당한 관심을 불러일으켰다. 특히 거센 논쟁이 일어났다. 이 설전은 1882년 다윈이 죽은 뒤 몇 년이 지난 후에도 지속됐다. 이 이론은 점점 오해받고 왜곡됐으며, 점차 도외시되고 평가 절하 되며 무시당했다. 『인간의 유래』는 출간된 지 1세기가 지난 뒤에야 완전히 이해받기 시작했다. 그리고 마침내 다윈주의 사고의 주류에 완전히 동화됐다. 실제로 이 이론은 활기차게 성장하는, 심지어 유행하는 연구 영역이 되어 극적인 부흥을 겪고 있다. 적어도 지금까지는, 파란만장한 과거를 거친 해피엔딩이다.

이 운명의 우여곡절은 오늘날 우리에게 무슨 의미를 지닐까? 우선 과거의 논쟁들은 근대의 과학을 이해하도록 우리를 도울 수 있다. 그 논쟁들은 기대하지 않은 방식으로 현재의 입장을 예측해 준다. 이 역사적인 연속성들은 현재 경쟁하는 다양한 성 선택 이론들이 서로 어떻게 연관되는지 볼 수 있게 한다. 또 오늘날의 주요 관심사들(과 그에 선행했던 과거의 관심사들)을 새로운 측면에서 바라보게 한다.

과거의 논쟁들은 이제야 해답을 얻었거나 혹은 여전히 탐구 중인 많은 의문들을 간단히 다루었다. 근대의 다윈주의는 이타주의 문제를 다룰 때보다 성 선택 이론을 다룰 때 여러 가지 점에서 덜 성공적이었다. 이제 우리는 왜 벌이 번식을 중단하고 동생들을 돌보는 데 일생을 헌신하는지, 또 왜 얼룩다람쥐가 경계성(warning cries)을 내어 스스로를 위험에 처하게 하는지를 적어도 원칙적으로는, 혹은 종종 특정한 사례에서 생물학자들이 설명할 수 있다는 사실을 안다. 그러나 공작은 어떻게 화려한 꼬리를 얻게 됐을까? 또 어떻게 바우어새는 장식을 매우 좋아하게 됐을까? 다윈과 월리스 이래로 이 주제에 대한 논쟁들이 깊이 있고 매우 흥미진진하게 진행됐지만, 이러한 의문들 중 많은 부분들이 이론적으로든 실험적으로든 아직 완전히 해결되지 않았다.

게다가 성 선택은 전체적으로 다윈주의에 대한 효과적인 사례 연구의 하나로 등장한다. 이와 같은 운명의 극적인 반전은 1세기 이상 다윈주의 과학을 굽이치며 지나갔던 여러 이슈를 반영한다. 그 예로, 적응적인 설명이 어떻게 여겨지는지 혹은 자연 선택의 한계는 무엇인지를 들 수 있다. 또한 이 역사는 최근 몇십 년 동안의 혁명으로 우리가 얼마나 많은 것들을 얻었는지, 19세기 다윈주의의 가장 극심한 문제들 중 일부에 대해 얼마나 기발한 해답들이 발견됐는지 절실히 느끼게 해 준다.

마지막으로 성 선택의 역사는 다윈이 이룬 업적의 진정한 중요성을 우리에게 상기시켜 준다. 성 선택에 대해 생물학자들이 새롭게 관심을 가졌음에도, 과학 역사가, 철학자들은 상대적으로 주의를 거의 기울이지 않았다. 성 선택은 다윈주의의 일반적인 역사에서 언급된 적이 거의 없다. 마이클 루스(Machael Ruse 1979a)가 그때까지 출간된 표준적인 개론서들로 열거한 5권의 책들 중에서 하나(Eiseley 1958)는 성 선택을 전혀 언급하지 않았으며 다른 것들(de Beer 1963, Greene 1959, Himmelfarb 1959, Irvine 1955)은 피상적인 논의들만 포함하고 있다. 그중 두 권은 인간에서의 성 선택만을 다뤘으며 오직 한 권만이 다윈 생전에 논쟁했던 내용들 이상을 다루었다. 루스는 여기에 요약 논평만 몇 줄 더했을 뿐이다. 다윈주의보다는 진화의 일반적인 역사를 다룬, 피터 볼러(Peter Bowler)의 『진화(Evolution)』(1984년)은 이 주제에 딱 한 문단만을 할애했다. 또 다윈주의의 역사와 일반적인 영향에 대한 표준 교과서(Oldroyd 1980)는 이것을 완전히 무시했다. 이 주제는 선집 중 한 권(Bajema 1984)에 실리기로 했지만 이 선집은 1900년에 출간이 중단됐다. (비록 20세기에 선집 중 한 권에 실리기로 약속을 받았지만 말이다.) 성 선택의 역사는 훨씬 전문화된 문헌에서 어느 정도 다루어지기는 했지만, 다윈의 다른 이론들을 다룬 문헌들이 방대하게 쏟아져 나온 데 비하면 여전히 수공예 수준이다.

역설적이게도 19세기부터 오늘날까지 진행된 성 선택에 대한 논쟁들 중 많은 부분이, 전혀 성 선택에 대한 것이 아니라 자연 선택에 대한 것이다. 앞으로 살펴보겠지만 이러한 사실은 거의 역설이라고 할 수 없다. 성 선택 이론이 등장한 이래, 이 이론이 제기한 이슈들은 두 가지 범주로 나뉜다. 첫 번째 범주는 성 선택이 현상을 설명하는 데 필요한가, 자연 선택의 일반적인 힘만으로도 현상을 충분히 설명할 수 있지 않은가라는 질문에 관한 것이었다. 거의 1세기 동안 대다수의 다윈주의자들은 이것을 주요 이슈로 보았다. 그들은 성 선택 이론에 대한 거의 모든 대안 이론들을 찾아보았으며, 무엇보다도 자연 선택에 의지했다. 두 번째 범주는 배우자 선택에 관한 것이다. 특히 선택을 하는 이유와 방법, 혹은 다윈주의적인 힘이 그러한 특성들의 진화를 허용할 수 있느냐에 대한 것이었다. 이 질문들은 첫 번째 범주의 이슈들로부터 제기됐지만, 배우자 선택의 역할이 관심의 주요 지점이 된 것은 비교적 최근이다. 이 범주에 대한 조사는 현재 활발히 진행 중이며 엄청나게 생산적인 연구들이 이루어지고 있다.

성 선택에 대한 19세기의 주요 비평가는 월리스였다. 실제로 로마네스에 따르면 "성 선택 이론에 반발하며 제기된 반대들을 살펴보는 일은 지금 이 주제에 대한 월리스 씨의 견해를 살펴보는 일과 거의 동일하다." (Romanes 1892~7, i, 391쪽) 월리스의 비판은 위 두 가지 범주에 모두 속했지만 첫 번째 범주(성 선택을 생존 경쟁으로 환원시키는 것)에 집중했다. 그는 성 선택이 "적절한" 선택압이 아니며, 다윈이 그의 이론에 성 선택을 도입함으로써 극도로 비다윈주의적인 이단들을 양성한다고 믿었다. 월리스가 『다윈주의』의 서문에 아래와 같이 적었듯이 말이다.

내 모든 저작물들은 다른 모든 동인에 비해, 자연 선택이 가지는 압도적인 중요성을 강력하게 설명하는 경향이 있다. …… 따라서 나는 다윈이 그의 저서 후기판들에서와 같이 다소 물러서기 이전에 취했던, 그의 입장을 따른다. …… 암컷의 선택에 의존하는 성 선택에 반대할 때조차, 나는 자연 선택의 더 위대한 효과를 주장한다. 이것은 출중한 다윈주의 독트린이다. 따라서 나는 내 책에서 순수한 다윈주의의 옹호자가 되는 입장을 내세운다.(Wallace 1889, xi~xii쪽)

비록 다윈과 월리스가 성 선택에 관해서는 서로 의견이 매우 달랐어도, 처음에는 핵심 이슈인 암컷의 선택에 대해 그렇게까지 심각하게 의견이 갈리지 않았다. 그들의 차이는 비록 뚜렷했어도, 대개 색깔의 성차에 대한 다른 질문들에 국한되었다.(Kottler 1980) 서로가 주고받은 편지들에 기록된 두 사람의 논의들은, 주로 1867~1868년에 이뤄졌으며 1871년에 잠시 재개되었다. 월리스가 암컷의 선택이 중요한 진화적 동인이라는 생각에 대한 주요 비판들을 정리하기 시작한 것은, 다윈이 자기 이론의 완전판을 출간한 1871년 이후부터였다. 월리스가 가장 강력히 반대했던 몇 가지는 다윈이 죽을 때까지 출간되지 않았다. 그래서 슬프게도 성 선택을 둘러싼 다윈과 월리스의 '논쟁'의 많은 부분들이, 실제로는 전혀 논쟁이 아니었다.

이제 이 논쟁을 살펴보자. 우리는 성 선택을 생존 경쟁 이론으로 흡수하려는 시도부터 살펴보기 시작할 것이다.(성 선택에 대한 다윈과 월리스의 진술의 주요 원천은 다음과 같다. 다윈은 자신의 이론을 『인간의 유래』(1871년, i, 248~250, 253~423쪽, ii, 1~384, 396~402쪽, 2판(1874년)은 전반적으로 광범위하게 수정됐지만 이론에 중요한 변화는 없었다. 1877년부터 이 판의 재판에는 《네이처(*Nature*)》에 실린 논문 (Darwin 1876a)이 실렸다.(948~954쪽))에서 정리하기 시작했다. 그런데 인간의 유래에서 다윈의 궁극적인 관심사는 그의 성 선택 이론을 인종의 진화에 적용하는 것이었다. 공작의 꼬리는 단지 이 목적을 위한 부분적인 수단이었다.(예로 Darwin 1871, i, 4~5쪽, 7장, 19~21쪽, 2nd edn., viii쪽, Darwin, F. 1887, iii, 90~91, 95~96쪽, Darwin, F. and Seward 1903, ii, 59, 62, 76쪽을 참조하라.) 다윈은 또한 『인간의 유래』 2판(1880, 1882년)을 펴낸 후 성 선택에 대한 두 편의 짧은 논문들을 출간했다. 『종의 기원』의 초판에서 성 선택에 대한 참고 사항들을 찾으려면 87~90, 156~158, 468쪽을 참고하라. 그 이후의 판들은 Peckham 1959, 173~176, 305~308, 367~372쪽, 732쪽을 보라. 다윈과 월리스(와 다른 사람들)가 주고받은 서신들에 대해서는 Marchant 1916, i, 157, 159, 177~187, 190~195, 199, 202~205, 212~217, 220~231, 256~261, 270, 292, 298~302쪽, Darwin, F. 1887, iii, 90~96, 111~112, 135, 137~138, 150~151, 156~157쪽, Darwin, F. and Seward 1903, i, 182~183, 283, 303~304, 316, 324~327쪽, ii, 35~36, 56~97쪽을 보라. 성 선택에 대한 월리스의 출판물에 대해서는 다윈의 『인간의 유래』(1871년)에 대한 그의 리뷰를 보라. 1860년대와 1870년대에 세 편의 에세이가 집필되어 두 권의 작품집(1870, 1878년)에서 수정된 후 재판을 찍었으며 『자연 선택과 열대의 자연(*Natural Selection and Tropical Nature*)』(1891년)에 최종 수정본이 실렸다.(34~90, 118~140, 338~394쪽) (이 중 첫 번째 에세이는 오직 색채를 다루었으며 다른 두 편은 색채와 성 선택 모두를 논했다.) 성 선택과 색채에 대해서는 월리스의 저서 『다윈주의』(1889, 187~300b, 333~337쪽) 중 268~300b쪽을 참조하라. 그 외의 부분은 색채에 대한 것이다. 성 선택에 대한 월리스의 출판물은 Wallace 1890a, Wallace 1892, his autobiography(1905, ii, 17~20)도 보라.)

6장

오직 자연 선택뿐

❖

순수한 다윈주의의 옹호자

다윈은 전에는 서로 관련이 없던 광대한 범위의 현상들(색, 깃털, 노래, 춤)을 '성적으로 선택된' 범주에 망라하느라 분투했다. 반면 여러 세대의 다윈주의자들은 같은 범주를 해체하느라 분투했다. 거의 1세기 동안 성 선택에 대한 대부분의 연구들은 성 선택을 완전히 없애려는 시도였다는 점에서 일치했으며, 다윈의 훌륭한 업적을 다루기 위해서 일상적인 자연 선택의 한층 냉철하고 실증적인 힘들에 의존했다.

이 해체 프로젝트는 월리스에서 시작됐다. 그는 점차 선택압으로써의 암컷의 선택이라는 발상을 거부하게 됐지만, 완전히 부정하지는 않았다. 그럼에도 그는 가능한 한 이 아이디어를 제거하려고 노력했다. 그의 목적은 대부분의 '장식품들'이 암컷의 선호 때문이 아니라 삶의 다른 측면에서 쓸모가 있기 때문에 선택됐다는 사실을 보여 주는 것이었다. 그는 색채에 대해 특별히 관심이 있었기 때문에 성적으로 이형인 색채를 주요 대상으로 삼았다. 또 장식적인 구조도 살짝 건드렸다. 다윈이 성적으로 선택됐다고 주장했던 소리와 냄새는 거의 다루지 않았다. 예를 들면 다윈은 곤충의 악기를 놀라운 증거로 생각했으며 월리스 자신도 다윈의 입장에 반대하기 전에는 거의 동일한 생각을 갖고 있었다.(Darwin, F. 1887, iii, 94, 138쪽, Wallace 1871)

색채에 대한 월리스의 작업은 다윈주의에 중요한 기여를 했다. 이전에는 비적응적이라고 여겨졌던 모든 종류의 현상들을 다윈주의의 영역 속으로 끌어들인 데 대해 그가 큰 자부심을 느낀 것은 당연하다. 자연의 모든 색채 중에서 다윈이 성 선택으로 설명했던 아름다운 색채들이, 특히 적응적인 가치가 전혀 없는 사례로 선정되었다. 자연 신학은 이 멋진 색채들이 인간 혹은 창조주 눈에 아름답게 보이려는 목적만으로, 그렇게 창조되었다고 주장했다.(Wallace 1891, 139, 153~156, 339~340쪽이 그 예이다.) 이러한 설명은 아무런 실증적인 목적을 발견할 수 없을 때조차 신의 인도하는 손이 관여할 수 있음을 의미했다. 동물과 식물의 색채에 대한 많은 형적들과 그 외의 다양한 것들을 다윈주의의 두 가지 범주인 보호와 인지(혹은 식물의 경우에는 화분 매개자의 매력)로 쓸어 담아 적응적으로 설명한 것이 월리스가 이룬 위대한 업적의 특징이다. 월리스의 견해는 대부분 다윈의 성 선택 이론에 대한 연구와는 무관하게 발달했으며, 그중 일부는 다윈의 연구보다 선행됐다. 그래서 장식품들에 대한 다윈의 방대한 만화경이 월리스에게는 자신의 설명 체계에 대한 도전이었다.

월리스는 보호색뿐만 아니라, 눈에 띄는 신체색의 많은 사례들을 보호색보다는 덜 분명하더라도, 보호의 범주에서 설명할 수 있었다. 윌리스는 이 색들을 크게 두 종류로 나눴다. 첫째는 눈에 띄지만 동물의 서식 환경 속에서는 실제로 보호색인 경우이다. 그는 얼룩말, 호랑이, 기린이 서식지를 배경으로 신체색이 나타난 사례라고 주장했다.(Wallace 1889, 199, 202, 220쪽, 1891, 39, 368쪽) 둘째는 먹을 수 없는 생물들에 적용된, 뚜렷한 경계 색채와 그것의 모방색들이다. 또 다른 인식 범주에는 같은 종의 개체들을 인식하게 해 주는 색깔들이 망라된다. 인식색은 사회적인 종의 구성원들이 공동체를 유지하며 적합한 배우자를 알아보게 도와준다. 이 범주에도 눈에 띄는 색깔들이 일부 포함된다. 많은 조류 종들이 뽐내는, 휘황하게 밝은 무늬가 그 예이다. 색깔에 대한 이런 설명이 항상 세부적으로 정확히 맞아떨어지지는 않았지만, 결과적으로 이 설명 방식은 당시에 대체로 성공적이었으며 다윈주의 사고의 표준적인 방식이 됐다. 이것이 바로 '성적으로 선택된' 색채에 대한 윌리스의 접근 방식이다. 이제 이 접근 방식이 어떻게 적용됐는지 살펴보자.

보호색

'성적으로 선택된' 색채에 보호 원리를 적용할 때 주된 문제점은, 암컷과 수컷의 생김새가 매우 다른 이유를 설명해야만 한다는 것이다. 윌리스는 그 둘이 서로 다른 선택압의 대상이라고 설명했다. 전반적으로 그의 접근 방식은 색조가 약한 암컷의 빛깔에는 경탄할 만큼 잘 들어맞았지만, 다윈이 설명하려고 시도했던 바로 그 현상인 수컷의 짙은 외양은 비참하리만치 제대로 설명하지 못했다. 다윈이 "수컷이 밝은 신체색을 띠게 만든 선택압은 무엇인가?"라고 물었던 반면, 윌리스는 이 문제를 완전히 뒤집어서 생각했다. "암컷들의 신체색이 밝은 빛을 띠지 않는

얼룩말의 난해한 줄무늬: 명백한 해결책이 없음

얼룩말이 줄무늬를 얻은 이유에 대해서는 다윈주의자들 사이에 의견이 갈린다. 개체 인식, 털 고르기 방향, 체체파리 은폐, 온도 조절, 핸디캡 ……? 다윈과 월리스 역시 서로 의견이 상충했다.

"얼룩말의 무늬처럼 극단적으로 눈에 띄는 표시들은 사자, 표범 등 육식 야수들이 많은 나라에서는 매우 위험하리라고 생각할 수 있다. 그러나 그렇지 않다. 얼룩말들은 대개 무리지어 다니며 매우 빠르고 주의 깊어서 낮에는 거의 위험에 처하지 않는다. 그들이 공격에 노출되는 경우는 주로 저녁때나 달밤, 혼자서 물 마시러 갈 때다. 얼룩말의 서식지에서 그들을 연구했던 프랜시스 골턴 (Francis Galton)은 얼룩말들은 황혼 무렵에 전혀 눈에 띄지 않으며 흑백의 줄무늬들은 회색의 엷은 색조로 합쳐져서, 가까운 거리에서조차 그들을 구분하기가 매우 어렵다는 사실을 내게 확인시켜 주었다."(월리스, 『다윈주의』에서 인용)

"얼룩말은 뚜렷한 줄무늬를 가졌고 남아프리카의 열린 평지에서 이 줄무늬들은 어떠한 보호 기능도 제공해 줄 수 없다. 얼룩말 무리를 묘사하며 윌리엄 존 버첼(William John Burchell)은 '그들의 매끈한 줄무늬가 태양빛 속에서 반짝였다. 줄무늬 코트의 선명하고 규칙적인 패턴이 보기 드물게 아름다운 광경을 선사했다. 이 아름다움은 다른 어떤 네발짐승도 뛰어넘을 수 없을 것이다.' 라고 말했다. 여기서 우리는 성 선택의 증거를 전혀 볼 수 없다. 말과(Equidae) 전체를 통틀어 신체색은 성별에 관계없이 동일하다. 그럼에도 여러 영양들의 옆구리에 위치한 희고 검은 세로 줄무늬들의 원인이 성 선택 때문이라고 말하는 사람은 아마도 같은 견해를 …… 아름다운 얼룩말에도 적용할 것이다."(다윈, 『인간의 유래』에서 인용)

까닭은 무엇인가?" 우리는 그가 사물을 이러한 시선으로 보았던 타당한 이유들과 다윈의 질문에 답하지 못한 원인을 살펴볼 것이다. 먼저 암컷 측면에서 성별의 이형성을 다루며 그가 거둔 성공을 살펴보자.

월리스는 번식에서의 역할이 다르기 때문에, 수컷보다 암컷에서 보호색의 필요성이 더 크다고 주장한다.(Wallace 1871, 1889, 277~281쪽, 1891, 78~82, 136~138쪽) 당연히 그는 자신의 주장을 지지해 줄 몇몇 인상적인 증거들을 수집했다.

그는 주로 새들에 집중했다. 그는 암컷의 단조로운 색채를, 알을 품는 동안 스스로를 보호해야 할 필요성을 내세워서 설명했다. "이 목적에 따라서, 수컷을 치장한 모든 밝은 색깔들과 현란한 장식들을 암컷은 얻지 않았다. 암컷들은 종종 수수한 색을 띤다."(Wallace 1889, 277쪽)

항상은 아니지만 자주 그렇다. 이것에 대해 월리스는 두 종류의 명백한 반례들을 언급했다. 때때로 양성이 모두 밝은 색깔을 띤다. 또 때때로 암컷이 밝고 수컷이 수수한 색깔을 띠기도 한다. 월리스는 이 "매우 특이하고 이례적인 사실들은 …… 다행히도 중요한 시험 역할을 하며", 또 "실제로 이 법칙을 확증하는 것처럼 보일 수 있다."라고 재빨리 지적한다.(Wallace 1891, 131~132쪽)

암컷과 수컷 둘 다 밝은 색인 경우는 드물지 않다. 그러나 월리스는 자신이 조사한 사례들에서 이 경우에는 항상 둥지를 숨겨 둔다는 사실을 발견했다. "암컷의 보호색 규칙에서 예외가 되는 이 단일한 외양이 나타난 이유를 찾으며, 나는 이 현상을 아주 잘 설명할 수 있는 사례를 우연히 발견했다. 이 종의 둥지는 땅속이나 나무 구멍 안에 지어졌거나 혹은 반구형이거나 뚜껑이 덮여서 둥지에 앉은 새를 완전히 숨길 수 있다."(Wallace 1889, 278쪽, 1891, 124쪽) 이보다 훨씬 드물게 보이는 색채의 이형성이 역전된 경우에는, 훨씬 더 놀라운 상관관계가 존재한다. 포란의 부담 역시 역전되기 때문이다. "실제로 암컷 새들이 수컷들보다 훨씬 멋진 데도 둥지가 개방형인, 매우 흥미로운 사례들이 있다. …… 그러나 이 사례들은 모두 둥지 짓기에서 성별의 역할이 뒤바뀌어 있으며, 수컷이 포란의 의무를 수행한다."(Wallace 1889, 281쪽) (한때 월리스는 이 경우에 둘의 색깔 차이가 미미해서 수컷의 색이 보호 효과가 크지 않다는 다윈의 견해에 설득당했다.(Wallace 1891, 379쪽) 그러나 그는 끝내 자신의 원래 신념으로 되돌아왔다.(Wallace 1889, 281쪽)) 월리스는 보호가 선택압이라는 자신의 견해를 지지해 주는 강력하며 부가적인 상관관계들을 많이 발견한다. 예를 들면 자기 알을 스스로 품지 않는 특이한 조류인 메거포드과(Megapodiidae)는 양성이 모두 동일한 색채를 띤다. (어떤 종들은 수수한 색깔이며, 어떤 종들은 눈에 띄는 색깔이다.)(Wallace 1891, 128쪽) 월리스는 자신이 보호색 이론의 측면에서 이 증거를 조사하기 전까지는 이러한 상관관계가 설명되거나, 심지어 체계적으로 언급된 경우조차 거의 없다고 강조한다.(Wallace 1891, 81, 131~132쪽)

심지어 월리스는 이 규칙에 예외는 **없다**고까지 주장할 정도로 선을 넘었다. 그는 몇몇 명백한 반례를 열거하기도 했다.(Wallace 1891, 133~135쪽) 그러나 이 사례들은 그의 주장을 크게 약화시키지 못했다. 그는 오직 몇 사례만 (수수한 암컷과 은폐된 둥지라는 "부정적인" 예외와 대조되는) "긍정적인" 예외들(밝은 색의 암컷과 개방형 둥지들)이라고 지칭했다. 전체적으로 그는 이 '긍정적'이고 '부정적'인 사례들 대부분을 다루려고 노력했다. 예를 들면 그는 밝은 색의 암컷이 다른 방식으로 보호받고 있다거나, 눈에 띄어 보이는 외양이 실제 자연환경에서는 보호를 받는다는 점을 보여 주었다. 이렇게 월리스는 색깔과 둥지 유형 사이에 매우 그럴듯한 관련성을 수립했다.

나비는 놀라운 이형성적 색채를 보여 주는 또 다른 부류다. 월리스는 알을 낳을 때 암컷이 보호받을 필요성을 강조하면서, 다시 한번 이 문제를 다루었다. "알을 낳을 식물을 찾아 혼자 천천히 나는 나비의 암컷을 본 사람들은 누구나, 너무 눈에 띄는 색채를 지닌 나비들에게 곤충을 먹는 새들의 주의를 끌지 않는 것이 얼마나 중요한 일인지 이해할 것이다."(Wallace 1889, 272쪽) 월리스는 여러 종류의 증거들을 자세히 설명했다. 예를 들면 나쁜 맛으로 자신을 보호하고 밝은 색깔로 이 사실을 포식자들에게 광고하는 종에서는 암컷이 수컷만큼 눈에 띈다.(Wallace 1889, 273, 278쪽, 1891, 137쪽) 게다가 월리스는 역전된 이형성의 명백한 반례들을 지지 증거로 다시 변화시킨다. 첫째로 현란한 색채는 종종 최상의 위장 기능을 제공한다. 그는 아돌리아스 디르테아(*Adolias dirtea*)라는 종을 인용한다. 이 종의 암컷은 몸에 잘 보이는 노랑 점이 찍혀 있다. 수집가의 진열장에서 보면 암컷은 이 노랑 점 때문에 수컷만큼이나 눈에 띈다. 그러나 자연 서식지의 얼룩덜룩한 숲의 햇빛 속에서, 이 생명체의 "노랑 점은 죽은 잎사귀에 비치는 햇빛의 명멸하는 반짝거림과 매우 잘 조화돼 추적하기가 몹시 어렵다."(Wallace 1889, 271쪽) 둘째로 다윈 자신이 인정했듯이(Darwin 1871, i, 394~395쪽, Darwin, F. and Seward 1903, ii, 67쪽), 날개 끝에 위치한 눈에 띄는 패턴들은 포식자들을 몸통 대신에 날개 끝으로 유인함으로써 보호 기능을 제공할 수 있다.(Wallace 1891, 371쪽) 셋째로 성별 간의 이형성이 역전된 여러 사례나, 성별에 따라서 서로 다른 색채로 현란한 경우에, 암컷은 식용이 아닌 종들의 밝은 경계색을 모방하여 보호를 받는다.(Wallace 1891, 78~80, 136~138쪽) 디아데마 미시푸스(*Diadema missippus*)를 예로 들어 보자.

수컷은 검은색이며, 가장자리가 다채롭게 변하는 푸른빛으로 장식된 양 날개 위에 커다란 흰색 점이 찍혀 있다. 반면 암컷은 검은색 점과 줄무늬가 있는 오렌지빛이 도는 갈색이다. 이 종의 암컷이 먹을 수 없는 종인 다나이스(*Danais*)를 모방함으로써, 이 곤충과 함께 키가 작은 식물 위에 알을 낳는 동안 보호를 받는다는 사실에서, 우리는 이 신체색에 대한 설명을 찾을 수 있다.(Wallace 1889, 271쪽)

나아가 월리스는 암컷의 보호 필요가 더 크다는 사실로부터 이형성이 얼마나 현저하게 영향을 받는지를, 이러한 사례들이 보여 준다고 주장한다. 심지어 매우 강하고 빨리 날아서 수컷이 의태(mimicry)를 할 필요가 없는 몇몇 종들에서조차 암컷들은 의태를 하는 경우가 있다. 양성이 모두 의태를 하는 종들은 항상 더 약하고 느리게 나는 종들일 것이다. 그래서 수컷들 역시 의태로 자신을 보호할 필요가 있다. 수컷 혼자 의태를 하는 경우는 없다.

더 많은 사례들을 제시할 필요는 없다. 지금도 보호색에 대한 월리스의 작업은 다윈 이론에 인상적인 기여를 했다고 인식된다. 그의 작업은 풍부한 조사를 위한 체계와 기준을 수립했다. 아래에 다윈이 남긴 헌사는 월리스의 업적에 대한 다윈주의자의 인정을 보여 주는 대표적인 예다. 이 헌사는 현란하고 화려한 색채를 보호로 설명하려는, 반직관적으로 보이는 작업들에서 월리스가 거둔 성공을 상기시킨다.

어떻게 …… 우리가 많은 동물들의 아름답고 심지어 화려한 색채들을 설명할 수 있을까? 이러한 색깔은 보호 기능을 제공하지 않는 듯 보인다. 그러나 우리는 보호에 관한 모든 종류의 특성들에서 실수를 범할 가능성이 매우 크다. 이 주제에 대한 월리스 씨의 뛰어난 에세이를 읽은 사람이라면 누구나 이 점을 인정할 것이다.(Darwin 1871, i, 321쪽)

그러나 월리스의 주된 업적은 '아름다운'과 '화려한'을 설명한 데 있지 않다. 그는 칙칙하고 흐릿하며 볼품없는 것을 이해하는 데 탁월했다. 이것들은 공작의 꼬리에 눈이 부셨던 다윈주의자가 너무나 당연하게 받아들인 색깔이었다. 앞으로 살펴보겠지만 사실은 다윈 역시 그랬다. 대체적으로 어떤 다윈주의자도 동물의 색깔을 결정할 때 보호가 주된 역할을 한다는 점을 부인하지 않을 것이다. 그러나 월리스는 기이한 색깔뿐만 아니라 아주 평범한 색깔조차도 정확하게 세부적으로 설명할 필요를 강조하며 한 걸음 더 나아갔다. 다시 말하자면 현재는 이러한 작업이 매우 통상적으로 행해지지만 당시에는 그렇지 않았다. 아마도 말레이 군도에서의 경험이, 월리스가 다른 무엇보다도 이러한 필요를 더 많이 의식하게 만들었을 것이다. 말레이 군도에서 그는 박물학자의 수집품 중 매우 눈에 띄는 화려한 새와 곤충들이 전체 종 중에서는 상대적으로 적은 비율을 차지한다는 사실을 발견했다. 크고 이국적인 종들을 선호하며 작고 잘 알려지지 않은 종들을 무시하는 수집가의 취향은 자연의 관심사를 극도로 잘못 전달하고 있다.(Brooks 1984, 132~134, 176~177쪽) 이와는 달리 월리스의 접근 방식은 그 스스로 표현한 것처럼, "유기체에서 관찰되는 현상들 중 가장 흔한 (그러나 지금까지 가장 많이 무시되고 거의 이해되지 않은) 현상들 사이에서 무척 흥미롭고 예상치 못한 조화들"을 발견하도록 이끌었다.(Wallace 1891, 140쪽)

월리스의 기여가 인상적이지만, 지금까지는 그의 작업 중 오직 절반만을 다뤘을 뿐이다. 그의 목적은 성적으로 서로 다른 색채에 대해 적응적인 설명을 제시하는 것이었다. 그는 암컷에 대해 설명했다. 아직도 그는 다윈의 '성적으로 선택된' 현상들인, 수컷의 눈에 띄고, 화려한, 장식적인 색채들의 핵심을 설명해야만 한다. 그가 이 문제와 어떻게 씨름했는지 조사하기에 앞서서 그의 두 번째 적응 원칙인 인식이 어떻게 발달했으며, 그가 수컷의 외양을 어떻게 다루었는지 살펴보려고 한다.

인식을 위한 색채

월리스는 특정한 종류의 이형적인 색채(와 한 성, 대개 수컷에게만 특정한 몇몇 소리, 냄새, 구조)가 인식 수단으로써 진화했다고 주장했다. 그것들의 주된 과업은 사회적인 종들을 한데 모으는 일이다. 때때로 그것들은 동물들이 이성의 동종 구성원들을 인식하도록 도와서 (그러나 종 내의 배우자 선택을 돕지는 않으며) 효과적인 짝짓기를 고취하기도 했다.(Wallace 1889, 217~227, 284~285, 298쪽, 1891, 367~368쪽) 이러한 특성들은 전형적으로 두 측면을 가진다. 눈에 잘 보이고 쉽게 인식되지만, 동시에 가능한 한 포식자들의 눈에는 띄지 않아야 한다.

월리스는 인식을 위한 색깔이 매우 널리 퍼져 있으며, 중요한 역할을 수행한다고 생각해서 크게 강조했다. "나는 이러한 필요성이 동물 색채의 다양성을 결정할 때, 다른 어떤 원인들보다 훨씬 광범위한 영향력을 가질 것이라고 믿는 경향이 있다."(Wallace 1889, 217쪽) 그는 아마도 종 인식에 관한 자신의 초창기 시도들에서 많은 영향을 받았을 것이다. 말레이 군도에서 표본을 수집할 때, 그는 구조의 색채가 적어도 분류학자에게는 종을 구별할 때 매우 믿을 만한 기준이며, 대개 엄청난 중요성을 지닌다는 사실을 깨달았다.(Brooks 1984, 66~70쪽) 월리스는 다윈주의의 여러 가지 문제들을 마무리 짓기 위해, 인식에 대한 선택이라는 아이디어를 사용했다. 첫째로 인식은 보호와 함께 색깔에 대한 그의 설명의 핵심을 이룬다. 둘째로 그는 적응적인 설명을 할 때, 이 아이디어를 행사했다. 특히 적응주의자와 비적응주의자 사이의 무수한 논쟁의 주제였던 다양한 종 특이적 표시들을 설명할 때 사용했다. 셋째로 뒤에서 이타주의를 조사하며 살펴보겠지만 인식은 이종 간의 불임 문제에 대한 그의 대답에서 중요한 역할을 했다. 월리스는 불임을 적응적으로 설명하는 방식을

종 표시

아프리카 물떼새 세 종

"쉬운 인식을 위한 수단들은 매우 중요하다. …… 나는 이러한 필요성이 동물 색채의 다양성을 결정할 때, 다른 어떤 원인들보다 훨씬 광범위한 영향력을 가질 것이라고 믿는 경향이 있다. …… 이러한 인식 표시는 새들에서 특히 풍부하며 시사적이다. 개방된 구역에 사는 종들은 대부분 보호색을 띤다. 그러나 대개 그들은 비행할 때나 쉴 때, 같은 종들끼리 쉽게 인식하기 위해 독특한 표지들을 지닌다. 이 표시는 …… 희거나 검은 모자, 깃, 눈 근처 표시나 정면부의 덧댐장식의 형태로 머리와 목에 나타난다. 아래는 아프리카 물떼새 세 종에서 나타나는 표시의 사례다."(월리스, 『다윈주의』에서 인용)

찾아내려 애쓰고 있었다. 동종의 구성원들을 인식하는 능력은 이 상황에 딱 들어맞았다. 인식은 이종 간의 짝짓기와 생식 능력이 없는 잡종을 생산해 내는 일을 막도록 도와줄 것이다.(Wallace 1889, 217, 298쪽, 1891, 154쪽, n1) 월리스가 『다윈주의』 서문(Wallace 1889, xi쪽)에서 새로운 혹은 특별한 흥미의 대상으로써, 이 세 문제들에 주의를 돌렸다는 사실은, 그가 이 설명들에 적절히 덧붙인 중요성을 드러낸다. 성 선택에 대한 대안 설명들을 찾으려 하지 않았을지라도, 보호색과 함께 인식의 원칙은 월리스의 사고에서 중요한 부분이었다.

그러나 밝은 색깔을 인식으로 설명하는 것은 월리스의 전체적인 설명 체계에는 말끔하게 들어맞을지라도, 수컷의 색깔을 설명하기에는 예상대로 많이 부족하다. 첫째로 월리스가 이 범주로 묶었던 색채 중 상당수는 이형성이 아니었다. 인식의 기능이 사회성 곤충의 모든 구성원들, 수컷과 암컷을 한데 모으는 것이었다는 점에서 이런 사실은 별반 놀랍지 않다. 그는 곤충들, 특히 나비와 나방에서는 인식 표시의 주요 기능이 동종 간 짝짓기를 촉진하는 것이라고 인정했다. 따라서 이 경우에 성별 간의 이형성을 기대할 수 있을 것이다. 그러나 그는 짝짓기를 위한 인식이 새에서의 이형성적인 색채를 설명할 만큼 발전할 수 있다는 점은 분명히 부인했다(Wallace 1889, 224쪽, n1, 또한 226~227쪽, 1891, 354쪽도 참조하라.) (그는 이 한계에 대해 완전히 일관성 있는 태도를 취하지는 않았다.(Wallace 1889, 298쪽, 1891, 154쪽, n1)) 두 번째 어려움은 인식을 위한 선택이 수수한 색채들은 설명할 수 있지만, 다윈을 걱정시켰던 훨씬 터무니없이 과잉된 색채들은 어떻게 설명할 것인가에 있다. 인식이 공작의 꼬리를 생산했을 가능성은 거의 없다. 월리스 본인이 말했듯, "공작의 눈부시게 빛나는 옷자락은 …… 우리에게 동물 색채의 경이와 신비의 최고점을 보여 준다."(Wallace, 1889, 299쪽) 비록 이종 교배를 막는다는 무시하기 힘든 필요가 있을지라도, 단지 잠재적인 짝을 알아보기 위해, 자연 선택이 정교하고 화려한 적응들을 진화시킬 만큼 그렇게 극도로 비효율적일 수 있겠는가?

잠시 동안 우리는 월리스가 이 문제들에 어떻게 대답했는지 살펴볼 것이다. 먼저 그의 설명 체계에 딱 한 조각을 덧붙이겠다.

과시를 해명하기

보호와 인식으로 몇몇 눈에 띄는 색깔들을 설명할 수 있을지는 모르지만, 그 가장 핵심적인 부분 중 하나인 수컷의 과시는 제대로 다루지 못할 수 있다. 많은 수컷들은 단지 색깔이 화려할 뿐만 아니라 색채와 구조에 과시적인 요소를 지니며, 자신의 매력을 보라는 듯이 표현하기 위해 설계된 것처럼 보이는 정교하고 양식화된 의도적인 행동 역시 보인다. (아직 성 선택을 거부하지 않았던 시절에) 윌리스가 새에 대해 말했던 것처럼, "색다른 장식들을 소유한 수컷 새들이 암컷들을 유혹하거나 매혹시키기 위해 노력하며, 최상의 장점을 그들에게 보여 주기 위해 이 장식들을 활용한다는 것은 잘 알려진 사실이다."(Wallace 1891, 320쪽)

월리스는 이 점을 무시할 수 없었다. 만약 그가 색채에 대한 포괄적인 이론을 수립하고자 한다면 이 부분에 대한 설명이 필요하다. 비슷하게 문제가 됐던 것은 과시가 간접적이기는 해도 일단 확실해 보이는 암컷 선택의 증거라는 점이었다. 사실 다윈의 시각에서 이것은 최고의 증거였다. "보다 장식적인 개체들이 거의 항상 수컷들이기는 한데, 반대 성 앞에서 자발적으로 자신의 매력을 과시할 때만 이 증거는 가장 완전해진다."(Darwin 1871, 2nd end., 401쪽)

다윈은 이 증거가 "완전해졌다."라고 확신했다. 그는 수컷의 과시가 우연히 또는 무심코 나타나는 행동이 아니며 수컷들이 실제로 암컷들에게 자신의 장식을 전시하는 중임을 입증하려고 시도했다. 예를 들면 그는 성적인 이형성이 가장 크게 나타나는 집단에서 과시 행위가 가장 흔하게 일어난다고 주장했다. 또 그는 과시 행위가 최상의 상태에 있는 형질들을 내보이며, 이때 수컷은 암컷들의 주의를 끌려고 분명히 시도하거나 혹은 암컷의 면전에서만 과시 행위를 한다고 주장했다. 그는 어류의 일종인 중국의 마크로푸스종(*Macropus*)이 짝짓기 시기 동안 하는 행동을 기쁘게 묘사한다. "수컷들은 가장 아름다운 색채를 띤다. …… 구애 행위를 할 때, 그들은 지느러미를 넓힌다. 지느러미에는 점이 찍혔으며 밝은 색깔의 빛살로 장식돼 있다. …… 공작과 똑같은 방식이다. 그들은 매우 활발하게 암컷 주위를 맴돌며 (암컷의 주의를 끌려고 노력하는 것처럼)

보인다."(Darwin 1871, 2nd end., 522~523쪽) 그는 일부 수컷 새들이 암컷들을 향해 어떻게 행진하는지 언급한다. "기아나의 바다지빠귀, 극락조, 그 외 몇몇 조류들에서는 새들이 한데 모인다. 연이어 수컷들이 공들여서 최대한 정교하게 과시 행위를 한 뒤, 최상의 방식으로 자신들의 화려한 깃털을 자랑한다. 그들은 또한 옆에 서서 관람 중인 암컷들을 앞에 두고 이상하고 익살스러운 행위를 한다. 암컷들은 마침내 가장 매력적인 파트너를 선택한다."(Peckham 1959, 175쪽) 그는 나비인 렙탈리데스(Leptalides) 의 사례를 언급한다. 이 종에서 양성은 모두 다른 종을 모방하는 보호색을 진화시켰지만 수컷은 원래의 색깔을 한 조각 보유한다. 그는 이 색깔을 구애 행동을 할 때만 드러낸다. 다윈은 박물학자이자 탐험가인 토머스 벨트(Thomas Belt)가 자신의 저서 『니카라과의 박물학자(*The Naturalist in Nicaragua*)』에서 쓴 놀라운 논평을 인용한다. "나는 수컷이 암컷에게 그 색깔을 내 보이면서 렙탈리데스가 속한 목에서 일반적인 색채에 대한 암컷의 뿌리 깊은 선호를 충족시킬 때, 거기에 구애 행동에서 유혹하는 것 외에 다른 어떤 용도가 있을 것이라고 상상할 수 없다."(Darwin 1871, 2nd end., 498쪽, Belt 1874, 385쪽)

월리스는 이 문제를 어떻게 다뤘을까? 그가 여전히 성 선택의 중요한 역할을 기꺼이 인정했던 시절에는, 그는 새들에게서 찾은 이 증거가 적어도 설득력이 있다는 다윈의 주장에 동의했다.

새들은 …… 다윈 씨에게 가장 강력한 논거들을 제공해 주었다. …… 암컷 새들이 더 밝아지거나 아름다운 색채 혹은 새로운 장식들에 주목하고 경탄한다는 직접적인 증거가 최초로 발견됐다. 이보다 훨씬 중요한 것은 암컷이 어떤 구혼자는 거절하고 다른 구혼자는 승낙하며 선택을 행사한다는 직접적인 증거가 처음 발견됐다는 점이다. 이 외에도 수컷이 암컷 앞에서 자신

의 모든 매력을 완전히 과시한다는 증거들이 풍부히 존재한다.(Wallace 1871, 179쪽)

나중에 그는 이 증거들에 설명이 필요하다는 사실은 인정하면서도, 암 컷의 선택이 그 해답이라는 것은 부정하는 쪽으로 입장을 바꿨다. 아래 는 그가 새들에 대해 다시 이야기한 내용이다. 이번에는 어조가 살짝 누 그러졌다.

각 종의 수컷들이 자신들의 깃털과 색채의 독특한 아름다움을 과시한다 는 놀라운 사실은 아직 충분히 설명되지 않았다. 다윈 씨는 과시를 암컷들 의 의식적인 선택을 지지하는 가장 강력한 논거로 여긴다고 한다. 내 생각에 는 과시를 …… 암컷 새들이 선택을 한다는 순전한 가설의 도움을 빌리지 않고도 …… 만족스럽게 설명할 수 있을 것 같다.(Wallace 1891, 376~377쪽)

그는 이 증거가 다윈을 확실히 지지하는 것처럼 보인다는 점을 완전히 인정했다. "대부분의 새들이 구애 행동 시에 마치 자신의 깃털이 아름답 다는 사실을 완전히 인식하는 듯이 그것을 과시하는 기이한 태도는, 다 윈 씨의 가장 강력한 논거 중 하나이다."(Wallace 1889, 287쪽) 그럼에도 그 는 이 명백한 과시 행위들이 실제로는 전혀 과시가 아닐 수 있다고 주장 했다. 이 수컷은 단지 짝짓기 기간 동안 그가 축적한 여분의 에너지 중 일부를 소비하고 있을 뿐일지도 모른다. 생기 있게 뛰어다니는 어린 동 물들처럼 말이다.

흥분했을 때, 또 에너지를 과다하게 축적했을 때 많은 동물들은 새끼 고 양이나 양들 그리고 다른 어린 동물들의 깡충거리는 행동에서 보이듯 자신들의 다양한 근육을, 종종 환상적인 방식으로, 움직이는 일을 즐겁다고 느낀다. …… 짝짓기 시기 동안 수컷 새들은 가장 완벽하게 발달된 상태이며 방대한 활력을 저장하고 있다. 성적인 열정에 흥분한 그들은 이상하고 익살스러운 행동이나 빠른 비행 등을 한다. 이것은 아마도 상당 부분 움직이고자 하는 내적 충동에서 비롯된 행위일 것이며 자신들의 짝을 즐겁게 해 주려는 어떤 욕구의 표현이라고 여겨진다.(Wallace 1889, 287쪽)

덧붙여 그는 만약 수컷의 행동이 과시를 위한 것이라면, 왜 장식을 하지 않은 새들도 같은 방식으로 행동하는지 질문한다.(Wallace 1889, 287쪽, 1891, 377쪽) 한편에 놓인 구조와 색채, 또 다른 편에 놓인 활력 사이의 관련성이 그에게는 다윈의 이론을 지지한다기보다는, (그 관련성이 단지 생리적인 부산물일 뿐이라는) 자신의 이론에 대한 증거로 보였다. "그것은 특정한 근육의 행사와 색채와 장식의 발달 사이의 관련성을 보여 준다. …… 깃털의 과시는 깃털의 생산을 이끈 것과 같은 원인으로 일어났을 것이다." (Wallace 1889, 287, 294쪽) 비슷하게 한편에 있는 장식적 색채, 구조와 또 다른 편에 놓인 목소리 크기의 발달 사이에는 역의 상관관계가 존재한다고 그는 말한다. 만약 노래가 단지 과도한 에너지의 대안적인 발산 수단이라면, 이것도 기대되는 바이다.(Wallace 1889, 284쪽)

월리스의 주장은 매우 불충분하다. 이 주장은 과시의 목적을 분명하게 설명하지 못한다. 게다가 이처럼 정교하고 고정된 행동이 선택의 산물이 아니라는 주장은 몹시 부당해 보인다. 월리스는 비적응주의자적인 입장을 채택해, 그것을 너무 멀리까지 확장하려고 시도했다. 그런데 이것보다 더 안 좋은 일이 있다.

선택이 작용하지 않은 색채

암컷들, 그리고 이들보다 더 수수한 수컷들의 외양은 그쯤 다루기로 하자. 그래도 여전히 윌리스는 가장 두드러지는 색채를 띤 수컷들을 설명해야만 한다. 이것은 그가 설명이 가장 필요한 부분은 암컷의 수수한 색깔이지 수컷의 밝은 색깔이 아니라고 주장하면서, 다윈의 질문을 어떻게 완전히 뒤집어 놓았는지 우리에게 상기시킨다. 그의 비적응주의적인 주장들이 설명에 대한 부담감으로 긴장하게 되는 것이 이 지점이다.

1871년 이전, 윌리스가 (당시에는 주로 새와 곤충들에게만 한정되었던) 다윈의 성 선택 이론을 받아들였던 시기에는, 그가 암컷의 보호색에 대한 자신의 이론을 성 선택으로 수컷의 밝은 색채를 설명하는 다윈의 이론과 결합시켰다.(Wallace 1891, 89쪽이 그 예이다.) 그가 성 선택에 대해 의심하기 시작했을 때조차, 자연 선택에 부수되는 것으로나마 성 선택의 역할을 일부 인정했다. "성 선택이 …… 자신의 작업을 수행하는 동안, 훨씬 더 강력한 자연 선택이라는 동인은 멈추지 않고 생명체의 삶의 조건에 따라서 양성 혹은 한 성을 변화시키고 있다."(Wallace 1871, 180쪽) 그래서 이 시기에 윌리스는 자연 선택이든 성 선택이든 암컷과 수컷 둘 다를 다루는 선택 이론을 가졌다. 그는 원시적인 색채는 아마도 수수했을 것이라고 주장했다. 진화의 시간을 거치며 성 선택이 현란한 수컷을 진화시킨 반면, 자연 선택은 일반적으로 암컷의 눈에 띄지 않는 모습을 유지시키거나 향상시켰다.(Wallace 1891, 130쪽) 그러나 윌리스가 성 선택 이론을 버렸을 때, 그는 수컷에 대한 대안적인 설명이 필요했다. 그의 해결책은 눈에 띄는 색채에 대한 생리학적인 이론이었다.(Wallace 1889, 288~293, 297~298쪽, 1891, 359~360, 391~392쪽)

우리는 이미 비적응적인 색채에 대한 윌리스의 견해를 살짝 다룬 바 있다. 우리는 이 열성적인 적응주의자조차도 순전히 물리적이거나 생리학적인 색채와 생물학적인 색채를 주의 깊게 구분했으며, 전자는 적응적인 설명을 필요로 하지 않는다고 강조한 사실을 알고 있다.(Wallace 1889, 188~189쪽) 그러나 생리학만으로 설명할 수 있는 특성에 대한 그의 생각이, 실제로는 매우 가톨릭적이었음이 밝혀졌다. 그는 진화의 시간을 거치는 동안 유기체가 자연 선택의 방해를 받지 않는다면, 그 유기체는 끊임없는 물리·화학적인 변화의 결과로 자연스럽게 여러 색깔을 띠는 경향이 있을 것이라는 주장을 발전시켰다. "색채는 동물의 조직과 조직액의 고도로 복잡한 화학적 구성의 필연적인 결과로 여길 수 있다."(Wallace 1889, 297쪽) "동물과 식물계에 존재하는 많은 복잡한 물질들이 빛, 열 혹은 화학적 변화의 영향 아래서 색깔 변화의 대상이 된다. …… 화학적 변화들이 …… 성장하고 발달하는 동안 …… 끊임없이 일어난다. …… 모든 외적인 특성들 (역시) …… 끊임없이 미세한 변화들을 겪는 중이다. 이것들은 빈번하게 색채 변화를 일으킬 것이다."(Wallace 1891, 359쪽) 그러므로 다색을 띠는 것이 '정상적인' 상태다. "이러한 생각은 색채는 정상적이며 심지어는 동식물의 복잡한 구조에 따른 필연적인 결과물이라는 생각을 그럴듯하게 만든다."(Wallace 1891, 359쪽) 실제로 자연 선택이 제한하지 않는다면, 동물들은 화려한 색채를 띨 것이다. 어쨌든 동물의 내부에는 이와 같은 제한이 없으므로 총천연색의 배열을 보여 준다. 반면 외부는 더 많은 변화가 작용하므로 자연스럽게 훨씬 볼품없는 색채를 띠는 경향이 있다.

혈액과 담즙, 뼈, 지방과 다른 조직들은 종종 밝은, 특징적인 색채를 띤다. 이러한 색채가 어떤 특별한 목적을 위해 결정됐다고 추론할 수는 없다. 내부 장기들은 대개 감춰졌기 때문이다. 다양한 부속물을 지녔으며 외피로 덮인 외부 기관들은, 동일한 일반 법칙에 따라서 더 큰 색채의 다양성을 자연스럽게 보다 많이 보여 줄 것이다.(Wallace 1889, 297쪽)

다색의 이런 폭발적 증가를 막는 유일한 힘이 자연 선택의 작용이다. 가축화는 이에 대한 독립적인 증거를 제공한다. 선택압이 사라지면 자연 상태에서는 존재하지 않는 색채가 나타난다. 가축화된 가금류에서 패턴은 대칭적으로 발달한다. 월리스에 따르면 이것은 "중요한 사실"이다. 다윈이 가정하는 선택압보다는, 오히려 발달의 생리학적 법칙이 작용함을 시사하기 때문이다.(Wallace 1891, 375쪽) (그는 선택압으로 유지되던 대칭성이 가축화된 동물들에서는 대개 부정확하게 나타나거나 종종 사라진다고 주장한다.(Wallace 1889, 217~218쪽, n1))

나아가 월리스는 동일한 이유로, 수컷에서 밝은 색채를 발달시키는 경향이 일반적으로 더 강하다고 주장한다. 색채는 생리적인 활성에 따라 증가하는데 대개 수컷이 훨씬 활력이 있기 때문이다.(Wallace 1891, 365~366쪽) 월리스는 자신의 주장을 세 가지 근거로 뒷받침한다. 첫째로 밝고 화려한 색채들은 대개 원기 왕성한 건강 상태를 나타낸다. 둘째로 수컷의 활력은 짝짓기 기간에 정점에 이르며 이때가 바로 수컷의 색채가 가장 밝을 때이다. 셋째로 수컷들은 색채에 대한 어떤 선택압도 존재하지 않는, 가축화된 상황에서조차 암컷들보다 더 밝은 색채들을 발달시키는 경향이 있다. 또 월리스는 "역할이 전복된" 경우(수컷이 알을 품는 경우)에 암컷 조류들에서 더 밝은 색채가 나타나는 이유는 이 경우에 암컷들이 더 많은 활력을 가져서라고 주장했다.(Wallace 1891, 379쪽)

월리스는 수컷의 장식적인 구조들을 동일한 방식으로 설명한다. 이 구조들은 생리적인 활동이 고조된 시점에 나타난다. 예를 들면 많은 극락조 수컷들이 가슴에 어마어마한 털 다발을 자랑스럽게 달고 있다. 털 다발은 이 새가 가장 활동적인 시점에, 가장 강한 근육인 흉근에서 불쑥 나타난다. 윌리스는 다윈의 이론으로는 이 장식들이 왜 신체의 특정 부위에서 나타나는지 설명할 수 없다고 주장한다.(Wallace 1889, 291~293쪽)

윌리스에 따르면 적응적인 설명이 필요한 것은 암컷의 칙칙한 색채이지, 수컷의 밝은 색채가 아니다. (비록 수컷이 암컷보다 더 밝을지라도) 양성이 모두 밝은 색채를 띠려는 자연스러운 경향을 지녔지만, 암컷만이 이 생리적인 추진력을 꺾어야 하는 선택압하에 있기 때문이다.

> 대부분의 동물 수컷들, 특히 조류와 곤충류의 수컷에게는 색채 강도를 점점 더 높이려는, 결국은 종종 밝은 금속성의 푸른빛과 초록빛 혹은 가장 화려한 무지갯빛이 되는, 일관된 경향이 있는 것처럼 보인다. 동시에 자연 선택은 끊임없이 작용해서 암컷이 수컷과 동일한 색조를 얻지 못하게 막거나, 주변 환경에 동화돼 보호받을 수 있도록 다양한 방향으로 암컷의 색을 변화시키거나, 보호받는 형태를 모방하게 한다.(Wallace 1889, 273쪽)

그럼에도 수컷 색채의 '설계된' 외양은 그것이 적응적이라는 점을 강하게 시사한다고 이의를 제기하고 싶다. 하지만 윌리스는 반대 결론에 이르렀다. 그의 입장에서 색채와 구조 사이의 연결성은 색채가 단지 생리학의 필연적인 결과이자, 선택되지 않은 부수 효과라는 추가적인 증거였다. 어쨌든 그의 이론상 밝은 색채는 생리학적인 변화로부터 생긴다. 그 과정에서 패턴들이 발생할 가능성이 있을까? 그는 색채의 배열이 일반적으로 구조에 부합한다는 사실에 주의를 환기시킨다. "색채는 구조의 주요 경계를 따라 다양화되며, 관절처럼 기능이 변화하는 지점에서 달라진다."(Wallace 1889, 288쪽) 그래서 가장 화려한 색채들은 가장 정교하거나 변경된 구조 위에서 발견되는 경향이 있다. "밝은 색채들은 대개 …… 부속물들의 …… 발달에 비례해 나타난다. …… 외부 구조와 피부의 부속물들이 분화하고 발달할수록 색채의 다양성과 강도는 증가한다."(Wallace 1889, 290~291, 297쪽) 색채 변화는 규칙적으로 나타난다. 월리스에 따르면 이 사실이 색채 변화가 선택이 아니며, 발달 규칙의 자동적인 부수 효과라는 점을 시사한다. "색채가 조직이나 부속물들의 발달에 동반해서 어떤 확고한 순서로 점진적으로 변화한다는 것을 보여 주는 징후들이 있다. …… (이런 변화는) 발달 규칙이 …… 성장 규칙에 의존한다는 점을 (시사한다)."(Wallace 1889, 298쪽)

따라서 월리스는 수컷들은 종종 뚜렷한 패턴과 선명한 색채를 지닌다고 주장한다. 그들의 우월한 활력이 새로운 구조의 발달을 선호하며 여기에 색채의 변화가 동반될 것이기 때문이다.(Wallace 1891, 366쪽) 그러므로 표면 구조가 보기 드물게 많이 변하는 나비와 새들은 색채의 강도와 다양성에서 다른 모든 동물들을 크게 초월한다.(Wallace 1891, 368~369쪽) 따라서 가장 밝은 색채를 띠는 새들은 가장 크고 정교한 깃털을 가진 새일 것이다.(Wallace 1889, 291쪽) 벌새들, 특히 수컷은 대부분의 다른 집단들보다 더 많은 활력과 화려한 색채를 보여 준다. 이 종들 중 가장 호전적인 종이 가장 화려하다.(Wallace 1891, 379~381쪽) 월리스는 의기양양해 하며 따라서 이것이 (적어도 부분적으로는) 공작, 청란(*Argustianus argus*)과 극락조가 현재의 꼬리를 가진 이유라고 결론을 내렸다.(Wallace 1891, 375쪽)

월리스의 주장은 확실히 기발하다. 그가 다윈의 질문을 완전히 뒤집어엎어서 암컷들에 대해서만 적응적인 설명을 제시한 것은 잘못됐지만, 수수하고 일상적인 색채를 설명할 필요에 주의를 돌린 점은 분명 옳았다. 다윈주의자들은 공작 수컷의 나들이옷뿐만 아니라 암컷의 평상복에도 주의를 기울여야만 한다. 결국 공작 암컷은 그저 수수한 것이 아니라, 위장을 한 것이다. 역으로 신체 내부에 대한 월리스의 주장이 제시

벌새의 영광

월리스에게 벌새의 화려함은 단지 잉여의 에너지가 목적 없이 흘러넘친 것에 불과했다. 확고한 적응주의자이자 성 선택주의자인 벨트는 다른 시각을 택했다.

"아름다운 파랑, 초록, 하얀색의 벌새(*Florisuga mellivora*) (꼬리)는 …… 반원 모양으로 펼쳐진다. 끝으로 갈수록 넓어지는 각 깃털들이 가장자리의 반원 모양을 완전하게 해 준다. (이 쇼는) …… 구애 기간 동안 지속된다. 나는 가지 위에 조용히 앉은 암컷 앞에서 두 마리의 수컷들이 자신의 매력을 과시하는 모습을 보았다. 한 마리가 갑자기 눈처럼 흰 꼬리를 뒤집어진 낙하산처럼 펼쳐 보이며 로켓처럼 수직 상승했다. 그리고는 등과 배를 보이기 위해 서서히 돌면서 암컷 앞으로 천천히 내려왔다. 운동 속도가 빠르고 날개는 몇 야드(1야드는 약 0.9미터) 떨어진 거리에서는 보이지 않으며, 신체의 다른 부분에는 금속성의 광택이 없기 때문에 쇼의 효과는 한층 강화된다. 펼쳐진 흰 꼬리는 새의 나머지 부분을 모두 덮고도 남을 만큼 넓으며 깃털은 눈에 띄게 크다. 한 마리가 내려올 동안, 다른 한 마리가 수직 상승해 꼬리를 펼친 채 천천히 내려왔다. 이 볼거리는 두 공연자들 사이의 싸움으로 끝날 것이다. 그러나 가장 아름다운 구혼자 혹은 가장 호전적인 구혼자 중 어느 쪽이 받아들여질지 나는 모른다."(벨트, 『니카라과의 박물학자』에서 인용)

하듯이, 밝음이 "자연적인" 상태일 수도 있다. 다윈주의자들은 이런 경우에 적응적인 설명이 필요하다는 결론으로 도약해서는 안 된다.

월리스의 주장은 기발했지만 꽤 볼만하게 실패했다. 이 주장은 본질적으로 타당하지 않다. 매우 눈에 띄는, 설계임을 부인하기가 어려운 어떤 외양이 적응 없이 생겨날 수 있을까? 이 주장은 다윈의 암컷 선택 이론을 자연 선택론자의 표준 원칙으로 대체하려는, 그가 공표했던 목적에 위배된다. 이 주장은 적응적인 설명을 계속 제시하려는 그의 프로그램에 부합하지 않는다.

월리스가 우리에게 무엇을 믿게 하려 했는지 생각해 보자. 수컷이 지닌 색채, 정교한 세부 사항들, 놀라운 패턴, 설계를 시사하는 외양, 불변성과 동물계 전반에 만연한 발생이 선택의 직접적인 도움 없이 단순히 생리적인 부수 효과로 나타났다. 그리고 이 생리적 과정의 최종 결과는 선택적 중립(즉 이익이 되지도 해가 되지도 않으며)이며 생리적인 힘만으로 유지된다.

먼저 색채의 차이가 구조적 특징을 따르기 때문에, 선택의 결과가 아니라는 월리스의 단언을 살펴보자. 분명 색채와 구조 사이의 관련성은 그가 제시한 방식대로 생겨났을 수 있다. 그렇다고 색채와 구조가 밀접히 연관된다는 사실을 발견할 때마다, 그것이 선택압이 개입하지 않은 생리 법칙만의 결과라는 의미는 아니다. 자연 선택이 작용해 왔다고 판단하는 월리스의 기준 중 하나는 "색채가 때때로 구조적인 특성에 부합되게끔 확고한 패턴 속에 위치한다는" 점이었다.(Wallace 1889, 189쪽) 결국 자연 선택이 구조와 색채 사이의 관련성을 포착해서 발달시켰다고 기대할 수 있다. 적절하게 구분돼 알맞은 색채를 띠는 구조는 이를테면 과시나 복잡한 위장에 적합한 원료 물질이다. 랭키스터는 월리스의 『다윈주의』에 대한 비평에서 비슷한 의견을 제시했다. "월리스 씨는 색채의 초기 분포와 발달에 영향을 주는 부가적인 원인들을 제시했지만, 다윈의 성 선택 이론이 색채와 장식의 특별한 발달을 설명하는 데 적용될 수 없는 이유를 거의 보여 주지 못한 것 같다."(Lankester 1889, 569쪽) 실제로 월리스 스스로도 색채와 장식이 그가 맨 처음 제시했던 방식으로 유래한 뒤, 인식에 대한 자연 선택으로 다듬어졌다고 주장한 데는 적응주의자로서 자신의 목적을 유지하려는 이유가 더 컸다고 나중에 인정했다. 그러나 그는 이 생각을 철회했다.

그 뒤 월리스는 "동식물 색채의 놀라운 개성"(Wallace 1889, 189쪽)이 적응적인 설명을 요구한다고 스스로 결론 내렸다. 분명 그의 규칙은 수컷의 색채에 적용될 것이다. 그러나 그가 제시한 생리적인 이유 중 어떤 것도 색채의 복잡성과 다양성을 전부 설명해 주지는 못한다. 예를 들면 만약 색채가 단순히 구조를 따른다면 나비의 날개들은 서로 구조적으로 비슷한데도, 색깔 패턴은 왜 그렇게 엄청나게 다를까? 저명한 비교 심리학자인 콘위 로이드 모건(Conwy Lloyd Morgan)은 다음과 같이 말했다.

> 이 이론이 우리에게 …… 특정한 색채에 대해 …… 어떤 충분한 설명을 제공해 준다고 계속해서 주장할 수는 없다. …… 월리스 씨가 주장한 대로 극락조의 어마어마한 황금빛 깃털 다발들이 …… 동맥과 신경 …… 에서 기인한 것이라면 …… (왜) 비슷한 지점에 비슷한 동맥과 신경들이 위치하는 다른 새들은 …… 비슷한 털 뭉치를 갖고 있지 않을까?(Romanes 1892~1897, i, 449쪽에서 인용했다.)

또 다른 비교 심리학자이자 바젤 대학교의 철학 교수인 카를 그로스(Karl Groos) 역시 비슷한 결론을 내렸다. "(월리스)는 동물들의 특징적인 표시와 부속물들이 해부학적 구조와 밀접하게 연결됐다는 사실로부터 출발했다. …… 그러나 예를 들면 공작의 꼬리와 같은 발달이, 어떻게 단순히 과도한 에너지라는 의미 없는 시작점에서 파생될 수 있는지 나로서는 잘 상상할 수 없다."(Groos 1898, 235~236쪽)

게다가 끊임없이 색채를 발생시키려는 경향이 존재하는데, 선택이 작용하지 않는다면, 왜 수컷들은 물감이 섞인 듯한 단색의 탁한 색채가 아니라 밝은 색채를 띠는가? 월리스에게 가장 큰 영향을 주었던 색채에 대한 책은, 이 만화경적인 과정의 결과로 "색깔은 지시나 제한이 없다면 분명히 규정되지 않을 것이고 뚜렷한 색조를 만들어 내지도, 패턴같이 훨씬 복잡한 현상을 만들어 내지도 못할 것이다."라는 결론을 내렸다.(Tylor 1886, 29쪽) 월리스는 배아 발달의 복잡성이 이러한 복잡한 현상들을 당연히 생산할 수 있으며, 자신이 지적받은 '놀라운 개성'에 대한 답이 이것이라고 계속해서 주장했다. 그러나 월리스 자신도 색소의 "우연한 혼합물"이 "중간 색조나 우중충한" 색깔을 생산할 수 있다고 생각했다.(Wallace 1891, 360~361쪽) 실제로 그는 암컷의 기호가 수컷의 선명한 색깔의 원인일 수 있다는 다윈의 주장에 반대하며 비슷한 논거를 사용했다. "다양한 색채를 지닌 구애자를 선택한 암컷 새들의 후손들은, 우리가 보는 선명하고 아름다운 색깔과 표시가 아니라 필연적으로 얼룩덜룩하거나 불안정한 색채일 것이다."(Wallace 1871, 182쪽)

월리스가 제시한 방식으로 색채가 발달하는, 있을 법하지 않은 사건이 일어난다 해도 시간을 초월한 불변성과 종 내 통일성의 문제가 남아 있다. 선택의 개입이 없이 색채를 어떻게 유지하는가(현재는 안정화 선택 (stabilising selection, 평균적인 유형을 선호하는 현상)이라는 용어로 불림)? 월리스는 생리학 법칙 혼자서 불변 효과를 낼 수 있다고 추측할 만한 아무런 이유도 제시하지 않았다. 게다가 그 스스로도 불변성이 선택의 개입 징후라고 주장했다.(Wallace 1889, 138~142, 189~190쪽, 1891, 340쪽) "아주 미세한 표시들이 종종 수천 수백만의 개체들에서 변함없이 나타난다. …… (이것은) 자연에서 어떤 쓰임이 있음이 틀림없다."(Wallace 1891, 340쪽) 실제로 그는 종 특이적인 성질들의 불변성을, 이 특성들이 비적응적이라는 시각에 반대하는 주된 증거로 언급했다. (그가 2차 성정은 변화하는 경향이 있다고 언급했다는 점은 인정한다.(Wallace 1889, 138쪽) 그러나 그의 기준에 따르면 2차 성징은 적응적인 설명의 후보가 되기에 충분할 만큼 변함이 없다. 또 그는 이 상대적인 불변성을, 2차 성징이 암컷 선택의 결과가 아니라는 증거로 사용했다.) 나아가 적응주의자들은 선택적으로 중립인 특성들이 매우 안정될 것이라고 기대해서는 안 된다는 데 대개 동의한다. 이것 역시 오늘날의 다윈주의자들 사이에서는 꽤 일반적인 시각이다.(Cain 1964, Maynard Smith 1978c, Williams 1966, 10~11쪽이 그 예이다.)

월리스 자신 역시 다윈주의의 유용성에 대한 원리가 "그렇지 않았다면 의미가 없거나 중요하지 않은 것으로 무시했을 세부 사항들에서 적응적인 …… 목적을 찾도록 이끈다."(Wallace 1891, 36쪽)라고 선언했다는 점을 생각하자. 적응주의자로 활동할 때, 그는 과일의 색깔이 동물을 유인하기 위한 적응이라기보다는 단순한 부산물일 수 있다는 사실조차 인정하기를 꺼렸다.(Wallace 1889, 308쪽) 그러나 수컷의 장식을 마주했을 때, 월리스는 자질구레한 여러 세부 사항뿐만 아니라 '공작의 꼬리'조차도 적응주의의 그물을 미끄러져 빠져나가도록 기쁘게 허락한다.

마침내 월리스는 어떤 현상을 얼마나 포괄적으로 다루는가로 색깔 이론을 판단해야만 한다고 주장하기에 이른다.

이 주제(색깔)와 관련된 다양한 사실들에 대해서 현재 주어진 설명에 반대하는 사람들에게, 나는 …… 관련된 사실 한두 개가 아니라 모든 사실들에 고심해야만 한다고 강력히 권고한다. 진화와 자연 선택 이론에서 자연에서의 색깔에 관한 광범위한 사실들이 서로 조화를 이루며 설명돼야 한다는 주장은 인정받을 것이다.(Wallace 1891, 139~140쪽)

그렇다. 광범위하다. 그러나 충분히 광범위하지는 않다. 월리스는 암컷과 수컷의 색깔을 (서로 다른) 선택압들에 대한 적응으로 설명해야 할 필요가 있다. 전체적으로 그는 이 프로그램의 앞부분은 너무나 잘 이행했다. 실제로 그는 자신이 거둔 성공의 희생자다. 수컷의 색깔에 대해 동등한 설명을 제시할 필요를 요구받았을 때, 그는 당혹스럽게도 만족스러운 설명을 제공하는 데 실패했다. 색깔에 대한 그의 설명은 다윈주의자가 가장 혼란스러워하는 바로 그 지점에서 가장 약하다. 암컷의 색깔에 대한 그의 설명이 아무리 인상적일지라도 이형성의 나머지 반쪽을 설명할 수 없는 한, 그는 이 설명이 성 선택을 대체하기를 희망할 수 없다. 로마네스는 유용성의 원리가 보편적이라는 월리스의 선언과 "성적으로 선택된" 현상에 대한 그의 설명 사이의 엄청난 불일치를 지적했다.

> 다윈이 성 선택으로 그 원인을 돌렸던 이 모든 "환상적인 색깔들"이 ……
> 유용성과는 상관없는 '개인적인 변이'의 결과라는 주장과, 모든 독특한 특성들은 반드시 '유용해야 한다.'라는 결론이 "자연 선택 이론으로부터 필연적으로 도출된다."라는 주장을 동시에 받아들일 수 있을까? 아니면 우리는 존재 가능한 가장 직접적인 모순이 여기에 있다는 결론을 내리지 말아야만 할까?(Romanes 1892~1897, ii, 271쪽)

만약 월리스가 로마네스의 말처럼 쓸모보다는 생리학에 쉽게 의지한 것이라면, 그는 자신의 주장대로 적응적인 설명에 헌신했다고 볼 수 없다. "내게는 유용성의 원리에 관한 나와 월리스 씨 사이의 차이점이 없어진 것처럼 보인다."(Romanes 1892~1897, ii, 222쪽)

대부분의 다윈주의자들은 색채의 비적응성을 어느 정도 인정했다. 돌이켜 생각해 보니 때로는 불필요하게 관대한 인정이었다. 그러나 월리스는 이보다 더 멀리 갔다. 다윈이 말한 것처럼 "생명체의 복잡한 실험실"은 화학자의 실험실이 그렇듯이 아마도 화려한 색채를 생산해 낼 것이라고 일반적으로 받아들여졌다.(Darwin 1871, i, 323쪽) 예를 들어 혈액의 붉은색처럼 내부에 숨겨진 색채들은, 보통 이런 방식으로 설명되었다. 비슷하게 '가장 하등한' 동물들에서 나타나는 뚜렷한 색채는, 대개 비적응적이라고 여겨졌다. 이 동물들의 경우에 다윈은 물리 화학적인 설명을 선호하며 성 선택 이론은 기꺼이 제쳐 두었다.(Darwin 1871, i, 321~323, 326~327쪽, Romanes 1892~1897, i, 409~410쪽이 그 예이다.) 색깔의 적응적인 중요성을 발견하는 데 크게 헌신한 풀턴조차 색깔이 "부수적"일 수도 있다는 사실을 강조해야 한다는 의무감을 느꼈다. 그는 다윈이 이 점을 인식해 열정이 지나친 적응주의를 경계한 것을 애써 칭찬했다.(Poulton 1910, 271~272쪽이 그 예이다.) 그러나 이 모든 것들은 공작의 꼬리가 "부수적인" 현상이라는, 월리스의 주장과는 꽤 다른 외침이었다.

간단히 말해 어떤 다윈주의자가 보더라도, 다윈이 성적으로 선택된 것이라 주장했던 놀라운 색깔처럼 매우 널리 퍼져 있고 불변하며 외관상 설계된 것처럼 보이는 현상을, 비적응주의로 격하시키는 것은 정말 끔찍하게도 약한 전략이다. 적응적인 설명을 선호한다고 고백한 사람에게, 특히 색깔에 대한 자신의 설명이 주요한 공헌이라고 자부심을 느끼는 사람에게는 완전한 실패에 해당한다. 그의 실패는 놀랍지 않다. 메이너드 스미스가 적절하게 이야기했듯이, "큰뿔사슴의 가지를 친 뿔이나 공작 꼬리의 기능을 아무리 많이 의심하는 사람이라도 그것이 선택에 따라 중립적이라고 추측하기는 힘들 것이다."(Maynard Smith 1978c, 36쪽)

완전한 실패에 대해 이야기했지만, 그럼에도 나는 월리스를 다소 변호하는 이야기를 하려 한다. 어떤 면에서 그의 논거들은 너무 설득력이 없어 보인다. 특히 극적인 사례일수록 그렇다. 그래서 그가 주장했던 의견들 중 어떤 것도 혼자서 내지 않았다고 말하는 것이 공정해 보인다. (비록 그가 그 의견들을 자신만의 방식대로 모아서 탐구했을지라도 말이다.) 패턴에 대한 그의 독창적인 설명들 중 몇 가지는 영국의 지질학자인 앨프리드 타일러(Alfred Tylor)의 동물의 색채에 대한 책에서 차용한 것이다.(Tylor 1886, Wallace 1889, 288쪽) 타일러는 생리적인 효과를 자연의 최종 산물이라기보다는 자연 선택이 작용하는 기반으로 보았다.(Tylor 1886, 6~7, 17쪽) 그러나 다른 사람들의 입장은 월리스의 견해에 더 가까웠다. 다윈의 성 선택 이론을 비평한 조지 노먼 더글러스(George Norman Douglass)는 1890년대에 책을 쓸 때, 월리스의 이론 쪽이 암컷의 취향에 호소하는 다윈의 이론보다 훨씬 과학적이라고 생각했다.

> 만약 과학적으로 더 정확해지는 것이 생물학의 추세라면 …… 동물의 색소 형성에 관여하는 과정들은 곧 …… 외부적인 제재(암컷) 없이 '색채 문제에 관여하는 원자들의 중앙 홀로 우연히' 질서가 도입될 수 있는지 여부를 알려 줄 것이다. 나는 색조가 조화롭게 분포된 청란의 깃털이 모든 생명체들은 좌우 대칭이며 방사상의 형태를 띤다는 사실이 예시하는 원리인, 대칭성의 경제적인 동시 발생 원리를 단지 따랐을 뿐이라는 사실이 밝혀지리라고 생각한다.(Douglass 1895, 404~405쪽)

유기체들은 자연적으로 밝은 색채가 되는 경향이 있다는 월리스의 이론 역시 여러 사람들에게 받아들여졌다. 1870년대에 《네이처》의 한 기고자는 "식물의 색채를 생산해 내는 힘은, 기회가 주어질 때마다 모든 장애물들을 극복해 낼 것이다. …… 이 법칙은 생물계에서 널리 받아들여지며, 생물계에서 발견되는 색채들을 설명한다.(Mott 1874, 28쪽)"고 주장했다. 약 30년 후에 미시간 대학교의 동물학 교수인 제이컵 레이가드(Jacob Reighard)도 비슷한 이론을 제안했다.(Reighard 1908, 310~311, 316~321쪽) 다시 30년 후, 미시간 대학교에서 레이가드의 후임자 중 한 사람으로 재직하던 유전학자 에런 프랭클린 슐(Aaron Franklin Shull)은 월리스와 레이가드의 견해에 모두 도전했다.(Shull 1936, 179~180, 198쪽) 한편 존 터너(John Turner)는 과학적으로 신빙성이 없기 때문에 역사가들에게 기록되지 않은 채, 사라진 견해의 한 사례로 레이가드의 이론을 언급한다.(Turner 1983, 152쪽, n5) 우리는 월리스를 동년배들 중에서 괴짜였던 사람으로 결론짓기 전에, 바로 역사의 이러한 여과 장치를 명심해야 한다.

수컷이 암컷들보다 활력이 더 많은 까닭에 정교한 구조와 색채가 발생한다는 월리스의 주장은 대중적으로나 과학적으로나 표준적인 사고 방식이었다.(Farley 1982, 110~128쪽, Wallace 1889, 296~297쪽, n1이 그 예이다.) 『인간의 유래』가 출간됐을 때, 한 비평가는 다윈에게 다음과 같이 물었다. "한쪽 성별에서의 활기와 초과 성장, 복잡한 구조가 …… 상대를 기쁘게 하거나 상대방과 맞서 싸우기 위해서라기보다는 남아도는 활력의 배출구로써 존재하다는 추측은 …… 잘못된 것이 아닙니까?"(Darwin, F. and Seward 1903, ii, 93쪽) 다윈은 이 질문에 대한 답변에서 수컷의 일부 과장된 구조들이 "잉여의 영양분 때문에 생성되며 암컷에서는 동일한 영양분이 생산 기관과 난자를 형성한다."라는 이와 비슷한 제안에 자신이 감명을 받았다는 사실을 인정했다.(Darwin, F. and Seward, 1903, ii, 94쪽) (암컷과 수컷이 자신의 번식 비용을 다른 방식으로 배분한다는 근대적인 생각에 더 가까워진 주장이다.) 다윈은 또한 수컷의 화려한 색채가 호전성과 상관이 있다고 믿었다.(Marchant 1916, i, 302쪽) 이후 영국 박물관의 거미 전문가 중 한 사람인 레지널드 포콕(Reginald Pocock)은 거미의 성 선택을 증명한다고 주장되는 최근의 몇몇 조사가, 월리스의 남성 활력 이론으로도 비슷한 정도로 잘 설명된다고 말했다.

이 책에 인용된 사례들은 …… 월리스 씨의 견해로도 동일하게 설명될 수 있다. 따라서 …… 활동성이 더 큰 …… (수컷) 성별이 있는 것 같다. 만약 활동성이 활력을 나타내는 기준이라면, 우리는 즉시 높은 활력과 장식 사이의 관련성을 보게 될 것이다. …… 또 만약 그것이 과시가 아니라면 왜 수컷들이 암컷들의 면전에서 이상하고 우스꽝스러운 행동을 하는지 다시 한번 물을 때, 번식기에 언제나 증가하는 수컷의 흥분이 암컷들 앞에서 최고조에 이르며 이상하고 우스꽝스러운 행동으로 드러난다고 대답할 수 있다.(Pocock 1890, 406쪽)

윌리엄 헨리 허드슨(William Henry Hudson)의 대중서『라플라타의 박물학자(*The Naturalist in La Plata*)』(1892년)은 "삶의 조건이 최상이 되는 구애 기간 동안, 활력은 최고조에 이른다."라는 월리스의 견해를 선호하며 음악과 춤에 대한 다윈의 '고된' 설명을 묵살했다.(Hudson 1892, 263, 285쪽) 같은 해에 출간돼 널리 읽힌 또 다른 책인 『동물체색(*Animal Coloration*)』(Beddard 1892) 역시 수컷의 신체색을 활력 때문이라 여기며 월리스의 견해를 추종했다. 더글러스는 다음과 같이 선언했다.

벌레들의 '특이한 이상 행동과 회전'에서부터 근대의 무도회장에서 상류층 젊은이가 보여 주는 뒤틀린 몸짓에 이르기까지 약동하는 다양한 본성들을 망라하는 모든 몸짓과 움직임들이 오직 …… '남아도는 활력' …… 의 산물이라는 사실이 궁극적으로 밝혀질 것이다. …… 실제로 여기에 (수컷의 장식에 관한) 모든 문제의 근원이 있다. 암컷의 선호에 의존하며, 유용성의 원리와는 양립할 수 없는 과정에 따라서 앞으로 정교화될 재료들(색채든 구조든 생동감 넘치는 활동이든 혹은 노래든)을 공급하는 기본적인 생리 과정의 또 다른 이름이, 남아도는 활력이기 때문이다.(Douglass 1895, 330쪽)

(그의 견해에서 보면, 이것은 잘못 위임한 것이다.) 세기의 전환기에 켈로그는 "초과 성장-활력" 이론이 "신빙성이 없는" 성 선택 이론의 "가장 호소력 있는" 대안이 될 것이라고 공표했다.(Kellogg 1907, 352쪽, 또한 117쪽도 참조하라.) 이후 "수컷의 밝은 색깔은 …… 때로 그의 활력의 일종의 부산물이다."라는 견해가 일반화됐다.(MacBride 1925, 218쪽)

　게다가 다윈은 월리스처럼 암컷이 존재하지 않을 때 나타나는 공작의 '과시 행동'이나 번식 기간이 오래전에 지나갔는데도 전력을 다해 노래하는 울새처럼 곤란한 사례들을 다루기 위해, 본능적인 활동에서 오는 '삶의 환희'나 순전한 기쁨 같은 비적응적인 힘에 가끔 의존했다.(Darwin 1871, ii, 54~55, 86쪽이 그 예이다.) 실제로 페일리(Paley 1802, 454, 457~458쪽)나 표트르 알렉세예비치 크로폿킨(Kropotkin, Pyotr Alekseevich 1902, 58~59쪽), 헉슬리(Huxley 1923a, 122~127쪽, 1966) 같이 다양한 박물학자들이 대개 이런 방식으로 동물의 행동을 설명했다. 아마도 가장 놀라운 사실은, 패트릭 게디스(Patrick Geddes)와 존 아서 톰슨(John Arthur Thomson)이 쓴 영향력이 지대한 책, 『성의 진화(The Evolution of Sex)』(1889년)가 많은 부분에서 월리스의 아이디어를 강하게 지지했다는 점일 것이다. 이 책에서는 수컷들은 대사력이 훨씬 왕성하기 때문에 근본적으로 암컷들보다 더 밝은 색깔, 더 정교한 구조와 더 활기찬 행동을 발달시키는 성향을 지니며, 이때 자연 선택과 성 선택이 어떤 역할을 하지만 그 중요성은 상대적으로 낮다고 주장했다.(Geddes, and Thomson 1889, 11, 14, 16~31, 320, 324쪽) 이것과 같은 사례들을 더 많이 찾을 수 있다. 따라서 월리스의 견해는 오늘날에는 종종 설득력이 없어 보이지만, 주된 사고의 흐름에서 크게 벗어나지 않은 것이었다.

　월리스가 실패했음에도 그와 여러 사람들이 암컷의 색채에 관한 그의 인상적인 설명에 가끔 몹시 열중했기 때문에, 그들은 월리스가 (적어

도 원칙적으로는) 성 선택을 완전히 밀어내려는 전반적인 목적을 달성했다
고 가정했다. 예를 들면 과학사가인 피터 보르지머(Peter Vorzimmer)는 다
윈과 월리스의 논쟁이 월리스의 거의 완전한 승리로 끝났다고 생각한
듯하다. 그는 월리스에게 분명히 동의하며 아래와 같이 말했다.

> 성 선택 이론을 내켜하지 않았던 월리스의 태도는 의태와 보호색을 연구
> 하면서 그 이론을 완전히 부인하는 쪽으로 달라졌다. 자기 보호의 자질들을
> 획득하기 위해 자연 선택의 원리 역시 잘 작동하며 전부는 아니더라도 대부
> 분의 2차 성징들이 그렇게 설명될 수 있다는 사실을 깨달았을 때, 그는 무슨
> 일이든 반드시 성 선택 같은 과정들의 도움을 빌릴 필요는 없음을 알게 됐
> 다. 다윈과 월리스가 원래 상정했던 대로, 자연 선택의 원리는 완벽히 충분
> 해 보였다.(Vorzimmer 1972, 197쪽)

그는 월리스가 성 선택이 설명하려던 가장 핵심적인 현상을 설명하지
못했다는 사실에 주목하지 못한 채, 다윈의 성 선택 이론을 "별로 중요
하지 않은 것"으로 치부한다.(Vorzimmer 1972, 202쪽) 다음은 비슷한 맥락
에서 식물학자인 번 그랜트(Verne Grant)가 한 말이다. "월리스가 …… (수
컷의 2차 성징) 문제를 명석하게 분석하며 지적했듯이, 다윈의 성 선택 이
론은 …… 수컷의 장식과 노래의 발달에 대해 만족스러운 설명을 (제공하
지 못한다)"(Grant 1963, 243쪽) 그랜트에 따르면 이 문제는 자연 선택(주로 종 인
식)으로만 설명될 수 있다.

월리스 자신의 주장은 이보다 한발 더 나아간다. 우리는 그가 성 선
택에 관한 한 자신이 다윈보다 더 다윈주의자라고 어떻게 단언했는지
살펴보았다. 그는 또한 색채에 대한 자신의 대안 이론들이 자연 선택의
범위를 넓혀 준다고 주장했다. "나의 견해는 자연 선택의 영향력을 정

말로 확대시킨다. 색깔과 표시가 그 소유자들에게 여러 가지 예상치 못한 방식으로 유용할 수 있음을 보였기 때문이다."(Wallace 1905, ii, 18쪽, 또한 1889, 268쪽도 참조하라.) 그는 성 선택을 자신의 이론으로 대체함으로써, 자연 선택은 "비정상적인 이상 성장물로부터 해방돼 부가적인 활력을 얻을 수 있다."(Wallace 1871, 392~393쪽)라고 주장했다. 또 다윈의 이론과는 달리, 그의 이론은 굉장히 미심쩍은 가정을 할 필요가 없었다. 그의 이론은 "암컷 선택이라는 매우 가설적이며 불충분한 동인을 완전히 없앴다."(Wallace 1889, 334쪽) 따라서 그는 자신의 이론들이 다윈의 "성적으로 선택된" 현상의 전 영역을 다룰 수 있다고 이야기했다. "나는 단지 자연 선택의 도움을 받은 성장 법칙만으로, 성적인 장식과 색채에 관한 현상들을 (일반적으로) 모두 설명할 수 있다고 믿는다."(Marchant 1916, i, 298쪽) 그는 이러한 주장이 대담하면서도 타당하다는 것을 깨달았다고 말했다. 또 이 주장이 (자신의 탄식을 대부분 들을 수 있는) 박물학자들이 성 선택을 버리고 자연 선택 이론을 고수하게 하는 '구호품'을 제공하리라고 말했다.

동물에서의 색채라는 주제에 대한 이 요약문을 다윈 씨의 고도로 정교화된 이론, 즉 …… 성 선택 이론의 대안물로 제시하는 것이 아마도 주제넘게 보일 것이다. 그러나 나는 이 이론이 전반적인 사실과 자연 선택 이론에 더 부합한다고 조심스럽게 말한다. …… 새와 곤충의 거의 모든 장식물과 노래가 암컷의 지각과 선택에 따라 생산됐다는 설명은 …… 많은 진화론자들을 깜짝 놀라게 했다. 그러나 이 이론은 지금껏 그와 같은 사실들을 설명하려고 시도한 유일한 이론이었기 때문에 잠정적으로 받아들여졌다. 이들 중 몇 명에게는 이 현상들을 일반적인 발달 법칙과 자연 선택 작용에 의존하여 설명할 수 있다는 발견이, 내게 그랬던 것처럼 구호품이 될 것이다.(Wallace 1889, 392쪽)

월리스의 입장은 익숙한 역할들을 뒤바꾼다. 다원론자인 로마네스는 수컷의 장식처럼 매우 정교하며 전문화된 구조들이 선택 없이는 생겨날 수 없다는 점을 인정하라고 월리스에게 촉구하면서, 적응적인 설명에 대한 월리스의 열정을 평소처럼 단호하게 비판했다.(Romanes 1892~7, i, 394~398쪽) 동시에 헌신적인 적응주의자인 월리스는 다윈에게 성 선택 이론을 덜 중시하고, 색채 발달과 이와 유사한 "미지의 법칙들"에 보다 무게를 실을 것을 촉구했다!(Wallace 1871)

장식적인 색채들에 대한 월리스의 입장이 다시 원점으로 돌아왔다는 사실은 매우 이상하다. 원래 그가 색채에 대한 이론을 발달시킨 이유는, 부분적으로는 자연 속의 아름다움에 별다른 유용성이 없다는 자연 신학적인 주장들을 전복시키기 위해서였다.(Wallace 1891, 153~156쪽이 그 예이다.) 그 다음의 목적은 색채의 유용성을 성 선택에서 찾을 수 있다는 다윈의 주장을 전복시키는 것이었다. 결국 이 여정은 그가 "성적으로 선택된" 색채들에 어떠한 쓸모가 있음을 단호하게 부정하는 것으로 끝이 났다.

마지막으로 장식적인 특성들을 다루는 데 명백히 실패했음에도 의기양양했던 월리스의 초적응주의, 초다원주의적인 주장에는 통렬한 아이러니가 존재한다.(Kottler 1985, 410~411쪽을 참조하라.) 그의 열정은 아마도 전환에 대한 열정이었을 것이다. 더 젊었던 시절의 월리스에게 장식적인 특성들은, 어두운 공리주의자의 세계에 비친 천우신조의 빛이었을 것이다. 예를 들면 다음은 월리스가 자연 선택을 발견하기 이전인 1856년에 한 말이다. 그는 오랑우탄의 거대한 송곳니가 아무런 쓸모가 없다고 주장했다. "그렇다면 당신은 내 몇몇 독자들이 분개해서는 이 동물 혹은 어떤 동물이 어떻게 아무 쓸모가 없는 기관을 가지고 태어날 수 있는지 질문하리라고 단언하시는 겁니까? '그렇습니다.'라고 우리는 대답할 것입니다. 많은 동물들이 아무런 물질적인 혹은 물리적인 기능도 없는 기관과 부속물들을 지니고 태어납니다."(Wallace 1856, 30쪽) "많은 아름다운 색채들과 구조들은 단지 '아름다움 그 자체'를 위해 창조됐다."(Wallace 1856, 30쪽) 그들은 설계의 증거이며 창조주의 작품이다. 이것은 적응적인 설명을 심각하게 제한한다. "우리는 동물의 모든 부위들이 …… 오로지 그 개체에게 어떤 물질적이거나 물리적인 쓸모가 있어서 존재한다는 믿음이 생물계에 대한 가장 잘못됐으며 가장 모순된 입장이라고 생각한다."(Wallace 1856, 30쪽) 그리고 월리스는 계속해서 지나치게 열성적인 적응주의자들을 비판했다. "개체나, 구조의 각 부분들에 어떤 쓸모를 가지다 붙이고 …… 심지어는 모든 변형이 오로지 어떤 쓸모가 있어서 일어났다는 생각을 심어 주려는 끊임없는 시도는, 생물계의 모든 다양성과 아름다움, 조화를 완전히 이해할 수 없게 만드는 치명적인 오류이다."(Wallace 1856, 31쪽) 그 이후 월리스는 다윈주의의 긴 여정을 떠나게 됐다.

수컷에 대해서는 다윈의 주장을, 암컷에 대해서는 월리스의 주장을?

이제 내가 풀 수 없었던 수수께끼에 직면하게 되었다. 이 수수께끼는 색깔을 보호와 인식(특히 보호, 1870년대에는 인식에 대한 다윈주의적인 아이디어가 10년 정도 후에 월리스가 이 아이디어를 훨씬 완전하게 적용했던 때만큼 잘 발달되지 않았었다.)으로 설명하는 월리스의 전략에 대한 다윈의 반응에 관한 것이다. 성선택과 보호에 대한 선택은 분명 상호 보완적일 수 있다. 그들은 함께 암컷과 수컷의 신체색에 대한 완전한 설명을 제공해 줄 수 있다. 이형성에 대한 많은 사례들, 무엇보다도 눈부시게 아름다운 수컷 공작새와 상대적으로 수수한 암컷 공작새 같은 놀라운 사례들은 이런 방식으로 다룰 수 있다. 다윈과 월리스의 동시대인이었던 한 사람이, 정말 기분 좋은 이

미지에서 이 아이디어를 포착했다. 날개 아랫면은 잘 위장된 모습이고 날개 윗면은 화려한 나비에 주목하며 그는 분명하게 말했다. "우리는 날개 아랫면은 월리스 씨에게 주어야 할지도 모른다. 그러나 날개 윗면은 다윈 씨에게 넘겨주어야만 한다."(Fraser 1871, 489쪽) 다윈은 양성에 대해 솔로몬의 재판을 적용할 수도 있었다. 그는 화려한 수컷들 대부분에 대한 자신의 주장을 심각하게 약화시키지 않고도, 수수한 암컷들과 양성 모두가 밝은 색깔을 띠는 경우들을 월리스에게 매우 행복하게 넘겨줄 수도 있었다.

그러나 다윈은 그러지 않았다. 대신 그는 선택에 크게 등을 돌리고 유전 법칙과 발달, 즉 비적응적인 설명에만 의지했다.(Ghiselin 1969, 225~229쪽, Kottler 1980) 1867~1868년에 오간 서신에서 다윈은 처음에는 월리스의 견해를 대부분 수용했다. 그러나 1868년 가을부터 그는 월리스의 의견에 동의하지 않게 됐다. 나는 이 사실을 강조하고 싶지 않다. 다윈이 성 선택 이론을 다루지 않았을 때, 그는 색채를 설명하기 위해 보호에 대한 선택을 광범위하게 사용했다. 그리고 그가 성 선택 이론으로 수컷의 색깔을 설명했던 사례에서조차, 암컷의 보호색을 대부분 확실하게 인정했다. 그는 성 선택과 보호 모두가 적응적인 색채를 결정한다고 매우 분명하게 말했다. "모든 종류의 동물들에서, 색깔이 어떤 특별한 목적을 위해 변형될 때마다 이것은 …… 보호나 양성 간의 유혹 중 어느 하나를 위해서다."(Darwin 1871, i, 391~392쪽) 그러나 그는 이형성 중 성 선택의 대상이 아닌 반쪽 측면을 적응적인 것, "특별한 목적을 위해 변형된 것"으로 보는 견해를 다소 꺼렸다. 그래서 그는 월리스가 선호했던 종류의 설명에는 사람들이 다윈주의자에게 기대하는 것보다 덜 의존했으며, 선택의 이점이 없는 유전에 대한 자신의 이론에는 사람들의 기대보다 더 많이 의존했다. 이 지점에서 그의 설명은 월리스의 색에 대한 비적응적인 설명과 상응한다. 월리스의 경우에 비적응적인 기제는 생리학이었다. 다윈의 경우에는 유전이었다. 월리스는 비적응적인 설명을 수컷의 색을 설명하는 데 사용했다. 다윈의 경우에는 암컷의 색을 설명하는 데 사용했다.

다윈은 수컷의 변이들이 진화의 과정에서 처음 생겨났을 때 일반적으로 유전된 방식에 암컷의 색이 크게 의존한다고 주장했다. 이 변이들은 처음부터 양성 모두에게 전달되고 (어느 정도) 발현됐을 수 있다. 이 경우에 암컷은 성적으로 선택된 수컷의 색들을 공유한다. 그렇지 않으면 처음부터 유전이 성별에 제한적일 수 있다. (한 성에서만 발현될 수 있다.) 이 경우에 수컷이 성적으로 선택된다면 성별에 따른 이형성이 나타날 것이다. 이것이 바로 핵심이다. 다윈에 따르면 변이가 양성에서 발현될 경우, 대개 자연 선택은 한 성에서만 변이를 수정할 수 있는 힘을 갖고 있지 않다. 즉 자연 선택은 성별에 동일한 유전을, 성별에 제한적인 유전으로 전환시킬 수 없다. 따라서 수컷의 성적으로 선택된 색이 양성 모두에게 동일하게 유전된다면, 선택은 암컷의 색만을 약화시킬 힘이 없다. 그러므로 성 선택이 수컷에게 작용하는 많은 경우에, 보호와 인식에 관한 월리스의 선택압은 아무런 역할도 하지 못할 것이다. 이를테면 유전 체계가 수컷의 성적으로 선택된 색과는 무관하게, 암컷을 내버려 둘 경우에만 월리스가 말한 자연 선택으로 암컷의 더 수수한 색을 설명할 수 있다. 인정컨대 양성 유전이 일반적인 법칙이지만, 그럼에도 다윈은 수컷의 성적으로 선택된 특징들이 다른 대부분의 특징들보다 다소 더 성별에 제한적인 경향이 종종 있다고 정말로 생각했다. 그 결과 월리스의 선택압이 작용할 여지를 남겨 두었다. 그러나 놀랍게도 그는 이러한 생각들을 거의 활용하지 않았다. 번식에서의 역할이 암컷을 엄중한 선택압의 대상이 되게 할지도 모르며, 보호와 인식의 원칙이 다윈 이론의 적법한 부분이라는 월리스의 두 가지 주장 모두에 다윈이 동의했다는 점을 나는 강조하겠다. 그러나 그는 이형성이 나타나는 경우에, 이 논리만으로 암컷의 색을 대부분 설명할 수 있다는 주장에는 동의하지 않았다. 월리스는 다윈이 "(몇몇 사례에서) 보호에 대한 필요성을 인식한다. …… 그러나 그는 나만큼 이것을 매우 중요한 동인이라고 여기지 않는 것 같다."라고 말했다.(Wallace 1891, 138쪽)

이러한 다윈의 입장을 가장 효과적으로 보여 주는 표지는 월리스의 견해를 크게 수용하다가 대체로 동의하지 않게 된, 그의 점진적인 심경 변화이다. 이 변화를 추적하기는 어렵지 않다. 성 선택에 대한 논의를 확장시킨 『종의 기원』의 4판(1866년)에서 그는 조류에서의 성적인 이형성을, 때때로 수컷에 대한 성 선택과 암컷에 대한 자연 선택으로 설명할 수 있다는 것을 인정했다. 그는 두 사례들을 언급한다. 하나는 구조에 대한 것이며 다른 하나는 색채에 대한 것이었다. 그는 암컷 공작들이 수컷처럼 긴 꼬리를 갖고 있으면 포란하는 동안 지장을 받는다고 말했다. 또 큰 뇌조 암컷이 수컷처럼 검다면 알을 품는 동안 눈에 뜨일 위험이 있을 것이라고 말했다. 그러나 6판(1872년)에서 이 논의는 삭제되었다.(Peckham 1959, 372쪽) 그리고 『인간의 유래』에서 그는 수컷에서의 성 선택과 암컷에서의 자연 선택은 조류들이 보이는 성적 이형성의 일반적인 원인이 아니라고 주장하며, 『종의 기원』에서 자신이 했던 발언을 철회한다.

나는 『종의 기원』에서 포란 기간의 암컷에게는 공작의 긴 꼬리가 불편할 것이고 수컷 큰 뇌조의 눈에 띄는 검은색은 위험할 것이며, 그 결과로 이러한 특성들이 수컷에서 암컷 새끼에게 전달되는 일이 자연 선택으로 억제될 것이라고 간략하게 제시했다. 나는 이런 일이 소수의 몇몇 사례에서 실제로 발생할 것이라고 여전히 생각한다. 그러나 내가 수집할 수 있었던 모든 사례들을 신중하게 검토해 본 후, 이제 나는 성별에 따른 이형성이 존재할 때에 연속된 변이들은 일반적으로 이 변이가 최초로 출현했던 성별에게만 처음부터 제한적으로 전달된다고 믿게 됐다.(Darwin 1871, ii, 154쪽)

이와 비슷하게 그는 앞서 자신이 "조류 암컷의 덜 밝은 신체색을 설명하기 위해 보호의 원칙을 많이 강조하는 쪽으로 기울었지만"(Darwin 1871, ii, 198쪽) 지금은 암컷이 "몇 사례에서는 수컷과는 무관하게 보호를 위해 변형되는 경우도 있겠지만"(Darwin 1871, ii, 200쪽), 그럼에도 "많은 종들에서 암컷들만 그렇게 특별히 변형될 수 있을지가 지금은 매우 미심쩍다."(Darwin 1871, ii, 197쪽)는 견해를 택하게 됐다고 말한다. 그리고 그는 월리스는 틀렸다고 결론 내린다. "나는 암컷에게만 제한되는 수수한 신체색이 대부분의 경우에 보호를 위해 특별히 획득된 것이라는 월리스 씨의 믿음에 찬성할 수 없다."(Darwin 1871, ii, 223쪽) 그는 나비와 나방들도 상당 부분은 같은 방식으로 다룬다. 그는 일부 종들의 색이, 심지어 밝은 색조차, 보호 기능을 할 수 있다는 사실을 인정한다. 그러나 암컷의 색이 수수할 때조차, 그것이 항상 일반적인 이유는 아니라고 주장한다.(Darwin 1871, i, 392~393, 399, 409쪽이 그 예이다.) 마찬가지로 그는 포유동물들이 보호색을 띠고 있을지라도 "다수의 종들에서 신체색은 지나치게 눈에 띄거나 너무나 특이하게 배열돼서 이러한 목적으로 기능한다고 추측할 수 없다."(Darwin 1871, ii, 299쪽)라고 주장한다.

보호에 대한 선택보다는 유전 법칙과 성 선택의 결합을 더 선호한 다윈의 입장은 그가 양성 모두가 수수한 색일 경우를 다룬 방식에서도 드러난다. 그는 양성이 비슷한 모양이며 둘 다 수수한 색인 몇몇 종들에서, 보호를 위한 선택이 작용한다는 데 의심할 여지가 없다는 점을 인정한다.(Darwin 1871, ii, 197, 223~226쪽) 그러나 그럼에도 그는 양성 모두가 수수한 색을 띠는 것이 (같은 색이든 다른 색이든) 반드시 성 선택보다는 보호를 위한 선택이 원인이라는 의미는 아니라고 강조한다. 그가 제대로 지적했듯이, 이 종들의 암컷들은 수수한 수컷들을 더 선호했는지도 모른다. (이 가정은 타당하지만 그는 대개 그렇게 가정하지 않는다.)

나는 월리스 씨에게 완전히 찬성할 수 있기를 희망한다. 그러면 몇 가지 어려움들이 사라질 것이기 때문이다. …… 많은 새들에서 양성 모두가 띠는 모호한 색조가 보호의 목적을 위해 획득되고 보존된 것이라고, 우리가 인정한다면 …… (즉 이 새들에서) 성 선택이 작용했다는 증거를 충분히 찾을 수 없다는 점을 우리가 인정한다면 편안해질 …… 것이다. 그러나 우리는 우리 눈에 흐릿하게 보이는 색들이, 특정 종의 암컷들에게도 매력적이지 않을 것이라고 결론을 내릴 때 신중해야만 한다.(Darwin 1878, ii, 197~198쪽)

그는 이 사례들에서 성 선택이 작용하지 않았을지라도, 부가적인 증거가 없는 한, 보호를 위한 선택이 작용했다고 추측하기보다 모른다고 결론 내리는 쪽이 더 낫다고 덧붙인다. "양성이 모두 어두운 색일 때, 성 선택을 그 동인으로 가정하는 것은 경솔한 행동일 것이다. 이러한 색들이 보호 역할을 한다는 것을 보여 주는 직접적인 증거가 없을 때는, 그 원인을 전혀 모른다고 이야기하는 것이 최상이다."(Darwin 1871, ii, 226쪽) 이러한 경고는 확실히 타당하지 않다. (덧붙여 말하자면 다윈답지 않다.) 문제가 되는 것은 증거가 아니라 개연성이다.

의미심장하게도 다윈은 성 선택이 관여할 수 없는 경우에 보호를 적용할 만반의 준비가 돼 있었다. 그는 호주뻐꾸기 두 종에서 뻐꾸기가 기생한 둥지가 덮였을 때보다 개방돼 있을 때, 뻐꾸기 알의 색이 숙주가 낳은 알의 색과 훨씬 더 비슷하다는 사실에 주목했다.(Peckham 1959, 393쪽)

그는 두드러지게 눈에 띄는 애벌레의 색깔에 대한 월리스의 해답, 즉 포식자들에게 자신들이 맛이 없다는 사실을 광고하는 중이라는 생각을 활용한다.(Darwin, F. 1887, ii, 93~94쪽, Darwin, F. and Seward 1903, ii, 60~71, 91~92쪽, Marchant 1916, i, 235~236쪽)

다윈의 입장에 대한 증거는 이쯤 다루기로 하고, 이제 그것이 제기하는 어려움들을 살펴보자. 왜 그는 이러한 입장을 채택했는가? 나는 명확한 해답을 제시할 수 없다. 그러나 적절해 보이는 이유는 몇 가지 있다.

다윈은 자신의 실험적인 조사들(『사육 동식물의 변이(*The Variation of Animals and Plants under Domestication*)』(1868년)에 게재한), 특히 성별에 동등한 유전과 제한적인 유전에 대한 발견들에서 유전의 중요성에 대한 결론을 이끌어 냈다고 느꼈다. 그는 이 결과에 실험적인 근거가 매우 풍부하다고 생각했다. 그에게는 월리스의 입장을 완전히 인정하는 것이 자신의 발견과 어긋나 보였다. 물론 이것은 완전한 답이 될 수 없다. 확실히 이 발견들을 고려해도 다윈은 유전의 작용에 관한 한 필요 이상으로 비적응주의자였다. 어쨌든 그가 조사했던 과정들(특히 우리가 지금은 호르몬의 영향으로 인식하는 것들(Ghiselin 1969, 226쪽))이 진화의 시간을 거치는 동안 자연 선택의 대상이었다고 가정할 만한 증거들은 많다. 게다가 자신의 입장을 채택하면서 다윈은 다소 색다른 입장을 받아들이고 있었다. 우리는 다윈주의자들 내부에서 유전과 그것이 발달에 부과하는 제한의 강한 영향력을 강조하는 사람들과 선택의 어마어마한 힘을 강조하는 사람들 사이에 오랜 분열이 존재해 왔음을 살펴보았다. (이 두 입장들은 이상주의자와 공리주의적 사고 방식의 다윈주의적 후손인 셈이다.) 다윈은 대개 선택의 힘을 강조하는 진영에 속했다. 그러나 이 이슈에 관한 한 그는 무엇인지 모를 이유로 다른 방향에 크게 기울었다.

다윈의 입장을 월리스의 입장과 대조해 보자. 월리스는 확고하게 선택의 중요성을 선호하는 입장이다. "나는 선택이 유전 법칙과 그 법칙의 유용성보다 훨씬 더 강력하다고 생각한다."(Darwin, F. and Seward 1903, ii, 86쪽) 월리스는 암컷에게 작용하는 선택압과 무관하게 그 색이 칙칙하다는 다윈의 설명에 대해 불평했다. 다윈에 따르면 그것은 단순한 '우연'의 문제였다.

> 만약 이것이 유전 법칙만으로 설명된다면, 한 성별의 색깔은 항상 (환경과 관련된) 우연의 문제일 것이다. …… 이것은 색은 성 선택에 따라 양성 모두에서 생산되며, 결코 암컷을 환경과 조화시키기 위해 변형되지 않는다는 『종의 기원』의 원리들에 위배된다.(Darwin, F. and Seward 1903, ii, 86~88쪽)

다시 한번 월리스에게는 다윈이 자연 선택의 영역을 타당한 이유 없이 축소하는 것처럼 보였다. 다윈은 칙칙한 색이 얼마나 유용할 수 있는지 간과하는 것 같았다.

> 나에게 당신의 견해는, 당신 자신의 자연 선택의 법칙에 위배되며 자연 선택의 힘과 작용 범위를 부인하는 것처럼 보입니다. 당신이 일반적으로 칙칙한, 새와 곤충류 암컷들의 색조가 그들에게 어떤 쓸모가 있다는 사실을 인정하면서도, 자연 선택에 칙칙한 색들을 증가시키고 밝은 색들을 제거하는 경향이 확실하게 존재한다는 의견을 어떻게 부인할 수 있는지 나는 모르겠습니다. 아름답고 다양해 보이는 색의 적응들이 '변이와 유전의 법칙들'만으로 생성됐다고 한다면, 나는 동식물의 **구조적인 적응**들도 그렇게 생성된 것이라고 바로 믿을 수 있습니다.(Kottler 1980, 217쪽에 인용된 월리스가 다윈에게 보낸 출간되지 않은 편지)

월리스가 『인간의 유래』 리뷰에서 말했듯이, 다윈은 "성별에 제한적인 전달이 자연 선택의 힘이 미치는 범위를 넘는 것으로 인식하자, 자연 선택의 효과를 필요 이상으로 평가 절하"하고 있었다.(Wallace 1871, 181쪽)

다윈은 월리스에게 찬성하지 않은 이유가, 자신이 수행한 유전에 대한 실험적인 발견들 때문이라고 말했다. 그러나 그의 입장은 그의 작업 전체를 관통해서 나타나는 보호색, 특히 수수한 색에 대한 흥미의 부재를 반영한다. 월리스와의 이러한 차이는 다윈주의 역사 속에서 그들의 위치와도 통렬하게 부합한다. 월리스가 볼품없는 색, 보호 기능을 가진 신체색을 주는 선택압에 대해 고심한 반면, 다윈은 화려하고 눈에 띄는 장식에 사로잡혔다. 이들의 서로 다른 관심사는, 심지어 1858년에 있었던 자신들의 이론에 대한 첫 공식 발언에서도 나타난다. 다윈은 성 선택 이론을 도입했지만 보호색에 대해 말하지 않았다. 월리스는 정반대였다.(Darwin and Wallace 1858, 94~95, 102, 106쪽) 그리고 10년 후에 월리스가 처음에는 수용했던 성 선택 이론에서 점점 멀어져 갔다면, 다윈은 성적인 이형성의 더 칙칙한 나머지 반쪽을 보호에 대한 선택으로 설명하는 일을 점차 중단하게 되었다. 그들이 나눈 서신에서 한번은 다윈이 월리스에게 다음과 같이 말한 바 있다. "나는 앞서 보호에 거의 주목한 적이 없습니다."(Darwin, F. and Seward 1903, ii, 73쪽) 이 서신에 나타난 발언들은 그의 최종 입장을 훨씬 정확하게 요약하며 월리스와의 차이를 보여 준다. "나는 암컷에 관한 당신의 보호 견해가 얼마나 멀리 확장될지 몹시 걱정됩니다. 연구를 하면 할수록, 성 선택은 더욱 중요해 보입니다."(Darwin, F. 1887, iii, 93쪽) 그리고 "(성 선택에) 집중하면 할수록 나는 암컷이 보호를 위해 수수한 색깔을 띤다는 견해에 대해, 당신과 의견이 점점 달라집니다." (Darwin, F. and Seward 1903, ii, 84쪽) 월리스가 조류 신체색의 원인을 둥지 유형에서 찾은 반면, 다윈은 신체색을 원인으로, 둥지 유형을 그 결과로 보았다. 월리스의 시각에서 신체색은 자연 선택에 따라 크게 변경될 수 있었던 반면, 다윈에게는 신체색이 유전 법칙에 고정된 것이어서 만약 새가 보호를 받으려 한다면 자연 선택은 행동(둥지 유형)을 수정해야만 했다.(Darwin 1871, ii, 171~172쪽, Wallace 1891, 135~136쪽, Wallace 1889, 278~279쪽도 참조하라.)

누구도 자신에게 가장 흥미로운 것을 추구한 데 대해, 다윈을 비난할 수 없다. 그러나 이것은 실제로 그의 눈을 가리는 역할을 했다. 월리스가 제대로 반대했듯이, 다윈은 암컷의 볼품없는 모습을 위장으로 여기기보다 그저 볼품없다고 취급하는 경향이 있다. 다윈은 이형성의 많은 사례들에서 암컷은 단지 수컷보다 볼품없을 뿐이라고 보는 데다가, 보호색을 띤다는 사실을 간과하는 경향이 있다. 암컷의 색은 분명히 적응이다. 이형성이 적은 경우에는, (자연 선택이 작은 차이에 미치는 영향을, 다윈이 일반적으로 가정했던 것보다 더 많이 무시한다 해도) 수컷의 성적으로 선택된 특성들이 유전적으로 불완전하게 이동한 결과로 암컷의 신체색을 설명하는 것이 그럴듯할지도 모른다. 그러면 암컷이 단지 볼품없는 것이 아니라 꼼꼼하게 위장을 한 경우에는 어떨까? 월리스는 이것이 대다수의 조류들에게 적용되는 상황이라고 지적한다.(Darwin, F. and Seward 1903, ii, 87쪽) 그는 "만약 암컷의 신체색이 선택에 따라 보호를 목적으로 만들어진 것이 아니라면, 그렇게 많은 암컷 새들의 신체색이 보호색으로 보이는 이유는 무엇인가(?)"라고 묻는다.(Darwin, F. and Seward 1903, ii, 87쪽, 원문의 강조를 생략했다.) 마찬가지로 그는 다윈이 어떤 암컷들은 수컷과 똑같이 밝은 색을 띠는 반면, 다른 암컷들은 더 칙칙하고 완전히 모습이 다른 이유를 만족스럽게 설명해 주지 않았다고 불평했다.

이 이론은 큰부리새, 딱새류, 앵무새, 마코앵무새와 박새 암컷들이 대부분의 경우 수컷만큼 화려하고 선명한 색을 띠는 반면, 찌르레기를 비롯해 잘 지저귀는 화려한 새들, 마나킨새, 풍금조, 극락조 들이 거의 같은 종에 속한 다고 인식하기도 힘든, 몹시 칙칙하고 눈에 안 띠는 암컷들을 짝으로 맞이하 는 원인을 전혀 밝혀 주지 않는다.(Wallace 1891, 124쪽)

이것은 나비에서의 이형성에 대해서도 동일했다. 보호에 대한 선택은 "그렇지 않으면 설명할 수 없는 사실이 존재하기 때문에 작동 중이어야 만 한다. 그 사실은 숨는 것 이외에 다른 종류의 보호 수단을 가진 집 단에서는, 신체색의 성차가 매우 작거나 약간만 발달했다는 것이다." (Wallace 1891, 80쪽)

월리스는 이렇게 불평할 만한 타당한 근거를 가졌다. 물론 다윈은 색 깔이 보호 기능을 가진 것처럼 보일 때, 적응적인 설명이 요구된다는 원 리를 받아들였다. 그러나 그는 수수한 신체색에 이 원리를 적용하는 데 별로 흥미가 없었다. 때때로 그는 성 선택과 유전만으로도 신체색의 "많 은" 사례들을 설명하기에 충분하다는 가정에 빠지는 것처럼 보이기까 지 했다. 예를 들면 그는 월리스에게 "아름다움을 이끄는 변이들은 종종 수컷에서만 나타나야 하며 그 성별에만 전달돼야 한다. 따라서 나는 수 컷이 암컷보다 훨씬 더 아름다운 많은 사례들을 **보호 원리의 도움 없이** 설명할 것이다."라고 말한 바 있다.(Darwin, F. and Seward 1903, ii, 74쪽, 굵은 글씨 는 이 책의 저자가 강조한 것이다.) 그러나 암컷의 색깔이 수컷보다 덜 화려하다 는 사실이, 그것을 적응적으로 설명해야 할 필요를 없애지는 않는다. 성 선택과 유전에 대한 다윈의 이론들이 결합해 수컷의 색과 이형성의 발 생을 설명할 수 있을지도 모른다. 그러나 이 이론들만으로는 암컷이 보 호받는 것처럼 보이는 많은 사례들에서 암컷의 신체색을 설명할 수 없 다. 이 사례들은 적응적인 설명을 요구하는 듯하다.

그것이 아니라면 어쨌든 다윈은 이 요구에 부응하고 있었다는 말인가? 말하지 않았을 뿐이지 그는 성 선택이 일어나기 전에 양성은 보호색을 띠고 있었다고 가정했다는 것인가? 만약 그랬다면 이후 계속 수수하게 유지된 암컷의 색깔을 설명하느라, 보호 원리를 다시 언급할 필요가 실제로 없을 것이다. 다윈주의 역사의 이런 측면을 가장 광범위하게 다룬 논평가인 맬컴 코틀러(Malcolm Kottler)는 다윈은 자연 선택이 암컷의 보호색을 **유지시켰는가**에 대한 질문을 무시하면서, 자연 선택이 그들을 현재와 같은 모습으로 **만들** 수 없다는 점을 보이는 데 집중했다고 제안한다.(Kottler 1980, 204쪽) 따라서 아마도 다윈의 발언들 중 일부는 훨씬 관대하게 해석할 필요가 있을 것이다. 아마도 이 발언들은 암컷들이 이미 보호색을 띤다는 전제하에 나왔을 것이다. 어쨌든 다윈은 이와 같은 발언을 한 유일한 사람이 아니었다.

일례로 코틀러를 살펴보자. 분명하게 구별되지만 그는 이 문제에 관해 너무 자주 다윈과 비슷한 발언을 한다. 예를 들면 그는 성별에 제한적인 유전의 사례에서 성 선택과 유전 법칙만으로도 조류 암컷의 수수한 색깔을 설명할 수 있기 때문에, 다윈이 자연 선택을 들먹이지 않은 것이 옳았다고 말한다. "수컷에서 성적으로 선택된 변이들이 처음부터 성별에 제한적으로 유전되는 현상과 합쳐지면, 암컷 선택만으로도 눈에 띄는 수컷과 눈에 띄지 않는 암컷을 만들어 낼 수 있다. 이런 경우, **더 큰 위험에 노출되는 성별을 보호하기 위한 자연 선택은 불필요하다.**"(Kottler 1980, 204쪽, 굵은 글씨는 이 책의 저자가 강조한 것이다.) 그는 암컷이 단지 '눈에 띄지 않는' 것이 아니라 위장을 하고 있을 가능성을 잊은 것 같다. (그러나 분명 그는 잊지 않았다.) 코틀러는 또한 "다윈은 훨씬 눈에 띄는 성별에서 성적으로 선택된 색깔 변이들이 처음부터 제한된 성별로 유전되는 현상이, 덜 눈에 띄는 성별이 지닌 색의 원인이라고 설명했다."라고 다윈에게 찬성하듯이 말한다.(Kottler 1980, 204쪽) 다시 그는 암컷의 신체색의 "원인"을 암컷이 수컷의 색을 물려받지 않았다는 사실만으로는 충분히 설명할 수 없는 많은 사례들을 간과하는 것처럼 보인다. 색과 둥지 유형 사이의 관계를 논의하며, 그는 다음과 같이 유사한 결론을 내린다. "이 결과들은 월리스가 묘사했던 바와 같지만, **보호에 대한 자연 선택의 작용 없이** 생산되었다."(Kottler 1980, 219쪽, 굵은 글씨는 이 책의 저자가 강조한 것이다.) 이 말은 자연 선택 없이도 일부 수수한 색깔들을 설명할 수는 있지만, 그 색에 보호 기능이 없는 경우에만 그렇다는 사실을 그가 마치 무시하고 있는 것처럼 들린다. 코틀러가 암컷들이 보호색을 띤다는 가정에서 시작했기 때문에, 이형성의 그 측면에 대해서는 단지 더 이상 설명할 필요가 없어서였을까? 그는 이러한 암컷들의 색이 "분명히 적응적인 형질"이라고 확실하게 말하고 있으며, 그것이 "명백히 적응적"이라는 점에서 월리스에 동의하기도 했다.(Kottler 1980, 204, 217쪽) 그러나 그 점은 아직 그다지 분명하지 않다. 그가 숨도 쉬지 않고 연이어서 암컷의 색을 설명할 때, 월리스는 지나치게 열성적인 적응주의자라고 혹평했기 때문이다.(Kottler 1980, 204, 219쪽이 그 예이다.) 어쩌면 그는 정말 다윈에게 '보호 원리가 필요 없다.'라고 느꼈던 것일까?

기셸린도 "내가 다윈을 바르게 이해한 것이라면, 그는 암컷의 수수한 색깔을 적응적으로 설명할 필요를 거의 못 느끼는 것 같다."라고 말했다.(Ghiselin 1969, 225~229쪽, 1974, 131, 178쪽) 그는 월리스의 설명이 적응적인 반면 다윈의 설명은 그렇지 않다는 점에 주목한다. 그러나 그는 이 점을 월리스의 독단적인 적응주의와 비교했을 때, 다윈의 입장이 가지는 힘으로 본다. 그는 다윈이 "적응적으로 중립적"이거나 "부적응적"으로 보이는 형질들을 설명하기 위해 유전 법칙에 의존한 점을 칭찬한다.(Ghiselin 1974, 178쪽이 그 예이다.) 다윈은 이런 종류의 형질들을 설명하기 위해 정말로 유전 법칙을 활용했다. 순록 암컷의 뿔 같은 사례가 여기에 해당된다고 할 수 있다.(Marchant 1916, i, 217쪽) 그러나 이형성의 사례들 중에는 적응적인 설명을 요구하는 경우도 존재한다.

덧붙이자면 순록 암컷의 뿔에 대해 이야기하면서, 다윈은 성 선택에 따라 암컷에서 나타나는 눈에 띄는 색을 설명할 수 있었던 것처럼 보인다. 그의 이론은 수컷의 배우자 선택의 가능성을 배제하지 않았다. 실제로 그는 수컷의 선택이 인간에서는 일상적이며 다른 동물들에서도 때때로 일어난다고 가정하기조차 했다. 그러나 그는 일반적으로 배우자 선택은 거의 독점적으로 암컷이 한다고 강조했다. (앞서 살펴보았듯이 그의 논거는 일반적으로 정자가 난자에 전달된다는 생각에 기반을 둔다. 사실은 매우 빈약한 논거다.)

다윈의 입장을 설명할 때에 확실히 고려해야 할 것은 보호 원리를 적용하려는 월리스의 시도가 설득력이 크지는 않았다는 사실이다. 확실히 이 원칙은 암컷의 색이 수컷에 비해 조금 더 수수한 많은 사례들(특히 파충류와 포유류에서 발견되는 사례들)을 설명할 때보다는, 화려하고 긴 꼬리를 가진 수컷 새와 얌전한 옷을 입은 그의 짝이 보여 주는 전체적인 이형성을 설명할 때 훨씬 설득력이 있다. 다윈과 월리스는 그러한 점들을 상세하게 논의했다.(Kottler 1980) 예를 들면 그들은 수컷 새가 알을 품는 몇몇 사례들에서 상대적으로 밝은 암컷과 수수한 수컷 사이의 차이가 매우 작은 이유에 대해 의문을 제기했다. 어떻게 이 작은 차이가 훨씬 더 많은 보호를 제공해 줄 수 있을까? 역으로 만약 이 작은 차이가 보호를 위한 것이라면, 알을 품지 않기 때문에 더 많은 보호를 받을 필요가 없어 보이는 파충류 암컷들은 왜 신체색이 수컷보다 덜 눈에 띌까? 또 왜 몇몇 어류 종들에서는 알을 품지 않는 암컷이 알을 품는 수컷들보다 덜 눈에 띌까? (이 사례에 대해 월리스는 수컷들이 어떤 다른 방식으로 보호를 받고 있다고 제안했다.(Marchant 1916, i, 177, 225쪽)) 이러한 질문들은 월리스가 색깔에 있어서의 성적 이형성이 일반적으로 가장 두드러지는 부류인 새와 나비라는 두 집단에 집중했다는 사실을 상기시킨다. 그는 자신의 견해와 다윈의 견해 사이에서 결정을 내릴 때, 이들이 최상의 시험대가 되어 준다고 생각했다.(Wallace 1889, 275~276쪽, 1891, 353쪽) 그러나 보호에 대한 선택의 시각에서 이 미미한 차이들은 분명 더 큰 문제를 제기한다. (비록 이형성이 매우 뚜렷하게 나타나는 악명 높은 한 사례, 즉 나비에서의 의태가 너무나 자주 암컷에게만 제한되어 나타나는 현상이 오늘날에도 여전히 설명되지 못하고 있으나(Turner 1978가 그 예이다.), 다윈은 적어도 한 종에 대해서는 암컷 취향의 보수성이 수컷으로 하여금 원래의 색을 유지하도록 해 준다고 주장했다. 반면 윌리스는 이 이형성을 암컷과 수컷이 서로 다른 환경에서 거주한다는 사실로부터 초래된다고 설명했다.(Wallace 1891, 373쪽)) 이 모든 상황들을 다 인정할지라도, 다윈은 보호에 대한 선택을 보다 진정으로 수용했어야 했다. 다른 모든 사람들과 달리 그는 자연 선택의 시선에서는 아주 작은 차이조차 얼마나 큰 의미일 수 있는지 분명히 이해했기 때문이다.

결국 우리는 다윈이 보호에 대한 선택보다 유전을 선호한 이유에 대해 그다지 만족스러운 설명을 얻지 못했다. 다윈의 선호가 낳은 결과는 성 선택에 대한 윌리스의 비타협적인 태도가 낳은 결과에 상응한다. 이 두 사람 사이의 불일치를 해결할 확실한 방안은 수컷들을 다윈에게, 암컷들을 윌리스에게 넘겨주는 것일 터이다. 그러나 누구도 이러한 간단한 방침을 취하지 않았다. 윌리스는 성 선택을 배제하고 싶은 나머지 수컷들이 단지 밝을 뿐만 아니라 "설계됐다."라는 사실을 간과하는 경향이 있었다. 다윈은 색을 성 선택으로 설명하고 싶은 나머지 암컷들이 단지 수수할 뿐만 아니라 "설계됐다."라는 사실을 간과하는 경향이 있었다. 윌리스는 암컷의 색을 적응적으로 설명했지만 수컷의 색에 대해서는 충분한 설명을 제시할 수 없었다. 다윈은 수컷의 색을 적응적으로 설명했지만 암컷의 색을 설명할 때는 성의가 없었다. 사람들은 윌리스가 스스로 현재의 입장으로 되돌아간 과정을 이해할 수 있다. 그러나 다윈의 태도는 다소 미스터리다.

월리스의 유산: 자연 선택의 1세기

나는 월리스를 우리가 빚을 진 다윈주의자로 인식한 첫 번째 사람일 것이다. 그는 창의적인 사상가였으며 자연 선택주의자의 원칙에 깊이 몰두한 사람이었다. 그러나 성 선택에 관한 한 그는 대답해야 할 것이 많다. 더 정확히 말하자면 그와 그의 후계자들이 대답할 바가 많을 것이다. 그들이 다윈주의에 남긴 유산은, 아주 약간만 과장하자면 성 선택이 없는 100년의 시간이었다. 이 100년 동안 자연 선택은 다윈이 배우자 선택으로 그 원인을 돌렸던 모든 호화로운 아름다움, 모든 장식적인 동작들을 설명해야 했다. 성 선택은 완전히 배제되었다. 대부분의 다윈주의자들은 성 선택이 진화에서 역할을 수행했다는 점을 기쁘게 인정했다. 그러나 그 역할은 사실상 매우 미미하다고 여겨졌다. 자연 선택은 진정한 원동력으로 보였다. 성 선택은 단지 영향력이 없는 가외의 것이자 중요하지 않은 부가물이며 새의 지저귐이나 깃털색에 실제적인 차이를 만들어 낼 수 없는 것으로 인식됐다. 지난 10여 년 동안 성 선택을 제대로 인식하게 되면서 지금은 이토록 성 선택을 무시하는 완강한 태도가 매우 놀랍게 느껴진다. 그러나 거의 1세기 동안 다윈주의적인 사고를 지배했던 것은 실제로 바로 이러한 태도였다.

분명 다윈은 성 선택을 주장할 때 부끄러움을 모르는 제국주의자 같았다. 생의 말기에 그는 다음과 같이 말했다. "내가 그것을 너무 멀리까지 확장한 것 같다."(Darwin 1882, Barrett 1977, ii, 278쪽) 옳든 그르든 그는 확실히 그때부터 극히 최근에 이르기까지 대다수의 다윈주의자들에게 성 선택 이론을 멀리, 너무 멀리 확장시켰다고 여겨졌다. 대신 그들은 월리스의 자연 선택주의자적인 대안 이론으로 시선을 돌렸다. 월리스는 보호와 인식의 원리를 지니고 선두에 서 있었다. 그를 따르던 사람들이 점점 이 원리를 개선하면서 다른 선택압을 포함시켜 목록을 확장했다. 마침내 색뿐만 아니라 월리스가 크게 무시했던 소리, 냄새, 구조와 다른 형질들을 자연 선택이 집어삼키게 됐다. 나는 이러한 설명들이 반드시 틀리지는 않았다고 강조한다. 실제로 이 설명들은 많은 사례에서 옳았을 가능성이 높다. 잘못된 것은 자연 선택이 성 선택 이론을 대체했다고 보는 시각이며, 또 성 선택이 진화에 중요한 기여를 하지 못하게 막았다고 보는 시각이다. 여러 세대의 다윈주의자들은 자연 선택만이 유일한 주요 동력이며, 다윈이 성 선택으로 설명했던 모든 혹은 대부분의 사례들을 결국 해결할 수 있다는 외골수적인 견해 위에서 성장했다.

이러한 자연 선택주의자 프로그램이 어떻게 보이는지 살펴보자. 대학생들이 성 선택의 중요성(혹은 비중요성)에 대해 20년 전에라도 배웠더라면 무슨 일이 벌어졌을까?

월리스에게는 매우 까다로운 문제였던 수컷의 과시를 고려해 보자. 다윈은 성 선택 이외에 과시를 설명할 수 있는 유일한 대안은 과시에 아무런 목적이 없다고 가정하는 것이라고 확언했다. 그는 새들에 대해 말했다. "암컷들이 수컷들의 아름다움을 이해하지 못한다고 추측하는 것은 그들의 화려한 장식들, 모든 장려함과 과시들이 쓸모없다고 인정하는 것이다. 믿기 힘든 일이다."(Darwin 1871, ii, 233쪽, i, 63~64쪽, ii, 93쪽 역시 참조하라.) 물고기의 과시를 논의하면서 그는 물었다. "그들이 구애 행위 중에 아무런 목적 없이 행동한다고 믿을 수 있을까? 암컷이 어떤 선택권을 행사하고 있으며, 자신을 가장 기쁘게 하거나 흥분시킨 수컷들을 선택하는 것이 아니라면 그럴 것이다."(Darwin 1871, 2nd end., 524쪽) 나비에 대해서도 비슷한 말을 했다. "우리가 볼 수 있는 한도 내에서, 수컷이 아무 목적 없이 장식을 한다는 추정에 대해."(Darwin 1871, i, 399쪽, 또한 2nd end., 505~506쪽도 참조하라.)

과시가 성 선택의 결과임을 인정하기보다, 월리스는 아무런 선택도 일어나지 않았다는 입장을 취했다. 그의 후계자들은 독실한 월리스주의자들이었다. 성적 과시가 아니면 목적 없는 행동이라는 다윈의 이분법을 거부하면서, 그들은 이러한 특성들을 적응적으로 설명할 수 있는 대안적인 방법들을 모색했다.

예를 들면 화려한 특성들 중 상당수가 위협의 범주에 포함된다고 여겨졌다. (이것은 월리스가 품었지만 결국 거부했던 생각이다.(Wallace 1889, 294쪽, 1891, 377쪽)) 다윈주의의 근대적 종합의 창시자 중 한 사람이자 성 선택의 권위자로 여겨지는 헉슬리가 월리스 이후 반세기 뒤 이 문제를 어떻게 다뤘는지 살펴보자. "다윈이 과시 기능을 부여했던 눈에 잘 띄는 많은 특성들(밝은 색, 노래, 특별한 구조나 행동 양식 등)이 다른 기능들을 지녔다는 사실이 이제 밝혀지고 있다. …… 그것들 중 과시를 거드는 역할을 하며 따라서 성 선택이 일어난다는 증거라고 다윈이 제시했던 사례들 중 상당수가, 아니 아마도 대다수가 위협적인 특성들에 포함된다."(Huxley 1938, 418쪽) 심지어 리처드 윌리엄 조지 힝스턴(Richard William George Hingston)은 모든 눈에 띄는 색과 수컷의 장식들이 동종과 이종의 구성원들을 위협하는 관습적인 신호라고 주장하기도 했다. 그것들은 "경쟁자가 그 의미를 이해한 겁주는 기구"이다.(Hingston 1993, 11~12쪽)

다른 해결책은 '유성적인(epigamic, 번식기에 이성을 유혹하는)' 형질들의 범주와 관계가 있다. 유성적인 형질이란 짝짓기와 관련이 있으며 대개 과시와 연결되지만, 일반적으로 암컷 선택을 수반하지는 않는 형질들에 해당된다. 대개 짝짓기를 할 때 암컷은 '수줍어하며' 성적으로 흥분하기 어렵다고 여겨졌다. 이 아이디어는 짝짓기 시 암컷의 흥미를 끌려면 수 컷의 장식품이 필요하다는 것이다. 그러나 장식품에 대한 암컷의 반응 은 너무 자동적이고 또 수동적이라서 암컷이 '선택'을 행사한다고 여겨 지지는 않았다. 이 접근 방식은 악명 높은 반다윈주의 비평가인 세인트 조지 마이바트(St. George Mivart)가 예측한 것이다. "암컷은 선택하지 않는 다. 그러나 수컷의 과시는 그녀의 신경 체계를 필요한 정도로 자극하는 데 유용할 수 있다."((Mivart) 1871, 62쪽) 이 개념은 특히 자연 선택론자의 전통에서 월리스의 직계 계승자 중 가장 중요한 인물인 풀턴이 발전시켰 다. 원래 그는 수컷의 장식을 설명하면서 암컷 선택의 역할을 강조했지 만(Poulton 1890), 이후로 암컷의 선택을 덜 강조하게 되었다. "유성적인"이 라는 용어를 만들어 낸 사람이 바로 그였다.(Poulton 1890, 284~313쪽, 1908, 1909, 92~143쪽, 1910)

이 해결책은 자연 선택론자들의 중심 견해가 됐다. 세기의 전환기에 그로스는 널리 읽힌 자신의 저서 『동물들의 놀이(The Play of Animals)』에서 다음과 같이 말했다.

> 성적인 충동은 엄청난 힘을 가져야만 하기 때문에, 종의 보존이라는 이 익을 위해 그 충동이 모두 방전돼서는 곤란하다. …… 성적인 기능이 효과적 으로 작용하는 일에서 걸림돌은 …… 암컷의 본능적인 수줍음이다. 이것은 모든 종류의 구애 행동이 필요하게 된 이유지만 암컷이 어떤 선택권을 행사 할 가능성은 거의 혹은 전혀 없다. 그녀는 이 상의 수여자가 아니며 오히려 사냥의 대상이다. …… 토끼가 최고의 사냥개 앞에 마침내 굴복했다는 의미 에서만 오직 선택권이 존재한다. 이런 사실은 마치 구애 행동이 자연 선택의 대상이라고 말해 주는 것 같다.(Groos 1898, xxiii쪽)

그는 이 견해가 "다른 모든 대안들을 제거하면서 모든 주제들을 자연 선택의 영역 안으로 밀어 넣고 있다"라고 말했다. 성 선택은 단지 "자연 선택의 특별한 경우"이다.(Groos 1898, xxii, 244, 271쪽) 몇 년 후에 우리는 켈로그가 쓴 성 선택 이론에 반대하는 요약문에서 다윈이 의지했던 증거들이 종종 다음과 같이 판명됐다고 말하는 것을 발견한다.

> (다윈의 증거는) …… 암컷의 선택보다 냄새나 행동의 지각에서 초래된 성적인 흥분으로 더 잘 설명된다. …… (색깔, 세레나데 등은) 십중팔구 암컷을 흥분시키는 효과를 발휘할 것이며, 아마도 실제로 이런 목적을 위해 과시할 것이다. 이런 사실이 암컷이 수컷을 선택할 때 안목 있게 최종 결정을 내린다는 믿음에 대한 합리적인 추정을, 어떤 식으로든 입증해 주거나 지지할 만한 근거를 제공하는가?(Kellogg 1907, 115, 117~118쪽)

잘 알려진 곤충학자인 리처즈는 많은 곤충들에서 수컷의 행동과 구조의 기능이 암컷의 "수줍음"을 제압하는 것이었다고 주장했다. 이 기능의 장점은 짝짓기에 걸리는 시간의 절약이다.(Richards 1927) 그는 "다윈이 언급했던 과시 형질들이 대부분 성 선택보다는 자연 선택의 결과로 생겨났다는 것이 확실해졌다."라고 결론 내렸다.(Richards 1927, 300쪽) 슐은 다윈의 현상들이 단지 성적인 흥분을 유발하는 일과 관련된다고 주장하며 성 선택 이론을 묵살했다.(Shull 1936, 194~198쪽) 다음은 헉슬리의 발언이다. "과시는 선택의 가능성과는 하등의 상관없이, 짝짓기하기 쉬운 정신적·생리적 상태를 유발한다. 조류에서 과시는 암컷과 수컷의 성적 행동의 리듬을 일치시킬지도 모른다. …… 그리고 배란을 …… 유도하는 생리적인 변화를 일으킬 수도 있다. …… 그 결과는 효과적인 번식을 직접적으로 촉진하며, 그 기원을 설명하는 데 '성 선택'이라는 특별한 범주는 필요하지 않다."(Huxley 1938, 422~423쪽, 또한 1914, 1921, 1923도 참조하라.)
(그건 그렇고 이런 견해를 지지하면서 그는 먼저 일부 조류 종에서는 짝짓기 의식의 대부분
이, 새들이 짝을 이룬 직후에 일어난다는 사실을 강조했다. 이것은 다윈이 미처 다루지 않았
던 점이다. 두 번째로 그는 두 마리의 짝 모두가 과시 행위를 한다고 강조했다. 이것은 다윈이
유전 법칙에 그 원인을 돌렸던 일종의 단형성이다. 따라서 이러한 경우에 헉슬리는(다음과
같은 단어를 사용하지는 않았지만) '암컷 선택'이라는 용어에서 암컷도 선택도 틀렸다고 주
장했다.(Huxley 1914, 1921, 1923이 그 예이다.)) 몇십 년 동안 유성적인 형질이라
는 개념이 "수수께끼를 푸는 최고의 해결책"으로 폭넓게 받아들여졌으
며(MacBride 1925, 218~219쪽) 성 선택은 대개 무시되었다. 성 선택은 때때로
일어나지만 아주 미미한 역할만 한다고 여겨졌다. "유성적인"의 범주에
는 적어도 이 비평가들을 만족시키기 위해, 선택이라는 단어가 포함될
수 없었고 따라서 성 선택 역시 포함되지 않았다.

그런데 이 주장들은 "능동적인"과 "수동적인" 선택에 대한 현재의 논
쟁들을 이해하는 사람들에게 틀림없이 친숙해 보일 것이다.(Arak 1983,
192~201쪽, 1988, Halliday 1983a, 19~28쪽, Maynard Smith 1987, 11~12쪽, Parker 1983,
141~145쪽이 그 예이다.) 더 이전 시기의 다윈주의자들은 모두 암컷이 실제
로 선택을 하지 않는다는 이유로 성 선택 이론을 배제하는 입장이었다.
그러나 그들의 계승자들은 지금 묻는다. 진짜 선택이란 무엇인가? 붉은
사슴의 하렘에 모인 암사슴을 고려해 보자. 만약 그녀가 이 하렘을 벗어
나려고 시도하지 않는다면 그녀는 자신의 배우자로 그를 선택한 것인
가? 그녀의 수동적인 태도가 성 선택의 가능성을 배제하는가? 만약 수
컷들의 합창에 둘러싸인 암컷 내터잭(유럽산의 작은 두꺼비. — 옮긴이)이 가장
크게 들리는 소리 쪽으로 이동해 그 소리를 낸 수컷과 짝짓기를 한다면
그녀는 선택을 한 것인가? 다시 말해 여기서 우리는 성 선택이 일어나는
것을 볼 수 있는가? 그녀가 단지 소리의 크기를 단서로 가장 가까이에

있는 수컷을 선택함으로써 짝짓기를 지체해서 입는 비용을 줄이려고 시도하는 중이라고 가정해 보자. 이 경우에 이 "수동적인 유혹은 …… 단순한 자연 선택의 이익을 (단지 제공해 주고) 있을 뿐인가?"(Arak 1988. 318쪽), 빠른 선택의 이점으로써? "만약 이 울음소리와 수컷이 제공하는 즉각적인 혹은 장기적인 이익(말하자면 크기나 활력) 사이에 아무런 연관이 없다면", 성 선택의 가능성을 배제해야 하는가?(Arak 1988, 318쪽) 우리는 선택이 일어난다고 말하고 싶을지도 모른다. "배우자 선택을 반대 성의 특정 구성원들과 짝짓기하는 것을 다른 구성원과의 짝짓기보다 더 쉽게 만들어 주는, 한 성별의 구성원들이 보이는 어떤 행동 패턴이라고 조작적으로 정의할 수도 있다."(Halliday 1983a, 4쪽) 이 두꺼비의 경우에 "암컷들은 큰 소리를 내는 수컷들과 짝짓기하기 더 쉽게 만들어 주는 행동 양식(소리의 증감률에 따라 움직이는)을 가지고 있다."(Maynard Smith 1987, 11쪽) 그럼에도 아마 "만약 우리가 이 상황을 모형화시키기를 원했다면, 우리는 이 현상을 암컷의 선택이라기보다는 수컷-수컷 경쟁의 단순한 사례로 다룰 것이다."(Maynard Smith 1987, 11쪽) 그렇다면 우리는 이 질문을 어떻게 해결할 수 있을까? 나중에 우리는 이 이슈를 다시 살펴볼 예정이다.

결국 과시를 다루는 범주로써 가장 지지를 받은 것은 행동 격리 기구(ethological isolating mechanism)였다.(Dobzhansky 1937, Grant 1963, Lack 1968, 159~160쪽, Mayr 1963가 그 예이다.) 행동 격리 기구는 한 종의 구성원을 같은 종에 속하는 구성원들하고만 짝짓기하게 해 주는 종 특이적인 행동적·구조적 특성들이다. 유성적인 형질들처럼 이 특성들은 잠재적인 배우자들이 성 선택을 들먹이지 않고도 모든 종류의 과시 행동을 마음껏 하도록 허락해 준다. 행동 격리 기구들은 같은 종의 배우자를 선택하는 일에 한정된다. 이 기제는 종 내에서 배우자를 선택하는 일과는 아무 상관이 없다. 그래서 이들은 익숙한 월리스의 인식 범주를 넘어서지는 않지만 구애 행동에 적용된다고 여겨질 수 있다. 배우자에 대한 이런 종류의 '선택'은 모두 종 분화와 관련이 많다고 생각됐다. 게다가 너무나도 부지불식간에 이루어져서 자연 선택으로 보아도 아무 문제없다고 느껴진다. 이 생각의 (다소 다른) 초기 버전은 핀란드의 유명한 인류학자이자 사회학자인 에드워드 웨스터마크(Edward Westermark)가 쓴 영향력 있는 책인 『인류 혼인사(*The History of Human marriage*)』(1891년)으로 고양됐다. 그는 장식적 구조의 목적이 두 가지라고 주장했다. 배우자 발견의 촉진과 (멀리 떨어진 개체를 유혹함으로써 이뤄지는) 동계 교배(inbreeding) 방지이다.(Westermark 1891, 481~491쪽) 행동 격리 기구들은 종 분화가 주요 관심사인 다윈주의자들의 마음에 들었다. 이 아이디어는 이런 영향력 덕에 대종합이 일어난 뒤부터 과시에 대한 가장 일반적인 설명이 되었다. 예를 들면 한참 시간이 흐른 뒤인 1960년대에도 마이어가 구애 행동 패턴들은 "모두 …… 궁극적으로는 직접적이든 간접적이든 행동 격리 기구로써 작용한다."라고 주장할 정도였다.(Mayr 1963, 96쪽, 또한 95~103, 126~127쪽도 참조하라.) 성 선택이라기보다는 종 인식이라는 주장은 오늘날도 여전히 들린다.

나는 배우자 선택과 특정한 배우자의 인식을 가능한 한, 가장 확연하게 구분했다. 나는 적절한 증거가 발견되지 않는다면, 항체에 따른 항원 인식에 수반되는 것들보다 유성 생식을 하는 개체들에서 의식적인 판단에 투입되는 것들이 더 많지는 않다고 여기고 싶다. …… 많은 식물들, 곰팡이, 원생생물과 심지어 굴 같은 동물들에서까지 배우자 선택을 고려하도록 요구받았을 때 (내) 맹신은 완전히 시험대에 올랐다.(Paterson 1982, 53쪽)

자연 선택론자적인 견해는 위험해 보이는 눈에 띄는 특성들이 실제로는 포식에 대항해 어떻게 보호 역할을 수행하는지에 관한 월리스의 제안을 여러 가지로 확장시켰다. 예를 들면 (위장에 관심이 있는 의학 전문가인) 제임스 모트럼(James Mottram)이 "조류에서 성적 다형성과 적들에 대한 취약성 사이에 상관관계"를 발견했다고 주장했을 때, 그는 이러한 기제를 염두에 두었던 것처럼 보인다.(Mottram 1915, 663쪽) 일반적으로 가장 쉽게 포식되는 조류 종들은 더 사납고 더 크거나 혹은 더 사회적인 종들보다, 성적인 이형성이 더 큰 경향이 있다고 그는 말한다. 비록 그는 이러한 이형성이 어떻게 보호받을지 설명하려고 시도하지 않았지만 (다른 곳에서 그는 성 선택에 대해 특이한 집단 선택론적 대안을 제안했다.(Mottram 1914)), "다윈의 이론은 …… 이 상관관계를 설명할 수 없으며" 양성 간의 차이들은 아마도 성 선택과의 관련성이 '적으로부터의 도망'과의 관련성보다 더 적을 것이라고 결론 내렸다.(Mottram 1915, 674, 678쪽) 케임브리지 대학교의 동물학자인 휴 뱀퍼드 코트(Hugh Bamford Cott)는 후에 모트럼의 아이디어를 발전시켰다.(Cott 1946) 이집트에서 조류의 껍질을 수집하던 그는 어느 날, 말벌이 웃는비둘기(*Spilopelia senegalensis*)의 버려진 피부 조각 위에서는 포식을 하면서 뿔호반새류(Pied Kingfisher)의 피부 조각은 피하는 모습에 주목했다. 그는 취약한 새들(작고 땅에서 살며, 방어 무기가 없는 종들)이 "두 가지 전문화 방향인 자신의 몸을 숨겨 안전성을 추구하지만 상대적으로 맛이 있는 방향, 상대적으로 맛이 없으면서 그 사실을 광고하는 방향 중 하나를 따를 수밖에" 없었을 것이라고 추측했다.(Cott 1946, 506쪽) 고양이와 인간의 취향에 관한 정보들의 도움을 받아 시행된, 말벌의 취향에 대한 주의 깊은 시험들은 이 추측을 지지해 주는 것처럼 보였다. 코트는 이 미각 검사에 참여한 구성원들이 자연에서의 조류의 포식자가 아니라는 점을 인정했다. 그러나 "…… 조직과 습관이 완전히 다른 세 종류의 생물들에서 …… 미각의 일치가 발견되었을 때 이것은 더욱 놀라운 일이 되었다."(Cott 1946, 465쪽) 너무 놀라워서 자연의 포식자들 역시 동일한 미각을 가질 것이라고 제시하기에 충분할 정도였다. 코트는 포식에 상대적으로 덜 취약한 종들이 눈에 띄는 색깔을 자랑스럽게 내보이려 할 때, 성 선택이 작용 중일 수 있다고 수긍했다. 그러나 상대적으로 포식에 취약한, 눈에 띄는 종들은 대개 맛이 없다고 판명될 것이라고 예측했다. 그들의 화려한 색조는 "종 내의 번식을 위한 투쟁이 아니라 종 간의 안전성을 위한 투쟁"과 관련이 있다는 입장이다.(Cott 1946, 501쪽)

최근에는 로빈 베이커(Robin Baker)와 제프리 파커(Geoffrey Parker)가 이 입장을 한층 발전시켜 현란한 깃털의 진화에서 포식이 성 선택보다 훨씬 더 중요했다고 결론 내렸다.(1979) 그들의 "이로울 것 없는 먹이(unprofitable prey)" 이론에 따르면, 새들은 포식자들에게 자신들을 광고하기 위해 밝은 색깔을 진화시킨다. 이 주장은 맨 처음 접했을 때 느껴지는 것처럼 직관에 반하지는 않는다. 이 입장은 가장 밝은 색깔을 띤 새들이 가장 잡기 어려운, 말하자면 가장 빠르거나 가장 시력이 좋은 새들이라고 주장한다. 그들은 잠재적인 포식자들에게 자신들을 포식하려 시도해 보았자 눈에 잘 안 보이려고 분투하는 먹이와 비교해서 돌아오는 보상이 적으리라는 점을 알려 주고 있다. "넌 날 잡을 수 없어. 숨으려고 시도하는 애들을 잡아 봐." 이후에 베이커와 다른 사람들은 다양한 자료들을 지지 증거로 해석하려고 시도했다.(Baker 1985, Baker and Bibby 1987, Baker and Hounsome 1983) 이러한 주장은 격렬한 토론을 일으켰으며 의견의 일치는 좀처럼 이루어지지 않았다.(Andersson 1983a, Krebs 1979, Lyon and Montgomerie 1985, Reid 1984) 제기된 어려움들 중 딱 두 사례만 들어 보자. 정확히 무엇을 증거로 볼 수 있는가, 즉 피식자가 진화하는 동안에 선택압으로 작용한 적이 없는, 집에서 키우는 고양이의 포식이 타당한 증거가 될 수 있는가? 이 이론이 명백히 다룰 수 없는 것이 명백한 자료는 어떻게 설명할 것인가? 예를 들어 계절에 따라 눈에 띄는 깃털색을 바꾸는 조류의 털갈이 시기 선택에 관한 문제는 어떠한가?

덧붙여 말하자면, 한 19세기 박물학자는 자연 선택이 "이로울 것 없는 먹이"와는 정확히 반대되는 결과를 달성하려고 시도했다고 주장했다. 장 슈톨츠만(Jean Stolzmann)은 조류 수컷의 화려한 외양이 과잉되게 많은 수컷들을 제거하려는 자연 선택의 방식이라고 아주 진지하게 주장했다.(Jean Stolzmann, 1885) 달걀들은 암컷보다는 수컷으로 더 쉽게 발달한다. 수컷 배에 영양이 덜 필요하기 때문이다. 그러나 이 잉여의 수컷들은 아무런 진화적 이점을 남기지 않으면서 자원을 소모해 암컷들을 괴롭힌다. 그래서 자연 선택이 여러 현명한 해결책을 떠올렸다. 그중 하나를 다윈이 성 선택으로 오인했다. 두드러지는 외양은 포식자들이 그들의 먹이를 발견하는 일과 암컷들이 자신들의 천적을 발견하는 일을 도와준다. 노래와 춤 의식은 수컷들을 바쁘게 만들어 암컷들을 방해하지 않게 한다. 크고 무거운 깃털은 비행을 방해해서 암컷들이 먹을 곤충을 더 많이 남겨 놓는다. 슈톨츠만은 이 모든 특성들이 수컷들 자신에게는 좋을 것이 없다고 생각했다. 그러나 그는 이 특성들이 그 종에게는 의심할 바 없이 좋다고 생각했다. 적어도 그는 자신의 설명이 자연 선택을 고수하고 있으며 "성 선택이라는 작위적인 동인"에 기대지 않았다고 (다소 우쭐해하며) 말했다.(Stolzmann 1885, 429쪽)

마지막으로 성적인 이형성은 월리스가 널리 호소했던, (짝짓기 이외의 다른 이유로) 암컷과 수컷에 작용하는 선택압이 다르다는 생각으로도 설명된다. 이 생각은 현재 "생태적인 분화(ecological differentiation)"라고 불린다. 즉 양성이 서로 다른 생태학적인 지위(ecological niche)에 적응했다는 의미다. 월리스는 이 이론을 매우 제한적으로 적용했다. 그는 암컷의 보호 필요가 더 큰 경우를 제외한 다른 상황들의 원인을 이 차이에서 찾는 것을 다소 꺼렸다.(Wallace 1889, 271쪽, 1891, 80쪽이 그 예이다.) 그리고 알을 품는 암컷 새들의 상대적으로 수수한 색깔의 경우에서처럼, 그는 일반적으로 양성을 모두 설명하는 데 실패했다. 오늘날의 생태학적인 분화에 대한 개념은 더 넓은 범위를 포괄한다. 예를 들면 몇몇 조류 종들은 제한된 공급량을 둘러싼 경쟁을 줄여, 양성 모두 이익을 얻기 위해 암컷과 수컷들이 서로 다른 먹이 자원을 이용하는 잭 스프랫 원리(Jack Sprat principle)를 따른다고 제시되었다.(Selander 1972와 비교해서 Darwin 1871, ii, 39~40쪽을 참조하라.)

지금까지의 논의들은 자연 선택주의자의 프로그램이 어떻게 발달되었는지 보여 준다. 거의 1세기 동안, 이것이 수컷의 화려한 특성에 대한 다윈주의의 정통 입장이었다. 선택압으로 배우자 선택을 배제하지는 못했지만, 다윈이 그 범위를 지나치게 과대평가했다는 것에는 동의가 이루어졌다. 다윈의 증거들 대부분은 얼마나 현혹적이든지, 화려하든지 간에 보호, 위협, 격리 기구나 그 외의 어떤 실용적인 압력 탓으로 돌려졌다. 지금 되돌아보면 이 많은 다윈주의자들이 그렇게 오랫동안, 마이어가 1960년대에 말했던 것처럼 "나이팅게일의 노래는 여기 (자연 선택과) 관계가 있고 따라서 공작의 거드름 역시 그렇다.(Mayr 1963, 96쪽)"라고 볼 수 있었다는 사실이 매우 믿기 어렵다. 그럼에도 이 시기 동안 이론적인 조사와 실험적인 조사를 모두 지배했던 전통이 이것이었다. "자연 선택의 큰 영향력이라는 유혹적인 아이디어는 이 정도로 과학자들의 마음을 지배해서, 그들 중 성 선택의 질문에 주의를 기울인 사람은 거의 없었다. …… '자연 선택이 모든 것을 설명하는데 왜 그 이상 조사해야 하는가?'라는 것이 오늘날 박물학자들의 일반적인 태도로 보인다."(Dewar and Finn 1909, 308쪽) 이것은 주류 입장에 대해 비판적이었던 두 논평가, 더글러스 듀어(Douglas Dewar, 나중에 악명 높은 반다윈주의자가 된다.)와 프랭크 핀(Frank Finn)이 세기의 전환기에 썼던 논평이었다. 그들의 논평은 이 당시

뿐만 아니라 몇십 년 뒤까지도 묘사한다.

풀턴이 채택한 입장은 전형적이었다. 세기의 전환기를 둘러싼 몇십 년 동안 그는 색채에 대한 다윈 이론의 가장 유명한 주창자였기 때문에 그의 입장은 영향력이 매우 컸다.(Poulton 1890, 1908, 1909, 92~143쪽, 1910) 그는 성 선택 이론을 거부하지는 않았다. 실제로 자신의 저서인 『동물의 색(Colours of Animals)』(1890년)에서 그는 성 선택 이론을 방어하고 암컷 선택의 역할을 강조했다. 이것이 아마도 그가 다윈의 입장에 대한 확고한 지지자이며 성 선택 이론가라고 종종 오인받는 이유일 것이다.(George 1982, 77쪽, Kottler 1980이 그 예이다.) 그러나 풀턴은 이 이론에 대한 초기의 열정을 상실했다. 성 선택이 일어난다는 사실은 여전히 인정했지만 그는 성 선택이 진화에서 "상대적으로 중요하지 않다."(Poulton 1896, 79쪽)라고 주장하며 그 역할을 마지못해 인정하면서 이 이론을 매우 미미한 위치로 격하시켰다. "아마도 박물학자들 대다수는 성 선택 원리가 진짜라는 다윈의 주장과 사실 배열에 확신을 얻어서 고등 동물의 상대적으로 덜 중요한 몇몇 특징들을 설명하고, 나아가 성 선택의 작용이 항상 자연 선택의 작용에 완전히 종속된다는 다윈의 견해를 받아들일 것이다."(Poulton 1896, 188쪽) 대신 풀턴은 장식에 대한 다윈의 설명을 월리스의 선택압 아래로 포괄하는 데에 자신의 에너지 대부분을 헌신했다. 이후 다윈주의의 색채 분야 전문가들은 성 선택이 상대적으로 덜 중요하다는 그의 견해를 따랐다.(Beddard 1892, 253~282쪽이 그 예이다.)

1930년대가 되자 헉슬리는 성 선택에 대한 주요 전문가 중 한 사람으로 여겨졌다. 그는 성 선택을 자연 선택으로 재포장하는 데 거의 완전히 헌신하는, 이 이론에 대한 현재의 다윈주의적 입장을 다룬 논문을 쓰고 있었다.(Huxley 1938, 1938a) 그에 따르면 다윈의 증거 중 상당 부분이 성 선택은커녕 짝짓기와도 상관이 없다. 그는 다윈이 "밝은 색깔과 다른 눈에 띄는 특성들이 성적인 기능을 수행할 것이 틀림없다는 견해에 고집스럽게도 너무나 큰 비중을 두었다. …… 이 가설이 …… 대다수의 과시 특성에 적용될 수 없다는 점이 현재는 분명해 보인다. …… 다윈의 원래 주장은 받아들여지지 않을 것이다."라고 권위 있게 선언했다.(Huxley 1938a, 11, 20~21, 33쪽) 실제로 다윈의 정당성을 명석하게 입증했던 주요 인물인 피셔가 무시를 받은 이유는, 상당 부분 헉슬리의 영향에 기인했다.(O' Donald 1980, ix, 2, 10~15쪽, Parker 1979) 헉슬리의 입장은 코트의 책 『적응적인 동물의 색(*Adaptive Coloration in Animals*)』(1940년)에 대한 평가에서 전형적으로 드러난다. 그는 이 책을 "풀턴 경의 『동물의 색』의 훌륭한 계승자이다. 후자가 개척 연구였다면 전자는 많은 면에서 이 주제에 대한 결정판이다."라고 호평했다.(Cott 1940, ix쪽) 그러나 코트는 자신의 연구를 포식자-피식자 관계로 명확하게 제한했으며, 종 내 선택압에 대한 그 외의 어떤 논의도 배제했다.

『인간의 유래』의 출간 100주년을 축하하던 때만큼이나 오랜 시간이 지난 뒤에도, 자연 선택주의자적인 대안은 여전히 대다수의 견해였다. 지금은 놀랍게 여겨지는 사실이지만, 배우자 선택에 대한 다윈의 이론은 완전히 빛을 잃은 까닭에, 기념 서적 중 몇몇 책의 서문에서(Campbell 1972) 피셔는 어떤 찬사도 받지 못한 반면, 헉슬리는 여전히 권위자로 언급될 수 있었다. 이 책에 대한 마이어의 기고문은 전형적이다. 헉슬리와 리처드를 자신의 두 권위자로 언급하면서 그는 다음과 같이 주장한다. "성 선택을 요구하지 않는 성적인 이형성의 발달이나 향상을 선호하는 세 가지 주요 …… 선택압이 존재한다는 사실은 현재 분명하다."(Mayr 1972, 96쪽) 그는 이 세 가지 선택압으로 유성적인 선택, 격리 기구, 암컷과 수컷의 분화된 생태적 지위의 활용을 열거한다. 이러한 경향을 배경으로 한, 이 책에서 쉽게 눈에 띄는 유일한 논문은 로버트 트리버스(Robert

Trivers)가 쓴 것이다. 그는 최근의 다윈주의적 혁명의 선도적 인물 중 한 사람이다. 그는 여기서 다음과 같이 말했다. "(다윈) 이후의 대부분의 저자들은 …… (암컷의 선택이) …… 사소한 역할을 한다고 격하시켰다. …… 주목할 만한 예외들을 제외하면, 암컷의 선택에 대한 연구는 암컷들이 잠재적인 배우자가 같은 종에 속하는지, 반대 성에 속하는지, 성적으로 성숙했는지를 결정할 때 선택이 이루어졌음을 보여 주는 것으로 제한됐다.(Trivers 1972, 165쪽) 몇 년 후에 출간된 곤충의 성 선택에 대한 논문 모음집(Blum and Blum 1979)에서도 역사적인 조사는 헉슬리의 견해를 열정적으로 묘사한다.(Otte 1979) 이 특별한 전문가의 주된 기여가 자연 선택론자적인 움직임을 촉진하는 것이었는데도 말이다.

이제 다윈의 배우자 선택 이론이 널리 묵살되었다는 사실이 분명해진다. 그러면 왜? 그리고 어떻게 이 이론이 마침내 부활하게 됐는가? 이 질문들에 대해 지금 대답하려고 한다.

7장

암컷이 수컷의 모양을 결정한다고?

❖

성 선택 이론에 대한 대안들은 불충분했다. 월리스가 암컷 선택이 수컷 공작의 꼬리를 만들어 낼 만큼 강력한 힘이라는 주장은 둘째 치고 하나의 선택압이 될 수 있다는 아이디어를 약화시킬 수 있다면, 자신의 입장을 강화할 수 있을 것이다. 실제로 이것이 그가 두 번째로 가한 공격 방식이었다. 성 선택의 중심 기제에 대한 맹공격 말이다.

그는 세 가지 주장을 제시했다. 첫째로 암컷 선택은 동물들이 거의 소유하지 않은, 아마 누구에게도 없을 미학적인 감각을 필요로 한다. 둘째로 만약 암컷들이 어떤 수컷의 장식을 다른 수컷의 장식보다 더 선호할지라도, 이 사실은 그들의 배우자 선택에 영향을 미치지 않는다. 마지막으로 만약 암컷들이 실제로 미학적인 관점에서 배우자를 선택할지라도 그들의 취향은 식별력이 너무 없고 변덕스러워서, 수컷의 복잡한 장식물을 만들어 낼 수 없다.

인간만이 선택할 수 있다

월리스는 암컷 선택이 오직 인간만이 지닌 듯한 미학적인 힘을 요구한다고 주장했다. 이처럼 세련된 선택은 아마도 인간과 가장 가까운 동물들의 능력조차도 뛰어넘는 것이며 어류, 곤충류와 다른 '더 하등한' 동물들, 특히 다윈이 증거의 중요한 원천으로 의지했던 하찮은 나비들의 능력은 분명히 훌쩍 넘어선다. 다윈이 성 선택을 대개 조류와 곤충들에게 한정해서 적용하고 월리스도 조류에 관한 한 성 선택 이론을 수용했던 시기에도, 월리스는 곤충들에 대해서는 의심을 품기 시작했다. "더 하등한 동물들에게로 …… 넘어가면 …… 성 선택의 증거는 상대적으로 매우 약해진다. 다소 유사한 결과를 해석하기 위해서 매우 조직적이며 감정적인 조류들 사이에 만연한 이 법칙을, 그들에게도 적용하는 것이 정당화되는지 의심스럽다."(Wallace 1871, 181쪽) 그의 자서전에 따르면, 이것이 그가 성 선택을 거절한 본래 이유다.(Wallace 1905, ii, 18쪽) (비록 그는 다른 곳에서 다른 이유들도 발견했지만 말이다.(Wallace 1891, 374쪽이 그 예이다.))

다른 여러 비평가들도 같은 식으로 느꼈다. 조류의 미학적 취향이라는 아이디어는, 슈톨츠만이 성 선택을 거부하는 (또 앞서 살펴본 것처럼, 그의 특이한 대안 이론으로 성 선택을 대체하게 된) 주요 이유였다. "처음부터 우리는 조류의 암컷들이 다윈이 이야기한 대로 미학적인 안목을 그 정도로 발달시킬 수 있는지 인정하기 어려웠다."(Stolzmann 1885, 423쪽) 그로스는 전체 다윈주의 조직이 이 아이디어를 거절하는 것이 더 좋으리라고 느꼈다.

모든 조류의 노래들이 암컷의 미학적이며 중요한 의식적 판단에서 유래했다고 단언하는 것은 터무니없는 일일 …… 것이다. 가장 아름다운 수컷이나 가장 목청이 큰 가수 중 하나를 의식적으로 선택하는 일은 확실히 규칙이 아니며 십중팔구는 결코 일어나지 않을 일이다. …… 다윈주의의 원리는 …… 암컷의 의식적인 미학적 선택이라는 …… (아이디어를 제거함으로써) 크게 강화된다.(Groos 1898, 240, 242쪽)

로이드 모건은 성 선택 이론을 자연 선택의 내부로 완전히 감춰 버리기를 원하지는 않았지만, 일반적으로 인간 같은 선택, 특히 미학적인 선택은 반대했다. "성 선택 이론의 지지자와 비평가들 모두 동물의 배우자 선택을 이성적인 숙고의 결과로 보고, 이 구혼자와 저 구혼자의 상대적인 매력을 미학적으로 저울질하는 일로 여기는 등 지나치게 인간화된 관점으로 보는 경향이 많다."(Morgan 1900, 266쪽) "미학은 이상형을 포함한다. 그리고 이상형은 …… 어떤 동물도 열망할 수 없다."(Morgan 1890~1891, 413쪽) 그는 병아리가 즙이 풍부한 벌레를 "선택하는" 것을 비유로 들었다. 그는 다음과 같이 말했다.

암탉이 미학적인 가치에 대한 기준이나 이상형을 가져야만 한다는 추정, 암컷이 명금류는 어떠해야 한다는 자신의 개념에 가장 가까운 가수를 선택한다는 추정은 불필요하다. 사람들은 병아리가 이상형에 가장 근접한, 즙이 꽉 찬 벌레를 선택했다고 추정할지도 모른다. 그 병아리는 먹고 싶은 충동을 가장 강하게 유발하는 벌레를 선택한다. 암탉도 노래나 다른 방식으로 짝짓기 충동을 가장 크게 일으킨 배우자를 선택한다. 즙이 풍부한 벌레를 먹은 병아리의 사례처럼 미각적인 이상형을 설정할 필요보다, 미학적인 기준이 존재한다고 가정해야 할 필요가 더 많지는 않다.(Morgan 1896, 217~218쪽)

켈로그 역시 10년 후, 곤충에서의 미학에 반대했다. 이러한 선택은 "동물 암컷에서 미학적인 감각이 고도로 발달했음을 시사한다. 이 분야에서 이러한 발달이 일어났다는 증거가 우리에게는 없다. 사실 이 선택은 우리가 나비나 다른 곤충들처럼 그러한 발달이 일어나지 않았다고 부인하는 동물들에게 미학적인 인식을 요구한다. …… 실제로 모든 무척추 동물들에서 상황은 비슷하다."(Kellogg 1907, 114쪽) 1920년대에 『생물학의 역사(History of Biology)』에서 노르덴시욀드는 성 선택이 거부당하는 이유 중 하나가 순전히 인간적인 생각을 동물계에 비판 없이 적용하며, 나비, 딱정벌레, 어류와 영원들 사이에서 '아름다움 경쟁'이 일어난다고, 혹은 메뚜기와 귀뚜라미들이 음악적인 귀를 지녔다고 믿는 다윈의 경향이라고 주장했다.(Nordenskiöld 1929, 474쪽)

다윈은 "미학적인" 감각에 대한 언급이 이런 비판을 불러일으키리라는 것을 잘 알았다. 그러나 그는 이런 종류의 무언가가 배우자 선택에 필요하며 인간은 더 이상 이러한 감각을 발달시킨 유일한 동물이 아니라고 주장했다. 비록 다른 동물들의 특별한 취향이 인간의 것과 다를지라도 그들 대부분은 미적인 감각을 정말로 소유하고 있다.(Darwin, F. and Seward 1903, i, 325쪽이 그 예이다.)

다윈은 자신의 입장이 타당해 보이지 않을지도 모르지만, 이 주장을 지지하는 증거가 있다고 이야기했다. "의심할 바 없이 내 주장은 암컷들이 식별력과 취향을 가졌음을 의미한다. 처음에는 그것이 극단적으로 불가능한 일로 보일 것이다. 그러나 나는 …… 암컷들이 실제로 이러한 힘을 지녔다는 사실을 보여 주고 …… 싶다."(Darwin 1871, 2nd end., 326쪽) 해파리나 나새류들은 이러한 힘이 없을 것이다. 그러나 곤충에서 새로, 또 포유류로 이동하면서 이러한 힘이 점차 생겨났을 가능성은 있다.(Darwin 1871, i, 321쪽이 그 예이다.) 새의 보기 드문 성적 이형성과 장식들,

또 나비에서는 더 심한 이 특성들이 위의 도식에 편안하게 들어맞지 않는 것처럼 보일지도 모른다. 다윈은 두 가지로 대답했다. 첫째로 "미에 대한 강한 애착과 예리한 지각, 취향"(Darwin 1871, ii, 108쪽)은 지적인 발달에 의존하지 않는다. 역으로 뱀처럼 지적인 동물들에게 이러한 자질이 부족할지도 모른다.(Darwin 1871, ii, 31쪽) 둘째로 개미와 딱정벌레조차 기대했던 것보다 훨씬 풍부하게 이러한 감성을 가진 것처럼 보인다. 그러므로 단지 '하등성'에 근거해서 나비들을 제외시킬 수는 없다.

우리는 개미나 몇몇 풍뎅이들이 서로에 대해 애착을 느낄 수 있으며 개미들이 여러 달 떨어져 지낸 뒤에도 자신의 동료들을 알아본다는 사실을 안다. 이런 이유로 이 곤충들과 계층 구조에서 가까운 위치에 존재하는 인시류(Lepidoptera)들이 밝은 색깔을 찬양할 수 있을 만큼의 충분한 지적 능력을 지녔다는 추론은 완전히 불가능하지 않다.(Darwin 1871, i, 399쪽)

그러므로 다윈의 입장은 성 선택이 암컷에게 미학적인 선호를 요구한다는 사실을 부인하는 것이 아니라, 그들이 이런 특성을 실제로 보인다고 주장하는 쪽이었다. 우리는 이 의견을 나중에 다시 다룰 것이다.

선택한 것이 아니라 단지 바라봤을 뿐

암컷들이 현란한 깃털과 부풀린 가슴 혹은 노래의 파열음들에 실제로 감탄할지라도, 월리스는 그들이 이것에 근거해 배우자를 선택하지는 않는다고 주장했다. 이러한 특성을 즐기고 감탄하는 것을 하나로 친다면, 이것들이 배우자 선택에 영향을 미치는 것은 전적으로 다른 일이다. 그는 인간 남성의 여성 취향에 빗대어 비유를 만들었다.

구애할 때 젊은 남성은 머리를 빗거나 말고, 콧수염이나 턱수염, 구레나 룻을 일사분란하게 매만진다. 당연히 그의 애인은 그를 찬양한다. 그러나 이 러한 사실이 그녀가 이런 장식들을 고려해서 그와 결혼한다는 주장을 입증 해 주지는 않으며, 여성의 이와 같은 취향이 지속적으로 유지되기 때문에 머 리, 턱수염, 구레나룻과 콧수염이 발달한다는 주장은 더더욱 입증해 주지 않는다. 소녀는 자신의 애인이 유행에 따라 멋지게 잘 차려입은 모습을 보고 싶어 하며, 그는 그녀를 방문할 때마다 항상 할 수 있는 한 잘 차려입는다. 그 러나 우리는 이런 사실에서 부풀린 소매가 달리고 색깔이 휘황찬란한 엘리 자베스 1세 시절의 길게 트인 더블릿(14~17세기의 유럽 남성들이 입던 짧고 꼭 끼 는 상의. — 옮긴이)과 몸에 딱 붙는 바지부터 조지 왕조 초기의 화려한 코트 와 긴 조끼, 땋아 내린 머리를 거쳐 오늘날의 장례식 예복까지 이어진 일련 의 남성 의상들이 여성의 선호가 이룬 직접적인 결과라고 결론 내릴 수는 없 다.(Wallace 1889, 286쪽)

이것은 새에서도 역시 마찬가지라고 그는 주장했다. "비슷한 방식으로, 암컷 새들은 수컷이 훌륭한 깃털을 과시할 때 흥분하거나 매력을 느낄 지도 모른다. 그러나 (그것이) 무엇이든 상대를 결정할 때 어떤 영향을 미 친다는 증거는 없다."(Wallace 1889, 286~287쪽) 그렇다면 그 암컷들은 무엇 을 하는 것일까? 월리스에 따르면 아무 일도 안 한다. 그들은 단지 바라 볼 뿐이다.

월리스의 주장은 비적응적인 힘들의 타당해 보이지 않는 결합을 가 정한다. 아무런 적응적인 목적 없이, 암컷들은 수컷들에게 면밀히 주의 를 기울인다. 아무런 선택적인 효과 없이, 암컷들은 판단에 안목을 발휘 한다. 배우자 선택에 아무런 진화적인 영향도 미치지 않고, 그들은 매혹 당하고 흥분한다. 이 각각의 정황들이 다른 이유로 발생했을 수도 있다.

그러나 이 모든 정황들이 동시에 같이 발생할 가능성은 매우 낮다.

암컷이 부리는 지독한 변덕의 불안정성

최종적으로 월리스는 만약 암컷들이 실제로 선택권을 행사할지라 도 그것이 '성적으로 선택된' 특성들을 창조할 만한 힘을 가지지 못한다 고 주장했다. 알을 품는 새의 외양이 주변 배경에 묻히는 형태인 이유를, 독수리의 예리한 시력으로 설명할 수 있다. 그러나 단순한 미학적인 선 택이 나비 날개 위의 섬세한 무늬나 새가 노래하는 복잡한 멜로디를 설 명할 만큼 정확하고 변함없을 수 있다는 말인가?

"글쎄, 왜 안 되는데?"라고 생각할지도 모른다. "미학적인 판단이 음 식 종류나 둥지 틀 장소를 선택하는 일보다 분별력이 떨어지며 덜 안정 적이라고 가정해야 될 이유는 무엇인가?" 우리는 이 의문과 취향에 대 한 다른 논점들을 나중에 다시 다룰 것이다. 지금은 월리스를 비난하기 보다는 다윈이 어떻게 생각했는지 살펴보도록 하자.

다윈은 미학적인 선호도가 자신의 목적에 부합하는 충분히 강력한 진화적 동인으로 보이지 않을지도 모른다고 대번에 느꼈다. "그렇게 약 해 보이는 수단들에서 어떤 효과가 기인한다는 주장이 유치해 보일지도 모른다."(Darwin 1859, 89쪽) 그럼에도 그는 이 아이디어가 타당하다고 주장 했다. 어쨌든 가축의 선택 과정을 살펴보자. 거기서 우리는 미학적 기준 의 체계적인 적용이 의도된 결과를 달성하는 현상을 발견한다. "만약 인 간이 반탐 닭들에게 자신의 미적 기준에 따라 아름다움과 우아한 태도 를 단기간에 부여할 수 있다면, 암컷 새들이 수천 세대 동안 자신의 미 적 기준에 따라 가장 듣기 좋은 소리를 내거나 가장 아름다운 수컷들을 선택함으로써 가시적인 결과를 만들어 낼 수 있을지 의심해야 되는 타당한 이유를 나는 알 수 없다."(Darwin 1859, 89쪽, 또한 Darwin 1871, i, 259쪽, ii, 78쪽도 참조하라.)

월리스는 두 가지 이의를 제기했다. 첫째로 그에게는 암컷들이 매우 미묘한 차이를 식별하기가 불가능해 보인다. 어떻게 자연 선택이 그렇게 까다로운 힘을 진화시킬 수 있다는 말인가? 월리스는 새와 곤충 같은 생물들이 다른 색깔들을 구별할 수 있다는 사실을 기꺼이 인정했다. 보호색과 꽃에서의 색채 진화에 관한 전문가(Wallace 1889, 304, 306~308, 316~319쪽이 그 예이다.)가 달리 어떻게 생각할 수 있겠는가? 그러나 그에 따르면 이것은 동물들에게 **색의 차이나 대비**에 대한 지각" 이상을 요구하지 않지만, 성 선택은 "색의 정교한 차이와 미묘한 조화 …… 무한한 다양성과 아름다움에 대한 이해"를 요구한다. (Wallace 1891, 409쪽) 그는 암컷의 식별력은 너무 약해서 이 미묘한 변이들을 구별해 낼 수 없다고 말한다. "나는 자연 선택이 작용하기에 충분한, 거듭되는 **작은** 변이들이 어떻게 **성적**으로 선택될 수 있는지 모른다. 우리는 일련의 대담하고 갑작스러운 변이들을 요구하고 있는 것 같다. 수컷 공작의 꼬리 1인치(1.54센티미터)나 극락조의 꼬리 0.25인치(약 0.64센티미터)를 암컷이 인식해서 선호할 수 있다고 어떻게 상상하겠는가?"(Darwin, F. and Seward 1903, ii, 62~63쪽) 다윈의 증거는 암컷들이 실제로 그러한 정교한 구별을 해낸다는 사실을 입증하지 못한다.

이런 사례들은 꼬리 깃털이 약간 더 길거나 신체색이 약간 더 밝은 수컷들이 일반적으로 선호되며, 아주 약간 열등한 개체들은 대개 거절당한다는 생각을 지지해 주지 못한다. 이것은 깃털 장식의 발달을 암컷의 선택으로 설명하는 이론을 수립할 때에 절대적으로 필요한 요소이다.(Wallace 1889, 286쪽)

그의 패러다임은 청란의 특이한 장식(다윈은 이 장식을 "자연물이라기보다 예술 작품에 더 가깝다."(Darwin 1871, ii, 92쪽)라고 표현했다.)에 놀랍도록 잘 적용된다. "이 새의 보조 날개 깃털 위에서 아름답게 차츰 흐려지는 홑눈의 긴 그라데이션은 '구멍 속에 느슨하게 놓인 고환'을 표현하기 위해 절묘히 그 늘진 한 벌의 무늬들을 확실하게 그려 내도록 만들어졌다."(Wallace 1891, 374쪽) 그렇게 정교한 패턴을 한낱 새가 인식할 수 있을까? "'성' …… 선택에 대한 나의 믿음을 제일 처음 흔든 것이 (바로 이) 사례였다."(Wallace 1891, 374쪽) 간단히 말해 월리스는 인간 이외의 다른 생명체들이 수컷의 복잡하고 섬세한 장식을 형성하기 위해, 이렇게 미묘한 차이를 식별해 낼 가능성 앞에서 멈춰 섰다. 다른 비평가들도 비슷한 입장의 주장을 제기했다. 그들은 조류와 포유류들이 미학적인 감각을 가졌다는 것을 인정할지라도, 그 감각이 암컷이 아주 약간만 다른 노래 패턴들 중에서 하나를 선택하게 만들 수 있을 만큼 예민할까?"라고 말한다.(Kellogg 1907, 114쪽) 그들은 또한 나비들이 화려한 종이나 단색의 꽃 같이 대충 만든 미학적 자극들에 이끌린다는 사실을 지적하면서 암컷들이 이중 잣대를 가지지는 않았는지 물었다. 하나는 수컷 장식의 개선을 위해, 또 다른 하나는 다른 물체에 대해서 말이다.(Geddes and Thomson 1889, 29~30쪽이 그 예이다.)

다윈은 암컷들이 단지 어떠한 일반적인 인상을 선택함으로써, 섬세한 구별 없이도 절묘한 장식을 가져올 수 있다고 대답했다.

나는 성 선택 원리를 지지하는 어떤 사람도 암컷들이 수컷들에게서 어떤 특정한 미적 요소를 선택한다고 생각지는 않을 것이라고 가정한다. 그들은 단지 한 수컷에게 다른 수컷보다 더 크게 흥분하거나 매혹될 뿐이다. 그리고 특히 새에서 이러한 흥분이나 매혹은, 종종 밝은 색깔에 좌우되는 것

'자연물이라기보다는 예술 작품에 더 가까운'

청란 수컷

같다. 아마도 예술가들은 제외해야겠지만, 인간도 자신이 감탄한 여성의 특성이 지닌 미묘한 차이점들이나 그녀의 아름다움이 어디에 달려 있는지에 대해 분석하지 않는다.(Darwin 1876a: Barrett 1977, ii, 210쪽)

비슷하게 그는 월리스에게 말한다. "성 선택에 관한 이야기입니다. 한 소녀가 잘생긴 남자를 봅니다. 그의 코나 수염이 다른 남성들보다 0.1인치(약 0.25센티미터) 더 긴가 짧은가를 관찰하지 않고도 그녀는 그의 외양을 칭찬하고 그와 결혼할 것이라 말합니다. 나는 공작 암컷 역시 마찬가지일 것이라고 추측합니다. 꼬리는 단지 전체적으로 훨씬 멋진 외양을 주기 때문에 길이가 증가하는 것입니다."(Darwin, F. and Seward 1903, ii, 63쪽) 그러므로 누구도 "암컷이 색깔의 각 줄무늬나 반점들을 연구한다고, 예를 들면 공작 암컷이 공작 수컷의 화려한 옷자락의 각 세부 사항들을 칭찬한다고 가정할 필요가 없다. 아마 공작 암컷은 전체적인 결과에만 영향을 받을 것이다."(Darwin 1871, ii, 123쪽) 월리스가 든 청란의 사례에도 같은 의견을 제시할 수 있다. "많은 사람들이 조류 암컷(여기서 그가 강조하는 것은 암컷이 아니라 조류다!)이 정교한 명암과 절묘한 패턴들을 이해한다고 여기기는 힘들다고 이야기할 것이다. …… (그러나) 아마도 공작 암컷은 개별적인 세부 사항보다는 전반적인 효과에 감탄할 것이다."(Darwin 1871, ii, 93쪽) 그는 자신이 "무의식적인" 가축 선택이라고 불렀던 것에 비유하여 이야기했다. 사람들은 빨리 달리는 개들로 이루어진 무리를 만들 수 있다. 빠른 개들을 결코 체계적으로 사육하지 않음에도, 또 매우 산만한 선택기준을 사용하고 있음에도 그렇다.(Darwin 1876a: Barrett 1977, ii, 210쪽)

놀랍게도 그 뒤에 월리스는 분명히 선택의 작용을 두고 비슷한 견해를 내놓았다.(Wallace 1893) 그는 인위 선택을 하는 사육자들이 특정한 뼈나 근육, 사지를 선택하지 않고 속도, 힘 혹은 민첩성 같은 전체적인 "능력"이나 "자질"을 선택한다고 말했다. 자연 선택 역시 같은 방식으로 작용한다. 따라서 적어도 이 시기에 월리스는, 다윈이 제안했던 암컷이 일종의 비특이적인 판단을 내릴 가능성을 배제하지 말았어야 했다. (분명한 이유를 찾아낼 수는 없지만, 월리스 같은 열성적인 적응주의자들은 각각의 특성을 개별적으로 선택하며, 다소 단편적인 방식으로 작동하는 자연 선택을 가정한다고 여겨져 왔다.(Ghiselin 1974, 131, 178~179쪽, Gould 1983, 13, 369쪽, Gray 1988, 213~214쪽, Lewontin 1978, 160~161쪽, 1979a, 7쪽이 그 예이다.) 내가 이해하는 한, 월리스가 나중에 취한 입장과 많은 근대 적응주의자들의 입장(Dobzhansky 1956, Mayr 1983이 그 예이다.)은 확실히 이러한 주장을 약화시킨다.) 그 뒤에 월리스는 종 내 변이의 규모에 대한 생각 역시 바뀌어서 이들이 "그들을 찾는 사람이면 누구나 쉽게 보고 측정할 수 있을 만큼" 충분히 크다고 생각하게 되었다.(Wallace 1900, 381쪽) 그러나 그는 공작 암컷이 공작 수컷의 꼬리의 변이들을 쉽게 보고 측정할 수 있는지에 대해서는 재조사하지 않았다.

월리스가 암컷 선택이 선택압이라는 주장에 대해 제기한 두 번째 반박은, 선호가 다윈이 주장한 결과를 생산할 만큼 오랜 시간 동안 개체군 내에 혹은 개체군들 사이에서 충분히 변하지 않고 남을 가능성이 적다는 것이다. 선택압으로써의 암컷의 선택은 "항구적인 특성이 아니며 자연 선택과 연관된 필연적인 결과가 아니다. …… 넓은 거주 지역을 통틀어 어느 종의 모든 암컷들이 혹은 암컷들 대다수가 여러 세대 동안 정확히 동일한 색이나 장식의 변형을 선호할 가능성은 매우 희박하다." (Wallace 1889, 283, 285쪽) 암컷 선택이 한결같지 않다면, 어떻게 그것이 한결같은 결과를 생산할 수 있을까?(Wallace 1871, 182쪽) 예를 들어서 월리스는 청란의 깃털들이 이러한 선택의 결과로 만들어질 수 있다는 사실을 "절대적으로 믿을 수 없다."라고 생각했다.(Wallace 1891, 374쪽) 여러 권위자들은 한술 더 떠 암컷의 악명 높은 변덕을 강조했다. 마이바트는 "암컷의 지독한 변덕은 너무 불안정해서 그 선택 작용으로는 어떤 항구적인 색깔도 생산할 수 없다."라고 말했다.(Mivart 1871, 59쪽) 게디스와 톰슨은 암컷 취향의 영구성이 "인간의 경험상, 거의 입증될 수 없다."라는 여성 혐오적인 우울한 견해를 갖고 있었다.(Geddes and Thomson 1889, 29쪽)

월리스의 비판은 다윈을 자극했다.

> 당신의 주장은 …… 성 선택이 어떤 결과를 만들어 내려면 한 성별의 취향이 여러 세대 동안 거의 동일하게 유지되어야만 한다는 것이다. 나 역시 동의한다. …… 나는 내가 지속성에 대해 …… 논의하지 않고 누락시킨 사실을 잠시 인식했다.(Darwin, F. 1887, iii, 138쪽, 또한 i, 325~326쪽도 참조하라.)

다윈은 두 가지 요지로 답변했다.(그는 자신의 주장 중 일부를 『인간의 유래』 2판(755~756쪽)에 실었다.)

첫째는 개체들 사이의 항구성에 관한 이슈였다.(Darwin 1876a: Barrett 1977, ii, 209~211쪽) 다윈은 소비자의 선택이 없을 때도 이 항구성이 유지된다고 제안했다. 암컷들이 "무제한적인 범위의 취향을 가질 수는 없다 (왜냐하면) …… 종의 변이 정도가 매우 클지라도 결코 무한하지는 않(기 때문이)다."(Darwin 1876a: Barrett 1977, ii, 210쪽) 게다가 암컷의 취향이 다양할지라도, 서로 자질이 약간 다른 배우자들을 선택해 그 자식들이 교배를 하면 수컷에서 획일성을 초래할 것이다. 뒤집어 말하면 서로 긴밀히 연관되지만 상호 교배를 하지 않는 두 개체군에서 성적으로 선택된 수컷의 특성들은, 상호 간에 종종 상당한 차이를 보일 것이다. 다윈은 또 망설이면서 암컷의 취향이 환경에 따라 형성될 것이라고 제안했다. 이 경우 지리학적으로 분리된 개체군들 사이에는 특성의 차이와 항구성이 실제로 나타나리라고 기대할 수 있다. 그런데 다윈만 암컷의 취향이 주변 환경에 영향을 받는다는 견해를 품은 것은 아니었다. 박물학자이자 작가인 그랜트 앨런(Grant Allen)은 비슷한 입장에서 미학 이론을 발전시켰다.(Allen 1879, 특히 vi, 4, 280쪽, 예로 Darwin, F. 1887, iii, 151, 157쪽, Wallace 1889, 335쪽도 참고하라.) 결국 다윈은 암컷들은 자신의 선호도들 사이에 갈등이 존재하지 않는 한, 어쨌든 다양한 특성을 선택할 수 있다고 주장했다.(Darwin 1882: Barrett 1977, ii, 279쪽)

둘째는 시간과 항구성에 대한 문제였다. 다윈은 '미개인'의 취향처럼, 상대적으로 덜 정교한 동물의 취향이 다소 변화하거나 심지어 새로움 그 자체를 위한 새로움이 선호될 수도 있다는 점을 인정했다. 그러나 그는 취향이 변덕스럽다는 점은 부인했다. "우리는 취향이 변화를 거듭할 수 있다는 점은 인정하지만 그렇다고 취향이 완전히 임의적이지는 않다."(Darwin 1871, 2nd edn., 755쪽) 인간의 훨씬 정교한 유행들을 살펴보면 작은 변화는 좋아하지만 엄청나게 큰 변화는 싫어하는 성향을 발견하게 된다. 그러므로 취향은 변할지라도 항상 점진적으로 변화할 것이다.

우리 자신의 의복에서조차, 일반적인 특성이 오래 지속되며, 변화는 어느 정도까지 점진적으로 일어난다. …… (인간들처럼, 동물들도 급작스런 변화를 좋아하지 않을 것이다. 그러나 이것이) 그들이 작은 변화를 이해할 가능성을 배제하지는 않는다. …… 이런 이유로 …… 색깔, 형태 혹은 소리에서의 작은 변화들을 인정할지라도 동물들이 매우 오랜 기간 동안 동일한 일반적인 스타일의 장식이나 다른 매력들을 선호할 가능성이 있는 것 같다.(Darwin 1871, 2nd end., 755~756쪽)

그건 그렇고 미학적 취향이 작동하는 방식에 대한 다윈의 묘사는 원래는 우리가 유쾌하거나 불유쾌하다고 느끼는 것들에 대한 심리를 이해하기 위해 발달한 아이디어와 유사하다.(McClelland et al. 1953, 42~67쪽) 이 아이디어는 지금은 배우자 선택 연구에 생산적으로 적용되고 있는 (Bateson 1983, 1983b가 그 예이다.) '최적 상위 가설(optimal discrepancy hypothesis)'이다. 이것은 가장 매력적인 대상은 익숙한 표준에서 아주 약간만 다른 대상이라는 발상이다.

다윈의 대답은 월리스의 비판에 어느 정도 대응하는 선까지 제시됐다. 만약 암컷 선택이 다윈이 묘사한 것처럼 미학적 선호에 기초한다면, 적어도 암컷 선택은 그것이 단지 완전히 임의적인 개인적 변덕의 산물일 경우에 반드시 발생하는 순전한 혼란으로부터 구제받게 된다. 하지만 이것으로 충분한가? 다윈 자신도 인정했듯이, 미학적 선호는 어떤 연속성에도 불구하고 본질적인 특성이 변덕스럽다. 그는 사람들은 인간 세상에서 "관습과 유행이 가장 변덕스럽게 변화할 것"이라고 기대한다고 말한다.(Darwin 1871, i, 64쪽) 마찬가지로 다른 "동물들도 …… 좋아하는 것과 싫어하는 것, 미적인 감각이 …… 변덕스럽게 달라진다."(Darwin 1871, i, 65쪽) 그렇다면 암컷의 선택이 그보다 변화가 덜할 까닭이 무엇이겠는가? 그 스스로도 인정했지만(Darwin 1871, ii, 229~232쪽), 성 선택은 "취향 같은 크게 변동하는 요소에 의존하기" 때문에 종들 사이에 차이를 발생시킬 때 일반적으로 "변덕스럽다."(Darwin 1871, ii, 230쪽) 그렇다면 성 선택은 어떻게 그렇게 매우 안정적으로 종 내에서 작용하는 것일까?

월리스는 다윈의 약한 곳을 건드렸다. 다윈의 미학적인 암컷 선택 이론에 부족한 부분이 있음은 분명하다. 그러나 이 문제는 월리스가 제시한 어떤 비판들보다 더 본질적인 부분에서 유래한다. 이것은 단지 다윈이 해당 논의를 누락한 결과다. 다윈의 성 선택 이론에는 절실히 설명돼야 하는 주요 전제가 있다. 그가 누락한 것은 암컷 선택 자체가 어떻게 진화했느냐에 대한 설명이다.

취향이 가진 문제

　다윈의 성 선택 이론은 이 중요한 지점에서 갑자기 멈춰 선다. 성 선택 이론은 암컷 선택을 단지 "타고난" 것으로 가정한다. 이 선택에 어떠한 적응적인 이점이 있는지, 어떤 선택압이 이 선호를 나타나게 만들어 어떻게 유지시켰는지 설명하지 않는다.

　자연 선택의 '실용적인' 선택압들에서는 이런 문제가 발생하지 않는다. 효율적인 수렵 채집에 대한 필요가 부담이 크고 엄밀한 선택압으로 딱따구리의 부리에 작용하는 이유는 명백하다. 그러나 선택압이 미학적인 선택에 연루될 때, 그 이유는 조금도 분명하지 않다. 어쨌든 암컷들은 아무 쓸모가 없으며, 실제로는 아마도 순전히 불리할 특성들을 매우 정확하고 일관되게 선택하고 있다. 그러나 이 선택에 아무런 적응적인 이점이 없다면, 이 일이 일어나야 할 이유도 전혀 없다. 단순한 취향이라는 것 이외에 특정한 선택에 대한 훨씬 '합리적인' 이유가 없다면, 무엇이 이 선택을 그렇게 변함없고 정확하게 유지시키는가? 성 선택을 지시하는 선택압들이 없다면, 무엇이 성 선택이 매우 임의적으로 변화하지 못하게 막는가?

　20세기까지 줄곧 월리스와 다른 대부분의 비평가들은 미학적인 선택들이 실제로 어떻게 이루어질 수 있는가라는 문제에 집중했다. 그들은 한낱 새와 나비들이 어떻게 그런 정교한 평가를 할 수 있는지, 또 변덕스런 취향이 어떻게 하나의 선택압으로 작용할 수 있는지 질문했다. 이것에 대한 답변에서 다윈은 겉보기에 쓸모없어 보이는 장식에 대한, 널리 퍼져 있고 오래 지속되며 심미안이 있는 감상의 사례로 인간이 지닌 미학적 취향을 들었다. 여기까지는 다 좋다. 그러나 인간의 것이든 다른 동물의 것이든, 미학적 취향이 어떻게 진화할 수 있었느냐는 훨씬 더 절실한 질문이 제기됐다. 다윈은 미학적 취향이 암컷의 배우자 선택을 거쳐 진화했다고 주장했다. 그러나 어떤 진화적 동인이 오직 미학에만 기반하는 선택을 초래할 것인가? 암컷이 아름다움을 사랑하여 선택을 행사한다는 주장은 여전히 자연 선택이든 성 선택이든 선택이 관여하는 한, 그 선택을 설명되지 않은 '타고난 특성'으로 남겨 놓는다. 다윈의 목적은 '수컷 공작의 꼬리'를 적응적으로 설명하는 것이었다. 만약 우리가 아름다움에 대한 암컷의 선택을 인정하면 그는 성공한다. 그러나 이 선택이 어떻게 진화했는지 의문을 품는 순간 사람들은 그가 내세운 이론의 핵심에 이것에 대한 어떤 설명도 없다는 사실을 발견하게 된다.

그러면 왜 다윈은 암컷 선택의 미학적 본성을 그리도 강하게 주장했을까? 예를 들어 (나중에 살펴보겠지만 월리스와 다른 많은 다윈주의자들이 했던 것처럼) 그가 암컷들이 가장 강하거나 건강한 혹은 사나운 수컷들을 선택한다고 가정했다면, 이 선택을 설명하기 쉬웠을 것이다. (비록 또 다른 새로운 문제점들이 제기되겠지만 말이다.) 그렇다면 왜 그는 배우자 선택과 아름다움에 대한 평가를 그렇게 분명하게 결부시켰을까?

글쎄, 먼저 그가 실제로 했던 일들을 정리해 보자. 『인간의 유래』에는 우리가 살펴본 문구들이 그의 전형적인 사고 방식에서 크게 벗어나지 않는다는 증거들이 풍부하다. 그는 배우자 선택에, 하나의 선호가 될 수 있을 만큼 충분히 강한 감정들과 그 감정들을 이끌 만큼 충분히 발전된 미학적 능력이 수반된다고 반복해서 강조한다. "성 선택은 …… 상당한 지각 능력과 강한 열정을 가졌음을 의미한다."(Darwin 1871, i, 377쪽) 그는 "암컷들이 선택을 행사하기에 충분한 정신 능력을 갖고 있다고 추정하며" 암컷들이 배우자를 선택할 수 있다고 말한다.(Darwin 1871, i, 259쪽) 일례로 새들은 "아름다움에 대한 강한 애착과 정확한 지각, 취향"을 갖고 있다.(Darwin 1871, ii, 108쪽, 또한 ii, 400~401쪽도 참조하라.) 그리고 그는 아무리 그렇게 보이지 않을지라도 이 점은 대부분의 동물들에서 사실이라고 강조한다. "나는 많은 조류와 일부 포유류들의 암컷들이 성 선택으로 생성됐을 것이 분명한 특성들에 대해 충분한 감식력을 지닌 채, 태어난다는 놀라운 사실을 완전히 인정한다. 파충류나, 어류, 그리고 곤충류의 경우에 이것은 훨씬 더 놀라운 사실이다."(Darwin 1871, ii, 400쪽, 또한 ii, 401쪽도 참조하라.) 그는 암컷들이 잠재적인 배우자들을 식별한다고 인정할지라도, 취향이 거기에 개입한다고 가정할 필요가 없었다. 어쨌든 그는 동물들이 독성이 있는 음식과 영양가가 많은 음식을, 혹은 독수리의 그림자와 바다갈매기의 그림자를 구별하는 놀라운 능력을 가졌다고 믿었다. 이때 그는 그 동물들이 "훌륭한 판단"을 내리는 중이라고 주장할 필요를 느끼지 못했다. 그의 비판가들이 지적했듯이, 그는 훌륭하게 지어진 벌집을 설명하기 위해 벌에게 수학적인 추론 능력이 있다고 가정할 필요를 확실히 부인했다. 그러나 그는 새들과 곤충들의 배우자들이 보여 주는 아름다운 색깔을 설명하기 위해 그들에게 미적 감각이 있다고 말할 필요성은 느꼈다.(Darwin, F. and Seward 1903, i, 324~325쪽, n3, Wallace 1889, 336~337쪽이 그 예이다.) 미학적 선택이라는 아이디어가 다윈의 이론에서 중요한 부분을 차지했음이 분명하다.

이 결론은 우리에게 다시 그 이유를 묻는다. 우선 그가 하지 않았던 일들을 지워 나가 보자. 그는 수컷 공작의 꼬리가 단지 우리에게 놀랄 만큼 아름답게 보이기 때문에, 암컷 공작에게도 매력이 넘쳐 보일 것이 틀림없다고 가정하지 않았다. 비록 이 성 선택 패러다임의 사례들은 그 순전한 아름다움이 매우 인상적이지만, 때때로 수컷의 성적 특성들은 인간에게 매혹적인 것과는 거리가 멀 뿐 아니라 심지어 기괴해 보이기까지 한다는 것을 그는 잘 인식하고 있었다.

(성 선택을 연구할 때) 특정 원숭이들의 밝은 색깔을 띤 엉덩이와 그 주변 부위처럼 몹시 흥미를 끌거나 당혹스럽게 만드는 사례도 없다. …… 나는 이 색깔이 성적인 매력으로 획득됐다고 결론 내렸다. 그 결론 탓에 내 자신이 비웃음의 대상이 되리라는 것을 잘 안다. 실제로 원숭이가 자신의 선홍색의 엉덩이를 과시한다는 사실은, 수컷 공작이 자신의 장대한 꼬리를 과시한다는 사실보다 더 놀랍지 않다.(Darwin 1876a: Barrett 1977, ii, 207쪽, 또한 Darwin 1871, ii, 296쪽도 참조하라.)

조류의 장식들이 "항상 우리 눈에도 장식적으로 보이지는 않는다." (Darwin 1871, ii, 72쪽) 마코앵무새의 푸르고 노란 깃털과 귀에 거슬리는 외침을 생각해 보자. 이 특성들은 자기 배우자의 미적 감각에는 매력적이지만 우리에게는 개탄스러울 정도로 나쁜 취향으로 보인다(Darwin 1871, ii, 61쪽, Darwin, F. and Seward 1903, i, 325쪽) (불쌍한 늙은 마코앵무새는 특히 다윈의 감정을 불쾌하게 했다. 런던의 첫 집에서 그는 "마코앵무새의 모든 색깔들을 불협화음으로 흉측하게 결합시킨 객실 가구의 …… 추악함을 떠올리며 웃고는" 했다.(Clark 1985, 64쪽)) 조류의 종마다 매력적이라고 생각하는 소리가 매우 다르며, 우리에게는 그 중 일부만 아름답게 들린다. 그래서 그는 "우리는 여러 종들의 취향을 획일적인 기준으로 판단하지 말아야 한다. 인간의 취향으로 판단해서는 안 된다."(Darwin 1871, ii, 67쪽)고 경고한다. (인간의 취향이 획일적이거나 인간들끼리도 항상 서로를 이해할 수 있는 것은 아니지만 말이다!)

따라서 다윈이 암컷의 취향을 미학적이라고 설명하게 만든 것은 우리가 보기에 아름다운 '공작의 꼬리'가 아니었다. 사실 성적인 장식들은 그에게 인간의 눈에 아름답게 보이기 위해 많은 구조들이 창조됐다는 자연 신학의 주장에 도전할 훌륭한 수단들을 제공했다.(Darwin 1859, 199쪽, Peckham 1959, 369~372쪽) 부연하자면 나중에 다윈주의자들은 인간에게 아

'아름다움은 종마다 보기 나름이다.'

코주부원숭이(*Nasalis larvatus*) 수컷의 코는 축 늘어져 대롱거리는 거대한 오이 같다. …… 그 모습은 암컷과 새끼들의 날렵한 들창코와 뚜렷하게 대조된다. 일곱 살 정도가 되면 수컷의 코는 괴물 같이 성장하기 시작해서 나이가 들어도 계속 커지며 결국 7인치(17.78센티미터)까지 길어진다. 나이 든 수컷에서, 이 부풀어 오른 코는 입 위로 축 늘어져서 때로는 거의 턱에 닿을 정도다. 그래서 음식을 먹으려면 손으로 코를 옆으로 치워야만 한다. 이 코는 적어도 부분적으로는 증폭기처럼 진화한 것같이 보인다. 이 원숭이들이 서식하는 보르네오의 밀집한 맹그로브 숲에서는 먼 거리에서도 서로 의사소통할 수 있는 최선의 방법이 외침이다. 수컷의 코로 진동하는 소리는 더블 베이스를 연상시킨다. 그의 모습이 우리에게는 익살맞아 보이지만, 아마도 그의 코 길이는 암컷의 취향을 만족시킬 것이다.

름답게 보이는지에 따라 성적으로 선택된 특성들을 구분할 수 있다고 자주 강조했다. 이러한 주장의 목적이 성 선택의 범위를 줄이는 것이었음을 깨달을 때까지는 그 사실이 놀랍게 여겨진다. 예를 들면 헉슬리는 눈에 띄는 수컷의 색, 단지 "두드러지는" 색들 대부분의 원인을 인식이나 위협 등으로 설명할 수 있다고 주장했다. 성 선택으로 원인을 돌릴 수 있는 경우는 섬세하고 복잡하며 가까이에서 보았을 때 가장 효과를 발휘하는 '아름다운' 색깔뿐이었다.(Huxley 1938, 1938a)

나는 다윈이 성적으로 선택된 특성들을, 암컷들이 미적 감각을 발휘한다는 증거로 채택한 데는 두 가지 이유가 있다고 제안한다. 첫 번째 증거는 발견하기 어렵지 않다. 그것은 (인종의 진화를 포함하는) 인간의 진화에 관해 그가 든 사례의 일부였다.(Darwin 1871, i, 63~65쪽, 또한 de Beer et al. 1960~1967, 2(3), [C] 178도 참조하라.) 미적 평가 능력은 인간에게 고유하다고 주장돼 왔으며 다윈은 인간과 다른 동물들 사이의 연속성을 수립함으로써 이 주장을 반박하고 싶어 했다. "미적 감각은 인간에게 고유하다고 단언됐다. …… 그러나 분명 인간과 많은 하등 동물들이 같은 색깔과 소리에 감탄한다."(Darwin 1871, i, 63~64쪽) 그가 자신의 공책 중 한 권에 적은 말처럼 "아름다움은 …… 영단을 내려서 어려운 상황을 잘 헤쳐 나간다."(Gruber 1974, 272쪽, [M] 32) 배우자 선택은 그가 이러한 평가를 발견할 수 있는 유일한 증거였다. "동물들 대다수에서 …… 우리가 판단할 수 있는 한, 아름다움에 대한 취향은 반대 성별에 대한 매력에 한정된다."(Darwin 1871, 2nd end., 141쪽) 그래서 미술, 음악, 풍경에 대한 사랑은 결국 우리를 다른 동물들로부터 멀리 떨어뜨려 놓지 않는다. 반대로 그들에게 더 가까이 다가가게 한다. 이것은 과거에 진화에서 중요하고 선택적인 효과를 미쳤던, 그들과 우리의 공통 행동으로부터 획 나타난다.

그런데 다윈의 연속성 주장은 아마도 월리스에게는 성 선택을 거부할 만한 과학 외적인 이유였을 것이다. 월리스는 미적인 감각을 인간에 게만 제한하기를 원했던 다윈주의자들 중 한 사람이었다. 초창기에 성 선택을 받아들였을 시절, 그는 이러한 연속성이 어떤 것이든 '우리 자 신의 본성과 우리와 하등 동물과의 진정한 관계를 연구할 때 철학적으 로 매우 중요한 사실'이라고 인정했다.(Wallace 1891, 89쪽) 그가 나중에 부 정하고 싶었던 것은 바로 이 의미였다. 인간의 이타주의에 대해 조사할 때 우리는 다윈이 인간과 다른 동물들 사이에 관련성을 수립하기를 희 망한 반면, 월리스는 큰 격차를 만들고 싶어 했다는 사실을 보게 될 것 이다. 그는 여러 능력들이 인간에게만 배타적으로 존재한다고 주장하 게 됐다. 미적 평가도 그중 하나였다. 일부 논평가들은(Fisher 1930, 150쪽, Selander 1972가 그 예이다.) 이것이 월리스가 성 선택을 받아들일 수 없었던 이유라고 제시했다. 월리스는 미적 능력을 우리의 '정신적인 본성'의 일 부로 생각했다. (코틀러가 이 주장에 반대하며 지적했듯이, 월리스는 1860년대에 이 과 학 외적인 견해를 채택했지만, 1871년까지는 적어도 새에 관한 한 성 선택 이론을 계속 수용 했다.(Kottler 1980, 225쪽)) 코틀러에 따르면 월리스의 정신적인 믿음들은 그 가 적어도 인간에서만큼은 어쨌든 성 선택을 수용할 수 있게 했다. 결국 월리스는 우리가 미적 취향을 행사한다는 사실을, 실제로 우리만이 그 렇게 한다고 쉽게 승인했다.(Kottler 1980, 225쪽) 그러나 여기에 덧붙여 암 컷들이 미적인 근거에 기반을 두고 선택권을 행사한다는 다윈의 시각 을 받아들여야만 했다면, 월리스는 우리가 성 선택을 실행한다는 사실 을 분명히 받아들일 수 없었을 것이다. 나중에 이타주의에 대한 월리스 의 견해에서 볼 수 있듯이, 이러한 수용은 우리의 미적인 감각에 진화적 인 역할을 부여하므로 그는 진화에서 필요한 수준을 넘어서기 때문에 진화할 수 없는 우리의 '특별하게 부여받은' 능력에 대한 보증서로서 인 간의 성 선택을 받아들였다. 실제로 그는 우리가 다른 동물들과 공유하는 단순하며 원시적인 색 구분 능력과는 달리, 색깔을 즐기고 평가하는 우리의 능력은 '순전히 실용적인 원리들'로는 설명할 수 없다고 강조했다.(Wallace 1891, 415쪽) (다른 동물들의 미적인 판단에는 기쁨이 수반되며, 따라서 그들을 우리와 더 가깝게 만들어 준다는 다윈의 묘사는 이것과 전형적으로 대조된다.(Darwin, F. and Seward 1903, i, 325쪽)) 나중에(Wallace 1890, 또한 Fichman 1981, 141, 148~153쪽도 참조하라.) 월리스는 지적인 여성의 배우자 선택이 인간 사회의 사회적인 자질들을 고려해 이루어질 수도 있다고 믿게 됐다. 그러나 이러한 선택은 미적인 판단이 아니라 합리적인 선택이었다. 월리스는 심미적이지 않은 배우자 선택은 '하등' 동물들에서조차 일어난다는 사실을 인정할 준비가 됐던 것 같다. 그는 종 간 불임에서 동류 교배가 수행하는 역할과, 동종 구성원의 위치를 찾아낼 때 배우자 인식의 역할을 강조했다. 심지어 그는 배우자 선택의 근거가 심미적이기보다는 "합리적인" 한, 이 선택이 다양한 근거들을 고려해 행해진다고 인정할 준비도 돼 있었다.

다윈이 암컷 선택은 단지 심미적일 뿐이라는 아이디어를 그렇게 집요하게 고수했던 이유에 관한 나의 두 번째 제안은, 첫 번째 제안과 상보적이며 훨씬 가설적이다. 다윈의 견해는 아마도 수컷 공작의 꼬리에 무엇인가 터무니없고, 제멋대로이며, 휘황찬란한 것이 존재한다는 그의 직관을 반영한다. 그 자체만으로 순전히 미학적인 선호, 실용적인 조건들과 무관한 선호라는 발상은 이 직관을 확실히 포착한다. 그리고 마침내 피셔가 보여 준 것처럼, 다윈은 옳았다. 우리는 이 흥미로운 이슈를 나중에 다시 다룰 예정이다.

우리의 근대적인 시각에서는 이상하게도, 암컷 선택이 어떻게 진화했는지 다윈이 설명하지 못했다는 사실이 그의 이론에 대한 주요 반대 원인으로 등장한 것은 수십 년이 더 지나서였다. 이 문제는 다윈주의의 의제 목록에 하나의 항목으로 수용되기보다는 다양한 신념을 가진 비판가들이 단편적인 방식으로 제기했다. 유신론적인 입장을 가진, 『인간의 유래』를 읽은 한 논평가는 암컷 선택이 "대부분의 남성들에게 그 자체로 결과라기보다는, 훨씬 주목할 만하며 더 설명이 필요한 원인"이라고 불평했다.(Anon 1871a, 319쪽) 여기서 그는 동물들이 신에게서 미적인 감각을 받지 않았다면 어디에서 획득했는지 묻는다. 그의 견해에 따르면, 다윈의 연속성 주장은 신의 손안에서 더 잘 작동한다. 인간뿐만 아니라 많은 딱정벌레, 나비, 혹은 새들도 미적인 취향을 부여받아야만 했다. 이와 비슷한 한 논설은 한발 더 나가서 다윈의 부인에도 불구하고, "열대 우림의 뱀과 새들의 화려한 색은 …… 당신이 화려한 가운, 현란한 벽지와 너무 밝은 카펫에서 끊임없이 보는, 우리가 저속하다고 부르는 색이 결코 아니며, 엉망인 패턴으로 엉성하게 기운 것이 결코 아니다."라고 끈덕지게 주장했다. 이것은 "문명화된 인간들 중 가장 세련되지 않은 부류들 …… 영국의 선원이나 …… 여종의 선호"(어쨌든 "영국의 요리사가 일요일 의상의 패턴으로 선택할 것 같은 흉측하지만 현란한 노란색 회전목마"를 생각해 보라.)와는 뚜렷하게 대조된다. 이렇게 흠잡을 데 없는 취향은 신성한 근원으로부터 완전히 발달된 상태로 튀어나왔음이 틀림없다.(Anon 1871, 218쪽) 20년 후에 웨스터마크는 신이 아니라 자연 선택에, 비슷한 전제를 적용했다.(Westermarck 1891, 477~491쪽) 그는 다윈에 따르면 수컷의 2차 성징이 "우리가 그 기원을 알 수 없는 암컷의 미적인 감각이나 취향에 의존한다."라고 불평했다. 암컷의 선호는 "설명할 수 없는 경향이다."(Westermarck 1891, 478, 490쪽) 그는 장식이 "적자생존의 원칙에 따라 설명"돼야만 한다고 결론을 내렸다.(Westermarck 1891, 479쪽) 이 의견과는 대조적으로, 세기의 전환기에 모건은 암컷 선택을 성 선택이든 자연 선택이든 어떤 선택에 반대하는 증거로 사용했다. 모건은 한때 선택의 도움 없이 돌연변이만으로도 많은 진화 작용들을 일으킬 수 있다고 믿었다.(Bowler 1983, 202~205쪽이 그 예이다.) 당시의 다른 돌연변이주의자들처럼 그는 모든 종류의 적응적인 설명들이 실제로 불충분하다는 것을 보여 주려고 시도했다. 그에게는 수컷의 장식에 관한 다윈의 설명 또한 특별한 경우가 아니었으며, 선택이 설명할 수 없는 많은 특성들 중 단 하나에 불과했다.

이 이론으로는 선택을 하는 성별에서의 미적인 감각의 발달 혹은 존재가 설명되지 않는다. 수컷에서 아름다운 색채가 발달한 이유를 설명해야 하듯이, 이 이론은 암컷들이 그러한 미적 감각을 타고난 이유를 설명할 필요가 있다. …… 다윈은 암컷의 측면에서 이 감각이 항상 존재한다고 가정한다. 그래서 그가 이 문제를 단순화시킨 것처럼 보이지만 실제로는 이 문제의 절반을 설명하지 않은 채로 남겨 놓았다.(Morgan 1903, 216쪽)

1915년 이후에야 암컷의 취향이 어떻게 진화했느냐는 질문이 명쾌하게 제기되었으며 만족스러운 대답을 얻었다. 이 질문은 피셔가 제기했다. 그는 다윈주의 종합의 주요 설계자 중 한 사람이자 통계학과 개체군 유전학 분야의 개척자일 뿐 아니라, 성 선택의 역사에서 핵심적인 역할을 한 인물이었다. 아래는 피셔가 이 문제를 상세히 설명해 놓은 방식이다. (종 수준에서는 불행하지만 종 수준이 아닌 사고 방식에서는 다행스러운 것이다.)

"특정한 형태와 색깔의 세부 디자인에 대한 이 극단적으로 획일적이며 확고한 취향은 어디서 유래하는가?"라고 질문할 수 있다. 이런 취향과 선호가 이 종의 암컷들 사이에 만연하다는 사실을 인정하며, 수컷들은 점점 더 정교하고 아름다운 꼬리 깃털들을 발달시킬 것이다. "왜 암컷들은 이러한 취향을 가지게 됐는가, **겉보기에 쓸모없는 것 같은 이 장식들을 선택하는 일이 이 종에게 대체 어떤 쓸모가 있는가.**"라는 질문은 반드시 대답이 되어야만 한다.(Fisher

1915, 184~185쪽, 굵은 글씨는 이 책의 저자가 강조한 부분)

이 대답을 얻기 위해 우리는 다시 피셔에게로 되돌아가야 한다.

그래서 거의 반세기 동안, 다윈의 성 선택 이론에는 최고로 잘 꾸민 수컷을 선택하는 일이 왜 암컷에게 적응적인 일인지에 대한 질문이 대답 없이 남겨졌다. 순전히 미적인 선택이 선택적으로 이익이 될 수 있을까? 아니면 이 선택은 미학적이지 않은 것일까? 만약 그렇다면 그것을 어떻게 설명해야 할까? "암컷들이 지금과 같은 선택을 하는 이유는 무엇일까?"라는 질문은 우리를 19세기 논쟁의 마지막 부분으로 데려가면서 현재로, 이 이론의 가장 흥미진진하며 생산적인 단계로 이끈다.

8장

분별 있는 암컷은 섹시한 수컷을 선호하는가?

❖

좋은 취향이냐 아니면 좋은 감각이냐

그러면 왜 암컷들은 현재와 같은 선택을 하는 것일까? 성 선택의 역사 동안, 다윈주의자들은 이 질문에 두 가지 매우 다른 해답을 제시했다. 첫 번째 해답을 우리는 "좋은 취향" 해결책으로 생각할 수 있다. 다윈의 견해이기도 했던 이 해답은 암컷들이 아름다움만을 선택한다는 것이다. 따라서 그들의 선택은 자연 선택의 기준에서 보면 부적응적(maladaptive)이다. 다른 대답은 "좋은 감각" 해결책으로 생각할 수 있다. 이 견해에 따르면, 암컷들은 자연 선택과 같은 정도로 실용적인 태도에 따라 선택한다. 따라서 그들의 선택은 적응적이며 문제가 없다. 이것은 월리스는 이 입장을 채택했다. 인정하건대 지금까지 나는 월리스를 한때 다윈의 성 선택 이론을 거부했으며 암컷의 선택이라는 바로 그 아이디어에 확고하게 반대한 사람으로 묘사했다. 그러나 이제 그 인상을 바꿔야 하는 시간이 됐다. 그의 모든 항변에도, 월리스는 암컷 선택을 완전히 배제하지 않았다. 그가 실제로 한 행동은 암컷 선택에 대한 다윈의 견해에 열심히 반대하면서 대안 이론인 "좋은 감각" 견해를 제시한 것이었다. 다시 한번, 우리는 다윈과 월리스가 반대편에 놓인 모습을 발견한다. 일단 다윈부터 시작하자.

다윈의 해결책: 아름다움 그 자체를 위한 아름다움

다윈에 따르면 암컷들은 자신들을 미학적으로 기쁘게 해 주는 것에만 관심이 있다. 그들이 선호하는 특성들은 순전히 장식적이며 어떤 다른 기능도 제공하지 않는다. "많은 수컷 동물들이 …… **아름다움 그 자체를 위해** 아름다움"을 표현한다. "가장 정련된 아름다움은 **다른 목적 없이** 암컷을 매혹하는 기능을 할 것이다." "이 장식과 다양성은 내가 아무런 의심없이 즐길 수 있는 **유일한 대상**이다."(Peckham 1959, 371쪽 Darwin 1871, ii, 92, 152~153쪽, 굵은 글씨는 이 책의 저자가 강조한 것이다.)

앞서 우리는 다윈이 이러한 선택의 "비합리성"에서 생기는 몇몇 어려움들을 인지하고 인간의 미적 감각을 예로 들어 이것들을 다루려 시도했음을 살펴보았다. 그러나 그는 이 비합리성의 가장 심각한 측면을 인정하지 않았다. 이 선택이 비용이 드는, 종종 극도로 낭비적인 특성들을 선호한다는 사실 말이다. 암컷이 그러한 선택을 할 타당한 이유는 없어 보인다. 설상가상으로 그녀가 그런 선택을 하지 않아야 할 타당한 이유는 많아 보인다. 수컷에게 화려한 색깔로 치장하거나 긴 꼬리를 자랑스

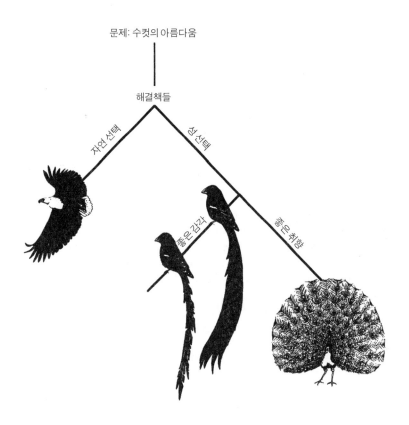

문제: 수컷의 아름다움

해결책들

자연 선택

성 선택

좋은 감각

멋대로의 취향

아름다움을 설명하는 세 가지 방식
물수리의 날개: 단지 공기 역학적으로 우아한 것일까?
천인조의 꼬리: 그의 자질을 드러내고 있는가?
공작의 꼬리: 제멋대로인 암컷의 변덕인가?

럽게 내보이거나 여러 시간 동안 쉬지 않고 노래하거나 춤추라는 요구
는 그에게 무거운 짐을 부과한다. 이 부담이 그를 생존 경쟁에서 불리하
게 만들 수 있다. 만약 그가 자신의 배우자를 도와야 한다면 그녀도 이
런 부담 탓에 고통을 겪는다. 아내와 자식들뿐만 아니라 꼬리까지 부양
해야 한다니! 게다가 그의 아들들이 이 장식을 물려받는다면, 그들과 그
들의 배우자 역시 같은 운명을 겪을 것이다. 그렇다면 확실히 암컷들이

'아름다움 그 자체를 위한 아름다움을' 선택하지 않아야 할 타당한 이유가 있다.

수컷의 특성에 비용이 많이 든다는 점을 직시하지 못했다고 다윈을 나무라는 것은 정당하지 않아 보인다. 확실히 성 선택은 고전 다윈주의가 적응에는 비용이 따를 수 있다는 점을 체계적으로 인정하는 영역 중 하나다. 어쨌든 이 이론은 분명히 실용적이지 않아 보이는, 자연 선택의 기준에서 적응적이지 않아 보이는 특성들을 다루기 위해 구축됐다. 『종의 기원』에서 다윈이 수컷의 장식을 논의했던 바로 그 장의 제목이 이 쓸모를 묻는다. "실용주의는 어디까지가 진실인가: 아름다움, 어떻게 획득되는가."(Peckham 1959, 367쪽) 다윈은 "다소 억지스러운 의미에서만 유용하다 여겨질 수 있다고" 명백하게 말했다.(Darwin 1859, 199쪽) 그는 성적으로 선택된 특성들 중 "몇몇 사례들은 불편할 뿐만 아니라 실제적인 위험에 노출시키기 때문에 비용을 부과한다."라고도 말했다.(Darwin 1871, ii, 399쪽) 예를 들면 몇몇 새들은 눈에 띄는 색이나 장식 때문에 싸울 때 방해를 받거나 더 쉽게 포식된다.(Darwin 1871, ii, 96~97, 233~234쪽) 마찬가지로 수컷 바우어새들이 구축하는 구조물에는 "많은 노동력이라는 비용이 요구되며" 큰부리새들에게는 어마어마한 부리가 "거추장스러울 것이" 틀림없다.(Darwin 1871, ii, 71, 227쪽)

게다가 고전 다윈주의에서는 특이하게도, 다윈은 성적으로 선택된 특성들을 생존 기회와 짝짓기의 이점을 맞교환한 거래의 산물이라고 보았다.

> 몇몇 사례들에서 극단적인 정도로까지 진행되는 특정 구조들의 …… 발달은 …… 삶의 일반적인 조건들에 관한 한 수컷에게 다소 해로울 것이 틀림없다. 선호된 수컷들이 전투나 구애 행위 시에 다른 수컷들을 물리치며 얻

는 장점들이 …… 외적인 삶의 조건들에 다소 더 완벽히 적응해 얻는 이점보다 장기적으로는 더 크다는 사실을 이러한 사실로부터 배울 수 있다.(Darwin 1871, i, 279쪽)

비슷하게 그는 젊은 개체들에게 해로운 특성들이 나이 든 수컷들에서는 그 해로움을 상쇄할 만큼의 번식적 이점을 가져올 수도 있다고 말한다.(Darwin 1871, i, 299쪽)

그럼에도 다윈은 그 부담의 정도에 무신경하다. 그는 수컷의 장식이 결코 생존을 심각하게 위협하지 않는다고 가정한다. 자연 선택이 항상 개입하여 과도한 성장을 제한하기 때문이다. "성 선택은 …… 그 종의 전체적인 복지를 위해 자연 선택의 지배를 받을 것이다."(Darwin 1871, i, 296쪽, 또한 278~279쪽도 참조하라.) 그에 따르면 청란처럼 과다 발달된 깃털조차도 새들이 음식물을 찾는 일을 방해하지 않을 것이다.(Darwin 1871, ii, 97쪽) 다윈의 견해에서 '장식들'은 불리하다기보다는 쓸모없다. 그는 성적으로 선택된 특성들을 비실용적이라고 묘사할 때, 단지 그것들에게 특정한 이점이 없다고만 생각한다. 그것들은 "기이하고", "아름답고", "별나고", "우아하며", "두드러지고", "변화가 많다."(Darwin 1871, ii, 307, 312쪽이 그 예이다.) 그러나 그것들에 반드시 비용이 들지는 않는다. 글쎄, 성적으로 선택된 특성들이 첫 인상보다는 적은 부담을 지운다는 점에서 다윈이 옳을지도 모른다. 그러나 아무런 증거도 없이 이 점을 당연하게 받아들일 수는 없다. 그리고 만약 비용이 낮다고 판명될지라도, 어떻게 이익이 비용을 계속해서 상회하는지 보여 주어야 할 필요가 여전히 남아 있다. 성 선택 이론은 비용에 대한 개념을 포함하지만 그 규모와 중요성은 과소평가했다.

일단 장식에 드는 비용을 고려하게 되면, 암컷 선택을 적응적으로 설명할 필요성이 보다 더 긴급해진다. 수컷이 입는 불이익이 암컷 선택으로 보상받을 수 있을지도 모른다. 그러나 이러한 견해는 문제를 암컷의 법정에 정면으로 되던지는 일일 뿐이다. 왜 암컷들은 이처럼 비용이 드는 선택을 고집할까? 암컷의 선택이 그 자체로 또 다른 선택압의 산물이라는 점을 보여 줄 수 없는 한, 다윈 이론의 중심부에는 적응적으로 설명되지 않을 뿐 아니라 지독히 부적응적으로 보이는 기제가 놓인다.

월리스의 해결책: 그저 예쁘기만 한 꼬리가 아닌

월리스에 따르면 암컷의 선택은 좋은 취향과는 아무런 상관이 없으며 좋은 감각과 관계가 있다. 어쨌든 암컷들이 자신의 배우자를 선택하는 한, 월리스는 그들이 활력이나 건강, 정력 같은 유용한 자질들을 택한다고 주장한다. 그들은 자연 선택과 동일한 '실용적인' 방식으로 선택을 한다. 그리고 그들은 그렇게 하는 것이 자신들에게 확실한 이익이 되기 때문에 그렇게 한다. 즉 그들은 양질의 배우자를 얻는다. 그러므로 그들의 취향은 단지 자연 선택의 직접적 산물일 뿐이다.

월리스는 암컷들이 종종 감각보다는 취향에 따라 선택하며, 실용적이기보다는 미학적인 선택을 내리는 것처럼 보인다는 점을 인정한다. 그러나 이것은 아름다움과 자질이 일치하는 경향이 있으며 가장 정력적이며 건강한 수컷들은 대개 가장 장식적인 경향이 있기 때문이다. "가장 활기차고 저항적이며 위세 있는 수컷"이 "대체로 가장 밝은 색깔을 띠며 가장 정교하게 발달한 깃털로 장식된다."(Wallace 1891, 375, 또한 369쪽도 참조하라.) 공작은 단지 얼굴만 예쁜 것이 아니다. 꼬리만 예쁜 것도 아니다. 노래만 잘 부르는 것도 아니다. 아니, 어떤 특징일지라도 그것만 뛰어난 것이 아니다. 자질을 기준으로 삼는 암컷들은 그 자동적인 부수 효과로써, 가장 화려하게 치장한 수컷들을 선택할 것이다. 그들은 수컷을 장식으로 판단하지 않고 거기에 동반되는 합리적인 자질들로 판단한다. 잠재적인 배우자들의 집단에 색맹인 공작 암컷을 집어넣어 보자. 그래도 암컷은 가장 화려한 무지갯빛의 수컷을 선택할 것이다. 암컷이 수컷의 아름다움을 알아보아서가 아니라 (슬프게도 그녀는 어쩔 수 없이 이 점에 무심하다.), 그녀는 자질을 택했을 뿐인데 그 패키지의 부속품으로 아름다움이 딸려 왔기 때문이다. 비록 이러한 관련성이 선택의 결과는 아닐지라도, 월리스에게 이것은 단순한 우연이 아니다. 활력과 건강이 밝은 색깔과 정교한 구조를 생산한다는 그의 생리학 이론을 떠올려 보라.

암컷 선택에 대한 다윈의 증거를 두고 월리스는, 다윈이 초점을 맞춘 특성들에 암컷들은 무관심할지도 모른다는 점을 제대로 지적했다. 암컷이 배우자를 그의 매력 때문에 선택하는지 아니면 훨씬 유용한 자질들 때문에 선택하는지는 세부적인 지식이 없어서 아직 해결되지 않은 문제다. 나비를 예로 들어 보자. 그는 자신의 설명이 다윈의 설명만큼 그럴듯하다고 주장한다. "나비들에서는 종종 여러 수컷들이 암컷 한 마리를 추적한다. 다윈 씨는 암컷이 선택하지 않는다면 이 짝짓기는 우연에 부쳐질 것이 틀림없다고 말한다. 그러나 분명, 선택되는 자는 가장 활기차거나 가장 인내심이 강한 수컷이지 반드시 더 밝거나 다른 색깔을 띤 수컷은 아닐 것이다."(Wallace 1889, 275쪽, 또한 Wallace 1871도 참조하라.) 마찬가지로 새의 암컷이 배우자를 선택할 때조차 우리는 그녀가 선택을 내린 근거가 무엇인지 알지 못한다. 그러므로 "장식적인 깃털의 형태, 패턴 혹은 색깔의 차이가 암컷이 한 수컷을 다른 수컷보다 더 선호하게 만든다고 …… 결코 말할 수 없다."(Wallace 1889, 285쪽, 또한 1891, 369, 376쪽도 참조하라.) "암컷이 훨씬 장식적인 조류 수컷을 …… 선택한다는 주장은 …… 과시 …… 라는 관찰된 사실로부터 **추론**된 것이다. …… **그가 가**

장 아름답기 때문에 가장 아름다운 수컷을 암컷이 선택해서, 그러한 장식들이 발달했다는 진술은 지지 증거가 거의 없는 하나의 추론일 뿐이다."(Wallace 1905, ii, 17~18쪽) 다윈은 조류 암컷들이 특정한 수컷들에 대해 강한 호불호를 가진다고 말하지만 "깃털의 우열 여부가 이런 환상과 어떤 관계를 가지는지는" 보여 주지 못했다.(Wallace 1889, 286쪽) 그리고 월리스는 깃털의 아름다움이 암컷의 선택에 영향을 미친다고 믿지 않는 숙련된 관찰자에 대해, 다윈 스스로 언급한 내용을 인용한다.(Wallace 1889, 285~286쪽) 그 전문가는 예를 들면, "싸움닭은 찔려서 흉하게 망가지고, 곧추선 목털이 잘려도 원래 자신의 장식들을 모두 보유한 수컷처럼 암컷들에게 쉽게 받아들여질 것이다."(Wallace 1889, 286쪽)라는 확고한 의견을 가진 사람이다. 이것은 다시 한번 월리스가 자신의 대안적인 견해를 가지고 개입할 길을 열어 준다. 그는 "암컷은 거의 예외 없이 가장 활기차고 저항적이며 위세 있는 수컷을 선호한다."라는, 이 권위자들 중 한 사람의 확신을 인용한다.(Wallace 1889, 286쪽) 월리스는 실제로 이 암컷은 아름다운 옷에 대한 수컷의 과시에 거의 주의를 기울이지 않기 때문에, "결국 결실을 맺는 것은 그의 아름다움이라기보다는 그의 지속성과 에너지라고 믿을 만한 이유가 있다."라고 말한다.(Wallace 1889, 370쪽)

월리스에 따르면 암컷 선택은 진화에서 거의 혹은 전혀 중요하지 않다. 만약 암컷의 선택이 합리적이며 따라서 자연 선택과 대체로 일치한다면, 성 선택은 중요한 선택압이 아닐 것이다. 만약 암컷의 선택이 자연 선택과 일치하지 않는다면, 이 선택은 제거될 것이다. 그러므로 만약 암컷이 가장 장식적인 수컷을 선택한다면, 그녀의 선택은 중복적이거나 아니면 제거될 것이다. 한편으로는 "가장 장식적인 수컷이 다른 모든 측면에서의 '적자'와 항상 일치하지 않는다면, 자연 선택의 극단적으로 융통성 없는 작용은 단지 장식을 선택하려는 시도를 완전히 무가치하게 만들 것이 틀림없다. …… (그리고) 그들이 크게 일치한다면, 장식에 대한 어떤 선택도 전적으로 불필요하다."(Wallace 1889, 295쪽) 다른 한편으로는 "만약 풍만한 깃털을 가진, 가장 밝은 색을 띤 수컷들이 가장 건강하고 활기찬 수컷이 **아니라면** …… 그들은 확실히 적자가 아니며 살아남지 못할 것이다."(Wallace 1889, 295쪽) 따라서 암컷의 선택은 어떠한 의미 있는 진화적인 효과도 갖지 못한다. "장식으로써의 장식 자체에 대한 암컷의 선택이 존재하지 않음을, 자연 선택의 작용이 실제로 입증해 주지는 않는다. 대신 암컷의 선택을 완전히 효력이 없게 만든다."(Wallace 1889, 294~295쪽) 암컷의 선택은 진화에서 주변적인 힘이고 실용적인 힘에 대해 영원히 부차적인 힘 이상이 될 수 없다.

잘해야 암컷 선택은 자연 선택을 강화시켜 줄 수 있을 뿐이라고 월리스는 말한다. 예를 들면 새의 자연 선택은 가장 활기찬 수컷들을 선호할 것이며 정교한 깃털은 그 자동적인 부수 효과로서 발달할 것이다. 만약 암컷들이 항상 가장 활기찬 수컷을 선택한다면, 즉 '실용적인' 선택을 한다면 그 결과로 "성 선택도 같은 방향으로 작용하여 깃털이 정점에 이를 때까지 계속해서 발달하는 과정을 도울 수 있다."(Wallace 1889, 293쪽) 월리스는 암컷 선택의 강화 방식을 정확하게 설명하지 않는다. 아마도 그는 자연 선택이 허용하는 범위를 암컷 선택이 더 좁히거나, 암컷 선택과 자연 선택이 서로 일치하고 그 범위에서 벗어나는 비용을 암컷 선택이 증가시키는 경우를 상상했을 것이다.

비록 월리스는 암컷들이 단지 아름다움을 위해 아름다움을 선택한다는 생각을 묵살했지만, 그럼에도 아름다움이 선택의 기준으로 사용될 가능성을 실제로 언급했다. 그는 장식에 대한 자신의 생리학 이론에서처럼 장식과 '실용적인' 자질들 사이에 긴밀하고 믿을 만한 연관성이 있다면, 암컷들은 장식적인 과시를 그녀가 실제로 추구하는 자질에 대한 지표로써 활용 가능하다고 인정한다. "깃털의 과시는 깃털 그 자체의 존재처럼 수컷의 성숙과 활력의 주요한 외적 지표일 것이며 그러므로 암컷들에게 필연적으로 매력적인 특성일 것이다."(Wallace 1889, 294쪽) 애석하게도 월리스는 이 개념을 발전시키지 않았다. 우리는 근대의 다윈주의가 이 개념을 훌륭하게 발전시키는 모습을 살펴볼 것이다. 그러나 월리스가 지표의 개념을 활용할 수 있었을 텐데 그러지 않았다고 이야기하는 것이, 20세기의 관점을 그에게 억지로 떠안기는 것은 아니다. 인식론의 미로에 발을 들여놓지 않아도, 유기체의 경험 중 상당 부분이 어느 정도는 간접적이라는 점은 분명하다. 적응에 대한 설명들은 과정의 문제로서 이 경험들을 참작한다. 과일은 단 맛이 나지, 영양가 있는 맛이 나지 않는다. 월리스 스스로도 경고색이라는 개념을 사용했다. 그것들이 지표가 아니라면 무엇이라는 말인가?

월리스의 입장은 확실히 다윈의 입장에 반대된다. 월리스에 따르면, 암컷들은 화려함을 선택하는 것처럼 보이지만 실제로는 자질을 선택하고 있다. 다윈에 따르면, 암컷들은 화려함을 선택할 뿐이다. 그래서 『인간의 유래』에서 다윈이 월리스처럼 말하는 일부 구절들이 이상하게 느껴진다. 다윈은 때때로 암컷이 아름다움과 자질, 둘 모두를 선택할지도 모른다는 주장에 의지했다. 또 월리스보다 멀리 나가기도 했다. 월리스의 견해에서 아름다움에 대한 암컷의 '선택'은 단순히 부수 효과일 뿐이다. 다윈의 견해에서 그녀는 진짜로 이중 선택을 하고 있는 중이다.

암컷들은 가장 장식적인 수컷들이나 최고의 가수, 혹은 최고의 익살가에게 가장 흥분하며 그들과 짝짓기하기를 선호한다. 그러나 동시에 그들이 가장 적극적이고 활기찬 수컷들을 선택할 것이라는 점도 …… 확실히 개연성 있다. …… 그들은 활기차고 …… 또 다른 측면에서는 가장 매력적인 수컷들을 선택할 것이다.(Darwin 1871, i, 262쪽, 또한 i, 263, 271쪽, ii, 400쪽도 참조하라.)

당시 다윈이 자신의 이론에서 그렇게 벗어나는 입장을 채택한 이유는 무엇일까? 그 이유는 성 선택이 일부일처제 종들에서 작동하는 방식에 대한 다윈의 설명과 관련된다. 앞서 살펴보았듯이 그는 만약 가장 멋진 수컷들이 가장 건강하며 따라서 가장 일찍 번식하는 암컷들과 짝짓기를 한다면, 암컷 선택이 효과적인 선택압일 수 있다고 주장했다. 이 해결책은 충분히 유효하다. 그러나 다윈은 그럼에도 가장 매력적이어서 가장 빨리 번식하는 수컷들이 (가장 빨리 짝짓기를 하는 암컷들처럼) 가장 건강한 수컷이기도 하다고 가정함으로써, 성 선택에 추가적인 힘을 보탤 필요를 느낀 것 같다. 심지어 그는 자신의 성 선택 이론을 다음과 같이 요약한다. "나는 이 (더 매력적인 수컷들의 더 큰 번식 성공이) 아마도 …… 더 매력적일 뿐만 아니라 동시에 더 활기찬 …… 수컷들을 선호하는 …… 암컷들로부터 기인한다는 것을 보여 주었다."(Darwin 1871, ii, 400쪽) 이 가정은 다윈의 문제를 푸는 데 불필요하다. 게다가 그에게 유용한 증거들이 주어지거나 발견되지도 않았다. (월리스와는 달리 다윈은 아름다움과 자질이 관련될 것이라고 가정하며 아무런 증거도 제시하지 않았기 때문이다.) 그리고 이것은 그의 이론, 암컷들이 오직 아름다움 그 자체를 위해 아름다움을 선택한다는 핵심 아이디어에 부합하지 않는다.

최근 성 선택에 대한 관심이 되살아나기 전에는, 다윈의 이론이 암컷의 선택은 '좋은 취향'과 '좋은 감각'을 겸비한다는 견해라고 종종 오인됐기 때문에 나는 이 점을 강조한다. 아래와 같은 오해들은 흔히 나타났다. 다음은 1920년대에 다윈주의 이론에 대해 권위 있다고 알려진 견해에서 인용한 것이다. "(짝을 찾으려는) …… 투쟁은 가장 활기차고 매력적인 수컷의 성공을 이끈다. 다윈이 성 선택이라고 불렀던 결과 말이다."

(MacBride 1925, 217쪽, 강조 생략) 50년 후에 한 선도적인 다윈주의자는, 여전히 이것을 다윈 이론의 중심 교리로 간주했다. 마이어는 다윈이 매력과 활력이 대개 함께 간다는 것을 "다소 순진하게", "실질적인 증거도 없이" 가정했다고 비난했다. 그는 이런 측면에서 월리스와 다윈을 같은 범주로 묶기도 했다.(Mayr 1972, 97, 100쪽) 마이어가 제시한 증거는 우리가 방금 살펴본 『인간의 유래』의 이례적인 구절들이었다. 이 구절들은 그의 오해를 지지하는 것처럼 보인다. 그러므로 여기서 다윈이 한 가정들이 그의 성 선택 이론에 필요하지도 않으며 전형적이지도 않다는 사실을 명심하는 것이 중요하다. 다윈의 이론은 월리스의 이론과 조금도 닮지 않았다. 암컷이 배우자를 왜 그렇게 선택하느냐는 질문에 대해 둘의 입장은 양 극단에 위치한다.

이제 월리스에게로 되돌아가자. 암컷들이 실용적인 선택을 한다는 그의 이론은 암컷의 취향을 설명하지 않고 남겨 둔, 다윈 이론의 주된 문제점을 피해 간다. 불행히도 이러한 입장은 그를 확실한 어려움에 빠뜨린다. 특대형의 꼬리, 바로크 양식의 뿔이나 몇 시간 동안 공들인 노래를 유지하는 일은 순전한 낭비다. 그는 수컷 장식에 비용이 많이 든다는 점을 설명해야 한다. 표면적으로는 그렇게 낭비적인 수컷을 선호하는 암컷이 배우자에 대해 합리적인 선택을 할 수 있다는 가정을 하기 어려워 보인다. 월리스는 암컷이 고비용의 특성들을 선택하는 것이 아니라고 대답한다. 그것들은 단지 그녀가 내린 합리적인 선택의 피할 수 없는 동반물일 뿐이다. 그러나 이것은 월리스가 그 비용의 규모를 얼마나 과소 평가했는지 (다윈보다 훨씬 더 심각하게 과소평가했음을) 보여 준다. 월리스는 적어도 맨 처음 분석에서는, 수컷의 낭비가 암컷의 선택이 합리적이라는 자신의 견해를 약화시킨다는 사실을 태평스럽게도 인식하지 못했던 것 같다. 암컷의 색을 다룰 때, 월리스는 수컷의 뚜렷한 색깔들이 불리할 수 있다는 점을 암묵적으로 인정했다. 결국 그는 암컷들이 보호의 목적으로 뚜렷한 색을 억눌렀다고 가정했다. 그러나 수컷의 장식들을 다룰 때, 그는 이 장식들이 보유자의 생존을 위협할 수 있다는 생각은 대수롭지 않은 듯 일축했다. 공작의 꼬리에 대한 그의 논의를 살펴보자.(Wallace 1889, 292~293쪽) 그는 몇몇 경우에 장식적인 깃털들이 유용하며, 전투 시의 보호를 위해 자연 선택에 따라 발달됐을 수 있다고 말한다. 그럼에도 그는 이런 사실로 비용이 드는 모든 사례를 다 설명하지는 못한다는 것을 인정한다. "그러나 극락조와 공작의 엄청나게 길어진 깃털에는 이러한 쓸모가 없다. 오히려 그 새의 일상생활에 이익이 된다기보다는 해가 될 것이 틀림없다."(Wallace 1889, 292~293쪽) 하지만 월리스에 따르면, 이 손실은 새들이 그것에도 불구하고 그럭저럭 살아가는 것처럼 보이기 때문에 엄청나게 크지 않을 수 있다. 실제로 공작의 낭비는 수컷들이 매우 거대한 에너지 저장고를 가져서, 그렇지 않으면 무거운 부담일 수 있는 짐들을 지탱할 만한 여유를 가진다는 그의 주장(장식에 대한 그의 생리학적인 이론을 상기하라.)을 지지해 준다.

(그러한 깃털 장식들이) 몇몇 종들에서 지나치게 크게 발달했다는 사실은 그들이 생존을 위한 전투에서 완전히 승리했고 삶의 조건들에 매우 잘 적응했다는 징후이며, 여하튼 성인 수컷들에게는 손상 없이 이 방향으로 쏟을 잉여의 힘과 활력, 성장력이 있다는 징후이다.(Wallace 1889, 293쪽)

그는 수컷들의 화려함이 그들의 생존 투쟁을 방해하지 않는다는 증거로 이 종들이 매우 성공적(풍부하고 광범위하게 퍼져 있다.)이라는 사실을 지적한다. 따라서 월리스는 비용이 들지라도 틀림없이 무시할 수 있는 수준일 것이라고 결론 내린다.

좋은 감각에 명백히 위배되는 것 같은, 수컷의 무모해 보일 정도의 화려한 외관을 설명할 수단이 없다면, 월리스의 해결책은 널리 적용될 수 없다. 확실히 이 해결책에는 암컷들이 가장 강하거나 빠르거나 제일 위장을 잘한 수컷들을 선호하는 이유를 설명할 수 있는 잠재력이 막대하다. 그러나 이 해결책은 다윈의 이론이 설명하려던 바로 그 사례, 문제 많은 '공작'의 꼬리 앞에서 갑자기 멈춰 선다.

'좋은 감각'은 실용적인가?

이 문제는 1세기 동안이나 실용적인 선택 이론의 장애물로 남아 있었다. 그러나 근대의 발달이 월리스의 구원자가 되어 주었다. 오늘날 다윈주의는 이것과 같은 이론들이 장애물을 쉽게 뛰어넘도록 할 수 있다. 그것은 적어도 원칙적으로는, 매우 화려하고 낭비적이어서 직관적으로는 전혀 좋은 감각이 아닌 것 같은 특성들이 어떻게 생성됐는지, 월리스의 좋은 감각 선택이 적어도 원칙적으로 설명할 수 있는 여러 개념들을 통합한다. 특히 세 가지 상호 연관된 아이디어들이 생산적이라고 판명됐다. 그것은 바로 지표, 이해의 충돌, 진화적 군비 경쟁(evolutionary arms race)이다. 이 개념들은 고전 다윈주의에도 존재했지만 미발달된 상태였다.

우리는 이미 지표라는 아이디어와 마주친 바 있다. 원기 왕성한 수컷들만이 깃털을 밝게 유지하는 데 필요한 자질들을 가지기 때문에, 밝은 색깔의 깃털과 원기 왕성한 체질이 일반적으로 긴밀하고 믿을 만하게 연결됐다고 가정하자. 그러면 암컷들은 밝음을 원기 왕성함에 대한 지표로 활용할 수 있다. 가장 밝은 수컷들은 밝은 색 그 자체 때문이 아니라, 그것이 유용한 자질의 지표이기 때문에 선호될 것이다. 밝은 색과 원기 왕성함이 둘 다 유전될 수 있다고 가정하면, 지표의 활용은 단지 실용적인 자질만이 아니라 그 지표에 대해서 직접적인 선택이 이루어지는 길을 연다. 밝은 색깔은 암컷의 정밀한 조사와 그 검열을 통과하려는 수컷의 시도가 합쳐진 선택압 아래서 진화할 수 있다. 이 이론이 월리스의 실용적인 선호 이론과 어떻게 다른지 주목하자. 월리스스러운 실용적인 선택을 하고 싶은, 색맹인 공작 암컷은 그 지표들이 제공하는 정보를 활용할 수 없다.

두 번째 개념은 지표들을 실제 가치 이상으로 부풀려서 사기를 치려는 수컷들과 거짓된 광고에 사로잡혀 곤란해지지 않기 위해, 속임수를 추적하는 대항 적응(counter adaptation)을 진화시키려는 암컷들 사이에 진화적 추격이 존재하며, 거기서 암컷과 수컷 사이의 이해 충돌이 생길 수 있다는 것이다. 이 낭비적인 단계적 증폭(escalation)에서 벗어나는 일이 양측 모두에게 더 이익이 된다. 그러나 그들은 반응과 이에 대한 대응이라는 전략적 논리에 휘말릴 것이다.

세 번째는 암컷들을 두고 경쟁하는 수컷들 사이에서 지속되는 진화적 군비 경쟁의 개념이다. 이 개념은 대칭적 군비 경쟁의 전형적이고, 폭발적인 잠재력을 지닌다. 수컷과 암컷들 사이의 군비 경쟁과 달리, 여기서 경쟁자들은 (더 좋은 레이더 대 추적을 보다 잘 피할 수 있는 수단처럼) 서로 다른 전략을 사용하기보다는 (가장 큰 폭탄을 만들어 내듯이) 동일한 일을 더 잘 해내려고 노력하고 있다.(Dawkins and Krebs 1978, 1979, Krebs and Dawkins 1984, 또한 Thornhill 1980, West-Eberhard 1979, 1983도 참조하라.) 모든 수컷 공작들이 더 크고 더 나은 꼬리를 발달시키기 위해 경쟁하고 있다. 그 결과로 선택은 평균보다 약간 더 긴 꼬리를 가진 수컷들을 일반적으로 선호하게 될 것이다. 평균이 얼마나 길어지든지 말이다.

큰 크기가 수컷들 사이의 경쟁에서는 장점이 되지만 다른 측면에서는 전혀 장점이 되지 않는 종들을 생각해 보자. 경쟁은 현재 개체군의 최빈값보다 다소 더 큰 수컷들을 선호할 것이다. **현재의 최빈값이 무엇이든지 말이다.** 이것은 우리가 군비 경쟁에서 기대하는 종류의 점진적인 진화의 방안이다. 이것은 실제로 대칭적인 군비 경쟁이다.(Dawkins and Krebs 1979, 502쪽)

이제 이 선택압들을 결합시켜 보자. 그 결과로 월리스가 설명할 수 없었던 일종의 낭비적인 과장, 급작스런 폭주를 생산할 만큼 충분히 강력한, 단계적 증폭의 효과적인 기제가 나타난다. 20세기 초반에는 자연 선택이 이러한 단계적인 증폭이나 명백한 불합리에 가담한다는 개념을 발전시키기는커녕 탐탁해 하지 않는 분위기였다. 수십 년 동안 다윈주의는 종의 이익, 이해의 조화 같은 모호한 사고 방식의 영향을 받았다. 짝짓기는 무엇보다도 협동적인 모험으로 여겨졌다. 이런 관점을 버리고 나서야 월리스의 개정된 아이디어가 받아들여질 수 있었다. 오늘날 이 아이디어는 번창하고 있다. 이 사고 방식은 자연 선택의 전통과는 달리, 월리스의 직계 계승자들이 주로 발전시키지 않았다. 그러나 역사적인 관점에서 많은 근대 이론가들이 새롭고 예상치 못한 모습으로 변신한 '월리스주의자'라는 사실이 밝혀지고 있다. 좋은 감각 이론은 월리스를 매혹시켰던 특징들을 모두 잃어버렸다. 그들은 수컷의 특성뿐 아니라 암컷 선택에 대해서도 적응적인 설명을 제공한다. 나아가 그들은 월리스와 오늘날의 많은 다윈주의자들이 다윈 이론에 수반된다고 느꼈던, 비정통적이며 직관에 반하는 적응 개념에 의지하지 않는다.

그러면 근대의 '월리스적인' 암컷은 자신의 배우자를 어떻게 선택할까? 만약 그 종의 수컷들이 아버지로써 양육 투자를 제공한다면, 분명히 암컷은 분명 공급자로서 최상의 자질을 가진 상대를 선호할 것이다. 암컷은 지속적인 식량 공급, 포식자로부터의 보호, 알들에게 안전한 둥지를 얻어 내려고 노력할 것이다. 가장 정교한 둥지를 짓는 수컷과 최악의 둥지를 짓는 수컷 사이에 유전적 차이, 둥지 짓기 유전자에서의 차이가 없을지도 모른다. 원료의 유용성 같은 완전히 환경적인 요인들에서 자질의 차이가 생겨날 수도 있다. 이런 경우에 암컷의 선택은 선택압으로써 작용하지 않을 것이다. 그녀의 선택은 진화할 수 있지만 수컷의 둥지 짓기가 진화하는 데는 영향을 미치지 않을 것이다. 그렇지 않으면 둥지 품질의 차이가 유전적인 차이를 반영할 수도 있다. 이러한 경우 암컷의 선호는 둥지를 짓는 수컷의 숙련도에 주된 선택압으로 작용할 것이다.

이제 암컷이 아버지의 도움 없이 자기 새끼들을 보호하고 영양을 제공하고 가르치는 종들을 살펴보자. 이 종에서 수컷은 단지 암컷을 만나 짝짓기만 할 뿐이며 번식 노력(reproductive effort)에 정자 이외의 아무런 기여도 하지 않는다. 만약 암컷이 선택을 한다면, 순전히 누구의 유전자가 자식의 생존과 번식에 가장 많이 기여할 수 있는가에 근거해 배우자를 선택할 것이다. 궁극적으로 그녀가 선택할 수 있는 유일한 좋은 감각 요인은 수컷이 자기 자식에게 전달해 줄 가능성이 큰 유전적 자질이다. 그녀의 유일한 관심사는 그가 좋은 유전자, 예를 들면 원기 왕성한 체질에 해당되는 유전자를 가졌는지 여부일 것이다. 물론 유전자들은 표현형으로 간접 추적된다. 암컷들은 노출된 유전자들을 볼 수 있는 이보다 더 좋은 장비를 갖출 수 없다. 따라서 당연히 암컷들은 월리스가 제시했던 활력, 힘 등의 일종의 표현형적인 자질들을 잘 활용할 것이다.

불행히도 문헌에는 이 두 종류의 선택에 상응하는 용어가 없어서 용어들이 혼동될 수 있다. 그래서 논의를 더 진전시키기 전에, 나는 흔히 사용되는 용어들을 간략하게 정리하려고 한다. 즉각적으로 이해하기에는 이 목록이 너무 길고 복잡해서 걱정되지만, 그럼에도 이것이 유용하게 사용되기를 희망한다. 위 다이어그램을 보면 쫓아오기가 더 쉬울 것

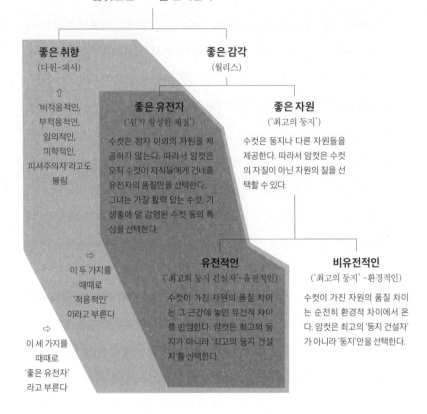

암컷들은 ……을 선택한다

좋은 취향
(다윈-피셔)

좋은 감각
(월리스)

⇧

'비적응적인,
부적응적인,
임의적인,
미학적인,
피셔주의자'라고도
불림

좋은 유전자
('원기 왕성한 체질')

수컷은 정자 이외의 자원을 제
공하지 않는다. 따라서 암컷은
오직 수컷이 자식들에게 건네줄
유전자의 품질만을 선택한다.
그녀는 가장 활력 있는 수컷, 기
생충에 덜 감염된 수컷 등의 특
성을 선택한다.

좋은 자원
('최고의 둥지')

수컷은 둥지나 다른 자원들을
제공한다. 따라서 암컷은 수컷
의 자질이 아닌 자원의 질을 선
택할 수 있다.

⇨

이 두 가지를
때때로
'적응적인'
이라고 부른다

⇨

이 세 가지를
때때로
'좋은 유전자'
라고 부른다

유전적인
('최고의 둥지 건설자'-유전적인)

수컷이 가진 자원의 품질 차이
는 그 근간에 놓인 유전적 차이
를 반영한다. 암컷은 최고의 둥
지가 아니라 '최고의 둥지 건설
자'를 선택한다.

비유전적인
('최고의 둥지' -환경적인)

수컷이 가진 자원의 품질 차이
는 순전히 환경적 차이에서 온
다. 암컷은 최고의 '둥지 건설자'
가 아니라 '둥지'만을 선택한다.

이다.

최고의 둥지에 대한 선택은 때때로 "좋은 자원" 선택이라고 불리며
원기 왕성한 체질에 대한 선택은 "좋은 유전자" 선택이라고 불린다. '좋
은 자원'은 때때로 최고의 둥지에 대한 선택과 최고의 둥지 건설자에 대
한 선택, 즉 유전적 차이를 반영하는 선택과 그렇지 않은 선택, 둘을 모
두 포함한다. 그러나 "좋은 자원" 선택은 때때로 암컷이 최고의 둥지 건
설자가 아니라 오직 최고의 둥지만을 선택하는 경우, 즉 암컷의 선택이
유전적 차이를 반영하지 못하는 경우에 제한되기도 한다. (이 경우에 암컷
은 좋은 유전자들을 식별하지 못하며, 따라서 수컷에 대한 선택압을 행사하지 못한다.) 원

기 왕성한 체질과 같은 특성에 대한 선택들은 최고의 둥지나 좋은 자원 선택과 대조해, 좋은 유전자 선택이라고 불린다. 그러나 몇몇 저자들은 좋은 유전자라는 용어를, 내가 좋은 감각이라고 부르는 범주를 훨씬 뛰어넘는 더 넓은 범주를 표시하는 데 사용한다. 이 경우에 좋은 유전자들은 원기 왕성한 체질에 대한 선택뿐만 아니라 유전적으로 차별화되는 좋은 자원들까지, 즉 비유전적인 좋은 자원을 제외하고 내가 좋은 감각이라고 부르는 범주 전체를 모두 망라한다. 좋은 유전자가 이런 방식으로 사용될 때의 핵심은, 내가 좋은 감각 선택이라고 부르는 것(적어도 유전적인 차이를 반영하는 좋은 감각 선택)과 좋은 취향 선택이라고 부르는 것(다윈의 선택 개념)의 상호 대조이다. 이 맥락에서 좋은 취향 선택은 때때로 비적응적, 부적응적, 임의적, 미학적 혹은 피셔적이라고 불리며 그 대안(유전적인 좋은 감각)은 적응적인 선택이라고 불린다. 마지막으로 좋은 유전자들이 때때로 내가 말했던 범주뿐만 아니라, 좋은 취향까지 다 포괄하기도 한다. 달리 말해 유전적 차이를 수반하는 모든 암컷의 선택을 의미한다. 이 경우에 좋은 취향이라는 하위 범주는 종종 피셔의 좋은 유전자라고 불린다. (음, 나는 이 설명이 길고 복잡하다고 이미 경고했다.)

내 입장에서는 좋은 취향과 좋은 감각을 근본적으로 구별하고 싶다. 좋은 감각의 범주 내에서 우리는 수컷들이 번식 노력에 자원을 투자(부성 투자)하는 종과 정자만을 주는 종 사이의 구분이 중요함을 발견한다. 수컷이 자원을 실제로 제공하는 종에서 암컷은 이 자원들의 품질에 관심이 있을 것이다. 수컷이 정자만을 제공하는 종에서는 암컷이 그의 유전자에만 관심이 있을 것이다. 부성 투자를 하는 종에서 암컷의 관심 대상에는 유전적 차이를 반영하지 않는 자원 역시 포함되는 것이 당연하다. 그러나 바로 이 지점에서 우리의 관심사와 암컷의 관심사가 전반적으로 달라진다. 우리는 진화에 관심이 있으며, 따라서 궁극적으로는 유전자에 관심이 있기 때문이다. 그래서 일반적으로 좋은 자원들은 유전적으로 다른 수컷들 사이의 선택을 의미할 것이다. 물론 실제로 암컷이 하나 이상의 선택을 할 수도 있다. 그리고 이들을 구분하기란 매우 어려울 것이다.

용어와는 별도로 이 '좋은 감각' 이론, 특히 좋은 유전자 버전에는 심각한 어려움이 존재한다. 이 이론을 잠시 살펴보자. 훨씬 긍정적인 관점에서 근대 다윈주의는, 암컷 선택에 대한 월리스의 좋은 감각 이론을 가장 생산적인 방식으로 확실하게 바꾸었다. 그 변화가 얼마나 큰지 놀라울 정도다.

암컷 선택에 대한 핸디캡 이론만큼 월리스의 생각을 근본적으로 뒤엎은 것은 없다.(특히 zahavi 1975, 1977, 1978, 1980, 1981, 1987을 참조하라. 또한 예로 Anderson 1982a, 1986, Dawkins 1976, 171~173쪽, 2nd edn., 304~313쪽, Dominey 1983, Eshel 1978, Gadgil 1981, Hamilton and Zuk 1982, Kodric-Brown and Brown 1984, Maynard Smith 1985, Nur and Hasson 1984, Pomiankowski 1987을 참조하라.) 사실 핸디캡 이론들은 일반적으로 다윈주의 전체를 다 뒤집어 놓았다. 앞서 적응적인 설명을 조사하며 우리는 이 이론과 마주쳤었다. 거기서 우리는 얼룩말이 어쩌면 미발달된 근육과 약한 다리를 무자비하게 노출하는 줄무늬를 입어서 스스로에게 불리한 조건(핸디캡)을 부가했을 수도 있다고 생각했다. 만약 얼룩말이 그러한 결점을 지녔다면 말이다. 물론 얼룩말이 건장하고 튼튼하다면 그 줄무늬는 훨씬 상서로운 이야기를 들려줄 것이다. 핸디캡 이론의 사고 방식에 따르면, 잠재적 배우자에게 깊은 인상을 심어 주는 것이 목적일 때 그 결과는 얼룩말의 눈부신 외양조차 수수해 보이게 할 수도 있다. 핸디캡 원리의 주창자인 자하비는 번식기 동안 부리 위에 커다란 혹이 자라는 펠리컨(*Pelecanus onocrotalus*) 수컷에 대해 이야기했다. 이 혹들은 너무 커서 펠리컨들이 앞을 보기 어려울 정도

펠리컨의 혹은 시야를 흐리는 것 같다. 그럼에도 이 혹은 왜 진화했을까? …… 아니면 그 이유 때문에 진화했을까?

라고 한다. 펠리컨이 가져야만 하는 하나가 바로 선명한 시력이다. 물고기를 향해 돌진하기 전에 정밀한 시야를 확보해야 하기 때문이다. 따라서 이 혹은 수컷들이 의도적으로 자신들에게 핸디캡을 입힌 것처럼 보인다. "정확히 그렇습니다."라고 자하비는 말한다. 이 활동의 요점은 과시다. 신뢰감 있게 과시하는 것이다. "이 거대한 큰 혹이 내 시야를 가로막아도 말이야, 내가 얼마나 먹이를 잘 잡을 수 있는지 보라고!" 혹이 크면 클수록, 시험은 더 커지고 이 주장의 신뢰감도 더 커진다.

따라서 자하비의 암컷들은 혹들과 밝은 색깔들, 긴 꼬리들에 정말로 비용이 든다는 사실을 활용하는 중이다. 이 핸디캡들은 수컷이 비용을 지불할 여유가 된다는 메시지를 전달한다. 물론 수컷들이 자신의 부담을 날조하려고 시도할 수도 있다. 그러나 자하비와 다른 사람들은 암컷의 정밀 조사 앞에서 허위 광고는 진화적으로 안정적일 수 없었을 것이라고 주장한다. 따라서 부담은 날조하기 어렵게 진화할 것이다. 그리고 암컷은 만약 수컷이 이 눈길을 끄는 깃털 혹은 거추장스러운 꼬리에도 불구하고 포식자들을 피하고 음식을 구하며 생존 경쟁을 계속할 수 있다면, 그가 훌륭한 자질을 가졌음에 분명하다는 사실을 알 것이다. 암컷이 좋은 유전자를 가진 배우자를 찾아내려고 수컷이 가진 핸디캡에 의존할 수도 있다. 이제 이 모든 것들이, 월리스의 실용적인 게임의 법칙을 극적으로 변화시킨다. 월리스는 좋은 감각 선택에 적은 비용이 수반될 것이라고 암묵적으로 가정한다. 핸디캡 이론들은 암컷은 해당 특성의 고비용을 무릅쓰는 것이 아니라, 고비용 때문에 수컷을 선택한다고 가정한다.

자하비의 원래 버전에서, 핸디캡 원리는 대개 작동할 수 없다고 생각되었다.(Bell 1978, Davis and O'Donald 1976, Kirkpatrick 1986, Maynard Smith 1976a, 1978, 173~174쪽, 1978a, O'Donald 1980, 111, 167~174쪽) 자하비가 우리의 직관을 뒤흔들기 전까지 사람들은 직관적으로 그 핸디캡의 불리함이 아들이 가질 좋은 유전자의 장점을 상회한다고 생각했다. 그러나 이후의 모델들은 원판보다 훨씬 성공적이었다.(Andersson 1986, Grafen 1990, 1990a이 그 예이다. 또한 Dawkins 1976, 2nd edn., 308~313쪽, Pomiankowski 1987도 참조하라.) 여러 저자들은 핸디캡 원리의 변형판들(일부는 물을 타고, 일부는 약화시킨)이 결국 작동할 수 있다고 주장했다. 핸디캡 이론들은 점점 권장됐으며 수학적으로든 생물학적으로든 훌륭한 형태를 갖추게 됐다.

나는 근대의 좋은 감각 이론들이 어려움을 제기한다고 이야기했다.

그 어려움은 암컷의 선택에서 생긴다. 장애물은 여성을 혐오하는 빅토리아 시대의 저 시무룩한 남자들이 이야기했던 것처럼, 암컷들이 너무 변덕스럽다는 점이 아니다. 반대로 이론가들을 당황시켰던 것은 선택의 고집스러운 일관성이었다. 문제는 "왜 수컷들 사이의 변이가 사라지지 않느냐?"였다. 이 의문은 다음과 같은 과정으로 생겼다.(Arnold 1983, Borgia 1979, Davis and O'Donald 1976, Maynard Smith 1978, 170~171쪽이 그 예이다.) 자연 선택은 선택지들 사이에 차이가 없으면 작용할 수 없다. 일반적으로 개체군 내에는 선택압이 너무 느리거나 빠르거나 작거나 큰 것들을 걸러 내면서 최상의 것을 고를 수 있을 만큼 충분한 변이가 존재한다. 자연 선택은 현재의 환경에 어울리는 것, 아마도 약 10센티미터(4인치) 길이의 꼬리나 한 시간에 약 32킬로미터(20마일) 이하인 달리기 속도 같은 기준에 가장 가까운 특성들을 선호할 것이다. 그러나 암컷의 선택은 기준이 멈추도록 내버려 두지 않는다. 암컷의 선택은 끈질기게 항상 요구하는 선택압이다. 그것은 10센티미터의 꼬리를 요구하는 것이 아니라 수컷들이 간신히 달성한 기존의 꼬리 길이에 상관없이 더 긴 꼬리를 요구한다. 암컷의 선택이 선택 대상들의 변이를 급속히 사라지게 만들 것이라는 점은 누구나 쉽게 상상할 수 있다. 개체군 유전학 이론은 이점을 확신시켜 준다. 만약 암컷들이 상속 가능한 최고의 수컷들을 일관되게, 성공적으로 선택한다면, 선택할 수 있는 '최고'가 남지 않게 될 것이다. 결국 모든 수컷들이 다 똑같이 좋아지는 경향이 있을 것이다. 암컷 선택은 수컷들 사이의 상속 가능한 유전적 차이를 필요로 한다. 그러나 끊임없이 까다롭게 항상 더 나은 것을 원하는 요구가 이 차이들을 집어삼켜서, 그 결과로 이 차이들은 다 고갈될 것이다. (서둘러 보태자면 암컷들이 선택의 유일한 전제적 지방관은 아니다. 한 방향으로 일관되게 압박하는 어떠한 강한 선택압에서도 동일한 문제가 발생한다.) 그렇다면 이 선택은 그 성공을 약화시킬 것처럼 보인다. 그러나 암컷의 선택이 '공작의 꼬리' 같은 많은 특성들을 어떻게든 만들어 냈다는 것은 분명하다. 암컷의 선택이 의존하는, 기반을 파괴하는 특성 으로부터 무엇이 이 선택을 구할 수 있을까?

기생충이다. 적어도 기생충이 하나의 대답이 될 수 있다. 이것은 20세 기 후반 가장 중요한 다윈주의자 중 한 사람이었던 윌리엄 도널드 해밀턴 (William Donald Hamilton)의 아주 흥미로운 이론이다. 그가 말린 주크(Marlene Zuk)와 함께 개발한 주장은 다음과 같다.(Hamilton and Zuk 1982) 유기체들 이 싸워야만 하는 추위, 배고픔, 포식자 같은 모든 위협들 중에서 기생충 의 공격은 아주 심각한 것 중 하나다. 이 위협은 언제나 거듭해서 새로워 진다. 진화의 시간 내내 군비 경쟁은 끊임없이 지속됐다. 유기체들이 기 생충에게 저항하기 위한 적응들을 발달시킬수록 기생충들 역시 자신들 의 강탈 행위를 지속하기 위한 대항 적응들을 발전시킨다. 새로운 기생 충들은 새로운 요령으로 숙주를 점령한다. 숙주는 이 적응들에 대응해 야만 한다. 이 사이클은 오래 계속된다. 따라서 한때 훌륭했던 저항 유 전자도 몇 세대 뒤에는 아마도 효력이 없어질 것이다. 이때 기존의 기생 충들이 새로운 기회를 잡거나 앙갚음을 한다. 따라서 최상의 것은 끊임 없이 정정되고 좋은 유전자를 구성하는 것들도 끊임없이 전복된다. 오 늘날 가장 저항적인 유전자들이 현재 소유자의 증손자들에서는 취약하 다고 판명될지도 모른다.

수컷과 그들의 기생충들에 대해서는 이쯤 하기로 하자. 이제부터는 암컷과 그들의 선택을 다루어 보자. 분명히 수컷을 탐색 중인 암컷은, 기 생충에 취약하거나 감염된 수컷을 선택하라는 잘못된 충고를 받을지도 모른다. 실제로 기생충들이 그렇게 지속적이고 억압적인 위협이라면 암 컷은 파트너에 대한 주요 선택 기준으로 유전 가능한 기생충 저항성을 택하라는 올바른 충고를 받을 것이다. 이제 우리는 암컷들이 끊임없이

'최고'의 수컷을 선택함에도 수컷들 사이의 유전적 변이가 결코 사라지지 않는 이유를 알 수 있다. 그것은 '최고'의 기준이 계속해서 변하기 때문이다.

그러나 암컷은 어떻게 기생충에 대한 저항성을 가진 유전자들을 추적할 수 있는가? 그녀에게는 유전적 자질에 대한 일종의 외적 지표가 필요하다. 안전한 방법 하나는 가장 건강해 보이는 수컷을 선택하는 일일 것이다. 기생충에 침범당한 수컷은 볼품없는 모습일 가능성이 크다. 반면 기생충에 저항력이 있는 수컷은 선명하고 반들반들한 외피나 깃털, 정교한 꼬리의 곡선, 활기찬 과시 행동 등으로 외양이 근사할 것이다. 그러므로 건강해 보이는 수컷이 후손에게 우월한 유전자를 전달해 주리라는 것은 추측은 정당하다. 이 지표는 저항해야 하는 기생충들이 항상 변화할지라도 신뢰감이 유지될 확률이 크다. 암컷들이 이 정책을 채택한다면, 그들은 수컷들에게 건강한 외양을 갖춰야 한다는 선택압을 행사할 것이다. 실제로 수컷들은 이 선택압 아래서 서로를 능가하기 위해 노력하고, 가장 건강한 외양보다도 조금이라도 더 건강해 보이려고 애쓸 것이다. 진화하는 동안 그들은 자신의 건강을 더욱더 밝은 색채로, 더욱 긴 꼬리로, 더욱더 화려한 과시 행동으로 광고하도록 압박받을 것이다. 모든 수컷들이 이 단계적 증폭에 말려들 것이다. 기생충에게 침범당해서 신체의 장식으로 그 사실을 무심코 드러내는 수컷들조차도 그렇다. 결국 그들이 노력조차 하지 않는다면, 암컷들은 그들을 최악의 상대로 생각할 것이다. 물론 수컷들이 건강이 양호하다는 신호들을 날조하려고 시도할 수도 있다. 그러나 선택은 정직한 광고를 발견할 줄 알고, 속임수로 현혹시킨 개체들을 축출할 줄 아는 암컷들을 선호하며, 암컷의 선택을 개선하느라 바쁠 것이다. 암컷들은 수컷들에게 그들의 실제 상태가 쉽게 드러나는 가슴, 색깔 등을 내보이도록 강요할 것이다. 그리고 이 일은 핸디캡을 이용해서 가장 쉽게 이루어진다. 기생충에 감염된 수컷은, 진정으로 장관을 이루는 과시 행위의 생산 비용을 부담할 형편이 안 된다. 또는 최소한 이 비용을 지불하면서 동시에 삶의 다른 모든 필요조건들을 유지할 형편이 안된다. 기생충과 암컷, 수컷들 간의 군비 경쟁에 휘말린 수컷들은 단계적 증폭을 거쳐서 장엄한 장식을, 철저히 검토해서 정직한 장식을 진화시킨다.

기생충들이 무대에 등장하자마자, 새로운 일련의 관심사들도 함께 나타났다. 우리는 기생충들이 단지 기존에 구축한 자원에 의지해서 사는 것에 항상 만족하지는 않을 것이라고 본다. 일부는 숙주의 신체를 훨씬 적극적으로 통제함으로써 적응적인 이점을 얻으려고 한다. 숙주를 조종하는 구두동물과 그들의 불운한 갑각류 숙주들의 사례를 기억해 보자. 이제 해밀턴과 주크의 이론에 대해 생각하자. 이 이론은 기생충의 존재를 숨김없이 드러내는 것이 숙주의 신체를 이용하는 이 손님들의 '의도하지 않은' 부수 효과라고 가정한다. 그리고 확실히 기생은 전형적으로 쇠약이라는 징후를 보인다. 나는 기생충들이 때때로 수컷의 장식과 암컷의 선택을 조종하고 있을지 모른다고 상술하고 싶은 유혹을 느낀다, 기생충이 (그 구두충 사례에서와는 달리) 숙주의 번식 경로를 자신의 번식 사이클에 이용한다고 가정해 보자. 그들의 번식적 관심사는 숙주와 유사하다. 이때 자신의 숙주가 성공적으로 짝짓기를 하게 만드는 것이 기생충의 관심사일 것이다. 이 경우에 기생충 약탈의 부수 효과로 기생충의 존재가 알려진다면 숙주에게뿐 아니라 기생충에게도 불행한 일일 것이다. 실제로 기생충이 숙주의 깃털을 더 빛나게 한다거나 색깔을 더 밝게 함으로써 자신의 숙주가 배우자 후보들 중에서 가장 적게 기생충에 감염된 것처럼 보이게 만든다면 자신에게도 이익이 될 것이다. 그렇다면 기생충이 존재한다는 외적인 징후는 더 이상 단순한 부수 효과가 아니며, 하나의 적응이 될 것이다. 기생충이 조종한 결과가 기생충에게도 이익이 되는 적응 말이다. 수컷의 장식은 암컷 선택의 선택압과 기생충 몸 속 유전자의 확장된 표현형이 결합한 상품이 될 것이다. 인정컨대이 논리는 그다지 설득력이 없다. 우선 장식은 건강한 숙주에게도 비용이 많이 드는 특성이므로, 기생충들이 장식을 선호하려면 생리학의 규칙들을 꽤 많이 왜곡해서 고쳐야만 하기 때문이다. 그러나 말라리아에가장 심하게 감염된 울타리 도마뱀 수컷은 가장 눈에 띄는 색깔을 발한다는 사실이 밝혀졌다.(Read 1988) 그리고 몇몇 기생충들은 숙주의 색이자신들의 최종 목적지인 포식자들의 눈에 더 잘 띄게 만든다는 사실도알려졌다.(Moore 1984, 82쪽, Moore and Gotelli 1990)

조종에 대해 이야기하면서, 좋은 감각이 만연하다면 암컷 선택에서조종이 발견될 것이라고 가정하는 이유는 무엇인가? 때때로 선택압은암컷(혹은 기생충들)이 아니라, 암컷의 취향을 조종하는 수컷이 주도한다는 제안이 있다. 장식적인 수컷들은 단지 암컷의 상상의 산물이 아니며그들 자신이 주동자라는 것이다. 새의 정교한 노래를 살펴보자. 때때로정교한 노래는 암컷이 잠재적인 배우자를 시험하는 기준으로 선택했기때문에, 좋은 유전자나 자원의 지표로 진화했다고 여겨진다. 그러나 그반대일 수도 있다. 즉 암컷의 취향이 수컷에서 기인한 선택압에 따라 만들어졌다는 것이다. 카나리아(*Serinus canaria*) 수컷의 노래를 예로 들어 보자. 이 노래는 암컷을 번식할 준비가 된 상태로 만든다. 복잡한 노래가인위적으로 단순화시킨 레퍼토리보다 훨씬 효과적이다. 나이 든 수컷일수록 레퍼토리가 더 많다. 이것은 일찍 부화한 수컷들이 더 잘 살아남고더 복잡한 노래를 부르기 때문에, 암컷들이 이 노래를 수컷이 지닌 활력의 안내서로 활용한다는 사실을 제시한다.(Kroodsma 1976) 그러나 아마도 수컷은 암컷이 자신을 '선택하도록' 조종하고 있을 것이다. 그녀의 행동은 그의 조종 유전자의 확장된 표현형의 효과일 수 있다.(Dawkins 1982, 63~64쪽) 그 결과로 조종과 그에 대한 저항 사이의 진화적 군비 경쟁이 일어나기 쉽다. 그렇다면 왜 암컷은 더 저항할 수 없는가? 왜 수컷이 이 경쟁에서 명백히 승리할까? 그가 착취하는 것은 원래의 적응적인 목적을 위해서 그녀에게 중요한 감각 수단일지도 모른다. 그래서 그녀는 제한적으로만 그것을 방어하며, 감각 수단이 침범당하지 못하도록 완전히 끊어 내지 못할 수도 있다. 그러면 수컷 공작의 꼬리도 비슷한 방식으로 발달했을까? 공작 수컷이 암컷의 표준적인 적응 반응, 즉 주의 깊게 주목하는 경향을 착취한다는 주장이 있다.(Ridley 1981) 조종 이론은 성적으로 선택된 많은 특성들을 인간이 아름답다고 인식하는 이유를 말끔히 설명해 준다는 장점을 지닌다. 다른 이론에서 이런 현상은 당혹스러운 존재다. 조종이 작동 중일 때, 아름다움은 조종력의 수단으로 등장한다. 눈부신 꼬리나 장엄한 노래가 인간에게 미치는 영향력은 단지 그것이 원래 의도한, 종들의 구성원에게 미치는 영향력의 부수 효과일 뿐이다.

우리는 월리스로부터 먼 길을 왔다. 좋은 감각 견해의 월리스 버전에서는, 가장 장식적인 수컷들을 선택하는 암컷들이 실용적인 선택 중일 수 있다는 주장이 그럴듯해 보이지 않았다. 이것은 월리스가 암컷의 선택이 자연 선택의 효과와 거의 혹은 전혀 차이가 없다고 주장했기 때문이다. 그러나 근대의 다윈주의는 그렇게 가정하지 않는다. 근대의 다윈주의는 실용적인 선택이 자연 선택과 결코 같지 않다는 점과, 너무 많은 비용이 들어서 전혀 실용적이지 않아 보이는 장식을 이 선택이 어떻게 이끌어 낼 수 있는지를 설명해 준다. 이것은 월리스의 좋은 감각 이론에 필요했던 부분이다. 그리고 이 새로운 전환 덕분에 마침내 이 이론은 처음에 인식됐던 것보다 훨씬 잠재력이 있다고 판명됐다.

피셔의 해결책: 좋은 취향이 좋은 감각을 만든다.

우리는 1880년대의 다윈과 월리스를 교착 상태에 남겨 놓았다. 다윈의 미학적인 이론은 수컷의 장식을 적응적으로 설명할 수 있었으나 암컷의 선택은 설명할 수 없었다. 월리스의 실용적인 이론은 암컷의 선택은 설명할 수 있었으나 수컷 장식의 전형적인 사치성은 설명할 수 없었다. 여기가 바로 고전 다윈주의가 문제를 남겨 놓은 지점이며 성 선택 이론이 20세기 초반 동안 멈추었던 부분이다. 다윈의 견해에 중요한 전환점을 제공해 준 사람은 바로 피셔였다. 1915년의 논문과 그가 쓴 고전인 『자연 선택의 유전학적 이론(*The Genetical Theory of Natural Selection*)』(Fisher 1915, 1930, 143~156쪽, 특히 151~153쪽)에서 그는 월리스가 정당하게 요구했던 암컷의 취향에 관한 적응적인 설명을 제시하며, 다윈의 이론을 뒷받침했다. 피셔는 암컷의 선택이 어떻게 다윈의 주장처럼 매력만을 이유로 이루어질 수 있는지, 또 어떻게 이 선택이 월리스가 그래야만 한다고 주장했던 것처럼 여전히 적응적일 수 있는지 설명했다. 간단히 말해서 피셔는 다윈의 좋은 취향이 어떻게 좋은 감각을 만들어 낼 수 있는지 보여 주었다.

피셔는 매력적인 배우자를 선택한 암컷은 매력적인 아들을 가질 것이므로 이런 선택이 암컷에게 적응적일 수 있다고 주장했다. 무엇이 됐든 대다수가 선호하는 특성이 존재하는 개체군에서, 암컷은 그 경향이 얼마나 임의적이든, 터무니없든 그것을 따르느라 최선을 다할 것이다. 다음 세대의 딸들은 어머니의 취향을 물려받는 반면, 아들들은 아버지의 매력적인 특성을 물려받을 것이기 때문이다. 이렇게 생각해 보자. 당신이 공작 암컷 대다수가 길고 복잡한, 고가의 긴 꼬리를 가진 배우자를 선호하는 개체군에 속했다고 상상해 보자. 당신은 실용적인 짧은 꼬리를 가진 배우자를 고르는, 확실히 분별 있는 선택이 가능하다. 그러나 다음 세대에 어떤 일이 벌어질까? 당신의 아들은 짧은 꼬리를 물려받겠지만 다음 세대 암컷들의 대다수는 긴 꼬리를 선호하는 취향을 물려받을 것이다. 당신의 아들은 생존을 위한 장비는 더 잘 갖추었을지 모르지만 배우자를 얻을 수 없을지도 모른다. 그렇다면 무엇이 진화적으로 효용이 있겠는가? 자연 선택은 결국 당신의 배우자 취향과 당신 배우자의 짧은 꼬리를 모두 없애 버릴 것이다. 그러므로 매력적인 아들을 줄 수 있는 배우자를 선택하는 일이 당신에게 더 나은 전략이 될 것이다. 당신은 자기 아들의 생존 기회는 낮추겠지만 손자를 얻을 기회는 증가시킬 것이다.

그러나 무엇이 이러한 경향을 강화시키는가? 또 왜 이 경향이 널리 퍼졌는가? 그리고 도대체 이 경향이 맨 처음에 어째서 유행했는가? 유행은 선호 유전자와 장식 유전자 사이의 유대 관계가 유행을 부채질한다. 긴 꼬리를 가진 수컷을 선호하는 유전자를 지닌 암컷이 있다고 가정해 보자. 그녀의 자식들은 그녀의 선호 유전자와 그녀 배우자의 긴 꼬리 유전자를 모두 물려받을 것이다. 이 중에서 선호는 그녀의 딸에게서만, 긴 꼬리는 그녀의 아들에게서만 표현형적으로 발현될 것이다. 그래서 그녀의 결혼은 선호 유전자와 긴 꼬리 유전자 사이의 연결을 납땜질한다. 임의적인 짝짓기에서 생기는 연결보다 훨씬 더 긴밀한 연결이다. (이 연결 관계의 측정을 연관 불균형 계수(coefficient of linkage disequilibrium)라고 부른다.) 다음 세대에서도 동일한 일이 벌어질 것이다. 이 연결이 유행을 부채질한다. 긴 꼬리를 가진 배우자에 대한 각각의 선택들은, 자동적으로 그 선택을 이끈 유전자 쌍에 대한 선호로 연결되며, 암컷이 긴 꼬리에 대한 선호를 행사할수록 유행은 점점 더 강화된다.

단계적 증폭이 얼마나 순조롭게 도약하는지는 쉽게 알아볼 수 있다.

전체 과정은 어떤 것이든 다수의 선호에서 시작될 수 있다. 그 다수의 선호가 아무리 작을지라도 말이다. 여기서 '다수'가 그 개체군의 큰 부분을 차지할 필요는 없다. 다른 선호보다 약간 더 많으면 된다. 이 우세가 처음에는 우연한 변동에 지나지 않는 현상으로 발생할 수 있다. (성별이 단순한 자기 강화를 거쳐서, 어떻게 최초의 아주 작은 차이에서 서로 다른 번식 전략으로 갈라졌는지 기억하라.) 혹은 피셔가 제시했듯이 '실용적인' 선택에서 시작된 유행이, 실용적인 계류장에서 풀려나와 낭비의 왕국으로 밀려들 수도 있다. 정상보다 긴 꼬리가 수컷이 더 잘 날도록 돕는다고 상상해 보자. 그래서 더 긴 꼬리를 좋아하는 암컷의 취향이 자연 선택에 따라 선호된다. 마침내 꼬리가 순전한 짐이 될 정도로 길어졌는데도, 그것에 대한 암컷의 선호는 그때까지 충분히 널리 퍼져서 유행하게 된다. 처음에 어떻게 시작됐든, 다른 것보다 더 많은 지지자들을 가진 선호는 그 우세함이 미약할지라도 '매력적인 아들(attractive son)' 효과 때문에 선택을 따라서 촉진될 것이다. 물론 이 선호는 다수에게 더욱 퍼져 매력적인 아들을 둔 장점은 훨씬 더 커질 것이다.

피셔의 이론은 잠재적으로 급격한 긍정적 되먹임의 과정을 수반한다. 성공이 성공을 낳는다. 긴 꼬리에 대한 선호가 성공적일수록, 다음 세대에서 조금 더 긴 꼬리를 가진 수컷의 수와 보다 더 긴 꼬리를 선호하는 암컷의 수가 많아질 것이다. (자연 선택이 멈추라고 할 때까지) 더 긴 꼬리에 대한 선호자와 보유자가 증가할 것이다. 성공은 빈도에 의존적이며 자기 강화적인 방식으로 이루어진다. 최상의 일은 다수가 하는 일이며 따라서 많은 사람이 그렇게 하면 할수록, 그 일은 훨씬 더 좋은 일이 된다. 그러므로 긴 꼬리를 선호하는 선택과 긴 꼬리를 선호하는 취향에 따른 선택은 함께 진행된다. 즉 수컷의 장식과 암컷의 취향은 서로를 강화하고, 서로를 밀어 올려 급증시키며 공작 꼬리의 극적인 화려함에 이를 때까지 손을 맞잡고 진화한다. 이것이 장식과 취향의 진화가 그처럼 전형적으로 과도하게 폭주하는 특성을 지니게 된 방식이다.

피셔는 이것에 대해 다음과 같이 말했다. 그는 암컷의 선호가 장식에 이점을 주며, 장식을 가진 아들은 그 선호에 이점을 준다고 지적했다.

> 수탉에서 깃털 특성의 변화는 …… 암컷의 선호가 제공하는 이점하에서 …… 진행된다. 이는 선호의 강도에 비례할 것이다. 이 선호를 가장 단호하게 행사한 암탉의 아들이 다른 암탉의 아들들보다 어떤 이점을 가지는 한, 선호의 강도는 선택에 따라 스스로 증가할 것이다. …… 더 많은 깃털의 발달을 선호하는 데 순이익이 있는 한, 그 선호를 훨씬 더 단호하게 행사하는 데도 순이익이 있을 것이다.(Fisher 1930, 151~152쪽)

그리고 이 긍정적인 되먹임은 폭주하는 과정(runaway process)을 생산한다.

> 수컷에서의 깃털의 발달과 암컷에서의 이러한 발달에 대한 성적 선호는 그러므로 함께 진행돼야만 한다. 그리고 이 과정이 심각한 역선택으로 저지되지 않는 한, 과정의 진행 속도는 계속 증가한다. …… 발달 속도는 이미 달성한 발달 정도에 비례할 것이다. 따라서 발달은 시간에 따라 가속도가 붙으며, 기하급수적으로 진전될 것이다. 그러므로 …… 폭주하는 과정의 잠재력은 그 시작이 얼마나 미약했던지 간에, 저지되지 않는 한 큰 효과를 생산할 것이며 나중에 아주 빠른 속도로 진행될 것이 틀림없다.(Fisher 1930, 152쪽)

피셔는 이 이상 자세히는 설명하지 않았다. 또 만약 그가 자신의 설명을 수학적으로 발전시켰을지라도, 그 기록을 남기지 않았다. 그 후 거의 반세기 동안, 어느 누구도 그러지 않았다. 마침내 이 이론의 시대가 도래했다. 최근 개체군 유전학자들은 피셔의 아이디어를 열광적으로 받아들여서 다양한 공식 모형으로 정교화하고 있다.(Kirkpatrick 1982, Lande 1981, O'Donald 1962, 1980, Seger 1985가 그 예이다. 또한 Dawkins 1986, 195~215쪽도 참조하라.) 별반 놀랍지 않지만, 다윈의 이론에 대한 피셔의 기발한 개선은 그 정당성이 입증됐다. 이것은 피셔의 폭주(runaway)가 분명히, 적어도 이론적으로는 가능하다는 점을 보여 준다.

다윈의 비판가들은 마침내 대답을 들을 수 있었다. 그들은 암컷이 장식을 장식 그 자체로 선택하는 이유, 즉 명백한 적응적인 이점이 없는 선택을 하는 이유를 제대로 질문했다. 그리고 그들의 취향이 선택을 이용해 통제되지 않는다면, 임의적으로 변동하지 않는 이유에 대해서도 옳게 질문했다. 만약 암컷의 선택이 피셔적이라면 다윈은 마침내 대답할 수 있게 됐다. 암컷이 가진 선호와 수컷이 지닌 장식의 기원과 지속성, 단계적 증폭은 적어도 이론상으로는 적응적으로 설명될 수 있다. 그러나 선택압은 궁극적으로는 암컷의 취향 그 자체에 따라서만 생산된다. 이 선택압은 오직 다른 암컷들의 행동 때문에 암컷에게 작용한다. 전체 과정의 기반은 오직 임의적인 암컷의 미적 기준이며 분별 있는, 자연 선택론자적인 기준이 아니다. 따라서 피셔의 이론이 암컷의 선택에 관한 적응 이론일지라도, 월리스의 이론과는 근본적으로 다르다. 이 이론은 월리스의 실용적인 경향과 타협하는 일 없이, 다윈의 "아름다움 그 자체를 위한 아름다움"의 정신을 정확히 담아낸다. 다윈의 아이디어는 선택이 수컷의 부담에도 불구하고, 오직 미학적인 기준으로만 짝을 고르는 암컷들을 선택이 생산할 수 있다는 것이다. 피셔는 다윈의 아이디어가 이론적으로 가능하다는 점을 보였다. 그는 다윈의 좋은 취향 이론을 월리스의 좋은 감각 이론과 어렵사리 통합한다. 이 둘은 다수의 선택과 순수한 유행의 일치로 결합한다.

9장

"면밀한 실험이 행해질 때까지……"

❖

다윈과 월리스가 자신들의 이론이 시험을 받는 모습을 본다면 얼마나 큰 만족감을 느낄까! 그러나 그런 일은 일어나지 않았다. 두 사람 모두 수컷의 선택에 관한 실험들을 제안했지만, 그들이 살아 있는 동안 시행된 것은 거의 없었다. 아주 최근에야 체계적인 시험들이 설계됐다. 지금 우리는 다윈(혹은 다윈-피셔)과 월리스 중 누가 옳았다고 말할 수 있는가? 이 질문에 대답할 수 있다면, 어떤 특정한 종에서 암컷들이 대개 좋은 취향 아니면 좋은 감각 혹은 그 둘의 적절한 혼합체 중 무엇을 가지는지 안다고 보고한다면 매우 기쁘리라. 그러나 많은 동물들의 짝짓기 행동을 광범위하고 매우 상세하게 알아냈음에도, 전반적으로 우리는 여전히 이것을 모른다. 이 영역을 간략히 여행하며 곧 알게 될 것처럼 어려움은 대개 방법론적인 것이다.

다윈과 월리스는 둘 다 수컷의 장식을 사정없이 파괴하는 데 예민했다.(Darwin 1871, ii, 118, 120쪽, Darwin, F. 1887, iii, 94~95쪽, Darwin, F. and Seward 1903, ii, 57~59, 64~65쪽, Wallace 1892) 다윈은 조류에서 암컷들이 전에는 받아들였던 수컷을 장식적인 깃털이 망가진 후에는 거절하는 사례를 몇 가지 알고 있었다. 그는 전에 짝짓기에 성공했던 새(특히 공작)에서 장식적인 깃털의 제거나 손상이 어떤 효과를 미치는지 더 주의 깊게 관찰하고 싶었다. 그러나 암컷들이 무엇을 느끼든, 새의 주인들은 자기 새의 장식을 손상시키기를 꺼렸다. 그는 장식이 번식 성공에 어떻게 영향을 미치는지 알아보기 위해 짝짓기를 하지 않은, 어린 흰 비둘기 수컷의 꼬리와 정수리를 물들이는 방법을 제안했다. 그리고 그는 한 비둘기 주인을 설득해 새를 자홍색으로 염색하는 데 성공했다. 그러나 동료들은 모두 그들의 비자연적인 화려함을 인식하지 못하고 그냥 지나치는 것처럼 보였다. 그는 그럭저럭 잠자리를 '화려한 색'으로 염색했지만 실험을 더 진행하지 못했다. 다윈은 수컷 불핀치가 정상적인 수컷들과 경쟁해서 어떻게 암컷과 짝짓기하는지 살펴보기 위해, 그의 선명한 붉은 가슴 털을 우중충한 색으로 염색하는 방안을 제안했다. 그러나 이 실험은 결코 시행되지 않았다.

이런 실험들이 다윈과 월리스의 견해 중 어느 하나를 결정하게 해 줄 수 있을까? 암컷들이 가장 장식적인 수컷을 전혀 선호하지 않는다면, 분명 다윈이 틀린 것이 된다. 그러나 그들이 정말로 가장 아름다운 수컷을 선호한다면? 여기서 상황을 복잡하게 만드는 문제가 시작된다. 월리스의 주장대로 아름다움과 여러 실용적인 특성들 사이에 긍정적인 상관관계가 존재한다면, 그 암컷들이 가장 아름다운 수컷을 선호하는 것이 전혀 아닐지도 모른다. 그들은 단지 자신들의 선택에서 아무 역할도 하지 않는 장식을 지닌 실용적인 수컷에 대한 월리스적인 선호를 표현하는 것일 수도 있다. 월리스는 카나리아와 오색방울새의 잡종 수컷의 사례를 인용한다.(Wallace 1889, 300a쪽) 이 새는 보통의 오색방울새보다 몸집이 더 크고 색이 정교하며, 노래를 훨씬 더 크게 잘 불렀다. 그는 야생의 암컷들에게 매우 매력적이다. 그러나 월리스는 암컷들을 매혹시키는 것이 그의 크기인지, 아니면 색깔, 혹은 목소리인지 질문한다. (이 경우 혹자는 어떤 자질이 장식적이며 실용적인 자질은 또 무엇이냐는 질문을 덧붙일지도 모른다.) 우리가 어떤 특성들이 매력적인지 알 때까지는, 가장 장식적인 수컷에 대한 암컷의 선호를 월리스보다 다윈을 지지하는 증거로 받아들일 수 없다.

그러나 우리가 수컷의 자질들을 따로 분리해 내어, 그들 중 어떤 것이 암컷의 마음을 끄는지 밝힐 수 있다고 가정해 보자. 또 우리가 암컷이 실제로 가장 장식적인 수컷을 선택한다는 사실을 발견했다고 가정하자. 그럴지라도 여전히 주요한 어려움이 남는다. 그녀는 지표를 활용하는 것일 수 있다. 월리스가 지적했듯이 암컷은 단지 아름다움을 실용적인 특성의 지표로 활용하기 때문에, 가장 장식적인 수컷을 선택했을 수 있다. "조류 수컷의 신체색 밝기는 건강, 활력과 긴밀하게 연결된다, 우리는 면밀한 실험이 행해질 때까지 암컷에게 매력적인 것이 건강인지 활력인지 아니면 거기에 동반되는 따라서 건강과 활력의 지표가 되는 색깔인지 말할 수 없다."(Wallace 1889, 300b쪽, 또한 Wallace 1892도 참조하라.) 월리스는 그가 그런 "면밀한 실험들"이 중요하다고 생각하는 이유를 (또 불행히도, 그들이 어떻게 설계돼야 하는지를) 말하지 않았다. 그러나 확실히 아름다움이 하나의 지표로 기능한다면, 실험적으로 그의 이론과 다윈의 이론을 훨씬 더 구분하기 어려워진다. 대개 아름다움에 수반되는 실용적인 특성들을 실험적으로 제거했을 때조차 암컷들은 가장 아름다운 수컷들을 계속 선호할지도 모른다. 그리고 수컷들은 다윈이 언급한 사례에서처럼 장식적인 깃털을 상실했을 때 거절당할지도 모른다. 암컷들이 장식 그 자체를 선호해서가 아니라, 그것이 성적인 성숙과 같은 어떤 이로운 특성들의 표지이기 때문에 말이다.(Wallace 1889, 286쪽)

이 배우자 선택 실험이 우리에게 말해 주는 것에는 비대칭성이 존재하는 듯하다. 이 실험들은 월리스에 결정적으로 유리한 판결을 내릴 수 있다. 암컷 선택의 증거가 얼마나 확고하든, 수컷의 장식이 얼마나 정교하든, 그 사실이 암컷이 단지 그 장식을 월리스적인 실용적인 특성의 지표로써 활용하고 있을 가능성을 완전히 배제할 수 있을까? 호주의 새틴바우어새(*Ptilonorhynchus violaceus*)의 경우를 살펴보자.(Borgia 1985, 1985a, 1986, Borgia and Gore 1986, Borgia et al. 1987, Pagel et al. 1988, 예로 Diamond 1982, 1987도 참조하라.) 언뜻 보기에 무엇이, 이 수컷의 예술적인 노력보다 순수하게 미학적이며 비실용적일까? 새틴바우어새는 자신이 지은 장식적인 정자 안에서 화려한 장막에 덮여 있다. 이 장식들은 대개 푸른색과 노란색이다. 꽃, 조개, 뱀 껍질, 깃털들, 최근에는 때때로 맥주 캔을 활용하기도 한다. 암컷은 정자를 점검하고 거기서 짝짓기를 하지만 수컷도 암컷도 그 정자를 다른 어떤 용도로 활용하지 않는다. 제럴드 보지아(Gerald Borgia)는 이 장식을 실험적으로 조작했다. 그는 수컷의 번식 성공이 장식의 품질에, 특히 정자를 이루는 달팽이 껍질과 푸른 깃털의 수에 달렸다는 사실을 발견했다. 여기까지는 미학적이다. 그러나 암컷의 선택은 그럼에도 십중팔구 월리스적이다. 이유 하나는 수컷들이 서로의 정자를 파괴하려고 시도하며, 다른 수컷의 장식을 훔쳐 자신들의 장식을 일부분 축적한다는 것이다. 그러므로 정자의 장식 상태는 자신의 정자를 방어하고 남의 정자에서 장식을 훔치는 수컷의 능력을 반영한다. 분투하는 예술가에게 필요한 이러한 자질들은 짐작컨대 '진짜로' 유용한 자질들인, 힘, 정력, 잠행 등을 보여 줄 수 있다. 그리고 실제로 (섭식 장소에서의 공격적인 지배를 우월함의 척도로 삼는다면) 정자 파괴 시의 공격성은 수컷의 우월한 지위와 긍정적으로 연관된다. 실용적인 선택을 암시하는 또 다른 증거는, 수컷들이 장식용으로 희귀한 물체들을 선호하는 것처럼 보인다는 점이다. 그렇다면 그들은 정자를 닦고 빛내기 위해 아마도 독창성과 기억, 참을성 등의 자질이 필요하며, 장식은 이 모든 자질들을 암컷에게 광고하는 것일 수 있다. 바우어새의 다른 종인 보겔코프가드너바우어새(*Amblyornis inornata*)에서(Diamond 1988) 지리적으로 분리된 개체군들은 서로 다른 색깔을 선호한다는 것이 발견됐다. 이때 선호된 색깔들은 각 자연환경에서 나타날 가능성이 가장 적은 것들일 수 있다. 덧붙여 우리가 잠시 동안 살펴볼 것처럼, 암컷들이 기생충에 대한 저항성이 가장 큰 수컷을 찾는다는 증거가 있다.

이제 또 다른 예를 들어 보자. 암컷에게 자신의 아름다운 옷과 장신구를 과시하는 수컷들 말이다. 다윈은 우월한 과시 행위에 대한 암컷의 선호에 당연히 큰 의미를 부여했다. 이것은 자연이 암컷들에게 선택권을 행사하게 했다는 가장 직접적인 증거였다. 게다가 과시 행위는 '아름다움 그 자체를 위한 아름다움'을 자랑하는 것 외에 다른 기능을 하지 않는 듯이 보였다. 그럼에도 불구하고 윌리스가 강조했듯이 과시 행위의 능숙함은 실용적인 자질의 우수함과 동반될 가능성이 있다. 산쑥들꿩(뇌조의 일종, Centrocercus urophasianus)(Gibson and Bradbury 1985, Krebs and Harvey 1988) 수컷들은 정교하게 뽐내며 걷는다. 자신의 날개를 때리고, 하얀 깃털 속에 있는 한 쌍의 오렌지 빛 공기주머니로 가슴을 부풀린다. 또 그 공기주머니로 뻥하고 터지는 소리와 휘파람 소리를 만들어 낸다. 이들의 쫙 빼입은 차림새는 당혹스럽게도 인간의 눈에는 시끄럽게 움직이는 계란 프라이와 닮아 보인다. 놀랄 것도 없이 이 격렬한 광고 행위에는 에너지가 매우 많이 든다. 활보하며 과시하는 정도에서 수컷들 사이의 편차는 크다. 암컷들은 가장 많이 확보한 수컷들을 선호한다. 그들은 자신을 가장 잘 부양할 수컷들을 고르는 것처럼 보인다. 그 이유는 아마도 그 수컷들이 먹이를 발견할 때, 가장 효율적이기 때문이라고 추측된다. 그것이 아니라면 암컷들은 아마도 기생충의 징후에 영향을 받고 있을지도 모른다. 목도리도요(*Philomachus pugnax*)에서도 암컷의 선택은 수컷의 과시 행위의 활력과 빈도에 영향을 받는 것처럼 보인다.(Hogan-Warburg 1966) 이 과시 행위도 분명 하나의 지표일 것이 틀림없다.

문제는 '아름다움 그 자체를 위한 아름다움'의 해석이 항상 이러한 발견들에 취약하다는 점이다. 누구도 좋은 감각의 가능성을 완전히 배제할 수는 없기 때문에, 선호가 순전히 좋은 취향이라고 누구도 결코 규명할 수 없을 것이다. 암컷이 선택 가능한 실용적인 자질들은 여러 가지다. 그래서 실용적인 동력이 미학적인 동력과 동시에 작용하지 않는다고 설정하기란 불가능하다. 이러한 실험들에 관한 한 다윈-피셔 설명은 정당하게 스스로를 입증한다기보다는 부전승으로 명맥을 유지하는 것처럼 보인다.

그러나 미학적인 해석의 처지가 실제로 그렇게 절망적인가? 실험적인 조사들은 필연적으로 월리스를 선호하는 쪽으로 기울 수밖에 없는가? 아니, 반드시 그렇지는 않다. 인정컨대 이론상으로는 월리스의 해석들을 배제할 수가 없다. 그러나 실제로는 만약 누군가가 타당하며 창의성이 있는 진화적 직관의 도움을 받아 월리스적일 것 같은 요인들의 목록을 작성한 후에 그것들이 수컷의 장식, 암컷의 선택과는 관련이 없다는 사실을 보여 주었다면, 이것은 월리스적인 좋은 감각에는 반대하면서 다윈과 피셔의 좋은 취향을 지지하는 그럴듯한 설명이 될 것이다.

만약 누군가가 완전히 다른 방향을 향하는 두 이론들로부터 예측을 끄집어낼 수 있다면, 이 개연성은 더욱 강화될 것이다. 예를 들면 수컷보겔코프가드너바우어새가 거주지에 나타날 가능성이 가장 적은 색깔을 선호한다는 제안을 다시 생각해 보자. 마크 페이젤(Mark Pagel)은 수컷이 만약 어떤 실용적인 자질을 광고하는 중일 때 기대되듯이, 암컷의 취향에 희소가치가 실제로 반영됐는지, 아니면 암컷들이 임의적인 다윈-피셔 선택을 할 때 기대되듯이 암컷의 취향과 희소성이 긍정적이든 부정적이든, 아무런 상관관계가 없는 것인지 시험 가능한 손쉬운 수단을, 지리학적으로 분리된 이 개체군들이 제공한다고 지적했다.(Pagel et al. 1988, 289쪽, 또한 Borgia 1986, 79쪽 역시 참조하라.) 이 문제는 그쯤에서 넘어가고 만약 거기에 아무런 상관관계가 없다고 판명돼도, 암컷들이 실제로 실용적인 선택을 하면서 수컷의 자질을 판단하기 위해, 희소성 이외의 다른 범주들을 사용할 가능성을 우리는 여전히 인정해야만 한다. 그러나 다윈의 흥미로운 아이디어는 우리가 문제를 그쯤에서 넘어갈 필요가 없다고 이야기한다. '임의적인' 선택이 반드시 예측 불가능한 것은 아니다. 다윈은 잠시 동안 장식에 대한 암컷의 취향이, 주변의 자연환경에서 가장 친숙한 색깔로 형성될 것이라고 생각했다.(Darwin 1876a, 211쪽, Darwin, F. 1887, iii, 151, 157쪽, Marchant 1916, i, 270쪽, Poulton 1896, 202쪽, 또한 Wallace 1889, 335쪽도 참조하라.) 그럴 경우에 희귀성과 선호 사이에 어떠한 관련성도 기대할 수 없는 것이 아니라, 오히려 부정적인 상관관계를 기대할 수 있다. 즉 월리스의 예측과는 정반대로 암컷들의 선호가 자연에서 가장 풍부한 색 쪽으로 기울 것이라고 기대할 수 있다.

아마도 지금까지 대부분의 실험들은 오직 냉철하고 실용적인 선택의 범주만을 발견했을 것이다. 그것이 대부분의 실험들이 찾은 전부였기 때문이다. 그렇다면 왜 유행에 대한 피셔의 지지자들은 전형적인 화려함과 불합리함에 대해 조사하지 않았을까? 암컷들이 다윈-피셔 방식으로 선택을 한다면 그녀들은 기회가 주어질 때, 자연이 일반적으로 제공하는 것보다 훨씬 더 호화로운 장식들로 치장한 수컷들을 선호할 것이다. 이것은 보통의 장식들이 성 선택과 자연 선택 사이의 절충안이기 때문이다. 폭주하는 선택(runaway selection) 속에서 장식을 훨씬 더 많이 화려한 쪽으로 밀어붙이려고 시도하는 암컷의 취향과 거기에 탄압을 가하는 자연 선택 사이의 절충안 말이다. 따라서 평상시에는 대개 잠재된 상태이고 표현되지 않는 선호를 실험적으로 드러내는 일이 가능할 수 있다.

실제로 어느 실험에서 그 일이 행해졌다. 이 실험은 수컷들이 특히 번식기 동안 놀랍도록 긴 꼬리를 지니는 긴꼬리천인조종(*Euplectes progne*)에서 행해졌다. 몰티 앤더슨(Malte Andersson, 1982, 1983)은 몇몇 수컷의 꼬리를 약 50센티미터(20인치)에서 약 14센티미터(5.5인치)로, 원래 길이의 거의 25퍼센트로 잘랐다. 그리고 그 자른 깃털들을 다른 수컷들에게 풀로 붙여 꼬리 길이를 절반 이상 늘려 놓았다. 그렇게 해서 그는 치장을 덜한 수컷과 엄청나게 치장한 수컷의 무리를 각각 한 집단씩 꾸리게 되었다. 그는 또한 정상적인 수컷들로 두 집단을 더 꾸렸다. 혹시라도 꼬리를 자르고 붙이는 수술이 암컷의 선호에 영향을 미칠 경우에 대비해서, 그중 한 집단은 아무런 처치도 하지 않았으며 나머지 한 집단은 꼬리를 자른 후 원래대로 다시 완전하게 풀로 붙여 놓았다. 그 후 그는 암컷들이 수컷들을 선택하게 했다. 그는 수컷의 영역 내에 있는 알이나 새끼를 품은 새 둥지의 수로 번식 성공도를 측정했다. 이것은 암컷의 선호를 나타내 줄뿐만 아니라 번식 성공을 구성하는 요소이기도 했다. 대단히 긴 꼬리를 가진 수컷들이 분명한 승자로 판명되었다. 평균적으로 그들은 꼬리가 짧거나 정상적인 경쟁자들보다 현저하게 많은 암컷들을 유혹했다. 꼬리가 짧거나 정상이며 시술을 가하지 않은 집단들은 서로 동일한 수의 암컷들을 유혹했으며 이것들과 꼬리가 대단히 긴 수컷 사이의 차이는 통계적으로 의미 있는 수준이었다. (개체 수가 적었기 때문에, 꼬리가 매우 긴 수컷과 정상이지만 시술을 받은 수컷 사이의 차이는 너무 작아서 통계적으로 의미가 없다.(Baker and Parker 1983))

이 모든 결과는 긴꼬리천인조 수컷의 꼬리가 다윈-피셔의 폭주적인 과정에 따라 진화했다는 그럴듯한 증거다. 그러나 그럼에도 암컷의 선택이 월리스적인 것일 수도 있다. 긴 꼬리를 가진 수컷에 대한 선호는 마치 뻐꾸기의 양부모가 평균 이상으로 큰 뻐꾸기의 알을 보고 놀라워하는 것처럼 그 뒤에 아무런 다윈-피셔의 기제가 없는, 단지 평균을 초월하는 자극에 대한 반응일 수 있다. 이러한 실용적인 해석과는 맞지 않게, 번식 성공이 월리스적인 두 가지 가능성, 즉 영역의 질과 영역 자체를 유지하는 능력과는 아무런 관련도 없음이 밝혀졌다. 그러나 비슷한 또 다른 가능성들이 아직 남았다. 일례로 가장 긴 꼬리를 가진 수컷들이 가장 기생충 저항력이 클 가능성을 들 수 있다.

지나친 장식을 선호하는 취향만이 다윈-피셔 선택을 입증할 수 있는 것은 아니다. 변덕스러워 보이는, 대개는 잠재된 선호에 대한 발견 역시 시사적이다. 임의적인 선호는 어쨌든 다윈-피셔 선택에 대한 것이다. 비둘기를 자홍색으로 물들이자는 엉뚱한 제안을 했을 때 다윈은 일종의 이러한 아이디어를 염두에 두었는지도 모른다. 그가 포획된 금화조 (*Taeniopygia guttata*)에서 다소 기이해 보이는 선호를 발견했다면 (다소 어리둥절하기는 했겠지만) 틀림없이 매우 흐뭇해 했을 것이다.(Burley 1981, 1985, 1986, 1986a, 1986b, Trivers 1985, 256~260쪽, 또한 Harvey 1986도 참조하라.) 다리에 유색 플라스틱으로 고리를 채운 배우자들을 선택하게 했을 때, 암컷들은 주황색이나 초록색 고리를 찬 수컷보다 적색 고리를 찬 수컷들을 더 선호했다. 그리고 수컷들은 청색이나 주황색 고리를 찬 암컷들보다 흑색 고리를 찬 암컷을 더 선호했다. 나아가 (흑색 고리를 찬) 가장 매력적인 암컷들의 번식 성공률이 다른 암컷들보다 더 컸다. 그들은 다른 암컷들보다 더 많은 수의 새끼들을 자립할 때까지 길러 냈다. 이 암컷들이 다른 암컷들보다 더 우월하지는 않았을 것이다. 어쨌든 이 고리는 임의로 배당됐기 때문이다. 아마도 차이는 수컷들이 만들어 냈을 것이다. 금화조는 매력적인 수컷을 확보했을 때, 자식 양육에 더 많은 자원을 투자하는 것으로 보인다.(Burley 1988a) 후속 실험들은 암컷들의 훨씬 특이한 선호를 밝혀냈다. 수컷들이 다양한 색깔의 모자를 썼을 때, 암컷들은 백색 모자를 쓴 수컷을 가장 선호했다.

여기서 무슨 일이 벌어지는 중일까? 이 이상한 선호의 진화적인 의의는 무엇일까? 그들은 다윈이 사실로 상정했던 암컷 선택의 징후일 수 있다. 그러나 정답은 성 선택과 전혀 관련이 없을지도 모른다. 현실에서는 존재하기 힘든 이 장식들이, 새들이 일반적으로 반응하는 신호들을 이용한다는 증거가 있다. 그것들은 좋은 건강을 의미하는 선명한 붉은 부리를 더 붉어 보이게 하거나, 아니면 금화조의 종 구성원들을 식별하는 데 사용하는 색깔과 일치하는지도 모른다. 후자의 경우에 이 선호는 십중팔구 종 인식을 위한 좋은 감각 선택의 부산물일 것이다. 만약 종 간 인식이 작용 중이라면 암컷의 선택은 다윈의 입장과는 반대로, 월리스가 1세기 전에 배치한 자연 선택주의자의 경로를 따라 똑바로 되돌아오게 된다. 그것은 잘해 보았자 피셔의 폭주하는 선택이 일어나기 전에, 다윈-피셔 선호가 그 개체군에서 유래해서 증식할 수 있는 시작점을 제공할 뿐이다. 게다가 수컷 장식의 인위성과 금화조가 포획돼 있다는 사실은 해석의 어려움을 배가시킨다. (비록 야생 상태의 금화조도 포획된 자신의 친척들과 팔찌 색깔에 대해 동일한 선호도를 가진다는 사실이 발견되었을지라도(Burley 1988)) 자연환경에서 암컷 금화조는 밝은 색의 팔찌나 이국적인 모자를 자랑스럽게 걸친 수컷들을 마주칠 가능성이 없다. 그런데 자연 선택주의자들이 이런 조작의 대상이 된 적이 없는 야생종들에 대해 비슷한 주장을 한 적이 있다. 흰기러기(*Anser caerulescens*)는 깃털색에 근거해 자신의 배우자를 선택한다. 그러나 이 연구는 종 내에서 이루어지는 선택에 아무런 적응적 이점이 없으며, 이 배우자 선택은 정교하게 조정된 종 구별 능력에 대한 선택의 단순한 부수 효과일 것이라고 결론을 내렸다.(Cooke and Davies 1983)

다윈-피셔 장식에 대한 탐색이, 과시적이며 환상적이고, 경이로운 것에 한정되지는 않을 것이다. 어쨌든 폭주하는 성 선택(runaway sexual selection)은 원칙적으로 꼬리를 쉽게 창조할 수 있을 뿐만 아니라 차츰 줄일 수도 있을 것이다.(Dawkins 1986, 215쪽) 아마도 눈에 잘 안 띄는 장식이 우리 생각보다 더 흔하게 존재할 것이다. 그것은 우리의 얄팍한 미학적 기대 때문에 지금까지 알려지지 않은, 아직도 탐험을 기다리는 다채로운 영역이다.

명백한 장식품, 깃털, 볏들과 다른 장식들에만 한정되어 조사가 이루어져서는 안 된다. 수컷의 성기조차도 화려한 건축 양식을 자랑할 수 있다. 벼룩에서 설치류까지, 뱀에서 영장류까지, 내부 수정을 선호하는 동물이면 누구든지, 수컷의 성기는 현란한 형태를 띤다. 전통적으로 이 필수적인 기관들은 자물쇠와 열쇠 공학의 산물, 종의 격리 및 기타 그와 비슷한, 순전히 실용적인 것으로만 간주되었다. 그러나 음경이 단지 편리한 도구일 뿐인가? 윌리엄 에버하드(William Eberhard)는 이 현란함과 방탕함, 제멋대로인 특성과 이렇게 급격하게 발산하는 진화가 피셔가 말한 폭주하는 선택의 모든 특성들을 지녔다고 주장했다. 수컷 성기의 전형적인 현란함은 암컷의 변덕 덕분이다.(Eberhard 1985)

나는 좋은 감각과 좋은 취향 설명을 구분하는 일이 어렵다는 데 집중했다. 이제 성 선택에 대한 실험적인 질문들이 대답을 얻기 힘든, 다른 이유들을 살펴보자. 예를 들면 수컷이 그의 찬란한 아름다움을 기생충 추적, 즉 유전적인 기생충 저항성에 대한 지표로써 자신의 장식을 활용하는 암컷들에게 빚지고 있다는, 해밀턴과 주크의 흥미로운 이론을 살펴보자. 이 아이디어는 매우 그럴듯하다. 그러나 이 아이디어를 시험하는 데는 장애물이 존재한다. 앤드루 리드(Andrew Read)는 이 점에 대해 상세히 기술했다.(Read 1990) 우리는 그중 일부를 살펴볼 예정이다. 이 어려움들이 이 이론에서만 나타나는 어려움들뿐만 아니라, 성 선택 이론에서 등장하는 어려움들까지 설명해 주기 때문이다. (이 주제를 다루면서 우리는 이것처럼 특정한 가설을 어떻게 실험할 수 있는지도 살펴볼 예정이다.)

먼저 해밀턴과 주크 이론의 새로운 주요 예측들을 살펴보자. 이 예측들은 종 간 비교에 관한 것이다. 이 가설에 따르면, 기생충에 가장 감염되기 쉬운 종들이 가장 과시적이다. 진화하는 동안 수컷들이 자신의 유전적인 저항성을 광고해야만 하는 선택압을 가장 크게 받았을 것이기 때문이다. 해밀턴과 주크는 이 이론을 발전시키며 북아메리카의 연작류(passerine) 109종을 조사하고 그들의 예측이 옳았음을 증명했다. 실제로 밝은 색깔과 노래의 복잡성으로 측정한 수컷의 과시성과 만성적인 혈액 감염 사이에는 긍정적인 상관관계가 존재했다.(Hamilton and Zuk 1982)

그러나 이 상관관계는 다른 상관관계들처럼 문제를 제기한다. (Clutton-Brock and Harvey 1984, Harvey and Mace 1982, Harvey and Pagel 1991, Pagel and Harvey 1988, Ridley 1983이 그 예이다.) 가장 악명 높은 두 문제는 '표본 수 부풀리기'와 '인과 관계가 아닌 상관관계'의 문제이다. '표본 수 부풀리기' 문제는 다음과 같은 과정으로 나타난다. 말하자면 109종 중 100종의 새들이 모두 밝은 색을 띠며 기생 생물 적재량(parasite load, 한 유기체가 갖고 있는 기생 생물의 수. ─ 옮긴이)이 높다면, 우리는 훌륭한 지지 사례를 100가지 가지는 것처럼 보인다. 그러나 이 100종들이 모두 공통 조상으로부터 두 가지 특성들을 다 물려받았다면, 실제로 우리는 단 하나의 지지 사례만을 가진 셈이다. 즉 우리는 동일한 대상을 100번 반복해서 세고 있는 중이다. 그래서 우리는 자료의 점수들이 서로 독립적이라는 사실을 보장하기 위해 노력해야만 한다. 만약 공통된 계통 발생 과정을 거친 이 100종들이 100개의 독립된 자료로 인정된다면, 우리가 종의 수만 세어야 할 이유가 무엇이겠는가? 왜 개체 수를 세서 수백만 개의 명백한 지지 사례들을 확보하지 않겠는가? 다행히 적어도 이론상으로는 이 어려움을 해결할 방안이 있다. 그 묘책은 종의 수나 분류학적인 체계의 특정 계층을 세는 대신에, 진화적인 기원이 서로 독립적인 흥미 있는 특성의 사례들을 세는 것이다.(Ridley 1983) 그 외의 대안으로, 이 상관관계가 다양한 분류군들을 가로질러 서로 독립적으로 받아들여지는지 아닌지를 살펴볼 수도 있다.

또 다른 문제는 상관관계가 인과 관계를 의미하지는 않는다는 친숙한 사실에서 발생한다. 밝은 색깔과 큰 기생 생물 적재량이 서로 독립적으로, 또 다른 제3의 요인 때문에 야기됐을 수 있다. 그 제3의 요인은 우리에게 알려진 것일 수도 있고 아닐 수도 있다. 월리스가 암컷의 신체색의 밝기와 둥지 유형 사이에서 발견했던 상관관계를 떠올려 보자. 예를 들면 둥지가 덮여 있다는 사실이 그 둥지를 기생충이나 기생충 매개 동물들에게 매력적인 장소로 만든다면, 이 점이 신체색의 밝기가 기생 생물 적재량과 관련되는 이유일 수 있다. 원론적으로 이 두 번째 유형의 문제 역시 극복할 수 있다. 그러나 실제적으로 이 작업은 엄청나게 어렵다. 가능한 대안 설명들은 엄청나게 많은데 우리는 그것들에 대해 너무나 무지하다. 우리가 정말로 의심하는 사항들을 시험할 때 생기는 어려움들은 별도로 치더라도 그렇다. 다시 한번 이것에 대한 해결책 하나는 숙주, 예를 들면 새뿐만 아니라 포유류와 파충류에 이르는 광범위한 숙주 집단들과, 이와 비슷한 정도로 다양한 범위의 기생충들 사이에서 상관관계를 구하는 것이다. 어쨌든 다양한 집단들이 동일한 혼란 변수(confounding variable, 독립 변수와 종족 변수에 부분적인 영향을 미쳐서, 인과적 추론을 방해하는 변수. ─옮긴이)를 가질 가능성은 적다.

그렇게 야심만만한 일이 시도된 적이 없기 때문에, 해밀턴-주크 이론은 우리가 잘 모르는 분류군들에 대한 광범위한 분석을 요구할 것이다. 그러나 생태학 같은 혼란 변수들이나 계통 발생의 효과, 혹은 둘 모두를 제거하려고 시도하며, 이보다 더 제한적으로 행해진 몇 가지 조사들이 있다. 전반적으로 이 조사들의 결론은 꽤 호의적이었다. 일부 연구들에서는 긍정적인 연관성이 발견됐으며, 그 외에서는 대부분 아무런 연관성도 발견되지 않았다.(Read 1990을 참조하라.)

일례로 계통 발생의 효과를 제거하고 526종에 이르는 신열대구의 새들을 조사한 한 연구는 수컷의 밝음과 기생 생물 적재량 사이의 긍정적인 관련성을 보여 주었다. (적어도 과(family) 안의 종들이 전부 혹은 대부분 거주종들로 이루어진 과 안에서는 그랬다. 비록 지역을 이주하는 종들로 구성된 과에서는 그렇지 않았지만 말이다. 이것은 아마도 거주종들이 1년 내내 동일한 기생충들에 노출되므로, 더 큰 선택압 아래 놓이기 때문인 것 같다.)(Zuk 1991) 신체 크기나, 먹이, 고도 범위 같은 변수들을 고려해서 극락조 10종을 분석한 결과에서는 수컷이 밝으면 밝을수록, 그들에게서 발견되는 기생충의 평균 숫자(parasite intensity)가 더 많았다. 게다가 난잡한 종들은 일부일처제 종들보다 신체색이 더 밝으며, 적어도 한 종 이상의 기생충들에게 감염된(parasite prevalence, 기생충 유병률) 수컷의 비율이 더 높았다.(Pruett-Jones et al. 1990) 비슷한 생태학적 변수들을 고려해 파푸아뉴기니의 조류 79종을 다룬 한 연구는 계통 발생상의 특정 계층(다른 계층에서는 아닐지라도)이 보이는 기생 생물 적재량과 수컷의 과시 사이에서 상관관계를 발견했다.(Pruett-Jones et al. 1991) 유럽의 연작류 113종에 대한 한 연구에서는 계통 발생의 영향과 10가지의 광범위한 생태학적, 행동학적인 변수들을 제거했을 때, 수컷이 밝으면 밝을수록 혈액 내의 기생충 비율이 높은 것으로 나타났다.(Read 1987) 그리고 해밀턴과 주크의 원자료를 더욱 확대한 버전에서도 계통 발생학적 효과를 통제했을 때 수컷의 밝기는 기생충 유병률과 긍정적인 상관관계가 있었다.(Read 1987) 새들에서 온 이 증거들에 덧붙여, 10개 과에 달하는 영국과 아일랜드의 민물고기 24종에서는 (여러 가지 생태적, 행동적 요인들의 영향을 제거한 후) 수컷과 암컷의 밝기 차이와 기생충 유병률 사이에 비슷한 상관관계가 나타났다.(Ward 1988)

이 결과들과는 대조적으로 해밀턴과 주크가 말한 수컷 과시의 두 번째 범주인 노래의 복잡성에서는, 유럽과 북아메리카의 연작류 131종에서 계통 발생적 영향을 제거하고 복잡성의 여러 가지 요인들(레퍼토리 크기, 융통성 등)을 분석했을 때, 이러한 관계가 전혀 나타나지 않았다. (노래의 지속 시간은 심지어 부정적인 관계를 보였다.)(Read and Weary 1990) 또 해밀턴과 주크의 원자료와 113종의 유럽 연작류를 다룬 확장판을 이번에는 다른 종류의 밝기 지수(반드시 더 권위가 있는 것은 아니지만)를 사용해 다시 분석했을 때, 상관관계의 설득력이 더 약해졌다. 유럽의 새에서는 상관관계가 더 강하게 나타났지만, 분석 결과가 표본의 수가 적은 조류 종들에 크게 의존적이었다. 미국의 새들에서도 상관관계가 적은 표본 수와 아마도 계통 발생적 효과에 영향을 받았을 것이다.(Read and Harvey 1989)

이 조사들은 타당하다고 알려진 모든 혼란 변수들을 통제할지라도 해석상의 어려움들이 여전히 많이 남는다는 사실을 상기시킨다.(Cox 1989, Hamilton and Zuk 1989, Read and Harvey 1989a, Zuk 1989) 예를 들면 장식의 정교함을 어떻게 정량화해 종 간 비교를 수행할까? 무지갯빛이 도는 청색과 어우러진 선명한 붉은색의 화려한 볏과 긴 꼬리는? 또 숙주들이 감염되기 쉬운 기생충 종류 몇 가지만을 고려함으로써 결과가 심각하게 왜곡된 것은 아닐까?

종 간 비교는 물론 이 이론을 시험하는 한 방법일 뿐이다. 또 다른 방법은 종 내의 상관관계를 살펴보는 것이다. 이 경우에 가장 과시적인 수컷이 기생충에 대한 유전적인 저항성이 가장 크다고 예측된다. 그들은 또한 암컷들에게 가장 매력적일 것이다. 그러나 여기서도 문제는 발생한다. 예를 들면 기생충의 수는 신뢰할 만한 저항성의 척도가 아닐지도 모른다. 숫자의 차이가 노출 기회의 차이에도 의존할 것이기 때문이다. 또 기생충에 가장 많이 감염된 수컷들은 이 원하지 않은 손님들의 활동 탓에 제일 흐릿한 색깔을 띨 것이다. 게다가 저항성에 비용이 든다면 더 두꺼운 외피나 정밀히 조율되는 면역 반응 등으로 그럴 가능성이 매우 큰데, 저항성이 큰 수컷들은 두 번이나 비용을 지불하는 셈이 된다. 한 번은 저항성에 대해, 다른 한 번은 장식에 대해서 말이다. 그러므로 기생충에 노출된 적이 없는 개체군에서는 수컷들이 과시 수준을 스스로 '선택'할 수 있다면, 가장 저항력이 큰 개체는 가장 장식이 덜 발달된 개체가 될지도 모른다. 그리고 만약 정교한 장식의 발달이 실제로 핸디캡이라면, 기생충에 대한 저항성이 있기 때문에 핸디캡을 가진 수컷을 고르는 암컷의 (해밀턴-주크적인) 선택, 힘이나 활력 같은 훨씬 일반적인 자질들을 보이기 때문에 핸디캡을 가진 수컷을 고르는 암컷의 (자하비적인) 선택을 구분하는 시험을 고안해야 하는 문제가 있다. 예를 들면 수컷들이 자신의 볏을 심홍색으로 물들이는 능력이나 뿔을 상당히 크게 발달시키는 능력을 방해하는 기생충들의 특정 기제들을 발견해 내는 작업이 수반될 수도 있다. 이것 외에도 앞서의 문제들보다는 훨씬 쉽게 해결되지만, 암컷들이 단지 기생충의 전염을 피하려고 노력하는 중인지, 아니면 유전적인 저항성을 가진 수컷들과 짝짓기를 하려고 시도하는 중인지 알아내야 하는 문제도 있다.

이 어려움들이 종 내 연구의 빠른 성장을 방해하지는 않았다. 광범위한 숙주(와 기생충) 종들에 대해 분석이 이루어졌다. 지금까지의 결과들은 종 간 연구에서처럼 다소 엇갈리지만 대개 호의적이었다. (뭐랄까, 그들 중 상당수는 성 선택에 대한 어떤 이론에 대해서도 예측만큼이나 많이 호의적이었다.) 전체적으로 첫 번째 발견은 수컷의 장식이 화려할수록, 그가 가진 기생충에 대한 부담이 더 낮아진다는 것이었다. 두 번째는 암컷들은 기생충이 더 적은 수컷들을 선호한다는 것이었다. 그런데 이 결과는 '장식'(과시 빈도, 색깔이나 그 외 무엇이든지)이 정확하게 식별됐다고 가정한다. 장식의 식별은 실험이나 야외 조사보다는 대부분 인간의 직관으로 결정된다. 나는 이러한 결과 중 몇 가지만 간단히 살펴볼 예정이다.

제비(*Hirundo rustica*)에서 혈액을 먹는 진드기에게 심하게 감염된 수컷들은 기생충이 없는 수컷들보다 꼬리가 더 짧다. 그리고 암컷들은 꼬리가 긴 수컷들을 더 선호한다. 짝짓기를 하지 않은 수컷들은 짝짓기를 한 수컷들보다 더 자주, 더 심하게 기생충에 감염된다. (야외 조사와 기생충에 대한 실험적 조작, 모두에서 보여진 것처럼) 둥지 속의 높은 기생충 비율은 번식 성공도를 감소시킨다. 그리고 (해밀턴-주크 이론의 핵심 요인인) 기생충 저항성은 한배의 새끼 중 절반을 다른 둥지의 새끼들과 교환했을 때도 유지되는 것으로 나타났다. 즉 기생충에 대한 그들의 부담은 양부모보다 유전적인 부모와 더 가까웠다. 이 사실로부터 판단하건대 기생충 저항성은 유전된다.(Møller 1990, 1991) 적색야계(*Gallus gallus*)에 대한 한 연구에서는 수컷의 기생 생물 적재량을 (소장의 회충을 사용해) 실험적으로 조작했다. 그 결과 기생충에 감염되지 않은 수컷들에서 장식적인 특성들이 더 인상적으로 나타났다. 장식적인 특성들은 암컷들이 해밀턴과 주크의 지지자가 아니라면 선택 단서로 사용했을, (체중 같은) 비장식적인 특성들보다 훨썬 믿을 만한 지표였다. 암컷들은 기생충에 감염되지 않은 수컷들을 더 선호했다.(Zuk et al. 1990) 집비둘기(*Columba livia*)를 대상으로 (두 종의 기생충을 가지고) 같은 종류의 실험적 조작을 행했을 때도 비슷한 결과를 얻었다. 암컷들은 아마도 구애 행위 시에 과시의 감소를 자신들의 선택에서 단서로 사용하는 것 같다. 기생충들이 암컷에게 미치는 영향으로 판단했을 때, 적어도 인간이 시각적으로 추적할 수 있는 행동이나 다른 특성들을 기생충들이 손상시키지는 않았기 때문이다.(Clayton 1990) 꿩(*Phasianus colchicus*)에 대한 연구에서는, 수컷 새끼들의 절반에 항기생충제를 투여하고 엄격한 위생 조치를 실시해 기생충에 대한 저항력을 강화시킨 반면, 다른 절반은 자연 조건에 있을 때처럼 스스로 자신을 꾸리도록 내버려 두었다. 도움을 받지 못한 집단의 자손들은 더 큰 사망률로 고통을 받았지만, 그 선택압을 이겨낸 개체들은 인위적으로 도움을 받은 집단의 자손들보다 훨씬 저항력이 컸다. 이러한 사실은 해밀턴과 주크의 이론이 상정하는 것처럼, 저항력이 유전될 수 있다는 사실을 제시한다. 그러나 이 새끼들에 대한 배우자 선택 실험의 결과는 결정적이지 않다. 암컷들은 "자연적으로 선택된" 수컷들의 아들들을 안락하게 처치를 받은 수컷들의 아들들보다 더 선호하지 않았다.(Hillgarth 1990) 산쑥들꿩에서 이가 있는 수컷들은 이가 없는 수컷들보다 짝짓기를 할 가능성이 더 적었다.(Johnson and Boyce 1991) 포획한 산쑥들꿩 수컷의 공기주머니를 이에 감염된 수컷의 공기주머니처럼 보이도록 "혈액 표시"를 했을 때, 암컷들은 이 수컷들을 피하는 경향이 있었다. 앞서 혈액 표시를 하지 않았을 때에는 그 수컷들을 쉽게 받아들였음에도 말이다.(Spurrier et al. 1991)

새틴바우어새에서 정자를 지은 수컷들은 머리의 이 감염 정도가 낮다. 비록 머리의 이 감염 정도가 암컷들이 잠재적인 배우자들을 판단할 때 사용한다고 여겨지는 다른 장식적인 특성들과 상관관계는 없지만 말이다. 게다가 거의 모든 짝짓기는 정자를 지은 새들에서 이루어졌다. 정자 주인들 중에서도 머리의 이 감염 정도가 가장 낮은 새의 짝짓기 성공률이 가장 컸다. (이 결과는 두 번째 연구에서 얻어졌다. 앞의 연구에서는 정자를 지은 새들 중 그 계절 동안 이에 감염된 개체 수가 너무 적어서 어떤 상관관계도 보여 줄 수 없었다.)(Borgia 1986a, Borgia and Collis 1989) 적은 표본 수를 대상으로 행해진, 극락조의 일종인 호사꼬리비녀풍조(*Parotia lawesii*)에 대한 한 연구는 모호하지만 시사적이다. 수컷이 기생충에 심하게 감염될수록, 그들은 과시와 관련된 특성들을 적게 보인다. 이런 조건하에서 당연히 암컷들은 기생충에 많이 감염된 수컷들과 짝짓기를 하지 않았다. 비록 해밀턴-주크 가설과 일치하게도, 암컷들은 기생충에 노출되지 않았던 수컷들과 노출됐지만 저항성이 강한 수컷들을 구분할 수 있었으나, 그럼에도 암컷들은 기생충 감염 정도가 낮은 수컷들을 받아들였다.(Prunett-Jones et al. 1990) 구피(*Poecilia reticulata*)에서 과시 빈도는 기생 생물 적재량과 역의 관계인 것으로 나타났다. 암컷들은 기생충에 덜 감염된 수컷들을 더 선호했다.(Kennedy et al. 1987) (장내 기생충 수로 측정한) 기생충에 심하게 감염된 회색나무개구리(*Hyla versicolor*)들은 구애 행위 시에 울음소리를 내는 빈도가 낮으며 번식 성공도도 낮다. (암컷들은 수컷들을 울음소리로 판단한다.) 그러나 기생충에게 적게 감염된 수컷들의 울음소리는 영향을 받지 않았으며, 이 구애자들은 전혀 감염이 안 된 수컷들만큼이나 암컷들에게 인기가 있었다. 이것은 호사꼬리비녀풍조에서 제시된 것과 동일한 현상일 수 있다.(Hausfater et al. 1990) 초파리(*Drosophila testacea*)에서 기생충에 감염된 수컷들은 그렇지 않은 수컷들보다 짝짓기 성공률이 낮으며, 암컷들이 그들과 짝짓기를 할지라도 그 자손이 생존할 가능성은 낮다. 그러나 어디까지를 암컷의 선택으로 볼 것이며 또 어디까지가 수컷들 간의 경쟁인지는 알려지지 않았다. 기생충에 감염된 수컷의 복부는 종종 팽창하여 그들을 평소보다 더 밝아 보이게 하지만, 실제로 암컷들이 어떤 실마리를 사용하는지는 알려지지 않았다.(Jaenike 1988) 귀뚜라미 중 그릴루스 벨레티스(*Gryllus veletis*)와 그릴루스 펜실바니쿠스(*Gryllus pennsylvanicus*)에서는 내장 내 기생충 감염률이 높을수록, 수컷들이 시간당 생산하는 정포(생식소 부속선의 분비물로 둘러싸인 정자 덩어리. ─ 옮긴이)의 수(번식 성공도의 중요한 요소)가 감소한다. 암컷들은 또한 기생충에 덜 감염된 (그리고 더 나이 든) 수컷들과 차별적으로 짝짓기를 한다. (아마도 선택 단서로 장식보다는 나이를 보는 것 같다.)(Zuk 1987, 1988)

지금까지 나는 시험의 어려움들을 곱씹어 보았다. 이제부터는 성 선택 이론에 대해 어떤 실험들이 행해지고 있으며, 또 어떤 결과를 얻었는지 훨씬 체계적으로 살펴보려고 한다.

다윈과 월리스는 실험 연구에 대한 전도유망한 프로그램을 개척했다. 비록 당시에는 그들 자신의 아이디어 중 극소수만이 받아들여졌지만 말이다. 다윈이 사망하자마자 곧 성 선택 이론에서 암컷 선택의 효과를 관찰하려는 최초의 구체적인 시도가 출간되었다. 거미 전문가인 두 명의 미국인, 조지 페컴(George Peckham)과 엘리자베스 페컴(Elizabeth Peckham)은 수컷의 장식들이 그가 지닌 더 큰 '생명력'에서 생긴다는 월리스의 생리학적인 이론과 암컷의 선택 때문에 생긴다는 다윈의 이론을 시험하는 데 흥미가 있었다.(Peckham and Peckham 1889, 1890, 또한 Pocock 1890, Poulton 1890, 297~303쪽도 참조하라.) 이러한 목적을 가지고 그들은 자연 서식지에서 거미를 상세히 관찰했다. (그들은 "거미의 구애 행동은 매시간 진행되는 매우 지루한 행동이다."라고 신랄하게 이야기했다.(Peckham and Peckham 1889, 37쪽)) 그들은 다윈이 옳다고 결론을 내렸다.

깡충거미(*Attidae*)의 수컷들은 정교한 과시 행위를 할 때, 암컷들 앞에서 자신들의 우아함과 민첩함뿐만 아니라 아름다움까지 서로 경쟁한다. 암컷들은 자신들을 만족시키기 위해 시행되는 그 춤과 시합들을 주의 깊게 지켜본 후, 자신을 가장 즐겁게 해 준 수컷을 짝으로 선택한다. 이러한 사실은 이 거미 종에서 암컷과 수컷 사이의 색깔과 장식의 큰 차이가, 성 선택의 결과라는 결론을 강하게 시사한다.(Peckham and Peckham 1889, 60쪽)

그들에 이어서 역시 미국인인 앨프리드 마이어(Alfred Mayer)가 성적으로 이형인 여러 종의 나방들을 실험적으로 조작해, 암컷의 선택이 영향을 받는지 받지 않는지 알아보았다.(Mayer 1900, Mayer and Soule 1906, 427~431쪽, 또한 Kellogg 1907, 120~123쪽도 참조하라.) 그는 수컷의 거무스름한 날개를 잘라 내고 그 위에 암컷의 적갈색 날개를 붙였지만 "암컷들이 여성적으로 보이는 배우자를 향해 평소와 다른 혐오감을 드러내는 모습을 추적할 수 없었다."(Mayer 1900, 19쪽) (눈이 먼 경우 외에는) 암컷들은 날개가 전혀 없는 수컷은 거절했지만, 다홍색이나 초록색으로 날개를 칠한 수컷들에 대해서도 똑같이 비차별적인 태도를 보였다. 앨프리드 마이어는 이 결과가 다윈의 견해에 위배된다고 느꼈다.

구애 행위는 관찰자에게는 '지루한 사건'일 것이다. 그렇기는 해도 혹자는 이러한 연구가 1세기 동안 1류 연구들 중의 하나로 진행됐으리라고 기대할지도 모른다. 실제로는 전혀 아니었다. 그러나 성 선택을 자연 선택으로 대체하려 한 월리스의 시도가 미친 영향을 떠올리면, 이와 같은 방치는 전혀 놀라운 일이 아니다. 짝짓기 행동에 대한 실험 연구가 있기는 했다. 그러나 꽤 최근까지 그것들 대부분은, 특히 야생에서의 연구들은 성 선택 이론이 아니라 월리스의 자연 선택적 전통에 적합했다. "박물학자들은 …… 짝짓기 신호와 행동, 번식적 격리 같은 (문제들에) …… 집중했다. 성적인 행동에 관해서는, 동물이 동종의 배우자를 얻을 것으로 예상했다. 그밖에 무엇이 더 있겠는가?"(Lloyd 1979, 293쪽) 물론 훌륭한 예외들도 존재한다. 이 중에서 가장 주목할 만한 사람이 (비록 본래 직업은 법정 변호사였지만) 영국의 조류 행동 연구의 개척자인 에드먼드 셀러스(Edmund Selous)다. 20세기 초에 썼던 저작들에서 그는 짝짓기를 하는 새들이 '트럼펫 음조로' 말했다며 이러한 관찰은 성 선택을 선호하는 것이라고 결론 내렸다.(Selous 1910, 264쪽) 그러나 그의 기여에 어떤 일이 벌어졌는지 보라. 셀러스의 연구를 토대로 삼은 사람은 주로 헉슬리였다. 우리는 헉슬리가 자연 선택론자적인 사고 방식에 얼마나 충실한지 잘 안다. 그의 초기 논문들조차 이러한 접근 방식을 전형적으로 보여 준다.(Huxley 1914, 1921, 1923) 이 연구들은 성 선택에 대해서는 거의 밝혀내지 못했다. 몇십 년 후에 배우자 선택의 역할을 조사하기 위한 훨씬 체계적인 실험들이 (초파리에서) 시작됐다.(예로 O'Donald 1980, 16쪽을 참조하라.) 이런 이유로 성 선택 이론의 역사 동안 이 이론을 실험적으로 조사하려는 시도는 거의 없었다. 오직 최근에서야 이 이론에 대한 관심이 부활하자, 광범위한 종에서 야생 상태와 포획된 상태 둘 모두로 암컷 선택이 연구되기 시작했다. 이제야 마침내 선호가 수컷의 화려한 장식들이 진화하는데 어떻게 영향을 미쳤는지 알아내기 위한 진지한 시도들이 이루어지고 있다.(예로 Bateson 1983a, Blum and Blum 1979, Thornhill and Alcock 1983을 참조하라. 또한 Catchpole 1988도 참조하라. 실험적, 이론적인 현재 지식의 요약은 Kirkpatrick 1987을 참조하라.) 그럼에도 지금까지도 가장 큰 영향을 미치는 것은 다윈의 견해가 아니라 월리스에서 유래한 견해이다. 실험들은 좋은 감각 선택에 대한 여러 추측들을 시험하려는 의도로 수행되는 경향이 있다. 암컷은 좋은 유전자를 선택하는가? 아니면 좋은 자원을 선택하는가? 만약 좋은 유전자라면 그녀는 기생충에 대한 유전 가능한 저항성을 찾는 중인가? 또 만약 좋은 자원이라면 그것은 음식인가 영역인가 아니면 다른 무엇인가? 이 추측들 중 하나와 다윈-피셔 선택을 시험할 가능성은 주의를 덜 끌었다. 그러나 상황이 바뀌기 시작했다.

(기생충 저항성은 일단 제쳐 놓고) 월리스적인 선택에 대한 연구는 몹시 생산적이었다. 많은 종들에서 암컷들은 월리스적인 실용적인 방식에 따라 선택하는 것처럼 보인다. 쇠물닭(*Gallinula chloropus*) 암컷은 지방 저장량이 가장 많은 수컷을 선호한다. 아마도 그들이 마른 수컷들보다 부화자로써 더 효율적이기 때문인 것 같다.(Petrie 1983) 민물고기인 얼룩둑중개 (*Cottus bairdi*) 암컷은 큰 수컷을 선호한다. 그들이 알을 보호하는 데 더 능숙하기 때문으로 보인다.(Brown 1981, Downhower and Brown 1980, 1981) 그리고 밑들이속(*Bittacus*) 암컷은 구애 급이(courship feeding) 동안 가장 큰 곤충을 먹잇감으로 가져다주는 수컷을 선택한다. 아마도 정자가 이동하고 알을 낳는 동안, 이 먹이가 암컷들을 지탱해 주어서 그런 것 같다.(Thornhill 1976, 1979, 1980, 1980a, 1980b) 많은 종들에서 월리스를 비슷한 정도로 지지하는 결과가 발견됐다.

부화자와 보호자 등을 선택하는 암컷들은 확실히 수컷이 가진 자원으로 그의 가치를 평가한다. 그렇다면 수컷이 양육 부담을 전부 암컷에게 떠넘기는 종들은 어떤가? 그들은 암컷이 좋은 유전자, 생존 투쟁에 필요한 자질들에 해당하는 유전자들을 선호한다는 주장을 입증할 증거를 제공하는가? 꿩은 부성 투자를 전혀 하지 않는 종이다. 토브욘 폰 샨츠(Torbjörn von Schantz)와 그의 동료들은 자연 상태에서 발톱 돌기 길이가 서로 다른 수컷들과, 발톱 돌기를 일부는 부드럽게 하고 일부는 플라스틱을 붙여 길게 늘려 주면서 (그러나 전체 길이를 자연적인 범위 내에서 유지하면서, 즉 극도로 길거나 짧지 않게) 발톱 돌기를 인위적으로 조작한 꿩들을 관찰했다.(von Schantz et al. 1989) 그들은 암컷들이 가장 긴 발톱 돌기를 가진 수컷들을 선호한다는 사실을 발견했다. 좋은 유전자 가설에 중요하게도 이 수컷들은 덜 매력적인 발톱 돌기를 가진 수컷들보다 더 오래 살아남는 것으로 밝혀졌다. 발톱 돌기는 수컷들 사이의 우위를 결정할 때 아무런 역할도 하지 않는 듯하다. (중요한 것은 체중과 꼬리 길이다.) 그러므로 암컷의 선호는 단지 수컷의 지위를 결정의 단서로 취하고, 수컷들 사이의 선택압이 기준을 수립하도록 내버려 두는 역할을 하는 것이 아니다. 암컷들은 발톱 돌기의 길이를 영역의 질이나 나이에 대한 지표로 사용하지도 않는다. 암컷의 선호는 좋은 유전자에 따라 결정되는 수컷의 생존 자질들에만 영향을 받는 것처럼 보인다. 노랑나비속(Colias) 암컷도 비슷한 선호를 나타내는 것 같다.(Watt et al. 1986) 그러나 그 둘의 전략이 서로 같지는 않다. 노랑나비의 정포는 정자뿐만 아니라 영양분, 즉 유전자뿐만 아니라 자원도 운반한다. 유전자들에 관한 한, 노랑나비 암컷들은 나비에게 매우 중요한 자질인 비행에 필요한 연료를 공급하고, 체온을 유지하는 데 뛰어난 유전형을 가진 수컷들을 선호한다. 바로 이 자질들이 수컷의 구애 행위를 지속시키는 역할도 하기 때문에 암컷들은 이런 수컷들에게 이끌리는 것 같다.

이 모든 좋은 감각의 사례들은 인상적이다. 그럼에도 이 증거만으로는 불충분하다. 월리스적이든 다윈-피셔적이든, 선호와 선호된 특성 모두 유전되지 않는 한, 또 선호하는 수컷과의 짝짓기가 평균보다 높은 번식 성공도를 보장하지 않는 한 (아니면 적어도 진화의 과거에는 이것이 거짓이었던 한) 암컷의 선택과 수컷의 장식은 진화하지 않았을 것이다. 완전하지는 않지만, 이런 증거들이 몇 가지 발견되었다. 예를 들면 해초파리(Coelopa frigida)에서, 어떤 특정한 유전자를 가진 암컷들은 (이 유전자 자체가 반드시 그들의 행동에 책임이 있지는 않을지라도) 특정한 배우자를 선택하며, 그 유전자와 다른 대립 유전자를 가진 암컷들보다 훨씬 성공적으로 짝짓기를 한다.(Engelhard et al. 1989) 호주의 야생 귀뚜라미 두 종(텔레오그릴루스 코모두스

(*Teleogryllus commodus*)와 텔레오그릴루스 오세아니쿠스(*Teleogryllus oceanicus*))의 잡종은 두 가지 유형이다. 암컷은 자신의 유형에 속하는 수컷의 노래 소리를 선호한다. (오직 수컷만이 노래를 부른다.) 이러한 사실은 그들의 배우자 선호가 수컷의 노래와 유전적으로 결합됐을 가능성을 시사한다.(Hoy et al. 1977, 또한 Doherty and Gerhardt 1983도 참조하라.) 꿩에서 가장 긴 발톱 돌기를 가진 수컷과 짝짓기 한 암컷들은 그렇지 않은 암컷들보다 더 많은 새끼들을 부화시키며, 긴 발톱 돌기를 가진 수컷들도 더 큰 번식 성공도를 즐긴다. 얼룩둑중개는 수컷이 클수록 부화 성공률도 증가하는 것처럼 보인다. 밑들이 중 안목 있게 배우자를 선택한 암컷들은 산란 시에 더 큰 성공을 거두며 더 매력적인 먹이를 가져다준 수컷들은 정자 운반 시에 더 큰 성공을 거둔다. 게다가 암컷의 선호와 수컷의 먹이 선택은 둘 다 유전되는 것처럼 보인다.

린다 패트리지(Linda Partridge)의 세밀한 실험실 연구는 번식 성공도의 요소와 배우자 선택 사이의 관계를 (그러므로 아마도 성 선택을) 시험하기 위해 특별히 설계됐다.(Partridge 1980) 이 실험에서 초파리(*Drosophila melanogaster*)는 두 집단으로 나뉜다. 한 집단에서 암컷들은 배우자를 자유롭게 선택했으며 다른 집단에서는 배우자를 임의로 배정받았다. 이 두 집단의 자식들은, 둘 다 제한된 음식에 대한 접근성을 놓고 표준적인 경쟁자들과 겨루게 되었다. 그 결과는 선택적으로 짝짓기를 한 집단의 자식들이 성인까지 살아남는 비율이 유의미하게 더 높았다. 따라서 부모들이 선택권을 행사해, 번식 성공도 중 적어도 이 요소에 영향을 미칠 수 있는 것처럼 보인다. 그러나 다른 의문들은 여전히 해결되지 않은 채 남아 있다.(Arnold 1983, Maynard Smith 1982c, 184쪽이 그 예이다.) 예를 들면 다음과 같은 질문들이 있다. 적합도에 영향을 미치는 유전적 변이는 유전될 수 없을 것이라는 견해와는 달리, 부모들이 좋은 유전자를 선택할 수 있는가? 아니면 이것은 단지 자신과 다른 개체들을 배우자로 선택한 (negative assortative mating, 이질혼) 사례일 뿐인가? 전체적인 번식 성공도는 향상됐는가? 여기서 얻은 이익보다 번식 성공도의 다른 요소에서 입은 손실이 더 크지는 않은가? 이런 결과는 메이너드 스미스(Maynard Smith 1985, 2쪽)가 지적했듯이, 이론적으로도(Williams 1957) 실험적으로도(Rose and Charlesworth 1980) 예측할 수 있는가? 암컷들은 정말 우월한 수컷을 선택하는 것일까? 아니면 우월한 수컷들이 배우자에 대한 접근권을 더 쉽게 얻을 뿐일까? 만약 암컷 선택이 일어난다면, 그것은 유전될까? (아니면 과거에 유전됐을까?) 배우자 선택의 범주에 다윈이 설명하려고 시도했던 과장된 수컷의 특성들이 포함될까? 이러한 질문들에 대답할 수 있을 때까지, 우리는 암컷이 윌리스의 지지자인지 여부에 대해, 이 결과들이 어떤 대답을 들려줄지 알 수 없다.

윌리스는 많은 실험적인 발견들을 흔히 대체하는, 현재의 해석에 훨씬 기뻐할 것이다. 암컷이 자신의 배우자를, 심지어 분별 있게 선택한다는 아이디어는 그가 마지막으로 의지한 설명이었다. 그의 첫 번째 수단은 물론 정통 자연 선택이었다. 그가 그다음 선호한 수단은 수컷의 장식을 수컷들 간의 직접적인 경쟁의 산물로 설명하는 견해였다. 그는 현재의 많은 주장들로 자신의 정당성이 잘 입증된다고 느낄 것이다.

새의 노래를 들어 보자. 분명히 다윈은 새의 노래를 "암컷을 매료하기 위한 것"으로 여겼다(Darwin 1871, ii, 51~68쪽) 다윈은 그것이 성적으로 선택된 특성이라고 확신했다. (그럴지라도 그는 자신이 수집한 증거들 중 카나리아와 되새류(finches)에서 수컷의 노래 실력과 배우자 성공도 사이에 관련성을 관찰했다는 한 박물학자의 주장만을 인용했을 뿐이다.(Darwin 1871, ii, 52쪽)) 다윈은 최근의 몇몇 연구 결과를 환영할 것이다. 딱새류 두 종(알락딱새(*Ficedula hypoleuca*)와 목도리딱새(*Ficedula albicollis*))의 암컷들은 조용한 둥지 상자보다 (테이프로 녹음해서) 모형이 노래하는 둥지 상자를 압도적으로 선호한다고 관찰됐다.(Eriksson and Wallin 1986) 개개비류의 명금(sedge warbler, *Acrocephalus schoenobaenus*)에서는 가장 정교한 노래를 부르는 수컷들이 가장 빨리 짝짓기에 성공하는 것이 발견됐다. (빠른 성공은 아마도 수컷들에게 번식적인 이점을 줄 것이다.)(Catchpole 1980) 암컷의 이러한 선호는 수컷의 자질이나 영역의 질처럼 윌리스적인 혼란 요인들을 제거한, 실험실 조건하에서도 지속됐다.(Catchpole et al. 1984) (그러나 이러한 사실이 이 노래가 다른 어떤 실용적인 자질들의 지표일 가능성을 완전히 배제하지는 못한다.) 그럼에도 암컷의 선호가 수컷의 경쟁을 선택압에서 배제하지는 못한다. 두 가지 영향이 모두 작용 중일 수 있다.(Catchpole 1987) 갈색머리찌르레기(*Molothrus ater*)의 암컷들은 하급 수컷들보다 우세한 수컷들의 독특한 노래를 더 선호하는 것이 발견됐다.(West et al. 1981) 잠비아의 마을인디고새(*Vidua chalybeata*)에서는 수컷들 간의 공격이 중요한 역할을 하는 것처럼 보인다.(Payne 1983, Payne and Payne 1977) 비록 수컷의 노래와 거기에 수반되는 매우 눈에 띄는 행동들이, 암컷의 선택에 따라 어느 정도 형성될지라도 말이다. 실제로 어떤 연구자들은 수컷들 간의 경쟁이 정교한 노래 뒤에 숨은 주요한 진화적 동인이라고 주장한다. 예를 들면 이런 주장은 붉은어깨검은찌꼬리(*Agelaius phoeniceus*)에 대해서도 제기되었다. 노래의 레퍼토리가 많은 것이 영역의 방어를 돕는다고 나타난 반면, 레퍼토리 길이와 (하렘의 크기로 측정한) 암컷 선택 사이의 관계는, 레퍼토리 길이를 수컷의 번식 연령에 대해 통제했을 때 사라지는 것이 확인됐기 때문이다.(Peek 1972, Searcy and Yasukawa 1983, Yasukawa 1981, Yasukawa et al. 1980)

비슷한 주장들이 밝은 색의 화사한 빛 같은 다른 특성들에 대해서도 제기됐다. 붉은어깨검은찌꼬리 수컷을 다시 한번 살펴보자. 수컷의 붉은 어깨 장식에 칠한 페인트는 암컷의 선호에 직접적인 영향을 끼치지 않는 것으로 확인됐다.(Peek 1972, Searcy and Yasukawa 1983, Smith D. G. 1972) 암 컷들은 월리스적 요인들인 수컷 영역의 품질에 주로 영향을 받는 것으로 보인다. 그러나 어깨 장식에 페인트칠을 당한 수컷들은 자신의 영역을 방어하는 능력이 떨어졌다. 처음에 큰가시고기(*Gasterosteus aculeatus*) 암 컷들은 수컷들 간의 경쟁과는 아무 상관이 없는, 순전히 미학적인 선택을 하는 것처럼 보였다. 몇몇 개체군들에는 두 종류의 수컷들이 존재한다. 소수의 수컷들이 번식기 동안 목이 붉어지며, 나머지 수컷들은 그대로다. 실험실에서 행해진 실험에서 (알을 낳을 둥지에 대한 선택으로 측정한 결과) 암컷들은 목이 붉은 수컷들을 선호하는 것으로 나타났다. 그들은 붉은 목을 좋아하는 것 같다. 칙칙한 수컷들의 목을 매니큐어나 립스틱으로 인위적으로 장식했을 때, 암컷들은 그들이 마치 유전적으로 목이 붉은 것처럼 반응한다.(Semler 1971) 이러한 선택 양상은 확실히 다윈을 기쁘게 해 주는 듯 보인다. 그러나 알고 보니 목이 붉은 수컷들은 다른 가시고기에게 둥지의 알을 먹힐 가능성이 더 적었다. 그 이유는 아마도 붉은 목이 위협적인 가치를 지녀서인 것 같다. 그러므로 암컷들은 완전히 실용적인, 월리스적인 선택을 했을 뿐만 아니라, 나아가 수컷 간의 경쟁이 이 붉은 목에 작용하는 것처럼 보인다. 이런 결과는 월리스가 희망했던 바로 그 유형이다. 자연 선택의 훨씬 표준적인 동인으로 흡수될 수 없는 이런 특징들은 수컷들 사이의 경쟁으로 설명될 것이다.

확실히 수컷들 간의 경쟁이 공작의 꼬리와 청란, 그 외 여러 가지 매우 화려한 수컷 새들을 설명해 준다는 것은 월리스의 상상조차도 넘어서는 일일 것이다. 지난 몇 년 동안 해석이 이 방향으로 너무 많이 이루어져서 최고의 미학적인 화려함을 보여 주는 이 특징들조차 결국 암컷의 선택보다는 수컷들 사이의 경쟁과 더 관계가 있는 것처럼 널리 받아들여졌다. 이 고혹적인 깃털을 가진 새들 중 대다수는 렉(lek, 집단 구혼장)

에서 짝짓기를 하거나 그 비슷한 방식으로 짝짓기를 하는 종들에 속한다.(Borgia 1979, Bradbury 1981, Bradbury and Gibson 1983이 그 예이다.) 이 종의 수컷들은 땅의 특정 지점에 모여 과시 행위를 한다. 이때 땅은 음식이나 덮개, 혹은 다른 어떤 용도가 아닌 오직 이 목적으로만 사용된다. 거기서 암컷들은 수컷들을 방문하고 그들을 철저히 살펴보는 것처럼 보인다. 물론 이것 역시 어느 정도 논란이 되는 주장 중 하나다. 어느 쪽이든 렉은 짝짓기를 위한 만남의 장소다. 전형적으로 이 종들의 수컷은 아무런 양육 투자도 하지 않는다. 그래서 암컷들이 선택을 하면, 그들은 월리스적인 좋은 유전자를 선택하거나 다윈-피셔의 좋은 취향을 발휘하는 것이 틀림없다. 충분히 합리적으로 다윈은, 암컷들이 렉에서 과시되는 화려한 특성들을 그 미학적인 자질만으로 선택한다는 점을 시사하는 강력한 간접 증거가 렉이라고 여겼다.(Darwin 1871, ii, 100~103, 122~124쪽) 그러나 오늘날 몇몇 다윈주의자들은 이 가장 과시적인 종들 중 여러 종들에서 무엇보다도 수컷들 간의 경쟁으로 수컷의 가장 과장된 특성들이 진화했으며, 여기서 암컷이 어떤 역할을 수행한다면 그것은 오직 암컷들이 승자와 짝짓기를 선호하기 때문이라는 견해를 취하고 있다. 실험적인 발견에 대한 한 논평은 다음의 말로 끝을 맺는다. "현존하는 증거들은 암컷 선택이, 수컷들 사이의 우위를 결정하거나 보여 주는 과장된 형질들과 우월한 수컷을 선호함으로써, 과장된 형질의 진화에서 대개 간접적으로 역할을 수행했다는 점을 시사한다."(Searcy 1982, 80쪽) 패트리지와 팀 할리데이(Tim Halliday)도 비슷한 결론에 이르렀다.

성 간 선택의 결과는 대개 공작과 극락조를 예로 들어서 설명하는 것이 보통이다. 그러나 이 종들에서 암컷이 실제로 자신의 배우자들을 선택한다는 증거는 미미하거나 존재하지 않는다. 실제로 몇몇 최근 연구들은 적어도 부분적으로는, 이 새들에서 정교한 수컷의 깃털이 수컷 간 경쟁의 진화적 결과일지도 모른다고 제안한다. 수컷들은 경쟁자와 공격적으로 부딪칠 때에 정교한 깃털 때문에 위협을 받는 것처럼 보인다. …… 고전적으로 수컷의 정교한 깃털이 암컷의 선택 때문에 진화했다고 여겨지던 종들에서 행해진 야외 조사들처럼, 이런 야외 조사들도 대개 가설을 확실하게 지지하지 못한다.(Partridge and Halliday 1984, 233~235쪽)

가장 아름다운 장식을 가진 새들 중 하나인 극락조를 예로 들어 보자. 골디의 극락조(*Paradisaea decora*)는 그들의 화려한 깃털과 과시가 거의 완전히 권세와 짝짓기 우선권을 둘러싼 수컷들 간의 경쟁에서 초래됐다고 주장되는 종들 중 하나다.(Diamond 1981) 수컷들은 자신의 가장 고혹적인 과시 행동들을 서로에게만 드러낸다. 암컷들이 존재할 때, 그들은 상대적으로 변변찮은 쇼를 보여 준다. 암컷의 선택은 어쨌든, 승자를 받아들이는 것에 지나지 않는다. 이 경우에 청란은 신체, 즉 깃털을 아름답게 만드는 데 있어서 암컷의 역할을 격하시키는 사례에서 제외되지 못했다. 암컷의 선택은 수컷의 예술적인 깃털의 절묘함이 아니라, 그의 과시가 가지는 (다윈과 월리스 사이의 불일치를 그대로 반복한) 전체적인 효과, 더 중요하게는 그가 과시 장소를 소유하고 있는지의 여부로 결정된다고 주장됐다.(Davison 1981) 암컷의 선택에 대한 맹공격은 거기서 끝나지 않는다. 몇몇 저자들은 수컷들이 선택이 일어날 때조차 때때로 다른 수컷들의 짝짓기 시도를 성공적으로 방해해서, 선택을 미연에 방지한다고 제안했다. 그 예로 황금머리무희새(*Pipra erythrocephala*)가 언급됐다.(Lill 1976) 간략히 말해 렉의 종에서 암컷 선택은 거의 혹은 전혀 일어나지 않는다고 주장됐다. 암컷이 실제로 선택할 때조차, 수컷의 화려한 장식들을 선택하는 것이 아닐지도 모른다. 그리고 그녀가 장식을 선택할 때조차, 단지 수컷 간 경쟁의 결과를 강화시킬 뿐이라고 주장됐다.

몇몇 비평가들은 자료에 대한 이런 해석에 도전했다.(Cox and Le Boeuf 1977가 그 예이다.) 그들은 수컷들이 우열을 가리기 위해 서로 경쟁하는 것을 언급하며, 암컷들은 수컷들이 자신들을 위해 일하게 만들 수 있다고 주장했다. 게다가 암컷들이 렉 안에서 별다른 선택권을 발휘할 수 없을 때에도 그녀들은 종종 여러 렉 중에서 하나를 선택할 수 있다. 또한 그녀는 렉의 주변부에서 계급이 낮은 수컷을 짝짓기 상대로 선택할 수도 있다. 그리고 암컷이 그녀가 선택한 수컷과 교미하는 것을 막으려는, 다른 수컷들의 시도는 성공하는 경우가 적다.

렉의 종을 '수컷 클럽'으로 보는 이 견해를 약화시키는 새로운 발견들도 있다. 예를 들면 뇌조 수컷의 현란한 깃털과 과시 행위는 상당 부분 영역의 경계를 둘러싼 수컷들 간의 경쟁으로 진화했다고 주장되었다.(Wiley 1973) 이러한 견해에서 암컷은 장식에는 관심이 없지만 렉에서 수컷이 핵심적인 지위를 점하는지에는 관심이 있다. 즉 유행하는 옷이 아니라 부유층이 애용하는 장소에 관심이 있다. 그러나 최근 지위가 번식 성공의 주요 결정 인자가 아니라는 사실을 발견했다. 게다가 암컷들은 수컷들 사이의 전투 결과를 단순히 받아들이는 것이 아니라 그들 자신의 안건을 상정한다. 암컷들은 에너지를 많이 소모하는 활동이자 아마도 자질을 드러내 주는 활동인, 과시 행위를 뽐내듯이 하는 수컷들을 선택한다.(Gibson and Bradbury 1985, Krebs and Harvey 1988)

재해석은 암컷의 선택을 부활시켰다. 그러나 암컷의 선택 기준은 여전히 좋은 감각이다. 지금까지 렉종에서 아름다움 그 자체를 위한 아름다움을 선택하는 다윈-피셔적인 조사 결과가 보고된 적은 없다. 그러면 성 선택의 우상인 공작 수컷이 결국 다윈의 구원자가 되어 줄까? 마리온 페트리(Marion Petrie)와 그녀의 동료들은 공작(*Pavo cristatus*) 암컷들이 깃

누구를 위한 아름다움인가?

거대한 극락조를 쏘는 아루의 원주민들

"나는 과거 오랫동안 이 작은 창조물(왕극락조(*Cicinnurus regius*))이 이 검고 우울한 숲에 둘러싸여서 언뜻 보기에는 타당한 이유가 없는, 아름다움의 낭비로 보이는 자신들의 사랑스러움을 알아볼 이도 없이, 여러 세대가 일생을 마치는 동안에 매년 태어나고 살고 죽어 간다고 생각했다. 이러한 생각은 우울한 감정을 불러일으킨다. 한편으로는 이 매우 아름다운 창조물이 앞으로 오랫동안 미개한 상태로 남아 있을, 살기에 적합하지 않은 이 야생 지역에서만 자신들의 매력을 드러내며 삶을 끝마친다는 사실이 슬프게 여겨진다. 그러나 또 한편으로는 문명화된 인간이 이 먼 땅에 도착해 원시림의 후미진 곳으로 도덕적, 지적, 물리적인 빛을 비추는 동안, 유기체와 비유기체의 자연 사이에 멋지게 균형 잡힌 관계를 건드려서, 그 혼자서 인식하고 즐길 수 있는 훌륭한 구조와 아름다움을 가진 바로 이 존재를 사라지게 하고 마침내 멸종시킬 것이라고 확신할 수 있다."(월리스, 『말레이 군도(*The Malay Archipelago*)』에서 인용)

털 자락에 눈꼴 무늬가 가장 많은 수컷들을 선호하는 것처럼 보인다는 사실을 발견했다.(Petrie et al. 1991) 사건은 이렇게 발생한다. 모든 렉종의 수컷들은 렉 영역 내에서 과시 장소를 확보하려고 시도한다. 그리고 장소를 확보한 수컷들만이 과시 행위를 한다. 암컷들은 렉에서 수컷들을 방문한다. 암컷들은 자신들에게 맨 처음 구애 행위를 한 수컷과 결코 짝짓기를 하지 않으며, 결정을 내리기 전에 여러 잠재적인 배우자들을 항상 거절한다. 수컷들의 짝짓기 성공률의 편차는 매우 크다. 한 렉에서 관찰된 10마리의 수컷들 중에서 가장 성공적인 수컷은 (8마리의 다른 암컷들과) 12번 교미를 했지만 가장 실패한 수컷은 전혀 교미를 하지 못했다. 이러한 편차의 절반 이상을 수컷 깃털 자락의 화려함, 특히 눈꼴 무늬의 수로 설명할 수 있다. 예를 들면 암컷은 11번의 성공적인 교미 중에서 10번의 상대로 그녀가 살펴본 가장 눈꼴 무늬 수가 많은 수컷을 선택했다. (나머지 한 번을 교미한 수컷은 눈꼴 무늬 수가 딱 하나 적었다.) 짝짓기의 성공 정도는 수컷이 울음소리를 내는 빈도, 과시 빈도, 침입자로부터의 도전, (대개 수컷들 사이의 경쟁과 관련이 있는) 렉 안에서의 위치가 중심부인지 주변부인지처럼, 다른 렉종에서 중요하다고 여겨지는 요인들로 설명되지 않는다. (물론 이 모든 상황들은 어떻게 해서든 과시 장소를 얻은 수컷들에게만 적용된다. 그들이 과시 장소를 얻지 못한 수컷들보다 눈꼴 무늬를 더 많이 가졌는지는 알려지지 않았다. 이 떠돌이들이 암컷들에게 보다 실험자들에게 자신의 옷자락을 덜 보여 주었기 때문이다. 그러나 과시 장소를 얻은 수컷들이 더 무겁고, 더 깃털 자락이 길다고 알려져 있다.) 암컷들이 눈꼴 무늬의 수를 자신들의 단서, 최소한 자신들의 유일한 단서로 사용하지 않을 가능성도 있다. 그러나 그들은 단서가 뭐든지 간에 확실히 정교한 깃털 자락을 더 선호하는 것처럼 보인다. 그렇다면 다음 질문은 "왜?"이다. 눈꼴 무늬 수와, 그보다 정도는 덜하지만 깃털 자락의 길이와 색깔은 나이에 따라 변화한다. 따라서 암컷들이 정교함을 나이와 동반되는 어떤 좋은 감각적 특성(아마도 생존 능력)의 지표로 사용했을 수 있다. 아니면 암컷들이 좋은 감각 선택을 한다는 가정이 틀렸을 수도 있을까? 아마도 다윈이 생각했듯이 그들은 가장 고혹적인 수컷들을, 단지 그들이 가장 고혹적이기 때문에 선택하는지도 모른다. 무엇이 사실인지 우리는 여전히 모른다.

현재 성 선택을 상징하는 동물들 가운데 가장 상징적이며, 가장 렉과 밀접한 종인 공작이 결국 어떤 이야기를 들려주든 그것은 다윈(혹은 다윈-피셔)의 주장을 넘어서 있다. 공작 꼬리와 나이팅게일의 노래가 가지는 기능이 종 인식이라는 주장은 지금 부족해 보이는 것만큼이나 몇 년 뒤에도 그렇게 보이지 않을까?

그건 그렇고 나는 논란의 여지가 적은 수컷 간 경쟁이라는 선택압 앞에, 다윈의 주요 이론들이 무릎을 꿇는 모습을 보는 것은 월리스의 승리라고 말했다. 그러나 그것은 고전 다윈주의에 관한 한, 너무 많은 대가를 치르고 얻은 승리다. 최근에서야 다윈주의는 행동의 관습적, 의식적인 측면들을 다룰 수 있었다. 월리스는 수컷들 간의 경쟁이 자연 선택의 방향을 따라 똑바로 작용할 것이라고 예상했다. 수컷들이 다른 목적으로도 유용한 무기를 가지고 정면충돌할 것으로 보았다.(Wallace 1889, 136~137, 282~283쪽이 그 예이다.) 그의 이론에는 렉종의 특징인, 수컷 간의 경쟁이 야기할 수 있는, 과장된 단계적 증폭에 대한 공간이 없다. 우리가 월리스에게 성공적이라고 인정하는 덜 현란한 사례들(붉은어깨검은꾀꼬리나 찌르레기, 인디고새의 노래와 큰가시고기의 붉은 목, 붉은어깨검은꾀꼬리의 어깨 장식)조차 고전적인 사고의 영역을 넘어서며, 오늘날에도 여전히 주의 깊은 분석을 요하는 매우 관습적인 요소들을 포함한다. 언젠가 나는 영국의 가장 저명한 개체군 유전학자이자 관습적인 경쟁을 게임 이론으로 설명한 선구자에게, 습관적인 위협의 가치에 대해 종종 만들어지는 다소 무신경한 가정들을 어떻게 생각하는지 물었다. 그의 권위 있는 답변은 "만약 내가 공작 수컷이고 다른 수컷이 내 앞에서 자신의 꼬리를 과시했다면, 나는 그의 고환을 발로 차버릴 겁니다."였다. 게다가 다윈과는 달리 (Darwin 1871, ii, 50, 232~233, 269쪽이 그 예이다.), 월리스는 수컷들 간의 경쟁이 암컷의 선택을 거의 완전히 배제한다고 가정했다. 그러나 우리가 주목했던 것처럼, 수컷 간의 경쟁이 주된 동인일지라도 암컷의 선호, 특히 실용적인 종류의 선호가 작용할 여지가 많다.

우리는 다윈과 월리스가 수컷의 장식에 드는 비용을 과소평가했다고 알고 있다. 그리고 이제 종들마다 무엇이 과소평가됐는지 발견된다. 근대 다윈주의자들에게, 비용의 원천 하나는 확실하다. 만약 수컷들이 암컷들에게 신호를 보내면, 그 신호는 무시무시하게 큰 한 무리의 청소동물, 포식자, 기생충과 경쟁자 수컷들에게 이용당할 수 있다. 그리고 실제로 이런 일이 일어난다. 다형적인 큰가시고기 개체군에서는, 목이 붉은 수컷들은 그 밝은 색깔 때문에 목이 검은 수컷들보다 훨씬 더 많이 잡아먹힌다.(Moodie 1972) 이 사실은 여러 어류 종들에서 수컷과 암컷을 비교했을 때도 동일하게 나타난다.(Haas 1978이 그 예이다.) 야생 귀뚜라미 한 종(그릴루스 인테게르(*Gryllus integer*))에서 암컷들에게 가장 길고 제일 강하게 노래하는 수컷들은, 숙주를 게걸스럽게 먹어 치우는 유충을 낳는 파리에게 기생당하는 비율이 훨씬 더 높다.(Cade 1979, 1980) 퉁가라개구리(*Physalaemus pustulosus*)의 암컷들은 짝짓기 소리 중에서 진동수가 높은 끽끽 소리보다 척척 소리(chuck sound), 특히 진동수가 낮은 소리를 선호한다. 이 소리는 암컷들에게 잠재적인 배우자들의 신체 크기에 대해 많은 정보를 준다. 그러나 낮은 진동수인 척척 소리는 개구리를 먹는 박쥐(*Trachops cirrhosus*)에게도 매혹적이다.(Ryan 1985, 163~178쪽, Ryan et al. 1982)

매력적으로 보이는 데 드는 비용은 이게 전부가 아니다. 수컷 조류의 큰 신체 크기에 대한 성 선택은 필연적으로 부리 크기의 증가를 초래한다. 몇몇 경우에 부리는 너무 커서 수컷들이 차선의 먹이를 활용해야만 한다.(Selander 1972) 수컷의 과시에 소모되는 정력은 너무 커서, 그들은 안전한 먹이 찾기 방식을 포기하고 에너지 보상이 더 크지만 훨씬 위험한 선택지를 택하도록 강요당한다.(Vehrencamp and Bradbury 1984) 큰꼬리검은찌르레기사촌(*Quiscalus mexicanus*)은 수컷의 밝은 깃털색이 포식자를 유인할 뿐만 아니라 긴 꼬리가 비행을 방해하며 큰 신체 크기는 효과적인 먹이 찾기에 최적인 크기를 초과한다.(Selander 1972) 그러나 암컷들을 동정할 여지를 남겨 두자. 그들 역시 성적으로 선택된 형질들에 직접적인 비용을 치러야만 하기 때문이다. 수컷들이 암컷보다 훨씬 크게끔 성적으로 선택된 몇몇 종에서는, 딸보다 아들을 낳는 일이 어머니에게 더 큰 대가를 치르게 한다.(Clutton-Brock et al. 1981)

수컷들은 자신들의 장애를 잘 극복하는 것처럼 보인다. 너무 잘 견뎌내는 듯해서 가장 화려한 장식을 가진 개체들이 배우자를 향한 투쟁에서뿐만 아니라, 생존 경쟁에서도 최선을 다하는 것처럼 보인다. 그렇다면 우리는 매력을 지니기 위한 부담이, 번식 성공과 생존을 서로 반대 방향으로 밀어낸다기보다 실제로는 일치되게 만들기 때문에 결국 부담이 아니라는 결론을 내려야 할까? 예를 들면 우리는 꿩에서 "생존과 번식은 만장일치로 더 큰 발톱 돌기를 선호한다."(Kirkpatrick 1989, 116쪽)라고 가정해도 될까? 윌리스는 "이 훌륭하고 사치스러운 깃털을 소유한 종들 대부분이 개체 수가 매우 많다."(Wallace 1889, 293쪽)라고 사실을 지적하면서 수컷이 방해를 겪는 이 난처한 상황을 자신의 이론에 입각해 다루려고 시도했다. 만약 수컷들이 그 장식들에도 불구하고 번영하려면(비록 그의 견해상으로는 수컷이 과잉 비용을 생리적으로 지불할 수 있을 경우에만 장식들이 발달한다는 사실에 따라, 이 난처한 상황이 완화되지만) 비용은 최소한이어야만 한다고 그는 주장했다. 그러나 비용이 없다거나 적다는 결론에는 반대할지도 모른다. 그 비용은 너무 커서 오직 회복력이 있는 개체만이 감당할 수 있다고 말이다. 사회주의 리얼리즘(1932년 이오시프 스탈린(Iosif Stalin)의 지도로 구소련의 예술가들이 채택한 창작의 기본 방법이자, 예술은 진실되고 구체적이어야 하며, 사회주의의 대의를 위해 이데올로기적으로 노동자들을 계몽해야 한다는 예술 이념. ─옮긴이)의 예술가들에게 매우 총애받는, 엄청나게 무거운 짐을 태연하게 짊어진 뻣뻣한 근육의 스타하노프(Stakhanov, 1930년대 중반에 소련에서 전개된 노동 생산성 향상 운동으로, 기존 생산량의 14배에 해당하는 석탄을 캔 도네츠 탄광의 광부 이름에서 유래한다. ─옮긴이) 운동에 참여한 노동자를 보여 주는 이상화된 기념물들을 생각해 보자. 그들은 우스운 만큼, 어떤 측면으로는 정말로 진실을 포착하고 있다. 초과 할당량을 달성한 영웅이 7스톤(6.35킬로그램)의 허약자처럼 보이리라고 기대할 수 있을까? 아니다. 확실히 그 부담을 견딜 수 있는 사람만이, 우선 그 부담을 짊어질 것이다. 만약 그가 그 계절이 끝날 때까지 여전히 거기서 살아남았다면, 이것은 할당량보다 훨씬 더 많은 노동이 그에게 아무런 부담이 안 된다는 것이 아니라 그것에 해당하는 생존 능력을 그가 정말로 가졌다는 사실을 보여 준다. 핸디캡 이론은 실제로 이보다 더 멀리 나아간다. 수컷은 자신의 자질을 광고하기 위해, 무거운 부담에도 불구하고 맡은 일을 할 수 있는 자신의 능력을 분명히 보여 주기 위해, 자신의 짐을 신중하게 짊어진다. 예를 들면 긴 발톱 돌기를 가진 꿩 수컷은 발톱 돌기가 없는 수컷보다 훨씬 더 잘 살아남을 것이며, 발톱 돌기는 자질을 나타내는 정확한 지표가 되기 때문에 자라날 것이다.(Pomiankowski 1989)

우리는 성 선택이 일부일처제 종들에서 어떻게 작용하는지의 문제에 대한 다윈의 해결책을 살펴보았다. 그는 한 계절에 가장 건강한 암컷들이 가장 빨리 번식한다고 제안했다. 수컷들을 선택할 때, 그들은 가장 장식적인 수컷을 선택한다. 짝짓기를 빨리했기 때문에 그들은 가장 많은 자식을 낳는다. 건강은 유전되지 않지만 암컷의 선호와 수컷의 장식은 유전된다. 피셔는 건강함과 이른 번식, 자식의 숫자 사이에 실제로 상관관계가 존재하는지 아닌지는 "입증하기 쉬운 문제가 아닌 것 같다."라고 경고했다.(Fisher 1930, 153쪽) 쉽지는 않지만 이것은 몇 년 동안 여러 종들에서 입증돼 왔다.(O'Donald 1980, 3, 25~27, 41, 136~148쪽, 1987) 피터 오도널드(Peter O'Donald)는 일부일처제 종인 북극도둑갈매기(Stercorarius parasiticus)에서 다윈의 추측이 유전 모형으로 공식화됐을 때에 만들어질 수 있는 장식 유전자와 선호 유전자 사이의 연계에 대한 예측들과, 번식 날짜에 대한 자료가 인상적으로 일치한다는 사실을 보여 주었다. 그러나 오도널드는 암컷이 실제로 선호하는 것이 무엇인지 보여 줄 수 있는, 일종의 배우자 선택 실험을 행하지 않았다. 아네르스 묄러(Anders møller)가 지금 그 격차를 메우고 있다.(Howlett 1988, Møller 1988) 그는 일부일처제인 제비 종들(Hirundo rustica, 그가 해밀턴-주크 가설을 시험해 봤던 종들)을 선택했다. 이 종들에서는 길게 나부끼는 가장 바깥쪽의 꼬리 깃털들이, 암컷보다 수컷이 약 16퍼센트 더 길다. 수컷들은 꼬리를 과시하며 암컷들을 유혹한다. 뮐러는 이 수컷들에게 앤더슨이 긴꼬리천인조종에서 행했던 것과 동일한 자르고 붙이는 처치를 했다. 다시 한번 보통보다 긴 꼬리를 가진 수컷들(이하 슈퍼 긴 꼬리 수컷)이 암컷들에게 압도적으로 많이 선택됐다. 그들이 평균적으로 짝짓기하는 데 걸리는 시간은, 지나치게 짧은 꼬리를 가진 수컷들이 쓰는 시간의 25퍼센트였다. 이 빠른 짝짓기 덕분에 슈퍼 긴 꼬리 수컷들과 그들의 배우자들은 두 번째 알을 낳는 경우가 더 많았다. 그래서 슈퍼 긴 꼬리 수컷들은 번식기 동안 평균적으로 두 배 많은 새끼들을 낳으며, 적어도 왜 암컷들이 긴 꼬리 수컷들을 좋아하는지에 대한 질문을 제외하고는, 다윈의 생물학적인 직관의 정당성을 입증했다. 그건 그렇고 일부일처제 종들이 결국은 완전한 일부일처제가 아니기 때문에, 때때로 성 선택이 작용할 수도 있다는 의견이 존재한다. 슈퍼 긴 꼬리 제비들은 실제로 혼외 짝짓기를 통해 이익을 본다고 판명됐다. 이것은 다른 수컷들이 혼외 짝짓기를 시도하지 않기 때문이 아니라, 슈퍼 긴 꼬리 제비들이 다른 수컷들보다 혼외 짝짓기를 훨씬 더 많이 하기 때문이다. 성 선택은 이런 방식으로 부가적인 힘을 얻을 수 있다.

마지막으로 성 선택 이론을 검증하는 실제적인 어려움 몇 가지를 떠올려 보자. 하나는 동물들이 선택을 하고 있는지 아닌지 판단하기가 쉽지 않다는 것이다. 예를 들면 작위적인 짝짓기는, 일견 선택의 좋은 증거처럼 보인다. 그러나 다시 보면 아니다. 두꺼비(*Bufo bufo*)는 크기에 따른 짝짓기(size assortative mating)를 한다. 일찍이 이 짝짓기 방식의 원인은 암컷의 선택이라고 여겨졌다. 그러나 지금 그것은 단지 크기가 잘 맞는 짝들에서만 수컷이 암컷을 다른 수컷들에 전복되지 않을 만큼 충분히 견고하게 움켜쥘 수 있다는, 기계적인 사실의 결과라고 여겨진다.(Arak 1983, Halliday 1983) 선택이 반드시 성 선택의 징후일 필요는 없다. 말하자면 친족 관계에 기반을 둔 동류 교배는, 선택을 수반하지만 성 선택을 일으키지도 않으며 심지어 성 선택에 대립되는지도 모른다.(Bateson 1983a, xi쪽) 야생에서 어마어마한 실제적 어려움을 제기하는 업무들이 있다. 성 선택이 작동 중임을 입증하려면, (현재는 아닐지라도 과거에) 번식 성공이 차별적이라는 증거가 있어야만 한다. 특히 이 과업에는 대부분의 연구들이 의존하는 단기간 동안의 번식 성공도보다는, 일생 동안의 번식 성공도를 측정하는 작업이 요구된다.

1890년에 월리스는 "이 가장 흥미로운 문제는 …… 지금의 박물학자 세대들에서는 끝내 해결되지 않을 가능성이 매우 높다."라며 성 선택에 대한 문제들에 대답하려면 훨씬 더 많은 관찰들이 필요하다고 말했다.(Wallace 1890a, 291쪽) 1세기가 지난 지금도 이 문제들은 여전히 해결과는 거리가 멀어 보인다. 사실 '이 가장 흥미로운 문제'는 새로운 질문들을 급증시켰다. 이 새로운 질문들이 너무 많아서 짝짓기의 미스터리 중 많은 부분들이 앞으로도 여러 세대 동안 이해되기 힘들 것 같다.

10장

다윈주의의 유령들을 뛰어넘어

❖

성 선택의 변화하는 측면들

고전 다윈주의에서 성 선택은 자연 선택과는 완전히 다르며 대개는 반대되는 이상한 것이었다. 그 이유를 알기는 어렵지 않다. 성 선택은 수컷들 사이의 경쟁을 야기하며, 수컷 자신이 속한 종의 구성원들의 선호에 따라 이끌어진다. 자연 선택의 전형적인 동인은 종 간에 있지 종들 내부에 있지 않으며 비사회적이다. 성 선택은 오직 번식 성공도와 관계 있다. 자연 선택에서 성공과 실패는 생존과 번식의 모든 측면을 아우르는 엄청나게 넓은 범위를 포괄한다. 성 선택은 장식적이며, 무의미하고 심지어 순전히 해로운 특성도 선호하는 것처럼 보였다. 자연 선택은 효과적이고 실용적인 특성들만을 언제나 선택하는 것으로 여겨졌다. 고전 다윈주의에게 이런 구분은 성 선택과 자연 선택 사이의 큰 차이를 표시하는 데 대단히 중요했다.

이제 성 선택이 종 내의 사회적 관계와 관련이 있다는 사실에서부터 시작하자. 우리는 고전 다윈주의가 선택압의 사회적인 측면들을 어떻게 무시해 왔는지 살펴보았다. 종 내 선택압들조차도, 조금이라도 논의가 됐을 때에는 물질적인 압력들과 동일하게 종종 비사회적으로 다루어졌다. 이러한 사고 방식은 고전 다윈주의에 깊이 침투해서 성 선택은 자연 선택과 꽤 다른 것으로 여겨졌다. 고전 다윈주의는 성 선택을 사회적인 것으로 인식하도록 강요받았다. 이 이론이 철저히 한 종 내부의 동인과 한 성 내부의 경쟁에 관한 것이기 때문이다. 다음은 다윈이 성 선택을 자연 선택과 대조한 방식이다. "이러한 형태의 선택은 다른 유기체들이나 외부 환경과 관련된 생존을 위한 투쟁이 아니라, 다른 성의 개체를 소유하기 위한 한 성의 개체들, 대개는 수컷들 사이의 투쟁에 의존한다." (Peckham 1959, 173~174쪽) 나아가 성 선택은 "의지와 선택, 경쟁심" 등 색다른 선택압으로 여겨지는 것들을 수반한다.(Darwin 1871, i, 258쪽) 이 이론은 효율적인 먹이 찾기 방식에 대한 필요가 딱따구리 부리의 모양을 만들어 내는 방식이나 넓게 분산되는 장점 때문에 깃털 달린 씨앗을 선호하는 것과 똑같은 방식으로, 암컷의 선호가 화려한 수컷을 만들어 낼 수 있다고 가정했다.

여러 세대의 다윈주의자들은 다윈처럼 이 모든 것들을 두 이론 사이의 주된 차이점 중 하나라고 느꼈다. (그러나 다윈과는 달리, 그들은 대개 이 차이들이 성 선택에 불리하다고 결론 내렸다.) 선택권이 존재할 가능성을 배제하고 성 선택 이론을 자연 선택 이론으로 흡수시킨 그로스는 다음과 같이 말했다. "여기에 수반되는 선택의 원리는 적자생존과 같은 기계적인 법칙이 아니라, 삶의 의지와 선택을 내릴 수 있는 감정, 인위 교배(artificial breeding)에 사용되는 것과 많이 비슷한 것들이다. …… 이 성 선택 이론에 어울리는 명칭은 '가장 기분 좋은 것의 증식'일 것이다."(Groos 1898, 230쪽) 그는 이 원리가 완전히 설득력이 없다고 생각했다. 로이드 모건은 그가 차이로 인식했던 것에 주의를 돌렸다.

> 제거를 이용한 자연 선택과 선택권을 이용한 의식적인 선택 사이의 차이점. 이 두 과정은 효율성 척도의 양끝에서 시작한다. 자연 선택은 가장 약한 자를 제거하면서 시작되고 최적자만이 살아남을 때까지 더 낮은 쪽 끝에서부터 위로 이 척도를 올라간다. 여기에는 아무런 의식적인 선택도 없다. 차별적인 짝짓기를 통한 성 선택은 짝짓기 본능을 가장 성공적으로 자극하는 배우자를 선택하면서 시작된다. 가망이 없을 정도로 매력이 없는 자만이 짝짓기를 하지 못한 채 남게 될 때까지 성 선택은 이 척도를 거슬러 내려가며 작용한다. 이 과정은 의식적인 선택에 따라 결정된다.(Morgan 1896, 219쪽)

이러한 차이를 근본적인 것으로 가정하는 태도는 오늘날에도 여전히 때때로 튀어나온다. 예를 들면 보르지머는 다윈에게 동의하는 것처럼 보인다. "환경적인 요소들보다는 (선택되는 성의 반대쪽 성의) 개체가 선택 기준의 원천을 구성했기 때문에, 다윈은 뚜렷이 다른 형태의 선택이 수반된다고 보았다."(Vorzimmer 1972, 189쪽)

그건 그렇고 성 선택에 대한 이 전통적인 입장은 고전 다윈주의(혹은 적어도 다윈 자신의 다윈주의)가 사회적인 압력들을 체계적으로 선택압으로 통합했다는, 널리 알려진 견해에 대한 강력한 반례이다. 예를 들면 흔히 토머스 로버트 맬서스(Thomas Robert Malthus)는 당시 팽배했던, 생물학적인 투쟁이 근본적으로 다른 종의 구성원들이나 물질적인 압력에 대한 비사회적인 전투라는 생각(특히 라이엘의 생각)과는 대조적으로, 경쟁을 종 내에서 일어나는, 사회적인 것으로 보았기 때문에 다윈과 월리스에게 중요한 인물이었다고 여겨진다.(Herbert 1971, Kohn 1980, Manier 1978, 78쪽, Ruse 1979a, 175쪽, Sober 1984, 16~17, 195~196쪽, Vorzimmer 1969가 그 예이다.) 실제로 맬서스가 시작점을 제공했을지라도, 고전 다윈주의의 자연 선택과 성 선택 사이의 일반적인 대조는 다윈과 월리스가 이 시작점에서 서로 얼마나 멀어졌는지 보여 준다.

비사회적인 선택압과 사회적인 선택압 사이의 차이는, 자연 선택이 획일적인 환경 속에서는 서서히 멈추게 되는 반면, 성 선택은 장식적인 과장의 아찔한 소용돌이 위에서 원론적으로는 무기한 계속될 수 있다는 다윈의 아이디어에 반영됐다.

> 자연 선택으로 획득된 구조들은, 삶의 조건들이 동일하게 유지되는 한, 대부분의 경우에 어떤 특정한 목적과 관련된 유리한 변형이 일어나는 정도에 한계가 있다. 그러나 싸움에서든 암컷을 유혹하는 일에서든 한 수컷을 다른 수컷에게 이기게 만들기 위해 적응된 구조들에는, 이로운 변형의 정도에 뚜렷한 제한이 없다. 따라서 적절한 변이들이 생겨나는 한, 성 선택 작용은 계속될 것이다.(Darwin 1871, i, 278쪽)

고전 다윈주의는 이런 견해에 대한 명백한 이론적 근거들을 제공하지 못했다. 그것은 마치 다윈이 공작 꼬리에 드러난 바로크 양식의 화려함과 딱따구리 부리에 담긴 인색한 경제학의 차이로부터 이 견해를 단순히 읽어 내는 것처럼, 『인간의 유래』에서 갑자기 툭 튀어나온다. 실제로 화려한 단계적 증폭은, 그가 성적으로 선택된 특성들을 진단하는 특징이었다. 그러나 다윈의 견해는 성 선택을 사회적인 선택압으로 보는 그의 인식을 반영한다. 자연 선택과는 달리, 성 선택은 내부에서 발생되는 것으로 보였다. 그리고 그 결과로 필연적인 변화와 동력을 생성했다. 암컷은 수컷 간의 경쟁을 자극하며 각 개체들은 한층 과잉된 발달로 서로를 밀어붙인다. 다윈이 말했듯이, 그 결과에는 "뚜렷한 제한이 없다." 자연 선택은 오직 한 측면에서만 이와 같은 방식으로 작용한다고 다윈이 예상했다는 사실은 특별한 의미를 지닌다. 그는 인간의 정신적인 향상이 무기한 계속될 수 있다는 견해를 취했다. (덧붙이자면 그는 이것을 단순한 변화가 아닌 향상으로 간주했다.) 정신적인 향상이 그가 선택압을 사회적인 것으로 인지했던 또 다른 드문 경우였다는 사실은 우연의 일치가 아니다.

이 사회적인 압력이 종이 멸종할 정도로 장식을 확대시킬 수 있을까? 혹은 과대 성장이 통제할 수 없을 정도로 진행되기 전에 자연 선택이 멈춰줄까? 다윈에 따르면, 자연 선택은 언제나 개입할 것이다.(Darwin 1871, i, 278~279쪽이 그 예이다.) 자연 선택은 길항적인 압력으로 아마도 꽤 자주 작용할 것이다. 자연 선택은 모든 개체들에서 성적으로 선택된 특성들을 완화하는 작용을 할지도 모른다. 이것이 그가 예상한 방식이다. 혹은 우리가 보았던 것처럼, 자연 선택이 다양성을 선호할지도 모른다. 검은색 목과 붉은색 목을 가진 가시고기 개체군에서 이런 일이 발생했던 것 같다. 이 개체군에서는 눈에 띄지 않지만 매력적이지 않은 색과 눈에 띄지만 매력적인 색 사이의 상대적인 비용과 이익에 따른, 빈도 의존적인 방식으로 다형성이 유지됐다.(Moodie 1972, O'Donald 1980, 67, 170, 182쪽) 성 선택이 한도를 넘지 않도록, 자연 선택이 유지시켜 줄지라도 다윈이 추측했던 것처럼 언제나 데우스 엑스 마키나(deus ex machina, 특히 극이나 소설에서 가망 없어 보이는 상황을 해결하기 위해 동원되는 힘이나 사건. ─옮긴이)로 작용하지는 않는다. "진화, 즉 자연 선택은 어떻게든 성 선택으로부터 개체군들을 구원해 줄 것이라고 종종 가정됐다. …… 성 선택의 진화에 대한 유전 모형들은 이런 생각을 확신시켜 주지 않는다. 진화가 종들을 성 선택의 부적응적인 경향으로부터 반드시 해방시켜 줄 것이라는 생각은 사실 무근이다."(Kirkpatrick 1982, 10쪽)

덧붙이자면 광고가 지각적인 포화 상태에 다다랐을 때, 자연 선택이 때때로 장식의 성장을 멈추게 할지도 모른다는 의견도 있다.(Cohen 1984) 공작 수컷이 암컷에게 훨씬 더 큰 인상을 남기려면 어떤 대가를 치러야 할지 상상해 보자. 그의 장식들은 이미 너무 과장돼서 암컷들이 변화를 인식할 수 있으려면 극단적으로 크게 증가해야만 할 것이다. 그렇다면 더 큰 인상을 남기는 데 따르는 비용이 너무 커서, 그렇게 시도할 가치가 없을지도 모른다.

근대 다윈주의에는 성 선택의 종 내적이고 사회적인 성격이 자연 선택과 구분된다는 전통적인 생각이 하나도 남아 있지 않다. 오늘날 이 특성들은 자연 선택에 적용했을 때도 전혀 이상하지 않다. 유기체들 사이의 관계, 특히 동종 구성원들 사이의 관계를 매우 중요한 선택압으로 고려하는 일은 이제 일상적인 작업이다. 짝짓기 선호도와 동성 내 경쟁은 더 이상 비전형적인 것으로 부각되지 않는다. 근대 다윈주의는 암컷 선택이 작동 중일 때 '제한 없는 선택'이 기대되는 이유 역시 설명할 수 있다. 피셔의 단계적 증폭이 그 확실한 이유다. 그리고 우리는 월리스의 좋은 감각 선택 역시 비슷한 효과를 낼 수 있다고 생각한다. 실제로 이제는 배우자뿐 아니라 자원에 대한 동종 구성원들 사이의 사회적인 경쟁이, 공진화적인 증가를 일으키는 강력한 힘일 수 있다고 보통 인식된다. 다시 한번 성 선택은 결코 비정상적인 것이 아니라고 판명된다.

우리가 동성 내 경쟁에 대한 아이디어에 집중하는 동안, 나는 실제로 **동성 내**에서 경쟁이 벌어진다는 점을 강조하고 싶다. 배우자 선택을 '이성 간' 선택으로 여기는 습관이 만연하기 때문이다. 도대체 이것은 무슨 의미일까? 종 내 경쟁과 종 간 경쟁의 경우를 고려해 보자. 종 내 경쟁은 한 종 내에서의 경쟁을 의미한다. 고양이들은 먹이 다툼이나 형제 간 경쟁(sibling rivalry)에서 고양이들끼리 서로 대항한다. 종 간 경쟁은 두 개의 서로 다른 종들 사이의 경쟁이다. 즉 고양이와 쥐 사이의 경쟁이다. 이제 동성 내 경쟁과 이성 간 경쟁을 고려해 보자. 동성 내 경쟁은 실제로 같은 성의 구성원들 사이의 번식적인 경쟁을 의미한다. 수컷들이 다른 수컷에 대항해 싸우는 일, 가장 크게 노래하기, 가장 현란한 꼬리를 키우기 등이 여기에 해당한다. '이성 간' 경쟁은 양성 사이의 번식 경쟁을 의미한다. 수컷들과 암컷들은 짝짓기를 하는 유일한 성별이 되는 특권을 놓고 서로 경쟁한다. 유성 생식을 하는 종에서, 이것은 확실히 좋다고는 할 수 없는 승리다! 물론 실제로 소위 '이성 간 선택'이란 동성 내 경쟁처럼, 다른 수컷에 대항해 경쟁하는 수컷들에 대한 것이다. 확실히 그들은 암컷들을 두고 경쟁한다. 그렇다고 그들의 경쟁이 '이성 간'에 일어나는 것은 아니다. 한 마리의 쥐를 두고 두 마리의 고양이들이 경쟁하는 상황은, 그 쥐가 다른 종일지라도 종 간 경쟁을 의미하지 않는다. 이러한 용어가 어떻게 생겨났는지 나는 모른다. 제럼 브라운(Jerram Brown)은 헉슬리가 진짜 장본인은 아닐지라도, 배우자를 얻기 위한 수컷들 사이의 공격적인 투쟁들(헉슬리가 '유성적인 선택(epigamic selection)'이라고 불렀던 것)을 다루기 위해 "동성 내"라는 용어를 도입해 이 혼란 상태를 조장했다고 추측했다.(Brown 1983) 그러나 이것은 아마도 헉슬리에게는 부당한 이야기일 것이다. 그것은 초대이지만 기꺼이 거절하고 싶은 초대일지도 모른다.

이제 성 선택이 자연 선택의 영역 밖에 있는 것처럼 보이는 두 번째 이유를 살펴보자. 이것은 고전 다윈주의가 생존이 번식에 대립된다고 강조한 사실과 관계있다. 물론 자연 선택은 생존과 번식 두 가지를 모두 포함한다. 다윈의 말에 따르면 자연 선택은 "개체의 삶뿐만 아니라 후손을 남기는 일에서의 성공까지" 포함한다.(Darwin 1859, 62쪽) 그럼에도 유기체 중심적인 고전 다윈주의는, 개체의 생존에 압도적인 우선권을 주었다. 그에 비해 번식은 무시되었다. 그러나 성 선택은 번식만을 다룬다. 성 선택은 "특정 개체들이 동종 내 다른 동성 개체들에 비해, 번식에서만 가지는 장점에 의존한다. …… 반면 자연 선택은 삶의 일반적인 조건들에 관해서 전 연령대의, 양성의 모든 개체들이 거두는 성공에 의존한다." (Darwin 1871, i, 256쪽, ii, 398쪽) 덧붙여 성 선택은 오직 번식의 한 요소인, 짝 짓기의 이점만을 다룬다.

성 선택이 자연 선택보다 덜 엄격하게 여겨졌던 것도 역시 이 이유 때문이었다. 다윈의 말을 인용하자면, 자연 선택은 삶과 죽음에 관련되는 반면, 성 선택은 오직 차별적인 번식 성공에만 관련된다.

> 성 선택은 자연 선택보다 덜 엄격한 방식으로 작용한다. 후자는 더 성공했거나 덜 성공한 모든 연령대의 개체들에서, 삶 혹은 죽음으로 그 결과를 생산한다. …… 그러나 (성 선택에서는) …… 덜 성공적인 수컷들은 단지 암컷을 얻지 못하거나, 번식 기간 동안 남들보다 발달이 늦거나 덜 건강한 암컷을 얻거나, 혹은 만약 일부다처제라면 더 적은 수의 암컷을 얻을 뿐이다. 그 결과로 그들은 더 적은 수의 자손, 혹은 덜 건강한 자손을 남기거나 자손을 전혀 남기지 못하게 된다.(Darwin 1871, 278쪽, 또한 1859, 88, 156~157쪽도 참조하라.)

'**단지**' 자손을 전혀 남기지 못할 뿐이라고? 다윈조차 번식 실패가 생존 실패보다 덜 중요하다는 견해에 빠질 수 있었다면, 실제로 개체의 생존이 번식보다 우선시되는 것이 틀림없다. (공정하게 말하면 이 문단은 특정한 시기 내 한 개체의 번식 운명에 해당되는 것으로 해석할 수 있다. 그러나 다윈은 그러한 단서를 이 문단 어디에도 남겨 놓지 않았다.)

고전 다윈주의는 차별적인 생존과 번식의 상대적인 역할을 크게 강조하게 되었다. 여기서 자연 선택은 생존 경쟁의 실제 상황과 관련 있는 반면 성 선택은 '오직' 번식과, 더구나 번식의 '오직' 한 측면에만 관련이 있으므로 상대적으로 덜 중요하다는 견해가 자라나게 되었다. 슐에 따르면 '일반적인 견해'는 "자연 선택이 작용하려면 생사가 달린 결정을 제시해야만 한다."라는 것이었다.(Shull 1936, 152~154쪽) (그가 비판했던 견해다. 그러나 그가 성 선택을 받아들여서 이 견해를 비판했던 것은 아니다.) 예를 들면 헉슬리는 스스로 '생존 선택'과 '번식 선택'(성 선택을 포괄한다.)이라고 불렀던 것들을 구별하고 "생존 선택이 훨씬 더 중요하다고 주장했다. 선택은 …… 성인이 될 때까지의 차별적인 생존이라는 수단으로 대부분 작용한다. …… 자연 선택은 또한 성숙한 개체들의 차별적인 번식이라는 수단으로 대부분 작용한다. 그러나 …… 이 번식적인 선택은 진화에서 오직 미미한 효과만을 가진다."(Huxley 1942, xix쪽) 생존에 대한 강조와 번식에 대한 상대적인 무시는 대단히 인정받는 사고 방식이 돼서, 다윈은 종종 자연 선택이 거의 배타적으로 생존에만 관여한다는 견해를 지녔다고 여겨졌다. 예를 들면 조지 게일로드 심프슨(George Gaylord Simpson)은 다음과 같이 말했다. "그는 자연 선택이 차별적인 번식으로 작동한다는 사실을 인식했지만 그 둘을 동일시하지 않았다. 근대 이론에서 자연 선택은 차별적인 번식이다. …… 다윈주의 체계에서 자연 선택은 생존 투쟁에 따른 부적합한 자의 제거나 죽음이며, 적합한 자의 생존이었다."(Simpson 1950, 268쪽) 루스에 따르면, 더 큰 오해가 널리 퍼져 있다. "오늘날에는 다윈이 번식은 완전히 배제했으며 죽음에만 사로잡혔었다고 흔히 주장된다." (Ruse 1971, 348쪽)

근대 다윈주의에서 이것은 모두 괜한 소동이다. 오늘날 개체의 생존과 번식 간 차이는 큰 중요성을 상실했다. 유전자 중심적인 시각에서 중요한 문제는 "유전자를 복제하는 데 어떻게 기여할 수 있는가?"이다.

성 선택을 자연 선택보다 덜 엄격한 것으로 보는 견해는 흥미로운 결과를 가져왔다. 이 견해는 성적으로 선택된 특성들의 종 내 다양성에 관한 고전 다윈주의와 근대 다윈주의의 시선에, 놀라운 차이를 만들어 냈다. 고전 다윈주의는 전체적으로 선택압이 엄중하지 않을 때에만, 다양성이 생겨난다고 가정했다. 즉 까다로운 조건하에서 적응은 일반적으로 획일적이다. (다윈이 레아와 찌르레기의 변덕스러워 보이는 알 낳는 습관을 "불완전한" 본능으로 다룬 방식을 상기해 보자.) 다윈은 성적으로 선택된 특성들이, 한 종 내에서 종종 뚜렷한 구조적·행동적 차이점들을 나타내는 것에 주목했다.(Darwin 1871, i, 401~403쪽, ii, 46, 132~135쪽이 그 예이다.) 그리고 그는 이것을 성 선택이 자연 선택보다 덜 엄밀하다는 자신의 견해에 대한 근거로 채택했다. 예를 들면 그는 딱정벌레에 대해 다음과 같이 말했다. "보기 드문 크기의 뿔과, 서로 긴밀하게 결합된 형태들에서 관찰되는 폭넓게 다른 구조들은, 그것들이 몇 가지 중요한 목적을 위해 형성됐다는 사실을 가리킨다. 그러나 동종의 수컷들에서 나타나는 이 과잉적인 다양성은, 목적이 분명하지 않을 수 있겠다는 추론을 하게 만든다."(Darwin 1871, ii, 371쪽) 그는 그것이 성적인 장식이라고 결론 내렸다.

고전 다윈주의가 개체의 무의미한 다양성을 보았던 곳에서, 근대 다윈주의는 대개 선택의 작용을 발견한다. 다양성은 일반적으로 빈도 의존적인 선택으로 야기된다. 두 가지 유형 중 더 드문 것이 그 희소가치에 따라 장점을 가진다면 다양성은 자동적으로 유지될 것이다. 왼손잡이 권투 선수를 생각해 보자. 어떤 왼손잡이라도 오른손잡이들의 세계에서 왼손잡이로 살아가는 것은, 일반적으로 꽤나 불리한 일이라고 진술할 것이다. 그러나 모든 권투 선수들이 오른손을 쓰는 상대와 싸우는 데 익숙하다면, 왼손 권투 선수는 예상치 못한 강펀치를 날릴 수 있을 것이다. 이제 다윈의 뿔 난 딱정벌레를 다시 한번 생각해 보자. 몇몇 종들에서 뿔은 다윈이 주목했던 '과잉된' 다양성을 보여 줄 뿐만 아니라, 가장 큰 수컷들은 오직 두 종류로만 말끔하게 나뉘기도 한다. 이 이형성은 빈도 의존성의 전형적인 산물이다. 뿔들이 종종 장식적인 기능을 한다는 점에서 다윈이 옳을지도 모른다. 그러나 해밀턴은 여기서 다른 어떤 일이 진행 중이라고 지적했다. 만약 가장 큰 수컷들이 암컷을 두고 더욱더 철저히 싸운다면 "드문 변이가 왼손잡이 권투 선수의 경우에서와 유사한 이점을 가질지도 모른다." 비록 그 권투 선수가 다른 측면에서는 다소 불이익을 받을지라도 말이다.(Hamilton 1979, 204쪽, Eberhard 1979, 1980도 참조하라.) 이것은 수컷의 장식에 대한 성 선택에서 자주 작용하는 힘과 동일한 종류이다. 이 경우에는 빈도 의존적인 선택압이 서로 다른 짝짓기 전략들에 대해 작용한다. 몇몇 수컷들이 영역을 점유하고 정교한 노래로 암컷을 유인한다고 추측해 보자. 그런데 이 전략은 다른 수컷들, 이른바 위성 수컷(satellite male)들에게 이익을 줄 수 있다. 위성 수컷들은 다른 수컷들이 어렵게 확보한 영역에 접근 중인 암컷들을 도중에 가로채려고 시도하면서, 그들의 노력에 기생한다. 성적으로 선택된 특성의 다양함은 다양한 범위의 종들에서 꽤 흔하게 나타난다.(Cade 1979이 그 예이다.) 때때로 극단적으로 높은 수준으로 나타나기도 한다.(Harvey and Wilcove 1985이 그 예이다.) 이것은 그다지 놀라운 현상이 아니다. 다윈주의자들은 더 이상 이런 다양성을 약한 선택의 결과로 여기지 않는다. 반대로 이것은 강도가 센 선택압 때문에 기대되는 바다. 누구도 '한낱' 장식에 대한 동인이 느슨한 선택압이라고 더 이상 생각하지 않는다.

이제 고전 다윈주의가 자연 선택과 성 선택을 구분했던 마지막 차이를 살펴보자. 그들은 하나는 진지하게 실용적인 적응을, 다른 하나는 장식의 번성을 가져온다고 생각했다. 다윈은 성적으로 선택된 특성들이 삶의 다른 측면들에는 쓸모가 없는지 알아보려면 암컷들을 조사해야 만 한다고 말했다. "무기를 소유하지 않은, 장식이 없는, 매력적이지 않은 수컷들도 생존을 위한 전투에서 똑같이 잘해 나갈 것이며 많은 수의 자손들을 남길 것이다. 만약 더 좋은 자질을 갖춘 수컷들이 없다면 말이다. 우리는 무기가 없고 장식적이지 않은 암컷들이 살아남아 새끼를 낳을 수 있기 때문에, 실제로 이러할 것이라고 추측할 수 있다."(Darwin 1871, i, 258쪽) 게다가 자연 선택과 성 선택의 최종 결과는 전형적으로 반대 방향을 향한다. 자연 선택이 위장과 간소화, 적은 에너지 비용을 선호하는 반면, 암컷의 취향은 휘황찬란한 색채와 사치스런 구조들, 눈에 띄는 행동을 요구한다. 유용한 것과 장식적인 것 사이의 이 격차는 자연 선택과 성 선택 사이에서 가장 중요한 차이로 여겨진다. 어쨌든 원래 다윈에게 성 선택의 문제를 제기했던 것도 수컷 장식의 바로크적인 화려함이었다.

이 차이 뒤에 숨어 있는 가정은 고전 다윈주의의 전형이다. 성 선택은 (한편에 놓인 짝짓기의 이점과, 다른 한편에 놓인 번식의 다른 측면들과 생존 사이의) 교환을 수반한다고 여겨졌다. 그러나 자연 선택의 적응에 따라 발생하는 비용들은 간과되는 경향이 있었다. 또한 성적으로 선택된 특성들은 일반적으로 '실질적인' 쓸모가 전혀 없으며 심지어 보유자에게 해를 끼친다고 간주됐다. 반면 자연 선택의 적응들은 당연히 그 소유자에게 유용하다고 여겨졌다.

많은 다윈주의자들이 종 수준의 모호한 사고의 영향으로 장식적인 풍부함을 비관적으로 여기게 됐다. 성적으로 선택된 적응들은 (다른 종 내의 선택압들과 마찬가지로) 그 개체에게는 유용하지만 너무 '이기적'이어서 그 종에게는 안 좋은, 아마도 그 종을 가차 없이 멸종에 이르게 할 만큼 충분히 안 좋은 것으로 여겨졌다. 수컷의 장식들(과 암컷을 두고 경쟁하기 위해 발달한 무기들)은 그 소유주들의 번식 성공을 이기적으로 도우며 집단의 이익을 위태롭게 한다고 생각됐다. 다음은 콘라트 로렌츠(Konrad Lorenz)가 느낀 감정이다.

완전히 선택적인 종 내 교배는 …… 비적응적일 뿐만 아니라 종 보존에 부정적인 영향을 미칠 수 있는 형태와 행동 패턴을 …… 초래할 수 있다. …… 성적인 경쟁이 …… 환경상의 어떤 긴급 사태에도 영향을 받지 않는 선택압을 발휘한다면, 그것은 종에게 아무런 쓸모가 없는 이상한 물리적 형태를 (초래해) …… 생존에 분명한 해를 끼치지는 않을지라도 …… 생존과 상관없는 …… 방향으로 발달할지도 모른다. …… 암컷의 성 선택은 종종 종의 이해관계에 상당히 반하는 …… 결과를 …… 낳는다.(Lorenz 1966, 30~32쪽)

예를 들면 청란은 "자신을 막다른 골목으로 몰고 간다. …… 이 새들은 결코 분별 있는 해결책을 얻지 못할 것이며 이 말도 안 되는 짓을 당장 멈추겠다고 '결정하지' 못할 것이다. …… 여기서 …… 우리는 이상하고 거의 불가사의한 현상에 부딪친다. …… 여기서 쉽게 파멸로 귀결될지 모를 막다른 골목에 들어선 것은 선택 그 자체다."(Lorenz 1966, 32~33쪽) 헉슬리는 다음과 같이 분연히 선언했다. "종 내 선택은 전체적으로 생물학적인 유해물이다."(Huxley 1942, 484쪽, 또한 xx쪽도 참조하라.) 헉슬리에 따르면 "종 간 선택은 확실히 그 종의 생물학적인 장점들을 촉진할 것이다. 반면에 종 내 선택은 …… 전체적으로 그 종에 쓸모가 없거나 심지어 해로운 특성들의 진화를 선호 …… 할지도 모른다. …… 가장 극단적인 사례들은 번식에 관한 것이다."(Huxley 1942, 484쪽, 또한 1947, 174쪽도 참조하라.) 홀데인은 일반적으로 종 내 경쟁에 관해, 특별히 성 선택에 관해서 다음과 같이 말했다. (그의 경우에는 '종의 이익'을 암시하지는 않았다.)

그 결과들은 생물학적으로 개체에 이익이 되지만 궁극적으로는 종에게 재앙이 될지도 모른다. ······ 경쟁의 생물학적인 효과는 아마도 동종의 성인들 간 투쟁에서 가장 뚜렷이 나타날 것이다. 이 효과가 종들이 환경에 대응하는 데 전체적으로 덜 성공하도록 만들 수도 있다. ······ 많은 조류 종에서 밝은 색깔과 노래는 ······ 다른 성별을 유혹하는 역할을 할 것이다. ······ 그러나 ······ 종 수준에서 그들이 총체적으로 지니는 가치가 긍정적이라고 할 수는 없다.(Haldane 1932, 120~128쪽)

심프슨(G. G. Simpson 1950, 223쪽)과 그랜트(Verne Grant 1963, 242~243쪽)도 비슷한 결론에 이르렀다. (대개는 생물학자들이 아니지만) 몇몇 논평가들은 여전히 종 내 경쟁, 특히 성 선택을 이런 측면에서 독특한 것으로 선정한다. 철학자인 매리 미글리(Mary Midgley)에 따르면 종 간 경쟁은 "사리 분별과 상식으로 뚜렷하게 제한해야만 한다. ······ (반면 종 내 경쟁은) 아주 안 좋다고 쉽게 판명할 수 있다. ······ 경쟁의 동기가 강한 곳에서, 한 종이 막다른 골목 ······ 에서 벗어나기란 어렵다."(Midgley 1979, 132~133쪽) 칼 제이 바제마(Carl Jay Bajema)는 성 선택에 대한 자신의 역사적인 해설에서 자연 선택의 적응을 "개체뿐 아니라 그 종의 모든 구성원들에게 이로운 것"으로, 성 선택의 적응을 "개체에게는 이롭지만 종의 다른 구성원들에게는 해로운 것"으로 설명하며 둘을 구분했다.(Bajema 1984, 111, 113쪽, 또한 예로 110, 146, 262쪽도 참조하라.)

성 선택의 장식이 종을 멸종에 더 취약한 상태로 만드는 것은 분명한 사실이다. 그러나 이것은 성 선택이나 일반적인 종 내 선택에만 해당되는 이야기가 아니다. 직관적으로 느끼기에 가장 두드러지는 사례들이 여기서 유래한 것은 사실이다. 그러나 종 간 무기 경쟁에서 무엇이 '신중'하거나 '상식적인' 것일까? 만약 포식자와 피식자가 둘 다 "이 말도 안

THE ANT AND THE PEACOCK

384　개미와 공작

되는 짓"을 즉시 멈추기로 결정하고 "분별 있는 해결책"에 도달하기로 결심하면, "그 종의 생물학적인 이점"이 더 잘 기능할 수 있을까? 피식자 종들이 가장 약한 구성원들을 포식자에게 내주는 데 간단히 동의했다고 가정하자. 이런 동의는 양측 모두가 더욱더 강력한 근육을 만드는 데, 더 크고 우수한 무기를 만드는 데, 보호 장비인 갑옷과 그것을 뚫는 도구를 갖추는 데 들이는 값비싼 투자를 절약해 줄 것이다. 만약 '멸종' 주장을 체계적으로 적용한다면, 독수리의 발톱과 치타의 전력 질주는 공작 수컷의 꼬리와 동일하게 '미심쩍은 가치'를 지닌다고 판명된다.

더 진지하게 보자면 자연 선택이 종에게 이익을 주는 것에 관심이 있다는 가정(적응들은 대개 개체와 집단 모두에게 이익이며, 종 내 선택이 개체에게는 좋지만 집단에게는 나쁜 적응들을 선호한다면 종 내 선택은 특히 '이기적'이라고 가정하는 것)은 모호한 종 수준 사고의 실수임에 분명하다. 피셔가 말했듯이 다음과 같은 질문은 부적절하다

> "수컷들이 암컷들을 두고 경쟁하는 것이, 또 암컷들이 수컷들을 두고 경쟁하는 것이 종에게 무슨 이익이 되겠는가?" …… 자연 선택은 이 본능들이 개체에게 이익이 되는 한, 그것들을 설명할 수 있을 뿐이며 전체적으로 종에게 이익이 되는지 혹은 손해가 되는지에 관해서는 전혀 대답하지 못한다.(Fisher 1930, 50쪽)

그러나 피셔조차 충분히 멀리 나아가지 않았다. 이 '이기적'이라는 개념이 체계적으로 적절해지는 유일한 독립체를 발견하려면, 우리는 종뿐만 아니라 개체보다도 더 아래 수준인, 유전자까지 똑바로 내려가야만 한다. (덧붙이자면 당시 만연했던 종과 집단 수준의 사고는, 성 선택에 대한 피셔의 설명이 제대로 이해되지 못하게 막은 주된 장애물이었을 것이다.) 유전자들은 '이기적으로' 자

기 자신의 복제를 증진시키는 표현형적 효과를 발휘한다. 이 효과들이 그 유전자를 운반하는 개체들에게도 '이익이 될지' 아니면 집단의 다른 구성원들, 총체로서의 종, 그 종이 속한 분류 단위인 문(phylum), 심지어는 다른 종의 구성원들에게까지 '이익이 될지'는 경우에 따라 다르다. 실제로 표현형적 효과들이 유전자에게 어떻게 이익이 될 수 있는지가 명확할지라도, 다른 경우에 "이익이 된다."라는 것이 정확히 무슨 의미인지는 분명하지 않다. 개체의 번식 노력(reproductive effort)에는 '이익이 되는 것'이 생존을 위협할 수도 있다. 종의 지리학적 분포에 이익이 되는 것이 결국 그 종의 멸종에 기여할지도 모른다.

성 선택 중에서도 특히 피셔의 폭주하는 선택은, 그것이 어떤 식으로든 부적응적일 것이라는 의혹을 여전히 떨쳐 내지 못했다. 마이어는 "이기적인 선택의 다양한 형태들(예를 들어 ……, 성 선택의 많은 측면들)이 '적응'으로 분류하기 힘든 표현형의 변화를 만들어 낼 수 있다."라고 분명히 말했다.(Mayr 1983, 324쪽) 진화 생물학에 대한 매우 권위가 높은 (아마도 최근 가장 권위 있는) 한 교과서에는 다음과 같이 나온다. "폭주하는 성 선택은, 적응을 배제한 선택이 어떻게 진행될 수 있는지 보여 주는 매혹적인 예시다. …… 이 모형들에서 암컷 선호의 진화는 적응적인 과정이 아니다." (Futuyma 1986, 278~279쪽) 이와 동일한 정도로 권위 있는, 성 선택에 관한 최근 학회의 논문 편집자들은 "(성 선택에 대한) 가장 만연한 논쟁들 중 하나는 우리가 세계를 얼마나 '적응적'이라고 기대할 수 있느냐라는 문제의 불확실성에서 생겨난다. …… 성 선택은 적응의 한계에 대한 새로운 전장이 되었다. …… 이 이슈는 (학회에서 이루어진) 거의 모든 논의들에 스며들어 있으며 우리의 네 가지 주요 주제들 중 첫 번째 주제로 명백하게 주목을 끌었다."라고 말했다.(Andersson and Bradbury 1987, 2~3쪽) 스테반 아널드(Stevan Arnold)는 이것이 자연 선택과 성 선택 사이의 전통적인 구분을 유지해야 하는 충분한 근거라고 설득까지 했다. "짝짓기 성공을 가져다주는 구조들은 생존 경쟁에서 수컷들을 방해할지도 모른다. 성 선택과 자연 선택은 서로 대립되는 과정이다."(Arnold 1983, 70쪽, 또한 68~71쪽도 참조하라.) 그리고 앞서 주목한 것처럼, 이런 감정은 일반적인 어휘 속에도 반영되었다. 피셔의 성 선택은 종종 "적응적인"(좋은 감각) 이론과 대조하여 "비적응적", "부적응적" 혹은 "임의적"인 것으로 언급되었다. 물론 단순한 단어 선택에 너무 많은 의미를 부여해서는 안 된다. 이 단어들은 아마도 좋은 감각 선택과 좋은 취향 선택의 차이를 선명하게 만들려는, 편리한 꼬리표 정도의 의미가 있을 것이다. 그러나 이 단어들은 공감을 불러일으키고 현재의 사고 경향을 포착하며, 무엇보다도 그 경향을 강화시킬 가능성이 있다.

19세기에 적응성의 상태에 대해 거북함을 느낀 데는 타당한 이유가 있다. 어쨌든 다윈 이론의 중심인 암컷의 취향은 적응적으로 설명되지 않았다. 게다가 성적으로 선택된 특성들은, 적응의 구성 요소에 대한 19세기의 개념을 훼손시켰다. 딱따구리의 부리와 깃털 달린 씨앗은 실용적이고 소유자들에게 분명히 이익이 된다. 그러나 공작의 꼬리와 나이팅게일의 노래는 그렇지 않다. 따라서 19세기 다윈주의자들이, 특히 월리스 같은 열성적인 적응주의자들이 수컷의 장식은 훌륭한 적응이 아니라고 느끼는 것도 당연하다.

그러나 피셔는 이 모든 것을 바꿔 놓았다. 다윈-피셔 설명은 수컷의 장식과 암컷의 취향을 모두 설명한다. 그것도 적응적으로 말이다. 인정컨대 피셔의 적응은 여전히 어떤 사람들에게는 명백하게 직관에 반하는 것으로 보일지도 모른다. 그러나 피셔의 기여 중 하나가 선택의 결과들이 얼마나 직관에 반할 수 있는지 보여 준 것이었으며, 그럼으로써 우리가 스스로의 직관을 수정하도록 도왔다. 이런 시각에서 다윈-피셔의 성 선택이 결국 "부적응적"이라고 불리게 되는 것은 매우 부적절하며 피셔에게 부당한 일임은 말할 것도 없다!

강경한 적응주의에 비판적인 다윈주의자들이 다윈-피셔의 성적으로 선택된 특성들이 단지 "실용적"이지 않기 때문에, 다소 부적응적이라고 주장하는 것은 어딘가 이상하다. 이 비평가들은 열성적인 적응주의자들이 적응에 관해 팽글로스적인 견해를 가졌다고 비난했다. 여기서 팽글로스적인 견해란 선택이 항상 "최선"의 것을 초래한다는 생각을 말한다. 그랬음에도 이들은 성적으로 선택된 특성들의 자격을 물을 때에는, 적응이 얼마나 "실용적"이어야만 하는가에 대해 암암리에 팽글로스적인 가정을 하고 있다.

근대 다윈주의에서는 자연 선택의 유용성, 효율성, 이익과 성 선택의 화려함, 해로움, 균형을 대조시킨 다윈의 생각이 모두 사라졌다. 모든 적응들은 절충안이다. 짝짓기와 포식 사이의 절충은 먹이 찾기와 포식 사이의 균형과는 원칙적으로 다르다. 성 선택은 더 이상 소유자에게 해를 끼치는 적응들을 만들어 내는 유일한 생산자가 아니다. 근대 다윈주의의 업적 중 하나는 적응을 구성하는 요소들과 적응에서 이익을 얻는 독립체에 대한 개념을 바꾸어 놓았다는 것이다. 딱따구리의 부리 말고, 조종하는 데 능한 기생충 유전자를 생각해 보자. 자연 선택을 비롯하여, 선택이 항상 그 보유자들에게 "최선"인 명쾌하고 실용적인 해결책들을 택한다는 생각은 19세기적인 견해다. 오늘날에는 가장 철저한 적응주의자조차도 성적으로 선택된 적응들에서 불편함을 느끼지 않는다.

성 선택은 다윈주의의 영역에 대한 논쟁의 장이 되었다. 이것은 성 선택이 얼마나 비정통적으로 여겨지는지를 보여 주는 효과적인 지표다. 한쪽에서는 월리스 같은 순수주의자들이 성 선택이 자연 선택의 입지를 빼앗으려고 위협하는 다윈주의의 이단이라고 보았다. 다른 한쪽에서는 스스로를 다원론자로 생각하는 다원주의자들이 이 이론을 단지 자연 선택에 대한 대안 이론으로서만 환영했다. 예를 들면 로마네스는 만족해 하며 다음과 같이 선언했다. "성 선택이 …… 변화 …… 의 진정한 원인이라고 주장하는 한, 그는 수많은 …… 특성들이 …… (물론 성적인 목적을 위한 유용성 외의 다른) 유용성과 상관없이, 따라서 자연 선택과 상관없이 생산된다고 어쩔 수 없이 믿어야 할 것이다."(Romanes 1892~1897, ii, 219쪽) 그는 월리스의 입장을 자신의 완고하고 협소한 견해의 또 다른 예시로 들었다.

> 자연 선택의 원리들이 반드시 성 선택의 원리들을 포괄해야만 한다는 주장은 …… 보충적인 성 선택 이론에 대한 월리스 씨의 반대에 뿌리를 두고 있다. 그는 진화의 위대한 드라마 속에는 자연 선택 이외의 어떤 다른 배우도 설 자리가 없다는 기존의 신념에 기초해, 성 선택의 증거들을 제대로 다루기를 거부했다는 점에서 일관성이 있다.(Romanes 1892~1897, i, 399쪽)

1세기 전의 편견들은 여전히 남아 있다. 그것이 오늘날에도 일부 다원주의자들이 성 선택은 단지 자연 선택의 특별한 경우일 뿐이라는 점을 부인하는 이유일지도 모른다.(Arnold 1983, 71쪽이 그 예이다.) 그러나 이제 성 선택과 다른 선택압들 사이의 전통적인 구분이 허물어졌다는 사실을 점점 더 많이 인식하고 있다. 성 선택은 확실히 정당한 몫 이상으로 관심을 끌고 있다. 그러나 유전자 중심적인 견해에서 보면 그들은 모두 자연 선택의 반경 내로 떨어진다. 성 선택을 더 이상 자연 선택에 상반되는 것으로 여겨서는 안 된다. 현대 다원주의는 원래의 자리로 되돌아가고 있다. 다윈의 다른 이론은 결국 그렇게 '다른' 이론이 아니었다.

공작 꼬리의 해피 엔딩

성 선택 이론은 파란만장한 이력을 갖고 있다. 다윈은 성 선택 이론을 매우 자유롭게 적용했다. 그는 깃털 한 가닥에서 암컷의 선택을 추적했다. 이 이론에 대한 반발은 매우 커서, 성 선택을 자연 선택으로 환원시키려는 윌리스의 프로그램은 거의 1세기 동안이나 세력을 떨쳤다. 이 기간의 대부분에서 성 선택은 다윈주의의 측면에서 무시받고 왜곡되거나 오해받았다. 자연 선택은 다윈 사후 약 반세기 동안 부분적으로 쇠퇴했다. 성 선택은 그 두 배의 기간 동안 완전히 빛을 잃었다. 예를 들면 세기의 전환기에 쓰인 다윈 이론에 대한 켈로그의 길고 매우 동정적인 중간 보고서는 성 선택을 "이제는 거의 완전히 설득력을 잃은" 것으로 일축했다.(Kellogg 1907, 3쪽) 20년 후에 노르덴시욀드의 『생물학의 역사(*The History of Biology: A Survey*)』(어쨌든 다윈주의에 적대적이었다.)는 "성 선택 원리는 …… 오늘날 진정한 과학자 누구에게도 거의 포용되지 않는다."라고 말한 뒤 불확실함의 암묵적인 증거로써, 그럼에도 "대중서들은 이 이론의 흔적을 보여 준다."라고 덧붙이며 특히 요한 아우구스트 스트린드베리(Johan August Strindberg)의 '열정(enthusiasm)'을 인용했다.(Nordenskiöld 1929, 474~475쪽) 이 기간 동안 성 선택의 몇 안 되는 변호인 중 한 사람이었던 셀러스는 이런 완전한 압박에 대해 불평했다. "나는 과학적인 진실을 발전시키고 다윈의 성 선택 이론을 지지하는 대단히 강력한 증거들을 생산하기 위해 내가 할 수 있는 모든 일을 했다. 그러나 이 이론은 (공식적으로) 눈 밖에 났으며 그러한 증거들은 요구되지 않는다."(Selous 1913, 98쪽) 그는 『영국 새 도감(*The British bird book*)』의 멧닭 등재 내용을 예로 들었다. 이 책은 "내가 기록해 놓은 …… 특정 사실들을 전혀 참고하지 않았다, 비록 그 사실들이 이 주제에 대해 일반적으로 말해지는 식견들과는 상당히 모순될지라도 말이다. …… 암탉의 '무관심한' 행동에 대해서는 어떠한 설명도 제시되지 않았다. 이 행동은 다윈이 추론한 것처럼 암탉의 선택력을 매우 분명하게 보여 주지만, 이런 설명은 여전히 아주 일관되게 부인되고 있다."(Selous 1913, 96~97쪽) 근대 종합설이 만들어지면서 자연 선택은 다시 제자리를 잡게 됐다. 그러나 성 선택은 여전히 무시됐다. 그 시기의 고전을 아무거나 하나 골라서 색인을 살펴보라. 만약 색인 항목이 당시 인지된 중요성의 기준이라면, 성 선택은 중요한 위치에 등재돼 있지 않다. 테오도시우스 도브잔스키(Theodosius Dobzhansky 1937)와 심프슨(Simpson 1944, 1973), 그 외에 그 시기를 다룬 최근의 역사적인 조사(Mayr and Provine 1980)에서조차 성 선택은 응당 있어야 할 곳에 없다. 마이어(Mayr 1942, 1963)와 베른하르트 렌쉬(Bernhard Rensch, 1959)에서도 딱 한 번 언급됐을 뿐이다. 헉슬리(Huxley 1942)는 성 선택을 가장 길게, 세 쪽(35~37쪽)에 걸쳐 다루었다. 잊힌 성 선택은 피셔의 기여로 되살아났다. 그러나 아직도 반세기가 더 걸려야 했다. 처음에는 흥미를 불러일으켰고 최근 몇십 년 동안 다시 관심을 받는 다윈의 이론이, 왜 그 중간 시기에는 이러한 불명예스러운 이력으로 고통받아야 했을까?

언뜻 보기에 그 주요 원인은 다윈이 암컷 선택을 설명하지 않았기 때문으로 보인다. 피셔가 이 문제에 손을 댈 때까지 암컷 선택은 설명되지 않았다.

성적인 선호의 존재를 직접적인 관찰로만 규명할 수 있는 기본적인 사실로 간주하지 않고, 대신에 유기체의 취향을 그들의 기관이나 능력처럼, 그것이 가져올 상대적인 이점들에 따라 좌우되는 진화적인 변화의 산물로 간주해야만 한다면, 특정한 종류의 성적 선호는 선택적인 이점을 제공할 수 있으며 따라서 특정 종 안에서 수립 가능한 것처럼 보인다.(Fisher 1930, 151쪽)

최근 피셔가 뒤늦게 깨달은 덕분에, 다윈의 생략이 실제로 명백하고 심각한 공백이었음이 밝혀졌다. 그럼에도 이런 생략이 성 선택을 거부하는 이유로 거의 언급되지 않았다는 점은 매우 놀랍다. 암컷 선택에 대한 설명의 부재는 이 이론에 대한 비판에서 상대적으로 미미한 부분을 차지했다. 아마도 이 점은 피셔의 이론이 중요한 발전을 이루었음을 다윈주의자들이 인정하지 못하는 하나의 이유일 것이다. 만약 문제가 무엇인지 모른다면 그 해결책의 가치도 평가할 수 없다. 메이너드 스미스는 피셔의 분석이 얼마나 별다른 영향을 미치지 못했는지에 대해서 솔직하게 말했다. "『종의 기원』100주년을 기념하는 대규모 출판물들에서 성선택을 공공연히 다룬 책은 메이너드 스미스(Maynard Smith 1958a)의 것뿐이다. 비록 내가 드로소필라 수봅스쿠라(Drosophila subobscura)에서 암컷 선택이 가능할 수 있는 기제를 묘사했을지라도, 내가 피셔를 읽지 않았거나 이해하지 못한 것만은 분명하다."(Maynard Smith 1987, 10쪽)

성 선택 이론이 한쪽으로 밀려난 더 중요한 이유는 이 이론이 항상 의인화의 공포를 불러일으켰기 때문이다. 의인화란 인간의 속성들을 이치에 맞지 않게 다른 동물들에게 적용하는 태도를 말한다. 심기를 거슬렸던 것은 암컷의 선택, 더 심각하게는 암컷의 미학적 취향이었다.

선택의 개념을 살펴보자. 적어도 19세기 다윈주의자들에 관한 한, 자신의 배우자를 선택하는 조류와 곤충들, 어류에 대해 그들이 왜 그렇게 불편한 감정을 가졌는지는 분명하지 않다. 인정컨대 그들 중 몇몇은 인간을 다른 동물들처럼 다루는 다윈의 방식을 추종했다. 전반적으로 그들은 비유가 너무 지나치지 않는 한, 동물들을 다소 인간처럼 다루는 데 반대하지 않았다. 그리고 분명히 그들은 선택의 개념을 다른 영역들에도 적용했다. 그들은 여러 음식들 중 하나, 혹은 여러 둥지 재료들 중하나, 혹은 여러 서식지들 중에 하나를 선택하는 동물들에 대해서는 기쁘게 말했을 것이다. 그러나 배우자 선택을 말할 때는 확실히 불편해졌다. 물론 그들이 음식에 대한 식별력을 진화시키는 강한 선택압은 분명히 존재하는 반면, 암컷의 선택은 생겨나야 할 명백한 이유도, 그 특성을 개선시키는 선택압도 없으며, 암컷 혹은 그 배우자가 더 정련된 안목을 발전시켜 얻는 이점도 없다고 주장할 수 있다. 그러나 앞에서 살펴보았듯이 설명의 이러한 격차는 19세기 비평가들을 거의 불안하게 만들지 않았다. 그래서 배우자 선택과 다른 선택 사이의 차이점들이 정확히 어느 지점에서 발생하는지 이해할 수 없다. 왜 배우자에 대한 판단이 둥지 속의 알들이 자기 것인지 아니면 뻐꾸기 것인지에 대한 조류의 판단보다, 혹은 자신의 주변 환경에 정확히 융화되려는 카멜레온의 판단보다 더 고등한 기량일까? 예를 들어 우리는 월리스가 새들이 자신의 배우자를 선택할 수 있는지 의심하는 모습을 발견한다. 그러나 새들이 어떻게 맛없는 먹이들을 피하고 오직 특정한 곤충들만을 먹이로 선택하는지 보고했던 사람은 월리스였다.(Wallace 1889, 234~238쪽) 또 새들이 다른 종이 아닌 동종의 배우자를 선택할 것이며, 나아가 그렇게 하기 위해 임의적인 표지들을 사용할 것이라고 강조했던 사람도 월리스였다. 그는 위 사례들에서보다 배우자에 대한 "좋은 취향" 선택에서, 어떤 기제가 더 많이 요구된다고 생각했을까? 동물들은 자기 종과 다른 종을 구별하는 방법을 모를 수도 있다는 것을 인정한다. 그러나 피셔가 말한 것처럼, "어떤 식별 기제가 존재하며, 그 기제의 변이가 동종 인식에서 유사한 식별력을 주는 기제가 될 수 있을 것이라는 주장은 단순한 추측이 아니다."(Fisher 1930, 144쪽) 다시 한번 우리는 새들이 매우 작은 차이를 구분할 수 있는지 고민하는 월리스를 발견한다. 그럼에도 곤충이 잎이나 꽃과 닮은 모습에 경탄한 사람 역시 그였다. 그 둘이 너무 닮아서 숙련된 박물학자인 그조차도 속아서 "꽃"인 줄 알고 조사하려다가 손으로 건드리자

날아가 버린 경우도 있을 정도였다. 그렇게 정교한 조율을 초래한 선택 압이 새들의 시각적인 식별이 아니라면 무엇일까?

이후의 다윈주의자들은 암컷의 선택에 대해 훨씬 일관성 있게 불편해 하는 태도를 취했다. 세기의 전환기에 "행동 연구의 주된 경향은 기계론적인 설명을 제시하는 것이었으며 의인화의 기미가 보이면 무엇이든 피했다."(Maynard Smith 1987, 10쪽) 배우자의 선택은 음식, 서식지나 다른 것에 대한 선택과 마찬가지로 의심받았다. 실제로 활발한 소수의 동물 행동학자들의 반대에도, 20세기의 첫 10년 동안은 실험실에서 이루어지는 생리학 실험을 지향하며 행동에 관계된 것들은 피하려는 움직임이 있었다. 다른 동물들에 대한 이 제한적인 견해가 도전받은 것은, 1930년대에서 1950년대 사이에 동물 행동학이 자리 잡은 이후였다. "동물들은 극단적으로 낮은 지능을 가진 감정적인 사람이다."라는 문장은 이 움직임의 선두에 선 이 중 하나였던 로렌츠가 가장 좋아했던 슬로건이다.(Durant 1981, 177쪽) 이 동물 행동학자들은 자신들이 여전히 완고하게 의인화를 거부한다고 생각했다. 그러나 그들은 우리가 "동료 인간들"을 이해하는 것과 동일한 방식으로 동물들을 이해할 수 있다고 믿었다.(Durant 1981, 186쪽) 다윈의 연속성 원리(principle of continuity)에서 두 개의 평행한 가닥들이 다시 한번 심각하게 여겨졌다. 다윈은 "인간의 생각과 행동들을 …… 동물의 본능이라는 측면에서 설명했을 뿐만 아니라 (동물의 행동 또한 설명했다.) …… 인간의 사고와 감정의 측면에서 …… 인간의 정신을 본능의 수준으로 낮추는 순간에도, 다윈은 다른 동물들의 정신을 거기에 대응하는 정도로 높였다."(Durant 1985, 291쪽) 성 선택이 즉시 받아들여지지는 않았다. 그러나 이것은 이 이론에 대한 훨씬 우호적인 조류의 시작이었다.

양다리를 걸치려고 시도하는 것처럼 보일 위험이 따르더라도, 지금

나는 성 선택에는 그러한 조류가 불필요하다고 말하려 한다. 배우자에 대한 암컷의 선택에 반드시 의인화된 부분만 존재하지는 않는다. 암컷의 선택에 대해 말하는 것은 암컷들이 마치 선택하듯이 행동하게 만드는 효과를 가진 유전자에 대한 선택이 있었다고 말할 뿐이다. 이 말은 무엇이 이런 행동을 초래했는지, 또 어떤 기제가 이와 같은 효과를 발휘하는지에 대해 의인화된 것이든, 아니면 다른 어떤 것이든 아무런 가정도 하지 않는다. 공작 암컷은 인간이 선택이라고 이해하는 것 같은 과정을 겪을지도 모른다. 혹은 그렇지 않을지도 모른다. 예를 들면 암컷들이 매력적인 아들을 안겨줄 수 있는 수컷들을 '선호한다.'라고 말하는 것은 단지 지금 혹은 진화의 과거 역사 동안, 개체군 내에 행동의 차이를 유발하는 혹은 행동의 차이로부터 유발된, 유전적 차이들이 있었다는 의미일 뿐이다. 그리고 이런 차이들 때문에 몇몇 암컷들은 다른 짝짓기 방식보다 자신에게 '매력적인' 아들, 즉 동일한 종류의 차별적인 짝짓기에서 이익을 볼 아들을 안겨 줄 방식대로 차별적인 짝짓기를 했을 가능성이 더 크다고 이야기할 뿐이다. 그래서 "이기적" 유전자들(Dawkins 1981)을 포함하는 어떤 이론에서도 결국 성 선택 이론에 의인화 풍조는 필요하지 않다. 이 이론은 동물 식별이 아니라 유전자 식별에 대한 것이며, 오직 지나치게 규칙을 따지는 사람만이(Midgley 1979a) 그것을 의인화와 같다고 부를 것이다.

실제로 배우자 선택에 대한 의인화된 해석들은 배우자 선택을 유전자 측면이 아니라 개체 측면에서 생각하게 만들어, 우리의 이해를 방해할 수도 있다. 우리가 선택이 진짜 선택일 때에 대해 (유성적인 특성들을 조사하며) 앞서 다루었던 최근의 논의를 예로 들어 보자. 요지는 수컷들 간의 경쟁이나 수컷의 강압이, 능동적인 암컷의 선택을 훨씬 수동적인, 너무 수동적이어서 더는 선택이라 여겨질 수 없는 어떤 것, 혹은 확실히 선택이라고 할 수 없는 것으로 바꾸는가였다. 우리가 동물들이 선택을 한다는 측면에서 생각한다면, 이런 질문들은 피하기 어렵다. (그 질문에 대답하는 것 역시 매우 어렵다!) 그러나 우리가 유전자와 그 유전자의 표현형 측면에서 생각한다면, 우리는 이 문제들을 지나쳐서 선택의 쟁점을 훨씬 생산적으로 조사할 수 있을지도 모른다. 수컷들이 암컷들을 강압하는 구애 행동 모형을 고려해 보자. 개체의 입장에서 보면, 한쪽 성별이 결국 체계적으로 조종당하는 처지에 처하는 것이 놀라울 수 있다. 도대체 그들에게 어떤 이점이 있는가? 그러나 유전자의 시각에서 보면, 이 일은 놀랍지 않다. 암컷의 선택을 조종하는 수컷의 행동에 '해당하는' 유전자는 암컷과 수컷 모두에서 (확장된) 표현형적 효과를 발휘한다. 만약 이런 효과들이 유용한 대안들보다 더 큰 선택압을 행사(이 모형에서는 개연성이 없어 보이지 않는 가정)한다면 이 유전자는 증식할 것이다. 일반적으로 이런 유전자들이 다른 성에 대한 표현형적인 효과로 자신들의 힘을 어떻게 발휘하는지 묻는 것이, 어떤 성이 '실제로' 선택을 하는지 묻는 것보다 훨씬 더 이해를 돕는다고 밝혀졌다. 확실히 이것은 다윈주의자들에게 훨씬 흥미로운 질문이다. 어쨌든 인간의 자유 의지를 구성하는 요소들을 규명하는 일은 상당히 어려운 작업이다. 우리 스스로 공작 암컷의 선호의 형이상학이라는 짐을 불필요하게 짊어질 이유가 무엇이겠는가?

선택의 개념이 의인화를 활용할 필요가 없다면, 다윈주의자들은 마침내 미적인 취향과 관련 개념으로부터 자유로워진다. 미학적인 취향과 관련된 개념들은, 선택에 대한 전통적인 반대의 이유였다. 배우자 선택이 미학적이라는 다윈의 주장은 당시부터 지금까지 이구동성으로 비난을 불러일으켰다. 특히 19세기 박물학자들에게는 미적인 감각처럼 고차원적인 경험을 '하등한' 동물들과 공유한다는 개념이 '그들'과 '우리들'에게 적당하다고 느껴지는 바에 대한, 그들의 감정(주로 미학적인!)을 상하게 했다. 미학은 대개 도덕감과 이성처럼 동물들이 인간에 너무 가까워지는 것을 막을 수 있는 영역들 중 하나라고 여겨졌다. 그래서 다윈이 성 선택 이론에 끌렸던 바로 그 이유 중 하나, 즉 암컷의 미학적 선택이 인간과 동물 간 연속성의 사슬에 연결 고리를 이을 수 있다는 점이 그의 많은 동시대인들에게는 (월리스의 사례에서 봤던 것처럼) 성 선택을 불쾌하게 만들었다. 성 선택 이론의 역사 동안 다윈의 옹호자들은 다윈이 미학적인 감각을 가정하지 않았고 (적어도 미학적인 감각을 의미했던 것이 아니고) 이것에 관한 그의 아이디어는 그에 대한 비평가들의 발명품이며, 어쨌든 이런 가정은 그의 이론과는 상관없다고 주장했다. 예를 들면 로이드 모건은 "다윈은 때때로 이 문제에 대해 부주의하게 의사를 표현했지만" 그의 이론은 "이 모든 불필요하고 쓸데없는 미학적인 사항들을 벗어 버릴 수 있다."라고 말했다.(Morgan 1896, 218, 263쪽) 그리고 근대의 몇몇 논평가들 역시 비슷한 발언을 했다.(Ghiselin 1969, 218쪽, Morgan 1896, 263쪽, O'Donald 1980, 2~3, 5쪽이 그 예이다.) 선택에 대한 의인화되지 않은 해석 덕분에 이 논쟁은 관심을 잃게 됐다. 이 논쟁은 명칭에 대한 문제로 축소된다. 그리고 우리는 모두 이런 질문들이 중요하지 않다는 사실을 안다. 명칭은 중요하지 않으며, 용어에 대해 따지는 것은 무의미한 일이다.

예의 바르게 말해서, 나는 그럼에도 결국 우리는 다윈에 동의하며 다윈-피셔의 배우자에 대한 "좋은 취향" 선택을 미학적인 선택이라고 불러야 한다고 제시하면서, 딱 한 번만 더 이 문제를 쟁점화하려고 한다. 왜? 그렇게 하는 것이 우리가 다윈-피셔의 성 선택 이론과 인간의 미학적인 취향, 판단, 유행과의 유사성을 명심하면서, 동시에 월리스의 좋은 감각 이론과의 차이점을 인지하도록 돕기 때문이다. 피셔의 모형은 인간 대다수의 미학적인 선택 모형과 닮았다. 인간의 미학적인 선택 모형에서 선택의 기준은 자주적이며, 자율적이고, 기발하며, 선택 자체를 위한 자질을 지닌다. 실용적인 것들을 고려하지 않은 채, 취향 그 자체로 또 취향만으로 기준이 수립된다. 특별한 꼬리는 그것이 인기 있기 때문에 인기 있다. 오로지 이 자기 강화성으로 인기는 세대를 거쳐 유지된다. 이 이론에 대한 다윈 자신의 주장에서는 선택을 미학적이라고 부를, 타당한 이유가 부족했다. 그러나 피셔는 다윈의 비유가 정당함을 입증했다. 다윈의 이론이 피셔의 분석으로 강화될 때, 이 묘사는 완전히 적절해진다. 인정컨대 아름다움은 보는 사람의 눈 속에 있지 않을지도 모른다. 그러나 아름다움은 확실히 보는 사람의 유전자 안에 있다. 이 모든 것들이 월리스의 좋은 감각 선택과 선명하게 대조된다. 풍부한 식량 공급이나 질병 면역에 대한 실용적인 선호에는 미학적인 부분이 없다. 그 것에는 임의적인 기준이 없다.

덧붙여서 암컷의 선택을 어떻게 묘사하느냐라는 주제에 우리가 집중하는 동안, '수줍은 암컷들'(과 '열렬한 수컷들')에 대한 이야기가 표준이 돼 버렸다는 점에 주목하자.(Bradbury and Andersson 1987, 4쪽이 그 예이다.) 나는 성 역할이 뒤바뀐다면 어떤 용어가 사용될지 궁금하지 않을 수 없다. (수컷) 투자자나 기업 경영진이 첫 번째 선택지에 대해 저돌적으로 돌진하지 않았다고 해서 수줍어한다고 불릴까? 만약 수컷들이 배우자에 대해 까다롭게 군다면, 그들은 '수줍어하는' 것일까? 아니면 안목 있고, 신중하고, 책임감 있고, 판단력이 있는 것일까? (덧붙여서 암컷들은 '열렬해'질까, 아니면 음탕하고, 경솔하고, 다루기 힘들고, 뻔뻔해질까?)

이제 성 선택을 밀어내는 작용을 했던 마지막 영향력을 살펴보자. 우리는 이미 그것을 조사한 바 있다. 그것은 바로 월리스의 자연 선택주의적인 대안의 인기이다. 성 선택 밀어내기는 다윈주의 내에 종의 기원에 대한 질문을 둘러싼 집착이 증가하고 있다는 사실을 반영한다. 성 선택 밀어내기가 여기에 기여하기도 했다. 우리는 다윈이 대면했던 문제가 어떻게 적응과 종 분화의 두 부류로 나눠질 수 있는지 살펴봤다. 적응은 다윈주의 이전의 자연 신학과 초기 다윈주의 둘 다에 매우 중요했다. 그러나 이것에 대한 관심사는 다윈주의의 쇠퇴, 특히 정향 진화설, 도약 진화론의 발흥과 함께 시들해졌다. 이 두 이론들은 모두 비적응적이라고 추정되는 유기체의 측면들을 강조했다. 이런 강조점의 변화가 다윈주의의 부흥에 통합됐다. 다윈주의가 근대 종합설로 다시 태어났을 때, 핵심은 종 분화의 문제였다. 이 점에서 배우자 선택에 대한 질문들은 종 인식 표지들, 행동 격리 기구들과 종이 수립되고 보존되는 다른 수단들에 대한 질문들로 환원되었다.(Lack 1968, 159~160쪽, Mayr 1942, 254쪽, Rensch 1959, 11~12쪽이 그 예이다.)

비록 동물 행동학의 성공이 어떤 측면에서는 성 선택 연구와 통한다고 판명됐을지라도, 또한 이것은 종 내 차이점보다 종 간 차이점에 집중하는 경향을 강화하기도 했다. 행동 생태학의 전통이 이룬 성공 중 많은 부분이, 행동을 종 내에서 변화하는 것이 아니라 고정된 것으로 다루는 데서 기인한다. 그러나 성 선택은 종 내 변이에 대한 것이다. 꼬리가 약간 더 길어질수록, 선호도 약간 더 강해진다. 동물 행동학자인 피터 말러(Peter Marler)는 다음과 같이 말했다.

우리는 초보 관찰자에게는 일련의 끊임없이 변화하는 운동으로 보이는 것들, 또 너무 혼란스러워서 과학적으로 처리할 수 없는 것처럼 보이는 것들이, 대개 그 중심 활동은 고정돼 있으며 종에 고유한 부분이 있다고 판명된다는 통찰력을, 생태학의 창시자들에게 여전히 빚지고 있다. …… (그러나 성 선택은) 동종 내 구성원들, 심지어는 같은 개체군 내 구성원들 사이에서 행동이 달라지는 정도에 대한 것이다. 이 변이는 …… 성 선택의 힘이 작용할 수 있는 원재료다.(Marler 1985, ix~x쪽)

다윈은 공작의 꼬리를 암컷 선택의 산물로 상상하는 일이 '끔찍한 허풍(awful stretcher)'이었다는 점을 인정했다.(Darwin, F. and Seward 1903, ii, 90쪽) 그러나 우리가 스스로의 믿음을 확장시켜야만 한다는, 그의 주장은 결코 흔들리지 않았다. 그는『인간의 유래』2판 서문에서 "성 선택의 힘에 대한 내 확신은 흔들리지 않았다."(Darwin 1871, 2nd edn., viii쪽)라고 말했다. 이 말을 자연 선택에 대한 그의 두 번째 생각과 대조시키면, 그 의미가 더욱 강력해진다. 다윈의 확신은 죽을 때까지 흔들리지 않았다. 로마네스가 다음과 같이 말했던 것처럼 말이다.

그가 사망하기 몇 시간 전에 동물 학회 회의석상에서 남긴, 과학에 대한 그의 마지막 말은 다음과 같다.

"어쩌면 나는 성 선택의 원리에 반발하여 제기됐던 다양한 주장들을 내 능력을 최대한 발휘해 신중히 생각해 본 뒤, 여전히 그 진실을 확고하게 신뢰한다고 말하기 위해 여기 있는 것인지도 모릅니다."(Romanes 1892~1897, i, 400쪽, Darwin 1882을 참조하라.)

다윈은 "성 선택이 …… 훨씬 더 많이 받아들여질 것이라고" 확신했다.(Darwin 1871, 2nd end., ix쪽) 그렇게 되는 데 1세기 이상이 걸렸다. 그러나 그의 예측은 결국 사실로 판명됐다. 공작 꼬리의 해피 엔딩이다. 아니면 아마도 이것은 단지 시작에 지나지 않을지도 모른다…….

3부

개미

11장

현재의 이타주의

✤

이타주의에 관한 문제

자연 선택은 요구가 많으며, 까다롭고, 가차 없다. 자연 선택은 나약함에 너그럽지 못하고 고통에 무관심하다. 또 강한 것, 회복력이 있는 것, 건강한 것을 선호한다. 혹자는 이런 힘으로 만들어진 유기체들이 그힘과 같은 특징을 갖추고, 그 이미지 속에서 고통을 겪을 것이라고 기대할지도 모른다. 또 유기체들이 다른 개체들을 돌보지 않고 자신의 이익을 추구하며 경쟁에 열중한다고 예상할지도 모른다. 자연 선택은 분명예의 바른 자기희생을 쫓아낼 것이며 이기성이 승리할 것이다.

그러나 자연을 조심스레 둘러보면 상황이 항상 그렇게 보이지만은 않음을 발견하게 된다. 포식자의 존재를 경고하고, 음식을 나누며, 기생충을 제거하기 위해 서로 털 고르기(grooming)를 해 주고, 고아를 입양하며, 싸울 때 상대방을 죽이지 않거나 심지어 상처조차 입히지 않으며, 여러 가지 문명화가 된 방식으로 행동하는 등, 특히 동종들에게 놀라울 정도로 이기적이지 않게 구는 동물들을 당신이 보는 것은 당연한 일이다. 실제로 어떤 측면에서 그들은 자연 선택이 선호할 것처럼 보이는, 산전수전 다 겪은 자기 본위의 개인주의자들이라기보다는 공동체를 위해 충실히 일하며, 고상한 영혼을 갖추고, 너그러운 방식으로, 오히려 이솝의 도덕적 귀감에 가깝게 행동한다. 이런 행동은 자연에 대한 다윈주의의 견해에 의문을 제기한다. 바로 이타주의의 문제다.

고전 다윈주의에서는 이타주의가 확실히 문제였다. 그러나 지금은 더 이상 아니다. 지금은, 적어도 이론상으로는 한 유기체가 왜 이타주의자처럼 보이는지, 왜 유기체가 다른 개체들을 돕기 위해 자신의 시간, 음식, 영역과 배우자, 심지어는 삶까지 포기하는지 아무런 어려움 없이 설명할 수 있다.

문제가 해결되다

새는 경계성(alarm call)을 낸다. 이것은 매우 이타적인 행동으로 보인다. 다른 개체들에게 위험을 경고하는 행위는 포식자에게 자신의 존재를 알리는 매우 위험한 행동이다. 우리는 이 행동을 어떻게 설명할 수 있을까? 만약 우리가 유기체 중심적인 시각을 택한다면, 설명할 수 없다. 더 나쁜 상황은 우리가 집단 혹은 종 수준의 견해를 택한 경우다. 그럴 경우 우리는 이 행위 모두를 너무나도 쉽게 '설명'할 수 있다! 대신 우리는 수십 년 동안 다윈주의를 관통했던, 일종의 혼란 상태에 처할 것이다. 그러나 만약 우리가 유전자 중심적인 견해를 착실하게 취한다면, 문제는 눈앞에서 만족스럽게 사라질 것이다.

먼저 친족 선택(kin selection)이라는 아이디어를 고려해 보자.(Fisher 1930, 177~181쪽, Haldane 1932, 130~131, 207~210쪽, 1955, 44쪽, Hamilton 1963, 1964, 1971, 1971a, 1972, 1975, 1979, 또한 Dawkins 1979, Grafen 1985도 참조하라.) 친족 선택은 자신의 친척들에게 도움을 주는 개체의 행동을 자연 선택이 선호할 수 있다는 원리다. 비록 그 도움이 유기체 자신에게 전가하는 비용이 클지라도 말이다. 어떻게 그럴 수 있는가? 한 유전자를 상상해 보자. 그 유전자는 자신이 자리 잡은 유기체가 다른 유기체들 속에 있는 자신의 복제품을 돕는 방식으로 행동하게 만드는 효과가 있다. 예를 들어서 다른 새들도 같은 방식으로 행동하는 유전자를 가졌을 때만, 그 새들을 돕기 위해 경계성을 내는 새를 생각할 수 있다. 보유자에게 차별적으로 도움을 주는 원칙을 작동시키는 유전자는 다른 조건이 동일할 때, 확실히 번성할 수 있다. 그러나 문제는 그 도움이 차별적이어야만 한다는 것이다. 만약 경계성을 내는 유전자를 보유하지 않은 새들도 경계성을 내는 유전자를 가진 새들만큼이나 많은 도움을 받는다면, 자연 선택은 이 유전자를 선호하지 않을 것이다. 유전자가 다른 개체들 속에 있는 자기 자신의 복제본을 '인식'하기란 쉽지 않다. 이타주의가 의도한 대상에 향할 가능성을 증가시키는 하나의 방법을 대략적으로 말하자면, 가족 내로 이타주의를 제한하는 것이다. 만약 내가 어떤 측면에서 이타적으로 행동하는 유전자를 가졌다면, 내 친족들은 개체군에서 임의로 선택된 다른 사람들보다 그 유전자를 보유했을 가능성이 훨씬 클 것이다. 가까운 친족일수록, 그 유전자를 공유할 가능성이 더 높다. 먼 친족일수록, 공유 가능성은 그 개체군 중 임의의 구성원과 훨씬 가까워진다. 만약 이런 이타주의 유전자의 분포 가능성을 생각한다면, 우리는 자연 선택이 무엇을 선호할지 알 수 있다. 예를 들면 내게 내 목숨, 형제 두 명의 목숨, 혹은 사촌 여덟 명의 목숨 중 하나만을 구할 선택권이 있다면, (모든 다른 조건들이 동일한 경우(중요한 단서다.)) 자연 선택은 내가 어떤 선택을 내릴지 무관심할 것이다. 만약 내가 세 명의 형제나 아홉 명의 사촌을 구할 수 있다면, 자연 선택은 이 자기희생적인 이타주의를 선호할 것이며 자기 자신보다 친족들을 구하는 쪽을 더 선호할 것이다. 이렇게 이타적으로 자신의 삶을 희생하는 유전자는, 자기 자신의 삶에 비이타적으로 집착하는 대안 유전자들보다 평균적으로 더 많은 복제품들을 증식시킨다. 그 외의 모든 조건들이 동일하다는 전제하에 말이다. 우리가 육촌 무리들을 위해 자신의 삶을 희생하는 개체들을 발견하지 못하는 이유는, 그 무리들이 한데 모일 가능성이 낮아서이다. 또 유전적인 관계가 대칭적임에도 도움이 한 방향으로만 자주 행해지는 이유는 실제로 거기에 비대칭성이 존재해서이다. 부모들은 자식들에게 젖을 먹이거나 나는 법을 가르치는 데서, 자식들이 반대로 이 역할을 하는 경우보다 더 나은 위치에 선다. 똑같은 상황이 손위 형제가 어린 동생을 돕는 일에서도 동일하게 적용된다. 다행스런 상황이다. 그렇지 않다면 먼저 도움을 주는 일이 없을 것이다.

우리는 이 모든 상황들로부터, '친족 선택'이라는 명칭에도 불구하고 다른 사람보다 친족을 돕는 일에 마법 같은 요소가 없다는 사실을 알게 된다. 친족 선택은 이타주의 유전자가 차별을 행할 수 있는 효과적이고 현실적인 방법일 뿐이다. 차별 규칙들은 형제·자매들과 조카들을 식별하는 능력을 요구하지 않는다. 실제로 그 규칙들은 다음과 같이 매우 간단하다. "당신과 같은 둥지에서 자란 개체들을 도와라." 혹은 "당신과 같은 냄새가 나는 개체들을 도와라." 혹은 (한 장소에 머무르는 경향이 있는 종들에서) "당신의 이웃을 도와라."

실생활의 사례들은 풍부하다. (벨딩땅다람쥐(*Spermophilus beldingi*) 같은) 얼룩다람쥐 여러 종들에서 암컷들은 수컷들과는 달리 가까운 친척들끼리 모여 산다. 이 습성은 친족 선택의 여지를 만들어 낸다. 알고 보니 암컷은 매우 위험한 활동인 경계성을 낼 때, 엄마, 딸, 자매 들을 차별한다.(Dunford 1977, Sherman 1977, 1980, 1980a) 태즈메이니아야생암탉(*Tribonyx mortierii*)의 번식 집단은 때때로 두 마리의 수컷과 한 마리의 암컷으로 구성된다. 이 경우에 수컷들은 서로 형제다. 암컷보다 수컷의 수가 더 많을 때, 짝짓기를 한 수컷들이 자신의 배우자를 형제들과 공유하는 쪽이, 형제들을 쫓아내는 쪽보다 선택적인 이점이 더 크다.(Maynard Smith and Ridpath 1972) 친족 선택은 때때로 "둥지에서 돕기", 즉 번식을 포기하고 다른 개체들의 자식 양육을 돕는 일에 연계된다. 이 행위는 조류 150종에서 일어난다고 알려져 있다.(Brown 1978, Davies 1982, Emlen 1984) 대부분의 경우(물론 모든 경우가 다 그렇지는 않지만(Ligon and Ligon 1978, Stacey and Koenig 1984가 그 예이다.)에, 둥지 속의 어린 새끼는 도와주는 개체의 형제이거나 가까운 친척들이다. (예를 들면 영토 내에 번식 장소가 별로 없을 때와 같은) 특정한 조건하에서는 친족 양육을 돕는 일이 스스로 번식하려는 시도보다 더 큰 보상을 가져다줄 수 있다.

그러나 수혜자가 그 동물의 친족이 아니라면? 우리는 이 이타적인 행동을 어떻게 설명할 수 있을까? 상호 호혜성(Reciprocity)이 하나의 답이다. 이타주의로 보이는 행동이 실제로는 행위자들에게 이익이 된다. 그들은 각자 협동에 실패했을 때보다 성공했을 때가 더 나은 방식으로, 이타적인 호감을 교환하는 중일 수 있다. 선한 행동을 하는 데 들어간 비용은 답례로 선한 행동을 되돌려 받음으로써 보상된다. 그러나 이 친밀하고 상호 이익이 되는 방식이 어떻게 생겼을까? 배반자들이 선행에 보답하지 않고 계속 감소하는 재화들을 움켜쥔다면, 협동은 진화하기보다 오히려 사기를 당해 확실히 퇴보할 것이다. 모두가 협동할 때만 모두의 처지가 더 나아질 것이다. 그러나 어떤 개체에게나 최선책은 사리사욕의 추구이다. 따라서 모두는 필연적으로 더 안 좋은 처지에 놓이게 될 것이다.

처음에는 상황이 그런 것 같다. 그러나 다시 한번 살펴보면 이러한 비관론은 부적절하다. 이 문제는 게임 이론을 활용해 적절히 조사할 수 있다. 이 방법은 트리버스가 처음 제시했으며, 미국의 정치학자인 로버트 액설로드(Robert Axelrod)와 해밀턴이 함께 수행했다.(Axelrod 1984, 특히 88~105쪽, Axelrod and Hamilton 1981, Trivers 1971, 1984, 361~394쪽, 특히 389~392쪽, 또한 Dawkins 1976, 2nd edn., 202~233쪽도 참조하라.) 액설로드와 해밀턴은 게임 이론에서 잘 분석된 죄수의 딜레마(the Prisoner's Dilemma)라는 모형에 의지했다. 바로 이 모형이 자기 이익에 대한 합리적인 추구가 모두를 누구도 원하지 않는 결과로 몰고 간다는 문제를 잘 포착하기 때문이다. 범죄를 저지르고 재판을 기다리는 두 공범을 상상해 보자. 그들은 각자 범행의 자백을 거부하며 서로 협조하거나 아니면 자백함으로써 공범을 배신하는 두 선택지와 대면한다. 만일 둘 다 입을 다물고 서로 협동한다면, 법원이 그들에게 많은 책임을 물을 수 없으므로 각자 매우 가벼운 형량을 선고받는다.(R: 상호 협동에 대한 보상) 만약 한 사람은 자백을 거부했는데 다른 한 사람은 공범에게 불리한 증언을 해서 배신한다면, 배신자는 서로 협동했을 때보다 더 가벼운 형량을 받는 반면(T: 배신의 유혹), 다른 한 사람은 가장 심한 형량을 선고받는다.(S: 속은 자의 대가) 만일 둘 다 자백한다면, 각자 상대방이 배신하고 혼자서만 충실하게 비밀을 지켰을 때보다는 가볍지만 서로 협조해서 자백하지 않을 때 거두는 수확보다는 많이 무거운 형량을 선고받는다.(P: 배신에 대한 처벌) 그러므로 둘 다 T, R, P, S 순으로 선호하게 된다. T가 최상의 결과라면 S는 가장 나쁜 결과다.

죄수 1

죄수 1이 얻는 이익

	협동	배신
협동	꽤 좋다 R: 상호 협동에 대한 보상 2년형	최상 T: 배신의 유혹 1년형
배신	최악 S: 속은 자의 대가 10년형	꽤 나쁜 P: 배신에 대한 처벌 6년형

(왼쪽 세로축: 죄수 2 — 협동 / 배신)

죄수의 딜레마

이 상황이 논제로섬 게임(non-zero-sum game)이라는 데 주목하라. 제로섬 게임(zero-sum game)에서는 나의 손실이 상대의 이익이 된다. 마치 은행가가 고정된 액수를 두 사람 사이에 나눌 때와 같다. 그러나 논제로섬 게임에서는 상대가 손해를 보지 않고도 내가 이익을 얻을 수 있다. 즉 두 사람이 함께 일해서, 은행가를 희생시키는 대신에 둘 다 이익을 볼 수도 있다. 죄수들은 다른 사람들이 어떻게 행동할지 모른 채로 각자 결정을 내려야만 한다. 이성적인 죄수라면 어떻게 행동할까?

그는 배신할 것이다. 상대방이 어떻게 하든, 배신은 협동보다 더 큰 보상을 준다. 논거는 다음과 같다. "공범이 내게 협동한다고 가정하자. 나역시 협동하여 좋은 결과를 얻을 수도 있다.(R) 그러나 나는 배신을 통해 훨씬 더 좋은 결과를 얻을 수 있다.(T) 이번에는 그가 배신한다고 가정하자. 그때 내가 협동한다면 나는 최악의 결과에 처한다.(S) 그래서 다시 나는 배신해야만 한다.(P) 나는 최상(T)을 희망하며 최악의 상황(S)을 피하고 싶다." 두 죄수 모두 이러한 방식으로 추론하므로 결국 둘 다 배신하는 것으로 끝날 것이다. 그래서 그들은 R보다 선호 등급이 더 낮은 P의 상황에 놓인다. 이것이 딜레마다. 상대가 어떻게 하든 배신하는 것이 각자에게 더 이익이다. 그러나 둘 다 배신한다면, 둘 다 협동했을 때보다 더 안 좋은 결과를 얻는다. "각 사람들의 개인적인 최선책은 상호 배신을 이끌지만, 모든 사람들이 상호 협동한다면 더 좋은 결과를 얻을 수 있다."(Axelrod 1984, 9쪽)

그러나 딜레마에는 해결책이 있다. 지금까지 우리는 일회성 게임에 대해 말했다. 만약 참가자들이 이 게임을 반복적으로 수행한다고 가정해 보자. 각자 서로 몇 번 더 만날 수도 있다는 사실을 안다. 액설로드의 강력한 비유를 사용해서, 미래가 현재 위로 긴 그림자를 드리울 수도 있다는 점을 고려하자. 이러한 조건하에서는 협동이 진화할 수 있다. 예를 들면 팃 포 탯(Tit for Tat) 전략을 고려해 보자. 팃 포 탯은 "처음에는 협동하라. 그 후에는 먼젓번에 상대가 했던 행동을 모방하라."라는 전략이다. 팃 포 탯에서는 결코 먼저 배신하지 않는다. 배신은 다음 만남에서 배신으로 앙갚음하지만, 그 뒤에는 지나간 일은 지나간 일일 뿐이다. 이 고도로 협력적인 전략은 착취적이며 쉽게 배신하는 전략들과 겨루었을 때도 진화할 수 있다고 입증됐다. 또 이 전략은 배신 전략에 침범당하지 않고 안정적일 수 있다. 만약 이 전략이 순조롭게 시작되려면, 만남의 상당 비율이 자신과 같은 협동자와 이루어져야만 할 것이다. 그렇지 않다면 대신에 '항상 배신'하는 전략이 진화해서 안정적으로 유지될 것이다. 간단히 말해서 우리가 앞서 건드렸던 개념을 사용하자면, 팃 포 탯은 진화적으로 안정된 전략(ESS)에 꽤 잘 부합한다. 일단 이 전략이 혹은 이와 유사한 어떤 전략이 개체군 내에서 일정 빈도를 초과하면, (엄밀하지는 않지만사실상) 이 전략은 어떤 전략이 침범해도 안정적으로 유지될 것이다.

이 성공을 어떻게 설명할 것인가? 액설로드는 여러 가지 특성들, 특히 "친절한"(결코 먼저 배신하지 않기)과 "도발할 수 있는"(배신에 대해 앙갚음하기), "용서하는"(지난 일은 잊어버리고 협동을 재개하기) 등을 발견했다. 친절함은 협동에 대해 보상하게 만든다. 분노 유발 가능성은 지속적인 배신을 막는다. 용서는 긴 반향을 일으키는 비난과 맞대응의 다툼들을 방지한다. 이러한 특성들을 가진 전략이 다른 전략과 경쟁할 때에 특히 성공적인 이유는, 참가자 양쪽이 상호 협력(R)함으로써 접촉할 때마다 보상을 얻는다는 것이다. 그들은 서로 돕는 논제로섬 게임의 장점을 완전히 활용해서 각자 높은 평균 점수를 얻을 수 있다. 덜 협조적인 전략과는 달리, 그들은 결코 배신해서 극적인 이익(T)을 얻을 수 없다. 그러나 그들은, 때로 보복이 증폭돼 교차함으로써 특히 서로에게 고통을 줄 덜 협조적인 전략에서, 혼자 배신을 당하거나 서로 배신을 저지르고 얻는 결과(S 또는 P)에 처하지도 않는다. 진화에서 한 전략이 다음 세대에 나타날 빈도는 앞 세대에서의 성공에 비례한다. 따라서 팃 포 탯 같은 전략이 성공적일수록, 동일한 전략을 쓰는 개체끼리 마주칠 확률이 더 커지며 상호 협동을 통해 보상을 얻을 가능성도 더 커진다. 그러므로 다윈주의의 사리사욕에서 벗어나 협동이 진화할 수 있다. 이기성에서 벗어나면 이타주의가 나온다.

이러한 협동은 보통흡혈박쥐(*Desmodus rotundus*)의 암컷들 사이에서 분명히 일어난다. 보통흡혈박쥐 암컷들은 야간 시찰 동안 음식을 발견하지 못한 둥지의 동료들에게 죽은 고기에서 얻은 피를 게워 준다.(Wilkinson 1984, 또한 Wilkinson 1985도 참조하라.) 대개 수혜자는 자식이거나 친척이지만 아무런 혈연관계가 없을 때도 있다. 이런 거래에서는 팃 포 탯 같은 협력이 일어날 기회가 많다. 미래는 긴 그림자를 드리운다. (수컷들 없이, 친족과 비친족으로 구성된) 암컷들은 종종 수 년 동안 한 둥지에서 함께 산다. 박쥐가 기부자일 때 게워 내는 비용은 상대적으로 낮지만 수혜자일 때 얻는 이익은 상대적으로 높다. (식량의 가치가 마지막으로 식사한 시점으로부터 시간이 흐름에 따라 현저히 증가하기 때문이다. 식량을 잘 구한 박쥐는 대개 필요 이상보다 많이 먹지만 일단 굶기 시작하면 몸무게가 급속도로 줄어들기 시작해서, 박쥐가 굶어 죽는 데까지는 3일 밖에 걸리지 않는다.) 식량을 못 찾는 일은 비일비재해서 같은 둥지의 어떤 구성원들(가장 자주 실패하는 어린 박쥐들은 제외하고라도)에게도 똑같이 일어날 수 있다. 그래서 기부자와 수혜자의 역할이 자주 바뀔 수 있다. 개체들은 서로를 인식할 수 있다. 두 박쥐들 사이의 혈연관계가 긴밀할수록, 먹이를 게워 주는 상대로 서로를 더 선호하는 경향이 있다. 제럴드 윌킨슨(Gerald Wilkinson)은 박쥐들이 팃 포 탯 전략을 가지고 죄수의 딜레마 게임에 참가한다고 할 때 기대되는 여러 조건들을 신중하게 조사했다. 그리고 그는 실제로 그들이 팃 포 탯 전략을 사용한다는 결론에 이르렀다.

녹색제비(*Tachycineta bicolor*)는 번식을 하는 성체들과 둥지 주위를 배회하며 둥지를 전복시킬 기회를 희망하는 (친척도 조력자도 아닌) 비번식자들 사이에 아마도 팃 포 탯 관계를 진화시켰을 것이다.(Lombardo 1985) 두 집단은 대개 서로를 완전히 공격하기보다는 상호 자제한다. 부모들은 비번식자들로부터 둥지 방어에 도움을, 비번식자들은 부모들로부터 알맞은 둥지 위치에 대한 정보를 얻을 수 있다. 마이클 롬바르도(Michael Lombardo)는 둥지 근처에 박제된 새 두 마리를 놓고 마치 이 새들이 새끼 두 마리를 살해한 것처럼 보이게 만들었다. 그가 이처럼 비번식자들의 배신을 연출했을 때 부모들은 박제된 새들을 공격하며 보복했다. 그러나 그들은 살아 있는 새끼가 되돌아왔을 때 배신자들을 재빨리 "용서했다." 올리브비비(*Papio anubis*) 수컷이 혼자 있는 상대에 대항하여 일시적인 (비친족들 간의) 연합을 형성할 때도(Packer 1977), 도움을 간청하는 개체가 최근 자신에게 털 고르기를 해 준 경우에 버빗원숭이(*Cercopithecus aethiops*)들이 (다시 말하지만 친족이 아닌) 상대를 훨씬 더 기꺼이 도우려 할 때도(Seyfarth and Cheney 1984), 남쪽난쟁이몽구스(*Helogale parvula*)가 친족이 아닌 "아이를 돌봐줄" 때도(Rood 1978), 큰가시고기들이 따라다니며 괴롭히는 포식자에게 함께 접근하는 위험한 임무에 착수할 때도(Milinski 1987), 그리고 산호초에 사는 암수한몸 물고기인 블랙햄릿(black hamlet, *Hypoplectrus nigricans*) 한 쌍이 산란기 동안에 (번식 투자를 적게 하는) "수컷" 배우자와 (번식 투자를 많이 하는) "암컷" 배우자의 역할을 순서를 바꿔 가며 할 때도(Fischer 1980), 틀림없이 동일한 동인이 작용할 것이다.

호혜적 이타주의자(reciprocal altruist)들은 서로를 인식하는 수단, 즉 선행을 하는 상대를 선호하고 그렇지 않은 상대를 제외시키는 식별 수단을 가지고 있어야만 한다. 그러나 그들이 이 작업을 위해 고도로 발달된 두뇌를 가질 필요는 없다. 아니, 두뇌는 전혀 필요 없다. 친족 선택에서 주목했던 것처럼 지능적인 식별과 동등한 기능을 가진 다른 수단이 그 역할을 할 것이다. 소라게와 말미잘처럼 서로 의존적인 두 종들 사이에서는 접촉이 지속적으로 일어날 수 있다. 혹은 기생충을 제거할 필요가 있는 물고기와 기생충을 제거하는 종들이 채택한 믿을 만한 장소 같은, 독특한 만남의 장소도 가능하다. 따라서 죄수의 딜레마 게임을 박쥐나 제비, 원숭이에게만 한정할 필요는 없다. 미생물과 그들의 숙주 역시 이 게임을 할 수 있다. 액셀로드와 해밀턴은 죄수의 딜레마 같은 분석 유형이 보통 선한 미생물들이 자신들의 숙주가 심하게 다쳤거나 죽을병에 걸렸을 때에 갑자기 치명적으로 돌변하는 이유를 설명해 준다고 추측했다. 이럴 경우에 미래의 그림자는 갑자기 움츠러든다. 미생물들이 다른 숙주들에게 퍼지기 위해 전염성을 띨 필요가 있다면 지금이 그 기회를 잡아야 하는 시간이다. 그리고 아마도, 그들이 제시했듯이 여성의 생식 세포에 있는 염색체들도 그녀의 번식 가능 기간이 끝나갈수록 동일한 일을 많이 한다. 이것은 부모의 연령이 증가할수록 자식들에서 특정한 종류의 유전적 결함이 증가하는 이유를 설명할 수 있다. 예를 들면 다운 증후군으로 고통받는 아이들은 21번 염색체를 한 벌 더 갖고 있다. 미래의 그림자가 짧아질수록, 앞서 세포 분열의 공정한 배분에 협조적이었던 염색체들은 죽는 극체(polar body)를 피해서 난자의 핵 속으로 들어가려고 배신을 할 수 있다. 그러나 배신(defection)은 결함(defection)을 낳는다. 그 결과로 이 배신자와 함께 난자의 핵 속으로 들어간 염색체들뿐만 아니라 부모에게도 안타깝게도, 자식은 여분의 염색체를 지닌다.

친족 선택과 호혜적인 이타적 협동은 이타주의를 설명하는 이론으로 잘 자리 잡았다. 훨씬 개성적인 설명은 자하비의 핸디캡 이론이다. 우리는 이미 이 이론을 성적으로 선택된 화려함에 대한 직관에 반하는 설명으로 다룬 적이 있다. 이타주의에 적용했을 때, 핸디캡 이론은 세계를 당혹스럽게 뒤집어 놓았다. 보초병처럼 행동하는 새를(자하비는 아라비아노래꼬리치레(*Turdoides squamiceps*)를 연구했다.) 고려해 보자. 그 새는 위험에도 불구하고 친족을 돕거나, 호의에 보답하기 위해 그렇게 행동하는 것일까? 자하비(Zahavi 1977, 1987, 특히 322~333쪽, 1990, 122, 125~129쪽)는 "전혀 아니다."라고 대답한다. 그 새는 스스로를 돕기 위해서, 또 그 일이 **위험하기 때문에** 보초를 서는 것이다! "내가 무엇을 할 수 있는지 봐." 노래꼬리치레는 동료들에게 그렇게 말한다. "나는 보초병의 의무를 짊어질 만큼 충분히 강하고 원기 왕성하고 기민해. 이 비용을 감당하고도 여전히 번성할 수 있어. 당신들도 여기에 의지할 수 있어. 오직 자질이 뛰어난 개체만이 스스로 핸디캡을 그렇게 많이 감당할 수 있어." 그래서 노래꼬리치레들은 "집단의 다른 구성원들이 보초병이 돼 시간과 에너지를 낭비

'이상한 일탈 행위'인가 아니면 이기적인 핸디캡인가?

보초병 과나코(huanaco)

"무리가 먹이를 먹을 동안 한 마리가 산비탈에 주둔하며 보초병처럼 행동한다. 그들은 위험한 모습을 보면 날카로운 경계의 울음소리를 내고 즉각 싸울 태세를 취한다. …… 그들은 …… 흥분을 잘하며, 때로는 기이한 행동에 몰두한다. 다윈은 다음과 같이 적었다. '티에라델푸에고의 산 위에서 나는 과나코를 한 번 이상 보았다. 과나코는 다가오는 물체를 향해 울고 꽥액 소리를 지를 뿐 아니라 겉보기에는 도전처럼 여겨지는 반항을 하며 굉장히 우스꽝스럽게 깡충거리고 뛰어오르기까지 했다.'"(허드슨, 『라플라타의 박물학자』에서 인용)

하게 놔두는 대신 그들을 대신해서 보초병이 되기 위해 …… 경쟁한다."
(Zahavi 1987, 323쪽) 사람들은 그들이 하루 중 가장 더운 시간에, 가장 오래 잠을 자지 않으며, 가장 위험한 위치를 차지하려고 경쟁하면서, 경비 임무를 놓고 서로 다투는 모습을 쉽게 볼 수 있다. 이와 같은 어려움은 성 선택의 맥락에서 이미 살펴보았던 제비에게도 해당된다. 이론적으로 여기에는 견실함을 과시하는 데 따르는 실질적인 이익이 있다. 비록 그 견실함이 심각한 비용을 부과할지라도 말이다.

마지막으로 자기희생적인 행동에 대한, 훨씬 사악한 설명이 있다. 우리는 그 행동이 실제로 자기희생적일 가능성과 다른 개체의 도구로 이용됐을, 희생양이 됐을 가능성을 고려해야만 한다. 우리는 이미 한 유기체가 다른 유기체를 자신의 이익을 위해 조종한다는 발상을 다룬 적이 있다. 불운한 새우는 포식자 앞에 스스로 굴복했고, 카나리아 암컷은 수컷의 노래에 저항할 수 없게 이끌린다. 아마도 몇몇 이타주의자들은 다른 생물의 몸속에 있는 유전자들의 영향을 받으며 다른 개체의 진화적인 곡조에 맞춰 춤을 추면서, 실제로 자기 자신의 이익에 반해 행동하는 진정한 이타주의자들일 것이다. 그렇다면 그들의 이타주의는 이 유전자들의 확장된 표현형의 발현이다. 그리고 선택적인 이점을 거두는 것은 이 유전자들이다.

자신도 모르게 뻐꾸기의 숙주가 돼 버린 새를 고려해 보자. 그들은 입양아의 요구를 만족시키기 위해 자기 자신과 자식들을 희생한다. 우리는 그들의 행동을 단순한 실수, 목적이 왜곡돼 버린 적응, 자연 선택에 따라 '의도된' 결말이라기보다는, 뻐꾸기가 자신의 목적을 위해 활용하는 미리 만들어진 생태적 환경으로 볼 수 있다. 이런 분석에서 뻐꾸기의 행동은 적응적으로 설명되지만 숙주의 행동은 그렇지 않다. 그들의 이타주의는 단지 일시적인 일탈 행위이며, 뻐꾸기와 그 피해자들 사이의 무기 경쟁에서 피할 수 없는 시간 차(time lag)의 결과일 뿐이다. 결국 숙주종들은 십중팔구 이 기생에 대항하는 방어 기제를 진화시킬 것이며, 그들을 착취하는 자들은 자신들의 속임수 기술을 개선시키거나 부모로서의 양육의 짐을 지울 순진한, 새로운 종들을 찾아내야만 할 것이다.(Brooke and Davies 1988) 이것이 하나의 견해다.

하지만 우리는 숙주의 행동을 뻐꾸기에게 이익이 되는 하나의 적응, 즉 뻐꾸기의 몸속에 담긴 조종 유전자의 적응적인 표현형적 효과로 볼 수 있다.(Dawkins 1982, 54~55, 67~70, 226~227, 233, 247쪽) 이렇게 분석하면 자기 자신의 운명을 통제하려고 발버둥치는 숙주와 자신의 지배를 한층 더 단단하게 하거나 더 쉬운 숙주로 이동하려고 애쓰는 뻐꾸기 사이의 무기 경쟁을 예상할 수 있다. 실제로 이러한 견해에서 우리는 숙주들이 맞대응할 것을 긍정적으로 기대한다. 어쨌든 여기에는 그들을 위한 것은 아무것도 없다. 이것은 완전한 희생이다. 모든 것을 주지만 아무것도 돌려받지 못한다. 자연 선택이 뻐꾸기가 성공하도록 허락했다는 것은 거의 다윈주의의 수치에 다름없어 보인다. 그러나 우리의 분개는 잘못된 대상을 향하고 있다. 우리는 그 숙주들이 자신들의 압제자들을 결코 따돌리지 못하는 상황에 처할지라도, 그들을 조직적인 실패자들로 보지 말아야 한다. 뻐꾸기와 그들의 숙주들에게 작용하는 선택압의 강도가 비대칭적인 것이 틀림없다. 숙주의 측면에서는 뻐꾸기의 조종에 대한 대항 적응에 비용을 투자할 가치가 없을지도 모른다. 뻐꾸기를 기르며 한 계절을 보내는 일이 번식 성공에 치명적이지 않을 수 있으며 어쨌든 숙주종의 개개 구성원들에게는 드문 사건일 수도 있다. 대조적으로 우리는 뻐꾸기들이 인상적인 진화의 싸움을 펼칠 것이라고 기대할 수 있다. 그들에게 이 경쟁은 삶과 죽음의 문제이기 때문이다. "뻐꾸기는 숙주를 성공적으로 우롱했던 선조들의 혈통을 물려받았다. 숙주는 그중 대다수가 평생 뻐꾸기를 전혀 마주치지 않았거나, 뻐꾸기에게 기생당한 후에도 성공적으로 번식했던 선조들의 혈통을 물려받았다."(Dawkins 1982, 70쪽) 따라서 뻐꾸기들은 아마도 그들의 성공의 일부를 '사느냐 먹히느냐의 원리(life-dinner principle)'에 빚지고 있을 것이다. "토끼는 여우보다 더 빨리 달린다. 왜냐하면 토끼는 목숨을 걸고 달리는 반면 여우는 오직 저녁을 위해 달리기 때문이다."(Dawkins 1982, 65쪽)

'사느냐 먹히느냐의 원리'는 무기 경쟁과 조종에 대한 일반적인 견해를 분명히 보여 준다. 양측에 작용하는 선택압의 강도에 불균형이 존재한다면, 조종자에게 영향을 주는 힘이 조종당하는 자에게 영향을 주는 힘보다 훨씬 더 중요하고 훨씬 더 절박하다면, 자연 선택은 착취당하는 자를 착취에서 구해 낼 가능성이 적을 것이다. "만약 조종자 개인이 조종 실패로 잃는 것이 희생자 개인이 조종에 저항하는 데 실패해서 잃는 것보다 더 크다면, 자연에서 조종이 성공하는 모습을 볼 것이라고 기대할 수 있다. 우리는 동물들이 다른 동물들 유전자들의 이해관계 속에서 움직이는 모습을 발견하리라 기대한다."(Dawkins 1982, 67쪽)

경계성을 내는 새에 대해 다시 한번 생각해 보자. 아마도 그 경계성은 동료들을 조종할 것이다. 인정컨대 그는 다른 구성원들에게 위험을 알리는 행동을 하며 자기 자신에게 주의를 집중시킨다. 그러나 동시에 안전한 장소로 떠나는 위험한 비행에서 동료들이 자신과 동행하게 해 몸을 숨길 곳을 제공받을 수도 있다.(Charnov and Krebs 1975, Dawkins 1976, 182~183쪽) 이 사례에서 다른 새들은 이용을 당하는 중일지라도 동시에 약간의 이익을 얻을 수도 있다. 하지만 조종이 한없이 이기적일 수도 있다. 이타적으로 보이는 보초가 잘못된 경계성을 내고는, 실제로는 아무 이득도 얻지 못한 다른 개체들이 도움을 되돌려 주게끔 만들지도 모른다. 아마존에서 적어도 두 종의 새들(라니오 베르시콜로(*Lanio versicolor*)와 탐노

마네스 스키스토기누스(*Thamnomanes schistogynus*))이 이렇게 행동하는 것으로 밝혀졌다.(Munn 1986) 그들은 여러 마리가 무리를 이루어 곤충을 찾아 나선다. 이 두 종의 구성원들은 각각의 무리 속에서 보초병으로 행동한다. 그들은 대개 무리가 남긴 곤충들을 먹고 산다. 새들이 같은 곤충을 놓고 서로 쟁탈전을 벌일 때 보초병이 가짜 경계성을 내면, 다른 새들은 정신이 산만해져서 보초병이 그 먹이를 차지할 가능성이 더 커진다. 왜 다른 새들은 이들이 사기를 치도록 내버려 두는 걸까? 다시 한번 그 해답은 아마도 선택압의 불균형에 있을 것이다. 때때로 속아 주고서 얻는 유용한 이익과 모든 경계성을 곧이곧대로 듣지 않아 입게 되는 치명적인 위험 사이의 불균형 말이다.

조종은 브루스 효과(Bruce effect)의 원인일 수 있다. 브루스 효과는 수컷 쥐가 최근 다른 수컷의 자식을 임신한 암컷을, 빨리 자신과 짝짓기할 수 있는 상태로 만들기 위해 수정란이 착상되는 것을 막아서 발정기 상태로 되돌리는 능력을 말한다. 다윈주의자들은 오랫동안 이 행동의 적응적인 의미를 이해할 수 없었다.(Wilson 1975, 154쪽이 그 예이다.) 그 수컷이 얻는 이익은 확실하다. 그러나 암컷은 이 자기희생적으로 보이는 상황에서 어떤 이점을 얻는단 말인가? 글쎄. 아마 아무것도 얻지 못할 것이다.(Dawkins 1982, 229~233쪽) 적응적인 이점은 수컷 쥐 속에 있는 유전자, 그 확장된 표현형의 발현으로 암컷이 수컷을 쉽게 받아들일 상태로 만드는 유전자가 얻을 것이다. 어쩌면 이것은 암컷이 '패배할' 운명의 무기 경쟁일 것이다.

그런데 조종에 대한 이 예시들은 모두 조종당하는 자와 조종하는 자가 물리적으로 분리됐다는 점에서 수컷과 카나리아 암컷의 사례와는 비슷하지만 기생충과 새우의 사례와는 다르다는 점에 주목하자. 뻐꾸기, 경계성을 내는 새, 수컷 쥐 등 조종자들은 조종하는 자와 멀리 떨어져서 유전적인 영향으로 작용한다. 그들은 자신의 희생자들 내부에 살지 않는다. 그들은 직접적으로 신체를 접촉해서 상대의 신체를 통제하지 않는다. 그들은 원격 조종으로 상대의 감각 기관, 중추 신경계, 두뇌에 다가가 힘을 발휘한다. 예를 들면 뻐꾸기는 새우 속의 기생충과는 달리 숙주의 몸속에 살지 않는다.

그래서 숙주의 내부 생화학을 조종할 기회가 더 적다. 그들은 조종을 위해 다른 매체, 예를 들면 음파나 광파 등에 의존해야만 한다. …… 그들은 눈을 이용해서 개개비의 신경계를 통제하기 위해 보통 이상으로 밝은, 벌린 입을 사용한다. 그들은 귀로 개개비의 신경계를 통제하기 위해 특별히 큰 구걸음(begging cry)을 사용한다. 뻐꾸기 유전자들은 숙주의 표현형의 발달에 영향력을 발휘하려 할 때, 원거리 작용에 의존해야만 한다.(Dawkins 1982, 227쪽)

자기도 모르게 하는 것일지라도, 우리는 조종에서 마침내 진정한 이타주의를 발견했다. 친족 선택, 상호 호혜적인 협동이나 핸디캡의 광고에서는 이타주의자 개인 혹은 이타적인 유전자들의 복제품들이 얻는 이익이 있었다. 조종에서 이타주의자는 오직 비용만 부담할 뿐이다. (아마도 제거하는 데 비용이 너무 많이 들어서 제거할 수 없는 비용일 것이다.) 그러나 이러한 시각은 지나치게 유기체 중심적이다. 이 모든 사례들에서 이타주의로 이익을 얻는 것은 이타주의 유전자다. 이 유전자를 이타적인 행동을 수행하는 유기체가 운반하느냐 아니냐에 대해 자연 선택은 관심이 없다. 자연 선택에게 중요한 문제는 이 유전자의 표현형 발현이 (선택의 대안이 되는 대립 유전자와 비교해) 그 유전자 자신에게 선택적인 이점이 있어야 한다는 것뿐이다. 그러므로 유전자 중심적인 견해에서는 조종이 특별한 사례가 아니다. 조종은 '이타주의'에 관한 유전자가 작동하는 방식을 정확히 설명함으로써 (다소 지루할 수 있다는 점은 인정하지만) 쉽게 이해될 수 있다. 친족 선택에서 '이타주의' 유전자는 가까운 친척들의 몸속에 있는 자기 자신의 복제품들을 돕는 중이다. 핸디캡의 광고와 상호 호혜적인 협동에서 '이타주의' 유전자는 자신을 보유한 유기체에서 표현형의 발현을 통해 스스로를 돕는 중이다. 그리고 확장된 표현형적인 조종에서, '이타주의' 유전자는 다른 유기체의 몸속에서 표현형의 발현으로 자기 자신을 돕는 중이다. 이런 분석에서는 개체들이 조종을 선호하는 이유를 알기 힘들다.

재분석된 '이타주의'

나는 유전자 중심적인 입장에서 바라보면 이타주의 문제가 완전히 해결된다고 장담했다. 근대 다윈주의는 너무나 강력한 해결책이어서 우리가 이룬 성취를 이해하기 위해, 이 모든 야단법석이 무엇에 대한 것이었으며, 이 어려움이 맨 처음 어떻게 생겨났는지를 상기시킨다.

이 문제는 고전 다윈주의의 중심 교리에서 비롯됐다. 고전 다윈주의의 중심 교리는 "'모든 복잡한 구조와 본능은 …… 보유자에게 유용 …… (해야만 한다.)', 자연 선택은 '결코 스스로에게 상처를 입히는 어떤 것도 만들어 내지 않을 것이다. 자연 선택은 개체 각자의 이익에 따라 또 이익을 위해서만 작용하기 때문이다."(Darwin 1859, 485~486, 201쪽, 또한 예로 84, 86, 95, 199, 233, 459, 485~486쪽도 참조하라.)이다. 이 교리는 이타주의, 타 개체를 위한 자기희생을 배제한다. 그러나 이타주의에는 무엇이 포함되는가? 어머니의 양육도 이타주의인가? 번식 성공은 다윈주의적인 이기주의의 일부분이기 때문에 어머니의 양육은 '보유자에게 유용한' 것으로 간주해야 하는가? 만약 자식을 돕는 것이 이타주의가 아니라면 다른 친족을 돕는 것은 왜 이타주의로 봐야 하는가? 덧붙여서 이 질문은 누가 도움을 받느냐에 대한 것뿐만 아니라 어떻게 도움을 받느냐에 대한 것도 포함한다. 몇몇 동물들은 동족을 잡아먹는다. 이웃을 잡아먹는 행위를 금지하는 일을 이타주의로 간주해야 하는가? 어떤 새들은 형제들을 둥지에서 쫓아낸다. 그렇다면 그렇게 행동하지 않는 것을 이타주의라고 보아야 하는가? 확실히 이타주의의 문제는 첫 인상 그대로, 정확함과는 거리가 멀다. 이 논란은 개체 중심적인 사고, 즉 '정상'으로 간주되는 것에 대한 비논리적인 동물 행동학의 전통들(자식에게 젖을 먹이는 것은 정상적이다. 자식을 먹는 것은, 비정상적이다. …… 음 …… 대개는 비정상적이다.)과 다윈주의적인 유기체들이 진화적인 불멸을 향해 노골적으로 폭력을 행사하며 자신의 길을 개척해 나간다는, 무비판적인 홉스주의자의 예측으로 조장됐다.

일단 이타주의를 설명하자 문제가 명확히 보였다. 오직 뒤늦게 깨달은 유전자 중심적인 사고를 통해서만, 다윈주의자들은 이타주의가 정말로 무엇인지, 또 왜 이타주의인지 뚜렷이 표현할 수 있었다. 그리고 그 결과로 오래된 직관들이 얼마나 잘못됐는지 밝혀졌다.

사냥한 동물을 먹는 사자 한 무리를 살펴보자. 자신의 생리학적인 요구량보다 더 적게 먹는 개체는 그 결과로 더 많이 먹게 될 다른 개체들을 위해 사실상 이타적으로 행동하는 중이다. 만약 이 다른 개체들이 가까운 친척들이라면 이런 절제는 친족 선택에 따라 선호될 것이다. 그러나 이런 이타적인 절제를 유발 가능한 돌연변이가 터무니없이 단순할 수도 있다. 충치를 유발하는 유전적인 성향이 개체가 고기를 씹는 속도를 늦췄을지도 모른다. 충치 유전자는 완전히 전문적인 의미에서, 이타주의를 위한 유전자이며 실제로 친족 선택으로 선호될 수도 있다.(Dawkins 1979, 190쪽)

충치가 이타주의라고? 이것은 성스러운 자기희생을 상상하던 방식이 결코 아니다. 그러나 이 논리는 난공불락이다.

이타주의의 문제에 대한 다양한 해결책들은 진행 중인 설명에 뭔가 석연치 않은 데가 있다는 여러 비평가들의 의심을 불러일으켰다.(Midgley 1979a, 440쪽, Sahlins 1976, 84쪽이 그 예이다.) 짐작컨대 이 느낌은 이 현상들을 통합하는 단일한 특성이 있으며, 거기서부터 하나의 통합된 해결책이 생겨난다는 생각에 기반을 둔 것 같다. 그러나 실제로 그런 것은 없다.

이타주의에 대한 최근의 관심에 고무돼서 생물학자들은 전에는 다윈주의의 시선에 잡히지 않던, 이타적으로 보이는 수많은 행동들을 추적하기 시작했다. 실제로 벌거벗은 임금님(실제로는 존재하지 않는데도 본인은 존재한다고 믿는 것)에 대한 투덜거림이 있다.

> 자연에서 실제로는 치열한 경쟁이 일어나지 않는다는, 위로가 되는 추정이 생물학계에서 나타나고 있다. 동물들은 일반적으로 동종의 다른 구성원들에게 이타적이거나 적어도 예의 바르게 행동하며, 동종 구성원들끼리는 서로에게 심각한 상처를 거의 입히지 않는다. 이것이 진실과 얼마나 거리가 먼지는 …… 자연 개체군 내 동족 포식(cannibalism)의 (규모로) …… 드러난다.(Jones 1982, 202쪽)

이러한 불평은 다윈주의의 역사에서 대개 상상도 할 수 없는 것이었다. 이타적인 행동은 1세기 동안 거의 논의되지 않았다. 최근까지도 근대 다윈주의자들은 이타주의가 문제를 제기한다는 사실을 인정조차 하지 않았다. 이 긴 시간 동안 무슨 일이 일어났을까?

12장

그 이전의 이타주의

❖

가장 잔혹한 자연

우리는 수수께끼를 대면하고 있다. 치열한 경쟁이 벌어지는 자연과 많은 동물들이 보여 주는 자발적인 자기희생은 서로 불일치한다. 수수께끼는 다원주의자들이 이 불일치를 인식하는 데 왜 그렇게 오래 걸렸느냐다. 어째서 최근에 와서야 이타주의가 하나의 문제로 널리 받아들여지게 됐을까? 다원주의자들은 대개 동물들이 온화하고, 온순하며, 포근하기보다는 잔인하고 무자비하며 이기적일 것이라 예측했다. 동시에 19세기 박물학자들은 이타적인 행동의 인상적인 레퍼토리에 익숙하기도 했다. 그렇다면 왜 이타주의가 다원주의에 대한, 악명 높은 이례가 되지 않았는가?

　해결책을 찾기 위한 첫 걸음으로, 자연이 치열한 경쟁이라는 배경 가정을 살펴보자. 다윈주의자들이 자연의 질서가 친절하기보다 험악하다고 기대하는 것은 당연하다. 어쨌든 유전자는 자기 자신을 위해 애를 쓴다. 다윈주의자들이 전통적으로 생각했던 것처럼 개체들이 타 개체(특히 자식)에게 주는 약간의 계산된 도움으로, 친절함의 허울을 주거나 받는다고 생각해도, 다윈주의는 여전히 다른 생명체들을 희생시켜 살아남는 이기적인 개체들로 이루어진 세상에 대한 것이다. 앞 장에서 우리가 조사했던 이타적으로 보이는 세련된 전략들을 검토하지 않아도, 생존 경쟁 중인 다윈주의적인 유기체들이 반드시 가차 없고 끊임없는 전투 속에 함께 묶일 필요가 없다는 점을 기억하는 일은 여전히 가치를 지닌다. 실제로 '생존 경쟁'이라는 문구는 유혈과 폭력이 난무하는 만남과 결사 항전, 강한 승자와 짓밟힌 약자를 떠올리게 한다. 그러나 자연 선택에 대한 가장 단순한 견해에서조차, 자연 선택은 여러 제약 조건들하에서 생계를 꾸리고 자원을 이용하며 생존과 번식을 위한 전략을 수립하는 방식에 해당한다. 적어도 표면적으로는, 이런 목적을 위한 수단들이 반드시 무자비하고 이기적일 필요는 없다. 경쟁은 자원을 독점하는 방식에 대한 문제라기보다는 가장 잘 착취하는 방법의 문제일지도 모른다. "사막 변두리의 식물은 가뭄에 대항해 생존을 위해 투쟁한다고 주장된다."(Darwin 1859, 62쪽) 혹은 경쟁은 주로 무장한 시합이나 위압적인 점령으로 이루어진다기보다는 감지하기 힘든 위장, 야간의 먹이 찾기나 낮은 포복의 형태로 이루어지는지도 모른다. 그래서 이기심이 반드시 잔인하거나 냉혹해 보일 필요는 없다. 경쟁은 다양한 형태로 이루어질 수 있다. 이러한 광의의 해석은 바로 다윈이 자신의 이론으로 포괄하려던 바였다. "나는 생존 경쟁이라는 용어를, 한 개체의 다른 개체에 대한 의존을 비롯해서, 광범위하며 비유적인 의미로 사용한다."(Darwin 1859, 62쪽) 그는 사막의 식물을 하나의 예시로 제시했다. 실제로 그는 맨 처음 사용했던 문구인 "자연의 전쟁"보다도, 생존 경쟁이 광의의 의미를 더 잘 전달하기 때문에 이 문구를 선택했다.(Stauffer 1975, 172, 186~188, 569쪽)

그럼에도 다윈과 월리스에게조차 전쟁에 대한 함축이 승리한 것은 당연한 일이다. 두 사람 모두 자연이 미소 짓고 있다고 생각한다면 오산이라고 강조하면서 생존 경쟁이라는 아이디어를 소개했다.

대부분의 사람들에게 자연은 조용하고 질서 정연하며 평화로워 보인다. 그들은 나무 위에서 노래하는 새들, 꽃 주위를 서성대는 곤충들, 나무 꼭대기를 기어오르는 다람쥐, 건강하고 활력 있는 상태에서 화창함을 즐기는 모든 생명체들을 본다. 그러나 그들은 보지 못한다. …… 이 아름다움과 조화와 즐거움을 가져온 수단이 무엇인지. 그들은 매일 끊임없이 수행되는 먹이 찾기를 보지 못하고 먹이 찾기의 실패가 약함이나 죽음을 의미한다는 사실을 알지 못한다. 적에게서 달아나기 위한 끊임없는 노력도, 자연의 힘에 대항한 반복적인 투쟁도 보지 못한다. 이 매일, 매시간 이뤄지는 투쟁, 쉴 새 없는 전쟁은, 그럼에도 자연의 아름다움과 조화와 즐거움을 생산하는 수단이다. …… 평범한 관찰자들에게는 야생의 동물과 식물들이 평화로운 삶을 보내며 별다른 문제가 없다고 여겨질지 모른다. …… (이러한) 시각은 매일 그리고 항상, 명백하게 진실이 아니다. …… 자연에서는 끊임없이 경쟁과 투쟁 그리고 전쟁이 진행되고 있다.(Wallace 1889, 14, 20, 25쪽, 또한 Darwin 1859, 62쪽도 참조하라.)

이러한 입장에서, 그들은 둘 다 라이엘이 경쟁이라는 과정을 제안해야만 했다고 강조하면서 종의 수에 행복한 균형, 혹은 평형 상태가 존재한다는 라이엘의 아이디어를 (올바르게) 거부했다. "메뚜기가 광대한 지역을 완전히 파괴해 인간과 동물들의 죽음을 유발할 때, 균형이 보존된다는 말은 무슨 의미인가? 라이엘 씨가 말한 메뚜기들뿐만 아니라 80만 명의 인간들을 해친 서인도 제도의 설탕개미(*Camponotus consobrinus*)들도 종의 균형을 보여 주는 예인가? 인간이 이해하기에 그것에는 균형은 없고, 종종 한쪽이 다른 쪽을 몰살시키는 경쟁만이 있을 뿐이다."(Wallace, 대략 1856년경에 쓴 『종에 대한 노트북(*Species Notebook*)』(1855~1859년), 49~50쪽, 원고, Linnean society of London, McKinney 1966, 345~346쪽에서 인용했다.) 다윈은 몇몇 예들에서는 "평형"이 "경쟁"보다 더 적절하다고 진정으로 생각했지만, 이 용어에 대해 월리스와 동일한 결론에 이르게 됐다. "내 생각에 이 단어는, 정지 상태라는 느낌을 너무 많이 표출한다."(Stauffer 1975, 187쪽)

당연히 다윈과 월리스의 해석은 표준적인 다윈주의의 견해가 됐다. 자연에 대한 이런 격렬한 이미지를 강하게 거부하고 생존 경쟁의 공동체적인 측면을 더 많이 강조하기를 원했던, 소수의 다윈주의자들이 제시한 반대 의견은 이 견해가 얼마나 표준적인지 보여 주는 한 지표다.(Montagu 1952는 이 움직임을 기록했다.) 이 비평가들은 경쟁에 집중하기를 거부하고 진화에서 협동이 하는 역할을 강조하며 일종의 대안적인 전통을 형성했다. 이러한 사고 방식의 초기 대표 주자는, 지금은 정치 활동으로 더 잘 알려진 지리학자이자 열성적인 박물학자인 크로폿킨이다. 이 사고 학파의 구성원들에게 여전히 고전으로 인식되는 그의 책,『상호 부조(*Mutual Aid*)』(1902년)에 실린 아래의 논평은 이 견해의 전형적인 시각을 보여 준다.

인간과 동물들의 사회적인 자질들은 내세우고, 반사회적이고 자신을 주장하는 본능들을 거의 건드리지 않은 채, 인간과 동물들이 모두 너무나 호의적인 양상으로 자연 속에 존재한다는 것이 이 책에 반대될지도 모른다. 그러나 이것은 피할 수 없다. 우리는 '냉혹한, 인정사정없는 생존 경쟁'이라는 말을 최근에 너무 많이 들었다. 모든 동물들이 다른 모든 동물들에 대항해서 이렇게 경쟁한다고 이야기한다. ······ 이 단언은 너무 많이 들어서 하나의 신념이 됐다. 그들에게 반대하려면 우선은 다른 양상으로 존재하는 동물과 인간의 삶을 보여 주는, 광범위한 일련의 사실들이 필수적이다.(Kropotkin 1902, 18쪽, 또한 1899, ii, 316~318쪽도 참조하라.)

크로폿킨과 그와 의견이 같은 사람들의 저서는 그들이 스스로를 지배적인 입장에 명백히 찬성하지 않는 쪽으로 본다는 점을 명료하게 드러낸다. 몇 번이고 그들은 자신들의 견해를 "정통적인 기준" 혹은 "일반적으로 인정되는 신조"(Montagu 1952, 43, 49쪽)라고 묘사한 것들과 대조한다. 그들 중 상당수가 정통적인 기준은 맬서스의 가정을 부적절하게 수용한 결과라고 보았다.(Kropotkin 1902, 68쪽이 그 예이다.) 우리는 맬서스의 영향에 대해 아래서 다룰 예정이다. 그들 중 일부는 다윈주의를 불명료하고 단순하게 인식한다. 그러나 그들의 불평은 대다수가 다윈 이론을 어떻게 해석하는지를 정확하게 진술한다.

　냉혹한 경쟁이 표준적인 해석이라는 또 다른 증거는, 다윈주의가 냉혹한 윤리관과 긴밀히 연결돼 있다는 사실이다. 너무 깊이 연결돼서 일부 다윈주의자들은 그것을 부인할 필요를 느꼈다. 다윈과 월리스는 생존 경쟁이 폭력적이며 갑작스러운 죽음, 싸움과 고통을 자주 수반한다는 사실을 받아들였다. 그러나 그럼에도 그들은 자연 선택이 잔인한 힘이라는 인상을 떨쳐 버리기를 열망했다. 그들은 이런 윤리적인 함축이 이 이론에 꽤 부당하게 강요됐다고 주장하며, 이 함축을 명백히 부인했다. 다윈은 『종의 기원』에서 생존 경쟁에 관한 장을, 안심시키는 말로 조심스레 끝맺었다. "이 경쟁에 대해 곰곰이 생각할 때, 우리는 자연의 전쟁은 쉴 새 없지 않으며, 아무런 공포도 없고 죽음은 대개 신속하게 일어나, 활력 있는 자, 건강한 자, 행복한 자들이 생존해 번식한다는 완전한 믿음 속에서 자신을 위안하게 될지도 모른다."(Darwin 1859, 79쪽) 월리스는 윤리적인 측면이 너무 많이 오해를 받아서 세부적인 논의들도 동일한 방식으로 정당화될 정도라고 느꼈다.(Wallace 1889, 36~40쪽) 그는 "'흉폭한 자연(nature, red in tooth and claw)'이라는 시인의 그림은, 우리의 상상으로 사악한 의미가 부여된 그림이다."(Wallace 1889, 40쪽)라고 결론 내렸다. 그런데 자연 속 경쟁의 받아들일 수 없는 측면들에 장밋빛을 입히려는 시도는, 다윈 이전의 박물학과 공리주의적 창조론자들의 신정론 내에서는 표준적인 활동이었다.(예로 Blaisdell 1982, Gale 1972, Young 1969를 참조하라.) 다윈과 월리스는 진부한 노선 위를 걸어가고 있었다.

여러 가지 영향들이 결합해서 자연은 치열한 경쟁이라는 견해를 끊임없이 강화했다. 그중 하나가 고전 다윈주의가 사회적인 행동을 공정하게 다루는 데 실패한 것이었다. 그 결과로 다윈주의자들은 생존 경쟁을 무자비한 환경에 대항해 싸우는 외로운 개체들로만 해석하려는 성향을 지니게 됐다. 고전적인 사고에서는 자신을 제외한 다른 유기체들을 동종 구성원들까지도, 사회적인 존재라기보다는 배경의 정지된 일부분으로 보는 경향이 있다. 그래서 생존 경쟁은 환경에 대한 투쟁과 다소 비슷하다. 이기적인 유기체들은 다른 개체들과 협조하거나 공유하지 않으며 그들을 추적하고, 피하거나, 먹음으로써 자신의 목적을 달성한다. 고전 다윈주의는 다른 개체에게 평화롭게 털 고르기를 해 주는 사회 집단의 한 구성원에 대한 이미지보다는 불행한 먹이를 찢는 사나운 포식자의 이미지를 더 쉽게 상기시킨다.

두 번째로 이런 인식을 강화한 영향은 자연의 무책임해 보이는 생

가장 잔혹한 자연

남아메리카의 새를 잡아먹는 거미

"우리는 자연의 밝은 측면을 기쁘게 바라본다. …… 우리는 주위에서 한가롭게 노래하는 새들이 대개 곤충이나 씨앗을 먹고 살면서 끊임없이 생명을 파괴하는 중이라는 사실을 잊어버린다. 혹은 우리는 이 가수 또는 그들의 알들이나 어린 새끼들이 육식 조류와 동물들에게 얼마나 많이 희생되는지를 잊어버린다."(다윈, 『종의 기원』에서 인용)

산력인, '높은 수태력(superfecundity)'이었다. 다윈 이론에 따르면, 개체들은 번식하며 그들의 수는 선택의 맹공격으로 줄어든다. 그러나 이 원리만으로는 놀랄 만큼 엄청난 생식력이 생명계에서 거의 보편적으로 나타난다고 주장할 수 없다. 예를 들면 다윈은 동물들 중에서 가장 느리게 번식(지금은 r 선택(r-selected)에 대비되는 K 선택(k-selection)이라고 알려진 번식 전략, 즉 양보다는 질을 추구하는 번식 전략)한다고 알려진 코끼리의 번식률을 계산했다.(Darwin 1859, 64쪽) 그는 코끼리를 억제하지 않고 내버려 둔다면, 적게 잡아도 암수 한 쌍이 500년 안에 1500만 마리로 증가할 것이라고 결론 내렸다.(교정된 수치는 Darwin 1869, 1869a, Peckham 1959, 148쪽을 참조하라.) 자연이 엄청난 번식 속도를 선택할 수 있다는 생각은 다윈이 자신의 이론을 발전시키던 1830년대에 수행된 독일의 생물학자 크리스티안 고트프리트 에렌베르크(Christian Gottfried Ehrenberg)의 연구로 놀랄 만한 실험적 지지를 얻었다.(Gruber 1974, 161~162쪽) 그의 발견들은 미생물에 대한 것이었는데 다윈에게 큰 인상을 남겼다. 그는 자신의 공책에 다음과 같이 썼다. "며칠 안에 수백만 개체로 증식하는 적충류(Infusoria)의 막대한 번식에 대한 에렌베르크의 논문을 읽고, 사람들은 한 동물이 실제로 그렇게 엄청나게 번식할 수 있다는 사실(de Beer et al. 1960~1967, 2(3), [C] 143)에, 또 눈에 보이지 않는 한 극미동물이 4일 내에 2스톤의 정육면체를 형성할 수 있다는 사실에 의문을 가질지도 모른다."(de Beer et al. 1960~1967, 2(4), [D] 167) 다윈은 또한 맬서스와 자신의 할아버지였던 에라스무스 다윈(Erasmus Darwin), 라이엘, 자연 탐구자이자 박식가였던 알렉산더 폰 훔볼트(Alexander von Humboldt)처럼 존경하는 여러 다른 저자(그들 중 일부는 맬서스 학파에 속했다.)의 저서에서 높은 수태력이 얼마나 광범위하게 나타나는지 살펴볼 준비가 돼 있었다.(Gruber 1974, 161~163, 174쪽) 물론 높은 번식률이 반드시 사납고 가차 없는 행동을 의미하지는 않는다. 특히 대다수의 살해가 삶의 아주 초기 단계에서 일어난다는 사실을 고려할 때 더욱 그렇다. 그럼에도 그것은 예상대로 다윈 이론에 내재된 도태에 대해, 더욱 냉혹한 사실들을 보여 주었다. 게다가 다윈주의자들에게는 인간이 아닌 동물들의 번식률이, 대개는 인간보다 훨씬 더 높기 때문에 맬서스가 인간에 대해 예측했던 심각한 결과들이 동물 세계에서는 훨씬 더 큰 힘을 발휘할 것 같았다. 월리스가 말했던 것처럼, "동물들은 …… (인간들보

다) 두 배에서 수천 배 가량 더 큰 증식력을 (갖고 있다. 따라서) …… 연간 살해율 역시 몇 배 더 클 것이 틀림없다."(Linnean Society 1908, 117쪽) 또 19세기 다윈주의자들은 자연 신학에서 온 높은 수태력의 개념에 친숙했다.(Grinnell 1985, 61쪽이 그 예이다.) 비록 이 사고 학파에서는 그것이 자연의 은혜, 예를 들면 포식에 따른 명백한 악의 소탕(Paley 1802, 476, 479~481쪽이 그 예이다.)과 연결되거나 (신의 통합적인 계획의 조짐으로 추정되는) 풍부함의 증거를 제공했지만 말이다.

세 번째로 맬서스의 유산 역시 다윈주의자들이 자연을 보던 잔인한 시각에 반영됐다. 잔인함은 맬서스의 세계관에 스며들어서, 생존 경쟁이라는 아이디어와 함께 다윈주의로 들어갔다. 맬서스의 생각은 다윈 이론이 발달하는 데에 큰 영향을 미쳤다. 다윈과 월리스는 자신들이 경쟁의 중요성을 깨달을 수 있었던 것을, 다른 어떤 사상가보다도 맬서스의 덕으로 보았다. 맬서스의 경쟁은 확실히 잔인하고 냉혹하다. 물론 다윈주의는 이처럼 호감이 가지 않는 함축을 배제하고 투쟁의 아이디어를 통합시킬 수 있다. 그러나 그렇게 하지 않은 그럴듯한 이유가 있다. 실제로 맬서스의 이론에서 자연 세계는, 맬서스가 묘사한 인간 사회보다 훨씬 더 잔인하고 냉혹하게 나타난다. 인간 개체군의 성장 억제에 대한 맬서스의 묘사는 다윈의 견해에서 ('문명화된'(그리고 보다 덜 야만적인) 인간들에서처럼 수확량, 주거지나 병원을 개선시켜 이러한 억제를 경감시킬 힘이 없는) 다른 유기체들에 대한 억제의 극단적인 심각성과 필연성을 훨씬 냉혹하게 강조하는 데 기여했다. 다윈은 생존 경쟁이 "전체 동물계와 식물계에 여러 가지 힘을 행사하며 적용된 맬서스의 원칙이다. 이 경우에는 먹이를 인위적으로 증가시킬 수 없고 혼인을 신중하게 규제할 수 없다."라고 말했다.(Darwin 1859, 63쪽) 그래서 월리스는 다음과 같이 말했다. "기아와 가뭄, 홍수와 겨울의 폭풍은 인간보다 동물들에게 훨씬 더 큰 영향을 미칠 것이다.”(Linnean Society 1908, 117쪽) 맬서스에 따르면 인간 사회는 잔인할 수 있다. 다윈과 월리스에 따르면 “문명화되지 않은” 자연은 훨씬 더 잔인했다.

덧붙이자면 이것은 다윈주의자들이, 맬서스의 인간 사회가 비인간 사회와는 다르다고 생각했던 여러 가지 측면들 중 오직 한 면일 뿐이다. 이 측면은 다윈주의자들은 맬서스의 이론을 정치적인 함축이 가득한 채로 온전히 인계받았다는 주장과 관련된다.(Young 1970, 1971이 그 예이다.) 많은 논평가들, 특히 카를 마르크스(Karl Marx)(Meek 1953, 25쪽)는 맬서스의 이론은 인간 고통의 정치적인 원인에 대한 관심을 다른 데로 돌렸다고 올바로 주장했다. (그러나 맬서스의 핵심은 우리가 이 “불가피한 것”을 피할 수 있는 힘을 가졌다는 점이었다.) 이 이론이 인간 고통의 원인을 “불가피한” “자연법칙”으로 돌린 것처럼 보였기 때문이다. 그럼에도 다윈과 월리스가 맬서스의 이론에서 발견한 것은 “자연적인” 것으로 가장한 사회적인 요인들이 아니라, 그들이 “자연화”시켜야만 했던 사회 이론이었다. 일례로 (60년 뒤에) 월리스가 자신에게 가장 큰 인상을 남긴 것으로 뽑은 맬서스의 문구를 들어 보자. 인간 개체군에 대한 억제 중 자연적인 것이 얼마나 적은지, 또 인간이 만들어 낸 것이 얼마나 많은지 살펴보는 일은 놀랍다. 가뭄, 질병과 유아 사망률은 자연적인 사건처럼 보이지만 이 경우에 맬서스는 그것들이 언제나 인간의 개입으로 야기된다고 말한다. 예를 들면 식량과 물 부족은 억압적인 정부가 재산에 대한 불안감을 불러일으킬 때 밭을 태우고 우물을 메우며, 강탈을 하는 적이나 관개 시스템의 고장에 따라 야기된다. 유아 사망률은 부분적으로는 가부장적 압제의 결과다. 가부장적 압제는 여성들이 그들 자신과 같은 끔찍한 운명에서 자식을 구해 내기 위해, 딸들을 살해하게 만든다. 따라서 개체군에게 억제를 가하는 것은 환경이라기보다는 적이며, 자연의 경제학이라기보다는 사회적이며 정치적인 압력이다. 월리스는 맬서스의 저서에서 이 문구를 읽은 후에 "나는 인간들 사이의 전쟁과 강탈, 대학살이 동물들에서 초식 동물에 대한 육식 동물의 공격에, 또 약자에 대한 강자의 공격에 해당된다고 보았다."(Linnean Society 1908, 117쪽) 이 사례들이 제시하듯이, 번성할 자와 궁지에 부딪칠 자를 결정하는 특성들은 맬서스의 세계와 다윈의 세계에서 완전히 다르다. 실제로 다윈 이론의 근본이 되는, 개체들의 변이에 대한 체계적인 선택이라는 발상이 맬서스의 이론에는 부재한다고 보는 견해(Bowler 1976, Hirst 1976, 20~21쪽, Manier 1978, 77~78쪽이 그 예이다.)가 있다. 맬서스의 이론에서 이 발상의 대응물은 무차별적인 도태다.

자신들의 생각에 맬서스가 미친 영향에 대한 다윈과 월리스의 주장에 역사가들은 의문을 가졌다고 여겨지며(Bowler 1984, 162~164쪽, Herbert 1971, Manier 1978, Schweber 1977, Vorzimmer 1969가 그 예이다.), 다윈과 월리스가 그의 덕으로 돌리는 직접적인 역할을, 맬서스가 하지 않았을 가능성도 분명히 있다. 그럼에도 우리는 맬서스의 염세주의가 19세기 초의 사고에 얼마나 엄청난 영향을 미쳤는지 기억해야만 한다.(Young 1969) 페일리와 『브리지워터 보고서』의 지나치게 감상적인 낙관주의조차 그의 견해에 반응해서 완화됐다. 그리고 앨프리드 테니슨(Alfred Tennyson)의 "흉폭한 자연"은 다윈의 관점에 대한 묘사가 아니었다. 이 시는 다윈주의가 나오기 이전인 1850년에 출간됐으며, 당시 과학의 안팎에서 흔하던 자연에 대한 견해를 반영했다.(Gliserman 1975) 다윈과 월리스는 자신들의 동년배들과 마찬가지로 이 암울한 전통의 계승자였다.

네 번째로 가능성 있는 영향은 흔히 경제학의 자유방임주의(laissez-faire)적인 사고가 거론된다. 이 사고가 다윈이 자연을 단호하고 냉혹한 곳으로 해석하게 만들었다는 것이다. 아마도 경제 철학은 실제로 다윈의 이론에 영향을 미쳤을 것이다.(Schweber 1977, 1980이 그 예이다.) 그러나 이 영향이 자연을 냉혹하게 보는 견해에 특히 잘 부합되는지는 확실하지 않다. 대부분의 자유방임주의적인 경제학자들은 '보이지 않는 손(hidden hand)'의 선행을 강조했다. 그들의 눈에는 경쟁의 최종 결과가 잔혹하다기보다는 유순해 보였다. 그리고 그들의 사회 모형은 근본적으로 낙관적이었다. 실제로 그들의 이러한 장밋빛 결론을 끌어낸 데 대해서 널리 비판받았다. 마르크스는 자본주의하에서는 계급 간에 진정한 이해 충돌이 없다고 주장했던 이 경제학자들의 회피적인 태도와, 맬서스의 정직함을 냉소적으로 비교했다.(Meek 1953, 124, 164쪽이 그 예이다.)

끝으로 다윈주의적인 자연은 인간 사회에 대한 동시대의 이론들뿐만 아니라, 빅토리아 시대의 자본주의가 제공한 생활 모형 역시 반영하고 있다고 흔히 주장됐다.(Bernal 1954, 467~468, 748쪽, Bowler 1976, 1984, 164쪽, Gale 1972, Harris 1968, 105~107쪽, Ho 1988, 119~120쪽, Montagu 1953, 173쪽이 그 예이다.) 그러나 이러한 주장은 다윈주의자들이 자본주의를 추악한 것으로 본다고 가정한다. 이와는 대조적으로 그들이 속했던 특권층의 지배적인 입장은, 경쟁이 진보로써 보상받으며 이 진보가 고통을 개선한다고 가정하는 일종의 낙관주의였다는 견해도 있다.(Schweber 1980, 271~274쪽)

보이지 않는 이타주의

이러한 흉폭한 배경하에서 사람들에게 이타주의가 심각한 문제로 보였으리라고 기대하는 것도 당연하다. 자연을 대충 힐끗 쳐다보기만 해도 이러한 의심이 생기는 것 같다. 어쨌든 박물학자들은 털 고르기, 음식 공유, 방어 등 이타적으로 보이는 행동들을 잘 알고 있었다. 그러나 이타주의의 문제는 거의 논의되지 않았고 체계적으로 다뤄지지 않았다. 어째서 그랬을까?

초창기 다윈주의 이론을 살펴보면, 즉시 그 요인을 하나 파악할 수 있다. 바로 비용을 이해하지 못했다는 점이다. 고전 다윈주의는 적응적인 장점을 추적할 준비가 잘돼 있었지만 단점을 찾아내는 데에는 상대적으로 서툴렀다. 이타적으로 행동하는 개체에게 불리한 점이 인식되지 않는 한, 이타주의는 아무런 문제도 없어 보인다. 이타주의를 이례적인 것으로 만드는 것은 이타주의자에게 순 비용이 수반된다는 혹은 수반되는 것 같다는 통찰이다. 이 비용들이 간과되거나 심각하게 과소평가될 때, 이타주의는 어려움으로 여겨지지 않는다. 덧붙여서, 고전 다윈주의는 사회적 행동에 거의 주의를 기울이지 않았다. 가장 놀라운 형태의 이타주의가 발견되리라고 직관적으로 기대되는 영역은, (비록 이타적 행동을 구성하는 것이 무엇이냐가 모호했지만) 매우 오랫동안 다윈주의의 주된 관심사였던 구조적 적응이 아니라 사회적인 영역이었다. "이타주의라는 성가신 문제는 …… 사회적 행동에 대한 다윈 이론의 가장 큰 장애물이었다."라고 주장됐다.(Gould 1980a, 260쪽) 고전 다윈주의에서 사회적 행동에 대한 이론이 약했던 점 역시, 이타주의를 문제로 인식하는 데 장애물로 작용했다고 주장됐다.

우리는 이 책의 앞 장에서 고전 다윈주의의 특성들을 대체적으로 살펴보았으며, 마지막 장에서 이러한 특성들이 이타주의를 다루는 데 미친 영향을 자세히 살펴볼 예정이다. 이제부터 나는 우리가 지금까지 거의 건드리지 않았던 역사 속의 중요한 발전 하나를 드러낼 예정이다. 이 발전은 처음에는 이타주의를 해결해야 하는 하나의 문제로 인식하지 못하게 만들었다가, 결국에는 그렇게 인식시키는 데 중요한 역할을 수행했다. 그것은 선택이 개체보다 상위 수준에서 작용한다는, 공공의 이익에 호소하는 생각이다.

적응은 무엇의 이익을 위한 것인가? 근대 다윈주의에 따르면, 적응은 자기를 표현형으로 발현시킨 유전자들의 이익을 위한 것이다. 고전 다원주의에 따르면, 적응은 자신들을 보유한 개체의 이익을 위한 것이다. 항상 그렇지는 않지만 대개는 그랬다. 20세기 동안 또 다른 사고의 흐름이 표준적인 견해 속을 점점 굽이치며 나아가게 됐다. 다시 한번 경계성을 내는 새들을 생각해 보라. 개체 중심적인 다원주의에서 이 행동은 이타적이며 비적응적이고 문제가 많다. 유전자 중심적인 다원주의에서 이 행동은 단지 겉보기에만 이타주의인 적응적인 행동이고 아무런 문제도 제기하지 않는다. 이제 그것을 '공공의 이익(greater-good)' 관점에서 살펴보자. 이 관점에 따르면, 경계성은 이타적이지만 그럼에도 여전히 적응적이다. 이타적인 개체(혹은 경계성 유전자)에게는 적응적인 이점이 없지만 그 이타주의자가 속한 집단이나 개체군 혹은 종에게는 적응적인 이점이 있기 때문이다.

보다 상위 수준에서의 공공의 이익이라는 사고 방식은 다원주의의 초창기부터 발견된다. 우리는 다윈과 월리스에서조차 이런 예들을 종종 찾아볼 수 있다. 이 견해는 1920~1960년대 중반의 다원주의자 세대들에서 훨씬 더 보편화됐다. 이 시기에 개체의 이해를 넘어 더 높은 수준에서 작용하는 선택이라는 도플갱어가 다원주의 이론에 그늘을 드리웠다. 이 공공의 이익이라는 입장을 너그럽게 받아들이면, 이타주의의 문제는 쉽게 해결됐다.

혹은 그럴 것이라 여겨졌다. 오늘날 이러한 결론은 우리를 놀라게 한다. 이타주의 문제를 현재 다원주의가 이해하는 측면(우리가 방금 조사했던 해결책들)에서 살펴보면, 이 공공의 이익 견해는 문제를 해결하기는커녕 훨씬 강렬하게 제기할 뿐이라는 점이 분명해진다. 성스러운 자기희생이 이기심에 침해될 가능성은 활짝 열려 있다. 살아남아 번성하여 미래 세대에 전해지는 것은 이기적인 수혜자들이지, 다른 개체들을 위해 삶의 필수품들 혹은 삶 그 자체를 포기한 개체들이 아니다.

왜 이런 사실이 (1960년대까지) 이 견해를 받아들였던 많은 다원주의자들에게는 이처럼 분명해 보이지 않았을까? 그 이유가 특이하다. 공공의 이익이라는 생각이 영향을 미쳤을지라도, 그것은 노골적으로 드러나는 일이 드물거나 아예 언급되지 않거나 혹은 의식적으로 인정조차 되지 않는 모호한 배경의 가정에 지나지 않았다. 그것은 개체 수준의 선택에 대한 신중하게 마련된 대안이기는커녕, 매우 산만하고 모호해서 대안 이론이 될 만하지 않았다. 다음의 네 장에 걸쳐 더욱 상세히 살펴볼 것처럼, 집단이나 종 혹은 다른 상위 수준 존재의 이익에 호소하는 견해는 너무 느슨하고 모호해서, 종종 이 이론의 입안자들이 무슨 생각을 가졌는지 정확히 말하기가 힘들다.

액면가 그대로 받아들이면 이 공공의 이익 이론은 대담한 주장을 하고 있다. 그들은 자연 선택이 오직 '의도되지 않은' 부수 효과로써만 유전자 빈도에 변화를 일으킨다고 생각한다. 또 자연 선택은 대안적인 대립 유전자들을 대상으로 이루어지는 것이 아니라 대안적인 개체군들을 대상으로 이루어지며, 무리 전체를 보존하거나 흔적도 없이 사라지게 만들면서, 개체(혹은 유전자)뿐 아니라 전체 집단에도 작용할 수 있는 것으로 생각한다. 이런 선택은 개별 구성원들의 특성으로 환원될 수 없는, 오직 집단의 특성인 적응들에 작용한다. 그리고 이 적응들은 때때로 개체와 집단을 모두 선호할지라도, 자연 선택이 개체 수준에서 선호할 수 있는 것과는 반대될 수도 있다. 개체들은 타 개체들을 살리기 위해 위험을 무릅쓸 것이고 타 개체들을 먹이기 위해 굶주림을 참아 낼 것이다. 자연 선택은 개체의 투쟁에 영향받지 않고 대신 상위 수준의 존재에 전념하며, 한층 고차원적인 수준에서 적응적인 조화를 판단하고, '공공의 이익'을 증진시킨 집단들에게는 보상을 주고, 구성원들이 자기 자신의 이기적인 목적만을 추구한 집단들은 처벌하면서, 개체들의 사소한 적응들을 거칠게 다룰 수 있다. 그러니 액면 그대로 보면 대담한 주장들이다.

그러나 우리는 '집단(또는 종, 또는 무엇이든지 간에)의 이익' 같은 용어들을 통설에 대한 명백한 도전의 징후로 보아서는 안 된다. 훨씬 자주, 이 용어들은 쾌활하고 천진하게 사용된다. 이따금 이 용어들은 단지 '개체의 이익'을 의미하는 표현 방식에 지나지 않는다. 때때로 그들은 상위 수준에서의 선택과 관계있다. 그러나 그 주장은 종종 순진해서, 이러한 종류의 선택이 자연 선택의 정상적인 작용에서 철저하게 벗어나며, 따라서 이 선택을 추진시키려면 근본적으로 다른 기제가 필요하다는 사실을 알지 못하는 것처럼 보인다.

몇십 년 동안, 다윈주의자들은 자신도 모르게 통설과 이설의 이상한 혼합체를 보여 주었다. 때때로, 매우 드물게 그들은 다윈과 월리스, 또 그들의 동년배가 내세운 개체 수준의 통설을 설파하고 실행했다. 때로 그들은 '공공의 이익'이라는 개념에 심하게 의존하면서, 단지 통설을 지지하는 척만 했다. 오랜 시간에 걸쳐서 그들은 상위 수준의 설명들을 양해를 구하지 않고 무신경하게 사용했다. 자신들이 통설의 원칙들을 훼손한다는 사실을 깨닫지 못한 채로. 아니, 실제로는 통설이 무엇인지 명백히 인식하지 못한 채로.

대략 1920~1960년에는 '신다윈주의(Neo-Darwinism)'의 모든 모형들이 경쟁하는 개체들보다 높지 않은 수준에서 이루어지는 선택에 대한 것이었던 반면, 생물학 문헌들은 전반적으로 신다윈주의에 대한 신뢰를 점차 표명하면서도, 동시에 거의 모두 '종의 이익' 측면에서 적응을 해석하는 이상한 상황이 펼쳐졌다.(Hamilton 1975, 135쪽)

이 견해들은 종종 진지하게, 심지어는 무의식적으로 받아들여지기 때문에 우리는 그 영향력을 과소평가하지 말아야 한다. 이러한 믿음들은 서서히 더 많이 퍼질 수 있다.

> 종들은 …… 멸종을 피하려는 공동 의지를 가지는가? 아니면 공공의 이해관계와 비슷한 어떤 것을 가지는가? **현대의 어떤 생물학자도 이러한 요인들이 종의 역사에 작용한다고 공공연히 주장하지 않는다. 그러나 나는 생물학자들이 무의식적으로 이러한 사고에 영향을 받는다고 믿으며, 몇몇 저명하고 유능한 학자들에게도 이 점은 똑같이 적용된다.**(Williams 1966, 253~254쪽)

이런 측면에서 이타주의의 문제가 거의 인식된 적이 없다는 내 주장은 이상해 보일지도 모른다. 확실히 '공공의 이익주의(greater-goodism)'에 대한 것은 이게 전부다. 자연 선택이 적어도 일부 개체들을 납득이 가지 않을 정도로 부당하게 취급하지 않는 한, 더 상위 수준을 들먹이는 이유는 무엇인가? 나중에 자세히 살펴보겠지만 이 상위 수준의 설명은 이타주의의 고비용과 그것이 문제를 제기하는 이유를 그다지 많이 이해하지 못한 듯하다. 그들의 진짜 관심사는 '사회적'인 것이다. 처음 반세기 동안, 사회적인 적응들을 무시해 왔던 다윈주의는 점점 그 주제에 호의적인 관심을 보이기 시작했다. 그러나 불행히도 이 관심은 사회적인 특성들에 대한 개체의 적응이 아니라, 전체 사회의 공동 특성에 대한 것이었다. 개체의 사회적인 적응들은 거대한 조직의 구성 요소로서만 관심을 받았다. 질문은 대개 "이 적응들이 그 보유자들에게 어떻게 이익이 되는가?"가 아니라 "집단에 어떻게 이익이 되는가?"였다. '사회적인'이라는 발상이 한낱 개인보다 훨씬 중요한 어떤 것의 이익이 걸렸다는 모호하고 공손한 감정을 불러일으키는 것 같았다. 사회적인 특성들은 사회적인 수준에서 선택돼야만 하는 특성들로 보였다. 따라서 '공공 이익주의'는 주로 이타주의가 아니라 개체와 집단 사이의 갈등과 관계가 있었다. 이타주의를 인정하고 상위 수준에 적용한 것은, 자기희생에 문제가 있어 보여서가 아니라 그것이 '사회적'이라고 여겨지기 때문이었으며 상위 수준이 모든 사회적 특성들에 걸맞았기 때문이었다. 이타적 행동들은 보유자에게 직접적으로 이익이 되는 적응으로 거듭해서 완전히 통합됐다. 경계성을 내는 위험은 따스하게 서로 부둥켜안거나 혹은 무리의 다른 개체들과 안전하게 머무는 확실한 이익과 한 덩어리로 합쳐졌다. 따라서 높은 수준의 설명은 비교적 극기심이 많은 구성원들 몇몇이 아니라 전체로써 집단에 이익을 주는 형질들을 다루기 위해, 나중에 생각이 나서 동원된 것일 뿐이었다. 그러므로 우리는 공공의 이익 설명을 일상적으로 사용했다는 사실이, 이타주의의 문제가 일상적으로 인식됐다는 징후가 아니라는 점을 알아야 한다. 오히려 이러한 시각들은 이 이슈를 혼란스럽게 만들고, 제기됐어야 하는 질문들을 이해하기 어렵게 만드는 장애물로 작용했다.

이 모든 상황들 뒤에는 집단의 복지와 개개 구성원들의 복지 사이에 대체로 아무런 갈등이 없다는, 또 '진정한 자기 사랑과 사회적인 것은 대체로 동일한 것이라는', 거의 명시된 적이 없으며 종종 인식되지도 않았을 은밀한 가정이 있었다. 이것은 개체 (혹은 유전자) 중심적인 다윈 이론보다는 낙관적인 자연 신학이나 대충 쓰여진 자본주의 옹호서에서 더 자주 보이는 일종의 낙관적인 희망이었다. 여기에 덧붙여서 개체와 집단 사이에 갈등이 존재한다면, 집단이 대개 이길 것이라고 무심코 가정됐다. 예를 들면 일부 다윈주의자들은 대부분의 적응들이 '전체에 이익이 된다는 점(good-for-all-ness)'과 비교해서, 성적으로 선택된 장식들의 '이기성'에 경악하며 주목했다는 사실을 기억하라. 여러모로 혼자만 겉도는 것은 집단의 이익을 증진하는 사심 없는 이타주의라기보다는, 집단의 이익과 갈등하는 이기적인 성적 장식이었다.

지나치게 단순화된 공공 이익주의의 영향력 있는 원천은 워더 클라이드 앨리(Warder Clyde Allee)와 앨프리드 에드워즈 에머슨(Alfred Edwards Emerson)을 주축으로 한, 시카고에 기반을 둔 생태학자들의 집단이었다.(Allee 1938, 1951, Allee et al. 1949, Emerson 1960가 그 예이다. 또한 Collins 1986, 264~268, 279~283쪽, Egerton 1973, 343~347쪽도 참조하라.) 실제로 다윈 이론에서 이 에피소드를 부채질한 것은 부분적으로는 몇몇 초창기 생태학 연구의 모호한 세계관이었다. 많은 생태학자들이 단지 엉성한 비유에 지나지 않는 것을 가지고 개별 유기체에 관한 친숙한 다윈주의의 영역에서 걸어 나와, 개체군과 집단의 세계로 쾌활하게 행진해 들어갔다. 개체군들은 생물의 체계에서 방금 하나 혹은 두 등급 승격된 개체들로 다루어졌다. 개체군은 더 크고 오래 살며 개체들에게서는 발견되지 않는 새로운 특성들을 소유했지만, 다윈 이론에서 친숙했던 개체들과 근본적으로는 비슷한 것으로 다루어졌다. "개체군들은 유기체들처럼 존재와 생존의 최적 조건을 스스로 조절하는 능력(항상성)을 보여 준다."(Emerson 1960, 342쪽) 유기체들처럼 개체군은 "구조와 개체 발생, 유전과 통합력을 갖추었으며 환경의 한 단위를 형성한다."(Allee et al. 1949, 419쪽) 종종 적응을 전체적인 맥락에서 파악하려는 감탄할 만한 시도를 하며, 적응이 환경에 따라 어떻게 형성되고 다시 자신들의 환경을 어떻게 형성하는지 알아보기 위해, 생태학자들은 모든 곳에서, 생물 체계의 모든 수준에서 적응을 살펴보게 됐다. "선택의 단위가 개체든 생식이든 가족이든 혹은 이것들이 통합된 사회적인 수준의 것이든 간에 조직의 한 체계에만 배타적으로 제한되어야 한다고 추측할 이유는 없어 보인다."(Emerson 1950, 319쪽) "모든 생명 체계들은 진화적인 적응, 즉 번식을 위한 적응, 살아 있는 상태에서 대사 기능을 유지하기 위한 적응, 자신의 물리적이며 생물적인 환경에 대한 전체 시스템의 적응을 보여 준다."(Emerson 1960, 309쪽) 체계의 수준이 높으면 높을수록, 진화의 역사에 미치는 영향이 더 중요해진다. 그래서 생태학은 전통적인 다윈주의가 몰두했던 것보다 더 넓은 범위를 아우르며, 보다 웅장한 화폭 위에서 일한다는 만족감을 누릴 수 있었다. 생태학은 "접근 방식에 전체론적인 경향이" 있으며 전체론은 "종합적인 과학에 특정한 위엄을 부과한다."(Allee et al. 1949, 693쪽) 훨씬 유전자 중심적인 신념을 가진 한 다윈주의자는 이 "위엄"을 "독선보다 더 전체론적"이라고 칭했다.(Dawkins 1982, 113쪽) 이런 사고 방식은 오늘날까지 생태학에서 완전히 자취를 감추지 않고 있다. 대중적인 박물학들, 특히 텔레비전 다큐멘터리들에는 이런 사고 방식이 흘러넘친다. 이 사고 방식은 전체 세계가 하나의 거대한 초유기체라는 (단순한 비유가 아니라 의도된 것처럼 보이는) 발상(Lovelock 1979)에서 전형적으로 나타난다.

그러나 여기서 나의 관심사는 TV상의 폭력을 더 많이 촉진해야 한다는 것이 아니다. 앨리, 에머슨과 그들의 동료들에게로 돌아가 보자. 이 학파의 주요 교과서인 『동물 생태학의 원리(*Principles of Animal Ecology*)』(Allee et al. 1959)는 대개 적응이 누구 혹은 무엇을 위한 것이냐는 질문에 대해 확신이 없으며, 종종 집단의 편에 가세하고, 자연 선택이 집단의 이익을 선호할 것이라고 항상 당연하게 생각하며, 이 모든 것들이 이루어지는 기제를 결코 명시하지 않는, 고수준 사고의 특징을 보여 준다. 이 사고 방식이 이기적인 유전자의 진화적 운명에 대해 내린 결론을 예로 들어 보자. "종 수준에서는 돌연변이가 지나치게 일어나는 경향이 있는 유전자들이, 비록 그들이 만들어 내는 몇몇 특성들이 개체에게 이롭다고 할지라도, 개체군에게는 해가 될 것이다. 그러므로 혹자는 선택이 어느 정도 돌연변이의 속도를 통제한다고 예상할지도 모른다."(Allee et al. 1949, 684

쪽) 이것과는 정반대로, 이타주의는 선호됐다. "만약 이주하는 개체들(레밍들)의 자기희생이 개체군 전체에는 생존가(survival value, 개체가 나타내는 각종 특성들의 적응도를 높이는 기능이나 효과이다. ─옮긴이)가 된다면 이주 행위가 전체 체계에 대한 자연 선택하에서 진화하는 것이 당연하다."(Allee et al. 1949, 685쪽) "만약 전체 개체군들이 적응적이라고 한다면, 개체의 **이로운 죽음**(개체군의 이익을 위한 죽음)을 생산하는 적응들이 진화할 수 있다."(Allee et al. 1949, 692쪽) 노화, 노쇠와 동족 포식은 "종의 이익을 위한 적응"일 수 있다.(Allee et al. 1949, 692쪽)

돌연변이 비율이 그렇게 낮은 이유를 정당화하기 위해 공공 이익주의를 언급했다는 사실은 역설적이다. 이것과 동일한 원칙은 일반적으로 돌연변이 비율이 그렇게 **높은** 이유를 정당화하기 위해 적용되기 때문이다. 여기서는 돌연변이 비율이 너무 낮으면 종의 진화적 가소성이 줄어든다고 주장된다.(Williams 1966, 138~141쪽) 이러한 사고 방식은 사실을 훨씬 더 호도한다. 집단의 이익이 이기적인 개체를 격파한다는 생각과 (유전자의 복제보다는) 개체의 생존 중심적인 견해가 결합하면, 부모의 양육조차 집단의 이익을 위한 희생이 될 수 있다. 어쨌든 부모의 양육은 집단 수준에서는 항상성을 증가시키(는 결과를 초래하)지만 종종 개인의 항상성은 감소시키는, 개개의 부모에게는 해로운 일이라는 것이다. **최적자에 대한 자연 선택의 결과로 포유동물에서의 자궁과 젖샘의 진화 혹은 조류에서의 둥지 짓기 본능을 설명하는 일은 극단적으로 어렵다.**(Emerson 1960, 319쪽)

이 생태학자들은 대개 스스로를 자연을 흉폭하게 보는 입장에 반대하고 대신 자연의 협동적인 면을 강조하는 다윈주의적인 사고의 한 흐름이라고 생각했다. 그들에 따르면 "다윈주의의 일반적인 어조는 다윈 시대의 극단적인 개인주의의 영향을 받았다."(Allee 1951, 10쪽) 다윈 자신은 "자연 선택을 개체에 적용한 것과는 대조적으로 전체 집단이나 개체군 단위에는 충분히 적용하지 …… 않았다."(Emerson 1960, 309쪽) 비록 1880년대까지는, "다윈주의의 이기주의적인 모습이 선점하고 있었음에도 자연에 협동이 존재한다는 발상이 분명히 존재했지만"(Allee 1951, 11쪽), 그럼에도 "새로운 세기는 여전히 집단보다는 개체 중심성을 강조하며 시작되었다. …… 자연에서의 협동의 중요성을 강조하는 오늘날의 변화는 1920년대 초 이후에야 시작됐다."(Allee et al. 1949, 32쪽) 놀라운 일은 '오늘날의 강조'가 맨 처음 순진하게 시작된 이후, 집단의 이익을 위한 명백한 자기희생에 수반되는 문제들이 거의 인식되지 못했다는 점이다. 이런 측면에서 앨리가 "상호 부조에 무비판적이지만 놀랄 만한" 책이라고 불렀던 크로폿킨의 책의 오류와 누락들은, 다른 측면들에서는 비교가 안 될 정도로 훨씬 세련된 20세기 중반 다윈주의자들의 책들과 크게 다르지 않다. 일례로 잘 조직화된 사회에서 곤충이 누리는 부러운 이점들에 대해 크로폿킨이 열거한 목록을 들어 보자.

> 개미와 흰개미들이 '홉스적 전쟁'을 포기하자 상황은 도리어 나아졌다. 그들의 훌륭한 둥지들, 빌딩들 ……, 포장 도로와 아치형의 지하 갱도들, 널찍한 홀과 곡물 저장고, 곡물을 추수하고 '제조하는' 옥수수 밭, 알과 유충들을 보살피는 합리적인 방법들, '개미의 젖소들'로 묘사되는 …… 진드기 사육을 위한 특별한 둥지 건설 방법들 ……(Kropotkin 1902, 30쪽)

크로폿킨은 "공공의 복지를 위한 자기희생"과 "공공의 부의 안전성을 위해 전쟁 동안 사망한 많은 개미들" 덕분에 달성된 이 시민의 복지를 묘사하며 어떠한 다윈주의적인 거리낌도 느끼지 않았다.(Kropotkin 1902, 30~31쪽) 송장벌레를 논하면서 그는 어떻게 이 송장벌레들이 죽은 동물을 발견하자마자 "묻힌 시체에 알을 낳는 특권을 누가 즐길지에 대해 언쟁을 벌이지 않고 매우 사려 깊은 방식으로 시체를 묻는지"묘사한다.(Kropotkin 1902, 28쪽) 그는 다른 개체의 번식 성공을 위해 애를 쓰는 송장벌레에 대해서 다윈주의적인 거리낌을 느끼지 않았다. 확연한 실수다. 이 태도는 훨씬 과학적으로 존경할 만한 많은 후속 연구들에서 나타나는 정서를 너무나 많이 연상시킨다.

공공의 이익을 무비판적으로 가정하고 이타주의의 문제를 인식하지 못한 경우에 대한 명시적인 사례들을, 매우 존경받는 미국의 고생물학자인 심프슨이 쓴 고전 『진화의 주요점(*The Major Features of Evolution*)』(1953년)에서 들어 보자. 홀데인의 이타주의에 대한 논의에 다소 자극받은 심프슨은 "적응에 있어 개체와 집단의 이점이 차이가 날"가능성을 제기했다.(Simpson 1953, 164쪽, 이 책의 초판(『진화의 속도와 양상(*Tempo and Mode in Evolution*)』이라는 다른 이름으로 1944년에 출간됨)에서는 고려되지 않은 가능성이다.) 심프슨의 견해에 따르면, 개체와 집단의 이해는 대개 일치한다. 그는 (자신이 다윈주의적인 선택이라고 부르는) 이전의 다윈주의가 (종의 이익을 위한) 개체의 적응에 집중하며 차이의 가능성을 인정하지 않았다고 주장한다. 개체군 전체에 관심이 있는 현재의 다윈주의(유전적인 선택)는 차이의 가능성을 인정하지만 여전히 그 가능성을 낮게 본다.

(개체의 이익과 집단의 이익 사이의) 차이는 실제로는 대개 없다. 개체에게 이익이 되는 적응이 종에게도 이익이 될 가능성이 크다. 항상 이것이 사실이라고 가정됐거나, 혹은 이런 질문이 제기된 적이 없었다. 당시에는 선택을 완전히 다윈주의적인 측면에서 이해하고 논의했다. 다윈주의적인 선택은 (항상은 아닐지라도) 대개 특정 종류의 개체들을 선호하고 또 제거하면서 종의 이익을 위해 행동한다. 사회 집단에 대한 선택 역시 대개는 그 사회 구조가 전체 단위를 지속시키고 번식시키는 데 유리한 집단을 선호할 뿐 아니라, 집단에

통합되는 것이 자신의 생존에 유리하며 적응적인 개체를 선호한다. 이 경우에 다윈주의적인 선택뿐 아니라 유전적인 선택 역시 개체의 적응과 종의 적응 사이에 모순점을 만들어 내지 않는다.(Simpson 1953, 164쪽)

개체와 집단의 이익 간 왕복, 초기 다윈주의와 후기 다윈주의의 분명치 않은 차이, "모순이 없다는" 낙관적인 가정은 모두 심프슨이 이타주의가 제기하는 문제점들을, 이 책의 초판에서 보다 더 많이 인식하지는 못했다는 점을 보여 준다. 바로 다음 문단에서 그는 이타적인 특성들을 "정반대의 결과, 즉 집단에 해가 되는 개체 적응의 전형적인 예인, 집단 내 선택에 따른 특이한 장식과 지나치게 공들인 무기들의 발달"과 함께 묶는다.(Simpson 1953, 165쪽) 그에게 이타주의와 이기심은 동등한 것이며, 자연 선택이 개체와 집단 사이에 만들어 내는 조화의 이례적이며 흔치 않은 결과다. 너무 드물고 이례적이어서 "나는 일부 사례들을 이 두 경우로 보는 데, 약간 회의감을 느꼈다는 점을 고백해야만 한다."라고 그는 말한다.(Simpson 1953, 165쪽)

그러나 높은 수준에서 선택이 작용한다고 항상 무심코 가정했던 것은 아니다. 적어도 한 사례에서, 이 발상은 개체 수준의 통설에 전면적으로 도전하며 제기됐다. 그리고 이 도전과 함께 이타주의가 제기하는 문제를 (충분히 크지는 않지만) 더 크게 이해하게 됐다. 이것은 애버딘 대학교의 박물학 교수인 베로 콥너 윈에드워즈(Vero Copner Wynne-Edwards)가 자신의 장대한 책인 『사회적 행동과 관련된 동물의 분산(*Animal Dispersion in Relation to Social Behavior*)』에서 채택한 입장이었다.(Wynne-Edwards 1962, 또한 1959, 1963, 1964, 1977도 참조하라.) 책 제목이 제시하듯이 그에게 근본적으로 영향을 미친 이타적인 행동은, 개체군들이 자신들의 자원, 특히 음식 공급과 관련해 분산하는 방법이었다. 분산이 특별히 이타적인 행동이라고 여겨지지 않을지도 모른다. 그러나 윈에드워즈에 따르면, 동물들은 대개 자신의 집단에게 최적에 가까운 밀도로 스스로 분산한다. 철저히 착취하는 경우보다 훨씬 낮은 밀도인 최적 수준으로 말이다. 그는 정통 다윈주의는 이 사실을 설명할 수 없다고 말한다. (또 그는 적어도 자신은 통설이 어떠해야 하는지 인식했다고 믿었다.) 기존 다윈주의의 표준 모형에서는 개체군의 모든 구성원이, 자신의 한도까지 심지어 '남획' 수준으로 자원을 착취하면서 스스로를 위해 애쓴다. 개체 수준의 선택은 집단의 장기적이며 공통된 이해를 선호하면서 이처럼 단기적이며 이기적인 이해에 맞서서 작용할 힘이 없다. 분산은 집단 선택, 즉 다른 개체군들보다 어떤 개체군 전체를 더 선호하는 선택에 따라 달성돼야만 한다고 그는 주장한다. 오직 이러한 방식으로만 집단의 이해가 구성원들의 이해보다 우선시될 수 있다. 집단 선택은 일부 구성원들이 이주, 짝짓기 억제, 먹이 공급 중단 등을 이용해 이기적인 분투를 포기하고 전체 개체군이 번영하도록 허락하는 개체군들을 선호할 것이다. "개체군 밀도의 조절은 종종 개체의 희생을 요구한다. 개체군의 조절이 집단의 장기적인 생존에 필수적인 반면, 희생은 개체의 생식력과 생존력에 손상을 입힌다."(Wynne-Edwards 1963, 623쪽) 그러므로 윈에드워즈는 다음과 같이 명쾌하고 단호한 입장을 취했다. 기존 다윈주의의 표준적인 힘은 이타적인 사회의 적응들이 진화하는 것을 설명할 수 없다. 집단 선택이라는 보조적인 기제가 틀림없이 중요한 역할을 한다.

그래서 그 기제는 어떤 모습인가? 이 시점에서 윈에드워즈의 솔직 담백한 말투는 사라진다. 책에서 그는 자신이 급진적으로 새로운 시각을 제시했다고 주장한다. 그러나 이 페이지에서 어떤 진지한 이론을 찾아내기란 대단히 어렵다. 이 방대한 교과서는 자료를 상세히 설명하고, 이타적으로 알려진 행동에 대한 목록을 작성하며, 많은 사회적인 적응들을 개체군 조절을 위한 기제로 재해석하는 작업에 치중한다. (윈에드워즈가 달성하고 싶었던 대단한 과업은 모든 사회적 행동의 기원을 설명하는 것이었다. 그는 가장 이기적으로 보이는 사회적인 상호 관계조차 공공심이 있는 자기희생으로 해석하고 싶어 했다.) 나중에 윈에드워즈 스스로도 우아하게 인정했듯이 "나는 집단 선택의 역할을 정확하게 모르면서 자유롭게 적용했다."(Wynne-Edwards 1982, 1096쪽) "이 이론에 대한 내 주장에서 눈에 띄게 부족한 부분은 실제로 집단 선택이 어떻게 일어나는지에 관한, 신뢰할 만한 모형이나 이론이었다."(Wynne-Edwards 1977, 12쪽)

그러나 신뢰할 만한 모형을 만들 수 있는가? 이것이 바로 상위 수준의 선택 이론이 가진 문제였다. 그렇게 부족했음에도, 아니 오히려 그랬기 때문에 이 주장은 유용한 역할을 했다. 그들은 정통 다윈주의가 반응하는 자극이자 도발, 도전으로 작용했으며 생산적인 결과를 낳았다.

하위 수준에서의 이타주의

그 반응을 살펴보기 전에, 나는 공공의 이익이라는 사고 방식에 훌륭한 예외들이 존재했다는 사실을 명확히 하려고 한다. 예상 가능한 얘기지만, 이 중 가장 주목할 만한 인물들은 피셔(특히 1930)와 홀데인(특히 1932)이다. 그들의 저서들이 때때로 유전자 중심적이라기보다는 개체 중심적으로 보인다는 점을 인정한다. 그러나 중요한 것은 그보다 더 높은 수준은 아니었다는 점이다. 그들의 견해가 공공의 이익과는 달랐다는 점에서, 선택의 수준이 유전자인지 개체인지는 상대적으로 덜 중요하다. 상위 수준의 분석에 반대하며, 피셔와 홀데인은 자연 선택의 올바른 매개체가 무엇인지 확실히 보여 주었다. 그들 이후의 다윈주의자들은 틀린 버스를 계속해서 기다리면서 맞는 버스를 완전히 놓쳐 버리는 실수를 저지르지 않았다.

전형적으로 유전자 중심적인 이론인 친족 선택의 이력을 살펴보자. 이미 1930년대에 피셔와 홀데인은 단편적이지만 이 아이디어를 제안한 바 있다. 그러나 그 잠재력을 깨닫게 된 것은 30년이 더 지나서였다. 자연 선택이 친척들을 돕는 행위를 선호할 것이라는 기본 아이디어는 고전 다윈주의에도 친숙했다. 결국 이것은 부모 양육의 근간이 되는 기제였다. 그러나 이것은 일반적인 원리로 인식되지 않았다. 피셔는 『자연 선택의 유전학적 이론(*The Genetical Theory of Natural Selection*)』(Fisher 1930, 177~181쪽)에서 이보다 진일보했다. 그의 문제는 맛없는 곤충의 유충들이 자신들의 보호 기제를 어떻게 진화시켰냐는 것이었다. 이미 포식자에게 먹혀 버린 개체들에게 맛없음이 어떤 이점을 줄까? 피셔는 포식자가 불쾌한 경험을 해서 미래에 비슷한 먹이를 피하도록 배울 것이라고 지적했다. 그래서 이 희생자의 한배의 형제들 중 잡아먹히지 않은 새끼들이 희생자와 가깝게 살았다면, 그들은 이 희생으로 이익을 얻을 수 있다. 홀데인 역시 친족 선택의 개념을 묘사하고(Haldane 1932, 130~131, 207~210쪽, 1955, 44쪽) 그것을 어머니의 양육과 사회적인 곤충들에 적용했다. 피셔도 홀데인도 다양한 가능성을 고려하지 못했음을 인정한다. 피셔는 그의 결론을 형제 이외의 다른 친족들에게 적용하지 않았으며 홀데인은 이러한 이타주의가 번식적으로 전문화된 종들(Haldane 1932, 130~131쪽)이나 가족끼리 모여 사는 종들(Haldane 1932, 208~210쪽, 1955, 44쪽)에만 제한될 것이라고 주장했다. 그럼에도 거기에는 이 이론의 기본이 되는 개념들이 존재했다. 그러나 친족 선택의 개념이 명백해지고 일반화됐으며, 더 엄밀해져서 다윈 이론에 적당히 통합된 것은 1960년대 초에 해밀턴의 고전적인 논문(Hamilton 1963, 1964)이 출간된 후였다.

덧붙이자면 메이너드 스미스가 내 주의를 끌었던 것처럼 홀데인조차도 이타주의에 관한 공공의 이익 설명에 유혹 당할 수 있었다.(Haldane 1939, 123~126쪽, Maynard Smith 1985b, 135~137쪽) 그는 자신의 유명한 에세이 중 한 편에서 "동물과 식물들은 다윈주의가 있는 그대로 사실일 때 예상되는 것만큼, 그렇게 가차 없이 효율적인 투쟁자들이 아니다."라고 말했다.(Haldane 1939, 125쪽) "너무 잘 적응하는 것이 항상 종에게 이익이 되지는 않는다. 효율성을 너무 크게 만드는 변이는 종이 자신의 먹이를 파괴해, 죽을 때까지 굶주리게 만들 수도 있다. 이 매우 중요한 원리로 자연의 많은 다양성들과 대부분의 종들이 정통 다윈주의 이론(최적자 개체의 생존이라는 통설(Haldane 1939, 123쪽))으로는 설명할 수 없는 특성들을 일부 가진다는 사실을 설명할 수 있다."(Haldane 1939, 126쪽) 이 말에 대해 홀데인이 진짜로 비정통적인 다윈주의를 전파하려 했다고 해석하기보다는, 그가 자신의 《데일리 워커(The Daily worker)》(홀데인이 오랫동안 편집 위원회 이사를 담당한, 영국과 미국의 공산당 기관지. ─옮긴이) 독자들에게 희망을 주는 메시지를 전달하려는 유혹에 굴복했다고 가정하면 무방할 것이다.

나는 이 훌륭한 예외들에 근대 다윈주의의 주요 창시자 중 한 사람인 수얼 라이트를 포함시키지 않았다. 그는 이 이슈에서, 모국인 미국에서 자신이 명확하게 한 것 이상으로 문제들을 특히 혼란스럽게 만들었다. 여기에 그의 잘못은 거의 없다. 아마도 혼란의 대부분은 윈에드워즈와 다른 사람들이 집단 선택으로 의미하려 했던 바와는 조금도 닮지 않은 과정에 대해, 그가 "집단 간 선택(intergroup selection)"이라는 용어를 사용한 데서 생겨났을 것이다.(Wright 1932, 1945, 1951이 그 예이다.) 그의 이론은 (자연 선택과 함께 작용하는) 기회적 부동(random drift)이 어떻게 적응에 기여할 수 있는지에 대한 것이었다. 한 개체군이 규모가 작고 서로 교배할 수 있는 아개체군(sub-population)으로 나뉘어졌다고 상상하자. 원래 개체군에서 모든 개체들이 다 똑같이 잘 적응하지는 않았을 것이다. 순전한 우연

(기회적 부동)에 따라 그중 가장 덜 적응된 몇몇 개체들로 아개체군이 구성될 수도 있으며 개체군 규모가 너무 작고 내부 교배를 하기 때문에, 자연 선택이 원래 개체군의 적응적인 성공을 회복하는 데 필요한 변이가 부족할 수도 있다. 그러나 기회적 부동 때문에 빈곤해진 유전적 유산이 보너스가 되는 경우도 가능하다. 아개체군이 부모 개체군이 있던 곳으로 되돌아갈 수 없을 때, 자연 선택은 다른 선택지를 취하도록 강요받을 것이다. 결국 선택은 이 개체군을 훨씬 더 높은 적응성(adaptedness, 체계와 환경의 변화에 적응할 수 있는 정도. ─옮긴이)의 절정으로 이끌, 새로운 경로를 만들 수 있다. 자연 선택은 국지적으로 최적인 적응, 당시에 최선인 적응들을 선호할 수밖에 없다. 현재 최적인 적응들을 무시하고 대신에 장기적으로 더 좋은 결과를 낼 적응들을 선호하는 일은 불가능하다. 기회적 부동은 개체군을 국지적으로 최적인 것에서 벗어나게 해 적응적인 정점을 더 상위 수준으로 이동시킬 수 있다. 그런데 이 모든 사실들이 라이트가 "집단 간 선택"이라고 부른 것과 무슨 관계가 있을까? 라이트는 이 아개체군들 중 일부가 다른 개체군들보다 더 잘 적응할 수 있다고 지적했다. 더 성공적이기 때문에 그들은 라이트가 "집단 간 경쟁(intergroup competition)"이라고 부른 상황에서 다른 개체군들을 마침내 뒤덮어 버릴 것이다. 더 잘 적응된 집단의 구성원들이 이 종을 지배할 것이다. 따라서 라이트의 집단 간 선택은 '집단 선택'이라는 용어가 일반적으로 제시하는, 개체의 복지와 대립되는 집단의 복지와는 아무런 관련이 없다. 그의 집단 간 선택은 기회적 부동이 자연 선택이 보통 부과하는 제한들로부터 개체들을 자유롭게 해 주기 때문에, 개체의 복지를 촉진하는 수단이었다. 기회적 부동은 자연 선택이 개체들을 대신해서 행사하는, 자신의 즉각적인 이점에 집중하려는 끝없는 기회주의로부터 개체들을 자유롭게 해 준다. 그럼에도 "집단 간"이라는 용어는 다소 모호하게 사용되었

으며, 사람들에게 집단 수준에서의 선택을 연상시킬 수 있다.(Provine 1986, 287~288쪽) 게다가 그는 실제로 이타주의를 설명하기 위해, 현재 친족 선택이라 불리는 기제에 대해 "집단 선택"이라는 용어를 사용했다.(Wright 1945, 또한 Provine 1986, 416~417쪽도 참조하라. 그는 이것을 "집단 선택의 근대 이론"이라고 잘못 부름으로써 더 큰 혼란을 일으켰다.)

언젠가 다윈은 과학이 진보하는 과정에서 "잘못된 견해들이 몇몇 증거들의 지지를 받을지라도 그것의 오류를 입증하면서 모든 사람들이 유익한 즐거움을 누릴 것이므로, 별로 해가 되지 않는다. 이때 오류를 향한 경로는 닫히며 종종 동시에 진실을 향한 길이 열린다."(Darwin 1871, ii, 385쪽)라고 말했다. 에머슨과 윈에드워즈, 또 그들의 동료인 상위 수준 선택론자들이 과학에 어떤 기여를 했든지 간에, 이타주의와 선택 수준에 대한 이슈에서 그들의 가장 두드러진 공헌은 비평가들을 자극한 것이며, 이 '잘못된 견해'를 오랫동안 개탄해 왔던 다윈주의자들을 설득해이따금 커피를 마시며 토론을 하거나 때때로 부정적인 리뷰를 쓰는 것보다, 마침내 더 체계적인 대응을 요구하도록 만든 일이라고 말해진다. 자신도 모르는 사이에 이런 결과의 촉매 작용을 한 고전은 저명한 미국의 진화학자인 윌리엄스가 쓴 『적응과 자연 선택』이다.(Williams 1966, 특히 92~250쪽) 집단과 개체군, 종의 복지에 대한 비현실적인 호소에 윌리엄스는 두 가지 주장으로 대응했다. 그는 유전자들이 선택의 단위에 적합한 후보인 반면, 집단이나 개체군은 아닌 이유를 자세히 설명했다.(Williams 1966, 22~23, 109~110쪽이 그 예이다.) 그는 진화가 한 집단 전체의 멸종으로 진행되려면 (이기적인 개체의 침투를 받지 않은, 압도적으로 이타주의자들로만 구성된 집단 같은) 매우 가능성이 낮은 여러 조건들이 충족되어야만 한다는 것을 보여 주었다. 메이너드 스미스(Maynard Smith 1964, 1976)는 그 외의 다른 비평들을 완전히 무너뜨렸다. 그는 집단 선택이 작용하려면 어떤 가정들이 필요한지 보이기 위해 명쾌한 수학 모형인 개체군 유전학 모형을 수립했다. 또 그는 (극단적으로 낮은 이주율의, 규모가 작은 집단 같은) 필요조건들이 너무 엄중해서 집단 선택이 매우 드물게만 실현될 수 있으며, 너무 드물어서 진화에 영향을 미치더라도 그 영향이 아주 미미할 것이라는 결론을 내렸다. 이 결론은 그 뒤 다른 사람들이 많은 세부 모형들에서 확인했다. 후에 윈에드워즈가 인정했던 것처럼 "이론 생물학자들이 대체로 동의하는 바는 …… 개체의 적합도에 이익을 가져다주는 이기적인 유전자의 빠른 전파를 집단 선택의 느린 행보가 전복시킬 수 있다는 것을 보여주는, 믿을 만한 모형들이 고안될 수 없다는 것이다."(Wynne-Edwards 1978, 19쪽) (비록 훨씬 뒤에도 여전히 그는 이전에 집단 선택에 대해 가졌던 믿음을 다시 회복한 것처럼 보였지만 말이다.(Wynne-Edwards 1986)) 영국 조류학의 지도적인 생태학자이자 원로인 데이비드 랙(David Lack)은 상위 수준에서 선택이 이루어진다는 증거들을 재해석하는 작업을 실례를 들어 가며 수행했다. 윈에드워즈가 개체군 조절을 설명하기 위해 사용했던 사례들을 들어서, 랙은 집단 선택주의자들의 설명이 부정확하며 불필요하다는 점을 보여 주었다. 모든 사례들이 개체 선택만으로 더 잘 설명되었다.(Lack 1966, 299~312쪽) 다음은 오늘날의 잘 알려진 다윈주의자들 중 적어도 한 사람이 윈에드워즈와 개체 수준의 선택에 대한 경쟁적인 주장들 때문에 고심하고 있을 때, 랙의 작업이 그를 전향시킨 방식이다.

이 위기를 겪고 있는 나를 도와주려고 선생님은 윈에드워즈의 저서와 그의 주요 상대인 랙의 저서를 읽으라고 하셨다. 나는 연달아 3일간 그들의 책을 번갈아 읽었다. 처음에는 읽을 때마다 윈에드워즈가 나를 확신시켰다. 그러나 반복해 읽으면서, 내 사고에 미치는 그의 영향이 점차 약해지기 시작했다. 마침내 윈에드워즈는 완전히 사라져서 주변의 어둠 속으로 미끄러져 들어갔다. 증거는 명확했다. 자연 선택은 **개체**의 번식 성공상의 차이에 해당한다.(Trivers 1985, 81쪽)

나는 지난 20년 동안 축적된 상위 수준의 선택에 대한 많은 비판들을 자세히 논의하기보다는, 그 뒤에 숨은 논리를 명확하게 만든 최근의 분석들을 곧장 다루겠다. 도킨스와 철학자 데이비드 헐(David Hull)이 각기 독립적으로 제시한 이 분석은 운반자(vehicle)와 복제자(replicator) 사이의 차이점에 기초한다.(Dawkins 1976, 13~21쪽, 2nd edn., 269, 273~274쪽, 1982, 81~117, 134~135쪽, 1986, 128~137, 265~269쪽, 1989, Hull 1981) (헐은 운반자 대신에 덜 효과적인 단어인 '교류자(interactor)'를 선택했다.)

자연 선택의 단위가 되기 위해 필요한 특성들을 고려해 보자. 여기서 자연 선택의 단위란 우리가 적응들, 즉 표현형적 효과들이 그들의 이익을 위한 것이라고 말할 수 있는 단위를 의미한다. 먼저 단위는 반드시 스스로를 (물론 더 엄밀하게는 자신의 복사본들을) 재생산해야만 한다. 즉 단위는 자신을 복제할 수 있어야만 한다. 둘째로 단위는 자신을 복제하는 과정에서 완벽하지 않고, 때로 약간의 실수를 일으킬 만큼 운이 좋아야 한다. 실수는 변화를 도입하며 그것 때문에 개체군에 차이가 생긴다. 이 차이가 선택이 작용하는 원료이다. 셋째로 자신을 복제하는 독립체들은 스스로의 생존과 번식, 미래의 자기 복제 가능성에 영향을 주는 특성들을 가져야만 한다. 이런 특성들을 가지면 복제자라고 부를 수 있다. 유전자는 복제자들이다. 그들은 전체적으로는 원본에 충실하지만, 때로 돌연변이를 만들어 내며 자신의 복사본을 재생산한다. 그리고 그들은 유전자의 운명에 영향을 미치는 표현형적 효과를 가진다. 그래서 자연 선택은 유전자 수준에서 작동할 수 있다. 유전자들은 선택의 단위가 될 수 있다.

선택의 단위에는 이 외에도 다른 후보자들이 존재한다. 개체, 집단, 종들이 그들이다. 개체는 가장 가능성이 큰 후보자다. 그러나 개체는 자신을 복제하지 못한다. 살면서 겪은 우연한 변화인 부모의 획득 형질들을, 자손들은 물려받을 수 없다. 집단과 그보다 더 상위 수준의 다른 단위들에 대해서도 비슷한 고려 사항들이 훨씬 더 강경하게 적용된다. 다소 막연한 의미에서 그들은 스스로를 갱신하고 분열하며 모체에서 분리되어 나오고 존속하지만, 그럼에도 진정한 복제자가 될 수 없다. 그들은 대대손손 복사본을 대량으로 찍어 내는 자동 기제를, 자기 증식의 믿을 만한 수단을 갖고 있지 않다. 유전자들은 복제자일 수 있는 반면, 개체와 집단, 체계의 다른 수준에 있는 후보자들은 복제자가 될 수 없다. 자연 선택은 복제자들의 차별적인 생존에 대한 것이다. 그래서 유전자만이 유일하게 선택 단위의 진지한 후보자가 된다.

만약 개체들이 복제자가 아니라면, 그들은 무엇인가? 대답은 그들이 복제자들의 운반자, 유전자 운반자, 복제자 보존 수단이라는 것이다. 복제자는 자연 선택에 따라 보존되는 것들이다. 운반자는 이 보존을 위한 수단이다. 개체들은 그 안에 사는 유전자들을 위한 잘 통합된, 일관적인, 개별 운반자들이다. 그러나 그들은 복제자로써는 아주 조잡하고 정확도가 낮은 복제자조차도 되지 못한다. 집단 역시 운반자지만 덜 분명하고 덜 통합돼 있다.

이 모든 것들이 적응을 이해하는 데 어떤 실마리를 제공하는가? 적응은 복제자의 이익, 유전자의 이익을 위한 것임에 틀림없다. 그러나 그들은 운반자들 속에서 나타난다. 유전자들은 운반자들에게 자신들의 복제에 영향을 미치는 특성들을 부여한다. 그래서 원칙적으로 적응들은, 어떤 수준에서든 (그 유전자를 보유한 개체에서든 다른 개체에서든) 개체 수준, 집단 수준과 더 높은 수준에서도 나타날 수 있다. 그들이 표출되는 지점, 즉 어떤 운반자에서 어떻게 나타날 것이냐에 대해서는 엄격한 규칙이 없다. 그러나 그들은 유전자를 보유한 개체 내에서 표출될 가능성이 가장 크다. 가장 가까운 운반자가 물리적인 영향력을 가장 잘 받아들이기 때문만은 아니다. 한 신체를 공유한 유전자들 사이에서 어떤 표현형적 효과들이 적응적인지에 대해 서로 의견이 일치할 가능성이 매우 크기 때문이기도 하다. 근대 다윈주의의 유전자 중심성을 논의할 때 살펴보겠지만, 한 몸에 담긴 유전자들 사이의 이해 충돌은, 그 신체의 생존과 번식에 대한 공통의 이해를 약화시킨다. 한 게놈 안의 유전자는 그 게놈 속 다른 유전자들과의 양립 가능성을 따져 선택될 것이며, 공동의 노력에 기여한 데 대해서도 선택이 이루어질 것이다. 무엇보다도 다른 신체로 떨어지지 않고 한 신체 내에 있는 이 유전자들은 미래 세대를 향한 동일한 기대 경로를 지닌다. 그래서 우리는 적응들이 개체 수준에서 발견될 것이라고 기대한다. 그리고 어떤 적응은 원래는 그 표현형적 효과를 내는 유전자의 이익을 위한 것이지만, 우리는 대체로 그것이 그 개체 안의 다른 유전자들에게도 이익이 될 것이라고 기대할 수 있다. 그 유기체의 생존과 번식이라는 공통된 목적을 추구할 때, 유전자들 사이의 차이를 깊이 감추어야 할 필요에서다.

무법 유전자를 기억하라. 다운 증후군에 대한 추측을 기억하라. 이렇듯 한 신체를 공유하는 유전자들 사이에서조차 내분이 생길 수 있다. 따라서 집단, 개체군, 종처럼 보다 상위 수준의 운반자들을 구성하는 유전자들의 더 느슨한 배열 사이에서는 이해의 충돌이 더 많이, 더 격심하게 발생할 것이다. 그러나 이 훨씬 통제하기 힘든 집합체들에는, 개체에서처럼 서로 분기하는 이해들을 긴밀하게 조화시킬, 단단하게 묶인 공통된 목적이 없다. 상위 수준의 운반자들 내에 있는 유전자들은 특정 개체의 생존과 번식의 성공에 이기적으로 전념하도록 구속받지 않는다.

이것 때문에 그들의 우선순위 충돌이 겉으로 드러난다. 그래서 집단이나 그보다 상위 수준에서는 다소 보편적으로 만족되는 적응적인 특성을 발견하는 일이, 확실히 자연 선택에서 수행하기에는 한층 까다로운 위업이 될 것이다.

그러나 이런 특성이 있다고 가정해 보자. 그 특성이 집단 선택이 작용한다는 징후일까? 예를 들면 무성 생식하는 종들보다 유성 생식하는 종들이 더 빠르게 진화했으며 매우 번창하게 됐다고 상상해 보자. 이런 경우 개체가 아니라 종이 진화하기 때문에 이것은 아마도 종 수준의 특성이라고 주장될 것이다. 그렇다면 자연 선택은 개체의 특성이 아니라 집단의 특성, 즉 집단 수준에서의 표현형적 결과에 대해 작용할 것이다. 이런 선택은 다소 약한 의미에서 집단 선택이라고 불릴 수 있다. 그러나 그것은 여전히 단지 복제자 선택일 뿐이다. 용어가 그 사실을 모호하게 만들도록 놓아두어서는 안 된다. 집단 자체는 선택의 단위가 아니며 복제자도 아니다. 그들은 운반자로서, 복제자 선택의 대상이 되는 적응의 단위이다. 고전 다윈주의의 개체 중심적인 선택에서처럼 이 약한 의미의 집단 선택에서도, 진화는 여전히 복제자의 표현형적인 효과가 자신의 복제에 영향을 미쳐서 나타난 복제자(유전자) 비율의 변화를 의미한다. '개체 선택'처럼 '약한 집단 선택'은 각기 개체와 집단 수준에서 발현되는 유전자들의 표현형적인 효과들 때문에, 유전자 풀 내에서 대립 유전자의 상대 빈도가 변화한 것을 의미한다. 여전히 선택은 차별적인 생존과 관계가 있으며 진화의 시간을 거쳐 살아남는 단위들은 집단이나 개체가 아니라 복제자들이다. 이런 약한 의미에서, '집단 선택'은 일어날 수 있다. 유전자들이 모인 곳이 어디든지, 집단이나 그보다 상위 수준에서만 발현되는 새로운 특성들은 개별 유전자들의 분투로부터 나타날 수 있다. 따라서 이런 특성들이 실제로 나타날지라도 복제자 선택의 유일한 단위라는 유전자의 지위를 조금도 손상시키지 않을 것이다. 그렇다고 상위 수준의 독립체들이 진화에서 중요하지 않다는 의미는 아니다. 그들은 중요하다. 그렇지만 다른 방식으로, 즉 운반자로써 중요하다.

여기서 사회 과학에서 오래 지속된 논쟁과의 강력한 유사점을, 또 이와 동등할 정도로 강력한 불일치를 들어 보자. 환원주의자들은 사회가 궁극적으로는 그저 개체들로 구성될 뿐이라고 주장한다. 여기에 맞서는 것이 더 상위 수준에 의지하지 않고서는 사회를 이해할 수 없다는 전체론적인 주장이다. 그러나 이 입장들이 서로 충돌할 필요는 없다. 사물에 관해서는 환원주의자가 되면서, 전체론적인 특성들을 행복하게 인정하는 것도 가능하다. 독립체 환원주의와 특성 전체론의 조합이다.(Ruben 1985, 1~44, 83~127쪽, 특히 3~6, 83~86쪽) 이 견해에 따르면 개개의 인간들은 궁극적으로는 사회의 유일한 구성 요소들이다. 민족 국가, 의회, 클럽과 기타 등등은 모두 개별 인간들로 남김없이 환원될 수 있다. (철학자들은 이것을 환원적인 정체성(reductive identification)이라고 부른다.) 그러나 동시에 사회는 대개 환원될 수 없는 사회적인 특성들을 가진다. 이것은 우리가 생물학 세계에서 방금 상상했던 것들과 유사하다. 물론 여기서의 이슈는 "무엇이 존재하느냐."라기보다는 자연 선택이 "무엇에 작용하느냐."일지라도 말이다. 실제로 개체 수준에서 이 유사점은 더 커진다. "내가 건전한 환원주의자일지도 모르는 이유는 내가 선택의 단위에 대해, 실제로 살아남았거나 살아남는 데 실패한 단위들이라는 의미에서, 원자론적인 견해를 주장해서이다. 반면 이 단위들이 살아남게 하는 표현형적인 **수단들**의 발달에 대해서는, 나는 전적으로 상호 작용 주의자가 된다." (Dawkins 1982, 113~114쪽) 사회적인 특성과 생물학적인 적응 사이에 중요한 불일치도 있다. 인간 사회에서, 새로운 특성들은 개체, 사회 집단, 국가, 그 외 무엇이든지 간에 그들에 대해 좋거나 나쁘거나 무심하다. 그러나 집단 선택주의(약한 집단 선택주의)는 집단 내 모든 유전자들의 분열된 목적들을 만족시키며, 나아가 그 집단에 다른 집단보다 더 유리한 입장을 부여하는 특성, 적응들에 대한 주장이다. 집단 수준의 적응들은 새로 나타난 특성들 중 매우 특별한 경우에 해당한다. 너무 특별해서 집단 수준의 적응들이 진화에서 어떤 중요한 역할을 했을 것이라고 기대하는 것은 경솔한 일이다. 물론 그들이 실제로 어떤 역할을 수행하는지에 대한 질문은 실증적인 이슈이지 개념적인 이슈가 아니다. 그것은 어떤 적응들이 개체보다 더 높은 수준에서 나타날지에 대한, 또 상위 수준의 운반자들이 주행하기에 안전한 정도에 대한, 사실에 기반을 둔 문제다.

복제자와 운반자의 차이를 확실하게 명심하고, 윈에드워즈 같은 상위 수준의 선택론자들이 단지 혼동한 것이 아니라 정통 자연 선택에 대해 실제로 도전을 제기했다면 틀림없이 주장할 내용들을 살펴보자. 그들은 우리가 방금 상술했던 약한 의미의 집단 선택, 즉 집단들이 진화에 영향을 미칠 수 있는 적응들을 나타낸다는 발상을 주장하는 것이 아니다. 그들은 집단들이 운반자일 뿐만 아니라 때로 복제자, 매우 강력하고 성공적이어서 자연 선택이 유전자(혹은 그들이 일반적으로 생각하는 개체)보다 우선권을 줄 복제자이기도 하다고 제안하는 것이 틀림없다. 실제로 그들의 이론이 그렇다면 우리는 그것이 운반자와 복제자에 대한 개념적인 혼란 때문이라고 생각한다. 운반자는 적응을 나타내는 독립체이며, 복제자는 적응이 이익을 주는 독립체이다. 이렇게 말하면 그들의 이론으로는 어떻게 이타적인 적응들이 진화했으며, 또 어떻게 상위 수준의 독립체들이 개체의 일관성과 목적의 통일성, 복제의 충실성을 창조하고 유지했는지 이해하기가 훨씬 어려워진다.(덧붙이자면 이 견해는 비교적 최근에 미국에서 "집단 선택론(group selectionism)"이라고 불린 견해와도 꽤 다르다. 정리된 차이점들은 Grafen 1984를 참조하라. Maynard Smith 1982b, 1984a가 그 예이다.)

나는 피셔와 홀데인이 다윈주의가 상위 수준의 선택론을 제거할 방법을 제안했다고 말했다. 그러나 복제자와 운반자 사이의 이런 구분은, 다윈주의에서 훨씬 최근에 일어난 혁명의 특징이다. 이런 구분은 그들의 분석을 진일보시킨다. 이런 구분이 있어야만 유전자들(피셔와 홀데인에게는 때때로 개체)은 계층 내에 존재하는 단지 선택의 한 수준이 아니라, 완전히 다른 종류의 독립체가 될 수 있다. 상위 수준 선택론은 상위 수준의 독립체들이 유전자와 같은 사다리 내에서 단지 좀 더 위의 계단에 놓여 있을 뿐이라고 가정하는 잘못된 범주화에 의존했다. 체계적인 유전자 중심의 분석이 이런 혼란을 해결하게 도와준다. 자연 선택에 관한 한 유전자와 더 상위 수준의 독립체들은 확실하게 단절된다. 유전자는 복제자이며, 모든 다른 상위 수준의 독립체들은 운반자들이다. 대부분의 논의에서 피셔와 홀데인이 때때로 유전자보다는 개체에 대해 이야기했다는 사실은 중요하지 않다. 그러나 이 선택의 수준에 대한 이슈에서는 유전자에 확고하게 충성해야, 다른 다윈주의자들의 오해를 최소한 일부분이라도 미연에 방지할 것이다.

덧붙여 말하자면 개체 수준에서는 적응주의에 가장 반대한 사람들 중 상당수가 '다원론'을 추구하며, 상위 수준에서의 적응을 추적하는 데 가장 쉽게 유혹됐다는 사실은 역설적이다. 그들은 달팽이 껍질 줄무늬의 적응적인 중요성에 맨 처음 도전한 사람들이다. 그러나 그들은 또한 "종 선택", "전체론적인 특성들" 및 이와 유사한 것들을 이야기하며, 적응을 생물 계층의 위아래로 분산시켜 표시한 최초의 사람들이다.

이 외에도 더 많은 모순이 있다. 적응적인 설명들을 조사할 때 보았던 것처럼, 이 다원론자들은 개체의 특성을 적응적으로 설명하는 데 지나치게 열심인 다윈주의자들을 묘사하기 위해 "팽글로스적인"이라는 용어를 사용한다. 여기서 모순은 볼테르가 쓴 이 용어를, 원래 홀데인은 바로 이 다원론자들 같은 다원주의자들을 묘사하기 위해 사용했다는 점이다. 그들은 개체 수준에서 적응적인 이점들을 발견하는 데 실패하고, 한 수준에서의 불운이 다른 수준에서 시정될 것이라 가정하며, 대신 집단, 개체군 혹은 종의 수준을 조사하는 다원주의자들이다. "'팽글로스의 정리'라는 어구는 적응적인 설명에 대한 비판으로써가 아니라, 평균 적합도의 최대화를 주장하는 '집단 선택주의자'에 대한 비판으로써 진화론 논쟁에서 제일 처음 사용됐다."(Maynard Smith 1985a, 121쪽)

근대 다원주의를 이용해 이타주의를 이해한 우리는 이제 더 이른 시기 논쟁들의 진흙탕 속으로 들어갈 준비가 됐다. 우리는 네 가지 사례들을 조사할 것이다. 사회성 곤충에서의 일꾼들의 불임, 관습적인 시합, 인간의 도덕성, 종 간 교배의 1세대 혹은 다음 세대에서 나타나는 불임이 그것이다. 이 중 앞의 두 개는 지나고 나서 보니 이타주의의 가장 지독한 사례들 가운데 하나였음에도, 꽤 최근까지 다원주의자들에게 조금도 분명하게 인식되지 않았다는 점이 흥미롭다. 다른 두 사례들은 특이하게도, 고전 다원주의를 이타주의와 관계있는 것으로 해석했던 사례들이다.

13장

사회성 곤충들: 친절한 친족

✤

이솝에게 사회성 곤충들은 영감의 원천이었다. 다윈주의자들에게, 그들은 짜증의 원천이었다. 다윈은 사회성 곤충들이 "내 이론이 지금까지 마주쳤던 어려움들 중 가장 심각한 특별한 어려움을 제기한다고 주장했다."(Darwin 1859, 242쪽) 1세기가 지난 후 이 문제가 마침내 수면 위로 떠올랐을 때, 윌리엄스는 "(유전자 중심적인 이론에 대한 도전으로써) 곤충 군집의 조직보다 더 중요한 현상은 없다."라고 단언했다.(Williams 1966, 197쪽)

그렇게 오랫동안 다윈주의자들을 걱정시켰던 이 수수께끼란 무엇인가? 벌목(Hymenoptera, 개미, 벌, 말벌을 포괄하는 집단)과 흰개미목(Isoptera)에는 불임 계급이 공동체의 다른 구성원들을 위해 일하는 종이 있다. 불임 계급들은 동료들의 새끼를 돌보고 군집을 방어하며 그 외 자신의 동료들에게 이익을 주는 수많은 시민의 의무들을 수행한다. 그들은 일생을 다른 개체들의 생존과 번식에 헌신한다. 자식을 남기지도 않는다. 확실히 이 점은 어려움을 제기한다. 자연 선택은 유전이 되는 적응들에 작용하는데 어떻게 이런 행동(이른바 진사회성(eusociality))이 형성될 수 있는가? 불임 일꾼들은 어떻게 자기희생을 통해 이익을 얻는가? 또 그들은 어떻게 자신들의 이런 특성을 후세에 전하는가?

그 해답은 어떤 식으로든, 아마 친족 선택에서 찾을 수 있다. 우리는 번식 성공을 자식의 측면에서 생각하는 경향이 있다. 그러나 친족 선택 이론은 우리에게 형제나 자매가 딸이나 아들만큼의 가치를 지닐 수 있다는 사실을 상기시킨다. 만약 내가 이타주의 유전자를 보유했다면(혹은 다른 특징에 대한 유전자) 내 형제들이 그 유전자의 복제본을 보유할 가능성은, 내 자식들이 그럴 가능성과 동일하다. 그래서 다른 모든 조건들이 동일하다면, 한 동물의 어미는 그 동물 자신만큼이나 가능성이 있는 번식의 좋은 원천이다. 따라서 동물들이 임신을 하지 않고 자기 자식을 갖기보다 어머니의 자식들을 돌보는 쪽을 선택하는 이유를 알기란 어렵지 않다. 사실 친족 선택 이론의 측면에서 느끼는 문제점은 이것과는 정반대다. 왜 그런 관행이 널리 퍼지지 않았는가? 글쎄, 나는 분명 "다른 모든 조건들이 동일한 때"라고 말했다. 벌목과 흰개미목 같은 몇몇 동물들에서는 이러한 조건들이 다른 동물들에서보다 더 동일하다.

먼저 흰개미를 살펴보자. 친족 선택에 대한 장애물을 제거하는 특이한 점 하나는 그들의 식사가 별나다는 점이다. 그들의 주식은 나무다. 나무는 외부의 도움 없이 소화하기가 매우 어렵다. 흰개미의 장 속에 사는 미생물들이 이 도움을 제공한다. 이 곤충들은 매 세대마다, 또 어떤 경우에는 매번 털갈이를 한 후에 (장의 내벽이 털갈이를 하는 동안 없어지므로) 소화를 돕는 미생물들을 자신들에게 재감염시켜야만 한다. 그들은 이 일을 식분성(coprophagy, 동물이 자신의 배설물을 섭식하는 특성. — 옮긴이)으로 달성한다. 귀중한 분변은 한 세대에서 다음 세대로 전달된다. 식분성은 큰 근접성을 요구한다. 아마도 이것이 흰개미가 사회성에 근접한 어떤 것에서 사회성으로, 다시 사회성으로부터 마침내 친족 선택까지 진화의 경로를 걷도록 만들었을 것이다. 이 경로가 필연적이지는 않지만 각 단계가 다음 단계를 밟을 가능성을 더 증가시켰을 것이다.(Wilson 1971, 119쪽) 식분성은 또한 친족 선택에 이르는 또 다른 경로를 제공한다. 페로몬 조종이 그것이다. 모든 사회성 곤충들에서 페로몬은 불임을 유도하는 기제를 제공한다. 여왕은 페로몬을 사용해서 일꾼들을 억제한다. 흰개미의 소화하기 힘든 먹이가 사회성 행동이 진화하는 초기 동안, 그들의 여왕들에게 미리 준비된 수단을 제공했을 수도 있다.

흰개미의 먹이는 또한 완전히 새로운 관심사를 도입한다. 미생물이 그것이다. 미생물들의 유전자들은 흰개미 언덕에 있는 DNA의 25퍼센트, 매우 중요한 25퍼센트를 구성한다. 이 작은 생명체와 흰개미가 상호 의존적이기 때문이다. 게다가 미생물들은 무성 생식을 하기 때문에 그들은 대개 유전적으로 동일한 쌍둥이들이다. 이렇게 대규모로 존재하는 유전적인 쌍둥이들이 상대방을 조종하기 위해, 생화학적인 영향력을 미치는 것도 당연하다. 그렇다면 이 귀한 손님들이 흰개미의 사회성이 고도로 발달하는 데에 다소간 기여했을까?

공생 유전자들이 주변 환경에 표현형적인 효과를 발휘하도록 선택되는 일은 필연적이지 않을까? 그리고 여기에는 흰개미 …… 의 신체나 흰개미의 행동에 표현형적인 힘을 발휘하는 것도 포함되지 않을까? 이런 사고 흐름에 따르면, 흰개미목에서의 진사회성의 진화는 흰개미 자신의 적응이라기보다는 미세한 공생자의 적응으로 설명되지 않을까?(Dawkins 1982, 207~208쪽)

해밀턴은 흰개미가 군집 내에서 동계 교배(inbreeding)를 하다 새로운 개체를 발견했을 때 이계 교배(outbreeding)를 하는 주기가, 친족 선택에 한층 특이한 기회를 제공한다는 사실을 발견했다.(Hamilton 1972, 198쪽) 그런데 그의 통찰은 너무나 **지나가는 말처럼** 표현돼서, 대개 그것은 나중에 이 이론을 훨씬 자세하게 논의한 스티븐 바츠(Stephen Bartz)의 것으로 여겨진다.(Bartz 1979, 1980, 또한 Myles and Nutting 1988, Trivers 1985, 181~184쪽도 참조하라.) 더 재밌는 것은 내가 해밀턴에게 우선권 논쟁에 관한 그의 생각을 물었을 때, 그 자신도 깜박 잊고는 그것은 바츠의 것이라고 말했다. 해밀턴의 추론은 다음과 같다. 나는 그의 추론을 이상화된 형태로 말하겠다. 실제 그림은 이처럼 말끔하지 않다. 확실하게 자리 잡은 흰개미 군집에서는 동계 교배가 많이 행해질 수 있다. 몇몇 종들에서 날개를 가진 왕과 여왕은 대개 군집 내 제2의 번식자들로 대체된다. 새로운 후계자들은 형제나 자매일 가능성이 크며, 그들의 자손들은 동계 교배가 너무 많이 행해지기 때문에 대개 동형 접합적(homozygous)이다. (각 개체들의 대립 유전자들이 서로 동일한 한 쌍이다.) 이것은 그들이 다른 군집의 (마찬가지로 다른 방향으로 점점 동계 교배를 하게 되는) 구성원들보다 자기 군집의 구성원들과 서로 훨씬 긴밀하게 연결됐음을 의미한다. 이것은 그 자체로 흰개미들이 이타적인 자기희생을 하는 성향을 가지게 만들 수 있다. 그러나 동계 교배를 하는 군집의 흰개미가 자기 자식보다 자기 형제와 더 가깝지는 않다. 만약 흰개미가 자기 자식보다 형제에 더 가깝다면, 불임을 하는 선까지 자신을 희생할 훨씬 더 강력한 이유가 생기게 된다.

실제로 그런 이유가 있다고 밝혀졌다. 사건은 이렇게 진행된다. 많은 후손 군집들을 관통하는 혈통의 오랜 역사 속에서, 이계 교배가 집중적인 동계 교배에 자주 끼어들었을 것이다. 날개를 가진 젊은 번식자가 돌아다니다 새로운 군집을 발견했을 때, 이런 일이 발생한다. 대개 이계 교배가 유사성의 속박을 극적으로 끊어 냈을 것으로 기대한다. 그러나 실제로는 그렇지 않다. 다른 군집에서 날아온 배우자 역시 동계 교배로 태어나서, **원래 군집의 대립 유전자와는 다른 대립 유전자들로** 동형 접합적일 가능성이 크다. 그래서 그들의 자식들(1세대)은 이형 접합적(heterozygous) 이지만 서로 유전적으로 동일할 것이다. 형제들 사이의 유사성의 속박은 여전히 유지된다. 그러나 왕이나 여왕, 또는 둘이 모두 대체되면 이 속박은 다음 세대로 전달되지 않는다. 멘델의 느린 걸음이 마침내 유전적인 동일성을 부술 것이다. 이것은 창시자 왕과 여왕의 이형 접합적인 자식들이, 유전적으로 자신의 자식들보다 (똑같이 이형 접합적인) 자신의 형제들과 더 가깝다는 것을 의미한다. 여기서 우리는 흰개미에서 불임 일꾼들이 진화한 이유를 추가로 더 찾아낼 수 있다. 아마도 이타적인 종들에서 번갈아 일어나는 비도덕적인 근친상간과 가출로부터, 이타주의라는 숭고한 이상이 생겨났을 것이다.

몇몇 흰개미 종들에서는 형제를 자식보다 더 가깝게 만드는 유전적인 획일성의 새로운 원천이 친족 이타주의를 조성한다. 이 경우에 획일성은 동성 형제들 사이에서 나타난다. 이 일은 성염색체상에서 함께 연결된 많은 유전자들로 발생한다.(Lacy 1980, 1984, Syren & Luykx 1977, 또한 Crozier and Luykx 1985, Leinaas 1983도 참조하라.) 흰개미들은 우리처럼 소위 XX XY 체계에 따라 성별이 결정된다. 암컷들은 두 개의 X염색체들을 가졌으며 수컷들은 X와 Y염색체를 각기 하나씩 가졌다. 수컷은 자기 아버지의 Y염색체와 어머니가 지닌 두 개의 X염색체 중 하나를 물려받는다. 암컷은 아버지의 X염색체와 어머니의 두 개의 X염색체 중 하나를 물려받는다. 따라서 아버지의 성염색체에 관한 한 수컷들은 자기 형제들과 실질적으로 동일하며, 암컷 역시 자기 자매들과 실질적으로 동일한 쌍둥이다. 그러나 어머니의 성염색체와 다른 일반 염색체에 관해서는 동일한 상황이 적용되지 않는다. 그러니까 아버지로부터 온 성염색체의 유전자에 관한 한, 동성의 형제들은 자신의 잠재적인 자식들보다 서로 유전적으로 더 가깝다. 특히 동성 형제들을 보살피며 자신은 불임이 되는 유전자가 성염색체 위에 놓였다면 그 유전자는 선호될 수 있다.

이론적으로 이러한 '성염색체 이타주의'는 성염색체를 가진 어떤 동물들에서도, 포유동물들에서조차도 불임 일꾼을 만들 수 있는 경로이다. 언젠가 해밀턴은 이 점에 주목했다.(Hamilton 1972, 201쪽) 그러나 그는 성염색체들이 전체 게놈 중 매우 작은 부분(예를 들면 포유류에서는 오직 5퍼센트)만을 차지해서 이런 이타주의가 불가능하다고 생각했다. 그는 이것보다 더 큰 것을 염두에 두었다. 그는 이미 벌목에서 불임 일꾼 계급의 유사 사례를 밝혀낸 바 있다. 여기서 친자매들은 **전체** 게놈의 측면에서 서로 특별히 가깝다. 이후 흰개미에게도 뭔가 큰 유전적 연결이 존재한다는 사실이 밝혀졌다. 일부 흰개미 종들에서는 (거의 절반을 차지할 만큼 큰) 게놈의 상당 부분이 성염색체와 연결돼서 실질적으로 거대한 성염색체를 형성한다. 따라서 이 종들에서는 '성염색체 이타주의'에 대한 이의가 사라져 버린다. 흰개미에서 동성 형제들이 동일한 유전자를 공유할 가능성은, 부모 자식이 그럴 확률보다 실제로 상당히 더 높다. 성염색체로 기능하는 유전자들의 무리가 대단히 크기 때문이다. 어쩌면 진화의 먼 과거에는 게놈의 상당 부분과 성염색체의 연결이 모든 흰개미 종들, 오늘날에는 그러한 연결이 존재하지 않는 종들에서도 일어나, 친족 이타주의가 순조롭게 시작되도록 도왔을 수 있다. 어쩌면 말이다. 그러나 여기에도 문제는 있다. 주된 문제는 흰개미들이 예측대로 행동하는 것처럼 보이지 않는다는 점이다. 그들은 성별에 상관없이 친족들에게 이타적으로 행동한다. 암컷과 수컷 모두 조력자로 행동하며 자식을 갖지 않는다. 또 각 성이 동성 개체를 선호하며, 성별에 따라 선행을 차등 제공한다는

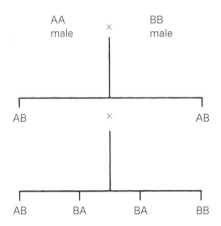

| AA
male | × | BB
male | |
| | | | 새 군집의 창시자들이 두 개의 다른 군집들에서 온다. 그들은 모두 서로 다른 대립 유전자들에 대해 동형 접합적이다. |

| AB | × | AB | 자손 1세대는 모두 이형 접합적이지만 유전적으로 동일하다. 그들은 자기 자식보다 형제 자매들과 유전적으로 더 가깝다. |
| AB | BA | BA | BB |

흰개미가 이타주의에 이르는 한 가지 경로

증거는 아직 발견된 바 없다. 게다가 오직 몇몇 흰개미 종들만이 '거대한 성염색체'를 가졌는데 그들의 사회적 행동이 다른 종들에 비해 그다지 특별한 점이 없다는 문제도 있다. 게다가 그 종들은 흰개미의 진화 계통수(evolutionary tree, 동물이나 식물의 진화 과정을 수목의 줄기와 가지의 관계로 나타낸 것. ─ 옮긴이)에서 다소 산발적으로 존재한다. 그러므로 거대한 염색체들은 아마도 최근에 일어난 혁신일 가능성이 크며, 따라서 제시된 역할을 수행하지 못했을 것이다. 이 의혹의 목록들을 마무리 지으며, 해밀턴은 내게 다음의 성찰을 제공했다. "환상 염색체(ring chromosome)로 악명 높은 또 다른 집단이 달맞이꽃이야! 플로리다에 있는 맹그로브 습지의 흰개미들과 황무지에 핀 달맞이꽃의 공통점은 완전히 모호해. 지금 그것은 신의 농담처럼 보여."

이제 벌목을 살펴보자. 친족 선택을 선호하는 조건 하나는 우리가 방금 주목했던 사실이다. 즉 친자매는 자기 자식보다 서로 유전적으로 더 가깝다. 이것은 그들 염색체들의 매우 드문 배열인, 반수이배성(haplodiploidy) 때문에 발생한다.(Hamilton 1963, 1964) 암컷들은 수정란에서 발달하는 이배체(diploid, 각 부모에게서 하나씩 온 염색체 두 개를 한 쌍으로 가지는 것)다. 수컷은 미수정된 난자에서 발생하는 반수체(haploid, 오직 염색체 한 개만을 가지는 것)다. 사회 조직의 세부 사항들은 종마다 다르지만 군집은 대개 수컷 한 마리가 수정시킨 여왕 한 마리와 그녀의 자식들로 구성된다. 불임 일꾼들은 그녀의 딸들이다. 왜? 암컷 자식들은 모두 전체 유전자의 절반이, 즉 아버지 쪽에서 온 염색체들이 서로 동일하다. 그들의 아버지가 반수체이며 따라서 정자의 유전적 조성이 모두 동일하기 때문이다. 평균적으로 그들은 어머니에게서 온 유전자의 절반을 공유한다. 부계쪽 게놈에 관한 한 그들은 일란성 쌍둥이다. (흰개미의 경우에는 성염색체에 대해서만 '일란성 쌍둥이'라는 점을 제외하고, 꼭 동성 흰개미들과 같다.) 그 결과 이 딸들은 수컷이든 암컷이든 가상의 자기 자식들보다 서로 더 긴밀하게 연결된다. 따라서 여왕이 될 생식력이 있는 자매들을 돌보는 쪽이, 자기 아들이나 딸을 낳는 쪽보다 더 낫다.

벌목의 몇몇 종들에서 친족 선택을 선호하는 또 다른 조건은 어머니의 일부일처제가 보장된다는 사실이다.(Dawkins 1976, 2nd edn., 295~256쪽) 만약 어머니가 일부일처제라면, 형제들은 모두 같은 아버지를 가질 것이며 어머니는 일란성 쌍둥이만큼의 가치를 지닌다. 이 점은 반수이배성과는 아무런 상관이 없다. 이것은 어쩌면 일부일처제인 모든 동물들에게 해당된다. 문제는 대부분의 동물들에서 '일부일처제'가 매우 믿을 수 없다는 것이다. 몇몇 종들에서 암컷과 수컷은 번식기간 내내, 심지어는 일생 동안 꽤 확고하게 짝을 맺어서, 박물학자들은 오랫동안 그들을 일부일처제로 생각했다. 한때 대부분의 새들이 그렇다고 여겨졌다.(Lack

1968, 4쪽) 그러나 더 자세히 관찰해 보면, 이 종들은 잇따라서 매우 다른 그림을 보여 준다. 동부청딱새(*Sialia sialis*)에서는 조사된 한배의 새끼 중 9 퍼센트가 다중 혈통이었다.(Gowaty and Karlin 1984) 유리멧새(*Passerina cyanea*) 에서는 암컷이 전체 교미의 22퍼센트 이상을 파트너 이외의 다른 수컷 과 하며, 자식의 최소 14퍼센트 이상이 파트너의 자식이 아니었다. (그 자 식들은 유전적으로 이웃 수컷들과 매우 가까웠다.) (Westneat 1987, 1987a) 흰이마벌잡 이새(*Merops bullockoides*)는 표본으로 조사한 전체 자식의 9~12퍼센트가 자신의 '부모' 중 한쪽 혹은 둘 다와 유전적인 연관 관계가 없었다.(Wrege and Emlen 1987) 흰관참새(*Zonotrichia Leucophrys oriantha*)에서는 새끼의 34~38 퍼센트가 '아버지'의 자식이 아니었다.(Sherman and Morton 1988) 이 종의 다 른 구성원들이 남의 둥지에 자신의 알을 투기한 것으로는 이 '사생아'들 중 일부를 설명할 수는 있지만, 전체를 다 설명할 수는 없다. 그러나 벌 목에서는 상황이 다르다. 최소한 몇몇 종에서는 일부일처제가 몹시 신 뢰할 만하다. 이것은 여왕이 딱 한 번만 짝짓기를 하기 때문이다. 그녀는 자신의 생식 운명 전체를 단 한 번의 혼인 비행으로 봉인하면서 유일한 결합에서 얻은 정자들을 저장하고는 긴 여생에 걸쳐 다시는 짝짓기를 하지 않는다.

마지막으로 사회성 곤충들의 진사회성은 맨 처음에 암컷들이 서로 도움을 주고받으며 순조롭게 시작됐다는 주장이 있다.(Brockmann 1984가 그 예이다.) 같은 세대의 암컷들 혹은 어머니와 딸들, 또는 양자 모두가 처 음에는 단지 둥지를 공유했을 뿐인지도 모른다. 진사회성을 일으키기 쉽게 만드는 다른 조건들의 도움으로 그들은 점점 협동적인 행동을 진 화시켜, 다윈주의자들의 창의력에 많은 부담을 준 극도의 이타주의에 도달할 수 있었다.

우리가 오늘날 아는 것에 대해서는 그쯤 하기로 하자. 이제 다윈에게로 되돌아가자. 이 문제를 두고 "가장 심각하며 특별한 어려움"이라고 한 그의 선언이 보여 주듯이 (비록 그에게 '가장 심각한' 어려움들이 여럿 있었지만!) 그는 중성 곤충들의 문제에 동요했다. 개미의 사례를 이야기하며 그는 『종의 기원』(235~242쪽)에서 이 이슈를 상세히 검토했다. 그러나 그가 말한 "특별한 어려움"이란 정확히 무엇인가? 놀랍게도 그것은 우리의 기대처럼 개미의 불임성과 타인의 복지를 위한 헌신이 아니었다. "이 일꾼들이 어떻게 불임 상태가 되느냐는 하나의 어려움이다. 그러나 다른 어떤 구조의 놀라운 변형보다 훨씬 더 크게 어렵지는 않다. …… 나는 자연 선택으로 만들어진 이 존재들에서 엄청난 어려움을 볼 수 없다."(Darwin 1859, 236쪽) 사실 다른 곳에서 (우리가 종 간 불임성을 논의할 때 보게 될 것처럼) 다윈은 사회성 곤충의 불임과 상대적으로 문제가 적은 비사회성 개체들의 불임을 신중하게 구분했다.(Darwin 1868, ii, 186~187쪽) 그리고 그는 "이 예비적인 어려움을 제쳐두기로" 결심한다.(Darwin 1859, 236쪽) 그를 걱정시킨 것은 이 중성 계급들이 자신들의 부모하고도 또 형제들하고도 너무나도 다르다는 점이었다. 번식을 할 수 없는 이 개체들에 어떻게 자연 선택이 작용해서 **다양한** 특성들을 만들어 낼까?

한 특별한 어려움이 …… 처음에는 내게 극복할 수 없는 것처럼 보였다. 실제로 이 문제는 내 이론에 치명적이었다. …… 이 불임 일꾼들의 본능과 구조는 수컷과도, 생식력이 있는 암컷과도 매우 다르다. 불임이기 때문에 그들은 자신이 가진 특성들을 전파할 수 없다. …… 어려움의 정점은 …… 여러 개미들에서 이 불임 일꾼들이 다양한 모습으로 나타난다는 것이다. 그들은 생식력이 있는 암컷, 수컷들과 다를 뿐 아니라 때때로 서로 간에도 거의 믿을 수 없을 정도로 다르다.(Darwin 1859, 236~238쪽)

불임 일꾼들이 제기한 문제는 그들의 구조와 본능이 종의 다른 구성원들과 매우 다르다는 점이었다. 그들이 자신의 부모와 또 서로와 매우 가까운 유연관계를 가졌다면 심각한 이례는 나타나지 않아야 한다. 그러므로 그의 어려움은 불임 일꾼의 특성들이 그들과 매우 다른 부모들에게 잠복됐다는 점이었다. 유전 이론이 충분히 발달하지 않았기 때문에 이것은 확실히 큰 문제였다. 그러나 지금은 이 문제가 불임 곤충들이 제기하는 어려움들의 '정점'으로 생각되지 않는다.

다윈에게 불임 일꾼들의 이타주의는 이례가 아니었음에도, 흔히 오늘날 논평가들은 당연히 그랬을 것이라고 생각한다. 그런 생각이 너무 잦아서 나는 그것은 잘못됐으며, 그에게는 잠복이 다른 무엇보다 중요한 문제였다는 내 견해를 뒷받침하기 위해 몇 가지 부가적인 증거들을 제시하려 한다. (기쁘게도 이 견해는 해밀턴(Hamilton 1972, 193쪽)도 생각했던 바다.)

먼저 다윈이 4판(1866년) 이후부터『종의 기원』에 삽입한 강력한 비유가 있다. 그는 불임 일꾼들의 진화에 대한 자신의 설명을 암컷이 둘 혹은 심지어 세 가지 형태로 존재하는 특정 나비 종에 대한 월리스의 설명과 수컷이 별개의 두 가지 형태로 존재하는 특정 갑각류에 대한 요한 프리드리히 테오도어 뮐러(Johann Friedrich Theodor Müller)의 설명에 비유했다.(Peckham 1959, 420~421쪽) 이 사례들에는 불임성도 희생도 이타주의도 등장하지 않는다. 그러나 다윈의 견해로는 다른 형태의 확산이 이 사례들을 "똑같이 복잡"하게 만들며, (비록 불행히도 그가 이보다 더 자세히 설명하지는 않았지만) 또 그 설명들을 서로 "유사"하게 만든다.(Peckham 1959, 420쪽) 두 번째로 그가 자신의 이론을『종의 기원』의 마지막 장에서 요약하고 불임 일꾼들을 "가장 궁금한 것들 중 하나"이자 "특별히 어려운 사례들"(Darwin 1859, 460쪽)로 선정했을 때 그가 언급한 것은 계급의 분화였다. 세 번째로 다윈이 타인의 이익을 위한 자기희생을 불임 일꾼들 행동의 핵심 특징이라고 생각했다면, 그는 분명 『인간의 유래』에서 인간 사회와 도덕성을 논의할 때 이 점에 대해 언급했을 것이다. 그러나 그는 거기서 다른 동물들의 원시적인 도덕성을 다루면서도 사회성 곤충들은 거의 건드리지 않았다.

다윈의 문제는 오늘날의 다윈주의자들이 가진 문제와 동일하지 않았다. 그럼에도 그는 자연 선택이 불임 개미들의 차별적인 번식으로 작용할 수 없기 때문에 무엇으로 작용하는지 이해해야만 했다. 그러므로 다윈은 자신의 질문들에 대답하면서 이타주의가 제기하는 문제들인, "누가 이익을 보는가?", "어떻게 이익을 얻는가?"에 대해서도 대답할 수밖에 없었다.

다윈의 해결책은 두 단계로 이루어진다. 먼저 그는 불임 곤충들이 짝짓기를 할 수는 없을지라도, 가까운 친척들이 유전이 되는 특성들을 그들과 공유할 가능성이 존재해서, 그 특성들이 친척들에서는 발현되지 않아도 그들을 거쳐 전달될 수는 있다고 주장했다.

이 (곤충의 불임이라는) 어려움은 극복할 수 없어 보이지만, **선택이 개체뿐 아니라 가족에게도 적용될 것이라는 점**을 상기할 때 어려움은 약화되거나 사라져서 결국 원하던 목적에 닿을 것이라고 나는 믿는다. 맛있는 야채는 요리되며 그 개체가 파괴된다. 그러나 원예가는 같은 식물의 씨를 뿌리고 거의 비슷한 품종을 얻을 것이라고 확신에 차서 기대한다. 소 사육자들은 고기와 지방이 서로 잘 어우러지기를 희망한다. 그 동물은 도살되지만 사육자는 같은 품질을 지닌 가족을 얻을 것이라 확신한다.(Darwin 1859, 237~238쪽)

엄밀하게 말하면 이 사례들은 다윈의 요지를 잘 포착하지 못했다. (내가 다소 까탈스러운 것은 인정하지만, 그래도 우리는 그가 정확히 무엇을 말하는지 이해할 필요가 있다. 나중에 우리는 다른 사람들이 다윈의 진술에 모든 종류의 이론들에 의미를 부여하려고 애쓰는 모습을 볼 것이다.) 그는 '가족'의 일부 구성원들이 그들 자신들에게서는 드러나지 않은 표현형적 특성들을 가진 자식을 생산한 반면, 그 특성들이 나타난 다른 구성원들은 자식을 생산하지 못한 사례들을 설명하려고 시도했다. 그러나 다윈의 비유에서 생식력을 가진 구성원들은 (사육자가 그들을 선택했을 당시는 아닐지라도) 대개는 요리되거나 도살된 개체들과 동일한 표현형적 특성들을 나타낸다. 다윈의 다음 예시는 이것보다 더 적절하다. "항상 극단적으로 긴 뿔을 가진 악스(ox, 거세된 황소)를 생산하는 소 품종은 어떤 황소와 암소들이 짝짓기를 해서 가장 긴 뿔을 가진 악스를 낳는지, 조심스럽게 관찰하면서 천천히 만들어졌을 수 있다. 그러나 어떤 거세된 황소도 자신과 똑같은 종을 전파시킬 수 없다." (Darwin 1859, 238쪽) 그가 극단적으로 긴 뿔을 가진 악스의 부모들은 표현형적으로는 극단적으로 긴 뿔을 갖지 않았다고 명쾌하게 말했다면, 이 비유가 좀 더 분명해졌을 것이다. 『종의 기원』의 후기판들에서 그는 다음과 같은 "더 좋은 실례"(Peckham 1959, 416쪽)를 제시했다. 정말 만족스러운 예시다. 스톡(stock, 밝은 색 꽃이 피고 향기가 좋은 관상용 식물)은 홑꽃뿐 아니라 겹꽃으로도 생산되지만 겹꽃들은 항상 불임이다. 그럼에도 이 혈통은 멸종하지 않는다. 생식력을 가진 홑꽃을 계속 생산하기 때문이다. 다윈은 홑꽃을 생식력이 있는 친척들과, 겹꽃을 불임 일꾼들과 적절히 연결시킨다.(Peckham 1959, 147쪽) 요약하자면 다윈은 친척들이 공통된 특성들을 (표현되든 잠재되어 있든) 가졌으며 한 개체에서 표현된 특성들이 그 친척들에게는 잠재됐을지도 모르지만 생식 세포로 영속된다고 말한다. 『인간의 유래』의 한 구절이 그가 바로 그런 이야기를 한다는 견해를 지지해 준다. 다윈은 인간에서 훨씬 "재간이 많은" 구성원들이 자식을 남기지 못할지라도, 그들의 특성은 그 종족의 다른 구성원들을 따라 전해

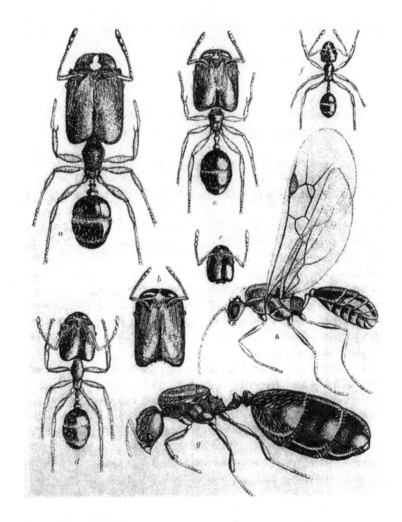

지금까지 가장 심각한 특별한 어려움

텍사스의 작은 두배자루마디개미아과 수확 개미인 페이돌 킹기 인스타빌리스(*Pheidole kingi instabilis*): 큰 일꾼(a)에서 중간 크기 일꾼(b~d), 작은 일꾼(e, f)에 이르기까지 끊임없이 변화하는 하위 계급들로 구성된 일꾼 계급, 여왕(g), 수컷(h).

"한 특별한 어려움이 처음에는 …… 내 이론 전체에 치명적인 …… 것처럼 보였다. …… 여러 개미들에서 이 불임 일꾼들은 생식력을 가진 암컷, 수컷들과 다를 뿐만 아니라 때때로 거의 믿을 수 없을 정도로 서로 다르다는 사실 ……"(다윈, 『종의 기원』에서 인용)

질 것이라고 말한다. 그들이 서로 연관되기 때문이다. 그리고 그는 소 사육자에 대해 같은 언급을 했다. "그들이 자식을 남기지 못할지라도, 그 종족은 여전히 그들의 혈족을 포함할 것이다. 도살된 가축이 가치가 높다는 것이 알려지면 그 동물의 가족을 교배시키고 보존해서 원하는 특징을 얻는다는 사실은 원예가들로부터 확인된 바다."(Darwin 1871, i, 161쪽)

다윈이 주장한 두 번째 단계는 불임 곤충의 특성들이 생식력을 지닌 친척의 번식 성공에 영향을 주기 때문에 선택이 이 특성들에 작용할 수 있다는 주장이다. "이익을 주는 변화를 가진 중성 개체들을 가장 많이 생산한, 생식력이 있는 부모들을 오랫동안 지속적으로 선택함으로써 모든 중성 개체들은 결국 훌륭한 특성들을 지니게 되었다."(Darwin 1859, 239쪽) 비유해서 설명하자면 소 사육자는 교미할 황소와 젖소를 선택할 때에 현재 그 개체의 뿔이 아니라, 그가 가장 마음에 든 악스의 뿔을 지표로 삼는다. 원예가는 자신의 마음에 드는 겹꽃 품종의 꽃을 지표로 삼아서, 재배할 홑꽃들을 선택한다.

다윈의 일반적인 사고 흐름은 명쾌하다. (세부적인 작용 기제들은 모호하지만 그는 적절한 유전 이론 없이 가능한 한 최선을 다했다.) 그의 생각은 두 부분으로 이뤄진다. 첫째로 불임 곤충들은 번식할 수 없을지라도, 그들의 특성들은 다른 개체들이 번식시킬 수 있다. 둘째로 불임 곤충의 특성들은 그 특성들이 잠재된 곤충들의 번식 성공에 영향을 주기 때문에 선택이 곤충들을 거쳐서 특성들에 작용할 수 있다. 그래서 비록 세포 그 자체는 불임 일꾼들과 함께 사망해도, 생식 세포 계열(배우자(配偶子)가 유래돼 나오는 세포 계열로, 몇 세대가 지나도 지속된다. ─ 옮긴이)의 지속성은 그 공동체의 생식력 있는 구성원들로 유지된다. 그들의 특성이 생식력을 가진 친척들의 번식 성공에 영향을 미쳐서 자연 선택에 따라 형성될 수 있기 때문이다.

여기까지는 좋았다. 그러나 우리의 근대적인 견해와 매우 유사하게 들리는, 다윈의 이러한 두 단계 설명은 불행히도 이상화된 것이다. 혼란스럽게도 그는 선택적인 이점이 공동체에도 있다고 말한다.

이 공동체 속 특정 구성원의 불임 상태와 관련된 구조나 본성의 미묘한 변화는 **공동체에 이롭다.** 결과적으로 같은 공동체의 생식력이 있는 수컷과 암컷들은 번창해서, 생식력을 지닌 자손들에게 동일한 변화를 가진 불임 구성원들을 생산하는 경향을 물려주었다. …… 우리는 노동 분업이 문명화된 인간에게 유용한 것과 같은 원리로, 그들의 생산이 **곤충들의 사회 공동체에** 얼마나 유용한지 알 수 있다.(Darwin 1859, 238, 241~242쪽, 굵은 글씨는 이 책의 저자가 강조한 것이다.)

비슷하게 다윈은 자연 선택이 부모에게 작용함으로써, 균일하게 작은 크기의 불임 일꾼들이나 딱 두 종류의 서로 매우 다른 계급들 같은 다양한 형태의 개체들을 생산할 수 있다고 말한다. 그들이 그 **공동체**에 유용하다면 말이다.(Darwin 1859, 240~241쪽) 다른 책에서 그는 다음과 같이 말했다. "불임인 중성 곤충들의 구조와 생식력 변화가, 동종의 다른 **공동체들**에 비해서 이 **공동체**에 간접적으로 이익을 주기 때문에 자연 선택에 따라 천천히 축적됐다고 믿을 만한 근거를 우리는 가지고 있다." (Darwin 1868, ii, 186~187쪽, 굵은 글씨는 이 책의 저자가 강조한 것이다.) 다윈은 『인간의 유래』에서 심지어 그 보유자가 아니라 사회 집단에게 이익을 주는 특성들에 작용하는 자연 선택의 대표적인 사례로, 사회성 곤충들을 언급하기까지 했다.

엄격한 사회성 동물들에서 자연 선택은 때때로 공동체에만 이익이 되는 변이들을 보존해서, 개체에 간접적으로 작용한다. …… 화분을 모으는 기구나 벌침, 병정개미의 큰턱처럼 개체나 그 자식들에게 거의 혹은 전혀 도움이 되지 않는 여러 놀라운 구조들이 그렇게 획득됐다.(Darwin 1871, I, 155쪽)

그러나 다윈의 말을 그가 상위 수준의 설명을 채택했다는 징후로 받아들여서는 안 된다. 그는 빈번하게 개체와 공동체라는 말을 바꿔 사용한다. 마치 그 두 단어를 자유롭게 서로 바꿔서 써도 된다고 느끼는 것처럼 보인다. 예를 들면 『종의 기원』 4판(1866년)의 아래 구절에서, 그는 전과는 달리 공동체에 대한 언급을 생략하고 부모만을 언급했다. " …… **공동체**에 매우 유용한 …… 극단적인 형태들은, 그들을 생산한 **부모들**에 대한 자연 선택으로 점점 더 많이 생산됐다."(Peckham 1959, 420쪽, 굵은 글씨는 이 책의 저자가 강조한 것이다.) 그러나 이것은 이제 막 개체 선택론을 이해하게 된, 전 집단 선택론자의 변설이 아니다. 다른 사례들에서 그의 변화가 완전히 반대 방향으로 나타나기 때문이다. 『종의 기원』의 5판(1869년)에서 그는 다음 구절, "이익이 되는 변화를 가진 중성 개체들을 가장 많이 생산해 낸, 생식력이 있는 **부모들**을 오랫동안 지속적으로 선택함으로써 …… "(Peckham 1959, 418쪽, 굵은 글씨는 이 책의 저자가 강조한 것이다.)를 다음과 같이 바꿨다. "중성 개체를 가장 많이 생산하는 암컷들이 있는 **공동체들**의 생존에 따라 …… "(Peckham 1959, 418쪽, 굵은 글씨는 이 책의 저자가 강조한 것이다.) (이 문구가 모호하다는 점은 인정한다. 그는 암컷들에 대한 선택을 언급하는 중일 수도 있다.) 이렇듯 선택의 수준을 뒤섞어 놓은 수정은, 사회성 곤충들에게만 한정되지 않는다. 『종의 기원』의 초판에서 자연 선택을 논의하며 그는 "사회성 동물들은 공동체의 이익을 위해 각 개체의 구조를 적응시킬 것이다. 만약 **각 개체**가 선택된 변화에 따른 이익을 얻는다면."(Darwin 1859, 87쪽, 굵은 글씨는 이 책의 저자가 강조한 것이다.)이라고 서술했다. 그러나 6판(1872년)에서는 이 구절이 다음과 같이 바뀐다. "만약 그 **공동체**가 선택된 변화에 따른 이익을 본다면, 전체 공동체의 이익을 위해서……"(Peckham 1959, 172 쪽, 굵은 글씨는 이 책의 저자가 강조한 것이다.) 다윈은 자기 자신을 어떻게 표현하느냐에, 태평스럽게도 무심해 보인다. 그는 두 가지 선택 수준을 의미하는 단어들 사이에서 마치 그 둘을 구별하지 않는 듯이 왔다 갔다 한다.

그래서 다윈은 정확하게 무엇을 말하는 것일까? 먼저 그가 말했다고 여겨지는 내용들을 다루어 보자. 여기서 우리는 일치점을 찾을 수 없으며 거대한 혼란에 빠진다. 이 혼란은 부분적으로는 그가 문제를 오인한 데서 유래한다. 뒤늦게 깨달은 점이지만 대부분의 논평가들이 다윈의 논의가 이타적인 불임성 문제에 관한 것이라고 가정했다는 사실을 명심하라. 그래서 대부분의 논평가들이 (잘못) 동의한 몇 가지 요지 중 하나가, "중성 곤충들의 명백한 이타성은 …… 생존 경쟁 …… 과는 달라 보인다. 다윈은 이 문제의 중요성을 완전히 인식했다."(Ghiselin 1974, 216쪽)라는 것이었다.

그러나 다윈이 개체 수준의, 혹은 더 상위 수준의 해결책을 제공했는가? 그리고 그 해결책은 성공하거나 실패했는가? 이 문제에는 논평가들의 수보다 훨씬 더 많은 견해들이 존재한다. 이 의견들에 대해서는 몇 가지 사례만 들어도 충분하고도 남을 것이다. 나는 그 사례들을 (위압적으로 길지만) 한 단락으로 줄여 놓겠다. 일단 19세기의 바이스만부터 시작하려 한다. 그는 다윈이 부모와 공동체라는 두 가지 다른 독립체들에 대한 선택에 호소한다는 사실을 눈치채지 못한 채, 다윈의 공헌에 찬사를 보냈다. 그는 다음과 같이 말한다.

> 중성 개미들의 기원에 대한 다윈의 설명은 유일하게 가능한 한 가지, 즉 **부모에 대한 선택**에서 생겨났다고만 간주해야 한다. …… 생산력이 있는 자식뿐만 아니라 불임 자식도 생산하는 암컷들이 **그 공동체에 특별한 가치**를 지닌

다는 점을 고려하면, 생산적인 암컷들에 대한 선택이 일어난 것이 틀림없다. 일꾼 구성원들의 존재가 공동체에 이익이 되며 공동체를 강화시켜 주기 때문이다. …… 일꾼들 사이의 모든 변이들은 그들을 **그 공동체**에 기여하는 데 보다 알맞게 만들려고 생겨났다.(Weismann 1893, 314쪽, 굵은 글씨는 이 책의 저자가 강조한 것이다. 원문의 강조는 생략했다.)

다른 논평가들은 다윈의 설명 수준에 대해 더 강한 견해를 가졌다. 예를 들면 필립 슬론(Philip Sloan 1891, 623쪽)은 다윈이 개체 선택론자라는 주장에 대해서, 루스(Ruse 1979a)를 비난한다. 그는 사회성 곤충에 대한 다윈의 토론 앞에서, 이러한 주장은 설득력이 없다고 말한다. 루스에게 주의를 돌리면 우리는 그가 정말로 다윈을 개체 선택론자로 보았지만, 또 한편으로는 그가 다윈은 "벌집의 개별 구성원들을 경쟁자들로 보기보다 꿀벌의 벌집 전체를 한 개체로 보았다."라고 주장한 사실을 발견하게 된다.(Ruse 1979a, 217쪽) 마찬가지로 그는 다른 책에서 다윈은 아주 철저한 개체 선택론자였기 때문에, 불임 일꾼들의 사례를 문제가 많은 것으로 보았다고 주장한다.(Ruse 1982, 190쪽) 그럼에도 그는 다윈의 해결책을 "초유기체(supra-individual)"에 관한 것으로 해석하고, 자신이 해밀턴의 개체적인 설명이라고 여기는 것과 명쾌하게 대조한다.(Ruse 1982, 193, 205쪽) (그러나 다윈이 개체 선택론자라는 입장에 대한 더 자세한 변론(Ruse 1980)에서, 그는 다윈을 "초유기체주의"라고 말하지 않았다. 그나저나 루스는 저서의 한 부분에서 불임 계급과 그들 부모 사이의 엄청난 차이에 대한 문제와, 이타주의의 문제를 구별했다.(Ruse 1980, 618~619쪽)) 기셸린 역시 다윈에게 있어 선택적 이점은 항상 개체에 대한 것이었다는 데 동의하며, 사회적 단위를 개체로 간주하는 것을 인정한다.(Ghiselin 1969, 140쪽) 한때 기셸린은 다윈의 견해가 친족 선택론적이라고 여기는 것처럼 보였다(Ghiselin 1969, 58쪽) 그러나 그 뒤에 그는 스스로

한 단위로써의 가족에 대한, 다윈의 선택적 이점 기제라고 묘사했던 것을 친족 선택의 기제와 대조했다.(Ghiselin 1974, 137쪽) 나아가 기셀린은 가족을 초유기체(superorganisms)로 다루는 데 반대했지만(Ghiselin 1974, 218쪽) 그럼에도 친족 선택을 수용하기보다, 곤충 사회를 "통합된 전체"로서 다루는 것을 더 선호했다.(Ghiselin 1974, 137쪽, 228~233쪽) 엘리엇 소버(Elliott Sober 1984, 218~219쪽, 1985, 895쪽)도 다윈이 개체 선택론적 설명을 했다고 주장한다. 여기서 이익을 얻는 개체는, 자식들 중 일부를 불임 자식으로 생산하는 번식 전략을 채택한 부모이다. 다윈이 말한 "집단 선택론적 구절인 '공동체에 대한 이익'"을 그는 "언어 실수"로 일축한다.(Sober 1984, 219쪽) (여기서 소버는 어쨌든 개체와 집단 선택 사이에, 오직 용어의 차이만이 존재하는 것인지 질문하기는 했다. 아마도 그가 이 구절의 '집단'이 '친족 집단'을 의미한다고 혼동해서 해석했기 때문인 것 같다.(Sober 1985, 895쪽)) 그에 반해 에머슨(Emerson 1958)은 "초유기체적인 사회 단위"를 설정한 데 대해 다윈을 특별히 칭찬하며, "사회 체계를 하나의 독립체로 다룰 필요성"을 다윈이 인식했다고 말한다.(Emerson 1958, 315쪽) 그러나 아서 캐플런(Arthur Caplan)은 다윈이 집단 선택론적 해결책을 채택한 것을 비난한다.(Caplan 1981) 볼러 역시 다윈이 "이 사례에서 일종의 집단 선택에 부득이하게 의지한 것을" 안타까워하는 듯이 보인다.(Bowler 1984, 312쪽) 에드워드 오즈번 윌슨(Edward Osborne Wilson 1975)은 저서의 한 부분(117쪽)에서 다윈의 해결책이 친족 선택론이라고 말한 뒤, 실제로 바로 이어서 숨도 쉬지 않고 해밀턴의 고전적인 친족 선택 해결책을 논의한다.(118쪽) 그러나 윌슨은 "친족 선택"이라는 표현을 "오직 가족 구성원들만을 수반하는 집단 선택"이라는 의미에서 관습적으로 사용한다.(Wilson 1975, 106, 117~118쪽) 그러므로 그 역시 다윈의 해결책을 집단 선택론으로 특징지을 작정일 수도 있다. 또 실제로 그는 다윈이 집단 선택의 개념을 불임 계급들을 설명하는 데 도입했다고 주장한다.(Wilson 1975, 106쪽) 어느 쪽이든 윌슨의 결론은 일관성이 없어 보인다. 그가 다윈의 해결책을 "흠잡을 데 없는 논리"라고 분명히 칭찬했기 때문이다.(Wilson 1975, 117쪽) 루스는 다윈이 "초유기체적" 이론을 채택한 것으로 윌슨이 해석한다고 가정하고, 그의 해석에 동의하는 것처럼 보인다.(Ruse 1979a, 217쪽) 그러나 다른 책에서 그는 이 주장에 열심히 반대했다.(Ruse 1980, 618~619쪽) (그러나 집단 선택에 대한 그의 개념 역시 분명하지 않다) 로버트 리처즈(Robert Richards)도 다윈의 해결책을 친족 선택으로 이해했지만, 그 이유를 명시하지는 않았으며 나아가 그것을 "공동체 선택"과 동일시했다.(Richards 1981, 225쪽)

　나는 이 혼란이 일정 부분에서는 다윈의 문제가 오인됐기 때문에 발생했다고 말했다. 그러나 그 책임의 일부는 확실히 다윈 자신의 애매모호함에 있다. (비록 그가 집단과 친족 선택에 대한 혼란에 책임이 있지는 않을지라도!) 다윈은 때로는 집단 선택론자 같고 때로는 개체주의자같으며, 또 심지어 어떤 때에는 친족 선택의 해결책을 가진 개체 선택론자 같기도 하다. 그러나 이러한 견해 중 하나를 그에게 무조건적으로 적용하는 것은 잘못이다. 애석하게도 다윈이 실제로 무엇을 염두에 두었는지에 대해서는 절대적인 해답이 없는 듯하다. 그의 입장은 확실히 친족 선택론적인 해결책에 감질나게 가깝다. 친족 선택은 이타주의 유전자가 가까운 친척들에게 영향을 미쳐 자신의 복제를 향상시킬 수 있기 때문에 확산 가능하다는 사실로, 이타적 특성의 진화를 설명한다. 다윈의 문제는 잠재된 특성의 어려움이었다. 그래서 그는 두 가지를 크게 강조했다. 첫 번째는 불임 일꾼들의 특성들은 그것들이 잠재된 생식력 있는 친척들의 생식 세포 계열로 번식 가능하다는 것이었다. 두 번째는 이 특성들이 친척들의 번식 성공도를 증가시킨다는 것이었다. 그러나 이것은 100퍼센트 친족 선택론적인 설명은 아니다. 우리는 다윈이 불임 일꾼의 이타주의에 거의 주목하지 않았다는 사실을 무시할 수 없다. 물론 그의 해결책이 이 문제에도 적절하다고 밝혀지기는 했다. 더 중요한 점은 다윈이 공동체에 대한 이익이라는 발상을 끌어들였다는 (혹은 적어도 공동체 수준의 언어를 끌어들였다는) 사실을 우리가 무시할 수 없다는 점이다. 공동체의 이익은 그 공동체가 가족 단위일 때조차, 친족 선택론적 설명과는 절대로 아무런 관계가 없다. 공동체에 대한 그의 언급은 그가 분명히 철저한 개체 선택론자였다는 주장을 약화시킨다. 그럼에도 그가 집단 선택론자적 견해를 채택했다는 주장 역시 분명 잘못됐다. 공동체에 대한 이익으로 그가 무엇을 상상했는지가 불분명하다. 그러나 그가 한 수정이 무신경해 보인다는 측면에서, 그러한 발언이 성숙한 상위 수준의 설명에 해당한다고는 분명히 여길 수 없다. 아마도 그는 부지불식간에 완전히 다른 이 두 종류의 설명을 합체시켰을 것이다.

다윈이 적어도 잠재된 특성만큼이나, 일꾼의 이타주의를 중요한 문제로 여기지 않은 이유는 의문이다. 이 극단적인 자기희생, 타인의 복지에 대한 이 완전한 헌신은 가장 비다윈주의적으로 보이기 때문이다. 물론 그가 실제로 상위 수준의 이익에 호소해서 개체 수준의 견해를 보호하고 있었다면, 이타주의는 공동체의 이익 속에 행복하게 흡수됐을 것이다. 이타적인 불임은 어려움을 제기하지만, 그 어려움은 공공의 이익이라는 측면에서 쉽게 사라졌을 것이다. 그러나 다윈이 상위 수준의 설명에 기댔다고 가정할 수는 없다.

다행히도 그가 일꾼의 불임성을 단지 "예비적인 어려움"으로 "무시해 버렸던"(Darwin 1859, 236쪽) 이유를 설명하기 위해 그가 제시하고자 했던 설명의 수준을 우리가 결정할 필요는 없다. 우리는 이미 그 이유와 마주쳤으며 뒤에서 이 문제를 다시 다룰 예정이다. 일반적으로 다윈은 고도로 사회적인 공동체에 속한 개체들에게는, 이타적 행동이 다른 경우에 비해서 덜 문제시되는 것으로 보았다. 일례로 우리는 그가 『인간의 유래』에서 '엄격하게 사회적인 동물들'은 '공동체에만 이익이 되는' 특성들을 보유할 수 있다고 말하는 모습을 보았다. 또 그가 불임성이 비사회성 개체들에서 발생할 때에만 정말 문제가 있다고 여겼다는 점에 우리는 주목했다. 그가 사회 집단에서 자연 선택이 작용하는 방식을 정확히 어떻게 이해했는지는 모른다. 그러나 그가 이타주의를 상대적으로 침착하게 대할 수 있었던 이유가, 곤충들의 잘 발달된 사회적인 구조였다는 점은 확실하다.

이타적 특성을 다룬 다윈의 견해에 대해서 마지막으로 명심해야 할 점이 있다. 앞서 살펴본 것처럼, 사회적 적응들에 대한 다윈의 관심은 인간의 유래를 향한 관심에 크게 영향을 받았다. 이것 때문에 그는 인간과 다른 동물들에게 공통된 정신 능력 중 하나로서, "도덕감(moral sense)"이라는 주제 아래 사회성을 조사했다. 이것이 그가 이타주의를 비용보다는 친절한 행위의 측면에서, 보유자에게는 불리해도 다른 개체들에는 이익인 행동이라기보다는 선의의 행동이라는 측면에서, 이타주의를 생각하도록 이끌었다. 이런 맥락에서 더 고등한 사회적 동물들의 방식을 선호하면서 개미의 방식은 도덕성의 원천이 될 가망이 없다고 무시했다는 사실은 그다지 놀랍지 않다.(Darwin 1871, i, 74쪽) 실제로 역설적이게도 다윈은 친절함의 정반대 경우로 사회성 곤충들을 묘사했다. 그는 우리의 도덕감이 지성과 결합된 사회적 본능에서 나온다는 주장을 변호한다. 그리고 다른 사회적 본능은 다른 도덕성을 발생시킬 것이라고 제시한다. 예를 들어 우리가 꿀벌처럼 살았다면, 우리의 도덕률은 지금과 완전히 다를 것이다. 현재의 기준에서 그 관습은 찬사는커녕, 오히려 경멸받아 마땅한 것이다. "미혼 암컷들은 …… 자신의 형제 살해를 신성한 의무로 생각할 것이다. 그리고 어머니들은 생식력 있는 딸들을 살해하려고 분투할 것이다. 누구도 여기에 개입할 생각이 없을 것이다."(Darwin 1871, i, 73쪽) 이 사회성 곤충들은 또한 "자신의 형제 수벌들을 살해하는 일벌처럼, 또 자신의 딸을 살해하는 여왕벌처럼, 가까운 친척들 사이의 …… 드문 …… 증오의 감정 때문에" 특별히 고약하다.(Darwin 1871, i, 81쪽)

우리는 사회성 곤충들에 대한 다윈의 견해와 현재 다윈주의자들의 지식을 살펴보았다. 피셔와 홀데인의 인도에도 불구하고, 그 사이에 진보가 거의 이루어지지 않은 이유는 무엇인가? 무엇보다도 그 대답은 이 이슈에 대한 다윈주의적 사고를 공공 이익주의가 지배했다는 것이다. 사회성 곤충들의 이타주의를 전혀 문제시하지 않으며, 이타주의가 전체 공동체의 사회 조직으로 균일하게 혼합됐다는 견해가, 또 물론 이 조직을 긍정적으로 보는 견해가 너무 견고했다.

예를 들면 '공공의 이익' 시대의 표준 교과서였던, 곤충학자인 리처즈가 쓴 『사회성 곤충(The Social Insects)』을 살펴보자.(Richards 1953) 윈에드워즈가 이 책을 자신의 집단 선택론의 전구체(Wynne-Edwards 1962, 21쪽)라고 말했기 때문에 더욱 흥미를 끄는 책이다. 리처즈는 선택이 전체로서의 공동체에 작용한다고 분명히 가정한다. 그러나 이것은 그가 이타적인 불임성을 하나의 문제로 보았기 때문은 아니다. 반대로 공동체의 이익에 대한 그의 강조가 이 문제를 모호하게 만들었다. 리처즈에게 불임성은 단지 사회성 곤충들이 협동을 위해 발달시킨 여러 적응들 중 하나였다. 그는 이 적응들 중 상당수가 이타주의의 흔적을 명백히 드러내지 않으며 궁극적인 다윈주의적 희생, 즉 번식 포기로 여겨지는 것을 확실히 수반하지는 않음에도 그들을 모두 한 집단으로 묶었다. 그는 불임성이 집단의 이익을 위해 개체군을 억제하는 수단으로 진화했다고 제시했다. "사회성 곤충들의 지나치게 빠른 증식이라는 문제는 …… 전혀 번식을 하지 않거나 특정 조건하에서 제한적으로 번식하는 불임 계급 ……

(을 만들어 냄으로써 해결되었다.)"(Richards 1953, 194쪽) 불임 계급이 입는 불이익에 대해서는 언급하지 않았다! 사실 그는 집단을 개체의 불이익에 대한 완충제로 보는 것 같다. "단독으로 생활하는 종들에서는, 생식력이 낮아진 개체들이 훨씬 생식력이 높은 타 개체들과의 경쟁에서 종종 살아남지 못할 것이다. 그러나 사회성 종들에서는 전체로서의 집단에 이익을 주는 어떤 변화도 보존될 가능성이 있을 것이다."(Richards 1953, 202쪽) 아래 문단에는 이와 같은 정서가 뚜렷이 나타난다.

개미 군집에서뿐만 아니라 어떤 사회성 동물들에서도 작용하는 과정이 …… 있다. 그 종이 살아남을지 혹은 멸종할지를 결정하는 효율성의 단위는 개체라기보다는 군집이다. 그 군집에 유용한 개체는 단독 생활을 하는 종들에서는 빠르게 제거될지라도, 군집에서는 살아남을 수 있다. 이 일은 인간에서 상당한 규모로 발생한다. 문명화된 사회에서는, 생명 유지에 필요한 음식과 은신처를 공급하는 데 매우 간접적으로만 기여하는 많은 구성원들이 지원을 받는다. 아무것도 기여하지 않은 개체들도 살아남을 수 있다. 우리의 사회적인 행동들이 생계비를 버는 사람뿐만 아니라, 전체 종들에게 이익을 주기 때문이다. 개미 군집에도 비슷한 상황이 존재한다. 불임이거나 수컷 자식들만을 낳을 수 있는 일꾼은, 군집을 벗어나 살 수 없는 유형의 좋은 예이다. 병정개미의 일부 환상적인 유형들은 동일한 상황을 보여 주는 훨씬 더 극단적인 예이다. 그들은 마치 서커스가 난쟁이들에 대한 쓸모를 발견한 것처럼, 진화의 과정 동안 쓸모가 발견된 존재에 대한 이색 현상으로 묘사될 수 있다.(Richards 1953, 145~146쪽)

이 구절은 그다지 이치에 맞지 않는다. 불임성과는 달리, 많은 사회적 적응들에 문제가 거의 없다고는 할 수 없다. 불임은 수컷만 생산하는 행위와 비슷하지도 않으며 (그게 뭐든) '환상적'이거나 '기이한' 일도 아니다. 사회적으로 '기생하는' 사람은 불임 일꾼들과 유사하지 않다. 오히려 일꾼 계급과 유사한 쪽은, 기생충들을 떠받치는 '생계비를 버는 사람들'일 것이다. 리처즈가 사회성 곤충의 행동과 인간의 도덕성을 비교(Richards 1953, 205~206쪽)할 때조차, 그는 이타주의가 각 집단들에서 문제를 제기한다는 사실을 의식하지 못한다.

공공 이익주의는 너무 멀리 퍼져서 사회성 곤충들의 군집을 상징적으로서가 아니라, 문자 그대로 하나의 유기체로 보는 시각이 흔해졌다. 하버드 대학교의 곤충학과 교수이자 사회성 곤충에 대한 여러 유명 도서들의 저자, 윌리엄 모턴 휠러(William Morton Wheeler)는 "개별 개체들은 …… 원형이다. …… (그러나 군집들 역시) 단지 개념적인 구조나 비유가 아니라 실제 유기체들이다."(Wheeler 1911, 309쪽, 또한 Wheeler 1928, 23~24쪽)라고 주장했다. 이런 견해에서 이타주의는 전혀 문제가 되지 않으며, 오히려 자연적으로 기대되는 현상이다. 어쨌든 공동체가 실제로 하나의 개체라면, '이타주의'는 기능의 전문화일 뿐이다. 불임 일꾼들이 다른 개체들을 돌보는 이유에 대한 물음이, 왜 심장은 몸의 다른 부분을 위해 뛰는지에 대한 물음보다 더 합리적이지는 않다. (이것은 개체를 이기적인 유전자들의 운반자로 보기 전이라는 사실을 기억하라. 오늘날에는 심장에 대해서조차 이러한 질문을 던질지도 모른다.) 곤충 군집은 이해관계가 서로 상충하는 무리가 아니라, "여러 부분들이 상호 연관돼서 협동하고, 그 결과로 생리적인 노동 분화가 나타난" 잘 통합된 전체이다.(Wheeler 1911, 324~325쪽) 이 단일 유기체 모형은 냉혹한 자연 이론을 비평하는 사람들에게 특히 매력적이었다. 휠러에 따르면 협동 행동을 문제시하는 것은, "공격적이며 개인주의적인" 다원주의의 실수였다.(Wheeler 1928, 5쪽) 사회성 곤충에 대한 그의 입장에서, "군집이 단일한 독립체로서 생물학적으로 기능한다고 여기는 우리는 생존 경쟁에 그렇게 많이 주목하지 않는다. 생존 경쟁은 너무 야단스러운 색깔로 채색되고는 했다."(Wheeler 1911, 325쪽) 같은 입장에서 에머슨은 다음과 같이 말했다. "유기체처럼, 집단도 한 단위로써 노동 분업, 통합, 발달, 성장, 번식, 항상성, 생태적 지향성과 적응과 유사한 특성을 보인다. 초유기체라는 용어는 곤충 사회에 대해서는 충분히 정당화되는 것 같다."(Emerson 1958, 330쪽) 휠러와 에머슨의 이런 견해는 상위 수준의 설명이 무제한 자유를 누렸던 시기의 전형적인 의견이었다. 이 계열의 다윈주의자들에게 이타적 불임성은 아무런 문제가 되지 않았다.

근대적 지식의 측면에서는 고전 다윈주의가 사회성 곤충들에서 이타주의의 문제를 인식하거나, 그것을 해결하는 수준에서 다윈 이상으로 발전하기가 불가능했다고 생각될지도 모른다. 일반적인 유전 법칙, 특히 곤충 공동체에서의 유연관계가 충분히 이해되지 않았기 때문이다. 그러나 이것은 필요 이상으로 관대한 태도이다. 예를 들면 자살 침 쏘기에서 어떤 문제를 인식하는 데는 복잡한 통찰력이 필요하지 않다. 이 문제를 해결하는 데 있어서 프랜시스 해리 컴프턴 크릭(Francis Harry Compton Crick)과 제임스 듀이 왓슨(James Dewey Watson)은 필요하지 않다. 멘델로도 충분하다. 공공 이익주의자들은 심지어 다윈의 분석보다 더 퇴보하기까지 했다. 단지 다윈에게는 '선택의 수준' 문제가 대단한 이슈가 아니었을 뿐이다. 그럴 필요도 없었다. 그는 올바른 길 위에 서 있었다. 그러나 공공의 이익주의자들은 상위 수준들에 대해, 너무 많이 알았을 뿐만 아니라 그것을 호도했다. 집단 선택에 대한 해밀턴의 관찰은 이 경우에도 동일하게 적용된다. "멘델주의가 도래할 때까지 (이 문제를) 무비판적으로 (인식하지 못했다는 사실을) …… 유전 과정을 잘 모르기 때문에 그랬다고 어느 정도는 이해할 수 있다. …… 그러나 멘델의 업적의 재발견도, 멘델주의를 진화 이론으로 꽤 빠르게 통합한 일도, 여기에 영향력을 많이 미치지 못했다.”(Hamilton 1975, 135쪽) 우리 모두 해밀턴에게 큰 빚을 지고 있다.

14장

전쟁이 아니라 평화를: 관례의 힘

❖

공작 꼬리를 다루는 다윈의 설명에 동시대인들이 코웃음을 칠 수도 있다. 그런데 왜 그들은 다윈이 내세운 성 선택 이론의 다른 반쪽에 대해서는 똑같은 태도를 취하지 않았을까? 다윈은 수컷의 경쟁, 이번에는 암컷의 선택이 아닌 수컷들 간의 직접적인 경쟁이 뿔, 발톱, 근육의 진화를, 며느리발톱과 볏, 목둘레 깃털의 진화를, 싸움과 으르렁거리기, 노려보기의 진화를 설명할 수 있다고 주장했다. 그의 주장은 성 선택의 (덜 아름답지만) 논란의 여지가 적은, 수용 가능한 측면으로 여겨졌다. 어쨌든 경쟁자 수컷들 사이에서 사람들이 기대하는 것이 바로 거대한 전쟁과 격렬한 충동 아니겠는가? 그리고 먹이 은닉이나 영역 표시를 위해, 먹이를 꼼짝 못하게 잡거나 포식자를 막기 위해, 또 다른 어떤 목적을 위해 어쨌든 무기와 갑옷이 필요하지 않겠는가?

그래, 맞다. 그렇다. 그리고 정확히 이 점이 문제다. 다윈이 묘사했던 "싸움들" 중 일부는 힘의 경연 대회라기보다는 뽐내는 몸짓처럼 보이며 "무기" 중 일부는 치명적이기보다는 장식적으로 보인다. 알고 보니 동종 수컷들 사이의 전투는 때때로 아주 점잖다.

> 야생 돼지들이 뒤엉켜 필사적으로 싸울지라도, 그들은 좀처럼 …… 상대의 엄니 위나 독일의 사냥꾼들이 방패라고 부르는, 어깨를 덮은 연골질의 피부층 위로 치명적인 강타를 날리지 않는다. ……
>
> 희망봉의 개코원숭이 수컷은 …… 암컷들보다 훨씬 긴 갈기를 가졌다. …… (그것은) 아마도 보호 기능을 제공할 것이다. 내 연구에 대해 아무런 설명도 하지 않은 채로, 특히 상대의 목 뒤쪽을 공격하는 개코원숭이가 있는지 동물원의 사육사들에게 물었을 때, 우위에 선 개코원숭이가 있을 경우를 제외하고는 그런 경우는 없다는 대답을 들었다.(Darwin 1871, ii, 263, 267쪽)

몇몇 어류 종들에서는, 수컷들이 싸울 때 상대방의 턱을 문다. 턱은 딱딱하고 질긴 피부로 보호받기 때문에 공격의 효과가 가장 적은 부분이다. 많은 뱀 종들에서, 수컷들은 치명적인 송곳니를 드러내기보다는 서로 맞붙어 몸싸움을 벌인다. 실제로 이 시합들이 훨씬 더 신사적인 경우도 있다. 아무런 신체적인 접촉 없이 경쟁이 끝나고 승리자가 선포되기도 한다. 단지 털을 곤두세우는 것만으로, 꿈쩍도 않고 응시하는 것만으로, 계속 으르렁거리는 것만으로 모든 일이 해결되는 경우도 있다.

서둘러 말하자면 이러한 공손함이 구혼 경쟁자들 사이에 항상 만연하지는 않았다. 실제로 동종 수컷들 사이의 갈등이 다른 종들의 구성원들과의 시합보다 훨씬 고약하고, 야만적일 수도 있다. 다윈은 많은 종의 수컷들(그는 포유류를 지목한다.)에서 "사랑의 계절"이 심각한 상처와 사력을 다한 싸움을 예고한다고 분명히 기록했다.(Darwin 1871, ii, 239~268쪽)

두 마리의 수컷 토끼가 한쪽이 죽을 때까지 싸우는 모습이 보였다. 두더지 수컷들은 종종 서로 싸우며, 이 싸움은 때때로 치명적인 결과를 초래한다. 다람쥐 수컷들은 "시합에 빈번히 개입하며 서로 심한 상처를 자주 입힌다." 비버 수컷들이 그렇듯이, "피부에 흉터가 없는 부위가 거의 없다." …… 수사슴의 용기와 필사적인 충돌은 종종 다음과 같이 묘사된다. 뿔이 서로 뗄 수 없게 꽉 끼워진 …… 수사슴들의 해골이 발견됐다. 이 해골은 승자와 패자가 얼마나 비참하게 죽었는지 보여 준다. 세상에 어떤 동물도 곰팡내가 나는 코끼리만큼 위험하지는 않다.(Darwin 1871, ii, 239~240쪽)

메이너드 스미스와 조지 프라이스(George Price)가 의식화된 전투에 대한 설명을 처음 출간했을 때, 포유류 수컷들이 서로 머리로 들이받고 계속 치는 모습을 관찰하며 많은 시간을 보낸 발레리우스 가이스트(Valerius Geist)는 신랄한 반응을 보냈다. "이 논문은 …… 동물들이 서로 해치지 않을 정도로 싸우면서 '잔혹한 강타'를 날리거나, 또 아마도 서로 죽이기를 거부한다는 동물 행동학적인 오래된 신화를 영속시킨다. …… (그러나) 주로 큰 포유류를 대상으로 한 야외 조사들은 …… 전투가 얼마나 위험한지 …… 보여 준다."(Geist 1974, 354쪽)

확실히 전투는 위험할 수 있다. 그러나 관습적인 공격은 신화가 아니다. 그리고 관습적인 공격이 얼마나 많이 혹은 적게 일어나든, 그것은 심각한 문제를 제기한다. 도대체 참가자들은 왜 그렇게 절제하는가? 왜 그들은 상대를 불구로 만들거나 죽일 수 있을 때, 노래를 하거나 날개를 펴고 걷는가? 왜 그들은 완승을 거둘 수 있을 때 뒤로 물러서는가? 다른

발정기의 희생자들

"수사슴의 용기와 필사적인 충돌은 종종 다음과 같이 묘사된다. 뿔이 서로 뗄 수 없게 꽉 끼워진 …… 수사슴들의 해골이 발견됐다. 이 해골은 승자와 패자가 얼마나 비참하게 죽었는지 보여 준다."(다윈, 『인간의 유래』에서 인용)

사슴이 싸울 때, 가지를 친 뿔이 서로 너무 얽혀서 풀리지 않는 경우도 가끔 있다. 이 수노루는 인버네스셔에서 죽은 채로 발견됐다. 이러한 사건은 드물게 발생한다. 이 사진을 찍은 박물학자이자 전직 사슴 사냥꾼은, 지난 45년 동안 붉은사슴에서 이러한 경우를 꼭 세 번 들었다고 내게 말해 주었다.

개체들이 모두 이러한 규칙에 복종할 만큼 충분히 바보라면, 왜 개체들은 허세를 부리고 사기를 치거나 빠른 승리를 위해 전력을 다하며, 이 규칙을 깨지 않는가? 분명히 서로 간의 경쟁심이 가장 강한 동종 구성원들 사이에서 어째서 이런 절제가 나타나는가?

해답을 준 것은 게임 이론, 진화적으로 안정된 전략(ESS)에 대한 이론이었다. 이것이 메이너드 스미스와 프라이스가 가이스트를 화나게 한 선구적인 논문에서 주장했던 바다.(Maynard Smith and Price 1973 또한 Maynard Smith 1972, 8~28쪽, 1974, 1976b, 1982, Maynard Smith and Parker 1976, Parker 1974도 참조하라.) ESS 이론은 우리에게 단 한 번의 만남에서 빠른 승리를 움켜쥐는 것으로는 충분하지 않다는 사실을 상기시킨다. 자연 선택에서 중요한 것은 그 전략이 진화적으로 안정됐는지의 여부다. 여기에는 매우 특별한 조건이 따른다. 어떤 성공적인 전략도 결국 진화의 시간을 거치면서, 다른 어떤 전략들보다 자기 자신과 더 많이 마주치게 된다. 따라서 그 전략이 침입에 맞서 진화적으로 안정됐다면, 대항하는 다른 어떤 전략들보다 자기 자신에게 맞서서 더 좋은 성과를 내야만 한다.

그렇다면 우리는 단 한 번의 만남에 대해서도 아니고, 한 수컷이 평생 동안 마주치는 모든 상대들에 대해서도 아니며, 한 전략이 진화하는 동안 경험한 이력에 대해 생각해야만 한다. 이런 관점을 택하면 상황이 달리 보이기 시작한다. 호전적인 골목대장을 상상하자. 그는 권력을 휘두르고 늘 싸울 준비가 돼 있으며 항상 막판까지 싸움을 밀어붙일 준비가 돼 있다. 그의 경쟁자는 문제가 생길 조짐이 보이자마자 슬그머니 달아나고 무슨 수를 써서라도 주먹다짐을 피하는 겁쟁이다. 골목대장은 어떤 특정한 시합에서 분명히 더 좋은 성과를 올릴 것이다. 그러나 호전적인 골목대장은 진화적으로 안정된 전략인가? 우리가 어떤 한 특정한 골목대장을 말하는 것이 아니라는 점을 기억하라. 우리는 여러 세대를 거치며 많은 다른 개체들에서 골목대장 역할을 연출하는 전략에 대해 말하는 중이다. 성공적인 전략들은 자신의 성공에 비례해서 개체군에 존재할 것이다. 마침내 골목대장은 겁쟁이보다 다른 골목대장을 더 자주 마주칠 것이다. 그러면 골목대장 전략이 자기 자신을 맞닥뜨렸을 때 치러야 할 대가는 더 커지고, 승리는 덜 보장받게 된다. 이쯤 되면 골목대장 전략이 더 이상 이익이 되지 않을지도 모른다. 그렇다면 즉각적인 이익을 위해 전력을 다해 싸우는 전략은, 아마도 진화적으로 안정되지 않을 것이다. 우리는 다양한 조건들하에서 관습적인 전투가 진화적으로 안정된 이유를 이해하기 시작했다. 조금 더 나아가려면 ESS의 개념을 더 면밀히 살펴볼 필요가 있다.

진화적으로 안정된 전략은 간단하고 단일한 최상의 전략, 소위 순수한 전략이 아니라 여러 전략들의 혼합체일 것이다. 순수한 전략은 하나의 행동 규칙으로 여겨질 수 있다. 상황 A에서 항상 X, 말하자면 골목대장을 하라. 혼합된 전략에서는 규칙이 확률을 따른다. 상황 A에서 p의 확률로 X(골목대장)를 하고, q의 확률로 Y(겁쟁이)를 하라. 혼합된 ESS는 두 가지 방식으로 실현된다. 개체군 내 모든 개체들이 규칙에 따라 (한 시합 동안 혹은 매 시합마다) 행동을 변화시키며, 동일한 확률적 규칙을 따를 수 있다. 그러면 모든 사람이 때로는 골목대장이 되고, 또 때로는 겁쟁이가 될 것이다. 아니면 개체군 내 행동 종류별 개체들의 빈도가 그 규칙에서의 확률에 상응하게끔, 각 개체의 행동이 고정될 수도 있다. 이 경우에 그 개체군은 p 비율의 골목대장들과 q 비율의 겁쟁이들로 구성될 것이다. 따라서 혼합된 ESS는 여러 전략들의 임계 비율이 진화적으로 안정하게 구성된 상태에 해당한다. 그 비율은 각 전략의 추종자들이 평균적으로 비슷하게 좋은 성과를 내는 선에서 결정될 것이다. 만약 그 비율이 이런 의미에서 적당하지 않다면, 자연 선택은 적당한 비율에 이를 때까지 상황의 균형을 맞출 것이다. 만약 골목대장이 너무 많으면 겁쟁이가 선호되고, 겁쟁이가 너무 많으면 골목대장이 번창한다.

진화적인 게임에서는 참가자가 몇 명이든 좋다. ESS 이론을 적용할 때, 우리는 종종 다수의 참가자 측면에서 생각한다. 특히 이 이론을 싸움에 적용할 때 우리는 두 사람이 참가하는 게임을 대개 생각한다.

ESS는 순수하든 혼합됐든 조건적일 수 있다. 조건적인 전략은 '만약에'라는 표현이 포함되는 규칙으로 생각할 수 있다. 만약 배고프다면 골목대장이 돼라, 만약 잘 먹었다면 겁쟁이가 돼라. 대부분의 전략들이 조건적일 가능성이 크다고 생각할 만한, 타당한 이론적인 근거가 존재한다. 왜 그런지 알아보기 위해, 최종 구분을 할 필요가 있다.

게임을 대칭적인 것과 비대칭적인 것으로 나누는 편이 유용하다. 이러한 구분은 특히 전투와 관련된 게임들에 적절하다. 비대칭성은 시합 참가자들의 싸움 능력(소위 RHP라는, 자원 보유력)이나 자원이 시합 참가자들에게 지니는 가치에 있다. 이는 "만약 둘 중 더 큰 쪽이라면, 골목대장이 되라. 더 작은 쪽이라면 겁쟁이가 되라."나, "배우자를 얻을 마지막 기회라면, 골목대장이 되라. 다른 기회가 많다면, 겁쟁이가 되라." 같은 조건적인 규칙들을 만들어 낸다. 혹은 비대칭성이 RHP나 차별적인 이익과 상관없이 순전히 관습적인 차이에서 생길 수도 있다. 이것은 소위 무관한 비대칭(uncorrelated asymmetry)이라 불린다. 말하자면 주인과 나중에 도착한 개체 사이에, 이미 배우자나 음식 또는 영역을 소유한 시합 참가자와 지금 그들을 갖기를 원하는 시합 참가자 사이에 비대칭성이 생길 수 있다. 비대칭적인 시합에서 일반적으로 ESS는 단계적 증폭을 최소화하면서, 비대칭성이 그 시합을 해결하게 한다. 시합 참가자들이 비대칭성이 무엇인지 평가할 수 있는 한, 유관한 비대칭(correlated asymmetry)에 있어서 이 점은 직관적으로 분명하다. 예를 들면 실제로 싸우지 않고도 서로의 상대적인 힘을 판단한다면, 그들은 강타를 날리지 않고도 승자가 누구일지 서로 '동의'할 수 있다. 그러나 임의적인 비대칭(arbitrary asymmetry, 무관한 비대칭과 같은 의미다. ─옮긴이)에 대해서는 이 점이 덜 분명하다. 이론적으로는 "만약 당신이 참가자들 중 가장 북쪽에 있다면, 골목대장이 되고 가장 남쪽에 있다면 겁쟁이가 되라."라는 것처럼, 터무니없이 임의적인 비대칭성조차도 시합 참가자들이 사용할 수 있다. 왜 자연 선택은 이렇게 이상한 규칙을 선호하는가? ESS의 정의가 일단 다수에 이르면 침해할 수 없는 전략이라는 사실을 기억하라. 이유가 무엇이었든 '북쪽은 골목대장, 남쪽은 겁쟁이' 전략에 따라서 다수가 형성되었다고 가정하자. 그러면 모든 개체들이 누가 북쪽에 제일 가까운지에 대한 '합의에 이르기' 때문에, 대부분의 시합은 빨리 해결된다. 다수의 관습에서 벗어난 사람은 마주치는 모든 사람들과 심각하고 해로운 싸움을 한다. 역으로 '남쪽은 골목대장, 북쪽은 겁쟁이'처럼 정반대의 관습이 다수에 속하면, 그 규칙 또한 안정될 것이다. 인정하건대 '북쪽'과 '남쪽'은 별로 그럴듯하지 않은 조건이다. 반면 "먼저 그곳을 차지하라."라는 것은 그럴듯하다. 시합 해결을 위해 관습적으로 소유권을 허락하는 전략은, 소유권을 무시하는 다른 전략들에 맞서 ESS가 될 수 있다. 우리는 이제 왜 대부분의 전략들이 조건적일 가능성이 큰지 알 수 있다. 자연 선택이 비대칭성을 움켜잡으면 자연은 풍부한 대가를 제공한다.

이제 이 추상적인 범주들에서 벗어나자. 햇빛이 삼림 지대의 바닥에 반사돼 어룽거리는 여름의 숲을 상상하라. 태양을 따라 이동하는 햇빛 조각 위에 얼룩숲그늘나비(*Pararge aegeria*) 수컷이 앉아 있다. 위쪽에 우거진 나뭇잎들 사이로 다른 수컷들이 정찰 중이다. 바닥의 수컷들은 유용한 자원을 방어하는 중이다. 나뭇잎들 속의 수컷들은 그 자원을 빼앗기를 열망한다. 바닥에 앉은 수컷이 우거진 나뭇잎들 사이의 수컷들보다 암컷들의 환심을 산다. 경쟁자가 자신의 영역을 지날 때, 바닥의 수컷은 경쟁자에 맞서서 방어하기 위해 위로 날아오른다. 둘은 잠시 나선형을 그리며 하늘 높이 날아오른다. 그 후 경쟁자가 날아가 버리면 주인은 다시 자신의 영토 위에 내려온다. 데이비스는 얼룩숲그늘나비 수컷의 시합을 추적해 이 과정이 매번 현저히 동일하게 반복된다는 사실을 발견했다. 즉 거주자 수컷이 항상 승리한다.(Davies 1978) 무엇이 어떻게 돌아가는 것일까? 수컷들은 확실히 비대칭적인 게임에 참가한다. 여기서 소유권은 단계적인 증폭을 일으키지 않고 시합을 해결한다. 그러나 왜 소유자가 이기는가? 확실히 힘 혹은 다른 "실제적인" 비대칭성이 이 시합을 해결하는 것일 수 있다. 그러나 나비들이 관습적인 실마리로 소유권만 사용할 수도 있다. 데이비스는 그들이 실제로 소유권을 관찰하는 것 같다는 점을 발견했다. 그가 한 소유주 나비를 그물로 잡자, 다른 수컷이 그 영역에 자리를 잡았다. 그 뒤 원래 주인을 풀어 주었지만 새 주인이 항상 영토를 유지했으며, 둘 사이의 나선형 비행은 평상시보다 길지 않았다. 단 몇 초간의 우선권도 소유권을 수립하기에 충분했다. 만약 데이비스가 새로운 주인을 제거하고 원래 주인이 영역을 되찾게 했다면, 다시 그 영역을 계속 차지하는 쪽은 현재의 입주자가 됐을 것이다. 그 입주 기간이 얼마나 짧든지 간에 말이다. 만약 두 나비들이 모두 자신이 진정한 주인이라고 "생각"했다면 무슨 일이 일어날까? ESS 이론은 일반적으로는 짧은 그들의 시합이, 이런 경우에 극단적으로 증폭할 것이라고 예측한다. 비대칭성이 애매하다면, 그것만으로 시합을 해결할 수 없다. 데이비스는 나비 두 마리를 속여 동시에 서로 자신들이 주인이라고 인식하게 만들었다. 득의양양하게도 예측이 사실이었다는 것이 그 결과에서 확인되었다. 소유권에 대한 명백한 단서가 없을 때, 나선형 비행은 평균 10배 더 길게(평상시의 3~4초 대신에 약 40초) 지속됐다.

붉은사슴(*Cervus elaphus*)은 문제를 해결하기 위해 덜 임의적인 방식을 선호한다. 스코틀랜드의 럼 섬에서 발정기 동안 하렘을 소유한 수사슴이 성숙한 다른 수컷들로부터 도전을 받을 때 사슴들 사이의 경쟁은 극심해진다. 시합은 도전자가 약 182~274미터 내로 접근해서 두 경쟁자가 서로를 향해 몇 분간 으르렁거리는 것으로 시작된다. 이 단계에서 도전자는 대개 포기한다. 만약 그가 포기하지 않으면 둘은 긴장된 분위기 속에서 서로 평행하게 계속 왔다 갔다 한다. 이때도 도전자가 여전히 사라지지 않으면 두 수사슴은 가지를 친 뿔을 서로 얽어, 두 마리 중 한 마리가 뒤로 내던져져 달아날 때까지 사납게 밀어 댄다. 만약 운 나쁘게도 넘어져 버리면, 상대방은 그를 잔인하게 공격할 것이다. 클러턴브록과 그의 동료들은 수사슴들이 단계적 증폭을 막기 위해 이 일련의 관례들을 사용하며, 그들이 사용하는 실마리들은 임의적이지 않다는 점을 발견했다.(Clutton-Brock and Albon 1979, Clutton-Brock et al. 1979, 1982, 128~139쪽) 싸움은 소모적이며 위험하다. 심각하며 때로 치명적이기까지 한 상처를 입을 수도 있다. 게다가 하렘 소유자가 싸움을 하는 동안에 그의 하렘이 침범당할 수도 있다. 따라서 단계적 증폭을 최소한으로 유지하는 것이 양측 모두에게 좋을 것이다. 수사슴들이 상대를 평가하는 데 사용하는 실마리들은 RHP의 직접적인 지표들인 크기, 힘 등이다. 예를 들면 으르렁거리는 속도는 수사슴의 상태에 매우 의존적이므로 민감한 지표가 된다. 이 공동 의식의 각 단계는 서로에 대해 앞 단계보다 더 많은 정보를 전달한다. 그러나 잠재적인 비용 역시 더 커진다. 그래서 수사슴들은 현재의 정보가 싸움을 진행하는 데 도움이 되지 않아서, 더 많이 조사할 필요가 있을 때만 다음 단계로 이동한다. 의미심장하게도 으르렁대기나 걷기가 선행되지 않은 싸움은 비대칭성이 너무나 확실해서 조심스러운 평가가 필요하지 않은 경우나, 침입자가 소유자가 없는 틈에 하렘을 전복했을 때처럼 드문 경우에 일어난다.

수사슴 두 마리가 관례에 따라 서로 힘을 겨루기 위해 가지를 친 뿔을 얽는다면, 그들은 서로 상당한 맞수다. 이제 그들은 소모전에 깊이 참여하게 된다. 소모전의 승자는 상대방보다 더 오래 버틸 준비가 된 쪽이다. 시합이 길어질수록 비용이 증가한다. (그리고 잘못된 움직임이 심각한 상처를 남길 수 있는, 부가적인 위험 역시 존재한다.) 각자가 선택 가능한 전략은 각각 견딜 준비가 된 체류 시간에 해당한다. 자연 선택은 자원이 자신에게 지니는 가치 이상으로 시합 참가자들이 버티지 않도록 반드시 조처할 것이다. 물론 그의 전략은 상대가 예측할 수 없어야만 한다. 그렇지 않다면 상대방이 그보다 아주 약간만 더 버티는 전략을 채택할 것이다. 그렇다면 소모전에서는 어떤 순수한 전략(고정된 시간)도 ESS가 될 수 없다. 진화적으로 안정된 전략은 항상 혼합된 형태일 것이다.

전투 능력이 없는 동물이 그 사실을 광고한다는 주장은 이상해 보일지도 모른다. 그 이유는 "RHP가 특정 수준 이하라면 광고하지 마시오."라는 조건 전략이 진화적으로 불안정한 반면, 정직한 광고 전략은 안정적이어서다. RHP가 상대 수컷보다 아주 약간 더 낮은 수컷을 상상해 보라. 그가 자신의 자원 보유력인 RHP를 광고하지 않기로 결정했다고 가정하자. 더 많은 정보가 없다면 상대방은 그의 RHP가 RHP 임계 수준 이하인, 집단의 평균에 근접할 것이라고 합리적으로 가정할 것이다. 그러나 그는 사실 그 집단의 평균 이상이기 때문에, 자신의 실제 가치를 광고하고 평가당하는 편이 더 낫다. 이제 임계 광고 수준은 더 낮아진다. 선택은 자신의 RHP가 상대보다 아주 약간만 낮을 때에 광고를 하는 수컷들을 선호할 것이다. 그렇게 모든 수컷들이 얼마나 약하든 자신의 능력을 광고하도록 강요당할 때까지 기준점은 계속 낮아질 것이다. 정직한 광고는 ESS다.

근대 다윈주의는 관습적인 시합이 어떻게 가능한지 설명할 수 있다. ESS가 심사를 한다. 다윈주의는 처음 수백 년 동안에 이 문제를 어떻게 다루었을까? 간단히 말해서 다윈주의는 이 문제를 다루지 않았다. 고전 다윈주의는 여기에 수반되는 '이타주의', 즉 강하고 건강한 수컷들조차 번식기가 절정에 이르렀을 때, 골목대장처럼 행동하기를 거부한다는 명백한 이례를 인정하는 데 크게 실패했다.

우리는 다윈이 모든 종류의 포유류들에서 격렬한 싸움을 묘사하도록 내버려 두었다. 물론 이러한 시합들은 어떤 특별한 설명도 요구하지 않는다. 그것은 번식을 위한 경쟁에서 기대되는 바이다. 그리고 다윈이 지적했듯이, 특별히 발달한 무기들 역시 다른 종의 적들이 등을 돌리도록 만들 수 있다.(Darwin 1871, ii, 243쪽) "코끼리는 호랑이를 공격할 때 상아를 사용한다. …… 보통의 황소들은 뿔로 무리를 방어한다. 스웨덴의 엘크는 …… 거대한 뿔로 일격을 가해 늑대를 죽이는 것으로 …… 잘 알려졌다."(Darwin, 1871, ii, 248~249쪽) 나아가 뿔은 쟁기 날이나 다양한 다른 도구들로 변할 수도 있다.

코끼리는 …… 쉽게 넘어뜨릴 수 있을 때까지 나무의 몸통에 자국을 낸다. 같은 방법으로 그는 야자나무의 녹말질 중심부도 추출해 낸다. 아프리카에서 그는 지면이 자신의 하중을 견딜 수 있는지 알아내기 위해, 늘 동일한 상아 하나를 사용한다. 이것은 어떤 동물(히말라야의 야생 염소와 아이벡스(ibex)) 뿔이 가끔 사용되는 가장 특이한 부수적 용도 중 하나다. …… 이 종의 수컷은 뜻하지 않게 높은 데서 떨어졌을 때, 머리를 안쪽으로 구부려 거대한 뿔로 내려앉음으로써 충돌의 충격을 완화한다.(Darwin, 1871, ii, 248~249쪽)

유용성이 큰 무기들은 아무 문제도 제기하지 않는다. 반면 "이 무기들이 암컷들은 매우 빈약하게 발달했거나, 아예 없다는 사실은 놀랍다." (Darwin, 1871, ii, 243쪽)

그러나 너무 정교하고 과장돼서 효율적인 무기가 될 수 없는 뿔이나 상아, 가지를 친 뿔은 없는가? 다윈은 그 존재를 인정한다. "많은 종의

붉은사슴의 세 단계에 걸친 증폭

먼저 으르렁대기 시합 ……

…… 그 뒤 평행 걷기

…… 그리고 최후의 수단, 싸움: 힘을 겨루며 서로 얽힌, 가지를 친 뿔

관습적이지만 임의적이지는 않은

수사슴들에서 뿔의 가치는 별난 어려움을 제공한다. 확실히 한쪽으로 곧게 뻗은 뿔이 사방으로 뻗은 뿔보다 훨씬 더 심각한 상처를 입히기 때문에 …… (관찰자는) 정말로 이 뿔들이 주인에게 유용하기보다는 해롭겠다는 결론에 이르게 된다."(Darwin 1871, ii, 252~253쪽) 다윈은 논의를 이보다 더 진전시키지 않았다. "이 저자는 경쟁자 수컷들 사이의 격렬한 전투를 간과한다."(Darwin 1871, ii, 253쪽) 그는 수사슴들이 서로 밀고 울타리를 치는 데, 또 일부 종들에서는 공격을 하는 데에 가지를 친 뿔 위쪽을 사용한다고 지적한다. 그럼에도 그는 다음에 동의한다. "수사슴의 뿔이 효율적인 무기일지라도 …… 한쪽으로 뾰족한 뿔이 사방으로 뻗은 가지를 친 뿔보다 훨씬 더 위험하다는 점은 의심의 여지가 없다. …… 갈라진 뿔도 …… (경쟁자 수사슴과 싸우는 데) 완벽하게 잘 적응된 것처럼 보이지 않는다. …… 서로 쉽게 얽힐 것처럼 보이기 때문이다."(Darwin 1871, ii, 254쪽) 맞다, 다윈은 이 장대한 구조물이 완전히 실용적일 수는 없다고 말한다. 확실히 이 뿔들은 깊은 인상을 주려고 애쓰는 중이다. 그들은 성 선택을 위한 이중의 의무를 수행한다.

그들이 부분적으로는 장식으로 기능할지도 모른다는 의혹이 …… 머릿속을 스쳤다. 영양의 우아한 수금 모양의 뿔뿐만 아니라 이중으로 우아하게 굽은 수사슴의 가지를 친 뿔도, 우리에게는 장식적으로 보인다는 점을 누구도 반박하지 않을 것이다. 그렇다면 옛 기사들의 화려한 장비처럼 이 뿔들이 수사슴과 영양의 외양에 우아함을 더해 준다면, 그들의 주 기능이 전투적인 것일지라도, 뿔들이 이런 목적으로 일부분 변경됐을지도 모른다.(Darwin 1871, ii, 254~255쪽)

다윈의 장식적인 수단을 인정하자. 그래도 우리는 절제라는 곤혹스러운 문제를 여전히 설명해야만 한다. 우리는 다윈이 야생 돼지가 특별히 보호되는 신체 부위로 공격을 한정시키기 때문에, "서로 필사적으로 싸우지만", "좀처럼 치명적인 가격을 당하지 않는" 것을 어떻게 묘사하는지 보았다. 또 상대의 목 뒤쪽을 공격하는 원숭이는 보호 갈기를 가진 원숭이들뿐이라는 사실을 어떻게 묘사하는지도 보았다. 왜 이 수컷들은 목정맥을 택할 수 있을 때에 갑옷을 택할까? 그들이 정글의 법칙을 따르기보다 퀸즈베리 규칙(Queensbury Rules, 권투의 표준 규칙으로, 정중한 행동 규약을 의미한다. ─옮긴이)을 따르는 것처럼 보이는 이유는 무엇일까? 다윈은 과거에는 시합이 덜 신사적이었을 것이라고 추정한다. 이것이 야생 돼지가 방패를, 개코원숭이가 갈기를 진화시킨 이유다. 그는 이 문제를 여기서 끝낸다. 그러나 근대 다윈주의자에게는 바로 이 지점에서 문제가 정말로 시작된다. 이 방어 수단들과 함께 방패나 갈기만을 공격하는 관습이 진화했음이 분명하다. 어떻게 이런 일이 일어났으며, 지금까지 유지되는가? 이런 질문에 다윈은 침묵한다. 친숙한 이유에서다. 다윈은 반칙 실패의, 뒤로 물러서는 행위의, 경쟁자를 먼저 가게 하는 행위의 명백한 비용을 인식하지 못했던 것 같다.

그럼에도 최소한 일부 무기들은 부분적으로는 장식적이라고 생각했기 때문에, 다윈은 수컷의 전투가 한없이 냉혹하다고 여기지 않았다. 그러나 대부분의 다윈주의자들은 반대로 생각했다. 그들은 다윈의 두 가지 성 선택, 즉 암컷 선택과 수컷의 전투 사이를 떼어 놓으려고 안달했다. 전자는 부정하고 싶어 했고 후자는 생존 경쟁 속으로 매끄럽게 흡수시키고 싶어 했다. 예를 들면 월리스는 수컷 간 경쟁의 결과가 바로 정확히 자연 선택이 선호하는 바라고 강조했다. "동물 수컷의 활력과 싸움 능력을 증가시키는 자연 선택의 형태가 필연적으로 나타난다. 그렇기 때문에 모든 사례에서 더 약한 자는 살해되거나 부상을 입거나 쫓겨난다.

…… 이것은 분명 자연의 진짜 힘이다. 우리는 수컷의 이례적인 힘과 크기, 활력의 발달과 공격·방어용 전문 무기의 보유 원인을 여기에 함께 귀속시켜야만 한다."(Wallace 1889, 282~283쪽) 이런 관점에서 알려졌지만 보이지는 않는 그늘 속으로, 관례와 조정, 양보는 사라진다. 예를 들면 다윈에게 옛 기사를 떠올리게 했던 풍성한 가지를 친 뿔들은, 월리스에게는 자연 선택이 "더 강하거나 더 잘 무장한 수컷"들과 "활력과 공격 무기들"을 실제로 선호한다는 명백한 증거가 됐다.(Wallace 1889, 282쪽)

월리스는 이 견해를 간단명료한 자연 선택으로 생각했다. 여기서 수컷들은 총력을 기울이는 승자로 길러진다. (덧붙여 보너스로 다윈의 상상 속 장식들은 크기가 줄어든다.) 하지만 복잡한 ESS 분석 없이도 근대의 다윈주의자들은 수컷들이 절제해서 당연히 더 좋은 결과를 얻을 수 있다는 점을 쉽게 이해한다. 어쨌든 전력을 다하는 정책에는 비용이 많이 들 수 있다. 인생의 한창 때인 강한 수컷조차도 많은 걸 잃을 수 있다. 기회비용을 예로 들면 그는 경쟁자들을 완파하는 데 바치는 시간과 에너지를 먹이를 잡거나 배우자를 유혹하는 데 쏟을 수 없다. 경쟁자의 제거가 아무리 유용하더라도, 그가 한 일은 그의 다른 경쟁자에게도 똑같이 이익이 되는 반면에 제거 비용은 그만이 지불한다. 덧붙여서 그가 싸우는 동물이 그가 원하는 배우자나 영토를 이미 소유하고 있다면, 그 소유자는 십중팔구 한때 승자였을 것이며 따라서 그는 이전의 승자에게 도전하는 중이다. 간단히 말해, 늘 그렇듯 이익은 비용을 고려해 계산돼야만 한다. 월리스가 이 전부를 보지 못했다는 사실이 아마도 그다지 놀랍지 않을 것이다. 그와 그의 동시대인들은 관례의 비용을 인식하지 못했다. 전투 비용의 인식 실패가 바로 이 동전의 뒷면이다.

점차 '종에 대한 이익' 사고가 다윈주의에 침투하기 시작하면서, 관례적인 전투가 눈에 보이기 시작했다. "의식화는 …… 실제로 싸우지 않고 위협해서 승리를 보장받게 하거나, 로렌츠가 토너먼트라고 불렀던 방식으로 전투를 의례화시켜서 종 내부의 손상을 줄이는 데 매우 중요했다. …… 토너먼트식 싸움은 손상을 최대한 줄일 수 있다."라고 헉슬리는 말했다.(Huxley 1966, 251~252쪽) 실제로 의식화된 전투는 공공 이익주의에서 주연을 맡았다. 상대의 사지를 갈기갈기 찢을 수 있는 강한 경쟁자 둘이 고개를 끄덕이거나 으르렁거리며 문제를 평화적으로 해결하는 쪽을 선택한다는 것보다, 자연 선택이 종의 이익을 위해 작동한다는 것을 보여 주는 더 좋은 증거가 무엇이겠는가?

이런 사고는 1960년대에 로렌츠의 저서인 『공격성에 대하여(On Aggression)』(1966년)에서 최고조에 달했다. "때때로 영토 싸움 혹은 경쟁자 싸움에서 작은 사고로 뿔이 눈을 뚫거나 이빨이 동맥을 뚫는 일이 발생할 수 있어도, 우리는 공격의 목적이 동종 구성원들의 몰살이었다는 증거를 결코 발견한 적이 없다."(Lorenz 1966, 38쪽) 반대로 다른 종들에 대한 공격에는 어떤 제약도 없다. 혹은 적어도 로렌츠가 가끔 우리에게 그렇게 말하는 것처럼 보인다. 그가 집단이나 종 수준의 선택에 대한 견해로 널리 비난받았던 것은 분명하다.(Ghiselin 1974, 139쪽, Kummar 1978, 33~35쪽, Maynard Smith 1972, 10~11, 26~27쪽, Ruse 1979, 22~23쪽이 그 예이다.) 그러나 만약 그를 비난한 사람들이 그의 흐릿한 선언에 담긴 매우 명쾌한 메시지를 알아차린다면, 굉장히 친절해질 것이다. 비록 그가 자연 선택이 "종의 이익을 위해" 작동한다고 끊임없이 말했지만, 진짜 그가 말하려던 바를 알아내기는 어렵다. 때때로 그의 말은 단지 직접적인 개인의 이익만을 의미하는 듯 보인다. "'무엇을 위해서'라는 질문은 …… 논의 중인 기관이나 특성이 종의 생존 이익을 위해 어떤 기능을 수행하는지 간단히 묻는다. 만약 우리가 '고양이는 날카롭고 굽은 발톱을 무엇을 위해 가졌는가?'라고 묻는다면 …… (우리는) '쥐를 잡으려고.'라고 간단히 대답할 수 있다."(Lorenz 1966, 9쪽) 그래서 여기서의 "종의 생존"은 개체 선택을 의미한다. 그러나 로렌츠가 종 내 공격성에 관해 물었을 때 혹은 종 수준의 이익으로 이슈를 전환했을 때도 그는 같은 것을 의미했을까? "이 모든 싸움의 의미는 무엇인가? 자연에서 싸움은 항상 존재하는 과정이다. 그 행동 기제와 무기들은 매우 고도로 발달했으며, 종 보존 기능에 대한 선택압 아래서 분명히 발생한다. 여기에 다윈주의적인 질문을 던지는 것이 우리의 의무다."(Lorenz 1966, 17쪽) 그의 대답은 그의 질문보다 더 명확하지는 않다. "다른 종의 동물들이 서로 맞서 싸울 때는 …… 싸움을 하는 자들 모두가 그 행동으로 확실한 이익을 얻거나, 적어도 종 보존에서 하나라도 이득이 '있어야만 한다'. 그러나 종 내 공격 역시 …… 종 보존 기능을 달성한다."(Lorenz 1966, 22쪽) 그는 종 간 싸움에서의 개체 수준 선택과 종 내 싸움에서의 종 수준 선택을 대조시키는 중일까? (비록 두 경우 모두에서 **종**의 보존에 대해 말했지만) 로렌츠의 다윈주의는 너무 혼란스러워서 그가 정확히 무엇을 의미했는지 말할 수 없다. 그리고 만약 도전을 받을 경우, 그 자신조차도 제대로 대답할 수 없을 것이라 의심된다. 우리는 공공 이익주의가 이타주의가 제기하는 문제들을 파악하는 데 어떻게 실패했는지, 또 상위 수준에 호소할 때, 통설이 아닌 것을 인식하는 데 어떻게 실패했는지 살펴보았다. 우리는 로렌츠와 함께 공공 이익주의의 가장 태평스러운 실행자 중 한 사람을 조사할 예정이다.

우리는 관례적인 전투가 문제를 제기한다는 사실을 명백히 인식하고, 그것을 집단 선택으로 설명하려고 노골적으로 시도한 윈에드워즈에게 주의를 돌려야 한다.

동종 구성원에게 대규모로 부상을 입히거나 살해하는 일은 일반적으로 집단에 손해를 끼치며 결국 자연 선택으로 억제될 것이다. …… 경쟁자를 살해하여 없애 버림으로써 개인이 얻는 어떤 즉각적인 이익도, 장기적으로 끊임없는 유혈 사태가 집단 전체의 생존에 미치는 해로운 영향 탓에 무시될 것이다. …… 관례들은 …… 특히 개체의 반사회적이고 체제 전복적인 발전에 맞서서, 사회의 생존과 전반적인 복지를 보호하기 위해 진화했다.(Wynne-Edwards 1962, 130~131쪽)

적어도 그의 입장이 무엇인지는 확실하다. 비록 그 입장이 분명히 잘못됐을지라도 말이다.

자바 섬의 동쪽 끝 바로 위에, 발리 섬과 롬복 섬은 겨우 32킬로미터 정도 서로 떨어져 있다. 월리스는 놀랍게도 이 몇 킬로미터를 횡단하는 일이 아시아에서 호주까지 걸어가는 일, 한 피조물에서 다른 피조물을 가로지르는 일과 같다는 사실을 발견했다. 내가 1960년대 후반 로렌츠의 『공격성에 대하여』를 읽었을 때, 나는 실망하고 어리둥절한 나머지 혼란스러운 상태에서 책을 내려놓았다. 만약 이것이 다윈주의가 관례적인 갈등을 이해하는 방식이라면, 이 이론은 애석하게도 불충분했다. 몇 년 후에 나는 『이기적 유전자』를 읽고서 동일한 문제에 대한 메이너드 스미스와 프라이스의 ESS 분석과 마주쳤다. 여기 또 다른 세계가 있었다. 다윈주의는 새로운 시대에 들어섰다. 그 책을 다 읽었을 무렵, 나는 월리스의 강을 건너왔다.

15장

인간의 이타주의: 자연적인 것인가?

❖

인간에 대한 인간의 비인도적 행위는 실제로 셀 수 없는 슬픔을 양산한다. 그러나 다윈주의자들을 멈추게 한 것은 인간의 **인도적 행위**였다. 다윈주의자들은 의식화된 공격과 근면한 개미들에서 이타주의를 더디게 추적해 왔다. 인간의 도덕성은 확실히 다윈주의 이론이 처한 도전이다. 처음부터 다윈주의자들은 그것에 대응하기 위해서 애썼다. 우리는 19세기 진화주의자들 네 사람의 다양한 반응을 살펴볼 계획이다. 다윈과 월리스, 헉슬리 등 선두적인 다윈주의자 세 사람과 부분적으로만 다윈주의자였으나 엄청난 영향력을 가진 사상가, 허버트 스펜서(Herbert Spencer)가 그들이다. 이 소수의 생각이 인간 본성에 대한 다윈주의적 입장의 광범위한 스펙트럼을 포괄한다. 그러면서 이들과 근대적 다윈주의의 유사점·차이점을 함께 조사하겠다.

다윈: 자연의 역사로써의 도덕성

먼저 다윈부터 살펴보자. 그에게 자연 선택은 문제의 일부일 뿐만 아니라 해결책이기도 했다. 그는 인간의 도덕성을 자연 선택의 산물인 하나의 적응으로써, 손이나 눈과 동일한 방식으로 설명해야만 한다고 설득하려 했다. "도덕과 정치가 박물학의 한 분파로 논의된다면 매우 흥미로울 것이다."(Darwin, F. 1887, iii, 99쪽) "완벽한 능력을 가진 많은 저자들이 '우리의 도덕감의 기원에 대한 이 위대한 질문'을 논의해 왔다. (그러나) …… 아무도 이 질문에 대해 박물학 측면에서 배타적으로 접근하지 않았다."(Darwin 1871, i, 71쪽) 아무도, 즉 다윈 자신이 『인간의 유래』에서 논의할 때까지는.(Darwin 1871, i, 70~106, 161~167쪽)

다윈은 『인간의 유래』에서처럼, 우리와 다른 동물들 사이의 연속성을 살펴보는 것으로 과업을 시작했다. 그는 우리가 도덕성이라고 아는 것들과 연결될, 또 우리의 고도로 발달된 양심, 의무감, 의로운 죽음을 기꺼이 맞으려는 태도와 연결될 도덕감의 초기 형태, 타인에 대한 어떤 감정을 다른 동물들에게서 발견하기를 원했다. 그가 의지했던 것은 "사회적 본능들"이라고 불렀던 것들이다. 그는 사회적 행동이 자기 자신뿐만 아니라 타인에 대한 관심을 요구하므로, 도덕성의 최초 시작이 될 것이라고 말했다. "이른바 도덕감이라는 것은 사회적 본능들에서 원시 상태로 파생되었다. 둘 다 처음에는 그 공동체와 배타적으로 연결되어 있다."(Darwin 1871, i, 97쪽) 여기에 지성을 덧붙인 것이 숙성된 도덕성이다. "두드러진 사회적 본능을 부여받은 어떤 동물이든지 그 지적 능력이 사람에서만큼, 혹은 사람과 거의 가깝게 발달되면 필연적으로 도덕감 혹은 양심을 획득할 것이다."(Darwin 1871, i, 71~72쪽) 다른 동물들은 보초병으로 행동하고 서로 털을 골라 주며 공동으로 사냥을 하기도 한다. 우리의 도덕성의 뿌리는 이런 사회적 행동에서 찾을 수 있다. 우리가 더 많이 가진 것들, 윤리와 정의에 대한 율법과 잘 조정된 원리들은 우리의 지적 능력 덕분이다.

여기서 마침내 다윈은, 이타주의의 사례가 가지는 문제점을 분명히 이해하고 나아가 다른 동물들의 "이타적" 행동(인간이 수행한다면 이타적이라 여겨질 행동)의 증거를 체계적으로 서술한다. 그러나 이것도 다윈이 이 문제를 다윈주의적인 의미에서 인간의 도덕성을 넘어, 이타주의의 더 광범한 문제들로 일반화하게 만들지는 못했다. 어떻게 다윈은 자기희생의 수많은 사례들을 기록하고도, 그것이 자신의 이론에 지니는 중요성을 놓쳤을까? 왜 그는 그러한 자기 절제를 자연 선택이 어떻게 수용할 수 있는지 더 묻지 않았을까? 우리는 한 번에 한 설명씩 조사할 예정이다. 이타주의가 그렇게 오랫동안 인식되지 못한 친근한 이유인, 다른 동물들의 사회생활에 대한 다윈의 분석이 선택적인 이점은 풍부히 제시했지만 비용을 규명하는 데는 서툴렀다는 점을 떠올리는 것만으로도 지금은 충분하다. 일례로 아래 구절을 살펴보자.

> 고등 동물들이 서로를 위해 수행하는 가장 흔한 서비스는 상대에게 위험을 경고하는 일이다. …… 많은 새들과 일부 포유류들은 보초를 선다. 바다표범의 경우에는 보초병이 대개 암컷이다. 원숭이 부대의 우두머리는 보초병으로 행동하며 위험과 안전 모두를 표현하는 소리를 낸다.(Darwin 1871, i, 74쪽)

다윈은 이 불쌍하고 외로운 보초병이 상호 협동을 즐긴다고 묘사한다. 그러나 반대로 그들은 집단 전체를 위한 부담을 지는 것 같다.

인간으로 넘어오자, 다윈은 이 행동이 진짜 자기희생적일지도 모른다는 사실을 정말로 인식하게 된다. 도덕적인 배려는 심지어 자기 보존을 위한 노력보다 우선시되면서, 우리의 이기적인 이해와 충돌하기 쉽다. 그는 이것이 자신의 이론에 문제를 제기한다는 사실을 완전히 인정한다. 다윈은 질문한다. 어떻게 자연 선택으로 이타주의가 생겨났는가? 우리는 어떻게 단지 사회적인 존재에서 도덕적인 존재로 진화했는가?(Darwin 1871, i, 161~167쪽) 그의 분석은 (인간에게 한정되지만) 전도유망하게 시작된다.

다윈은 집단들 사이의 갈등을 고려하며 분석을 시작한다. 만약 이기적이지 않게 헌신하는 구성원들이 많은 집단이, 이기적인 구성원들이 많은 집단과 충돌한다면 이타주의자 집단이 승리할 것이다. 그들의 절제력, 충실성, 용기와 그 외의 이런 자질들이 곧 승리를 보장할 것이다.(Darwin 1871, i, 162~163쪽) 그러나 이 문제의 요지는 이타적 집단이 어떻게 발생했으며 유지됐는지를 설명하는 일이다. 어떻게 이타주의가 맨 처음 순조롭게 출발해서 성장하고 번창하게 됐는가? "같은 부족 내 다수의 구성원들이 어떻게 이 사회적, 도덕적인 자질들을 맨 처음 부여받게 됐는가? 또 우수한 영역에 어떻게 도달하게 됐는가?"(Darwin 1871, i, 163쪽) 이기적이지 않은 구성원들이 자식을 가장 많이 남기지는 않을 것이다. 오히려 정반대일 것이다.

더 호의적이고 자애로운 부모들이, 혹은 자신의 동료들에게 가장 충실한 부모들이 같은 부족의 이기적이고 신뢰할 수 없는 부모들보다 더 많은 수의 자식들을 길러낼 수 있을지 몹시 의심스럽다. 동지를 배신하기보다 …… 자신의 삶을 희생할 준비가 된 자는, 종종 이 고결한 성품을 물려줄 자식을 남기지 못할 것이다. 항상 전쟁의 선두에 기꺼이 설, 또 타인을 위해 기꺼이 생명의 위험을 무릅쓴, 가장 용감한 사람들은 평균적으로 다른 사람들보다 더 많이 소멸할 것이다.(Darwin 1871, i, 163쪽)

그는 이 문제가 거의 해결되기 어려워 보인다는 점을 수긍한다. "그러므로 …… 이런 미덕을 갖춘 사람의 수가, 혹은 이러한 우수한 표준에 속하는 사람의 수가 자연 선택, 적자생존으로 증가하는 것은 …… 거의 불가능해 보인다."(Darwin 1871, i, 163쪽)

다윈은 이 어려움을 두 가지 방식으로 보았다. 하나는 호혜적 이타주의였다. "사람들은 자신이 동료를 도우면 보통 답례로 도움을 돌려받는다는 사실을 곧 배울 것이다."(Darwin 1871, i, 163쪽) 그러나 다윈이 또 다른 해결책에 의지했을 때, 우리는 실망했다. 그는 집단 간 경쟁에 이익이 되기 때문에, 집단을 위한 개인의 희생이 진화할 수 있다고 제시하는 것처럼 보인다.

> 높은 도덕성이 같은 부족 내 다른 인간들에 비해서 각 개인과 그 자식들에게 약간의 혹은 아무런 이익도 주지 못할지라도, 도덕성의 진보와 좋은 품성을 가진 인간의 증가가 그 부족에게 다른 부족에 비해서 확실히 엄청난 이익을 가져다줄 것이라는 사실을 잊어서는 안 된다. 높은 애국심과 충성심, 순종과 용기, 동정심을 지니고 항상 다른 사람을 도우며 공공의 이익을 위해 자신을 희생할 준비가 된 구성원들이 많은 부족이, 대부분의 다른 부족들을 이길 것이라는 데는 의심의 여지가 없다. 그리고 자연 선택은 이러할 것이다.(Darwin 1871, i, 166쪽)

이 구절은 난해하다. 다윈은 자신이 지금 이타주의가 집단 **내**에서 수립되는 방식의 문제와 씨름 중이라고 구체적으로 말했다. 그는 "우리는 여기서 한 집단이 다른 집단에게 이기는 상황을 말하는 것이 아니다."
(Darwin 1871, i, 163쪽)라는 점을 우리에게 상기시키려고 애쓴다. 그러나 그
는 단지 그런 이야기를 하는 것 같다. 게다가 평소답지 않게, 그가 상위
수준의 해결책을 제시한다는 것이 꽤 명백해 보인다. 그러나 그는 스스
로 올바르게 제기한 이 문제들, 즉 자기희생적인 행동이 어떻게 집단 내
에서 수립되는지, 그 행동이 어떻게 발전하고 또 유지되는지를 다루는
기제들을 제시하지 못했다. 이때 그가 무엇을 염두에 두었는지 추측하
기란 어렵다. 마지못해 나는 다윈이 인간의 이타주의를 다룰 때, 이 문
제를 보았고 논의했지만, 그럼에도 해결하지는 못했다는(해밀턴과 같은
(Hamilton 1972, 193쪽, 1975, 134쪽)) 결론을 내려야만 한다고 느낀다.

그래도 역시 다윈의 분석은 탐구할 가치가 있는 여러 가지 논점들을
제기한다. 먼저 그가 자연 선택이 우리의 도덕적 본성에 남긴 유산을 추
적하는 일을, 실제로 어떻게 받아들였는지 살펴보자. 그는 오늘날의 다
윈주의자들이 일을 하는 전형적인 방식대로 그 일을 하지는 않았다. 그
러나 그의 접근은 우리가 스스로를 연구하는 유용한 방식이라고 입증
될 수 있다. 그것은 오늘날 우리가 '동물 행동학적'이거나 '사회학적'이
기보다는 '심리학적'이라고 묘사하는 방식이다. 다윈은 우리의 행동보
다 감정에 관심이 있었다. 오늘날 인간 본성에 관한 다윈주의 연구의 대
다수가 동성애 행동 발생 정도, 상대적인 이혼율, 사회 계급, 공격적인 접
촉, 가족 관계에 대해 조사하는 반면, 다윈은 감정, 사랑과 미움의 감정,
질투와 부러움의 감정, 긍지와 수치의 감정, 분노와 감사의 감정, 호의와
악의의 감정에 더 흥미가 있었다. 이제 왜 그가 이러한 진행 방식을 채택
했으며, 이 방식이 무엇을 제공할 수 있는지 알아보자.

다윈은 자신의 방법을 우연히 발견했다. 고전 다윈주의를 조사할 때,
우리는 인간의 유래에 대한 집착과 연속성에 대한 연구가 다윈이 행동

연구에서 방향을 바꾸어, 행동에 동반하는 정신 상태에 집중하도록 만들었음을 살펴보았다. 그는 인간 도덕성의 전구체를 조사하며, 동물의 사회적 행동보다 사회적 본능에 더 관심이 있었으며, 그들이 한 행동의 선택적인 이익과 비용보다도 그들이 스스로의 행동을 느끼는 방식에 더 관심이 많았다. 잠시 후 우리는 이것이 그가 다른 동물을 이해하는 데, 특히 이타주의를 다루는 데는 크게 기여하지 않았음을 살펴볼 예정이다. 그러나 이런 태도가 인간의 경우에는 좋은 진행 방식으로 판명될 수 있다.

그 이유는 인간의 행동을 단지 또 다른 적응으로 다루는 데 문제가 있기 때문이다. 이 문제는 우리의 부자연스러운 환경에서 생겨난다. 대개 우리 유전자의 대부분은 표현형적으로 거의 자연 선택이 의도한 바에 따라서 발현된다. 비록 우리는 선택이 우리의 직립 보행, 시력, 손재주를 형성했던 사바나 초원에 더 이상 살지 않지만, 그럼에도 우리의 척행성(蹠行性, 발바닥 전부를 땅바닥에 닿게 하여 걷는 성질. ─옮긴이) 발, 색 식별 능력, 마주 보는 엄지손가락에 대한 유전자의 표현형은 설계된 대로 발현된다. 이런 유전자들은 우리의 시작 지점과 현재 사이에 존재하는 광대한 차이에 크게 동요하지 않는다. 그러나 우리의 근대적인 환경은 우리의 유전자 중 일부의 표현형을 자연 선택이 원래 미소 지었던 형태에서 바꾸어 발현시킨다. 행동에 대한 유전자들이 이것들 중 가장 눈에 잘 띈다. 밤이 오면 자고 함께 모여 사냥하며 작은 무리로 유목 생활을 하는 데 적응했던 동물은 붐비는 도시와 전등 빛, 이미 준비된 (심지어 부분적으로 요리까지 된) 음식물로 이루어진 세상에 자신의 신체 구조가 크게 영향을 받지 않는다는 사실을 발견할지도 모른다. 그러나 동물 행동의 상당 부분은 부지불식간에 쉽게 달라질 수 있다.

물론 자연 선택의 예상을 벗어나 모험을 하는 표현형에 놀랄 것은 없다. 어떤 유전자의 '그' 표현형적 효과라 할 만한 것은 존재하지 않는다. 표현형들은 항상 유전자와 환경 사이의 상호 작용의 결과다. 우리는 마주 보는 엄지와 척행성 발에 대한 유전자들조차 제약 산업의 몇몇 발명품들에 노출된 자궁 안에서는, 기대대로 발현되지 않을 수 있다는 점을 배웠다. 슬프게도, 에너지가 부족한 환경에서는 효율적으로 에너지를 보존하던 유전자들이 근대의 서구적인 식사 습관과 맞물려 당뇨병으로 발현되는 일 역시 가능하다. 진화적으로 난해한 동성애라는 행동을 고려해 보자. 몇몇 사람들이 제안하듯이, 이 행동도 적응일 수 있다.(Trivers 1974, 261쪽, Wilson 1975, 555쪽, 1978, 142~147쪽이 그 예이다.) 혹은 상당수 의사들이 오래 주장해 왔듯이 병적인 측면일 수도 있다. 그러나 만약 '동성애 유전자들'이 존재한다면, 그들은 현재와 중요한 측면(예를 들면 혼자 자기보다 항상 부모와 함께 자기)이 다른 홍적세의 환경 속에서는 지금과는 꽤 다른 무엇인가, 아마도 먹이의 냄새를 잡아내거나 높은 나무를 빨리 기어오르는 행동처럼 유용한 능력으로 발현됐을 수도 있다.(Ridley and Dawkins 1981, 32~33쪽) 물론 이 상상의 사례들을 세부적으로 진지하게 받아들여서는 안 된다. 그러나 이것은 표현형 발현에 대해 우리가 어떻게 생각할 필요가 있는지 알려 준다.

따라서 자연 선택의 의도와는 꽤 다른 표현형의 문제는, 인간이나 행동에 관해서만 나타나는 특별한 문제가 아니다. 하지만 이 둘의 결합에서 이 문제가 가장 격심하게 드러난다. 그 이유는 명백하다. 인간들의 행동이 불쌍한 나나니벌처럼 고정되지 않았기 때문이다. 만약 말벌인 스펙스 이크네우모네우스(*Sphex ichneumoneus*)가 자기 굴에 식량을 공급하는 일상적인 행동에서 이미 완료한 한 단계를 수정해야만 한다면, 그녀는 자신이 빼먹은 부분만 다시 하면 된다는 사실을 이해하지 못하고 다음 단계를 전부 반복(어느 실험에서 40번(더 이상 참지 못한 것은 실험자였다.))해서 수행한다.(Hofstadter 1982, 529~532쪽) 자연 선택은 결정론의 주형 속에서 우리를 주조하지 않았다. 자연 선택은 우리에게 엄청난 행동의 유연성을 주었다. 이 유연성은 최상의 진화 전략이었다. 그러나 유연성은 진화론자들이 우리의 진화적 유산이 무엇인지 발견하기 어렵게 만든다. 우리는 누군가가 기도를 하거나 사기를 치거나 이웃을 돕거나 싸움에 개입하는 행동에서, 조상들이 닳아 없어질 정도로 많이 사용한 레퍼토리에 가까운 것을 보는가? 아니면 그 행동은 조상과 동일한 규칙으로 형성됐지만, 그 규칙에 해당하는 유전자들이 표현형으로 발현되는 현재의 환경 때문에 꽤 낯선 모습으로 변형됐는가? 우리는 피임, 분유 먹이기, 고속 여행, 의복 착용, 안경 착용 등의 의식적인 개입을 이용해 자연 선택의 영역 밖으로 멀리 벗어나는 데 익숙하다. 이 경우 우리는 자연 선택이 우리에게 기대했던 행동들을 분명히 하지 않는다. 적어도 피임의 경우에는 명백히 우리가 하지 않아야 할 행동을 하고 있다. 그러나 이보다 덜 분명한 사례들에서, 우리는 어떻게 자연 선택의 설계를 발견할 수 있을까?

더 심각한 것은 우리의 비자연적인 환경이, 우리가 너무나 자연의 의도대로 행동한다는 거의 정반대의 문제를 제기할 수도 있다는 점이다. 기도하기나 돕기는 다윈주의의 필요와는 무관하거나 심지어 완전한 부적응으로 보인다. 우리가 다윈주의의 설명을 묵살해야만 할까? 그렇지 않으면 자연 선택이 사바나에서 부지런히 연마한 행동이, 혹시 도시의 거리 위에서는 비적응적으로 보일지도 모른다는 점을 기억해야 할까?

우리가 어떻게 행동하도록 진화했는지 우리는 어떻게 판단할 수 있을까? 다음은 첫 번째 표준적인 방법이다. 우리가 자연적으로 일부일처제인지 일부다처제인지, 또 남성과 여성은 서로 성향이 다른지 아닌지 알기를 원한다고 가정해 보자. 우리는 어떤 특성들이 어떤 짝짓기 체계와 연결되는지 추적하며 전체 집단, 예를 들면 영장류에 대한 비교 조사를 수행할 것이다. 사례를 보면 영장류 종들에서는 대개 수컷이 암컷보다 큰 정도와 수컷이 암컷보다 늦게 성숙하는 정도가 모두 일부다처(한 마리의 수컷과 한 마리 이상의 암컷)의 정도와 상관이 있다. 인간은 성별에 따른 크기의 이형성이 약간 존재하며, 남성이 여성보다 다소 늦게 성숙하므로 이런 추리에 따라 우리의 자연적인 짝짓기 체계는 다소 일부다처에 가깝다고 판단할 수 있다.(Daly and Wilson 1978, 297~310쪽, 특히 297~298쪽이 그 예이다.)

그러나 이 방법에는 명백한 어려움이 하나 있다. 우리는 이 어려움을 성 선택 이론을 시험하는 문제와 연관해서 이미 다루었다. 그것은 '전체 표본 수(n)' 부풀리기의 문제와 자료의 비독립성의 문제다. 무엇을 한 단위로 여겨야 할까? 만약 성적으로 이형인 영장류들 대다수가 일부다처제라면, 이 사실은 두 속성 사이의 상관관계를 진정으로 보여 주는가? 아니면 단순히 해당 종들이 성적으로 이형이면서 일부다처제였던 공통 조상으로부터 두 속성 모두를 물려받았을 뿐인가? 다행히도 최소한 원칙적으로는 이 문제를 해결할 수 있다.

두 번째 표준적인 방법은 강력한 불변(robust invariance)의 방법이라고 부를 수 있다. 인간에게 조건의 변화와는 거의 상관없이 꾸준히 발현되는 행동 패턴이 있는가? 나는 여기서 '변화'라는 말로 다양한, 아마도 엄청나게 다양한 조건들을 의미했다. 이 조건들은 모두 홍적세의 평야에서 유래했으며, 오늘날 여러 문화들에 따라 달라진다. 다윈은 그 한 예로 미소 짓는 행동을 생각했다. "(미소를 지어) 호의를 표현하는 특성은 모든 인종들에서 동일하다."(Darwin 1872, 211쪽) 1세기 후에 오스트리아의 동물 행동학자인 이레네우스 아이블아이베스펠트(Irenäus Eibl-Eibesfelt)가 다윈의 이 단언을 실험했다.(Eibl-Eibesfelt 1970, 408~420쪽) 그는 매우 광범한 다양한 문화들에서 사람들의 모습을 남몰래 사진으로 찍었다. 그리고 미소 패턴이나 조건의 차이를 거의 추적할 수 없다는 결론을 내렸다. 이 유사성의 상당 부분은 한 번도 미소를 본 적이 없는, 태어날 때부터 눈이 멀었던 아이들에게까지 확장된다.(Eibl-Eibesfelt 1970, 403~408쪽) 아마도 아래 글에는 잘못된 해석이, 즉 문화적 편견과 성차별주의자적인 편견들이 존재할 것이다. 그러나 그가 어떤 공통 영역을 발견한 것만은 분명하다.

딱 한 사례를 들어 보면, 우리는 사모아와 파푸아, 프랑스, 일본, 아프리카(투르카나 족과 다른 닐로토하미트 부족들), 남아메리카 인디언(와이카 족, 오리노코 족)의 소녀들이 추파를 던지는 행동이, 아주 작은 세부 사항들까지 서로 일치한다는 사실을 발견했다.

추파를 던지는 소녀들은 먼저 겨냥한 상대에게 미소를 짓고, 잠시 눈을 더 크게 보이게 만들기 위해 눈썹을 갑자기 빠르게 위로 들어 올린다. …… 일단 상대를 향해 확실히 추파를 던진 다음에는 외면이 뒤따른다. 고개를 옆으로 돌리거나 때로 바닥으로 떨어뜨리고, 시선을 낮추며 눈꺼풀을 떨군다. 늘 그렇지는 않지만 자주 이 소녀는 자신의 얼굴을 손으로 가릴지도 모르고, 당황해서 웃거나 미소를 지을지도 모른다. 그녀는 계속 상대방을 곁눈질한다. 때로 그녀는 상대방을 쳐다보는 행위와 당황해서 외면하는 행위를 반복한다. 우리는 동영상을 촬영하면서, 소녀가 우리를 관찰할 때 이 행동을 이끌어 낼 수 있었다. 우리 중 한 사람이 카메라를 작동하는 동안 다른 한 사람은 그 소녀를 향해 고개를 끄덕이고 미소를 지었다.(Eibl-Eibesfeldt 1970, 416~420쪽)

"다른 많은 표현들에서도 광범한 행동의 일치가 발견된다. 오만과 무시는 꼿꼿한 자세에서 머리를 들어 올려, 뒤로 움직이며 아래를 내려다보고 입술을 다문 채 코로 숨을 내쉬는 행동, 달리 말해 외면과 거부의 의식화된 움직임으로 표현된다."(Eibl-Eibesfelt 1970, 420쪽)

　더 놀랍게도 우리는 살인 사건에서 누가 누구를 살해했으며 왜 죽였는지에 대해서도 시간에 상관없이 다양한 문화를 가로질러 반복돼 나타나는, 놀랍게도 고정적인 패턴이 존재한다는 사실을 발견했다.(Daly and Wilson 1988, 123~186쪽, 1990) 살해율은 시간에 따라 달라진다. 오늘날 영국인들이 암살범의 손에 살해될 확률은, 700년 전 영국인들이 살해될 확률의 겨우 20분의 1이다. 살해율은 지역에 따라서도 달라진다. 오늘날 아이슬란드의 살해율은 연간 100만 명 당 0.5건인 반면 유럽 대부분 국가의 살해율이 연간 100만 명당 10건이며, 미국의 살해율은 연간 100만 명 당 100건이 넘는다.(Daly and Wilson 1988, 125쪽, 275쪽) 희생자와 가해자가 서로 혈연관계가 없는 동성인 경우, 살해율은 영국과 웨일스에서는 연간 100만 명 당 3.7건(1977~1986년)으로 낮은 반면, 디트로이트에서는 216.3건(1972년)으로 높다.(Daly and Wilson 1990) 13세기 옥스퍼드에서 아이슬란드(1946~1970년), 보츠와나의 쿵산 족(1920~1955년), 멕시코의 첼탈 마야 인디언들(1938~1965년)과 호주에서 독일, 인도, 아프리카에 이르는 다른 많은 사회들을 거쳐 1980년 마이애미까지, 동일한 살해 패턴이 나타난다.(Daly and Wilson 1988, 147~148쪽) 살인은 압도적으로 남성들이 자행한다. "**성별 간 차이는 막대하며 보편적이다.** 여성들 사이의 치명적인 폭력 발생률이, 남성들 사이의 발생률에 근접한 사회는 알려진 바 없다."(Daly and Wilson 1988, 146쪽) 또 한 사회학자가 "상대적으로 사소한 원인, 즉 모욕, 악담, 밀치기 등에 따른 언쟁"이라고 명명한 이유로 도발되는 성별도, 여성이 아니라 남성이다.(Daly and Wilson 1988, 125쪽) 살해율이 높은 곳에서 발생한 살인의 상당 부분이 이런 언쟁들로 설명된다. 그 비율이 너무 높아서 언쟁에서 비롯된 살해가 "확실히 전 세계에서 발생한 살해의 상당 부분을 구성한다."(Daly and Wilson 1988, 126쪽)라고 할 수 있을 정도다. 나아가 이 남성 살인자들은 압도적으로 젊다. 20대 중반이다. 예를 들면 앞서 주목했듯이 영국-웨일스와 디트로이트의 전체 살해율은 서로 차이가 크지만, 혈연관계가 아닌 남성을 살해한 남성들의 평균 연령은 각각 25세와 27세였다. 살해 발생율이 이 두 도시의 중간쯤 되는 캐나다(1974~1983년)와 시카고(1965~1981년)에서는 비혈연 남성을 살해한 남성 살인자의 평균 연령이 각각 26세, 24세였다.(Daly and Wilson 1990, 93쪽) 이 통계 수치들을 각기 따로 놓으면 단지 우발적인 인구학 수치들로 보일지도 모른다. 그러나 이들을 합쳐 보면 문화가 크게 달라져도 변하지 않는 패턴을 마주하게 된다. "전체 살해율은 지역마다 엄청나게 달라서 문화적인 현상으로 생각할 수 있지만, 성차에 따른 살해율의 차이는 문화적 차이를 초월해 나타난다."(Daly and Wilson 1990, 88쪽) 살해자의 연령과 그들의 동기처럼 말이다. 이런 결과가 젊은 남성들이 사소해 보이는 동기로 살해를 저지르게끔 자연 선택이 설계했다는 의미는 아니며, 심지어 살해 자체를 저지르도록 설계했다는 의미도 아니다. 그러나 이 결과는 우리가 자연 선택의 경로 위에 존재함을 시사한다.

대부분의 남성들은 살인자가 아니라는 사실로 이 결론을 약화시켜서는 안 된다. 확실히 대부분의 남성들은 살인을 저지르지 않는다. 그러나 대부분의 살인자들은 남성이다. 그리고 성차에서의 강력한 문화적 불변성에는 설명이 요구된다. 같은 이유로 이런 추론 방식은 가장 폭력적인 사회의 여성들이, 가장 덜 폭력적인 사회의 남성들보다 살인을 더 많이 저지른다는 사실에도 영향을 받지 않는다. 굉장히 폭력적인 사회들에서조차 남성은 여성보다 살인을 더 많이 저지른다. 그리고 이 사실에는 다시 설명이 필요하다.

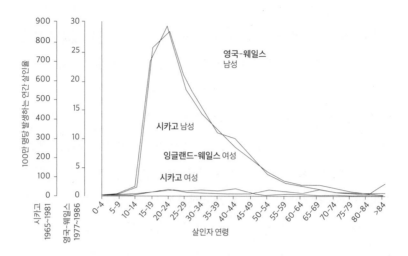

누가 누구를 살해하는가? 강력한 불변성

이 그래프는 거의 같은 기간 동안 영국~웨일스와 시카고에서 발생한 성별, 연령별 동성 간 비친족 살해율이다. 비록 **절대적인 수치**는 엄청나게 다르지만, 곡선의 **모양**은 놀랍도록 유사하다. 이러한 살인은 압도적으로 남성, 특히 젊은 남성이 자행한다고 확인된다.

분명히 '강력한 불변성'의 방법 역시 '표본 수' 부풀리기의 문제로 곤란을 겪는다. 다시 한번 우리 조상들의 짝짓기 패턴을 발견하는 문제를 고려해 보자. 조지 피터 머독(George Peter Murdock)의 『인종 지도 사전(Ethnographic Atlas)』에 표로 작성된 849개의 인간 사회 중에서 708개가 일부다처제이며, 137개가 일부일처제고 4개가 일처다부제다.(Daly and Wilson 1978, 282쪽을 참조하라.) 요지는 인간의 초기 짝짓기 체계가 일부다처제를 선호한다는 점인 것 같다. 그러나 만약 이 708개의 일부다처제 사회 중 700개가 『코란』에서 풍습을 취한 것이라면, 700개가 아니라 하나의 자료만 있는 셈이다. 이때 강력한 불변성은 유전자가 아니라 문헌에서 온다. 우리는 이 문제에서 벗어나는 방법 하나를 설명하기 위해, 나중에 살해 사례들을 살펴보려고 한다.

세 번째 표준적인 방법은 인간 행동에서의 불변성이나 인간과 다른 동물들 간 유사한 패턴들을 찾지 않고, 인간 종 내에서 적응적으로 드러나는 차이점들을 찾는 것이다. '진외가제(Avunculate)' 혹은 '외삼촌 효과(mother's brother effect)'로 알려진 널리 확산된 사회 체계를 예로 들어 보자. 여기서 '아버지의 역할'은 어머니의 남편이 아니라, 어머니의 형제들이 수행한다. 처음에는 이 체계가 친족 선택에 대한 우리의 발상에 도전하는 것처럼 보인다. 실제로 영향력 있는 미국의 동물학자인 리처드 알렉산더(Richard Alexander)는 이것이 '친족 체계에 대한 생물학적인 설명에 대항해 가장 두드러지게 사용되는 두 주장' 중 하나라고 말한다.(Alexander 1979, 152쪽) 알렉산더는 반대로 이것이 친족 선택적인 적응이라고 추측했다. 자유로운 성행위가 생물학적인 부성을 불확실하게 만드는 사회에서는, 수컷들이 "자기" 자식과의 유전적 연관성보다 남매의 자식들과의 유전적 연관성을 훨씬 확신한다. 알렉산더는 외삼촌 효과가 성적으로 자유로운 사회에서 더 일반적일 것이라고 예측하며 성적으로 자유로운 사회와 일부일처제 사회를 비교하여 자신의 아이디어를 시험했다. 그리고 자신의 예측을 지지하는 증거를 찾았다.(Alexander 1979, 152, 168~175쪽)

다윈의 '심리학적인' 방법은 다른 해결책을 제시한다. 만약 자연 선택이 우리가 어떤 일을 하도록 의도했는지 알고 싶다면, 우리의 보이는 행동 반응에서 그 해답을 발견할 가능성이 높다. 다윈의 주의 깊은 지도에 따라, 우리의 행동뿐만 아니라 감정과 뇌까지도 연구할 수 있다. 우리의 유연한 행동 레퍼토리는 주변의 매우 부자연스러운 환경으로 왜곡될 수 있다. 그러나 적절한 행동을 하기 위해 수립된 감정적, 동기적, 인지적인 레퍼토리는 아마도 덜 그러할 것이다. 그렇다면 인간 진화의 경우에 우리는 행동을 초래하는 심리적인 기제들을 직접적으로 연구함으로써, 부자연스러운 환경이 우리의 행동에 입힌 왜곡들을 우회할 수 있다.

확실히 이 접근 방식에서처럼, 자연 선택이 불특정한 적응 행동을 촉진하기 위해서 우리에게 특정한 심리적 기질을 주었다는 가정은 완전히 그럴듯하다. 자연 선택은 우리의 손이나 눈, 다른 기관들처럼 뇌를 형성했다. 그리고 다양한 상황들에 적절하게 반응하기 위해, 뇌는 고도로 전문화된 능력들을 손이나 눈으로 하는 것보다 훨씬 더 많이 통합할 수 있다. 우리는 인간의 언어에 대한 지식에서 이 일이 일어나는 방식을 상상할 수 있다. 철학자 제리 포더(Jerry Fodor)는 자신의 동료 중 한 사람의 놀라운 발언을 인용한다. "당신이 문장 분석에 대해 기억해야만 하는 것은 …… 기본적으로 그것이 반사 반응이라는 점이다."(Fodor 1983, vi쪽) 게다가 유연한 반사 반응 말이다. 우리는 태어날 때부터 영어나 중국어를 말할 수는 없지만, 동시에 이 언어들뿐만 아니라 다른 언어들까지 배울 수 있도록 개방됐으며 충분히 정교하게 조직된 언어 능력을 지니고 태어난다. 이것은 인간의 얼굴 인식 능력(그 일에 뇌의 넓은 영역이 사용된다는 점으로 판단했을 때, 자연 선택이 가치 있게 여겼을 듯한)에 대해서도 동일하다. 이 능력은 매우 특정한 적응이다. (근대 환경에서는 자연 선택이 예상할 수 있었던 것보다 훨씬 더 많아진) 우리가 놀랍도록 많은 수의 사람들의 얼굴을 인식하게 해 준다. 얼굴은 대부분의 다른 실마리들보다 훨씬 믿을 만하다. ("나는 당신의 얼굴은 기억하지만 이름은 기억하지 못한다.") 심지어 아주 적은 정보(군중 속의 한 방울처럼 묘사되는 흐릿한 사진)만으로도 인식이 가능하다. 여기서 최소한의 정보라는 점이 중요하다. 우리는 과거부터 아주 최근까지 얻은 축적된 정보들을 고려해 우리의 전문화된 규칙들에 따라 행동한다. 그러나 이 정보는 종종 불완전할 것이며, 이 규칙들의 업무 중 하나는 우리가 불확실한 얼굴들 앞에서 적응적으로 행동하도록 돕는 일일 것이다. 간단히 말해서 우리는 자연 선택의 유산은 형태가 바뀌기 쉽고 유연하며, 따라서 불완전한 지식에 기초할 때조차 적응적인 행동 반응을 생산하도록 설계된 특정하며 전문화된 심리 기구를 포함한다는 생각에 익숙하다. 자연 선택은 우리에게 규칙들을 주며, 우리는 일을 완수한다.

다윈을 읽으면서 이런 사고 방식에 인도됐던 나는 현장에서 활발히 연구하는 여러 근대 다윈주의자들이 다윈의 접근 방식에 수렴했다는 사실을 발견하고 흐뭇했다. 이것을 위해 애쓴 이름들 중에는 마틴 데일리(Martin Daly)와 마고 윌슨(Margo Wilson), 레다 코스미디스(Leda Cosmides)와 존 투비(John Tooby), 도널드 시먼스(Donald Symons)가 있다.(Barkow 1984, Cosmides 1989, Cosmides and Tooby 1987, 1989, Daly 1989, Daly and Wilson 1984, 1988, 1988a, 1989, 1990, Rozin 1976, Shepard 1987, Symons 1979, 1980, 1987, 1989, 1992, Tooby and Cosmides 1989, 1989a, 1989b, Trivers 1971, 47~54쪽, 1983, 1196~1198쪽이 그 예이다.) 나는 반드시 이 방식이 항상 다윈주의적인 관점에서 우리 자신을 이해하는 최상의 방식이라고 제안하는 것은 아니다. 그러나 이 방식은 탐구할 가치가 있는 생산적인 방법임이 확실하다. 이제 이 접근 방식을 적용한 최근의 두 시도를 살펴보면서 이 방식이 제공할 수 있는 것들에 대해 더 구체적으로 생각해 보자. 이 시도들은 서로 매우 다르지만 둘 다 다윈의 '심리적'인 방법에 입각한다.

다윈은 만약 우리가 사회적인, 구체적으로 말해 도덕적인 존재로써의 자신에게 흥미가 있다면 조사해야만 하는 심리적 반응들의 종류를 언급했다. "초기 형태의 양심이 적에게 상처를 입힌 데 대해 자신을 비난했을 것 같지는 않다. 오히려 상대에게 복수하지 않은 데 대해 자신을 비난했을 것이다."(Darwin 1871, 2nd edn., 172~173쪽, n27), "동료에 대한 칭찬과 비난", "칭찬의 즐거움과 비난에 대한 걱정"은 "사회적인 미덕을 발달시키는 강력한 자극제"다.(Darwin 1871, i, 164쪽) 적어도 이타주의에 관한 한, 오늘날 우리는 우리가 해답을 찾는 반응들에 대해 훨씬 정확한 아이디어를 갖고 있다. 이타주의는 우리가 꽤 상세한 모형들을 이끌어 낼 수 있는 영역이다. 예를 들면 우리가 호혜자(reciprocator)로 진화했을 가능성이 확실히 어느 정도 있다는 것을 우리는 알고 있다. 그리고 대부분의 속임수가 대가를 치르지 않아도 된다면, 호혜적 이타주의는 진화적으로 안정된 전략이 아니라는 점을 안다. 그래서 우리는 정보가 불충분할 경우(이럴 공산이 크다.) 호의에 보답하지 않는 자를 찾아내기 위해서, 속임수를 추적하는 민감한 기제들을 발견할 것이라고 기대한다. 또 우리는 의식적으로 적용하지 않아도 이 기제들이 작동할 것이라고 기대한다.

이런 성향들이 실제로 조사됐으며 아마도 발견된 것 같다. 코스미디스가 그 작업을 수행했다.(Cosmides 1989, Cosmides and Tooby 1989) 이 이야기는 다소 복잡하지만 할 만한 가치가 있다. 사람들은 특정한 체계적인 논리적 오류들을 만드는 경향이 있다. 코스미디스는 이러한 오류의 방향이 어쩌면 밝혀질지도 모른다고 의심했다. 심리학자들이 뇌의 일반적인 작동 규칙들을 알아내기 위해 착시 현상들을 사용했듯이, 혹은 자연 선택의 언어적 특징을 해독하기 위해 문법 획득상의 오류를 사용했듯이, 그녀는 깊이 내재된 사회적 성향들을 밝히기 위해 논리적인 오류를 탐구하기로 했다. 실험 심리학자들은 우리의 추론 능력이 주장의 논리적인 구조뿐만 아니라 내용에도 영향을 받는다는 사실을 오랫동안 알고 있었다. 이러한 특성은 다음 중에 어떤 조건부 규칙이 위반됐는지 결정하라고 요구하는 논리 추론 시험인, 이른바 웨이슨 선택 과제(Wason selection task)에 대한 사람들의 반응에서 나타난다.(Wason 1983가 그 예이다.) 이때 몇몇 규칙들에 대해, 상당 비율의 사람들이 부적절한 조건들을 선택하고 적절한 조건들을 잡아내지 못하며 비논리적으로 반응한다. 물론 몇몇 규칙들에 대해서만 그렇지, 모든 규칙들에 대해 다 그렇지는 않다. 규칙들의 내용을 변화시키면 결과를 극단적으로 바꿔 놓을 수 있다. 어떤 주제는 논리적인 대답을 높은 비율로 이끌어 낸다. 이러한 현상을

'내용 효과(content effect)'라고 한다.

일례로 아래 문제를 살펴보자.

지방 학교에서 당신의 새로운 사무 업무는 학생들의 서류가 정확히 처리됐는지 확인하는 일이다. 당신의 업무는 이 서류들이 다음과 같은 알파벳 규칙들을 따르는지 확인하는 것이다.

만약 'D' 평점을 받았으면, 그의 서류에는 '3'이라는 코드를 표시해야만 한다.

당신은 업무를 대신 수행한 비서가 이 서류들을 정확히 범주화했는지 의심한다. 아래 카드들에는 학생 네 명의 서류 정보가 담겼다. 카드의 한 면에는 그 학생의 학점이 문자로 적혔으며, 다른 면에는 해당되는 숫자 코드가 적혔다.

다음 중 이 학생들의 서류들이 이 규칙을 지켜 작성되었는지 알아내기 위해 뒤집을 필요가 있는 카드를 가리켜라.

D	F	3	7

당신은 완전한 정보가 없는 상태에서, 위 각각의 사례에서 조건부 규칙의 위반 여부를 결정하도록 요구받았다. 이에 대해 논리적으로 옳은 답변은 오직 두 개의 카드, D와 7만을 뒤집는 것이다. 그 추론 근거는 다음과 같다. 조건 규칙은 'P(D로 평가)이면 Q(코드 3)이다.'로 표현될 수 있다. 이 규칙을 어기는 유일한 조건은 "'P'와 'Q가 아닌 것'"뿐이다. 따라서 당신이 추적할 필요가 있는 유일한 상황은 'P'(뒷면에 Q가 있는지 확인하기 위해)와 'Q가 아닌 것'(뒷면이 P가 아니라는 것을 확인하기 위해)이다. 이것은 평점 D(뒷면이 3인지 확인하기 위해)인 모든 경우와 3 코드가 아닌 모든 경우(뒷면이 D가 아님을 확인하기 위해)이다. 당신은 'P가 아닌 것'(평점 D가 아닌 것)과 'Q'(코드 3)는 무시할 수 있다. 이때 이 규칙을 위반할 가능성은 없다. 그래서 당신은 그들에게 관심을 기울일 필요가 없다. 이 문제의 논리는 다음과 같다.

만약 어떤 사람이 평점 'D'를 받았으면, 그의 서류에는 '3'이라는 코드가 표시되어야만 한다. (P이면 Q이다.)

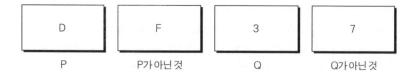

| D | F | 3 | 7 |
| P | P가 아닌 것 | Q | Q가 아닌 것 |

만약 당신이 D와 7만을 뒤집었다면, 당신은 소수자에 속한다. 사람들은 대개 이런 시험을 수행하는 데 서투르다. 대부분 오직 4~10퍼센트만이 "'P'와 'Q가 아닌 것'"만을 규칙을 위반한 경우로 선택한다. 대부분은 7(Q가 아닌 것)의 적절성을 간과하고 D(P)와 3(Q)을 선택하거나 D(P)만을 선택한다.(Wason 1983, 46, 53쪽이 그 예이다.)

이제 조건부 규칙을 포함하는 또 다른 문제를 살펴보자.

매사추세츠의 법 집행관은 음주 운전자를 단호히 단속하며 주류 면허를 사방에서 취소하고 있다. 당신은 보스턴 바의 경비원이며 아래 법을 시행하지 않으면 직업을 잃을 것이다.

만약 어떤 사람이 맥주를 마시고 있다면, 그는 20살 이상이어야만 한다.

아래 카드들은 당신의 바 테이블에 앉은 네 명에 대한 정보를 담고 있다. 각 카드는 한 명의 사람을 나타낸다. 카드의 한 면에는 그 사람이 마시는 음료의 종류가, 다른 면에는 그의 연령이 적혀 있다.

이 사람들이 규칙을 위반하고 있는지 알아보기 위해 뒤집어 봐야만 하는 카드를 가리켜라.

| 맥주 음용 | 콜라 음용 | 25살 | 16살 |

이 규칙을 집행하는 논리는 물론 앞 문제의 논리와 정확히 똑같다. 주장의 내용이 변화했다고 연역적인 논리가 변하지는 않는다. 논리는 다음과 같다.

만약 어떤 사람이 맥주를 마시고 있다면, 그는 20살 이상이어야만 한다.
(P이면 Q이다.)

| 맥주 음용 | 콜라 음용 | 25살 | 16살 |
| P | P가 아닌 것 | Q | Q가 아닌 것 |

다시 한번 당신이 확인해야 하는 유일한 카드는 "'P'와 'Q가 아닌 것'"이며, 이 경우에는 '맥주 음용'과 '20살 이하'다. 사람들은 이 규칙을 집행하라고 요구받았을 때, 앞의 경우보다 과제를 현저하게 더 잘 수행하는 것으로 밝혀졌다. 사람들은 훨씬 더 논리적이 되는 것 같다. 'P'와 'Q가 아닌 것'만을 선택한 사람의 비율은 대개 75퍼센트에 달한다.

왜 이런 차이가 생기는가? 사람의 추론 능력은 왜 '음주 연령 미만' 같은 종류의 시험에서 훨씬 더 우월해지는가? 심리학자들은 이런 내용 효과에서 어떤 체계적인 편향, 규칙의 주제 문제가 공통적으로 가지는 특성을 찾아 왔다. 일반적으로 그들은 그것이 사람들의 경험과 틀림없이 관계있다고 가정했다.

그러나 코스미디스는 이 수수께끼에 대한 해답이 개인의 경험이 아니라 우리 조상들의 경험, 우리의 다원주의적인 성향에 있다고 의심했다. 그녀는 내용 효과를 유발하는 규칙을 조사하고, 그것이 거의 항상 사회 교환과 관련된다고 결론 내렸다. 그녀의 분석에 따르면, 그 규칙들은 아래와 같은 구조를 가진다.

만약 당신이 이익을 얻으면, 당신은 그 대가를 지불한다.
(P이면 Q이다.)

이것은 인식된 이익(수혜자에게 가치 있는 재화의 지급)을 인식된 비용과 연결하는 사회 계약의 구조이다. 코스미디스는 우리가 이런 종류의 조건부 규칙들을 집행할 때 상대적으로 더 좋은 성과를 내는 타당한 적응적 이유가 있다고 추측했다. 우리는 자연 선택이 우리 안에 수립한 반응들을 이끌어 낸다. 선택은 우리에게 달리기, 숨쉬기나 번식을 위한 수단을 준 것과 똑같은 방식으로, 호혜적 이타주의자로 행동하기 위한 수단을 주었다. 만약 호혜적 이타주의가 진화해 수립, 유지되는 것이라면 우리는 사회 계약들을 조절할 수 있는 구체적이며 특정한 기술들이 필요하다. 우선 비용이 평균적으로 이익을 초과하지 않도록 비용과 이익을 평가하는 방법을 누구나 가져야만 한다. 우리는 또한 보복이 가능하도록 사기를 친 사람을 기억할 수 있어야만 한다. 이것이 아마도 우리가 인간의 얼굴을 인식하게 하기 위하여("타인들로 이루어진 익명의 바다 속에서 사기를 친 개인을 놓치지 않기 위해"(Axelrod and Hamilton 1981, 1395쪽)) 자연 선택이 그렇게 수고를 들인 이유 중 하나일 것이다. 덧붙여 우리는 속임수를 추적할 수 있어야만 한다. 코스미디스는 이것이 사회 교환과 관련이 없는 규칙보다 사회 계약을 수반하는 조건부 규칙들을 사람들이 더 잘 적용하는 이유를 설명해 준다고 가설을 세웠다. 사람들은 속임수를 찾아내는 절차를 작동시키고 있다. 이것이 사람들이 'P'와 'Q가 아닌 것'이라는 조건을 둘 다 포착하는 이유다. 잠재적으로 그 둘 중 어느 쪽도 이익을 취하는 것과 비용을 지불하지 않는 것, 즉 속임수를 수반할 수 있다! 이 사례들에서 마치 사람들은 이익을 취하고도 되갚지 않는 사람들에게 경보를 발하기 위해, 미리 준비된 것 같다. 그들은 (상대가 비용을 들이는지 아닌지 알기 위해) 이익인 P를 취한 사람과 (상대가 이익만 얻고 도망치지는 않는지 알기 위해) 비용을 지불하지 않은, 즉 'Q가 아닌' 사람에게 덤벼들 만반의 준비가 됐다. 따라서 사람들이 훨씬 논리적이 된 것처럼 보일지라도 이러한 인상은 잘못됐다. 그들이 실제로 하는 일은 사회 계약을 관리하는 것이다. 그들은 명제 계산에 대한 논리학자의 규칙이 아니라 상호 협동의 적응적인 규칙들을 사용한다. 보스턴 바의 경비원 사례와 같은 상황에서는 관리 규칙이 논리적인 규칙과 동시에 실행된다. 이 두 규칙 모두에서, "'P'와 'Q'가 아닌 것"은 경계해야만 하는 상황이다. 그러나 이러한 동시 발생은 단지 우연이다.

두 규칙이 동시에 실행되지 않으면 어떤 일이 발생할까? 코스미디스의 추측이 옳다면 사람들은 사회 계약을 시행해야 할 때, '속임수 찾기' 반응을 나타낼 것이다. 비록 그 반응이 형식적인 논리로 확인되지 않을지라도 말이다. 그리고 코스미디스는 자신의 실험에서 그들이 실제로 쉽게 이런 반응을 나타낸다고 결론 내렸다. 그녀는 "엇바뀐 사회 계약 (switched social contract)"의 구조를 가지는 조건부 규칙을 만들었다.

만약 당신이 대가를 지불하면, 당신은 이익을 얻는다.

(표준적인 사회 계약의 '만약-그렇다면' 구조 속에서 계약 용어들의 위치를 바꾸어, 엇바뀐 형태로 변경한다.) 예를 들어 배급받아야만 하는 이익이 카사바 뿌리이며, 그것을 얻기 위해 필요한 조건이나 대가가 문신인 사회를 상상해 보자. 표준적인 사회 계약은 다음과 같을 것이다.

어떤 남자가 카사바 뿌리를 먹는다면, 그는 얼굴에 문신이 있어야만 한다.
(만약 어떤 남자가 이익을 취하면, 그는 그 대가를 지불한다.)

엇바뀐 사회 계약은 다음과 같을 것이다.

만약 얼굴에 문신이 있다면, 그 남자는 카사바 뿌리를 먹을 수 있다.

(만약 대가를 지불하면, 그 남자는 이익을 얻는다.)

규칙을 내포하고 있는 이야기가 규칙의 비용-이익 구조를, 혹은 비사회 계약적인 규칙에 비용-이익 구조가 없다는 사실을 알려 준다. 예를 들면 카사바-문신 규칙의 사회 계약 버전에서는 그 이야기가 다음과 같다. 희귀한 카사바 뿌리는 이 사회에서 강력한 최음제다. 이 사회에서는 오직 결혼한 남자들만 문신을 하며, 미혼 남녀 사이의 성관계는 엄하게 금지된다. 비사회 계약 버전에서의 이야기는 다음과 같다. 카사바 뿌리는 문신을 한 남자들이 사는 지역에서만 배타적으로 키워졌다. 일부 실험들에서는 ("남자가 카사바 뿌리를 먹는다면, 그는 얼굴에 문신이 있어야만 한다."처럼) 사회 계약 규칙들이 윤리적인 용어로 노골적으로 표현됐다. 반면 다른 실험들에서는 ("만약 남자가 카사바 뿌리를 먹는다면, 그는 얼굴에 문신이 있다."처럼) 그렇지 않았다. 그러나 사람들의 반응은 "해야 한다.(must)"와 "할 수 있다.(may)"를 적절하고 명백하게 표현하느냐 아니냐에 영향을 받지 않는 것으로 판명됐다. 이 이야기가 제공하는 규칙이 사회 계약을 내포한다면, 사람들은 "해야 한다."와 "할 수 있다."를 스스로 은연중에 적용하는 것처럼 보였다. 반대로 사람들은 단지 "해야 한다."라는 용어를 포함하고 있다고 해서, 한 규칙을 사회 계약으로 다루지는 않았다. 규칙은 적절한 비용-이익 구조를 가져야만 했다.

비록 엇바뀐 규칙에서 그 사회적인 측면을 바꿔 놓았을지라도, 논리적인 구조(P이면 Q이다.)는 변하지 않았다. 이 규칙이 위반되는 유일한 조건은 앞에서처럼 "'P'와 'Q'가 아닌 경우"다. 당신이 엇바뀐 규칙의 위반을 추적해야 한다고 가정해 보자. 만약 당신이 논리로 그렇게 한다면 당신은 '대가를 지불하고 이익을 얻지 않음('P'와 'Q가 아닌 것')'을 집어낼 것이다. 당신은 '대가를 지불하지 않고 이익을 취함('P가 아닌 것'과 'Q')'은 무시한다. 이 말이 당신의 직관에 반하는, 이상한 이야기처럼 들릴지도 모른다. 그렇다면 당신은 요점을 제대로 짚어 낸 것이다! 여기서 순수한 논리는 당신이 잠재적인 속임수를 무시하게 만들기 때문이다. 그러나 당신이 '속임수 찾기' 절차를 따른다면, 당신은 대신 'P가 아닌 것'과 'Q(대가를 지불하지 않고 이익을 취함)'를 선택할 것이다. 당신은 표준적인 사회 계약 문제에서도 동일한 조건(대가를 지불하지 않고 이익을 취함)을 선택하면서 동일한 추론을 사용할 것이다. 그러나 이 조건은 이제 논리 구조상의 위치가 변경되었다. 엇바뀐 계약('P가 아닌 것'과 'Q')에서의 속임수 찾기 반응은 표준 계약과는 달리, 논리적 반응('P'와 'Q가 아닌 것')에서 벗어난다.

코스미디스는 사람들이 압도적으로 "속임수 찾기"를 실행하는 것처럼 보인다는 점을 발견했다. 표준적인 사회 계약에 대한 실험에서는 피험자의 70퍼센트 이상이 "'P'와 'Q'가 아닌 것"을 선택한다. ('맥주 음용'에 관한 표준 사회 계약 실험에서와 같은 결과이다.) 엇바뀐 사회 계약은 극단적으로 다른 결과를 생산했다. 아주 작은 비율(한 실험에서는 4퍼센트, 다른 실험에서는 0퍼센트)만이 논리적으로 옳은 대답을 선택했다. "'P'와 'Q'가 아닌 것"(대가를 지불하고 이익을 얻지 않음)이 규칙을 위반할 가능성이 있는 유일한 조건이었다. 만약 그들이 속임수 찾기 절차를 따랐다면, 기대되는 반응이다. 확실히 자연 선택은 타인을 도우려고 우리의 경계심을 조정하지 않았다. 상호 호혜적 이타주의자는 대가를 지불한 사람이 이익을 얻도록 보장해야 할 특별한 필요가 없다. 게다가 높은 비율의 사람들(한 실험에서는 67퍼센트, 다른 실험에서는 75퍼센트)이 엇바뀐 사회 계약 문제에서 대가를 지불하지 않고 이익을 취한 경우('P가 아닌 것'과 'Q')를 추적하며 비논리적으로 반응했다. 이 조건이 이 규칙을 집행하는 데 완전히 부적절할지라도 말이다. 반면에 이 압도적으로 대중적인 'P가 아닌 것'과 'Q' 반응은, 이 문제가 엇바뀐 사회 계약에 관한 것이 아닐 때에는 극단적으로 드물게 나타난다. 표준적인 사회 계약과 평점 *D*와 코드 3의 사례처럼 추상적인 문제들을 포함하는 여러 실험들에서, 오직 한 명만이 엇바뀐 사회 계약이 아니었던 문제에 반응하여 'P가 아닌 것'과 'Q'를 선택했다.

코스미디스에 따르면, 우리는 끊임없이 지속되는 착시 현상에서 논리를 찾을 수 있듯이, 이 추론 오류의 뒤에 놓인 "논리" 역시 찾을 수 있다. 사람들은 속임수를 추적하는 방향으로 체계적으로 "실수를 범하고" 있다. (착시 현상의 경우와는 달리, 이 문제는 일부분의 사람들이 "실수를 범할" 때를 규명하는 것이라는 점에 주목하라. 결국 상호 협동의 법칙은 논리 법칙만을 적용했을 때보다 논리적으로 정확한 대답을 그들이 더 쉽게 찾을 수 있게 해 준다.) 표준 사회 계약의 경우에 논리와 적응적인 반응들은 서로 일치한다. 엇바뀐 사회 계약의 경우에는 그렇지 않다. 그리고 사회 계약과 관련이 없는 조건부 규칙의 경우에 우리의 추론 능력에만 의존해야 한다. 이 차이들은 사람들의 오류 뒤에 놓인 규칙들을 보여 주며, 우리가 자신의 마음을 들여다볼 수 있는 창을 제공해 준다. 자연 선택은 우리에게 속임수 찾기 절차를 추구하는 경향을 준 것 같다. 그것이 적응적으로 유용하기 때문이다. 보통 이 경향은 우리의 논리적인 기량을 향상시켜 주는 것처럼 보인다. 그렇지만 때때로 그것은 논리적으로 정당화되지 않는다. 사람들은 표준적인 사회 계약에서는 속임수를 추적하고 처벌하도록 진화된 상호 호혜적 이타주의자로서 매우 효율적으로 추론하지만, 엇바뀐 사회 계약을 다루어야만 할 때는 순수한 논리학자로서의 인상적인 추론을 펴지 못한다. 표준 버전과 엇바뀐 버전의 두 경우 모두에서, 사람들은 논리적으로 생각하지는 못하지만 적응적으로 생각하는 것 같다. 논리에 대한 도덕의 승리다. 만약 이 결론이 옳다면, 정신은 이성이 알지 못하는 이유들을 가지는 것 같다. 나아가서 이 이유들은 적응적이다.

만약 우리가 상호 호혜적 이타주의 체계를 운영하는 도구를 진화시켰다면, 우리는 이 도구를 능률적으로 유지시키는 수단이 문화적으로 (혹은 생물학적으로) 나타나리라 기대할 수 있다. 액설로드는 이 가능성을 조사했다. 그는 우리의 실제 행동을 실험적으로 조사했을 뿐만 아니라 인간 사회에서 도덕 규칙이 어떻게 발달하는지에 대해 컴퓨터 시뮬레이션을 수행했다.(Axelrod 1986) 그의 발견들은 우리가 협동과 배신에 대한 처벌 등을 수반하는 게임을 진행한다면, 우리의 행동을 조절하는 규범뿐 아니라 '메타 규범(metanorm)'의 출현 역시 기대할 수 있다고 제시한다. 메타 규범들은 사람들이 규범을 실행하지 않은 사람을 기꺼이 처벌하게 만들어 규범을 강화한다. 그는 기억할 만한 사례를 인용한다.

한때 강력한 힘을 가졌던 다소 통탄스러운 규범은 남부에서 백인 규칙을 집행하기 위해 폭력적인 사적 제재를 실행한 것이었다. 특히 이해를 돕는 에피소드는, 한 흑인 남성이 백인 여성을 공격한 죄로 수감된 후, 1930년 텍사스에서 발생했다. 군중은 참을성이 없었다. 그들은 죄인을 죽이기 위해 법정에 불을 질렀다. 다음은 목격자의 증언이다. "나는 바로 뒤에 있던 남자가 방화에 대해 '이 짓이 수치스럽지 않아?'라고 말하는 소리를 들었어요. 그 말이 입을 떠나기 무섭게 누군가가 그를 사이다병으로 때려 눕혔어요. 그는 입을 맞아 이빨이 여러 개 부러졌어요." 이것이 규범을 집행하는 한 방식이다. 규범을 지키지 않은 사람을 처벌하는 것. 다른 말로, 규범의 위반자에 대해서뿐만 아니라 위반자를 처벌하기를 거부하는 사람들에게까지 복수심을 보이는 것. 이것은 변절을 처벌하지 않는 사람을 처벌해야만 하는 규범을 수립하는 것에 해당한다.(Axelrod 1986, 1100~1101쪽)

'메타 규범'은 실제로 강력한 강화 수단이다. "이런 방식으로 자신의 힘을 반복해서 발휘하는 것, 무엇이 됐든 자신의 책략을 기존의 책략에 적용하는 것은, 많은 영역에서 잘 알려진 타개책이다."(Dennet 1984, 29쪽)

이 모든 것들은 우리가 상호 호혜적 이타주의를 진화시켰는지 아닌지 알고 싶다면, 선물의 교환 같은 실제 행위뿐 아니라 속임수 추적이나 처벌 같은 경향도 조사할 수 있음을 제시한다. 만약 우리가 친족 선택에 대해서도 같은 것을 알고 싶다면, 우리는 가족 내의 사회적 관계뿐만 아니라 가까운 친척을 인지하는 무의식적인 기술 역시 연구할 수 있다. 또한 우리가 일부일처제와 일부다처제에 대해 알고 싶다면, 우리는 문화와 인종 간 짝짓기 패턴뿐만 아니라 남성과 여성에서 정확하게 무엇이 질투를 유발하는지도 비교할 수 있다. 우리는 다윈처럼 우리의 행동뿐만 아니라, 우리가 무엇을 하도록 설계됐는지 우리의 심리가 제시하는 바에도 초점을 맞출 수 있다.

나는 코스미디스의 결론이 세부적으로 옳은지 아닌지 따지고 싶지 않다. 이러한 선도적인 연구에서 잘못이 발견되는 것은 그다지 놀라운 일이 아니다.(Cheng and Holyoak 1989가 그 예이다.) 비록 그녀가 쏟아질 비판들에 대해 아주 멀리까지 예상하고 중요한 실험으로써 자신의 이론이 그럴듯해 보이는 대안 이론들(내용 효과는 주제 문제와 친숙한 정도의 차이를 반영한다와 같은)과 비교해서, 현실에 얼마나 부합하는지를 보여 줬다는 점은 매우 놀랍지만 말이다. 이 책에서 그녀의 연구는 다윈주의 심리학이 생산하는 추측들을 검증하는 문제에 대한, 한 접근 방식의 예시 역할을 했다. 그녀의 해결책은 주의 깊게 고안된 실험을 활용해 적응적이라고 밝혀진 오류들을 엄밀히 조사하는 것이다. 이제부터 같은 문제를 다루는 다른 방식들을 조사해 보자.

다시 한번 앞서 다룬 예들, 살인자들 중 남성의 비율, 특히 젊은 남성의 비율이 압도적으로 높은 현상과 사소해 보이는 언쟁이 궁극적인 갈

등으로 확대되는 오랜 현상을 살펴보자. 문화와 시간을 가로지르는 이 확고한 불변성은 단순한 문화적 조건화(enculturation, cultural conditioning, 한 사회에 태어난 개인이 비공식적·일상적 활동으로 그 사회의 성원이 공유하는 문화를 익히고 내면화하는 과정을 뜻하며, 문화 전계라고도 한다. ─옮긴이) 이외에 다른 것이 진행되고 있음을 시사한다. 그러나 무엇이? 데일리와 마고 월슨은 자신들의 책 『살해(*Homicide*)』에서 이 문제와 비슷한 일련의 문제들에 대답하기 시작했다. 그들의 분석은 인간 행동에 대한 다윈주의 '심리학'의 추론 모형이다. (그리고 대부분의 살인 미스터리 이상으로 매우 재미있다.) 데일리와 마고 월슨은 살인이 다윈주의적인 적응의 원료, 즉 이해의 충돌의 산물이기 때문에 살인 패턴을 조사하기로 결심했다. 그들은 살인 행위가 적응이라고, 즉 살인자에게 다윈주의적인 이점이 있다고 가정하지 않았다. 그들은 특정한 조건하에서는 살인을 저지를 수도 있는 방식으로 인간의 마음이 적응했다고 가정했다. 그들은 인간의 진화 과정에서 발생한 어떤 특정 사례에 대해서건 대체적인 경향에 대해서건, 행위 그 자체가 아니라 그 행위를 초래한 심리적인 성향을 적응적으로 설명하려고 시도한다.

그래서 살인자들의 성별과 연령, 동기에서 나타나는 이 일관된 패턴에 대해 무슨 이야기를 할 수 있을까? 일부 비다윈주의적인 분석은 사람이 "주크박스의 10센트짜리 음반을 두고 혹은 주사위 놀이에서 진 1달러짜리 도박 빚을 두고"(Daly and Wilson 1988, 127쪽에서 인용했다.) 자신의 생명을 위험에 빠뜨릴 수도 있다는 사실에 눈이 휘둥그레진다. 이것에 맞서서 여러 사회 과학자들은 처음 보이는 것과는 달리, 이 상황에 뭔가 중요한 것이 걸려 있다고 강조한다. "사소해 보이는 모욕은 …… 평판, 체면, 상대적인 사회적 지위와 오래 지속되는 관계라는 더 큰 사회적인 맥락에서 이해돼야만 한다. …… 대부분의 사회적인 환경들에서 남자의 평판은, 부분적으로는 확실한 폭력적인 위협이 지속되는 정도에 달려 있다.”(Daly and Wilson 1988, 128쪽) 그러나 평판이 왜 그렇게 중요한가? 남자들이 죽음조차 불사할 만큼 이 무형의 자산을 그토록 소중히 여기는 이유는 무엇인가?

여기에 대답하기 위해, 데일리와 마고 윌슨은 다윈주의 이론과 성적 경쟁의 강력한 영향에 관심을 돌린다.(Daly and Wilson 1988, 123~186쪽, Wilson and Daly 1985) “만약 선택이 인간 심리의 이런 측면들을 형성했다면, 그 해답은 어떻게든 틀림없이 다음 형태를 취할 것 같다. 이런 사회적 자원들은 적합도라는 목적을 달성하기 위한 수단이다. (혹은 수단이었다.)”(Daly and Wilson 1988, 131쪽) 그리고 그들은 실제로 그렇다고 주장하기 위해 증거들을 샅샅이 조사한다.

> 분명 호모 사피엔스는 사회적인 지위의 차이가 번식 성공에서의 편차와 일관되게 이어지는 생물이다. 사회 계급이 높은 남성은 계급이 낮은 남성보다 더 많은 아내와 첩들을 거느리며, 다른 남성의 아내에 접근할 기회가 더 많다. 그들은 더 많은 자식들을 낳으며 그 자식들은 더 잘 살아남는다. 이런 상황들은 수렵 채집 사회와 목축 사회, 농경 사회와 국가에서 일관되게 나타난다.(Daly and Wilson 1988, 132~133쪽)

그럴지라도 남성과 여성 사이의 차이는 왜 나타나는가? 특히 젊은 남성의 살해율이 그렇게 압도적인 이유는 무엇인가? 그 해답은 물론 성 선택에서 찾을 수 있다. 여러 분야의 증거들이 인간의 (정도가 약하기는 하지만) 일부다처제적인 경쟁의 역사를 가리킨다. 번식 성공도의 차이는 여성들에서보다 남성들에서 더 크며, 사회적 지위와 더 강력하게 연결돼 있다. 남성들, 무엇보다도 젊은 남성들은 지위를 두고 싸울 만한 강력한 동기를 가지지만 여성들은 그렇지 않다. 그리고 자연 선택이 그들이 그렇게까지 하기를 의도했건 의도하지 않았건 그들은 말 그대로 싸우며, 때때로 치명적으로 다툰다.

지위를 의식하는 수컷들이 한 예다. 그러나 폭력과 살해에 관한 한, 흔히 가정은 가장 위험한 장소 중 한 곳이라고 말해진다. 자신의 친족을 살해한다는 사실은 친족 선택 이론을 당황스럽게 만드는 것 같다. 그러나 데일리와 마고 윌슨이 미국 자료를 좀 더 신중하게 살펴보자, '가족' 살해 희생자들은 대부분 살인자들의 배우자인 것으로 드러났다! 만약 미국 연방 수사국(FBI)가 다원주의적인 사고 방식을 더 많이 지녔다면, 그들은 살인을 설명하려는 많은 사회 과학자들과는 결정적으로 다른 방식으로 이 통계 수치를 분석했을 것이다. 데일리와 마고 윌슨은 많은 원천들로부터 수치들을 신중하게 샅샅이 조사해서 친족 선택 이론을 전혀 격화시키지 않고, 살인 패턴들이 그 예상과 매끈하게 맞아떨어진다고 결론 내렸다. 폭력이 단계적으로 더 잘 확대될수록 피해자와 가해자 사이의 혈연관계가 더 멀었을 뿐만 아니라 공범들이 살인 계획에서 공통된 목적을 발견하는 경우가 많을수록, 둘 사이의 혈연관계는 더 가까웠다. 그래서 공범자들 사이의 혈연관계는 희생자와 가해자 사이의 혈연관계보다 평균적으로 더 가깝다.(Daly and Wilson 1988, 17~35쪽)

그러나 가족 내 유아 살해는 정말로 발생한다. 자신의 자식을 죽이는 행위가 다원주의적인 자살행위임이 확실한데도 말이다. 그러나 데일리와 마고 윌슨은 자료를 다시 한번 자세히 분석해서, 우리가 희귀한 양육 자원을 배분하는 상황에서 진화했을 것이라고 기대하는 성향과 유아 살해의 사례들이 오히려 잘 일치한다는 것을 발견했다.(Daly and Wilson 1988, 37~93쪽) 아마도 가장 뚜렷한 발견은, 의붓자식이 친자식보다 훨씬 더 큰 위험에 처한다는 점일 것이다.(Daly and Wilson 1988, 83~93쪽) 예를 들면 1967년 미국에서는 부모 중 한 사람 이상이 양부모인 아이들은 부모에게 치명적으로 학대당할 확률이 친부모와 사는 아이들보다 100배 더 높았다. 캐나다의 수치도 이것과 비슷했다. 북아메리카 전체에서, 양부모들은 치명적이지 않은 학대 사건들보다 살해 사건들에서 훨씬 더 많이 등장했다. 그런데 이 숫자들이 밝혀주는 것처럼, 그들은 공식 통계 자료에서는 쉽게 드러나지 않는다. '가족'과 관계된 다른 문제들처럼, 아동들에 대한 자료들도 완강하게 비생물학적인 범주로 수집된다. "놀랍게도 미국, 캐나다와 다른 여러 나라들의 인구 조사국은 친부모와 양부모를 구분하려는 시도를 결코 하지 않았다. 그 결과 각 가구 형태에 따른 각 나이별 아동 수의 공식 통계 자료가 존재하지 않는다."(Daly and Wilson 1988, 88쪽) 실로 놀라운 일이다. 그리고 낭비적인 일이 아닐 수 없다. 만약 사회 과학자들이 부모와 자식의 유전적 관계가 인간 행동의 원천이라는 사실을 인정하기를 거부한다면, 그들은 동물학자들이 통계 수치를 모으게 해야 한다. 데일리와 마고 윌슨은 존속 살인, 배우자 살인과 다른 많은 살인 패턴들을 설명하기 위해 동일한 다윈주의적 방법을 사용한다. 그들은 한쪽의 대규모 인구 자료들과, 다른 한쪽의 친족 선택과 부모의 양육, 성적 경쟁 같은 다윈주의적인 일반 원리들 사이에, 인간의 진화된 심리를 배치하는 데 성공했다.

이 방법이 선호하는 조직화된 방식으로 인간의 마음을 사고하는 것이, 19세기로 퇴보하기보다는 앞으로 진보하는 행위라고 보이지 않을지도 모른다. 과학사의 이 어두운 구석에는 고정된 능력을 가진 봉인된 구획들로 마음을 나눴던 '능력 심리학(faculty psychology, 정신 현상을 여러 가지 능력으로 분석, 기술하는 심리학. — 옮긴이)'이 숨어 있다. 그중 가장 음침한 모서리에는 골상학에 대한 추종이 썩고 있다.(Fodor 1983, 특히 1~38쪽) 당연한 말이지만 이러한 연관성이 과거 다윈주의자들로 하여금 우리의 행동을 특정한 심리적 능력의 측면에서 생각하지 못하도록 만들었을 수 있다.

그러나 최근 행동 이해에 대한 다윈주의적인 혁명은 우리를 이 모든 것으로부터 멀리 떼어 놓았다. 이것은 우리가 무엇을 하도록 설계됐으며, 그렇게 하는 데 필요한 어떤 심리적인 기질을 가졌는지 볼 수 있는 강력한 통찰력을 우리에게 제공해 주었다. 그러므로 우리는 이 오랫동안 잊힌 이상한 지도가 그려진 해골과는 조금도 닮지 않은, 훌륭한 능력 심리학, 다윈주의 심리학을 시작할 수 있다.

그런데 마음에 대한 이런 시각은 뇌의 구조에 대해 아무런 가정도 하지 않는다. 예를 들면 (비록 얼굴 인식 능력처럼 실제로는 그럴지도 모르지만) 우리의 능력이 신경학적으로 위치가 국한돼 있다고 가정하지 않는다. 칸트이래로 대부분의 철학자들은 우리의 마음이 선험적인 종합 아이디어들로 싸여 있다고 관례처럼 가정했지만, 이 아이디어들이 정확히 뇌의 어느 부분에 놓였는지 우리에게 보여 줄 필요는 느끼지 못했다. 인간의 신경학과 생리학에 대해 더 많은 것을 알기 전까지, 우리는 자연 선택이 준 심리적인 자질들을 단순히, 다윈주의화된 선험적인 종합 아이디어들로 생각했다. 자신의 공책 한 권에 적어둔 기억할 만한 메모에서 엿보이듯, 다윈 자신이 그랬던 것처럼 말이다. "플라톤은 …… 『파이돈』에서 우리의 '상상의 이데아들'은 영혼의 선재에서 생기지 경험에서 끌어낼 수 없다고 말한다. 선재를 알려면 원숭이를 읽어라."(Gruber 1974, 324쪽) 우리의 각 능력들이 매우 특정하다고 가정할 필요도 없다. 그들 중 몇몇(예를 들면 기억)은 매우 일반적이라는 가정이 훨씬 그럴듯하다. 우리의 가정 전체는 자연 선택이 우리를 조롱박벌처럼 행동의 세부 사항들까지 구체적으로 설계했다기보다는, 우리가 주변 환경에 대한 정보에 따라 적응적으로 행동할 수 있도록 계산 규칙의 형태로 수단들을 주었다는 것이다.

메이너드 스미스는 "종종 우리는 비슷한 특성들을 가진 기계들을 고안할 때만 생물학적인 현상을 이해한다."라고 제시했다.(Maynard Smith

1986, 99쪽) 우리는 심장과 수정체와 날개의 적응적인 중요성을 헤아리기가 상대적으로 쉽다고 생각한다. 반대로 우리는 발생학 분야에서 아주 힘들고 더디게 진보했다. "구조의 발달 방식을 이해하는 것은 생물학의 주요 문제 중 하나다. 우리가 형태의 발달을 이해하기 힘든 이유 중 하나는, 우리가 발달하는 기계를 만들지 않아서인지도 모른다."(Maynard Smith 1986, 99쪽) 아마도 우리의 마음을 다윈주의적으로 이해하는 일은, 우리가 '생각하는' 기계를 만들지 않는다는 사실에 제한받을 것이다. 최근까지 소설가와 전기 작가들은 우리에게 마음에 대한 모형을 공급하는 조달업자들 중 상당수를 차지했다. 아마도 이것이 이들의 작업에서 매혹적인 부분일 것이다. 이제 우리는 광역 네트워크(McClelland et al. 1986이 그 예이다.), 튜링 기계, 근대 로직 같은 분석 기계가 있다. 결국 우리는 스스로를 위해 자신의 마음에 집중할 무엇인가를 가지게 될 것이다.

꽤 최근까지 심리학자들은 자신들의 작업이 다윈이 했던 방식대로 마음을 조사하는 일이라고 여기지 않았다. "『인간의 유래』에서 다윈은 '더 고등한 정신 능력'을 형성하는 지적 능력의 조합(호기심, 모방, 주의, 기억, 추론과 상상)에 대해 썼다. 다윈이 다루었던 주제 리스트는 1950년대에 인지 심리학이 급성장하기 시작할 때까지 20세기 심리학자들이 만성적으로 무시했던 주제들의 목록처럼 읽는다."(Gruber 1974, 236쪽) 행동주의는 이 모든 연구들에 등을 돌렸다. 행동주의는 궁극적으로 우리의 마음을 이해하려면, 우리의 행동을 이해해야만 한다는 신념이다. 다윈의 심리학적인 접근은 정확히 반대 방향으로 진행된다. 우리 행동의 적응적인 중요성은 모호할지도 모르지만, 우리는 마음을 이해함으로써 그것을 이해할 희망을 가진다.

인간의 행동을 설명하려는 다윈주의의 시도들은, 종종 잘못된 설명 대상을 고수한다는 비난을 받았다. 예를 들어 굴드는 윌슨이 "생물학적인 요소들을 잘못된 수준에서 알아보는 근본적인 오류를 저질렀다. 그는 특정 행동들과 그 행동들의 유전적인 이점들을 조사하고 각 아이템에 자연 선택을 적용한다. 그는 각 발현들이 많은 행동 양식들 가운데 한 양식으로 나타나는 근본 이유들보다는 발현들 각각을 설명하려고 시도한다."라고 말했다.(Gould 1987a, 290쪽) 다윈의 심리학적인 방법은 설명되어야 할 올바른 단위들이 무엇인지 알아내는 수단 하나를 제공한다. 앞의 장에서 보았듯이, 적응적인 설명의 후보자들을 쉽게 결정할 방법은 없다. 우리는 촛불 위에서 스스로를 불태우도록 강요받는 불쌍한 나방을 동정할지도 모른다. 그러나 우리는 나방의 명백히 비적응적인 유전적 명령을 설명하도록 강요받는 불쌍한 다윈주의자 역시 동정해야만 한다. 자주 선호되는 이 사례에 대한 해답은 잘 알려져 있다. 우리는 이 행위를 자살 시도가 아니라 직선 방향으로 나아가려는 시도로 설명해야 할 것이다. 자연 선택이 나방의 운항 규칙들을 엮어 낸 환경에서 유일한 빛의 원천은 달이었다. 천체가 광학적으로 아득히 멀기 때문에 달빛이 나방에 부딪칠 때 광선들은 평행하다. 그래서 달은 직선 경로를 안내하는 나침반으로 안전하게 사용될 수 있었다. 나방의 평소 환경에서는 내재된 규칙들이 적응적인 행동을 생성한다. 양초나 전깃불처럼 비일상적인 환경에서만, 이 규칙들은 제대로 작동하지 못한다. 따라서 다윈주의자들이 설명할 필요가 있는 적응은 이 규칙이지 그 행동이 아니다. 이 점은 인간에서도 마찬가지다. 우리는 올바른 설명 범주, 적응적인 설명의 올바른 대상들을 찾아내야 한다. 다윈의 접근은 규칙을 향해 우리를 인도해 준다. 우리는 근대적 삶의 촛불 속에서 우리의 행동이 비적응적으로 보일지라도 놀라지 말아야 한다. 실제로 일부 행동들은 너무 비적응적으로 왜곡돼서 우리는 결코 그 진화적 뿌리를 발견하지 못한다. 여기서 우리의 행동과 우리가 의도한 바 사이의 연결은 너무 비틀려서, 그것을 알아내려고 시도하는 일은 달에게 질문을 던지는 일과 같을 것이다. 그리고 나방에 대한 설명에서와는 달리, 그 해답을 얻지 못할지도 모른다.(Dawkins 1986a, 66~72쪽) 그러나 만약 우리가 정말 다윈주의적인 설명을 시도한다면, 자연 선택이 우리가 나아가도록 의도한 방향을 발견하는 일을 심리학 규칙들이 도와줄 수도 있다.

이제 다윈의 동전 이면을 조사하자. 다윈이 행동보다는 감정에 집중한 것은, 인간이 아닌 다른 동물들의 이타주의에 관한 그의 견해에 어떻게 영향을 미쳤을까? 사회성 곤충들에서 살펴보았듯이, 중요한 영향 하나는 그가 이타주의에 어떤 문제가 있다는 사실을 쉽게 인식하지 못하게 만들었다는 점이다. 다윈주의의 이타주의 문제는 이타주의자가 부담하는 비용과 관계있다. 그러나 다윈은 이 명백한 불이익보다는 이타주의에 동반되는 감성에 더 많은 주의를 기울였다. 그는 그 행동이 보살핌인지 아닌지보다, 비용이 드는지 아닌지에 관심을 덜 쏟았다. 이것이 그가 다른 동물들에서 이기적이지 않아 보이는 행동들을 문제시하지 않고, 그에 대한 목록을 작성할 수 있었던 한 이유다. 다윈의 관심은 자기희생의 쓰디쓴 결과보다는 인간이 지닌 친절함의 원천에 있었다.

역설적이게도 다윈 자신의 접근 방식은 그에게 정확히 상반되는 작업을 할 수 있는 수단을 주었다. 인간에서든 다른 동물에서든 이타주의가 다윈주의에 던지는 일반적인 문제를 이해하는 수단 말이다. 이 일반적인 문제에 이르는 전략은 도덕적 양심에 대한 질문에 빠지기보다는, 동물(혹은 식물)의 한 행동(혹은 구조), 특히 자기희생을 수반하는 행동(혹은 구조)이 지니는 선택적인 이점과 불리한 점에 집중하는 것이다. 다윈은 이 길을 택하지 못했다. 그러나 그의 접근 방식은 이 일을 가능하게 했다. 어떻게 그럴 수 있는지 살펴보자.

우리는 도덕 이론의 요지에서 시작할 필요가 있다. 도덕 철학자들은 단순히 규칙에 부합하는 행동과 규칙을 따르는 행동 사이에, 또 단지 의무에 순응하는 행동과 의무를 위한 행동 사이에 많은 구분점을 만들었다. 가장 유명한 것은 칸트의 주장이다. 단지 돈이 거기 있다는 사실을 몰라서 돈을 훔치지 않은 것과 절도가 나쁘다고 생각하기 때문에 돈을 훔치지 않은 것 사이에는 차이가 있다. 또 우연히 (심지어 자기도 모르게) 다른 사람을 행복하게 해 준 행위와 자신이 선행을 하고 있다고 생각하며 다른 사람을 행복하게 해 준 행위 사이에는 차이가 있다. 행위자가 격률 위에서 행동하고 있을 때에만 그 행동은 도덕적(혹은 비도덕적)인 것이다. 격률을 적용할 수 있는 행위자만이 도덕적(혹은 비도덕적)인 존재가 될 수 있다. 우리는 주인의 돈을 건드리지 않고 놓아두었다고 해서 개를 도덕적이라고 부르지는 않을 것이며 그 개가 자기 바구니 속으로 주인의 돈을 끌어들였다고 해서 비도덕적이라고 하지도 않을 것이다. (개가 주인의 스테이크를 식탁에서 슬쩍 잡아챘을 때 혹은 스테이크를 갈망하며 쳐다보기는 했지만 유혹에 저항했을 때, 우리가 도덕적인 측면에서 생각하려는 유혹에 빠질지도 모르지만 말이다.) 다윈은 동일한 생각에 대해 "물질적인(material)" 도덕성과 "형식적인(formal)" 도덕성이라는 용어를 사용한다.(Darwin 1871, 2nd edn., 169쪽, n25) 물질적인 도덕성은 도덕성의 실천(도덕 규칙에 따라 행동하는 것)에 대한 것이다. 반면 형식적인 도덕성은 도덕의식(도덕 규칙에 대한 지식)에 관한 것이다. 이러한 구분이 윤리학에서 왜 중요한지 알 수 있다. 이것은 도덕적인 고려가 적용되지 않는 영역으로부터 도덕적 행동과 행위자들을 구별해 낸다.

그러나 다윈은 의식적인 생각 없이 수행됐지만 우연히 좋은 결과를 낳은 행동과 강한 의무감에서 의식적으로 수행된 도덕적 행동을 예리하게 구분하기를 거절한다.(Darwin 1871, i, 87~89쪽) 다윈은 도덕 철학자에게 이 차이만큼 중요한 것은, 그 차이를 적용하기가 불가능하다는 사실이라고 주장한다. "이러한 종류의 명확한 구분선을 만드는 일은 거의 불가능해 보인다."(Darwin 1871, 2nd edn., 169쪽) 그는 도덕의 정의에 대한 철학자들의 고상한 기준이 우리가 도덕 범주 내로 확실히 포함시키고 싶은 행동들을 배제시키면서, 잘못된 답을 주는 것처럼 보이는 사례들을 지적한다. 일례로 많은 사례들에서 "전우를 배신하기보다 자신의 삶을 포기한 포로들처럼 의도적으로 행동한 사람들이, 인류에 대한 어떤 자비심도 없고 어떤 종교적인 동기로도 인도되지 않은 미개인들로 기록되어 왔다."(Darwin 1871, i, 88쪽) 만약 이 "미개인들"이 "훌륭한 동기"(Darwin 1871, 2nd edn., 169쪽)로 일반적인 도덕 격률에 따라 행동하지 않았다는 것이 사실이라면(다윈이 왜 이런 가정을 했는지는 불명확하지만), 그들은 도덕적 행동에 대한 칸트의 기준을 만족시키지 않는다. 그러나 분명 우리는 그들의 행동을 도덕적이라고 부르고 싶어 한다. 확실히 우리는 "뉴펀들랜드종 개가 어린아이를 물 밖으로 끌어낼 때, 혹은 원숭이가 동료들을 구하기 위해 위험을 대면할 때, 혹은 고아 원숭이를 돌볼 때"(Darwin 1871, 2nd edn., 170~171쪽) 숭고한 영웅적인 행위를 목격하는 중이다. 그러나 이 행위들은 철학자들의 도덕성 시험을 통과하지 못한다. 그들의 시각에서는 개와 원숭이들에게는 추상적인 도덕 원칙들을 파악하는 능력이 결여됐기 때문이다. 이 능력은 한 행위자가 도덕적인 행위자가 되는 데 필수적인 능력이다. 그래서 다윈은 어떤 융통성 없는 구분도 거부하며 대신에 중간 영역을, 중첩되는 부분을, 원도덕성(proto-morality)을, 단순한 사회성과 높은 도덕감 사이의 연속성을 지적한다.

이제 이런 태도는 도덕 철학자들, 도덕적 양심의 개념을 고수하는 사람들에게는 허락되지 않는 자유를 그에게 준다. 또 이타주의를 다윈 이론에 문제를 제기하는 것으로서 도덕주의자의 문제라기보다는 생물학자의 쟁점으로 특징지을 자유를, 즉 인간과 인간이 아닌 생명체의 이타주의를 모두 '도덕적'인 행동이 아니라 비용이 드는 행동, 너무 비용이 많이 들어서 자연 선택이 선호할 리 없는 행동으로 특징지을 자유를 그에게 준다. 다윈은 자신이 이해할 수 있는 범위 내에서 근대 다윈주의자들처럼 동물의 이타주의를 도덕관념이 없는, 의인화되지 않은 (정신에 수반되는) 방식으로 보는 관점보다는, 자신의 접근 방식 덕분에 '도덕성'의 실천과 그 행동의 선택적인 효과라는 관점에서만 조사할 수 있게 됐다. 그러나 모순은 다윈이 이 자유를 정반대 방향으로 사용했다는 점이다. 그는 칸트의 사상 쪽으로 비틀비틀 첫 걸음을 떼면서, 용감한 개와 원숭이들을 초기의 도덕주의자들로 보고 싶어 했다. 그는 그들의 행동을 다른 동물들로부터 도덕 영역 내로 끌어당기며, 혹은 적어도 도덕 영역에 가깝게 끌어당기며 인간의 도덕성의 기본적인 시작 단계를 보여 주는 흔적들을 드러내기를 원했다.

이보다 더 큰 모순이 있다. 비평가들은 다윈이 철학자들의 구분을 무시함으로써 도덕감이 인간의 고유한 특성이라는 점을 인정하지 못했다고 불평했다. 예를 들면 마이바트는 다음과 같이 이의를 제기했다. "다윈 씨는 단지 이로운 행동을 도덕적인 행위로 계속해서 잘못 판단하고 있다. 그러나 …… **이롭게 행동하는** 것과 도덕적인 행위자가 되는 것은 별개다. 개나 심지어는 과일나무마저도 이롭게 행동할 수 있다. 그러나 둘 중 어느 쪽도 도덕적 행위자는 아니다."([Mivart] 1871, 83쪽) 같은 맥락에서 오늘날의 몇몇 비평가들(Midgley 1979a, 444~446쪽이 그 예이다.)은, 이타주의에 대한 다윈주의의 발상에 분개한다. 이타적인 행동에 반드시 개입되는 감정과 동기들을 무시했다고 생각하기 때문이다. 그러나 개의 충실함이나 과일나무의 관대함은 (개나 나무가 약간의 비용을 부담한다고 간주하면) 정확히 이타주의의 문제에 속한다. 다윈이 이 문제의 관점에서 우리의 심장과 머릿속에서 진행되는 일에 너무나 관심이 **많았다**는 사실이 모순적이다.

『인간의 유래』(앞의 절반은 인간의 진화에 대한 내용이다.)는 우리와 다른 종들 사이의 연속성에 대한 하나의 긴 주장이다. 연결, 비교, 유연관계, 상동성, 흔적 기관을 이용하는 것보다 우리의 가계도를 수립하는 더 나은 방법이 있을까? 이 방법들은 다윈주의의 표준적인 수단이자 엄청나게 강력한 방법이다. 그러나 나는 이 방법이 우리의 뼈와 근육들이나 도구 사용, 기억력에 대해 쓰였을 때보다 인간의 도덕성에 대해 쓰였을 때 다윈에게 덜 기여했으리라고 생각하지 않을 수 없다. 다윈과 많은 다른 사람들은 도덕적 태도를 우리와 다른 생명체들 사이의 가장 큰 차이로 보았다. "인간과 하등 동물들 사이의 모든 차이점 중에서 도덕감 혹은 양심이 단연코 가장 중요하다."(Darwin 1871, i, 70쪽) 그러므로 자연 선택이 설명하기는 더욱더 어려우며, 연속성을 수립할 필요는 더욱더 많다. 그러나 아마도 차이가 가장 큰 지점에서 그것을 좁히려고 시도하기보다는, 왜 그렇게 차이가 큰지에 관한 적응적인 이유를 찾는 데 집중하면 훨씬 생산적일 것이고, 비슷하고 공통된 점보다는 적응적으로 다르고 특별한 점을 연구하면 훨씬 도움이 될지도 모른다. 다윈은 이 차이점이 상당하다고 기대했던 것 같다. 성적인 장식들이 과장됐으리라고 기대했던 것과 거의 같은 이유에서였다. 그가 성 선택을 자연 선택의 탄압을 받지 않는 한, 스스로 노력해 자신을 계속 밀어붙이며 무한히 확대될 수 있는 것으로 생각했다는 점에 우리는 주목했다. 그는 이것이 드문 일이라고 생각했다. 드물지만 유일무이하지는 않은 일로. 인간의 정신 발달 역시, 그는 "분명한 한계가 없다."라고 생각했다.

많은 경우에 한 부분의 지속적인 발달은, 예를 들자면 새의 부리나 포유류의 치아 같은 발달은 음식을 얻거나 다른 여러 목적에서 그 종에게 불리할지도 모른다. 그러나 이점에 관한 한, 인간의 뇌와 정신 능력의 지속적인

발달에서 우리는 어떤 분명한 한계를 볼 수 없다.(Darwin 1871, i, 189쪽)

다윈에게 우리의 "정신 능력들"에는 도덕감이 포함된다. 그는 "정신력"
(Darwin 1871, i, 70~106쪽)이라는 주제 아래서 도덕성을 논한다. 아마도 그
는 우리의 도덕적 자질들을 끝없는 선택압의 결과로, 우리의 정신세계
에서 번창하는 일종의 공작 꼬리로 보았던 것 같다. 그렇다면 다윈주의
자들은 도덕성이 우리와 '하등 동물들' 사이에 만드는 거대한 심연에 불
안해하지 말아야 한다. 심지어 우리는 그것을 기대하기조차 한다. 진화
가 너무 빠르고 극적으로 일어나서, 우리를 유연관계가 가장 가까운 생
명체들로부터도 아주 멀리 떨어뜨려 놓기를 말이다. 그러므로 어쩌면
다윈은 연속성을 수립하기 위해서, 근면성실하게 헌신하지 말았어야 했
다. 아마도 그는 공작의 꼬리에서 깃털을 한두 개쯤 취해야 했으며, 대신
폭발적인 성장과 거기에 수반될 수 있는 차이의 적응적인 성질들을 탐
구해야 했다.

어쩌면 우리는 다윈주의자들이 연속성에 관심을 가지리라고 너무
당연하게 받아들이는지도 모른다. 만약 다윈이 정말로 우리 도덕성이
공작의 꼬리 같은 특성을 가진다고 생각했다면, 다른 동물들과의 유연
관계를 찾는 일이 도움이 되지 않을지도 모른다. 인정컨대 연속성은 역
사를 수립하는 데 필수적이다. 물론『인간의 유래』에서 역사는 다윈의
주요 관심사였다. 그러나 그가 공작 꼬리와 인간 마음의 급성장을 논했
을 때의 관심사는 계통 발생학이 아니라 자연 선택이 작용하는 방식, 즉
자연 선택으로 적응이 이루어지는 방식이었다. 원리라는 안건에 대해서
연속성은 거의 아무것도 제공할 수 없을지도 모른다. 어쨌든 불행히도
다윈은 '제한 없는 선택'이 위 두 사례들에서 일어날 가능성이 존재하
는 이유를 자세히 설명하는 데 실패했다. 짐작컨대 그는 성적인 장식들

과 정신적인 자질들이 자기 강화적이며, 양성 되먹임을 생산할 가능성이 크다고 여겼던 것 같다. 앞서 성 선택에서 살펴봤던 것처럼, 이 두 가지 특성이 그가 사회적 압력을 가장 핵심적인 선택압으로 인식했던 드문 사례들 중 하나라는 점은 우연이 아닐 것이다.

연속성에 대한 의문은 다윈주의적인 인간 행동 연구에 공통적으로 가해지는 비난을 우리에게 상기시킨다. 즉 이 연구들이 "인간은 다른 동물들과 거의 동일한 방식으로 진화했기 때문에 틀림없이 동일한 방식으로 설명될 것이라는 확신"(Montagu 1980a, 5쪽)에 기반을 두었다는 비난 말이다. 나는 그 "거의 동일한"이 무엇을 포괄하는지 확신하지 못한다. 그것은 다수의 방법론적인 (그리고 정치적인) 잘못들을 포괄할 수 있다. 그러나 다윈주의 접근이 정반대의 결론을 완벽히 도출할 수 있다는 사실은 주목할 가치가 있다. 다윈이 행동보다는 심리에 집중한 점은 인간 연구를 동물의 연구와 두드러지게 다르게 만들 수 있다. 다윈이 자신의 방법을 우리뿐만 아니라 동물들에게도 적용했다는 점은 인정한다. 그러나 근대 다윈주의는 다른 동물들의 접근하기 어려운 마음보다, 행동에 집중함으로써 더 진보할 수 있었다.

만약 "거의 동일한"이라는 말이 동일한 다윈주의의 일반 원리들을 어떤 동물이나 식물에게 적용하려고 시도했다는 것을 의미한다면 어쨌든 변론할 필요가 없다. 우리는 개미들이 여성 공동체는 강력하다고 믿었다는 가정을 하지 않는다. 그러나 우리는 그들의 행동이 친족 선택의 원리로 설명될 수 있다고 진정으로 생각한다. 우리는 염색체들이 도덕적 양심을 가졌다고 가정하지 않는다. 그러나 우리는 세포 분열의 도박이 죄수의 딜레마 게임을 시작하는지 아닌지, 또 염색체들이 팃 포 탯 반응을 진화시켰는지 아닌지 합리적으로 설명할 수 있다. 역으로, 우리의 주식이 나무라고 가정하지 않고도, 혹은 우리가 냄새로 가족 구성원들을 인식한다고 가정하지 않고도, 혹은 형제들이 자식들보다 우리에게 유전적으로 훨씬 더 가치 있다고 가정하지 않고도, 우리는 친족 선택 이론을 인간들에게 적용할 수 있다. 그래서 인간과 흰개미와 염색체들이 동일한 방식으로 자신들의 전략을 시행한다는, 터무니없는 가정을 하지 않고도 원리가 "거의 동일함"을 가정할 수 있다.

실제로 인간을 '동물들'과 거의 같은 방식으로 설명하려는 시도에 불평하는 견해는, 모든 비인간 동물들이 서로 거의 같은 방식으로 설명될 수 있다면서 거북이, 표범, 개미, 타조(와 십중팔구, 프림로즈(primrose)와 박테리아)를 모두 하나의 유일한 설명 범주로 묶는 반면, 인간만은 멀리, 완전히 다른 설명 영역에 떨어져 있다고 은연중에 가정한다. 이 가정은 정말로 잘못됐다. 그것도 아주 종 차별적인 편견이다. 다원주의적인 전략가가 되는 많은, 아주 많은 방식들이 있다. 그리고 그들은 '인간의 방식'과 '그 나머지'로 말끔하게 나뉘지 않는다. 우리가 전략적인 원칙들의 동일함을 가정하는 것이 정당화되는 이유는, 비록 행동은 유기체에서 발현될지라도, 전략들은 궁극적으로 유전자에 속해서이다. 그리고 유전자들은 종 차별적이지 않다.

게다가 '우리'와 '그들'에 대한 생물학적인 아파르트헤이트(Apartheid, 과거에 남아프리카 공화국에서 시행한 인종 차별 정책. ― 옮긴이)를 세우는 것은 설명 원리들의 잠재적으로 유용한 원천들로부터 우리를 떼어 놓는 일이다. 일단 우리가 스스로를 자연적으로 선택된 전술가들로 이해하면, 자연 선택이 다른 생명체들에서 이용한 전술들에 대해 시사적, 체험적인 안내서를 얻게 될 것이다. 다윈을 좇아서 자연 선택이 우리의 마음을 어떻게 형성했는지 조사한다면, 우리는 우리에게 접근 특권이 주어진 영역을 연구하는 중일 것이다. 슬프게도 다른 모든 종들에서는 이 영역이 너무나 깊이 숨어 있어서, 그에 비하면 우리가 자기 자신 이외의 인간의 마음을 어떻게 알 수 있느냐는 까다로운 문제는 사소해 보인다. 마음은 풍부한 정보의 원천이다. 의인화의 공포 때문에 지적인 가택 연금 아래 묶여 있을 수 없을 정도로 너무나 풍부한 원천이다. 우리는 그 결과가 다른 동물들 마음의 작동 방식을 말해 줄 것이라고 가정하지 않아도 된다. 실제로 말해 줄지라도 말이다. 경험적인 것 이상의 지도도 필요 없다. 실제로 그 이상을 지도해 줄지라도 말이다. 오직 우리가 상상해야 하는 것은 다른 생명체들이 우리와 동일한 전략들을 추구할 때 동일한 전술로 수렴할지도 모른다는 점이다. 여기에 지나치게 의인화시킨 부분은 없다. 우리는 다른 유기체들이 우리처럼 생각한다고 가정하지 않는다. 심지어 그들이 생각한다고도 가정하지 않는다. 어쨌든 염색체와 식물들은 뇌 없이도 다윈주의 원리들을 이럭저럭 시행하고 있다. 그들 대신 '생각'을 하는 것은 자연 선택이다. 그럼에도 그들과 우리의 전략적인 선택들은 평행할 수 있으며 행동 구조도 동일할 수 있다. 자연 선택이 비슷한 방식으로 자신의 전략들을 실행하기 때문이다. 인정하건대 우리는 독특하다. 그러나 독특하다는 사실이 독특하지는 않다. 모든 종들이 자신만의 방식을 가진다. 전략가로서 우리의 사고 방식을 이해하는 것은 다른 전략가들의 행동 방향을 예측하는 데 도움이 될 수 있다. 우리의 마음은 한 가지 가능한, 상황의 진행 방식에 대한 작동 모형을 제공해 줄 수 있다. 우리는 기니피그나 미로에 빠진 쥐 같은 다른 종들에게 도움이 될 수 있다.

스스로에게 쓴 메모에서, 다윈은 다음과 같이 분명히 말했다. "개코원숭이를 이해하는 사람은 로크보다 형이상학에 더 많이 기여할 수 있다."(Gruber 1974, 281쪽, [M]84) 그는 공개 발언을 할 때, 훨씬 온건하다. 그는 우리의 도덕적 감정들이 진화한 자질의 일부분임을 윤리 철학자들이 인정해야만 한다고 말했다.

존 스튜어트 밀(John Stuart Mill) 씨는 유명한 저서인 『공리주의 (*Utilitarianism*)』에서 사회적인 감정들이 "강력한 자연적인 정서"이며 "공리주의적인 도덕성"을 위한 정서의 자연적인 기반이라고 말한다. …… 그러나 …… 그는 또한 "…… 도덕적 감정들은 타고난 것이 아니라 획득된 것이다." …… 라고도 말한다. 그렇게 심오한 사상가와 감히 다른 의견을 내는 일에는 망설임이 따랐다. 그러나 더 하등한 동물들에서는 사회적인 감정들이 본능이며 내재됐다는 주장에 거의 논란의 여지가 없는데도 왜 인간은 그렇지 않을까? …… (많은 사상가들이) 도덕감은 각 개인들이 살아가면서 획득하는 것이라고 믿는다. 이것은 적어도 일반적인 진화 이론에서는 일어날 가능성이 대단히 낮은 일이다. 조상으로부터 전달되는 정신적 자질들을 모두 무시하는 것은, 내게 그렇게 보이듯이 향후 밀 씨 저서의 가장 심각한 흠이라고 판단된다.(Darwin 1871, 2nd edn., 149~150쪽, n5)

원숭이들과 형이상학은 서로 어울리지 않는다고 느낀 것은 비단 철학자들만이 아니었다. 다윈주의 과학자들 역시 비슷한 생각이었다. 우리는 그들 중 몇몇이 이야기한, 다윈의 프로그램을 거부한 이유를 곧 살펴볼 예정이다. 여기서 우리는 그중 몇 가지 과학 외적인 동기들을 잠시 살펴볼 것이다.

19세기의 다윈 반대자들은 우리의 도덕적인 우월성을 크게 강조했다. 심지어 이것은 크로폿킨이 애석해 하며 주목했듯이, "인간과 동물 형제들 사이의 거리를 줄이는 경향이 있는, 잘 증명된 과학적인 사실들을 인정하기를"(Kropotkin 1902, 236쪽) 거부한 이유였다. 이 거리 유지의 필요성은, 도덕에 대한 다윈주의적인 설명이 우리의 높은 위치를 위협하는 것으로 보였다는 사실을 시사한다. (극미한 정도일지라도) '하등한 동물들과 도덕성을' 공유한다면, 도덕성은 폄하될 것이다. 그러나 도덕성의 기원에 대한 다윈주의적인 설명은, 물론 (치타가 단거리 주자들 중 최고라는 주장이 그 영광을 공유하는 자연 선택 때문에 위태로워지는 것보다도) 우리의 도덕적 탁월함을 위협하지 않았다. 다윈주의자들은 우리의 도덕감은 진화한 것이지만 그럼에도 독특하며 매우 수준이 높다고 다윈처럼 주장할 수 있다. 다윈을 비판하는 사람들은 모든 도덕적 행위자들이 항상 보유하고 있는 어떤 절대적이고 단일한 도덕적 기준이 존재한다는 견해를 부인하는 상대주의가 잠식해 들어오는 일 역시 두려웠을 것이다. 만약 도덕성의 실행이 진화적인 발달 정도에 의존한다면, 도덕 원리들도 진화의 시간이 지날수록 변하기 때문이다. 다윈은 우리의 사회 체계(우리의 생물학에 의존하는 사회 체계) 때문에, 우리의 도덕률이 지금과 같은 모습이라고 말하지 않았던가?

나는 어떤 완전히 사회적인 동물의 지적인 능력이 인간처럼 활발하게 고도로 발달한다면, 그들도 우리와 정확히 똑같은 도덕감을 획득하리라고 주장하려는 것이 아니다. 다양한 동물들이 서로 상당히 다른 사물들에 감탄할지라도 각자가 나름 어떤 미적인 감각을 가진 것과 마찬가지로, 그들은 옳고 그름에 대한 감각 역시 지녔을 것이다. 비록 그 감각에 따라, 꽤 다른 행위 방식이 나타날지라도 말이다.(Darwin 1871, i, 73쪽)

그리고 그는 계속해서 우리가 이미 주목했던 사례를 하나 언급한다.

만약 …… 인간들이 꿀벌들과 완전히 똑같은 환경에서 길러진다면, 미혼 여성들이 일꾼 벌들처럼 자신의 형제를 죽이는 것을 신성한 의무라고 생각하고, 어머니가 생식력이 있는 자신의 딸들을 죽이는 데 매진할 것이라는 점에는 거의 의심의 여지가 없다. 누구도 이 주장에 개입할 생각을 하지 않을

것이다.(Darwin 1871, i, 73쪽)

만약 우리가 옳다고 믿는 것이 자신이 지적인 벌이나 개코원숭이가 아니라 인간이라는 점에 크게 의존한다면, 우리는 스스로가 옳다고 믿는 바가 정확하다는 것을 어떻게 알까? 어쩌면 객관적인 도덕률이 존재한다는 개념은 자연 선택으로 우리 안에 심어진 믿음, 오직 환상일 뿐일지도 모른다. 또 세상을 3차원적으로 경험하려는 성향이나 24시간을 내재화하는 성향과는 달리, 그것은 '외부에' 대응되는 것이 아무것도 없는 믿음일 수 있다. 그것은 단지 이타주의 기제에 기름 치는 역할을 하는 자연 선택의 또 다른 비결, 또 하나의 강화 인자에 지나지 않을 수도 있다. 위험한 비탈길을 두려워하던 다윈의 동시대인들에게, 그의 사고 방식이 아찔한 경사의 시작처럼 위험천만하게 느껴진 것은 어쩌면 당연한 일이다.

월리스: 그 사건 이전에는 현명했던

다윈의 프로그램을 거부한 공식적인 이유와 내적인 동기 사이의 차이는 월리스에 관한 이상한 사례를 생각나게 한다. 지금까지 우리는 그를 자연 선택의 가장 빈틈없는 옹호자이며 초적응주의자이자 가장 다원주의자적인 다윈주의자로 대하는 데 익숙했다. 그러나 인간에 관한 한, 특히 우리의 도덕감에 관한 한 …… 글쎄, 다음은 월리스가 한 말이다. "아마도 내 독자들은 내가 스스로 그렇게 열렬히 변호했던 원리에 입각해서 모든 본성들이 다 설명된다고 생각하지 않는다는 사실을 알면 다소 놀랄 수도 있다. 그리고 이제 나는 자연 선택의 힘에 대해 이의를 제기하고 한계를 제시할 예정이다."(Wallace 1891, 186쪽) 비록 월리스는 죽을 때까지 충실한 다윈주의자였지만, 그 역시 점점 초자연적인 동인의 실재와 힘을 확신하게 됐다.(Durant 1979, Kottler 1974, 1985, 420~424쪽, Schwartz 1984, 280~288쪽, Smith R. 1972, Turner 1974, 68~103쪽) 초기에 그는 골상학과 최면술을 받아들였다. 1860년대 중반에는 심령론에 관심을 가졌다. 이것에 대한 확신이 생길수록 그는 자연 선택이 인간 고유의 여러 자질들, 무엇보다도 우리의 진보된 정신적 특질들을 설명할 수 없다고 믿게 됐다.(1864년 수정판, 1869, 1870, 332~371쪽, 1870a, 1877, 1889, 445~478쪽)

지적이며 도덕적인 존재로써의 인간의 기원, 이 엄청난 문제에 대한 다윈의 믿음과 가르침은 인간의 전체 본성이, 즉 신체적, 정신적, 지적, 그리고 도덕적인 모든 본성이, 변이와 생존이라는 동일한 법칙에 따라 더 하등한 동물로부터 발달했다는 것이다. 그리고 이런 믿음의 결과로 인간의 본성과 동물의 본성 사이의 종류의 차이는 없으며, 오직 정도의 차이만 있을 뿐이다. 반면에 나는 인간과 다른 동물들 사이에 지적, 도덕적으로 종류의 차이가 존재했으며 지금도 존재한다고 생각한다. 인간의 신체가 어떤 조상 동물의 형태로부터 끊임없는 변형을 거쳐 발달했음은 틀림없지만, 맨 처음 **생물**을 탄생시켰고 **양심**을 만들어 낸 존재와 유사한, 어떤 다른 동인이 인간의 고등한 지성과 영성을 발달시키기 위해 작용하기 시작했다.(Wallace 1905, ii, 16~17쪽)

이 '다른 동인'은 영적인 존재였다. "인간의 몸은 자연 선택의 법칙 아래서 더 하등한 동물로부터 발달했을지도 모른다. 그러나 …… 우리는 그렇게 발달할 수 없으며 또 다른 기원을 가질 것이 틀림없는 지적·도덕적 능력을 소유한다. 그리고 이 기원에 대해 우리는 오직 보이지 않는 영혼의 우주에서 충분한 이유를 찾을 수 있을 뿐이다."(Wallace 1889, 478쪽) 대략적으로 (그러나 부당하지는 않게) 말하자면 자연은 우리에게 몸과 하등한 정신 능력을 주었지만 우리의 영혼은 초자연적인 존재의 선물이라는 것이다. 친숙한 입장이다. 이것은 종교가 다윈주의에 대해 여전히 주장하는 고정적인 내용이다. 따라서 이런 입장은 다윈주의 이론이 유기 세계에 대해 최상의 설명을 제공하지만 인간의 영적인 측면을 설명할 수 없다고 주장한다. (비록 월리스는 대부분의 종교 논평가들과는 달리 영적인 힘이 과학적인 조사의 대상이 될 수 있다고 주장했지만 말이다.)

여기서 우리의 관심사는 다윈주의지, 다윈주의자들이 주장했던 어떤 다른 아이디어들이 아니다. 그래서 우리는 월리스를 따라 천상계로 가지 않을 것이다. 다행히도 우리는 그렇게 하지 않고도 그의 입장을 조사할 수 있다. 그가 말한 다윈주의 이외의 동기가 무엇이든지 간에, 그는 진정한 다윈주의자로서 인간의 도덕성에 대한 비다윈주의적인 설명을 당돌하게 변론했다.

인간이 가진 문제는 우리가 더 진보했고, 더 복잡하며, 다윈주의적인 힘이 우리를 만들었던 때보다 근대적인 삶을 위해 더 잘 준비됐다는 것이라고 월리스는 말했다. 자연 선택은 현재 주어진 문제들을 해결하는 것 이상의 작업을 결코 할 수 없다. 자연 선택은 예지력이 없으며, 미래를 대비하지 못한다. 또 나중에 언젠가 유용해질지라도 지금은 쓸모없거나 해로운 특성들을 만들어 낼 수도 없다. 자연 선택은 "어떤 존재를 주변 동료들보다 훨씬 더 진보한 존재로 만들 힘을 가지지 않았다. 단지 생존 경쟁에서 살아남을 만큼만 주변보다 조금 더 뛰어나게 만들 뿐이다. 소유자에게 조금이라도 손상을 입히는 변형을 생산해 낼 힘 역시 거의 갖고 있지 않다."(Wallace 1891, 187쪽) 우리는 인간을 연구할 때 이 사실을 기억해야만 한다.

만약 …… 우리가 얻을 수 있는 모든 증거들이 척 보기에도 그 특성이 인간에게 실제로 해가 됐으리라는 것을 알려 주는 어떤 특성을, 인간에게서 발견할지라도 그 특성들은 자연 선택으로 생산될 수 없다. 어떤 특별하게 발달된 기관도 그에게 한낱 소용없는 것이라면 혹은 그 쓸모가 발달 정도와 비례하지 않는다면, 자연 선택에 따라 만들어질 수 없다.(Wallace 1891, 187쪽)

이제 우리를 조사하자. 특히 우리의 뇌를 살펴보자. 뇌는 분명히 적응적인 필요와 요건들에 비해 과잉된 능력들을 갖추었다. 또 한편으로는 인간의 뇌는 '더 하등한' 유인원의 뇌와 비교했을 때 신체 크기보다 크다. 뇌의 크기는 오늘날 인종 간에 큰 차이가 없으며, 선사 시대 이래로 변하지 않았다. 뇌 크기는 정신 능력의 주요 결정 인자다. 반면에 선사시대 이전의 사람들과 '미개인들'이 뇌에게 원했던 요구 사항들은 그 능력보다 훨씬 낮았다. "순수한 도덕성과 정련된 감정의 고등한 정서들, 그리고 추상적인 추론 능력과 이상적인 개념은 그들에게 쓸모없었다. 만약 발현됐을지라도 매우 드물었으며 그 개념들은 습성, 필요, 욕구나 복지와는 중요하게 연관되지 않았을 것이다. 그들은 필요 이상의 정신 기관을 소유했다."(Wallace 1891, 202쪽) 뇌는 자연 선택의 산물이 아닐 수 있다. 선택이 잠재된 능력이 아니라 실행되는 능력에만 작용할 수 있기 때문이다. "자연 선택은 미개인들에게 오직 유인원보다 약간 더 우월한 뇌를 줄 수 있었지만, 실제로 그는 철학자의 뇌보다 아주 약간 더 열등한 뇌를 소유했다."(Wallace 1891, 202쪽) 그래서 자연 선택은 "순수한 도덕성의 고등한 정서들", "순교자의 지조, 자선가의 이기적이지 않은 마음, 애국자의 헌신, …… 정의에 대한 열정과 용기 있는 자기희생에 대해 들었을 때 생기는 기쁨의 전율"(Wallace 1889, 474쪽)들을 책임질 수 없다. 자연 선택은 '수학 능력의 어마어마한 발달'에 책임이 있다고 여겨지지 않는다. 원시 사회에서는 이러한 수학 능력이 없거나 실행되지 않았으나 "문명 세계(에서) …… 지난 300년 동안"에는 넘쳐흘렀다.(Wallace 1889, 465쪽, 467쪽) 우리의 음악 능력 역시 같은 이야기를 들려준다. 우리의 음악 능력 은 "하등한 미개인들"의 "조잡한 음악 소리 …… 와 단조로운 성가" 속 에 다 드러나는 일이 거의 없었지만, 갑자기 15세기 이후 "급속도로" 진 보했다.(Wallace 1889, 467~468쪽) 우리의 철학적인 능력들 역시, 원시적인 방 식을 버릴 때 "갑자기 튀어나온다."(Wallace 1889, 472쪽) 그리고 "특히 미개 인들 사이에서는 거의 알려지지 않았던, 재치와 유머는 …… 문명이 진 보함에 따라 다소 빈번하게 나타난다."(Wallace 1889, 472쪽)

이 고등한 정서들과 정련된 능력들은 '문명화되지 않은' 사회에서는 발휘되지도 않을 뿐 아니라, 더 나쁘게는 완전한 골칫거리이자 어쩌면 위험 요인일지도 모른다.

> 도덕적이고 미학적인 능력에 있어서, 문명화된 인간에게서 크게 발달한 이 모든 본성, 무한하며 훌륭하고 숭고하며 아름다운 개념들에 미개인은 조 금도 공감하지 않는다. 사실 상당히 발달한 이 본성들은 미개인에게는 쓸모 가 없거나 심지어 해롭기까지 하다. 미개인이 자연과 자신의 동료들에 대항 해 치러야만 하는 심각한 경쟁에서, 생존하기 위해 종종 의존하는 인지적이 고 동물적인 능력들의 사용을 이 본성들이 어느 정도 방해할 것이기 때문이 다.(Wallace 1891, 191~192쪽)

뇌와 우리의 정신적인 능력들이 가장 심각한 문제를 제기한다. 그러 나 우리는 또한 자연 선택에게 그 덕을 돌릴 수 없는 특징들, 세련되고 교양 있는 현대적 삶을 영위하는 데 필요한 바로 그 특징들 중 일부를 쉽게 갖추게 된다. 예를 들면 우리의 뛰어난 손재주는 원시적인 사회에 서 요구되는 수준 이상으로 보인다. "인간의 손은 미개인들이 거의 사용하지 않았으며, 구석기 시대 초기의 인간들과 훨씬 거친 그들의 선조들도 지금보다 훨씬 덜 사용했던, 잠재적인 능력과 힘을 보유하고 있다. 손은 문명화된 인간이 사용하기 위해 준비된 기관의 모습과 문명화를 이루는 데 필요한 모습을 갖추고 있다."(Wallace 1870, 349~350쪽) 등의 털이 처음 없어졌을 때, 이 사건은 확실히 인간에게 이롭기보다는 해로웠을 것이다. "미개인들"은 단지 "다소 단조로운 울부짖음"만을 간신히 낼 뿐인데, 실용적인 자연 선택의 힘이 인간 목소리의 매우 아름다운 음악성, 그 "경이로운 힘, 범위, 유연성과 달콤함"(특히 월리스가 여성에게서 동경하듯이 말했던)을 어떻게 설명할 수 있을까?(Wallace 1870, 350쪽) 그러나 처음 생겨났을 때에는 적응적이지 않았을지라도, 이것들은 문명화된 사회에서 우리가 필요로 하는 바로 그 특징들이다. 사실은 선견지명이 있는 설계자가 구체적으로 명시했던 바로 그것이다.

월리스는 우리의 고등한 능력들 중 일부에 대해, 스스로 (아마도 그릇되게) 이상하다고 생각했던 또 다른 점을 지적한다. 이 능력들은 실용적인 특성들에 대해 기대되는 것보다 개체군 내 변이의 폭이 훨씬 더 크다. 어떤 여우도 이웃 여우만큼 토끼를 잘 잡는다. 어떤 토끼도 이웃 토끼만큼 여우로부터 잘 달아난다. 그러나 우리는 예술가와 음악가, 작가에 대해 같은 이야기를 할 수가 없다. 만약 우리가 재치 있고 철학적이며 음악적일 필요가 정말로 존재한다면, 왜 그렇게 소수의 천재들만이 존재하며 대다수의 사람들은 꽤 뒤쳐져 있고 그중 일부는 심지어 엄청나게 형편없는 것일까?

이런 모든 측면에서 월리스는 다윈주의 원리들에 관한 한 자신은 변절자가 아니라고 주장한다. 다윈주의 원리들을 저버리기는커녕, 그는 그것을 더 단호하게 고수한다. 그러나 정말 그런가? 그는 우리가 생각하는 것만큼 강경하며, 매우 존경할 만한 자연 선택론자인가?

다윈주의자라면 누구나 우리 인간들이 자연 선택에 대해 다소 곤란한 경우들을 제기한다는 사실을 인정해야만 한다. 우리는 진화가 우리에게 타자기를 치거나 바이올린을 연주할 수 있는 손을 주었다는 사실을 (우리가 이 활동들을 우리의 자질에 맞추어 형성했을지라도) 문제없이 받아들여서는 안 된다. 우리가 프란츠 페터 슈베르트(Franz Peter Schubert)의 현악 4중주를 즐기는 능력(작곡처럼 드물고 귀한 능력을 말하려는 것이 아니다.)을 소유한 이유는 명확하지 않다. 동시대인들 중에서 이런 자질들을 월리스만 불편하게 느낀 것은 아니었다. 그는 헉슬리가 음악과 풍경을 즐기는 자신의 품성에 대해 했던 말을 인용한다. "나는 이런 특성이 생존 경쟁에 어떻게 도움이 되는지 모르겠다. 그들은 쓸모없는 자질이다."(Wallace 1889, 478쪽) 다윈은 비슷한 주장을 했다. "음악 작품을 즐기거나 작곡하는 능력 모두가 일상적인 삶에서 최소한 직접적으로는 인간이 사용하지 않기 때문에, 그들은 타고난 자질들 중 가장 설명하기 힘든 것 중 하나로 평가해야만 한다."(Darwin 1871, ii, 333쪽) 월리스는 바이스만이 수학이나 예술 능력 같은 재능들을 "자연 선택으로 생길 수 없다. 왜냐하면 삶이 조금도 그들의 존재에 의존하지 않기 때문이다."라고 한 말을 인용한다.(Wallace 1889, 473쪽) 그리고 로마네스는 이렇게 논평했다. "건축물, 음악, 시와 다른 많은 것들에 아름다움이 결합하는 이유는 무엇인가. 이것은 특별히 생물학자들에게만 국한되는 질문은 아니다. 자연적인 인과관계의 측면에서 어떤 만족스러운 설명을 얻는다면, 그것은 심리학자들이 제공한 설명일 것이다. …… 생물학자인 우리는 이런 감정을 단지 하나의 사실로 받아들여야만 한다."(Romanes 1892~1897, i, 404쪽)

많은 동료 다윈주의자들이 선호했던 이 대답이 종종 월리스의 마음에는 들지 않았다. 비적응적인 설명들은 그의 엄격한 적응주의에 위배됐다. 그리고 성 선택은 앞서 우리가 봤던 것처럼, 공작의 꼬리에 대해서조차 그를 만족시키지 못했다. 인간의 자질들에서도 그랬음은 더 말할 것도 없다.

체모의 유실을 살펴보자. 다윈은 자연 선택이 체모의 유실을 어떻게 선호했는지에 대한 여러 가지 제안들을 고려했지만, 그것들이 부족하다고 생각하고 마침내 성 선택 이론에 안착했다.(Darwin 1871, i, 148~150쪽, ii, 318~323, 375~381쪽) 그는 "체모의 유실은 인간에게 불편한 일이며 아마도 손상을 줄 것이다. …… 누구도 벌거벗은 피부가 인간에게 어떤 직접적인 이점이 있다고 추측하지 않는다. 그래서 인간의 신체가 자연 선택에 따라 털을 벗어던질 수는 없다."라는 월리스의 의견에 동의했다.(Darwin 1871, ii, 375~376쪽) 그는 "인간 특히 주로 여성은, 장식적인 목적으로 털을 벗게 됐다."라고 결론 내렸다.(Darwin 1871, i, 149쪽) 다른 비평가들(Bonavia 1870, Wright 1870, 291~292쪽이 그 예이다.)은 체모의 유실이 단지 선택의 비적응적인 부수 효과라고 제안했다. 털의 유실은 다른 유용한 특성들에 대한 선택에 불가피하게 수반된 일이다. 그 일은 특히 뇌 크기의 증가와 관련해서 일어났을 것이다. 촌시 라이트(Chauncey Wright, 열렬한 다윈주의자였던 매사추세츠 주의 공무원이다.)는 월리스의 주장 중 하나를 자신과 대립시키면서 이런 주장을 덧붙였다. 월리스는 진화의 특정 시점에서 인간의 독창성이 우리 신체를 자연 선택으로부터 보호하는 효과를 냈다고 주장했다.(Wallace 1864: 1891 reprint, 173~176쪽) 아마도 체모의 유실은 원래는 비적응적인 부수 효과였을지도 모른다고 촌시 라이트는 말했다. 그러나 일단 우리가 이 문제를 처리하기 시작하자 자연 선택은 보호 효과를 내는 털 코트를 유지할 동기를 갖지 못했다. "모든 미개인들이 자신의 등을 인공 덮개로 보호한다. 월리스 씨는 체모의 유실이 자연 선택이 바로잡아야만 하는 결함이라는 증거로 이 사실을 인용한다. 그러나 기술이 이미 살피는 것을 왜 자연 선택이 바로잡아야 하는가?"(Wright

1870, 292쪽) 우리의 음악적인 발달에 대해서도 비슷한 이야기가 진행된다. 다윈은 음악적 발달을 성 선택의 결과로 돌렸다.(Darwin 1871, i, 56쪽, ii, 330~331, 336~337쪽) 그러나 평상시 자신의 반대 입장을 제쳐 두고, 월리스는 인간의 노랫소리가 "오직 문명화된 사람들에서만 활동을 시작했으며" 성 선택은 "따라서 이 경이로운 힘을 발달시킬 수 없다."라고 주장했다.(Wallace 1870, 350쪽) 바이스만은 월리스가 납득할 수 있는 타당한 이유 없이, 음악성, 미술 능력, 수학적 소질 같은 모든 재능들이 단지 인간 마음의 부산물이라고 결론 내렸다.(Wallace 1889, 472~473쪽, n1)

그래서 우리는 월리스의 주장을 한낱 겉치레뿐인 특별한 호소로 일축할 수 없다. 이 주장들은 다윈주의의 몇몇 심각한 문제들을 실제로 건드린다. 반면 그 문제의 해답은 불분명하다. 그럼에도 월리스의 주장에 대해 다윈주의가 내린 판단은 '더 분발할 수 있음'임에 틀림없다.

처음에 다윈주의는 자연 선택의 선견지명이라는 문제에 당황할 필요가 없었다. 19세기 다윈주의자들에게는 잘 알려진, 이 문제를 다루는 정통적인 방법이 있었다. 월리스는 이 표준적인 방법을 적절히 고려했다. 결국 이 사례에 이 주장을 적용하기를 거절했지만 말이다. 그 논리는 다음과 같다. 어떤 적응이 '의도되지 않은' 특징들을 가졌다. 이 특징들은 처음 나타났을 때에 아무런 유용한 쓰임이 없을지도 모른다. 그러나 그들이 수행할 적합한 역할이 존재한다면 자연 선택은 그들이 기능을 다하도록 압박할 수 있다. 그러므로 '전적응(preadaptaion)'들은 월리스의 유용성의 원리를 훼손할 필요가 없다. 원시 어류의 폐는 나중에 부레로 재활용됐다. 새의 깃털들은 단열이나 비행 모두에 다 유용하다고 판명됐다. 비록 자연 선택이 깃털을 선호한 본래 이유는, 이 기능들 중 하나(어느 쪽인지에 대해서는 전문가들도 합의에 이르지 못했다.) 때문일지라도 말이다. 이 의도되지 않은 특성들은 어류 폐의 부력처럼 처음부터 나타날지도 모른다. 그러나 필요가 생길 때까지는 그들은 오직 잠재력일 뿐이며, 잠복돼 사용되지 않은 채로 자신을 드러내지 않는다. 월리스의 비평가들 중 몇몇은 재빨리 이것이야말로 무엇보다도 인간 두뇌의 놀라운 능력에 대해 우리가 생각할 수 있는 방식임이 분명하다고 지적했다.

예를 들면 촌시 라이트는 언어의 사용이 엄청나게 강력한 두뇌를 요구한다고 제시했다. "언어를 아주 조금이라도 숙달하는 데 요구되는 두뇌력은 다른 활동을 아주 능숙하게 숙달하는 데 요구되는 두뇌력보다 훨씬 크다."(Wright 1870, 294~298쪽) 그러므로 아마도 월리스를 그렇게 걱정시켰던 '미개인'들의 사용되지 않은 이 정신 능력들은 새로 생겨난 특성들일 것이다. 다윈은 촌시 라이트에 동의했다.(Darwin 1871, i, 105쪽, ii, 335, 391쪽, 2nd edn., 72쪽) 그는 음악 능력의 일부 측면들도 거의 같은 방식으로 설명했다. "많은 …… 사례들이 원래 다른 목적을 위해 적응된 기관과 본능들이 진보한 경우일 수 있다. 이런 이유로 미개인들이 높은 음악적 발달 능력을 소유한 이유는 …… 단지 그들이 어떤 별개의 목적을 위해 적당한 발성 기관들을 획득했기 …… 때문일 수 있다."(Darwin 1871, ii, 335쪽) 월리스의 비평가들 중 몇몇에 따르면, 이 "별개의 목적"은 바로 의사소통이다. 유럽 인들이, 훈련받은 가수들조차 '미개인들'의 소리 중 상당수를 재생할 수 없다는 사실은 "목구멍과 기관이 정확히 구축되는 것이 …… 단지 고매한 예술적인 필요뿐만 아니라, 짐승들보다 크게 나을 게 없는 미개인들의 평상시 소리나 울부짖음을 위해서도 필수적"이라는 점을 보여 준다.(Dohrn 1871, 160쪽, 또한 Wright 1870, 293쪽도 참조하라.)

오늘날 대부분의 다윈주의자들은 이 주장에 대해 세부 사항까지는 아닐지라도 일반적인 원리들에는 동의할 것이다. 나는 월리스의 비평가들이 염두에 두었던 것과 같은 종류의 과정들에 대해, 아래 예시들을 인용하지 않을 수 없다. 이것은 인간이 아니라 고래류에 속하는 동물들의 몇몇 매혹적인 (그리고 불행히도 포획된) 행동에 대한 것이다.

돌고래들과 고래들은 신체 크기에 비해 큰 두뇌를 진화시켰다. 그래서 그들은 원숭이나 유인원을 제외한 대부분의 다른 포유류들보다 상대적으로 더 똑똑하다. 예상되는 것처럼, 이 큰 두뇌는 정교한 학습 능력과 연결된다. 여기에는 소위 2차 학습(second-order learning)이라고 불리는 것을 달성할 수 있는 능력이 포함된다. 예를 들면 뱀머리돌고래(Steno bredanensis)는 보상을 얻기 위해 새로운 행동을 수행하는 표준적인 조건화(standard conditioning) 방식으로 가르칠 수 있다. 그들은 곧 새로운 행동이 요구된다는 사실을 직관적으로 깨달아서, 코르크 마개 따개 모양의 헤엄이나 물 밖으로 꼬리를 내밀고 거꾸로 미끄러지기처럼 이전에 우리나 바다에서 본 적이 없는 새로운 행동 패턴들을 많이 쏟아 내기 시작한다.(Trivers 1983, 1205~1206쪽)

19세기 다윈주의자들은 특정 목적으로 만들어졌으나 다른 업무도 수행할 수 있는, 예상치 못한 힘을 가진 많은 기계 장치들에 친숙했음에 틀림없다. 오늘날 컴퓨터들은 월리스의 비평가들이 상상했던 것보다 뇌의 진화에 관한 훨씬 더 좋은 모형을 제공해 준다. 비록 컴퓨터는 계산을 목적으로 만들어졌지만 다른 목적으로 사용될 수 있는 잠재된 기술들과 가능성들을 자동적으로 보유했다. 프로그램을 입력하는 계산기를 설계하는 일은 꽤나 어려워서, 도서관의 참고 시스템을 파악하거나 문서 작성을 하기 쉽게끔 다시 프로그래밍 할 수 **없다.** 우리는 매번 읽거나 쓸 때마다 우리 내부에 탑재된 컴퓨터의 새로운 특성들에 대한 놀라운 증거들을 대면한다. 이 강력한 기술들은 자연 선택의 산물에 의존하지만 그 본래의 의도를 크게 초월한다. 이 기술들은 어떤 목적을 위해 특별히 만들어지지 않았다. 아마 그것은 우리의 다채로운 언어 능력들의 보고에서 흘러나왔을 것이다. 오히려 난독증처럼, 읽고 쓰는 능력을 결핍한 경우가 지금보다 더 흔하지 않다는 사실이 정말 놀랍다. 자연 선택은 난독증을 직접적으로 제거할 수단이 없다. 난독증이 (문화적이기보다는) 생물학적으로 다루어지는 한, 그것은 자동적으로 언어 기술 향상의 부수 효과로 여겨질 것이다.

월리스를 비평하는 사람들은 그가 유용성에 관한 자신의 엄격한 범주를 인간 이외의 다른 생물들에게 적용하는 데 거의 완전히 실패했다는 점 또한 지적한다. 실제로 그랬다면 그는 자신이 주장하는, 자연에서 우리가 차지하는 독특한 위치를 분명히 표시하지 못했을 것이다. 다른 종들 역시 새로운 종류의 '전적응'을 보여 준다. 예를 들면 다윈은 "(겨울 잠을 자는 인간의 음악성)에는 …… 비정상적인 점이 없다. 자연에서는 노래하지 않는 몇몇 조류 종들도 노래 부르는 것을 큰 어려움 없이 배울 수 있다. 실제로 참새는 홍방울새의 노래를 배웠다."라고 주장했다.(Darwin 1871, ii, 334쪽) 촌시 라이트(Wright 1870, 293쪽) 역시 (그가 비판했던 인간에 대한 에세이와 같은 책에 실린 에세이에서) 월리스를 인용하며, 새가 사용하지 않는 가창 능력을 언급했다. "몇몇 종들은 자연에서는 노래의 레퍼토리가 다양하지 않지만 가두어 놓으면 다른 종들에게서 노래를 배워 더 나은 가수가 된다."(Wallace 1870, 221쪽) (월리스는 이 점을 확신하지 못했을지도 모른다. 다른 비평가가 던진 비슷한 질문에 대답하며(Wallace 1870a), 그는 몇몇 새들이 현재는 노래하지 않지만 그 조상들은 노래했기 때문에 지나치게 복잡한 후두를 가졌다고 주장했다.) 헉슬리(Huxley 1871, 471~472쪽) 역시 자신이 "하등한" 동물들에서 필요 이상의 발달이 이루어졌다고 주장한 사례들을 언급했다. '쇠돌고래의 뇌'는 "부피가 엄청나며, 소뇌의 주름이 상당히 많이 발달됐다. 그러나 돌고래들이 지성 때문에 애를 먹는다고 믿기는 어렵다."(Huxley 1871, 471~472쪽) (하지만 그는 어떻게 그렇게 확신할 수 있었을까?)

월리스에게 공정하게 말해서 잠재력에 관한 이 '전적응' 주장은 적응주의자에게는 양날의 검이다. 이 주장은 단지 휴면기 중인 적응의 몇 가지 부수 효과들이, 상황이 바뀌면 유용해진다는 아이디어에 의존한다. 이러한 주장들은 차등적으로 적용되지 않으면, (결국 좋은 용도를 찾을지라도) 아무런 다원주의적인 목적이 없는 다수의 특성들을 세상에 퍼붓는 격일 수도 있다. 이 기능상 뚜렷한 쓸모가 없는 특성들이 늘어나도록 허용하면서, 월리스는 적응주의자로써 죄책감을 느꼈을지도 모른다. 그럼에도 신생 특성들이 어느 곳에서든 만들어진다면, (그럴 것이 분명하지만) 뇌가 그 최상의 후보자임에 틀림없다.

결국 월리스는 자기 자신의 것을 포함하여, 유효한 적응적인 설명을 다루기 위해 충분히 시도하지 않았다! 그는 한때 자연 선택이 우리가 도덕적으로 진보하기에 충분한 선택압을 제공한다고 생각하는 듯했다. "도덕적 능력을 발휘하게 하고 잠재된 천재성을 번뜩이게 하는 것은 생존 경쟁, 즉 '삶을 위한 투쟁'이다. 이익에 대한 희망, 권력에 대한 열망, 명성과 인정에 대한 욕망이 고상한 행위를 유발하고 인간만의 차별적인 자질인 이 모든 능력들을 움직인다."(Wallace 1853, 83쪽) 이것은 그가 초기 저서인 『아마존과 리오네그로 지역의 여행기(*Travels on the Amazon and Rio Negro*)』에서 노예 제도를 비판하며 했던 말이다. 그가 자연 선택이 인간의 두뇌와 정신적 자질들의 진보, 그리고 몇몇 신체적인 특성들을 설명할 수 없다고 주장하기 시작한 것은 이때로부터 15년이 지난 후였다.(Wallace 1869, 1870, 332~371쪽) 그리고 (털의 유실, 물건을 잡을 수 있는 발이 사라진 점과 서로 마주 보는 엄지손가락이 발달한 것 같은) 이 신체적인 특성들 중 일부에 대해, 그는 본래 적응적이었던 자신의 설명으로 결국 돌아섰다.(예시인 Wallace 1870, 348~350쪽과 1889, 454~455쪽을 비교해 보라)

월리스의 여러 동시대인들은 우리의 정신적·도덕적 능력들에 대해 구체적인 질문을 던지며, 그 능력들이 인간의 발달 초기 단계에서는 불필요했을 것이 틀림없다는 그의 의견에 동의하지 않았다. 예를 들어 다윈에 따르면 이 능력들은 (신체적 구조와 함께) 인간의 진화에 중요한 역할을 했다.

현재 인간들 중 가장 저속한 상태의 인간이 지금까지 지상에 나타난 모든 동물들 중에서 가장 우세한 동물이다. 그는 다른 어떤 고도로 조직화된 생명체들보다도 널리 퍼져 있다. 다른 모든 동물들이 그에게 굴복했다. 인간의 이 어마어마한 우월성은 분명 지적 능력, 사회적 습관 …… 그리고 신체 구조 덕분이다. …… 지적 능력을 이용해서 분절된 언어가 진화했다. 인간의 경이로운 진보는 주로 여기에 의존했다. 그는 다양한 무기들, 도구들, 함정들 등을 고안했다. …… 그는 뗏목과 카누를 만들었다. …… 그는 불을 지피는 기술을 발견했다. …… 이 마지막 발견은 아마도 언어를 제외하고, 유사 이전 인간의 발견들 중 가장 위대할 것이다. …… 그러므로 나는 월리스 씨가 어떻게 "자연 선택은 미개인에게 유인원보다 아주 약간만 더 우월한 두뇌만을 줄 수 있다."라고 주장하는지 이해할 수 없다.(Darwin 1871, i, 136~138쪽)

헉슬리(Huxley 1871, 470~471쪽) 역시 월리스의 에세이 『인간과 동물의 본능에 관하여(*On instinct in man and animals*)』(Wallace 1870, 201~210쪽)(헉슬리가 비판하는 인간에 대한 글과 같은 책에 수록되어 있다.)를 인용하며 "원시적인" 삶에 정신적인 요구가 많았다고 주장했다. 월리스의 에세이는 많은 사람들은 "미개인들"이 어떤 "신비로운 힘"을 소유하고 있다고 생각한다는 사실에서 시작한다. 예를 들면 낯선 전원 지대에서 전혀 틀리지 않고 길을 찾는 그들의 능력은 매우 놀랍다. 월리스는 "미개인들"이 어떤 특별한 본능을 소유했음을 부정하며, 이 인상적인 탐색 솜씨는 세부적인 정보들과 정확한 관찰, 최상의 기억력을 꼼꼼하게 통합한, 복잡한 지식에 의존한다고 주장한다. 그러므로 월리스의 의견에 따르면, 이 원시 세계는 요구하는 것이 많다고 헉슬리는 이야기한다. 게다가 월리스의 증거는 그다지 충분하지도 않다. "젊은 영국인들은 공무원 임용 시험관들을 매우 두려워한다. 그러나 그들이 아무리 흉폭해도, 미개인들이 직경 수백 마일(1마일은 약 1.6킬로미터) 이상의 지역에 대해 알 수 있다고 월리스 씨가 방금 주장했던 것 같은, 행정구에 대한 풍부한 지식을 후보자들에게 요구하지는 않는다."(Huxley 1871, 471쪽) 헉슬리는 특히 사회적인 삶이 어려운 요구를 한다고 제안했다. 실제로 사회적인 압력들은 우리가 정신 능력을 발달시키게 만든 주요 선택압 중 하나일 수 있다.(Huxley 1871, 472~473쪽)

> 현재 우리의 사회적 환경은 소설가, 예술가들과 모든 종류의 풍부한 지성들을 선호하고, 선택에 대해 가장 특이하며, 강력한 영향력을 행사한다. 모든 형태의 사회적 존재들이 동일한 성향을 보유하는 것이 틀림없다는 점에는 의문의 여지가 없어 보인다. …… 사회적인 삶의 조건들은 지적, 혹은 미학적으로 탁월한 개인들에게 이익을 주는 경향이 매우 크다.(Huxley 1871, 472~473쪽)

"모닥불 너머에서 좋은 이야기를 들려주며 자신의 동료들을 즐겁게 할 수 있는 미개인"은, 예를 들어 "그 행동에 대해 어떻게든 동료들로부터 존경과 보상을 받는다."(Huxley 1871, 472쪽)

대부분의 근대 다윈주의자들은 선택압으로써 사회적 압력이 지니는 잠재적인 중요성을 더욱 강조한다. 앞서 살펴본 것처럼, 오늘날의 다윈주의는 '자기 자신 같은 타인들'이 생성 가능하고 강한 선택적인 힘을 정확하게 인지하고 있다. 정신적 자질들의 경우, 심리학자인 니컬러스 험프리(Nicholas Humphrey)는 인간에서 자기 인식(self-awareness)이 진화하는 데 사회적 삶의 복잡성이 큰 역할을 했다고 주장했다.(Humphrey 1976, 1986) 사람들은 숙련되고 민감하게 다루어야 하는, 우리 주위의 특히 어렵고 복잡한 부분을 구성한다. 타인을 이해하고 다루기 위해 마음속에 우리가 쉽게 접근할 수 있는 인간, 즉 자기 자신에 대한 상을 가져야만 한다. 그리고 이것은 타인이 되는 것의 의미에 대한 모형으로 기능한다. 그러므로 자연 선택은 우리를 '타고난 심리학자들'로 만들었으며, 그 과정에서 우리에게 의식을 주었다. 지능의 진화에서 근본적인 동인 중 하나가 실질적인 발명에 대한 필요였다는 오랫동안 널리 받아들여졌던 견해와, 이런 종류의 주장은 현저히 다르다.

우리의 사회적 환경이 가지는 중요성에 대한 일반 원리들을 인정하면서, 우리는 월리스와 그의 동년배들 이후로 크게 발전했다. 그러나 정신적인 특질들이 우리의 다윈주의적인 성공에 무엇을 어떻게 기여하는가에 대한 실증적인 질문에 대해서는 많이 나아가지 못했다. 우리 조상들은 자신들의 뇌를 무엇에 사용했을까? 예를 들면 헉슬리는 모닥불에 둘러앉아 훌륭한 농담을 던질 수 있는 능력이 "미개인들에게" 정말 유용했을 거라고 생각했다. 반대로 월리스는 "재치와 유머라는 특별한 능력은 …… 미개인들 사이에서 거의 알려진 바가 없다 (그리고) …… 생존 경쟁에서 거의 쓸모가 없었을 것이다." 너무 쓸모가 없어서, 대부분의 사람들은 "자신의 생명을 구하기 위해 재치 있는 말이나 재미있는 이야기를 전혀 할 수 없다."(Wallace 1889, 472쪽) 그렇다면 말을 잘하는 특질이 가지는 다윈주의적인 이점은 무엇인가? 이것에 대한 인류학적인 자료를 수집하기는 매우 힘들다. (헉슬리와 월리스의 견해 차이는 인간 역사보다 그들의 성격에 대해 더 많은 것을 드러내는 것 같다.) 그러나 지능이 배우자의 자질이나 수, 자식의 수, 수확한 덩이줄기의 수나 잡은 동물의 수 등과 어떻게 상관이 있는지 우리가 안다면, 지나친 설계에 대한 월리스의 문제에 대답하기가 한결 쉬울 것이다.

월리스와 그에 대한 비평가들의 주장은 모두 "미개인들"이 "우리"와 평균 지능이 똑같을 것이며 따라서 추론 방식이 거의 동일하리라는 생각에 의존한다. 만약 우리의 마음과 정신적·도덕적 능력의 진화를 다윈주의적으로 이해하려고 한다면, 인간이 자연 선택에 따라 일원화됐다고 반드시 생각해야 한다. 불행히도 ("우리"가 아니라) "타인들"에 대한 전문가인 인류학자들의 대다수는 이 생각과 반대로, 사회가 달라지면 사고 방식도 근본적으로 달라진다고 오랫동안 주장해 왔다. 이 입장의 한 극단적인 버전은 프랑스의 인류학자 뤼시앵 레비브륄(Lucien Lévy-Bruhl)의 영향하에 "전 논리적 사고(pre-logical mind)"를 가진 "미개인"이라는 발상이 인류학계 일부를 장악했던, 세기의 전환기에 절정에 달한다. 저서인 『도덕과 습속학(La Morale et la Science des Moeurs)』(1903년, 이 책은 1905년에 Ethics and Moral Science로 출간됐다.)에서, 레비브륄은 "원시인들"이 "원시 심성(primitive mentality)"을 가졌다는 생각을 발전시켰다. 이 원시 심성은 문명사회에서 우리가 사용하는 것과는 상당히 다른 추론 과정을 사용한다. 그들의 사고는 논리 규칙의 지배를 받지 않으며, 특히 모순율(law of contradiction, 한 명제는 동시에 그것의 부정일 수 없다는 것, 즉 A가 B인 동시에 B가 아닐 수는 없다는 형태로 표현되는 전통 논리학의 한 원리이며, 모순 원리, 모순법이라고도 한다. — 옮긴이)을 위반한다고 그는 주장했다. 인정컨대 이것은 흉악한 사례다. 그럼에도 불구하고 '다른 문화, 다른 사고 체계(different cultures, different systems of thought)'의 압제는 당시와 이후 수십 년간 인류학에 두루 퍼져 있었다. 인류학자인 모리스 블로흐(Maurice Bloch)는 이러한 현상의 큰 책임이 현대 사회학의 창시자 중 한 사람인 에밀 뒤르켐(Émile Durkheim)에게 있다고 보았다.(Bloch 1977 ; Symons 1979, 44~45쪽) 뒤르켐은 우리의 지식이 사회적으로 구성되며, 본성이 아니라 문화가 우리의 이해 범주를 결정하고 문화가 다르면 분류 양식도 근본적으로 다르다고 주장했다.

레비브륄의 "원시 심성" 이론과 뒤르켐의 문화 상대주의(culutal relativiism)를 단숨에 하나로 묶는 것은 이상해 보인다. 어쨌든 '원시적인 사고'라는 생각은 문화 제국주의(culutal imperialism)의 산물인 반면, 문화 상대주의는 종종 사회 과학 분야에서 이런 제국주의에 반응해 나타난 일반적인 자유 반응이기 때문이다. 그러나 다윈주의의 견지에서 보면, 그들은 공통된 오류를 범한다. 두 입장은 모두 인간성을 동일하게 분절하며, 똑같이 문화적인 차이를 강조한다. 너무나 심대해 다윈주의적인 통일성이 무시될 만큼의 차이 말이다. 이런 태도는 아마도 인간 마음의 진화를 이해하는 부분에서, 다윈주의의 진보를 방해한 많은 요인 중 하나일 것이다. 우리의 이론은 다양한 문화와 시간을 가로지르는 인간들 사이의 근본적인 유연관계를 전제해야만 한다.

월리스를 다시 살펴보자. 일부 비평가들은 인간의 진화에 대한 그의 견해가 다윈주의적인 그의 원리들과 완전히 일치한다는 데 동의한다. 최후까지 실용적인 기준을 적용해서 생긴 불가피한 결과라고 말이다.(Gould 1980, 53~54쪽, Kottler 1985, 422쪽, Lankester 1889, Smith R. 1972가 그 예이다.) 그러나 월리스와는 달리, 그들은 이것이 인간의 진화에 대한 월리스의 견해를 정당화하지 않고, 원리의 취약함을 폭로하는 것이라고 당연히 간주한다. 굴드는 완전히 유감스러운 이 에피소드를 초적응주의에 대한 경고로 본다. 랭키스터는 다윈주의가 유일한 과학적인 설명이라는 월리스의 주장을 애통해 했다. 자연 선택이 그를 실망시킬 때, 그는 과학 영역을 벗어나는 것 외에 아무 데도 갈 곳이 없었다. "월리스 씨는 자연 선택 원리의 중요성과 능력을 지나치게 확신하는 것 같다. 자연 선택으로 설명할 수 없을 때, 그는 모든 자연적인 원인에 대한 믿음을 잃어버리고 형이상학적인 가정에 의지할 것이다."(Lankester 1889, 570쪽) 비슷하게 헐은 다음과 같이 말했다. "자연 선택이 인간 두뇌의 과다한 능력들을 설명하기에는 불충분하다고 확신하게 될 때, 의지할 수 있는 자연주의적인 보조 가설들을 월리스 씨는 가지지 않았다. 그는 초자연적인 힘을 받아들이도록 강요받을 것이다."(Hull 1984, 799쪽) 그러나 이 모든 반응은 월리스의 주장들을 너무나 곧이곧대로 받아들인 결과다. 인간에게 적응주의를 적용한 결과가 그렇게 나쁘지는 않다.

자연 선택이 인간의 도덕성을 설명할 수 없다는 월리스의 입장이 다윈주의에 얼마나 큰 손상을 입혔을까? 월리스에 따르면, 전혀 손상을 입히지 않았다. 그는 우리 인간들이 인위 선택을 할 때 새로운 식물과 동물들을 '진화시킨다.'라는 사실이 자연 선택을 약화시키지 않는다고 주장했다. 그렇다면 자연 선택이 인간 정신의 진화에 많이 관여하지 않을지라도 그게 왜 문제가 되겠는가? 그는 이렇게 말한다.

> 나의 견해들은 적어도 자연 선택의 일반 교의에 영향을 미치지 않는다. 그러려면 인간이 자연 선택만으로는 만들어질 수 없는 파우터비둘기, 불독과 짐마차용 말을 만들어 냈기 때문에, 자연 선택의 동인이 약화되거나 인정받지 못한다는 주장 역시 설득력이 있어야 할 것이다. 마찬가지로 나는 인간의 기원에 대한 내 이론이 옳더라도, 자연 선택이 약화되거나 인정받지 못한다고 설득할 수 없다.(Wallace 1905, ii, 17쪽)

일부 평론가들은 월리스에 동의하지 않는다. 예를 들면 조엘 슈워츠(Joel Schwartz)는 다윈이 반대 입장을 취했다고 주장했다. 또 그가 그렇게 하는 것이 옳았다고도 주장했다. (아니면 슈워츠가 그렇게 생각하는 것처럼 보인다.)(Schwartz 1984) 그는 "다윈은 자연 선택에 따른 진화라는 전체 개념이, 자연 선택은 인간 진화의 유일한 요인이 아니라는 월리스의 주장으로 위태로워졌다는 사실을 인식했다. 만약 이 이론의 핵심적인 부분이 부정된다면, 전체 이론에도 의문이 제기된다."라고 말한다.(Schwartz 1984, 288쪽) 그러나 만약 다윈이 이러한 결론에 이르렀을지라도 (슈워츠는 그렇다는 증거를 제시하지 않았고 나 역시 아는 바가 없다.) 그의 반응은 확실히 지나친 기우다. 다윈이 우리의 도덕감에 사로잡혀 있었던 것은 분명했다. 이 주제는『인간의 유래』에서 그가 인간의 진화에 대해 주장한 내용의 거의 25퍼센트를 차지한다. 그는 인간의 여러 가지 독특한 특성들(혹은 적어도, 동물과 단절된 것으로 보이는 주요 특성들)도 논의했다. 이 중에는 언어 사용, 자기 성찰, 뇌와 신체의 크기 비율, 직립 자세, 손재주와 도구 사용이 포함된다. 그러나 이것들은 모두 상대적으로 짧게 다루어졌다. 분명히 1870년대 이후 도덕성은 독특성 주장의 최후의 유일한 보루였다. (더 이전의 비평가들은 합리성에 많이 집중하는 경향이 있었다.(Herbert 1977, 197쪽, Richards 1979, 1982)) 그래서 다윈이 이 작은 요새를 습격할 수 있었다면, 그는 분명 인간의 유래에 대한 다윈주의적인 이야기에 개연성을 주었을 것이다. 그러나 이러한 승리는 이 이야기를 받아들이는 데 중요하지 않았다.『인간의 유래』가 출판되던 때까지는 심지어 비과학자들에게까지(Ellegård 1958, 293~331쪽) 진화가 도덕감은 아닐지라도, (자연 선택에 따라 전체적으로든 부분적으로든) 우리의 정신적인 속성들 중 일부와 신체를 둘 다 형성할 수 있다고 널리 받아들여졌다. 그래서 다윈주의가 인간의 유래에 대해 전적으로 도덕성 이슈에 기댄 것처럼 (당연히) 보이지 않았다. 이 한 부분이 자연 선택의 '전체 이론'을 시험하는 사례로 여겨지지 않았음은 더 말할 것도 없다. 다시 한번 말하건대, 당연하다.

월리스에 대한 논의를 마치기 전에 도덕성의 시초에 대한 그의 견해를 훑어보자. 그가 자연 선택이 우리의 고도로 발달된 도덕감을 설명할 수 있다고 생각하지 않았더라도, 월리스는 도덕성 발달은 아닐지라도 그 기원에 대해서는 자연 선택에 다소 미숙한 수준의 책임이 있다고 정말로 생각했다.(Wallace 1864년의 원판과 이후 수정판들, 1864a, 1869, 1870, 332~371쪽, 1870a, 1889, 445~478쪽) 이미 주목했듯이 그는 인간 진화의 특정 지점에서, 우리의 정신적 자질에 대한 선택이 신체에 대한 선택보다 훨씬 중요해졌다는 이론을 제시했다. 이 정신적 자질들 중에는 '사회적이고 공감적인' 존재가 되는 능력도 있다.

우월한 공감력과 도덕적인 감정들로 그(인간)는 사회에 적합한 존재가 됐다. 그는 부족의 약자와 무력한 사람들을 강탈하는 것을 그만둔다. 그는 자신이 잡은 사냥감을 덜 적극적이고 덜 운이 좋은 사냥꾼들과 공유하거나 약자나 장애인이 만들 수 있는 무기들과 교환한다. 그는 병자와 상처 입은 자들을 죽음에서 구해 낸다. 그래서 어떤 식으로도 스스로를 도울 수 없는 모든 동물들을 파멸로 이끌 수 있는 힘이, 인간에게 미칠 수 없게 된다.(Wallace 1864, 1891 재판, 184쪽)

월리스는 이런 이타주의가 자연 선택에 어긋나는 것처럼 보일 수 있다는 점을 인지한다.

우리는 유용한 변이들을 보존함으로써, 인간의 고유한 정신 능력들이 어떻게 획득될 수 있는지 이해하려고 시도하며 많은 어려움들을 대면한다. 언뜻 보기에 이런 감정들은 추상적인 정의와 자비의 감정들처럼, 결코 그렇게 획득될 수 없을 것처럼 보인다. 이 감정들이 자연 선택의 정수라 할 수 있는, 가장 강한 것의 법칙과 양립할 수 없기 때문이다.(Wallace 1891, 198~199쪽)

그는 다윈처럼 이타적 집단들이 다른 집단과의 경쟁에서 경험할 이점들을 지적한다.

우리는 개인들이 아니라 사회를 조사해야만 한다. 부족 내 구성원들을 향한 정의와 자비심은 확실히 그 부족을 강화한다. 그래서 강자의 권리가 크고 그 결과 약자와 병자가 소멸돼서, 소수의 강자가 다수인 더 약한 자들을 무자비하게 파괴하는 다른 부족에 비해 이 부족이 더 우세해질 것이다.(Wallace 1891, 199쪽)

그러나 이것은 설명이 아니다. 자연 선택은 무엇을 선호하는가? 같은 문제를 두고 혹자는 약자와 병자인 구성원들의 비율이 높은 집단은, 상대적으로 불리한 상태라고 주장할 수도 있다.

게다가 월리스는 인종 혹은 부족에게 좋은 것과 개인에게 좋은 것 사이에 갈등이 존재할 가능성을 무시하는 경향이 있다. 평소답지 않게, 그는 자연 선택이 두 가지 이익 모두를 염두에 둘 것이라는 다소 모호한 상황을 가정하는 듯하다. 그가 언급한 자질들 중 일부는 명백히 자기희생적인데도 그는 그 대가를 인정하지 않는 것 같다.

정신적이고 도덕적인 자질들이 인종의 복지에 미치는 영향력은 점점 증가할 것이다. 보호와 음식과 은신처의 획득을 위해 서로 협력하여 활동을 하는 능력, 모두가 차례차례 서로를 돕게 만들 동정심, 동료들에 대한 약탈을 조사할 정의감, 전투적이고 파괴적인 성향이 덜 발달하는 것, 식욕 억제와 미래를 준비하는 지적인 예지력들은 모두 가장 최초의 모습부터 각 공동체의 이익을 위해 틀림없이 존재했을 자질들이며 따라서 자연 선택의 대상들이 될 것이다. 이런 자질들이 인간의 복지를 위한 것이며, 단지 물리적인 개선보다 훨씬 확실하게 인간을 외부의 적들과 내부의 불화로부터, 또 혹독한 기후와 임박한 기근으로부터 보호해 준다는 사실이 분명해 보이기 때문이다.(Wallace 1864, 1891 재판, 173~174쪽)

다윈의 집단 간 선택에 대한 발언에서처럼, 그 역시 무엇을 염두에 두었는지 의아할 뿐이다.

헉슬리: 자연과 반목하는 도덕성

주요 적응주의자인 월리스가 도덕성에 관한 다윈주의적인 설명 앞에서는 잠시 멈춘 모습이 이상해 보인다면, 자칭 다윈주의 홍보관인 헉슬리가 (다른 이유에서일지라도) 같은 행동을 취한 모습 역시 비슷하게 이상해 보일 것이다. 헉슬리는 결국 우리의 도덕성이 자연 선택의 명령에 대항하는 전투이자 자연의 진로에 의식적이고 고되게 개입하는, 오직 문화적인 진화의 산물임에 틀림없다고 믿게 되었다. "우리 안의 선(善)은 진화적인 힘으로 생성될 수 없다. 생존 경쟁이 너무나 극심하게 냉혹해서 도덕성은 태어나자마자 목이 졸릴 것이다."(Huxley 1888, 1893, 1894, 또한 Paradis 1978, 141~163쪽도 참조하라.)

글쎄, 거의 태어나자마자라. 다윈과 월리스처럼 헉슬리도 자연 선택이 선량함의 초기 모습을 애지중지한다고 보았다. 어쨌든 협동처럼 가치 있는 행동에는 적응적인 이점이 있을 것이다. "벌집을 생각해 보라. 그러면 누구든 즉시 자연 선택이 윤리적으로 옳은 것을 얼마나 선호할 수 있는지 알게 될 것이다."라고 헉슬리는 우리를 설득한다. 불행히도 헉슬리의 견해는 집단 선택론자처럼 들린다. 비록 그가 그 사실을 모르고 있었을지라도 그렇다. 또는 그 사실을 알았지만 집단 선택이 정통 자연 선택이 아니라는 점을 몰랐을지라도 그렇다. 헉슬리에 따르면 벌과 다른 많은 사회성 종들은, 몇몇 개체들이 집단의 이익을 위해 이기적이지 않게 자신을 희생하기 때문에 생존 경쟁에서 번영한다. 그리고 이러한 계몽된 사회성 행동을 수행하는 집단들은 그렇지 않은 집단들과의 경쟁에서 유리하다.

> 사회 조직은 인간에게만 고유하지 않다. 벌과 개미들이 구성하는 것과 같은 다른 사회들 역시, 생존 경쟁에서 협동이 가지는 이점 때문에 생길 수 있다. …… 이제 이 (벌) 사회는 모든 구성원들이 전체의 이익을 위해 행동하도록 만들 수밖에 없는, 유기적인 필요성의 직접적인 산물이다. …… 겨우 최저 생활 임금을 벌기 위해 끊임없는 노역의 삶을 사는 일꾼들의 헌신은, 계몽된 이기성이나 다른 어떤 종류의 실용적인 동기들로는 설명될 수 없다.(Huxley 1894, 24~25쪽)

그리고 우리에게서도 벌들에서처럼 시작됐다.

> 처음부터 인간의 사회는 벌의 사회처럼 유기적인 필요성의 산물이었다. 인간의 가족은 무엇보다도, 더 하등한 동물들 사이에 비슷한 연합을 발생하게 한 것들과 정확하게 동일한 조건들에 의존했다. 벌집에서처럼 가족 구성원들 사이의 생존 경쟁을 진보적으로 제한하는 것은, 가족 외부에서의 경쟁에서 효율성을 증가시킨다.(Huxley 1894, 26쪽)

그래서 적어도 도덕성은 생존 경쟁에서 유래하며, 생존 경쟁의 일부이다. 헉슬리가 "윤리적인 과정"(도덕성의 발달)이라고 부른 것은 그가 말한 "우주적인 과정"(자연 선택에 따른 진화)에 굳건히 기인한다.

엄밀히 말해서 사회적인 삶과 완벽을 향해 진보하는 윤리적인 과정은 진화의 일반 원리를 이루는 일부분이자 한 구획이다. …… (벌집처럼) 사회의 가장 기본적인 형태 …… 에서조차, …… 사랑과 공포가 작동하기 시작해 자기 의지를 다소 포기하는 태도를 강화한다. 일반적인 우주적 과정은 기본적 윤리의 과정을 따라 이러한 정도로 점검받기 시작한다. 윤리적 과정은 엄밀히 말해서 우주적 과정의 일부분이다.(Huxley 1893, 114~115쪽)

그러나 인간은 벌이 아니다. "사회의 구성원들이 각기 특정한 종류의 기능들만을 수행하도록 조직적으로 운명 지어졌기 때문에, 경쟁과 대립은 꿀벌 조직에는 존재하지 않는다."(Huxley 1894, 26쪽) 그러나 인간들의 생존 경쟁은 이해의 충돌을 초래한다. 인간들에게는 "자신들이 태어난 사회의 복지를 거의 고려하지 않은 채, 하고 싶은 일만을 하려는"(Huxley 1894, 27쪽) 이기적인 욕구가 내재돼 있다. "이것은 오래전 조상들, 인간과 반인간과 야수들로부터 물려받은 것이다. 그들에게는 자기를 주장하려는 내재된 경향의 강도가 생존 경쟁에서 승리하는 조건이었다."(Huxley 1894, 27쪽) 유사 이전의 원시 인간들을 살펴보자.

가장 약한 자와 가장 어리석은 자는 궁지에 부딪친 반면, 주변 환경에 대처하는 데 가장 적합했지만 다른 측면에서는 최고가 아니었던 가장 굳센 자와 가장 상황 판단이 빠른 자들이 살아남았다. 삶은 끊임없는 난투였으며 제한적이고 일시적인 가족 관계들을 넘어, 모두에 대항하는 각 개인들의 홉스적인 전쟁이 일상적인 생존 상태였다.(Huxley 1888, 204쪽)

"문명의 역사는 …… 인류가 현재의 상황에서 탈출하려던 시도들의 기록이다."(Huxley 1888, 204쪽) 만약 우리가 도덕적인 존재라면, 생물학적인 유산에 굴하지 않고 거기에 맞서 싸워야만 한다. 우리의 무기는 문화와 교육임에 틀림없다. 도덕성의 발달은 다원주의의 발달일 수 없다. 도덕성이 자연에 대항해서 작동하기 때문이다. "법칙과 율법들은 사회에서 인간들 사이의 생존 경쟁을 제한하기 때문에, 윤리적인 과정은 우주적인 과정의 원리와 정반대되며 경쟁에 성공하는 데 가장 적합한 자질들을 억제하는 경향이 있다."(Huxley 1894, 30~31쪽)

윤리적으로 최상인 관습은 …… 모든 면에서, 우주적인 생존 경쟁으로부터 성공을 이끄는 행동 방침과 반대되는 방침을 수반한다. 그것은 무자비한 자기 본위 대신에 자기 절제를 요구한다. 그것은 모든 경쟁자들을 밀어제치거나 짓밟는 것 대신에, 개인들이 동료들을 존중할 뿐 아니라 도울 것까지 요구한다. 그것은 살아남으려면 가능한 한 많이 적합해야 하는 것과는 달리, 최적자의 생존에 너무 큰 영향을 받지 않는다. 그것은 검투사의 생존 이론을 부인한다. …… 사회의 윤리적인 진보는 우주적인 과정을 모방하는 데 달려 있지 않고, 그로부터 달아나는 데는 더더욱 달려 있지 않으며 그것과 맞서 싸우는 데 달려 있다.(Huxley 1893, 81~83쪽)

이 일은 어떻게 이루어지는가? 다시 한번 헉슬리는 더 상위 수준에 최상인 것이 개인의 이기심을 이긴다고, 사회의 구성원들은 공공의 이익을 위해서 자발적으로 자신을 희생한다고 가정하는 것 같다. "도덕성은 사회에서 시작됐다. 사회는 그 구성원들이 개인이 갖는 행동의 자유를 다소간 넘겨주는 유일한 조건이다. …… 따라서 사회의 발전적인 진화는 개인의 자유를 점점 특정 방향으로 제한하는 것을 의미한다."(Huxley 1892, 52~53쪽)

그래서 인간은 자연 선택의 산물이지만 인간적이려면 우리는 자연의 유산들을 반드시 문명화시켜야만 한다. "우주의 본성에서 기인한, 윤리적 본성은 부모와 필연적으로 반목한다."(Huxley 1894a, viii쪽) "우주적 과정의 꼭두각시였던 조상들로부터 물려받은 유산이 없다면 우리는 아무 것도 할 수 없다. 유산을 포기하는 사회는 외부로부터 파괴될 것이다. 그렇다고 그 유산을 너무 많이 지닌 채로 행동하는 것은 더더군다나 불가능하다. 그 유산이 지배하는 사회는 내부로부터 파괴될 것이다."(Huxley 1894a, viii쪽) 그러나 일단 우리가 높은 수준의 도덕적인 발달을 이루면, 다원주의적인 힘이 더 이상 우리를 형성할 수 없게 된다. 사회의 모든 구성원들이 생존 수단을 가졌다는 점을 확신시켜서, 인간은 자연 선택으로부터 그 힘을 빼앗는다.

헉슬리에게 문화는 자연 선택의 선호에 틀림없이 위배된다. 문화적인 진화는 우리를 현재의 우리로 만들기 위해, 유전적인 진화에 반해서 진전해야만 했다. 헉슬리가 생각한 것처럼 다원주의가 냉혹하다면 반드시 이런 일이 일어나야만 한다. 그러나 오늘날의 다원주의는 그 정도로 어리석지는 않다. 우리의 감탄스러운 자질 중 대부분은 실제로 자연 선택보다는 문화의 유산일지도 모른다. 그러나 우리가 유전자의 이기성에 굴하지 않았다고 해서, 그것이 문화적 진화임에 틀림없다고 또 우리가 문화적 진화에 의존해야만 한다고 가정할 필요는 없다. 자연 선택은 자기희생, 선행, 친절함과 타인에 대한 배려를 배제하지 않는다. 다원주의적인 경로들이 이타주의를 이끌 수 있다. 그들은 여러 경로로, 특히 상호 협동과 친족 선택으로 가장 확실하게 그렇게 할 수 있다. 따라서 우리의 도덕적인 행동이 완전히 문화와 학습 탓이라는 헉슬리의 생각은 잘못됐다. 자연 선택은 지시자가 될 수 있다.(문화를 우리의 다원주의적인 유산과 연결시키려는 근대적 시도들에 대해서는 다음을 참조하라. Alexander 1979, 1987, Boyd and Richerson 1985, Cavalli-Sforza and Feldman 1981, Lumsden and Wilson 1981, 1983이 그 예이다. 그러나 Lumsden and Wilson's 1981는 일부 평론가들에 대해서는 그것을 진지하게 받아들였지만(Ruse 1986이 그 예이다.), 그 가치를 심하게 폄하한 사람(Maynard Smith and Warren 1982가 그 예이다.)도 있다는 점에 주목하라.)

　　문화적인 규범들이 상위 수준의 이익을 어떻게든 전반적으로 포함한다는 발상은 사회학과 인류학의 기능학파 이론들과 함께 20세기 전반에 절정에 달했다. 이 이론들은 다윈주의라고 종종 노골적으로 지칭됐다. 그러나 그들은 상위 수준이 개인의 이기심을 설복시키는 기제에서 매우 애매했다.(비평에 대한 예는 Elster 1983, 49~68쪽, Jarvie 1964, 182~198쪽을 참조하라.) 최근에 일부 사회 과학자들이 훨씬 복잡한 기능적인 분석들을 시도했다. 그럼에도 그들은 집단 선택론의 덫을 항상 피하지는 못했다. 예를 들면 미국의 인류학자인 마빈 해리스(Marvin Harris)가 쓴, 추천할 만큼 재미있는 책인 『문화의 수수께끼(Cows, Pigs, Wars and Witches: The Riddles of Culture)』(1974년)을 고려해 보자.(해리스의 작업이 지독하게 집단적이라고 제시하려는 것이 아니다. 내가 그의 책을 예시로 사용하는 이유는, 일부분은 그가 스스로 두드러진 다윈주의적인 특성이라고 인식했던 것에 주의를 기울이기 때문이며 또한 다른 일부분은 그 영향력이 인류학계를 넘어 멀리 확장되기 때문이다.) 해리스는 신성한 소에서 더러운 돼지에 이르기까지 문화적 관습의 광범한 다양성을 설명한다. 불행히도 생물학적인 최적성에 대한 그의 생각은, 종종 은밀한 집단 선택론처럼 보인다. 그는 생물학적으로 "좋은 것"이 문화적으로 진화한다고 가정하지만, 어떤 수준에서 자연 선택이나 문화적 선택이 작용하는지에 대해 항상 의문을 제기하지는 않는다. 뉴기니 섬의 한 부족인 쳄바가(Tsembaga) 족의 돼지 사랑에 대한 그의 논의를 살펴보자. 그는 매 12년마다 반복되는 규칙적인 주기를 묘사한다. 이 주기에는 씨족 간의 전쟁과 조상을 달래는 의식, 1년 동안 지속되며 돼지 무리를 전멸시키는 돼지 축제가 진행된다. 해리스에 따르면 "이 주기의 모든 부분은 복잡하고 자기 조절적인 생태계 내로 통합된다. 이 생태계는 쳄바가 족의 인간과 동물 개체군의 규모와 분포를, 유용한 자원과 생산 기회에 맞게 효과적으로 적응시킨다."(Harris 1974, 41쪽) 이것은 훌륭한 다윈주의 모형이라기보다는 구식 생태학의 모호한 공공 이익주의처럼 들린다. 그리고 돼지를 불결하게 보는 유대 인과 이슬람 교도의 견해에 대한 그의 설명 역시 수상쩍다. "『성경』과 『코란』은 돼지를 비난한다. 돼지 사육이 중동 지역에서 자연과 문화의 근본적인 생태계를 통합하는 데 위협이 되기 때문이다."(Harris 1974, 35쪽) 해리스의 더 최근 저서인 『음식 문화의 수수께끼 (Good to Eat: Riddles of Food and Culture)』(1986년)에 대해 언급해 보겠다. 이 책은 선택 수준에 대해 집단론자가 되지 않으려고 더 신중하게 노력하며, 겉으로는 임의적으로 보이는 많은 문화적인 음식 취향들이 실제적으로는 생물학적 이점이 있다고 주장한다. "나쁜 음식은 재난과 같이, 종종 어떤 사람들에게는 뭔가 좋은 것을 가져다주기도 한다. 음식의 선호와 혐오는 실질적인 비용과 이익 사이에서 선호되는 균형으로부터 생겨난다. 그러나 나는 이 균형이 사회의 모든 구성원들에게 동일하게 공유된다고 말하려는 것은 아니다."(Harris 1986, 16~17쪽) 그러나 만약 그가 집단 수준에서 "균형"을 찾으려고 전혀 시도하지 않았다면 더 안심이 될 것이다. 그리고 "선호되는"에 대한 그의 개념이 재정적인 이익, 생태학적인 이득 등을 느슨하게 포괄하면서 다윈주의적인 함축을 살짝 포함하려고 하지 않았다면 훨씬 더 안심이 됐을 것이다. 그러나 아마도 "이익을 주는"은, 다윈주의적 적응이 아니다.

스펜서: 다윈주의적인 신체에 라마르크적인 마음

우리가 다룰 마지막 19세기 진화학자는 사회 철학자인 스펜서다. 스펜서는 헉슬리의 입장이, 그의 표현을 빌자면 "터무니없다."라고 생각했다. 다음은 헉슬리의 견해를 그가 말끔하게 요약한 것이다. 아래의 모든 진술들을 부정하다 보면, 당신 역시 스펜서의 입장을 말끔히 요약할 수 있을 것이다.

> 그의 견해는 상위 수준의 적용에 관한 한 진화의 일반 교의를 양도한 것이며, 그 원리는 개체들 사이의 냉혹한 생존 경쟁에 제한해 생명체에 적용돼야 하고, 사회 조직의 발달 혹은 조직 형성 과정에서 일어나는 인간 정신의 변화와는 전혀 무관하다는 터무니없는 가정에 물들어 있다. …… 우리가 우주적 과정에 대항해 투쟁하거나 우주적 과정을 바로 잡아야만 한다는 그의 입장은, 우리 내부에 우주적 과정의 산물이 아닌 무엇인가가 존재한다는 가정을 포함한다.(Duncan 1908, 336쪽)

스펜서는 인간의 도덕성에 대해 철저히 생물학적인 설명을 선호했다. "대립되는 인간과 자연"이라는 말은 심각하게 잘못됐다고 그는 생각했다.(Duncan 1908, 336쪽) 그는 도덕성이 인간에게만 고유하지만 그럼에도 생물학적인 진화의 결과라고 주장했다. 여기까지 그는 월리스나 헉슬리보다 다윈과 의견을 같이 했다. 그러나 어떤 진화적 동인이 작용하느냐는 문제에서 자연 선택은 확고히 배제됐다. 스펜서에 따르면 오직 획득 형질의 유전만이 그 동인이 될 수 있었다.

몇몇 종들에서는 가장 지적인 구성원들이 생존 경쟁에서 승리한다고 스펜서는 주장한다. 지능이 그들을 선택압에 가장 창의적으로 대응하도록 만들어 주기 때문이다.(Peel 1972, 125, 127쪽) 이것은 어떤 다른 종들보다도 인간에게, 또 인간 중에서도 "원시인들"보다는 "문명화된" 인간에게 더 많이 해당된다. 특히 인간들은 자신들의 효율성을 증가시킬 수 있다. 여기에는 노동 분업이 따를 것이다. 이것은 다시 상호 의존과 사회적 관계의 방대한 네트워크를 수반할 것이다. 그리고 이타주의는 이 네트워크의 일부분을 형성할 가능성이 크다.(Peel 1971, 138~139쪽, 1972, 25~26, 36~37, 160~161쪽) 이타주의는 "더 하등한 동물들"에서는 제거된 아주 인간적인 자질이다.

왜 이타주의의 발달이 다윈주의적이기보다 라마르크적일까? 스펜서에 따르면 이것은 다윈주의가 단지 파멸적인 동인인 반면에 라마르크주의는 창조적인 동인이기 때문이다. 스펜서는 (그가 "간접적인 평형"이라고 불렀던) 자연 선택을 순전히 수동적인 것으로 보았던 반면, (그가 "직접적인 평형"이라고 불렀던) 라마르크주의는(Peel 1971, 142~143, 295쪽, n42) 유기체의 지적이며 적응적인 반응을 수반한다고 보았다. (그러나 대부분의 라마르크주의자들과는 달리, 그는 이 반응들이 의지적이라기보다는 다소 기계적이라고 믿었다.(Bowler 1983, 69~71쪽)) 그래서 유기체들의 지능이 증가할수록 자연 선택의 중요성은 감소하고 라마르크적인 동인의 중요성은 증가한다. "문명화된 인종들" 사이에서 이 과정은 꽤 많이 진행돼서, 자연 선택의 작용은 약자의 파멸에만 제한된다.(Spencer 1863~1867, i, 468~469쪽) 대조적으로 라마르크적인 진화는 이 단계에서 가장 바빠진다. 이타적 행동은 진화의 정점(Peel 1971, 152~153쪽, 1972, xxxiv쪽)이며 창조적인 협동을 거쳐 진화한다. 그러므로 스펜서의 입장에서 그것은 라마르크적인 것이 틀림없다.(Peel 1971, 147쪽이 그 예이다.)

스펜서에게 라마르크주의는 특별한 호소력을 가졌다. 그는 "획득 형질들이 유전될 수 있느냐 없느냐는 질문에 대한 정답이 생물학과 심리학에 관한 바른 믿음뿐 아니라 교육, 윤리학, 정치학에 대한 바른 믿음의 기저를 이룬다."라고 믿었다. "교육, 윤리학, 정치학에 대한 인간의 견해에 영향을 주기 때문에, 획득 형질들이 유전되느냐 아니냐에 대한 질문은 과학계에서 무엇보다도 가장 중요한 질문이다.""중요한 책임이 생물학자들에게 달렸다. …… 잘못된 해답들이 …… 사회적 사건들에 대한 잘못된 믿음과 처참한 사회적인 활동들을 …… 이끌 수 있기 때문이다."(Spencer 1863~1867 수정판, i, 650, 672, 690쪽, 또한 Spencer 1887, iii~iv쪽도 참조하라.) 그는 획득 형질의 유전이 생물학적인 진화와 문화적인 진화를 연결함으로써, 하나의 거대하며 매끄러운 과정을 구축해 줄 것이라고 상상했다.(Peel 1971, 143쪽, Young 1971, 495쪽)

라마르크주의를 조사할 때 본 것처럼, 종종 이것과 동일한 환영이 라마르크적인 유전에 대한 믿음을 부채질했다. 한 세대의 최고의 생각들이 교육이나 훈련, 주입과 같은 고된 작업 없이 다음 세대에 자동적으로 전달될 것이라는 희망 말이다. 또한 우리는 역설적이게도 라마르크주의가 전달할 수 없는 것 때문에, 이런 열망들이 라마르크주의에 의존하는 모습을 보았다. 이런 유전이 보수적이기보다는 훨씬 진보적이며, 부모의 태도에 헌신했던 유전자들에게 사람들이 감금되기보다는 해방될 것이라는 의문스러운 가정은 제쳐 놓자. 이런 문제가 없더라도 라마르크적인 동인들은 사회 교환의 선두에 결코 설 수 없다. 라마르크적인 진화는 선택적이라기보다는 지시적인 기제이다. 그리고 무엇보다도 지시적인 기제들이 할 수 없는 한 가지는, 창조적인 과정을 개시해 진행하는 것이다. 진짜 새로움을 위해서 그들은 결국 선택적인 기제들에 의존해야만 한다. 그래서 라마르크적인 과정들은 궁극적으로는 다윈주의적인 과정들을 따라 형성될 것이 틀림없다. 인정하지만, 나는 지금 우리가 여기서 논의하는 라마르크적인 모형이 사상계에 처음 도입됐을 때에 어떤 모습이었는지 확신하지 못한다. 그러나 그것이 실제로 완벽하게 라마르크적이라면 짐작컨대 새로운 구조와 행동에서뿐만 아니라, 이 아이디어의 혁신에서도 동일한 문제가 발생할 것이다. 스펜서의 열정적인 소망과는 반대로, 획득 형질들의 유전은 결코 사회 공학의 선봉이 될 수 없다. 잘 돼 봐야, 다른 동인들로 유발된 변화들을 강화할 뿐이다.

문화의 진화는 종종 라마르크적이라고 말해진다. 그렇게 말할 때, 스펜서는 문자 그대로를 의미했다. 오늘날 다원주의자들은 이 말을 오직 비유적으로만 사용한다. "심리 사회적인 진화는 …… 라마르크적인 방식의 진화이다. 아버지의 특별한 지식과 기술, 이해가 비록 (스펜서가 추측했던 것처럼) 유전 경로로는 아닐지라도 실제로 아들에게 전달될 수 있다는 의미에서 그렇다."(Medawar 1963, 217쪽) 그러므로 문화의 전달은 획득형질의 "유전"으로 이해될 수 있다. 한 세대에서 학습된 것이 다음 세대에게 획득된다. 그러나 우리가 유전자에 대해서만 다윈을 따르고, 문화에 대해서는 라마르크에게 건너갈 필요는 없다. 문화의 진화도 다원주의적인 방식으로 이해될 수 있다. 그것은 우리가 근본적으로 다원주의적이라고 여기는 것들, 다원주의적인 과정의 진단이라고 여기는 것에 의존한다. 다원주의는 (우리가 이타주의에 대한 더 상위 수준의 설명을 분석하며 살펴보았던 것처럼) 복제자들의 선택에 대한 이론이라는 가장 일반적인 형태로 이해될 수 있다. 이런 분석에서 자연 선택의 조종을 받는 유전자들이 다원주의적인 모형의 유일한 후보일 필요는 없다. 문화 선택의 조종을 받는 '밈(meme, 복제의 문화적 단위)들' 역시 다원주의적인 설명에 적합할 수 있다.(Dawkins 1976, 203~215쪽, 2nd edn., 322~331쪽, 1982, 109~112쪽, 또한 다원주의 계열의 다른 문화 진화 이론에 대한 사례로는 Boyd and Richerson 1985, Cavalli-Sforza and Feldman 1981을 참조하라.) 만약 우리가 다원주의를 이런 방식으로 생각한다면, 문화의 진화가 다원주의적이라고 말하는 것은 단지 하나의 비유가 아니다. 우리는 문화의 진화가 지상의 생명체의 진화처럼 다원주의적이라고 주장할 수 있다.

스펜서가 인간 도덕성의 동인으로 자연 선택을 거부한 이유는, 친숙한 주장들을 근본부터 거의 완전히 뒤집어서 생각하게 만든다. 훨씬 표준적인 입장은 헉슬리의 것이다. 다윈주의적인 동인들은 너무 잔혹하고 가차 없어서 이타주의를 조성할 수 없다. 그러나 스펜서에게 다윈주의적인 경쟁은 참견하기 좋아하는 이기적인 힘이 아니라, 너무나 수동적이어서 도덕성을 수반하는 사회적 관계의 복잡성을 설명할 수 없는 것이었다. 그에 따르면 이타주의는 적극적인 반응들, 특히 협동을 통합할 수 있는 생물학적인 기제를 요구한다. 스펜서는 너무나 많은 분투를 수반해서가 아니라, 너무 적은 분투를 수반하기 때문에 도덕적인 발달의 동인에서 다윈주의적인 경쟁을 묵살했다.

그건 그렇고 만약 당신이 지금까지 스펜서의 저작들을 읽으려고 시도한 적이 있다면, 또 그의 동시대인들 중 다수가 그를 당대의 가장 위대한 사상가들 중 한 사람으로 생각한 이유를 의아해 했다면, 당신은 그의 업적에 대한 다윈의 논평에 위안받을 것이다. 다윈이 (1870년에 랭키스터에게 보낸 편지에서) 스펜서에 대해 한 말은 매우 자주 인용된다. "나는 앞으로 그가 지금까지 영국에서 생존하는 철학자 중 가장 위대한 철학자 (아마도 지금까지 살았던 철학자들과 동등한)로 여겨지리라 생각한다."(Darwin, F. 1887, iii, 120쪽) 그리고 『찰스 다윈의 생애와 편지들(Life and Letters of Charles Darwin)』과 『찰스 다윈의 편지들: 아직 미출간된 편지에 대한 일련의 그의 작업에 대한 기록(More Letters of Charles Darwin: A record of his work in a series of hitherto unpublished letters)』에 실린 세 편의 편지들 역시 칭찬이다. 비록 그것들은 스펜서에게 보내진 것이었다는 점에서 덜 놀랍지만(Darwin, F. 1887, ii, 141~142쪽, iii, 165~166쪽, Darwin, F. and Seward 1903, ii, 442쪽), 이 책들 다른 곳에서 다윈의 칭찬은 훨씬 모호하다. "놀랍도록 영리하며 …… 심지어 회피의 명인과 같은 경지에 있지만 …… 만약 그가 더 많은 것을 관찰하려고 노력했다면 …… 경이로운 인간이 됐을 것이다. …… 풍부한 독창적인 사고 …… 그러나 …… 각 제안들이 과학에 진정 가치가 있으려면 수년간의 작업이 필요할 것이다. …… 특정한 요점들 외에 나는 스펜서의 일반적인 교의를 이해조차 못했다. 그의 방식이 내게는 너무 어렵기 때문이다."(Darwin, F. 1887, iii, 55~56, 193쪽, Darwin, F. and Seward 1903, ii, 235쪽, 또한 424~425쪽도 참조하라.) 그리고 이 학술지에 출간되지 않은 편지들에서 그는 훨씬 더 솔직 담백하다. 1860년에 그는 라이엘에게 개체군에 대한 스펜서의 에세이가 "몹시 지독한 헛소리"라고 말했으며, 1865년에는 "왠지 그의 글을 읽은 후 더 현명해졌다는 느낌이 전혀 없다. 오히려 종종 혼란에 빠진다."(원문 그대로이다.)라고 털어놓았다. 1874년에는 로마네스에게 다음과 같이 썼다. "나는 형이상학적인 사고력이 매우 빈약해서, 스펜서 씨의 평형이라는 용어가 항상 나를 괴롭히고 모든 것들을 덜 선명하게 만든다."(Freeman 1978, 263쪽, 264쪽) 이런 철학적 견해를 가진 사람이 말한, "생존하는 철학자 중 가장 위대한 철학자"라는 칭찬은 보이는 그대로가 전부는 아닐 것이다. 어쨌든 다른 철학자에 대해 말한 사람은 다윈이었다. "그는 형이상학자다. 그리고 형이상학자들은 너무 예리해서, 그들이 종종 보통 사람들을 오해한다고 나는 생각한다."(Darwin, F. and Seward 1903, i, 271쪽)

헉슬리는 자신의 견해를 어느 정도는 스펜서를 비판하면서 발전시켰다. 그는 스펜서가 경쟁이 이익이라는 논거로 자유방임 경제를 변호한다고 보았다. 일부 논평가들은 헉슬리와 그 이후 비평가들의 대다수가 빅토리아 시대의 자본주의에 대한 스펜서의 변호를 오인했다고 항변했다. 그들은 스펜서가 발달에 경쟁이 수반되지만 경쟁이 생산적이라는 주장을 하지 않았다고 말한다. 대조적으로 그는 그 당시의 경험에도 불구하고, 산업화를 갈등보다는 협조가 필요한 것으로 생각했다.(Carneiro 1967, 62쪽, Peel 1971, 125, 146, 151쪽, 1972, xxi, 170~171쪽) 스펜서는 빅토리아 시대의 영국을 이렇게 낙천적인 방식으로 보았다. 그러나 그의 낙천주의가 그의 입장을 정당화할 수는 없다. 스펜서는 개체의 이익과 사회의 이익이 일치하는 경향이 있을 것이라고 태평스럽게 가정한다.(Caneiro 1967, 62~71쪽) 생물학적으로 그의 결론은 진화에 대한 '공공의 이익' 견해에 의존한다. 그리고 우리는 이 견해의 문제점을 살펴본 바 있다. 정치적으로 그의 결론은 협동에 대한 자유 민주적인 의지주의(意志主義, 인간의 의지가 지성보다 우선하며 의지가 정신 작용의 근저 또는 세계의 근본 원리라는 철학적 입장으로, 주의주의라고도 한다. — 옮긴이)의 견해에 의존한다. 이 견해는 임대인과 임차인, 고용주와 노동자 같은 관계들을 당연히 상호 이익적이라고 본다. 빅토리아 시대의 자본주의를 의지주의가 적절히 묘사한다는 믿기 어려운 전제가 있어야만, 스펜서는 헉슬리의 비난에서 자유로울 것이다.

스펜서는 또한 인간의 사회적·도덕적 진보가 무한히 계속될 것이라고 낙천적으로 가정했다. 그는 일반적으로 진화를 본래부터 진보적인 것으로 생각했으며 사회적인 선택압으로 채찍질된 인간의 이타주의는 특히 그렇다고 여겼다. 월리스는 스펜서의 『사회 정학(Social Statics)』을 읽고 우리의 사회적 자질들이 무한히 향상될 것이라고 너무나 확신하게 됐다. (이때는 그가 우리의 복잡한 정신 능력들은 매우 세세하게 설계돼서, 초자연적인 설명을 요구한다는 견해로 전향하기 전이었다.) "만약 내 결론이 적절하다면, 더 고등한, 즉 더 지적이고 도덕적인 생명체가 더 하등하고 퇴화된 인종들을 대체할 것이라는 논리가 필연적으로 도출된다. 그리고 여전히 우리의 정신 조직에 작용하는 '자연 선택'의 힘은 인간의 고등한 능력들을 …… 사회적인 긴급 사태에 더 완벽히 적응하도록 이끌 것이 분명하다." (Wallace 1864, 1891 재판, 184~185쪽, 원 논문의 각주에서 그는 스펜서에게 감화받았음을 인정했다.(clxx쪽)) 다윈 역시 우리의 도덕적인 진화가 제한 없이 계속될 수 있다는 견해를 취했다. 그래서 다윈, 스펜서와 (다윈주의적인) 월리스는 모두 선은 결국 자연의 경로에서 등장하며 적어도 자연의 방식 중 일부는 온화하고, 자연의 경로 중 일부는 평화적이라고 믿었다. 이 입장에서 보면 헉슬리는 예외적인 사람이다. 그에게 자연적인 상태는 "나쁜" 것이며 "선"을 향한 진보는 오직 부자연스러운 힘겨운 투쟁으로만 달성되는 것이었다.(Huxley 1894, 81~83쪽, 1888, 203쪽이 그 예이다.)

그러나 다른 입장에서 보면 헉슬리는 그들 중 누구보다도 스펜서에더 가깝다. 스펜서는 도덕성을 진화의 자연스러운 결과로 보았지만, 그 역시 라마르크주의자로서 인간의 분투가 이 과정에 핵심적으로 필요하다고 여겼다. 게다가 경쟁의 역할을 강조할 때에 스펜서의 견해는 예상 밖의 다른 동료, 즉 인간의 발달에 대한 마르크스주의적인 해석과 비슷하다. 물론 마르크스주의자들은 자본주의의 주요 옹호자였던 스펜서에 반대했으며 헉슬리의 정치적인 입장에 대해서는 찬성했다.

그리고 이것은 아직 우리가 다루지 않은, 인간 발달에 대한 현대의 견해들 중 하나를 상기시킨다. 근대 마르크스주의적인 견해 중 하나가 그것이다. (나는 신중하기 위해 견해 중 '하나'라는 표현을 사용했다. 마르크스주의는 의견의 일치를 구하는 영역이 아니다.) 이 견해는 마르크스주의의 영역을 훌쩍 넘어서, 인간 행동에 대한 다윈주의적인 설명을 비판하는 사람들에게 영향을 끼쳤다. 나는 이 견해를 '마르크스주의자(Marxist)'의 견해 중 하나라고 부르지만, 이 말을 보다 넓은 영역(소문자 m으로 쓰인 marxist로 표기)을 포괄하는 의미로 사용한다. 이 입장은 인간의 사회적인 삶이 형성될 때 비생물학적인 동인의 중요성, 다윈주의적인 요인들과 비교해서 경제학, 사회학, 정치학적인 영향의 중요성을 강조한다. (우리는 이미 비슷한 관점이 인류학의 고질적인 태도이며, 사회 과학에서 일반적으로 흔하게 나타난다는 사실을 살펴본 바 있다. 이러한 종류의 주장들은 'marxism'에 고유하지 않다.) 이 사고 학파에 따르면 "인간의 본성"이라는 개념은 잘못 인식되었다. "진화적 실증주의는 '인간의 본성'을 수립한다고 칭해진다. '인간의 본성'이라는 개념은 인간성을 본질적이며 따라서 '자연스러운' 것으로 보는 특정 모형을 수립한다는 의미에서 선천적으로 이념적이다. …… 우리는 인간은 사회적인 존재이며, 인간의 사회화는 적나라한 인간의 본성을 드러내기 위해서 하나의 겉치장처럼 제거할 수 있는 것이 아니라고 단언해야만 한다."(Miller 1976, 278쪽) 그들은 우리 기질의 고정된 요소들이 너무나 사소하고 일반적인 것이어서, 다윈주의는 인간사에 대해 흥미로운 부분을 우리에게 거의 말해 줄 수 없다고 주장한다. 예를 들면 다윈주의는 모든 인간들에게 사랑과 증오, 공포와 취향이 있다는 사실을, 또 우리 모두는 배가 고프면 먹기를 원하며, 배우자를 찾고, 너무 뜨겁지도 차갑지도 않다는 사실을 알려 줄 수 있다. 그러나 우리의 행동과 심리의 더 큰 부분은 보편적이지 않고 진화에 따라 생길 수 없다. 그것은 문화에 특정한 것이며 특정한 경제나 사회 조직에 고유하다. "인간의 생물학적인 보편성은 전쟁, 여성의 성적 착취와 교환 매개체로써의 돈의 사용 같은 매우 구체적이고 가변적인 습관들에서보다 식사와 배설, 수면의 보편성에서 더 많이 발견된다."(Allen et al. 1975, 264쪽) 혹은 실제로 "인류학적이고 사회학적인 관찰들은 수면, 식사와 배설처럼 가장 기본적이고 널리 퍼진 인간의 기능들조차도, 바뀔 수 없게 사회적으로 훈련된다고 지적한다."(Miller 1976, 278쪽) 일례로 우리 모두가 가진 사랑하고 믿고, 좋아하는 능력은 다윈주의적 자질의 일부분이다. 그러나 낭만적인 사랑의 개념처럼 이들이 인간의 역사 속에서 취했던 형태들을 이해하려면, 우리는 그것이 생겨난 사회의 특정 조건들을 조사해야만 한다. 이 경우에는 최근의 유럽이다. 다윈주의적인 설명은 필연적으로, 구체성이 부족한 피상적인 설명이 될 것이다. 또 인간 행동, 문화와 사회 기구들의 가장 놀라운 측면들 중 하나인 다양성을 설명하는 데 반드시 실패할 것이다.

나는 낭만적인 사랑에 연루되고 싶지 않다. 그러나 나는 이 모든 것들이 미사여구가 제시하는 것처럼, 다원주의적인 입장과 반드시 그렇게 동떨어지지 않았다는 점을 지적하고 싶다. 행동 규칙들을 갖추었다 해서 우리가 조롱박벌 같은 고정된 본성에 사로잡혔으리라는 가정은 실수다. 달리 말해 행동의 가소성이 무제한적인 만능의 정신을 요구한다는 가정도 실수다. 반대로 우리는 자연 선택이 유연한 행동을 생성해 내는 구체적이고 내용이 풍부한 규칙들을 가진 특별한 맞춤 정보 처리 기계를 우리에게 장착시킴으로써, 적응적으로 행동할 수 있게 해 준다는 것을 안다. 행동 규칙들이 반드시 행동의 경직성을 위한 규칙을 의미하지는 않는다는 점은 분명하다. 마찬가지로 빈 서판 같은 마음이나 뇌는 우리를 경직성에서 구원해 주지 않으며 오히려 적응적이기는커녕, 행동 자체를 못하게 만들 수 있는 매우 비다원주의적인 장치라는 점도 분명하다. 심지어 하찮은 유도 기기조차 사전 안내나 동일함, 반복, 패턴 구성에 대한 규칙들 없이는 순조롭게 구동될 수 없다. 따라서 인간이 여러 다양한 방식으로 행동한다고 해서, 자연 선택이 우리의 행동에 관여하지 않는다고 결론지을 필요는 없을 것이다. 또 자연 선택이 우리의 마음은 텅 비운 채 신체만을 형성하는 일보다 더 많은 작용을 한다고 인정할지라도, 그 점 때문에 우리 자신을 자연 선택의 노예라고 비난할 수도 없을 것이다.

나는 한 견해에 대한 약칭으로 타불라 라사(tabula rasa, 아무것도 쓰여 있지 않은 빈 서판 혹은 백지라는 의미다. ─옮긴이)라는 말을 사용했다. 그러나 나는 이 말이 로크 자신을 비롯해 가장 보수적인 로크의 지지자들을 희화한다고 강조한다. 시먼스가 지적했듯이 인간 본성에 대한 견해들 사이를 구분하는 선은 선천론자와 후천론자 사이가 아니라, 구체적이며 고도로 구조화된 선천성과 덜 그러한 선천성 사이에 있다. "역사적으로 인간의 본성에 대해서는 두 가지 기본적인 개념들이 존재했다. 경험론자적인 개념을 가진 로크파와 선천론자적인 개념을 가진 칸트파가 그것이다. 로크파는 뇌-정신이 오직 몇 개의 영역(일반적(domain-general)이며, 전문화되지 않은 기제들)으로만 구성된다고 생각하며 칸트파는 뇌-정신이 여러 영역, 즉 특이적(domain-specific)이며 전문화된 기제들로 구성된다고 생각한다."(Symons 1992) "가장 극단적인 경험론자와 관념 연합론자를 비롯하여, 모든 심리학 이론들은 정신이 구조를 가진다고 가정한다. 누구도 벽돌 무더기나 오트밀 그릇 혹은 빈 서판이 어떤 장점을 가질지라도, 인지하고 생각하며 배우거나 행동할 것이라고 상상하지 않는다."(Symons 1987, 126쪽) "인간 행동에 관한 모든 이론은 인간의 심리를 시사한다. 여기에는 인간 행동의 원인을 '문화'에서 찾는 이론들도 포함된다. 만약 바위, 청개구리와 여우원숭이는 문화를 가지지 않는 반면, 인간이 문화를 가진다면 그것은 인간이 바위, 청개구리, 여우원숭이와 다른 심리적인 구조를 가져서인 것이 틀림없다."(Symons 1992)

그런데 방금 살펴본 모든 것들은 우리가 자유 의지와 생물학적인 "제약들"을 서로 정반대 방향에 작용하는 것으로 여기지 않는다는 점을 제시한다. "반대로 생물학적인 제약의 증가가 인간이 환경에 조종되지 못하게 막아 준다고 그럴듯하게 주장할 수도 있다."(Marshall 1980, 24쪽) 실제로 이 "제약들"이 우리를 구속하기보다는 오히려 자유 의지의 도구일 수도 있다. 단지 취향의 문제이지만 말이다. 나아가 그들이 우리의 존엄성에 의문을 제기한다고 여길 필요도 없다. 반대로 우리가 약간 낙서가 적힌 빈 서판 같은 세상이 아닌, 선호와 취향을 가지며 식별력과 자신만의 진행 방식을 가진 능력과 성향의 복잡한 꾸러미인 세상으로 들어간다면 이 제약들은 우리의 존엄성을 더 높여 주지 않을까?

수사적인 언쟁들

인간의 이타주의에 관한 저서들에는 수사적인 표현들이 많이 등장한다. 우리가 방금 살펴봤던 예들은 'marxist' 문헌에 실린 것이다. 그러나 수사적인 표현은 어디서나 찾을 수 있다. 윌슨의 『인간 본성에 대하여(On Human Nature)』에서 공격성에 대한 악명 높은 챕터에 실린 표현들을 일례로 들어 보자. 메이너드 스미스는 이 챕터를 책망했다.

이 장은 "인간은 선천적으로 공격적인가? 이것은 대학 세미나나 칵테일 파티의 대화에서 선호되는 질문이자 모든 계열의 정치 이론가들에게 감정을 불러일으키는 질문이다. 질문에 대한 대답은 그렇다는 것이다."라는 말로 시작한다. 이제 이 서두가 (이 이론을 포함해) 정치 이론가들에게 감정을 불러일으키는 이유는 인간이 공격적이라는 말이 무슨 일이 있어도 전쟁은 피할 수 없는 것이며, 따라서 평화를 위한 작업은 시간 낭비라는 사실을 의미한다고 받아들여져서이다. 그러나 윌슨은 위 중 어떤 것도 의미하지 않았다. 우리가 선천적으로 공격적이라고 말하며, 그는 우리가 지금까지 살아왔던 문화적 환경에서, 전부는 아니지만 대부분의 환경에서는 전쟁을 비롯한 공격적인 행동을 보였다는 사실을 의미했을 뿐이다. 그는 여러 가지 전혀 다른 행동 패턴들을 묘사하기 위해, 공격이라는 단어가 사용됐다고 강조한다. 그는 다른 사람에게 폭력적일 수 있는 우리의 성향을 어떻게 피해 갈지에 대한 논의로 이 장을 끝맺는다. 이것이 그의 견해라면, 나는 이 장의 첫 문장을 유감스럽게 생각한다. 이 문장은 확실히 논란을 유발할 것이다. 그러나 이 논란은 서로를 이해하지 못하는 사람들 사이에서 벌어지는, 아주 쓸모없는 형태의 논란일 가능성이 크다.(Maynard Smith 1978d, 120쪽)

그러면 부끄러운 줄 모르는 생물학 결정론의 추종자들은 어떨까? "자연 선택은 유기체들이 자신의 이해관계 속에서 행동하도록 지시한다. …… 그들은 동료들을 희생해 자신들의 유전자를 더 많이 증식시키려고 끊임없이 '경쟁한다.' 이것이 자연에서 벌어지는 현상의 전부다. 우리는 자연에서 더 상위의 원리를 발견하지 못했다.""만약 우리가 현재의 우리가 되도록 프로그래밍돼 있다면, 이 모든 형질들은 피할 수 없다. 우리는 기껏해야 그들을 전달할 뿐이지 의지, 교육 혹은 문화 중 무엇으로도 그들을 변화시킬 수 없다." 이 말에는 완고하게 비타협적인 태도가 엿보인다! 그러나 실제로 이 인용구들은 '모든 것이 유전자 안에 있다.(all-in-our genes)'라는 견해의 일부 열렬한 지지자들이 아니라, 일반적으로 이기적인 유전자류의 견해와 그 견해를 특히 인간에게 적용하는 것에 대해 열변을 토하며 비판하는 굴드가 말한 것이다.(Gould 1978, 261, 238쪽) 이제 그가 "자연적"인 것에 대한 문화의 우월성과 관련 있는 무엇인가를, 아마도 다음과 같은 발언을 할 것이라고 기대되지 않는가? "너무 자연스러워서 타고난 것처럼 보이는, 또 정조를 지키는 데 큰 도움이 되는, 성추행에 대한 증오는 근대적인 미덕이며 …… 문명화된 삶에만 …… 배타적으로 적절하다." 혹은 다음과 같은 발언은 어떤가?

우리에게 내재된 이기적인 유전자들에 저항할 수 있는 힘을 우리는 갖고 있다. …… 우리는 자연에서는 나타나지 않는, 세계의 전 역사를 통틀어 결코 이전에 존재한 적이 없는, 순수한, 사심이 없는 이타주의를 의도적으로 함양하고 양성할 방법을 논의할 수도 있다. 우리는 유전자 기계로 구축되었다. …… 그러나 우리는 우리의 창조자에게 등을 돌릴 힘을 가졌다. 우리는 지상에서 유일하게 이기적인 복제자의 압제에 맞서 반항할 수 있다.

그러나 이 인용구의 첫 번째 문장은 다윈주의적인 인간 본성에 대한 완강한 반대자가 아니라, 변함없는 변론자 중 한 사람이 말한 것이다. 다윈 자신 말이다.(Darwin 1871, i, 96쪽) 그리고 두 번째 문장은 도킨스의 말이다. 그 역시 다윈주의화에 관한 문제에 대해 태만하지 않다.(Dawkins 1976, 215쪽) 그럼에도 종종 그들의 입장은 문화보다 유전자가 위에 있다는 식으로 끈질기게 특징지어진다.

나는 다른 장들에서와 같은 방식으로 이타주의에 대해 현재 의견 일치에 도달한 사실들의 측면에서 역사를 조사하면서, 이 장에 접근하고 싶었다. 그러나 수사가 내 방식을 방해했다. 이 문제에 관해서는 현재 의견의 일치가 존재하지 않는 것 같다. 나는 다양한 입장들이 각 입장에 대한 지지자들이 믿고 싶어 하는 것보다, 서로 다르지 않을 것이라고 의심한다. 만약 당신의 생각이 나와 다르다면, 당신에게 이 작은 테스트를 해볼 것을 요구한다. 인간의 이타주의에 대한 대안적인 견해들을 우스꽝스럽게 들리지 않게, 또한 "물론 …… 라고 인정될 게 틀림없지만"이나 "확실히 누구도 …… 라는 것을 부인하지 않겠지만"과 같은 단서를 허둥지둥 달지 않고 말해 보라. 물론 문헌 속을 거니는 동안에 나는 변함없는 후천론자들과, 과격한 유전자 결정론자들과 그 외 여러 전설 속의 야수들을 마주쳤다. 그러나 의미심장하게도 그들은 대개 오직 두 장소에서만 서성거리고는 했다. 성명서의 진술문 속이나 또는 자신들의 반대자들에 대한 열띤 묘사 속이었다. 나는 어느 쪽도 과학으로써 심각하게 받아들일 수 없다. 우리의 관심사는 과학이다. 인간의 이타주의에 대한 견해들을 분류하려는 시도는 그들이 너무 다양해서가 아니라, 그들이 너무 비슷해서 어렵다.

"불평등에 대한 책임이 자연에 있다고 말씀하시는 거예요?" 제인이 물었다.

"글쎄," 윌리 삼촌이 대답했다.

"만약 우리가 모두 평등하다면, 우리 모두 백인이자 남성 그리고 이성애자로 태어났을 거야. 그런데 아니지 않니."

16장

이종 교배

✣

어떻게 한 종이 두 종으로 분리되는가? 주로 생명의 다양성에 관심이 있는 다윈주의자들에게 이것은 항상 가장 중요한 문제였다. 이 질문은 종의 기원 그 자체에 대한 것이다. 특히 한 이슈가 오랫동안 다윈주의자들을 성가시게 했다. 종들은 어떻게 생식적으로 격리되는가? 이종 교배를 시도할 때, 그들의 노력이 대개 불임이나 낮은 생식력 탓에 흐지부지되는 이유는 무엇인가? 또 잡종이 태어났을 때, 그들이 불임일 가능성이 높은 이유는 무엇인가?

이 질문은 다윈주의에서 오랫동안 중요했다. 그러나 왜 이 문제를 이타주의를 다룰 때 논의하는 것일까? 어쨌든 근대의 다윈주의자들에게는 이 두 가지 문제들 사이의 별다른 연결 고리가 없다. 그러나 다윈 시대 이전부터 최근 수십 년 전까지 반복됐던 혼동은, 종 분화와 특히 종 간 불임성의 발달이 이타적인 자기희생을 수반한다는 발상을 이끌었다. 게다가 이 오류를 교정하려는 시도들이 더 많은 혼란을 낳았다. 이런 역사를 이해하려는 첫 걸음으로 우리는 이 문제와 해결책이 오늘날 어떻게 보이느냐는 문제를 조사할 예정이다.

종의 기원

근본적으로 종 분화의 문제는 신생 유전자 풀이 기존 유전자 풀에 흡수되지 않고, 어떻게 단일한 조상종들이 둘로 나뉠 수 있느냐다. 이러한 분리가 우리의 조상들과 침팬지의 조상들에게 일어났을 때, 그들은 어떻게 갈라졌을까? 어쨌든 과거 한때에 그들은 형제요 자매였다. 왜 그들은 계속 상호 교배하며 서로 껴안은 채, 하나로 남지 않은 것일까? 자연선택이 종 분화를 선호할 이유는 없다. 종 분화를 좋은 것으로 여길 이유도 없다. 그러나 나중에 생각해 보면, 종들이 실제로 수백 만 번 분화됐다는 것을 알 수 있다. 그러지 않았다면 모든 동식물들은 (식물이나 동물로 분리되지조차 않은) 거대한 단일종이었을 것이다. 문제는 이 분리가 어떻게 일어났느냐다.

근대의 다윈주의는 선택이 한 종이 있는 장소에서 두 종을 만들어 내려고, 적극적으로 노력한다는 가정을 하지 않는다. 종 분화는 대개 부수적인 일로 여겨진다. 개체군을 발단종(incipient species, 신종으로 이행하기 전 단계의 뚜렷한 특징을 나타내는 영속적인 변종. — 옮긴이)들로 쪼개 놓는 주요 작업은 대개 지형의 갑작스런 변화로, 단지 우연히 일어난다. 만약 자연 선택이 관여한다면, 거의 완료된 작업에 광을 내고 마무리 손질을 하며 가장 마지막 단계에서만 개입하는 것으로 여겨진다.

꽤 긴밀하게 연결된 두 가지의 근대종을 택해서, 그들의 역사가 서로 나뉘기 직전의 시기까지 우리 앞에 펼쳐 놓는다고 상상해 보자. 우리는 대개 무엇을 보게 될까? 상호 교배하는 집단을 볼 때, 주의를 끄는 첫 번째 변화는 지리적인 장벽이 세워지는 일일 것이다. 강물이 불어서 일부 동물이나 식물들이 한쪽에 고립된다. 산맥은 폐쇄될 것이다. "좁은 지협이 이제 두 해양 동물상을 분리시킨다. …… 전에는 지협이 물속에 잠겨 있었고 두 동물상은 …… 서로 섞여 있었다."(Darwin 1859, 356쪽) 잎사귀와 가지가 뒤얽혀 만들어진 뗏목을 타고 동물 몇 마리가 맹그로브 늪지를 따라 표류하다가 마침내 동료들과 멀리 떨어진 강기슭에 정착했다. 다윈은 "아직 살아 있는 물고기들이 회오리바람에 휩쓸려 먼 지점으로 떨어지는 일은 드물지 않다. 그리고 난자는 물 밖으로 나온 뒤에도, 상당한 시간 동안 생명력을 보존한다고 알려져 있다."라고 말했다.(Peckham 1959, 612쪽) 식물들은 자신이 그들을 운반하는지도 모르고 있는 새에 실려서 먼 섬으로 옮겨질 수 있다. 또 강풍을 타고 바다 건너 광대한 거리를 넘어서 수송자와 화물이 모두 날려 갈 수도 있다. 다윈은 새의 모이주머니와 위, 대변에서 되찾은 씨앗들을 성공적으로 싹 틔웠다. 이 씨앗들 중 일부는 물고기에게 먹힌 뒤, 다시 새에게 먹힌 것이다. 그는 또한 새의 발에 달라붙을 수 있는 흙의 양을 조사했다. 그는 "새들은 씨앗의 운송에 매우 효과적인 대리인으로, 거의 실패하지 않는다."라고 결론을 내렸다.(Darwin 1859, 361쪽, 또한 361~363쪽도 참조하라.) 또한 그는 일부 씨앗들은 말렸을 때 특히, 넓은 바다를 가로질러 운반될 만큼 충분히 오랫동안 바닷물 위에 떠다닌 후, 물에 젖었음에도 여전히 발아할 수 있다는 사실을 발견했다. 소금물에서는 며칠 내에 죽는 일부 종들도, 부유하는 동물의 시체 속에서 해를 입지 않은 채 먼 길을 여행할 수 있다. "인공 소금물에서 30일간을 떠다니게 한, 비둘기의 모이주머니에서 채집한 씨앗들이 놀랍게도 거의 모두 다 발아했다."(Darwin 1859, 361쪽, 또한 358~361쪽도 참조하라.) 다윈은 새로 부화한 우렁이가 오리의 발에 끈덕지게 달라붙어 물 밖에서 24시간 동안 살아남은 것을 발견했다. "이 시간 동안 오리나 왜가리는 최소한 약 960~1,100킬로미터를 날 수 있다. 그리고 분명 연못이나 개울 위에 내려앉았을 것이다. 바다를 가로질러 대양의 섬이나 다른 먼 장소로 날아갔을지도 모른다."(Darwin 1859, 358쪽) 그러나 지리적인 장벽이 굉장히 먼 거리나 웅장한 산을 반드시 포함할 필요는 없다. 매우 작거나 움직이지 않는 동물에게는 약간의 물리적인 분리만으로도 충분할 수 있다. 두 나무 사이의 극복할 수 없는 약 9미터의 차이도 여유롭다. 잎의 반대편에 외계 세계가 존재할 수도 있다. 인정하건대 이 장벽들 중 일부는 있을 것 같지 않은 희한한 사건들에 그 존재를 빚지고 있다. 그럼에도 그 희귀성이 종 분화를 가로막지는 않는다. 이러한 사건들이 자주 일어나야 할 필요는 없기 때문이다. 한 번 발생하는 것만으로도 충분하다. 따라서 다윈이 말했듯이 "우연한 수단이라고 불리는 것은 …… 우발적인 분포 수단이라고 불리는 것이 더 적절할지도 모른다."(Darwin 1859, 358쪽) 한 번의 폭풍에 던져진 새, 한 번의 화산 분출은 잠재적인 배우자들을 산산이 흩어 놓고 유전자 풀을 임의적인 방식으로 쪼개 놓으면서, 종 분화 과정에 심대한 영향을 미칠 수 있다.

역사는 첫 단계의 마지막 부분에 도달했다. 처음에는 상호 교배했던 종들이 둘 이상의 파편으로 단절된다. 그러나 여전히 한 종이다. 그러면 다른 형태가 점진적으로 발달하는 발산 진화를 무엇이 초래했는가? 여기서 다시 한번 자연의 작업장이 선택을 제공한다. 우연은 충격을 만들어 낼 수 있다. 진화에서 우연이 맡은 역할을 조사하면서, 우리는 이례적으로 형성된 군체를 부모종의 축소판으로 보기 힘들다는 데 주목했다. 창시자 파편의 유전자들은 장벽의 침입으로 잘려져 나온 유전자들로서, 원래 유전자 풀의 편향된 표본일 것이다. 그리고 우연은 최초의 군체가 형성된 이후에도 유전적 부동으로 특정한 역할을 수행할 수 있다. 유전적 부동이란 전 세대에 대한 자연 선택의 무작위적인 표본 추출이 아니라, 표집 오류 탓에 선택된 특정 세대의 유전자들을 의미한다. 부모 집단과 창시자 집단은 서로 다른 환경, 즉 더 건조하거나 뜨겁거나 바람이 많이 부는 등의 조건에 처할 것이며 따라서 다른 선택압의 대상이 될 것이다. 이러한 환경적 차이에서 가장 중요한 것은 다윈이 종종 주장하듯이, 다른 유기체들이 될 가능성이 크다. "유기체들 사이의 상호 관계를 명심하는 것이 가장 중요하다. …… 그것은 그들의 물리적인 조건이나 한없이 다양화된 삶의 조건들과는 관계없이 지역의 차이로부터 생겨난다. 생명체의 작용과 반작용의 양은 거의 무한하다."(Darwin 1859, 408쪽) "지역의 물리적인 조건들을 거주자에게 가장 중요한 것으로 고려하는 뿌리 깊은 오류가 있다. …… 나는 함께 경쟁해야만 하는 다른 거주자들의 성향이 적어도 물리적인 조건만큼 중요하며, 일반적으로는 훨씬 더 중요한 성공 요소라는 사실에 반박의 여지가 있을 수 없다고 생각한다."(Darwin 1859, 400쪽) 이것이 낯선 기후에 노출돼 있고, 낯선 지질학적 기원에서 세워졌으며, 무엇보다도 낯선 생명체들로 둘러싸인 섬들이 종종 창조의 발전소가 되는 이유다. "풍부한 고유 형태들 …… 소수의 거주자들, 그러나 이들 중 다수가 …… 고유하거나 특이하다."(Darwin 1859, 396, 409쪽) 그러므로 역사의 이 두 번째 단계의 끝 부분에서 둘 이상의 형태들은 물리적 분리로 상호 교배가 가로막힌 채, 따라서 그들의 계속 증가하는 차이를 지우지 못한 채 천천히 분기하는 중이다.

그러나 이 집단들이 어떻게 상호 교배하지 않을 수 있을까? 그들은 어떻게 두 개의 다른 종들이 될까? 발생 가능한 한 가지 상황은 분리된 유전자 풀이 서로 너무 멀리 떨어져 진화해서, 두 벌의 유전자들이 살아 있는 배아를 발달시키는 프로그램을 함께 수행할 수 없게 되는 것이다. 또 다른 가능성은 그들이 그럭저럭 배아를 형성하지만 그 배아가 불임으로 판명되는 경우(예를 들어 '노새')이다. 이 잡종들이 완벽하게 살아남았음에도 불임인 이유는 여전히 수수께끼다. 어떤 경우에는 너무 다른 부모에게서 온 염색체들로부터 생식 세포를 생산하는 문제 때문에 불임성이 유발될 수도 있다. 노새의 체세포는 말의 온전한 염색체와 당나귀의 온전한 염색체를 포함한다. 노새의 생식 세포를 만들려면 그들을 합쳐야 한다. 지리적으로 격리된 어떤 유전자 풀은 시간이 지날수록 염색체 물질들의 특유한 재배열을 축적한다. 염색체 부위의 역위(inversion)와 게놈의 다른 부위로부터의 전좌(translocation)는 자연 선택에서는 용인되며 심지어 권장되기조차 한다. 개체군 분리에 따른 염색체 사이의 차이는 너무 커서 그 부산물로, 두 종류의 염색체들이 감수 분열 시 서로 짝을 이루지 못할 정도다. 그 두 가지 결과인 자식을 전혀 낳지 못하는 완전한 상호 불임성(intersterility)과 불임 자식을 생산하는 부분적인 상호 불임성 중 부분적인 '성공'이 더 나쁜 경우다. 완전한 '실패'가 더 환영받는다. 완전한 불임은 양육 투자를 거의 낭비하지 않기 때문이다. '실패'가 크면 클수록 더 좋다. 결합이 초래하는 경제학적인 실패의 대부분은 인간과 다른 동물들의 염색체들을 결합하려는 시도처럼, 실제로는 결코 시작되지 않는다. 자연이 너무나 빈약한 장벽을 제공해서 부모가 살아 있는 자손을 생산하고 그들에게 자원을 지나치게 많이 투자했으나, 자신들의 노력이 잡종의 불임으로 끝나며 대망을 품었던 생식질의 흐름이 죽은 노새 속에 영원히 갇히는 모습만을 보게 될 때 자연은 가장 불친절하다.

이 역사의 종지부로서 이제 지리적인 장벽들이 사라지고 상호 교배하지 않으며 교배할 수 없는 두 집단들이 서로 어우러지는 모습을 생각하자. 이 시점에서 그들의 상호 불임성은 더 이상 부수적인 일이 아닐지도 모른다. 갑자기 자연 선택이 흥미를 보일 수도 있다. 이제 개체들이 자신의 번식 노력을 유산된 배아나 불임 자손 혹은 그 비슷한 것들에 허비하지 않도록, 두 집단 사이의 교배를 막는 일이 중요해질지도 모른다. 격리 기구의 강화를 위해 상호 교배의 완전한 장벽에 대한 선택압이 존재할 수도 있다. 자연 선택은 자신이 직접적으로 돕지 않았는데도 벌써 생겨나 버린 완벽한 장벽에 작용할 수도 있고, 막 생겨난 새로운 장벽에 달려들 수도 있다. 배우자 선호에서의 차이점, 번식 시기의 불일치, 서로 엇갈린 서식지 선택, 낮은 상호 임실성(interfertility), 자연 유산 등이 모두 선택에 유용하다. 자연 선택이 두 집단 사이의 유전자의 흐름을 막으려고 적극적으로 분투할 수도 있다. 그리고 이런 종 간 불임성은 다른 모든 방어 수단들이 실패했을 때, 상호 교배에 대한 최종 장벽이 될 수 있다. 자연 선택은 확실히 원론상으로는 이 모든 일을 다 할 수 있다. 근대의 다윈주의자들은 자연 선택에 따른 강화가 이론적으로 가능하다는 데 동의한다. 그러나 최근 일부 학자들이 자연 선택의 이런 작용 방식은 일반적이라는, 널리 받아들여진 견해에 도전하고 있다.(Barton and Hewitt 1985, 특히 121, 137쪽이 그 예이다.)

우리가 볼 것은 하나의 역사다. 지리적인 장벽은 (자연 선택의 사후 강화가 있든 없든) 종 분화에서 중요한 역할을 한다. 이런 종 분화는 이소적(allopatric, '다른 지역') 종 분화라 불린다. 근대 다윈주의자들은 이소적 종 분화가 대부분의 동물 집단의 종 분화에서 없어서는 안 될 과정이라는 데 동의한다. 훨씬 논란이 많지만, 몇몇 다윈주의자들은 동소적(같은 지역, sympatric) 종 분화가 중요하다고도 주장한다. 동소적 종 분화에서는 상호 교배를 막는 최초의 장벽이 지리적인 것(우리가 잎의 양면처럼 지리적이라고 부르는 훨씬 작은 일부 장벽들도, 여기에 포함된다.)이 아니다. 가장 분명한 사례를 식물에서 찾을 수 있다. 잡종에서는 (소위 배수성(polyploidy)에 따른) 염색체의 갑작스런 두 배 증식 때문에 때때로 즉각적인 번식 격리가 나타난다. 이 잡종들은 배수성이 일어나지 않을 경우 불임이다. 그러나 염색체의 수가 두 배가 되면(이배체에서 사배체(tetraploid)로, 혹은 더 일반적으로는 이배체 이상으로(배수체, polyploid)), 각 염색체들은 감수 분열 시 짝을 이룰 상대를 가지게 돼서 서로 교배가 가능해진다. 동시에 그들은 부모종과는 교배할 수 없게 된다. 이 일이 발생할 때 자연은 새 종의 탄생 임박을 선언한다. 달리아, 자두, 밤, 로건베리, 스웨덴순무와 많은 다른 식물 종들이 이런 방식으로 생겨났다. 앵초의 일종인 큐엔앵초(*Primula kewensis*), 노란앵초(*Primala verticillata*)와 프리물라 플로리분다(*Primala floribunda*)의 다배체 잡종 자식이 유명한 예이다.

그러나 동물에서 새 종이 배수성으로 생기는 경우는 극히 드물다. 아마도 전혀 없을 것이다. 동물에서 동소적 종 분화는, 말하자면 섭식 습관이나 번식지 선택의 변화로 나타날 것이다. 우연한 돌연변이로 몇몇 개체들이 새로운 식물을 먹이로 섭취하게 된 한 곤충 종을 상상해 보자. 만약 이 개체들이 그 식물에 산란하기를 선호한다면 그리고 자신과 같은 성향을 가진 개체들과 짝짓기하기를 선호한다면, 이 개체들은 부모 종에서 서서히 분리될 것이다. 물론 메이너드 스미스의 말을 빌리자면 "유충이 새 먹이 식물에서 자라는 능력과 성체의 알 낳는 습관, 짝짓기 선호도에 동시에 영향을 주는 새로운 유전형이 우연히 생겨날 가능성은 기적을 필요로 하는"(Maynard Smith 1958, 225쪽) 일일지도 모른다. 그러나 메이너드 스미스가 명료하게 말한 것처럼, 기적은 사실상 필요하지 않다. 알을 낳을 때 성체들이 다음 규칙을 따른다고 가정하자. 당신이 자란 먹이 식물을 고르라. "이런 경우에서 산란 장소에 대한 암컷의 선호는 우리의 언어가 전달되는 것과 같은 방식으로 세대를 거쳐 전달될 것이다. 말하기를 배우는 인간의 능력은 유전적으로 결정돼 있지만 프랑스어가 아니라 영어를 배우는 것, 혹은 그 반대 경우는 유전적으로 결정 돼 있지 않다."(Maynard Smith 1958, 226쪽) 종의 구성원들이 부화하자마자 곧 짝짓기를 하기 때문에, 같은 종류의 식물 위에 있는 개체끼리 짝짓기를 할 가능성이 가장 큰 경우도 가정해 보자. 그렇다면 유전적으로 결정되는 음식 선호도와 환경적으로 결정되는 부분이 더 많은 산란 장소, 배우자 선택은 서로를 강화시킬 것이다. 발단종들은 부모종으로부터 점점 떨어져 나올 것이다. 새들에서도 둥지 위치에 대한 개체의 경험과 짝짓기 선호도의 영향으로 비슷한 분리가 이루어지는 일을 상상할 수 있다. "극단적인 예를 들자면, 집비둘기는 양비둘기의 후손이다. …… 그리고 런던의 비둘기들은 또한 집비둘기들의 후손이다. 그러나 런던 비둘기들은 둥지 위치로 절벽 대신에 빌딩을 선택해 야생 조상들로부터 효과적으로 격리돼 있다. 시간이 지나면서 그들이 별개의 종으로 진화하는 것도 당연하다."(Maynard Smith 1958, 227쪽) 동소적 종 분화 모형에서는 자연선택이 상호 교배에도 불구하고, 두 형태들 사이의 적응적인 차이점들을 증가시킬 만큼 충분히 강력할 수 있다. 부수 효과로, 이 집단들은 점점 발산해서 마침내 상호 불임이 되기 시작한다. 이 시점에서 선택은 이소적 종 분화에서처럼 이 형태들을 분리해 유지시키는 일에 흥미를 가진다. 선택은 상호 불임을 비롯한 상호 교배의 실패를 강화시키면서, 두 형태들을 두 종으로 바꾸며 종 분화에서 직접적인 역할을 수행한다.

이소적 종 분화와 동소적 종 분화뿐 아니라 그 중간에 해당하는 가능성 역시 존재한다. 별개의 종들이 지리적으로 분리되지도 섞이지도 않은, 서로 연속된 상태의 개체군들로부터 진화할 수도 있다. 이것을 근지역 종 분화(parapatric speciation, 혹은 반지리적 종 분화(semigeographic speciation), 혹은 정소적 종 분화(stasipatric 또는 semisympatric speciation))라고 부른다. 이 가능성을 부인하거나 찬성할 때 고려하는 것들은, 동소적 종 분화에서 고려하는 것들과 거의 동일하다.

근대 이론에 따르면 자연 선택은 일반적으로 종 분화 과정의 대부분에, 특히 종 간 불임의 발달에 무관심하다. 이것은 성공적으로 상호 교배하는 집단을 두 종으로 쪼개는 것이 개체나 유전자에게 아무런 이익이 없기 때문이다. 만약 선택이 조금이라도 개입한다면, 그것은 개체의 이익의 성패가 달린 최종 단계에 도달한 뒤일 것이다. 물론 자연 선택은 적응적인 발산(adaptive divergence)에서도 중요한 역할을 한다. 그럴지라도 선택은 적응에 관심이 있다. 발산은 오직 부수 효과다. 선택에게는 대부분의 종 분화가, 단지 다른 활동의 의도되지 않은 부산물일 뿐이다. 근대 다윈주의는 자연 선택이 종 분화에 관심이 많고, 종들의 사이를 벌어지게 하기 위해 활발하게 작용한다고 가정하지 않는다.

공공의 이익을 위한 종 분화

종 분화에 대한 생각들이 항상 그렇게 명료하지는 않다. 다윈주의에서 공공 이익주의가 유행하던 시기 동안, 종들의 상호 교배 실패는 종종 '종을 위한 이익'으로 여겨졌다. 이 견해에 따르면 불임은 전체 종의 이익을 위한 희생이며 성스럽고 이타적인 번식 거절이다. 공공의 이익이라는 측면에서 현상을 보도록 훈련받은 사람들에게는, 선택이 종 간 불임성을 발전시킨다는 점이 명백해 보인다. 각 종들이 한 덩어리로 합쳐지는 것보다는 각기 자신만의 온전함을 유지하는 쪽이 더 낫지 않은가? 특정한 적소(niche)를 활용하는 자신만의 방식과 적응을 가진 각 집단들을 완전히 분리된 상태로 유지시키는 데서 생기는, 종 수준의 이익이 있지 않을까? 만약 한 품종이 둘로 나뉜다면, 자연 선택은 양쪽의 일반적인 이익을 위해 작동하면서 둘 사이의 분리를 격려하려고 수고를 다하지 않을까? 만약 비어 있는 생태 적소를 이용 가능한 새로운 형태가 생긴다면 자연은 부모종과 여교잡(backcross, 교잡으로 생긴 1세대를 그 양친 중 한쪽과 교배시키는 것. ― 옮긴이)을 하는 쪽보다 종 분화의 기회를 붙잡으려고 하지 않을까? 확실히 몇몇 개체들은 자신이 잡종으로써 평생 불임이라 비난받으면서도 불필요한 구애 행위에 시간과 노력을 투자하고, 실패한 결합에 난자나 정자를 낭비하는 모습을 볼지도 모른다. 그러나 개체의 이러한 희생이 종에게는 큰 이익을 가져다줄 것이다.

이것이 바로 진화적인 사고에 공공 이익주의가 만연한 시기 동안, 많은 다윈주의자들이 노골적으로 혹은 은연중에 가졌던 생각이다. 나는 해밀턴에게 오늘날의 견해에 대한 그의 의견을 묻고서, 이러한 관점이 종 분화 이론들에 어떤 영향을 미쳤는지 선명히 알게 됐다. 내가 그에게 던진 질문의 핵심은 나중에 다룰 예정인데, 그럴 만한 까닭이 있기 때문이다. 전체적인 이슈는 격리 기구의 강화에 대한 것이었다. 앞서 두 발단종들을 분리시킨 지리적 장벽들이 무너졌을 때, 자연 선택이 어떤 기제를 강화할 수 있는지에 대한 질문이 그것이다. 나는 해밀턴 교수가 첫 논문을 작성하도록 만들었던 바로 그 이슈를 건드렸다. 1950년대 후반에 대학생이었을 때, 그는 이 주제에 대한 표준 교과서를 참조했다. 거기서 그는 자연 선택의 작용일 수 있는 기제들과 자연 선택의 힘이 미치지 않는 기제들 사이의, 적응적인 것과 우연한 것 사이의 구분 없이, 모든 종류의 격리 기구들이 한데 뭉치는 모습을 발견했다. 그는 자신이 목격하고 있는 것이, 종을 위한 이익주의의 무분별한 교회 일치주의(ecumenicalism, 그리스도교의 각 교파들이 상호 간의 교리 차이를 용인하면서 협동할 수 있는 가능성을 모색하자는 사상이다. ― 옮긴이)라는 사실을 깨달았다. 이를테면 잡종의 불임성이 잡종이나 그 부모, 혹은 식별 가능한 어떤 개체에게도 아무 이익이 안돼도 상관없다. 그것이 어떤 상위 수준의 이익을 위해 기여한다면, 대개 모호하고 종종 논리적이지 않은 방식으로 기여한다고 여겨졌는데, 그렇다면 그것만으로도 충분한 이익이었다. 자연 선택은 잡종의 불임성을 촉진할 것이다. 잡종의 불임성은 종을 계속 분리시켜 놓는 방식인데, 이것이 그 종들에게 이롭기 때문이다. 마지막으로 해밀턴이 자신의 의혹을 표출하게 만든 것은, 벨파스트의 생물학 교수인 존 헤슬롭해리슨(John Heslop-Harrison)이 《뉴 바이올로지(*New Biology*)》에 쓴 논문(Heslop-Harrison 1959)이었다. 불행히도 이 지나치게 희망에 찬 대학생은 그 논문을 의뢰한《뉴 바이올로지》가 자신의 논문을 결코 출간하지 않으리라는 사실을 모르고 있었다. 그러나 다행히도 그는 이 원고를 보관했으며, 우리가 이 논문에 대한 이야기를 나눌 때 원고를 끝까지 찾아줄 만큼 친절했다. 이 논문은 당시 공공 이익주의가 얼마나 만연했는지 유창하게 증언한다.

여기서 해밀턴은 다음과 같이 썼다.

좀처럼 나타나지 않는 (격리 기구들(isolating mechanisms)이라는) 용어 안의 매우 근본적인 차이 …… 성적인 유혹의 실패로 작동하는 I. M.(이후로 '격리 기구'의 약자로 사용됨)은 잡종의 불임성에 따라 작동하는 I. M.과 완전히 다른 종류의 현상일 가능성이 크며, 두 기구의 본성이 동일하다는 사실이 분명하지 않은 한에는 동등한 것으로 분류되어서는 안 된다.

성적 선호도는 선택에 따라 형성될 수 있다. 그것은 "단순히 '잡종' 스스로가 처한 선택적으로 불리한 점에 의존한다. 만약 이 불리한 점이 충분히 심각하다면, 잡종의 형성 가능성을 줄일 어떤 특성들이 실제로 **선택**되어 종의 **분열**이 일어날 것이다." 그러나 잡종 불임성은 우연임에 틀림없다. 비록 그것이 성적인 선호에 대한 선택을 부추길 수는 있을지라도 말이다.

이 현상(성적인 선호에 대한 선택)은 …… 서로 다른 지역에 사는 아종(subspecies)들이 다시 만났을 때 때때로 관찰되는 잡종 불임성의 현상과는 다르다.…… (잡종 불임성은) 짝짓기를 막는 기제가 진화하는 데 이상적인 조건들을 주는 선행 사건이다. 피셔가 지적했던 것처럼 "우리가 생각하기에 성적인 선호에서 동물들이 저지르는 가장 중요한 실수는 그와의 잡종이 불임인 타종 혹은 …… 너무나 심각하게 불리한 조건을 지녀서 자손을 남길 수 없는 종과 짝짓기하는 행위일 것이다."

잡종 불임성을 하나의 적응으로 생각하는 것은 개체군 수준 사고의 오류다. "잡종 불임성이 유전자의 교환을 막는 것은 사실이지만 개체군의 부분 집단들이 하나의 번식체이며 선택이 그들을 식별해 내어 가장 적합한 자만을 보존한다고 여길 근거가 없는 한, 그것은 상당한 우연으로 간주돼야만 한다." 아직도 이 두 종류의 격리 기구는 서로 매우 다른 방식으로 발생할지라도 "대개 동등한 것으로 분류된다.(도브잔스키가 『유전학과 종의 기원(*Genetics and Origin of Species*)』(1937년)에서 설정한 분류, 그리고 조지 레드야드 스테빈스 주니어(George Ledyard Stebbins Jr.)가 그것을 적용한 내용이 그 예이다.)《뉴 바이올로지》의 마지막 이슈 어디에도 그들이 명쾌하게 구분돼 있지 않다." 그리고 해밀턴은 그를 한층 더 부추겼던 사설에서 아래의 말을 인용한다. "선택은 이런 상호 교배에 장애물을 설치하기를 선호할 것이다. 그 장애물이 두 개체군의 적응적인 유전자 복합체들을 보호할 것이기 **때문이다.**"(굵은 글씨는 해밀턴이 강조한 것이다.) 이 말은 마치 선택이 종의 복지에 관심이 있는 것처럼 보이게 만든다며 그는 반대한다. "여기서는 '왜냐하면'보다 '그리고'라는 접속사가 훨씬 적절한 것 같다. 인종, 종의 적합도에 대한 생각들이 수반되는 곳에서는, 목적론적으로 말하는 방식이 잘못된 결과를 초래하는 경향이 있다."

그렇다면 어떻게 우리는 자연 선택의 작용일 수 있는 격리 기구들(그가 격리 도구들(I.D.s)이라고 불렀던)과 그렇지 않은 격리 기구들을 구분할 수 있을까? 해밀턴은 개체의 번식 이익에 관심을 단단히 고정시키는 것이 그 해답이라고 말한다. 일례로 잡종 불임성에서 짝짓기 선호도까지 격리 기구의 진전을 살펴보자. 불임성은 자연 선택의 결과일 수 없지만 선호는 그럴 수 있다. 그러나 둘 사이의 진행은 매끄러워 보인다.

어떤 I.M.s가 I.D.s로 사용될 수 있는가? …… 잡종 자손의 불임은 아종의 한 개체에게 도저히 이익일 수 없는 특성이다. 그럴지라도 전체로서의 아종에게는 유리할 수도 있다. 그러나 F1(잡종 1세대를 의미. ─ 옮긴이)의 불임, F1의 이른 죽음과 접합체의 발달 실패, 화분관 관통 실패는 동물의 경우에 결국 서로 다른 아종의 구성원들 간 성적 유혹의 실패를 일으키는, 또 식물의 경우에는 곤충이 수분에 실패하는, 일련의 단계들을 이룬다.

개체의 번식적인 이익에 집중함으로써 우리는 이 연속물들이 분기하는 지점, 즉 적응적인 것과 우연한 것 사이의 분열을 이해하게 된다.

둘 중 후자(파트너 유혹과 수분의 실패)는 I.D.s가 될 가능성이 꽤 타당하게 존재한다. 번식적 가치의 견지에서 보면 이 일련의 사건에서 초기에 일어나는 현상들은 불행이지만, 배우자나 화분 매개자들이 많이 존재한다면 손실이 전혀 없거나 거의 없다고 할 수 있다. 어느 지점에서 분리가 일어나는 것처럼 보인다. 일반적으로 개체가 먼 미래 세대에 후손을 남길 기대치를 줄이게 될, 권장하기 어려운 결합을 형성한 지점일 것이다.

이 지점은 그 종의 번식 습관에 의존할 것이다.

풍매식물은 자기 종 외 모든 종들의 암술머리에 불가피하게 화분을 퍼뜨린다. 그러나 그 과정은 상당히 마구잡이로 일어나서 암술머리에 옮겨 붙은 화분보다 땅 위에 내려앉은 화분이 번식 가치를 더 많이 낭비하지는 않는다. 화분은 풍부하게 생산되므로 모든 일들이 허용된다. 그러나 그렇게 수분된 식물들 중 하나가 이 자극을 받아서 숫자가 한정된 밑씨 중 몇 개를 발달시킨다면, 생식력 있는 자손에 대한 기대치는 심각하게 감소할 것이다. 그러나 만약 배우자 간의 불화합성이 너무 커서 배아가 발달 초기 단계에서 죽을 운명이라면, 또 수정이 완전히 이루어졌을 때 씨앗이 될 수 있는 개수보다 더 많은 수의 밑씨들을 씨방이 가졌다면, 이 식물은 번식 가치를 잃지 않을 것이다. 이런 조건하에서 초기의 배아를 죽이는 하나의 I.D.가 생겨날 수 있다. 마찬가지로 수과들(achene)이 모인 꽃은 전체적인 종자 생산량을 줄이지 않으면서, 수과 중 일부를 퇴락시킬 여유를 가질 수 있다. 가까운 이웃의 도움으로 씨앗들이 대규모로 싹이 트는 나무의 경우 역시 비슷할 것이다. 여기서 부적합한 (그리고 잡종인) 묘목들은 나무의 번식 가치에 영향을 미치지 않고 고사할 수 있다. 그러나 만약 씨앗들이 너무 멀리 퍼져서 동종의 다른 나무에서 온 묘목들과 빛과 토양을 두고 경쟁해야 한다면, 잡종 묘목이 죽어서 연관 관계가 없는 다른 묘목에게 자신의 자리를 내주는 상황은 부모에게 실제적인 손실일 것이다.

그러므로 I.D.가 작동할 수 있는 단계는 논의 중인 종의 번식 환경에 따라 결정된다. 위의 풍매 식물의 사례를 난의 경우와 비교할 수 있을 것이다. 난에서는 다른 아종의 꽃으로 곧장 날아갈 곤충에게 화분괴(pollinia)를 내주는 일이 재앙이 될 수 있다. 이 경우에 I.D.는 곤충 유혹의 단계에서 작동한다고 기대된다.

그렇다면 연속적으로 일어나는 번식 사건들에서 선택이 격리 기구들의 강화를 중단하는, 어떤 독특하고 보편적인 지점이 없는 것이 분명하다. 자연 선택의 결정은 예비 부모가 부담할 비용, 무엇보다도 기회비용에 의존할 것이다. 이 비용은 종마다 다르고 성별에 따라서도 달라지며, 심지어 동일한 개체 내에서도 번식 생활의 단계마다 달라진다.

이런 생각들에 주의를 기울여야 한다! 실제로 다윈주의자들은 적응적인 격리 기구와 우연한 격리 기구를 구분할 필요를 확실히 인지하고 있다. 하지만 그렇게 하려는 시도가 그들을 더 큰 오해 속에 빠뜨렸다. 그들 중 여럿이 "종 분화가 이타적이다."라는 덫을 피하기 위해 무진 애를 쓰다가, 너무 멀리 나가 다른 위험에 처하기도 했다. 종 간 불임의 문제에 대한 다윈의 해결책과 특히 월리스의 해결책을 이해하려면, 또 나아가 이 해결책들에 대한 오늘날의 생물학자들과 역사가들의 판단을 이해하려면, 우리는 먼저 이 오류들을 이해하고 정리해야 한다. 다음의 주제가 바로 이것이다.

선택의 위대한 분리: 짝짓기 혹은 젖떼기?

이상한 발상 하나가 종 분화에 관한 문헌에 등장해서, 1960년대 초반 이후 만연했다. 그것은 자연 선택이 교미 전 격리 기구들을 강화할 수는 있지만, 짝짓기 이후에는 그럴 힘이 없다는 발상이었다. 교미 전 기구들로는 번식 시기나 번식 장소의 차이를 예로 들 수 있다. 성적 유혹의 실패도 여기에 속할 것이다. 교미 후 기구들에는 생존 불가능한 태아에 대한 거부가 있다. 잡종 불임성이 여기에 속할 것이다. 이 견해에 따르면, 선택은 짝짓기에 대한 열의 부족은 조성할 수 있지만 불임이 될 운명의 배아를 보존하는 일에 대한 "열의 부족"은 조성할 수 없다. 즉 자연 선택은 어떤 구애 음성(mating call)을 다른 구애 음성보다 더 선호하는 경향을 발전시킬 수는 있지만, 어떤 자식을 다른 자식보다 더 선호하는 경향을 발전시킬 수는 없다.

물론 실제로는 앞서 주목했듯이, 자연 선택이 추적할 수 있는 어떤 효과도 갖지 못할지도 모른다. 니컬러스 해밀턴 바턴(Nicholas Hamilton Barton)과 고드프리 매슈 휴잇(Godfrey Matthew Hewitt)은 "선택이 잡종 지역 내의 격리를 …… 증가시킬지도 모른다는 생각은 대중적임에도 불구하고, 이런 강화가 이루어진다는 증거는 거의 없다. 우리는 그럴듯한 사례들을 오직 세 건 찾을 수 있었다."라고 주장했다.(Barton and Hewitt 1985, 137쪽) 이 사례들 중 하나는 미국의 맹꽁이 두 종, 미크로힐라 올리바세(*Microhyla olivacea*)와 미크로힐라 카롤리넨시스(*Microhyla carolinensis*)에 관한 것이다.(Blair 1955) 이 두 종의 구애 음성은 대체로 매우 비슷하다. 그러나 이 두 종이 만나는 지역에서는 "놀라운 차이"가 존재한다.(Blair 1955, 478쪽) 이 지역에서 올리바세의 음성은 카롤리넨시스보다 음의 높이가 더 높다. 또 지속 시간도 평균적으로 거의 두 배 더 길며, 독특한 우는 소리로 시작한다. 카롤리넨시스는 결코 이런 소리를 내지 않는다. 실제로 올리바세의 음성은 중첩 지대에서 너무나 많이 변형되어서 "아리조나 올리바세의 음성은 텍사스와 오클라호마(중첩 지역 내부나 인근 지역) 올리바세의 음성보다 카롤리넨시스의 음성과 더 비슷하다."(Blair 1955, 474쪽) 이것은 교과서적인 사례다. 대부분의 다윈주의자들은 이것을 전형적인 경우로 가정한다. 그러나 그들이 옳든 그르든, 우리는 지금 선택이 실제로 하는 바에 관심이 없다. 여기서 우리의 관심사는 선택이 원칙상 할 수 있는 바다. 선택이 교미 전 기구뿐 아니라 교미 후 기구도 강화할 수 있을까? 문헌들은 매번 그럴 수 없다고 말한다.

예를 들면 아래는 1960년대 초에 존 미첨(John Mecham)이 쓴 글이다.

교미 후 기구들이 설사 자연 선택의 작용을 통해 수립되거나 강화되더라도, 그 일은 극히 드물게 일어난다고 여길 만한 좋은 이유가 있다. 번식 격리 기구의 측면에서 자연 선택이 가지는 중요성에 관해서는 문헌상에서 의견 충돌이 상당히 일어난다. 이런 의견의 충돌은 적어도 부분적으로는, 교미 전과 후 기구들의 적응적인 중요성의 명백한 차이점이 또렷이 이해되지 않았기 때문이다. 도브잔스키(Dobzhansky 1940, 그 외 다른 곳에도 있음)가 제기했고 피셔(Fischer 1930)에 기초한 이론에 따르면, 만약 다른 두 형태들 사이에 어느 정도 잡종이 형성된다면, (종 간 짝짓기에 반대되는 개념으로) 종 내 짝짓기를 촉진하는 유전 인자들이 영속될(선택될) 가능성이 더 커진다. 이것은 서로 다른 유전형들 사이의 이종 교배로 만들어진 자식이 대부분 순수한 부모 유형들보다 적응적으로 열등하며, 따라서 잡종 생산에 투입된 유전자들이 살아남을 확률이 적기 때문이다. 그러므로 이러한 조건들 아래서는 종들 사이의 번식 격리 기구들이 중첩 지역에서 자연 선택의 작용으로 강화된다는 결론이 도출된다. 일반적으로 (다른 사람들뿐만 아니라 도브잔스키도) 간과하는, 여기서 매우 중요한 점은 교미 후 격리 기구들은 (이형 접합체나 짝짓기와는 반대되는 개념인) 동형 접합체를 촉진하는 방식으로 결코 작동하지 않기 때문에 이러한 과정에 따라 강화될 수 없다는 점이다. 따라서 이 이론은 교미 전 격리 기구에만 적용될 수 있다.

······ 자연적으로 잡종 형성이 일부 발생하는 경우에 번식 격리를 촉진하는 유전 인자들은, 그렇게 하지 않는 유전 인자들보다 우월한 생존 가치를 지닐 것이다. ······ 이 이론은 교미 전 격리 기구들은 다룰 수 있다. ······ 그러나 ······ 교미 후 격리 기구들에는 적용할 수 없다. 이 기구들은 종 간 짝짓기보다 종 내 짝짓기를 선호한다.(Mecham 1961, 43~44, 50쪽)

1970년대로 이동하면서 우리는 미첨이 인용했던 저명한 진화 유전학자인 도브잔스키가 바로 이 말을 아마 마음에 새겨 두었으리라는 것을 발견한다. "잡종의 생존 불능(hybrid inviability)이나 불임 같은 교미 후 기구들은, 유전적 발산(genetic divergence)의 부산물이다. 교미 전 기구들은 유전적으로 다르며 차별적으로 적응된 형태들의 잡종 형성에서 생긴 적합도의 손실을 경감시키거나 제거하기 위해 자연 선택으로부터 고안되었다."(Dobzhansky 1975, 3640쪽) 1980년대에 머리 리틀존(Murray Littlejohn)은 번식 격리에 대한 종합 리뷰에서 교미 전 번식 격리 기구들만이 "격리 효과 그 자체에 대한 자연 선택의 직접적인 작용을 잘 받아들일 수 있다."라고 말했다.(Littlejohn 1981, 300쪽)(그럼에도 이 견해는 보편적이지 않다.(Coyne 1974, Grant 1966, 100쪽, 1971, 180쪽이 그 예이다.))

이 입장은 해밀턴을 못살게 굴었던 입장과 정반대다. 그는 자연 선택이 공공의 이익이라는 이름으로 번식의 어떤 단계에서든 생식력을 미세하게 조정하며, 심지어 잡종이나 그들의 자손들을 불임으로 만들 정도의 놀라운 능력을 가졌다고 믿어진다는 점을 발견했다. 그러나 지금 교미 전후를 구분하면서 이런 믿음과는 대조되게, 자연 선택은 통제력이 너무 없으며 그 영향력은 난자와 정자의 만남에서 끝난다는 입장을 우리는 발견한다. 이 입장이 종 수준의 이익으로 설명하는 입장에 대한 반발이자, 선택의 힘에 대한 모호하고 포괄적인 개념을 축출하려는 시도라는 점을 우리는 안다. 이 비평가들의 목적은 개체 수준에서 작용하는 자연 선택의 결과일 수 있는 번식 격리 기구들과 그렇지 않은 기구들을 구분하는 것이었다. 그러나 그들의 해결책은 잘못됐다.

자연 선택은 교미 전후 사이의 이러한 차이를 인식하지 않는다. 확실히 처음부터 짝짓기를 막는 대신, 짝짓기가 일어난 후 장벽을 설치하는 것은 매우 비효율적이다. 그렇지만 자연 선택이 비효율적인 장벽이더라도, 마침내 불임이 되는 무거운 짐을 짊어지는 것보다는 낫다고 결정할 수 있다. 기회가 주어진다면, 선택은 생식력이 낮은 잡종 배아를 유산시키도록 부추길 것이 당연하다. 그렇게 함으로써 자신에게 후손을 안겨 줄 짝을 발견할 수 있도록 여성을 자유롭게 만들어 준다면 말이다. 생식력이 있는 딸이나 아들을 가질 수 있다면, 그녀가 그 대신에 노새를 임신할 이유가 무엇이겠는가? 생식력이 더 큰 곳으로 돌릴 수 있는 자원을 아이에게 쏟아붓기보다 아이를 유산하거나 이유기 전에 죽게 놔두는 것이 더 낫다. 물론 자연 선택은 이 불행한 결합이 아예 일어나지 못하도록 막아서 더 좋은 성과를 낼 수 있다. 그러나 만약 기대치 않은 접합체(zygote)가 다른 장벽들의 그물을 통과해서 들어올 경우, 선택은 수수방관하기보다 계속 작용할 수 있다. 인정하건대 자연 선택이 어떻게 이 흐름을 따라서 잡종 불임을 선호할 수 있는지 상상하기는 힘들다. 이 이론은 다소 믿기 힘든 조건들의 조합을 가정해야만 할 것이다. 만약 생식력이 있는 잡종 자손의 자식들이 불임(소위 잡종 붕괴(hybrid breakdown)라 불리는 현상)이며 잡종이 아닌 손자들과 경쟁할 예정이라면, 또 그리고 내가 자식들의 생식력을 어떻게든 조종할 힘을 가졌다면 잡종 불임은 적응이 될 수 있다. 불임이든 가임이든 모든 후손들이 동일하게, 제한된 자원을 두고 서로 다투도록 놔두는 부모의 유전자들보다 조종하려는 부모의 유전자들이 더 선호될 것이다. 물론 이것은 억지스러운 상황이다. 그러나 실제 윤리를 보여 준다. 만약 우리가 선택의 구분점을 찾고 있다면, 교미 전후 사이의 차이는 적절하지 않으며 잘못됐다. 정확한 구분은 '이유'의 전후이다. 여기서 '이유'란 부모의 투자를 상징한다. 이것이 커다란 구분점이다. 자연 선택은 한쪽에서는 부모가 지불하는 비용을 절약하는 방향으로 작용할 수 있다. 또 다른 한쪽에서는 그저 무력하게 손 놓고 있을 뿐이다.

이러한 비논리적인 구분이 불쑥 나타나는 것을 처음 발견했을 때, 나는 어리둥절했다. 그 뒤에 무엇이 숨었을까? 이것이 바로 내가 해밀턴 교수에게 던진 질문이었다. 이 혼란이 공공 이익주의에 대한 반대에서 생겨났다는 사실을 깨달은 것은, 그가 자신이 어떻게 미출간된 논문을 쓰게 됐는지 나에게 말했을 때였다. 오늘날의 문헌들에서 발견되는 구분은 이러한 반응의 유물이다. 비판은 잘못된 것이었으며 과장된 반응이었다. 그러나 그럼에도 이 유물은 이기적인 유전자로 대표되는 오늘날의 다윈주의에서도 완전히 살아남았다.

　다음과 같은 일이 벌어졌다. 격리 기구들에 대한 발상은 19세기 다윈주의에까지 거슬러 올라간다. 그러나 자신의 저서인『유전학과 종의 기원』에서 이 발상을 체계적으로 정리하고 근대적 종합에서 그 위치를 확실하게 확보했으며, 현재 유명하고 많이 인용되는 분류 범주를 제기한 사람은 바로 도브잔스키였다.(Dobzhansky 1937, 1st edn., 228~258쪽) 하지만 그는 이 기구들 중 어느 것이 적응일 수 있는지, 또 어느 것이 단지 지리적인 분리 동안 일어난 발산의 우연한 부산물인지에 거의 관심이 없었다. 사실 그가 선택을 분명하게 언급한 것은 단 한 번뿐이었다.(Dobzhansky 1937, 1st edn., 258쪽) 도브잔스키는 자연 선택의 역할을 고려할 필요, 선택의 결과와 우연임에 틀림없는 것을 서로 구분할 필요를 수년 뒤에 한 논문에서 인정했다.(Dobzhansky 1940) 위 책의 이후 판본들은 이 변화를 반영한다. 초판의「격리의 기원(The origin of isolation)」(254~258쪽)과 2판의「격리 기구의 기원(Origin of isolating mechanisms)」(280~288쪽), 3판의「번식 격리와 자연 선택(Reproductive isolation and natural selection)」(206~211쪽)을 비교해 보라. 자신의 논문에서 그는 "종 분화에 대한 일반적인 견해는 격리 장벽들이 하나의 부수 효과로써만 축적된다는 것이다."라고 말했다. 그러나 일반적으로 발산은 번식 격리를 야기할 만큼 충분하지 않다. 자연 선택이 작용해야만 한다. 그렇다면 '기본 문제'는 "격리 기구들이 얼마나 자주, 또 어느 정도로 …… 특별한 선택 과정들 …… 의 개입 없이 생겨나는 적응적인 부산물로 간주될 수 있느냐다."(Dobzhansky 1940, 320쪽) 이것은 자연 선택이 격리를 원하는 이유에 대한 질문을 제기했다. 이 질문에 그는 다음과 같이 대답했다. "각 종, 속, 또 아마도 각 지리적 품종들은 다른 종, 속, 품종들이 점령한 생태적 지위와는 다소 구분된 생태적 지위에 맞는 적응적인 복합체다."(Dobzhansky 1940, 316쪽) 잡종 형성은 이 적응적인 복합체들의 통합을 위태롭게 한다. 도브잔스키가 개체 수준에서 생각했는지 혹은 더 상위 수준에서 생각했는지는 분명하지 않다. 그러나 모호한 집단 선택론자의 발상에 잠겼던 다윈주의자들에게 이러한 발언은 애매모호했다. 우리는 이미 "적응적인 복합체들"이라는 표현이, 해밀턴이 비판했던 사설에 등장하는 모습을 보았다. 아래는 1950년대 중반에 존 무어(John Moore)가 「종 개념에 대한 발생학자의 견해(embryologist's view of the species concept)」에서 자신이 도브잔스키의 이론이라고 여겼던 것과는 대조되는 견해로써, 격리 기구들이 항상 종에게 이익을 주지는 않으므로 자연 선택이 항상 격리 기구들에 관심이 있지는 않을 것이라고 설명하며 한 말이다.

우리는 생식 세포의 낭비가 종에게 항상 불리하다고 가정하지 말아야 한다. 실제로 생식 세포의 낭비가 전체 개체군에게 이익이 되는 특별한 경우들이 있다. 가상의 사례로 개체 수가 포식자와 가용한 음식량에 따라 억제되는 종을 생각해 보자. 만약 포식의 원천이 제거된다면, 가용 음식을 향한 경쟁이 더욱 극심해질 것이다. 일부 종들에서는 심각한 경쟁이 100퍼센트의 사망률을 초래할지도 모른다. 이런 드문 상황에서 생식 세포의 낭비는 이익이 될 것이다.(Moore 1957, 336쪽)

교미 전과 교미 후를 구분한 미첨의 견해는 이런 배경을 거스르는 것이었다. 이 구분은 개체 선택이 실제로 달성할 수 있는 것과 없는 것을 훨씬 신중하게 선별하기 위해, 또 자연 선택에게 원인을 전가시킨 격리 기구들의 급증을 막으려는 의도로 만들어졌다. 그 궁극적인 목적은 집단 선택론자의 가정을 제거하는 데 있었다. 일부 다윈주의자들의 마음속에서 이 목적은 확실히 구현되었다. 예를 들면 도브잔스키는 1970년에 이렇게 말했다.

교미 후 격리 기구들이 자연 선택으로 강화될 수 있는지 없는지는 …… 아직 해결되지 않은 문제다. 만약 잡종 자손의 적합도가 더 낮다면, 교미 전 기구로건, 아니면 그것이 실패한 뒤에 F1 잡종의 생존 불능이나 불임 같은 교미 후 기구들로건 잡종 형성을 막는 쪽이 종에게 유리해 보인다. 집단 선택은 이론적으로 이러한 결과를 초래할 수 있다. 그러나 개체의 유전형 선택에 비해 집단 선택의 효율성이 상대적으로 낮기 때문에 격리 기구들이 이런 방식으로 빈번하게 생길지는 의심스럽다.(Dobzhansky 1970, 382쪽)

교미 전후를 구분 짓게 만든 오류들은 이제 우리에게 친숙하다. 우리가 다윈과 월리스에서 다시 마주칠 첫 번째 오류는 비용, 특히 이 경우에는 기회비용의 인정에 실패한 것이다. 자연 선택에서는 미래의 번식적인 노력을 위해 아낄 수 있는 비용이 존재하는 한, 결코 게임을 끝낼 필요가 없다. 원론상으로 이러한 기회비용은 '이유'의 맨 마지막 시기에조차 나타날 수 있다. 부모가 불임 자식에게 얼마나 많은 시간과 음식과 에너지를 지불하든지 간에, 이 부모는 그 자식을 계속 돌보기보다 부담을 던져 버리는 쪽이 더 나을 것이다. 그렇게 함으로써 시간과 음식과 에너지를 생식력을 가진 자손에게 돌릴 수 있다면 말이다. 물론 이 진행 방식은 낭비적이지만 훨씬 전도유망한 번식 기회들을 포기하고, 가망 없는 투자를 계속하는 것보다는 덜 낭비적이다.

두 번째 오류는 유전자 중심적이라기보다는 개체 중심적인 사고에서 유래한다. 교미 전후를 대조하는 사고 학파의 한 격언에 따르면 자연 선택은 반드시 부모 세대에서 작용해야만 한다.(Murray 1972, 81쪽이 그 예이다.) 개체 중심적인 견해에서는 자연 선택이 잡종 자식이나 태아가 아니라, 부모 자신에게 작용해야만 한다는 생각에 빠지기 쉽다. 또 다른 격언은 자연 선택이 "생식 세포의 낭비"를 피하려고 애쓰는 중이라는 것이다.(Mecham 1961, 43쪽이 그 예이다.) 다시 이 사고는 일단 생식 세포가 수정되면 그 운명이 결정돼 버리며, 자연 선택이 더 이상 관심을 갖지 않을 수 있다는 발상으로 빠지기 쉽다. 나는 방대한 전체 번식 노력들 중에서 생식 세포가 지니는 가치가 그렇게 큰 이유를 모르겠다. 그러나 공공의 이익주의가 부모 중심적이라기보다는 유전자 중심적인 견해로부터 비판을 받았다면, 이 사고는 훨씬 합리적인 관점으로 바뀔 것이다. 동일한 얘기가 또 다른 개념적인 변화에도 해당된다. 이 변화란 자연 선택이 "잠재적인 번식력 낭비"를 피하기 위해 애쓴다는 생각(Mecham 1961, 26쪽이 그 예이다.)으로부터, 수정이 이루어지는 결정적 순간에 이 잠재력은 영원히 고정되며 자연 선택의 영향력도 거기서 끝이 난다는 생각으로 바뀐다는 의미이다.

다윈과 월리스에 관한 문제

『종의 기원』의 초판에 대한 마이어의 색인에서 "불임"을 찾아본 후, 같은 판에 대한 다윈 자신의 색인을 찾아보라. 엄청난 차이를 발견할 것이다. 마이어의 색인에는 "격리 기구들"이 적혀 있다.(Darwin 1859, 501쪽)

반면 다윈의 등재 내용은 사육자 안내서와 훨씬 더 비슷하다. 잡종의 불임, 불임 법칙과 원인들, 불임을 유발하는 조건들이 그것이다.(Peckham 1959, 813쪽) 마이어의 색인에서 "불임"은 종 분화, 오늘날 우리가 이해하듯이 종의 기원과 관련된다. 그러나 1859년의 다윈에게 불임에 관한 챕터의 목적은, 독립 창조론에 대항해서 종의 기원이 신의 개입에 빚을 진다는 반진화적인 견해에 대항하는 주장을 펴는 것이었다. 그는 격리 기구나 다른 종 분화 도구들에 관심이 없었고, 종과 변종(variety, 동식물의 각종 내에 존재하는 모든 변이형을 가리키는 다의적 개념. — 옮긴이) 사이에 중요한 차이가 없다는 사실을 보여 주는 데 관심이 있었다.

이제 같은 색인 항목을 『종의 기원』의 후기판들과 월리스의 『다윈주의(Darwinism)』에서 찾아보자. 새로운 이슈와 마주칠 것이다. 바로 불임이 적응적이냐 아니냐라는 이슈다. 다윈의 항목은 "자연 선택으로 도입되지 않은"이라고 기재된 반면, 월리스의 항목에는 "자연 선택으로 생산된 잡종의"라고 기재돼 있다.(Peckham 1959, 813쪽, Wallace 1889, 492쪽) 1860년대 동안에 이 문제는 다윈이 불임에 대해 가진 관심의 초점이었다. 그리고 이것은 1860년대 후반까지 다윈과 월리스 사이에 극심한 의견 충돌이 일어나는 영역이 되었다.

종 간 불임과 종 분화에 관한 다윈과 월리스의 견해를 이해하기 위해, 우리는 그들이 반대하던 것을 이해할 필요가 있다. 그래서 우리는 지금 종 간 불임을 적응적으로 설명하는 데 중요하며 이 이슈들 사이의 기이한 집합점에 있는, 창조론에 대한 그들의 반대를 조사할 것이다.

특수 창조론(special creationism)은 종은 고정된 불변의 존재이며, 더 이상 단순화할 수 없다는 생각, 또 종은 진화할 수 없고 단지 창조 행위에 의해 완벽한 상태로, 각각 개별적으로 세상에 갑자기 나타난다는 반진화적 사고에 기초했다. 변종과 종은 근본적으로 다르다는 것이 이 견해의 핵심 교리였다. 종들은 상호 불임인 반면 변종들은 상호 교잡할 수 있다. 종의 구성원들이 집단 밖에서는 교미를 할 수 없다는 사실, 혹은 만약 이 규칙을 위반할 시에 잡종 자식이 불임이라는 사실은 종의 핵심적인 특징이며 귀중한 고유성을 이루는 부분이다. 그래서 개체들은 종의 이익을 위해 (다른 종과 교미를 할 수 없거나, 잡종의 경우 완전히 불임이 되는) 방식으로 만들어졌다. 이 견해는 우리가 방금 살펴보았던 모호한 다윈주의, 공공 이익주의를 넘어선다. 종 간 불임은 종들이 붕괴돼 무질서해지는 것을 막기 위해 자연의 형태들을 따로 떼어 놓으려고 분투하는, 조직하는 손의 증거로 여겨진다. 그것은 생명체를 분류학적으로 잘 정돈시켜서 유지하는 자연의, 혹은 신의 방식으로 여겨졌다.

> 박물학자들이 일반적으로 품는 견해는 종이 상호 교잡할 때, 모든 생명체들의 혼동을 막기 위해 불임이라는 자질을 특별히 타고난다는 것이다. 완전히 분리되기 힘든, 같은 지역 내에 사는 종들은 서로 자유롭게 교잡할 수 있기 때문에 이 견해는 처음에는 확실히 그럴듯해 보인다.(Peckham 1959, 424쪽)

다윈주의 비평가들은 변종과 종 사이의 이러한 차이를 받아들였다.(Ellegård 1958, 206~209쪽이 그 예이다.) 그들은 자연 선택이 변종들을 축적할 수 있을지도 모른다고 말했다. 그러나 자연 선택이 어떻게 한 종을 두 종으로 분리시키는 마지막 단계에 도달할까? 다윈주의자들은 선택이 어떻게 불임을 만들어 내는지 설명할 수 있을 때까지는, 그들이 설명 가능한 종들 사이의 차이점들이 얼마나 많든지 간에 종의 기원에 대해 설명하지 않았다. 다윈주의자들은 모든 사람의 눈앞에서 두 발단종들 사이에 상호 불임이 발달하는 것을 보여 줘야 했다.

설상가상으로 일부 다윈주의자들은 이 실험적인 도전을 심각하게 받아들였다. 가장 눈에 띄게는 헉슬리가 다윈이 격분할 정도로, "선택적인 교배가 서로 교류할 수 없는 변종들을 만들어 낸다는 사실이 확실히 입증될 때까지, 자연 선택 이론의 논리적 토대는 불완전하다."라고 계속 주장했다.(Huxley 1893~1894, ii, vi쪽 또한 Huxley 1860, 43~50, 74~75쪽, 1860a, 389~391쪽, 1863, 148~150쪽, 1863a, 108~117쪽, 1887, 198쪽, Huxley, L. 1900, i, 194~196, 238~239쪽이 그 예이다.) 다윈은 실험적인 증명이 필수적이라는 그런 생각이, 한 종에서 다른 종으로의 완전한 변형을 다윈주의자들이 단계적으로 보여 주어야만 한다는 개념과 동일하다고 즉각 일축했다.(Darwin, F. and Seward 1903, i, 137~138, 225~226, 230~232, 274, 277, 287쪽이 그 예이다.)

그러나 헉슬리의 불평은 전염력이 있었다. 그것은 여러 해 동안 다윈주의에 대한 모든 종류의 의심자들 사이에서 만연했다. 20세기 초에 토머스 모건과 베이트슨은 이 생각을 채택했다. 앞서 살펴봤던 것처럼 이들은 둘 다 한때 다윈에게 반대했던 사람들이었다. 모건은 다음과 같이 주장했다.

인류 역사에서 우리는 한 종이 다른 종으로 바뀐 사례를 하나도 알지 못한다. 만약 우리가 야생종들을 서로 구분하는 데 사용하는 가장 엄격하고 극단적인 기준을 적용한다면 말이다. 따라서 이 이론이 과학 이론이 되기 위해 필요한 가장 필수적인 특징이 부족하다고 주장할 수도 있다.(Morgan 1903, 43쪽)

20년 후에 베이트슨은 교배 실험이 시도됐지만 실패했기 때문에, 헉슬리의 반대가 지금은 더욱더 심각해졌다고 주장했다.

종의 기원과 본성에 관한 진화 이론의 특수하고 본질적인 부분은 완전히 수수께끼로 남아 있다. …… 종이 총체적인 변이의 산물이라는 결론은 ……

흔히 종 간 교배의 산물은 약간이라도 불임이라는 …… 종의 주된 속성을 무시했다. 헉슬리는 관련 논쟁에서 매우 일찍부터 이 심각한 결함을 분명하게 지적했지만 대규모 교배 실험이 행해지고 나서야, 비로소 사람들은 이 반대를 심각히 생각하게 됐다. 확장된 연구가 이 결함을 보여 주었다고 여겨질 수도 있다. 또는 부정적인 증거의 중요성이 더 이상 부인되지 않을 수도 있다. …… 단일한 공통 기원의 생식력을 완전하게 갖춘 부모들로부터, 불임이 틀림없는 잡종이 생산되는 모습을 결정적으로 관측하기를 기다린다. 이 사건을 목격할 때까지 진화에 대한 우리의 지식은 필수적인 부분에서 불완전하다.(Bateson 1922, 58~59쪽)

베이트슨의 말은 다시 수치스러운 '원숭이 재판(기독교 근본주의의 압력으로 테네시 주 의회에서 제정된 진화론 교육 금지법을 위반했다는 이유로, 고등학교 생물 교사 존 토머스 스콥스(John Thomas Scopes)가 1925년 테네시 주에서 재판을 받은 사건 — 옮긴이)'의 근본주의자 검사였던 윌리엄 제닝스 브라이언(William Jennings Bryan)에게 심대한 영향을 끼쳤다.(Clark 1985, 284쪽) 몇 년 후에 홀데인은 식물 교배에 대한 연구가 그때까지 요구되던 정보를 제공했다고 지적하면서, 그럼에도 "나는 그들의 주장이 적어도 일관성이 있고 여전히 우리 빈약한 다윈주의자들의 실패를 조롱하기 때문에 때때로 가톨릭 옹호자들의 비평을 읽는다."(Haldane 1932, 55쪽)라고 말했다. 이런 조롱은 당시 출간돼 널리 읽혔던 싱어의 저서, 『생물학의 짧은 역사(A Short History of Biology)』에도 똑같이 등장한다. 싱어는 "다윈주의의 가장 취약한 세 가지 지점" 중 하나가 "종 형성에 대한 경험의 부재다. …… 변종이 새로운 종의 일부가 되는 것을 볼 때까지 (진화 기제에 대한) 문제는 해결되고 있다고 말할 수 없다."(Singer 1931, 305~306쪽)라고 선언했다. (그건 그렇고 이 "약점들" 중 또 다른 하나는 "다른 변종들(즉 다윈의 견해에서는 발단종들) 사이의 결합이 같은 변종들 사이의 결합보다 상대적으로 불임이 될 가능성이 높다."라는 것이었다.(Singer 1931, 305쪽)) 오늘날까지 이 "실패"는 대개는 헉슬리의 무거운 권위에 의기양양하게 기대며, 다윈주의의 사망에 대한 논문들에서 매우 예측할 수 있게끔 자주 제시된다.(Hitching 1982, 105쪽이 그 예이다.)

실험적인 입증 외에도, 다윈과 월리스는 실제로 설명해야 할 부분이 있다고 느꼈다. 사실 종과 변종 사이에는 비평가들이 주장하는 것 같은 그렇게 절대적인 차이가 없다. 이 옹호자들은 오직 신중한 정의로만 자신들의 예리한 구분을 유지할 수 있다. 그들은 성공적으로 상호 교배하는 집단을 변종으로, 그렇지 않은 집단을 종으로 정의했다.(Darwin 1859, 246~247, 268, 277쪽, Wallace 1889, 152~153, 167쪽이 그 예이다.) 그럼에도 이 주장은 어느 정도 사실이었고 다윈주의자들은 그것을 설명할 필요가 있었다. 실제로 월리스는 "교배 시 생식력의 측면에서 변종과 종 사이의 뚜렷한 차이"는 "자연 선택 이론을 종의 기원에 관한 완전한 설명으로 수용하는 과정에서 겪는 모든 어려움들 중 가장 큰, 혹은 아마도 우리가 가장 크다고 말할 수 있는 것들 중 하나"(Wallace 1889, 152쪽)라고 단언하기까지 했다. 만약 종 간 불임이 실험적 증명으로 혹은 증명 없이 적응적이거나 비적응적으로 설명될 수 있다면 다윈주의자들은 변종을 종으로 바꿀 때 필요한 마무리 손질을 제공할 것이다.

이 모든 것들과 면밀하게 연결된 문제가 상호 교잡의 집어삼킴 효과(swamping effect)였다. 다윈주의의 비판가들이 계속해서 강조하듯이, 상호 교잡은 종이든 변종이든 어떤 분화 집단으로의 파생도 막는 것처럼 보인다. 그 결과로 다윈과 월리스, 그리고 그들의 동시대인들은 서로 다른 집단들 사이의 교배를 막는 장벽으로 작용할 무엇인가(성적 선호, 불임, 또 그 밖의 무엇이든지)를 찾으려 애썼다.

다윈과 월리스는 종 간 불임이 이타주의와 관련 있다고 보았을까?

"그렇다."가 이 주제에 대해 가장 광범하게 저술한 두 역사가, 코틀러와 루스의 대답이다. 코틀러는 종 간 교배나 잡종의 불임이 "개체에게는 그렇지 않을지라도 …… 적어도 종에게는 유용"하며, 집단 선택은 그들이 생겨난 방식에 대한 가능한 설명이라고 단언했다. 다윈과 월리스 사이의 논쟁의 "중심 이슈" 중 하나가 "선택 과정이 어떤 수준에서 작동하는가?"이며 다윈의 대답은 개체인 반면, 월리스의 대답은 집단이라고 그는 말했다.(Kottler 1985, 388쪽 또한 406, 408, 414쪽도 참조하라.) 루스는 "선택이 불임에 영향을 주는 것은 선택에 대한 근본 개념에 모순된다."라고 말한다.(Ruse 1979a, 217쪽) "다른 종들의 구성원 간 불임 혹은 잡종이 생겼다면 이 잡종의 불임은", "다윈을 집단 선택의 기제 쪽으로 기울게 만들었던" 의문이었다. "집단 선택론적인 접근 방식으로 손짓하는 것처럼 보이는" 잡종의 불임은 다윈이 저항했지만, 월리스는 그러지 못했던 유혹이었다.(Ruse 1980, 619~620쪽, 1982, 191쪽 또한 1979a, 217쪽, 1980, 624쪽도 참조하라.) 다른 논평가들도 이에 동조했다.(Sober 1985, 896~897쪽이 그 예이다.) 이것과는 독립적으로 기셀린은 식물의 자가 불임성(self-sterility)조차 이타적이라고, 즉 개체에게는 불리하지만 "종에게는 장기적인 이점을" 제공하는 것으로 볼 수 있다고 제시했다.(Ghiselin 1969, 149쪽) 우리는 나중에 이 주장들이 얼마나 정당화되는지 살펴볼 예정이다.

이제 우리는 종 분화 문제, 특히 종 간 불임과 잡종 불임에 대한 다윈과 월리스의 해법을 조사할 준비가 됐다. 먼저 다윈부터 다루어 보자. (이 문제에 관한 다윈과 월리스의 입장에 대한 논의는 Ghiselin 1969, 146~153쪽, Kottler 1985, 387~417쪽, Mayr 1959 특히 226~228쪽, 1976, 117~134쪽, Ruse 1979a, 214~219쪽, 1980, 619~625쪽, 1982, 191~192쪽, Vorzimmer 1972, 159~160, 168~185, 203~209쪽을 참조하라. 종 분화에서 지리적 격리의 역할에 대한 19세기 논쟁에 관한 더 많은 논의들은 Kottler 1978, Lesch 1975, Mayr 1976, 135~143쪽, Sulloway 1979를 참조하라. 종 분화에

대한 근대의 일반적인 견해, 특히 종 간 불임에 대한 견해는 Barton and Hewitt 1985, 1989, Bush 1975, Endler 1977, 12~13, 142~151쪽을, 근소적 종 분화(parapatric speciation)에 대해서는 Maynard Smith 1958, 215~258쪽, Mayr 1959, 특히 226~228쪽, 1963, 89~135쪽, 1976, 117~134쪽, Ridley 1985, 89~120쪽을 참조하라. 최신 결과를 반영한 다윈의 식물 번식을 다룬 연구에 대해서는 Heslop-Harrison 1958, 276~286쪽, Whitehouse 1959이 그 예이다. 식물에 대한 근대 지식에 대해서는 Ford 1964, 218~233쪽, Lewis 1979, Meeuse and Morris 1984, chs. 1~3, Stebbins 1950, 189~250쪽(이것은 다소 오래됐지만 완전하다.)을 참조하라. 다윈이 논의한, 번식 기제를 성 선택으로 분석한 것에 대해서는 Wilson and Burley 1983를 참조하라. Ghiselin 1969, 141~146, 151~153쪽, 1974, 120~124, 243~244쪽은 몇몇 관련 요지들을 스치듯이 다룬다.)

창조론에 반대하는 다윈: 천부적이 아니라 부수적인

다윈은 종 간 불임에 대한 창조론의 도전을 매우 심각하게 받아들였다. 그는 이것을 『종의 기원』에서 "이 이론에 대한 자신의 네 가지 어려움들" 중 하나로 다뤘다. "우리는 상호 교배했을 때 불임이거나 불임 자손을 생산하는 종들을, 반면에 상호 교배했을 때 생식력에 손상을 입지 않는 변종들을 어떻게 설명할 수 있을까?"(Darwin 1859, 172쪽) 그는 이 문제에 '잡종성(Hybridism)'이라는 제목으로 한 장 전체를 할애했다.(Darwin 1859, 245~278쪽, Peckham 1959, 424~474쪽)

그의 공격 방식은 자연이 창조론자가 주장하는 종-생식력, 변종-불임 같은 말끔하게 체계적인 관계를 나타내지 않는다는 사실을 보이는 것이다. 상호 교배하는 능력은 흔들리지 않고 선명한 직선으로 구분할 수 없으며 종과 변종 사이로, 첫 교배와 잡종 사이로, 한 종의 수컷과 다른 종의 암컷, 혹은 그 반대로 교배하는 현상 사이로 기이하고 종종 예측할 수 없는 방식으로 왔다갔다 나아간다. 예를 들면 "동종의 화분보다 타종의 화분에 더 쉽게 수정되는 식물들이 있다는 …… 기이한 사실을 고려해 보자. …… 히페아스트룸속(*Hippeastrum*) 내 거의 모든 종의 모든 개체들은 이런 곤경에 처한 것처럼 보인다."(Peckham 1959, 430쪽) 아니면 아래 상황을 고려하자.

> 상호 교배(한 종의 수컷과 다른 종의 암컷, 혹은 그 반대)하는 능력에도 종종 광범한 차이가 존재한다. 이와 같은 사례들은 매우 중요하다. 어떤 두 종이 상호 교배하는 능력은 종종 그들의 체계상의 유연관계, 즉 그들의 번식 체계를 제외한 구조나 구성에서의 차이점과는 완전히 상관없다는 사실을 입증하기 때문이다. …… 예를 하나 들어 보면 분꽃(*Mirabilis jalapa*)은 미라빌리스 롱기플로라(*Mirabilis longiflora*)의 화분으로 쉽게 수정되며, 이렇게 생긴 잡종은 생식 능력이 충분히 있다. 그러나 요제프 고틀리프 로이터(Joseph Gottlieb Kölreuter)가 이후 8년간, 미라빌리스 롱기플로라를 분꽃의 화분으로 수정시키려고 200번 이상 시도했지만 완전히 실패했다.(Peckham 1959, 438쪽)

'이제' 다윈에게 물어보자. "이 복잡하고 기이한 규칙들은 종들이 단지 자연에서 혼동하는 일이 없도록 불임 특성을 타고 난다는 사실을 가리키는가? 나는 그렇게 생각하지 않는다."(Peckham 1959, 440쪽) 일례로 불임이 모든 종들에게 똑같이 필수적이라면, 종마다 그렇게 다르게 표출되는 이유는 무엇인가? 왜 어떤 종들은 쉽게 종 간 교배를 하고도 불임 잡종들을 생산하는 반면, 다른 종들은 종 간 교배에 어려움을 겪고도 꽤 생식력이 있는 자손을 생산할까? 실제로 잡종이 존재하는 이유는 무엇일까? "잡종을 생산하는 특별한 힘을 종들에게 허용한 뒤, 불임 정도를 다르게 하여 더 이상의 증식을 멈추게 한 것은 …… 이상한 해결처럼 보인다."(Peckham 1959, 440쪽) 그렇다면 불임은 "특별한 자질"이 아니다. "불임도 생식력도 종과 변종을 명확하게 구분해 주지 않는다." 종은 "원래 변종들로 존재"하며, 종과 변종 사이에는 "본질적인 차이가 없다." (Peckham 1959, 427, 474, 470쪽)

다윈의 이론은 "종 간 불임과 잡종의 불임이 둘 다 단지 부수적인 현상이거나, 그들의 번식 체계상의 알려지지 않은 차이에 의존한다." (Peckham 1959, 440~441쪽)라는 것이다. 이질적인 구조들의 "혼합"이나 "조합"은 생식력을 낮춘다.(Peckham 1959, 450쪽이 그 예이다.) (『종의 기원』의 초기판들에서 그는 다른 체질적이고 구조적인 차이들을 언급한다. 그러나 최종판까지, 그가 무엇보다 강조한 것은 번식 체계나 "성적 요소들"에서의 변화이다.(Peckham 1959, 466쪽이 그 예이다.)) 그건 그렇고 불임이 부수적이라는 그의 이론은, 마지막 인용구가 제시하듯이 종 간 교배 1세대의 불임과 잡종의 불임에도 동일하게 적용됐다. 『종의 기원』의 초판부터 3판까지에서 그는 두 사례들을 구분한다. 그러나 다윈의 구분은 우리가 기대하는 부수적인 것과 적응적인 것 사이의 구분이 아니다. 그는 번식 방해의 여러 생리적인 원인들을 구분한다. "순수한 종들은 물론 생식 기관이 완벽한 상태이다. …… 반면 잡종은 기능적으로 무력한 생식 기관들을 가졌다. …… 첫 번째 경우에는 배아를 형성할 두 성적 요소들이 완전하다. 두 번째 경우에서는 그들이 전혀 발달하지 않았거나 불완전하게 발달했다."(Peckham 1959, 425쪽 예로 447쪽 역시 참조하라.) 후에 그가 생리적인 방해가 거의 비슷하다는 견해에 도달했을 때, 그는 첫 종 간 교배에서의 불임과 잡종에서의 불임을 더 이상 구분하지 않게 되었다.(Peckham 1959, 424~425, 447~449, 472쪽이 그 예이다.)

그렇다면 불임에는 아무런 목적이 없다. 단지 자연의 사건 중 하나일 뿐이다. 불임은 "특별히 획득되거나 타고난 자질이 아니라 다른 획득된 차이들에서 부수적으로 나타나는 현상이다."(Peckham 1959, 425쪽) 『사육 동식물의 변이』에서 다윈이 말했던 것처럼, "우리는 그들(종)이 유기체에서의 다른 알려지지 않은 변화와 관련해서 천천히 형성되는 동안 불임이 부수적으로 생겨났다고 추측해야만 한다."(Darwin 1868, ii, 188쪽) 그리고 "특별히 부여받은" 것과 부수적인 것 사이의 차이를 끌어내기 위해, 다윈은 접붙이기의 잠재력에 대한 유추를 사용한다.

한 식물이 다른 식물에게 접붙여지는 능력이 자연 상태에서 그 식물의 복지에 전혀 중요하지 않은 것처럼, 나는 어떤 사람도 이 능력이 **특별하게** 부여받은 자질이라고 가정하지 않을 것이며, 두 식물들의 성장 법칙에서의 차이에 따라 나타났다는 것을 인정하리라고 생각한다.(Peckham 1959, 441쪽, 또한 441~443, 471쪽도 참조하라.)

『사육 동식물의 변이』에서 그는 부수적인 특성의 친숙한 예로 독에 대한 민감성을 언급한다.

나는 부수적으로 생긴 자질과 같은 사례들을, 서로 다른 동식물 종들이 자연에서 노출된 적이 없는 독들에 서로 다르게 영향을 받는 것과 같은 경우로 간주한다. 이러한 민감성의 차이는 다른 알려지지 않은 조직상의 차이에서 부수적으로 비롯된 것이 분명하다.(Darwin 1868, ii, 188쪽)

다윈은 자신의 설명이 "문제의 근본까지" 다루지 않았다고 덧붙인다.(Peckham 1959, 451쪽) 번식을 통제할 수 없게 된 이유를 설명할 수 없기 때문이다. 유전 기제들에 대한 더 많은 지식이 없는 한 설명은 불가능하다. (잡종이 그렇게 자주 완벽하게 생존할 수 있음에도 불임인 이유를 여전히 이해하지 못하고 있다.)

그건 그렇고 다윈은 자신이 발견한 "복잡하고 독특한 규칙들"의 자의성에 몹시 감명을 받아서, 불임을 종 구분의 기준으로써 신뢰할 수 없다고 여기게 됐다. "감소된 생식력에 대한 생리적인 시험은 …… 종 구분의 안전한 기준이 아니다." "이 원천에서 온 증거는 사라져 버렸으며, 체질적이고 구조적인 다른 차이들에서 기인한 증거들만큼이나 의심스럽다." (Peckham 1959, 456, 427쪽) 이 "이상한 해결들"은 여전히 불임을 신성한 손의 증거로 여기기로 결심한 사람들에게 다소 다른 종류의 어려움들을 제기했다. 예를 들면 마이바트는 신의 지성이 분명하다는 주장을 고집했다. 그러나 그가 이제 결정했듯이, 그 지성은 분명 "우리의 것과는 다르다!"(Mivart 1871a, 124~125, 238쪽)

자연 선택에 반대하는 다윈: 선택된 것이 아니라 부수적인

『종의 기원』의 앞의 세 개 판에 나타난 다윈에 대해서는 그쯤 다루기로 하자. 그의 주장들은 다윈 이전 시대의 박물학자들이 주장한 내용과 일치한다. 그러나 1866년에 출간된 4판부터 그는 새로운 질문, 다윈주의적인 질문을 제기한다. 불임은 적응적인가? 그는 세 가지 이유로 확고하게 '아니다.'라고 대답한다. 6판에서는 그 이유가 여섯 가지로 늘어났으며 이후 판본들에서도 다른 여러 가지 이유들이 추가되었다. 그럼에도 1860년대에 그는 자신의 이론이 '그렇다.'라는 대답을 주는 상황에 대해 잠시 생각하고는 4판과 5판에서 이 추측을 간단히 설명하기도 했다. 비록 즉시 그 추측을 접고 1872년에 출간된 최종판에서는 이 부분을 완전히 제거했지만 말이다.(『종의 기원』에서 다윈이 찬성하거나 반대한 주장들에 대해서는 Peckham 1959, 443~447, 471쪽을 참조하라. 이 논의는 『사육 동식물의 변이』 1868년과 1875년판 모두에서 거의 글자 그대로 반복된다.(Darwin 1868, ii, 185~191쪽, 2nd edn.,

211~218쪽)) 우리는 먼저 그가 적응적인 설명을 거부한 네 가지 이유를 살펴보려고 한다.

『종의 기원』의 초판에서 다윈은 지나가는 말로 불임이 자연 선택의 문제를 제기한다고 말했다. "잡종의 불임이 (그리고 나중에 그는 "종 간 교배 1세대들의 불임이"라는 말을 덧붙인다.) 잡종들에게 아무런 이익이 될 수 없다는 점과 그러므로 불임이 연속된 이익이 지속적으로 보존되는 식으로 획득될 수 없다는 점을 고려하면, 자연 선택 이론에서 이 경우는 특히 중요하다."(Peckham 1959, 424쪽) 그는 이 지점에서 자연 선택의 이슈를 제기했다. 그의 의문은 불임이 "부수적인 것이냐 선택된 것이냐?"가 아니라 "부수적인 것이냐 아니면 특별히 부여받은 것이냐?"였다. 그러나 4판에서 그의 질문은 확대된다. 이 장의 시작 부분에서 그는 "불임은 특별히 부여받은 것이 아니라 다른 차이들에 부수적인 것이다."라는 요약문에 "자연 선택으로부터 축적되지 않은"이라는 구절을 덧붙인다.(Peckham 1959, 424쪽)

다윈은 "종 간 교배 1세대의 불임과 잡종의 불임이, 다른 변이들처럼 한 종의 특정 개체가 다른 종과 교배할 때 자연스럽게 나타나는 다소 감소한 생식력에 대한 자연 선택으로 획득될 수 있다는 추측이 한때 내게도 다른 사람들에게 만큼이나 그럴듯하게 보였다."(Peckham 1959, 443쪽, 또한 Darwin 1868, ii, 185쪽)라고 말한다. 결국 불임은 각 종의 차이들을 보존해 줄 것이다. "사람이 동시에 두 품종(변종)을 선택했을 때 그들을 반드시 떨어뜨려 놓아야 하는 것과 같은 이치로, 두 품종 혹은 발단종들이 서로 섞이지 않고 있으면 그 두 종들에게 이익이 될 것이 명확하기 때문이다."(Peckham 1959, 443쪽 또한 Darwin 1868, ii, 185쪽) (다윈이 여기서 개체를 생각했는지 아니면 공공의 이익을 생각했는지는 알 수 없다. 어느 쪽이든 그가 무엇을 알고자 했는지는 명확하다.) 그러나 그가 『사육 동식물의 변이』에서 말했던 것처럼 "자연 선택의 원리를 상호 불임인 서로 다른 종들의 탄생에 적용하려고 시도할 때, 우리는 큰 어려움과 마주치게 된다."(Darwin 1868, ii, 185쪽) 그리고 마침내 다윈은 "종 간 교배 1세대의 불임과 그들의 잡종 자식의 불임은 우리가 판단할 수 있는 한, 자연 선택으로 증가하지는 않을 것"이라는 결론에 도달한다.(Peckham 1959, 471쪽)

그의 첫 번째 주장은(Peckham 1959, 443쪽, 또한 Darwin 1868, ii, 185~186쪽도 참조하라.) 종들이 지리적으로 서로 분리된 뒤 상호 교배할 기회를 전혀 얻을 수 없는 경우가 존재하기 때문에, 자연 선택이 항상 종 간 불임의 원인일 수는 없다는 것이다. 선택은 어쨌든 지리적인 장벽으로 막혔기 때문에 상호 교배를 근절할 기회를 얻지 못할 것이다.

다윈은 자연 선택이 필수적이지는 않지만 그렇다고 완전히 배제하지도 못한다고 주장한다. 실제로 다윈이 주목했던 것처럼, 이웃한 종들 사이에서 불임을 선택했다면 지리적으로 격리된 종들 사이의 불임은 의도치 않은 부수 효과로 생겼을 수 있다.(Peckham 1959, 443쪽) 윌리스는 어쨌든 현재는 분리된 종들이 그들이 상호 불임이 됐을 당시에는 아직 서로 접촉하고 있었을 수도 있다는 점을 지적했다.(Darwin, F. and Seward 1903, I, 294쪽, Wallace 1889, 173쪽)

다윈의 두 번째 주장(Peckham 1959, 443~444쪽, 또한 Darwin 1868, ii, 186쪽도 참조하라.)은 그가 특수 창조론에 대항해 휘둘렀던 무기를 꺼내, 자연 선택에 대해서도 들이댄다. 상반 교잡(reciprocal cross, 1세대 교배 후에 전 세대의 어머니 형질을 수컷의 것으로, 아버지 형질을 암컷의 것으로 행하는 교배법의 일종. ─ 옮긴이)에서의 불임은 적응적이라 하기에는 너무 체계적이지 않다.

상반 교잡에서 첫 번째 형태의 형질을 가진 수컷이 두 번째 형태의 형질을 가진 암컷과는 완전히 생식이 불가능한 반면, 동시에 두 번째 형태의 형질을 가진 수컷은 첫 번째 형태의 암컷을 자유롭게 수정시킬 수 있다는 사실은 특수 창조론에 대해서 만큼이나 자연 선택 이론에도 반한다. 번식 체계의 이 특별한 상태가 둘 중 어느 종에게도 유리할 것 같지 않기 때문이다.(Peckham 1959, 443~444쪽)

(그는 여기서 "둘 중 어느 종"이라는 말로, "둘 중 어느 종의 개체들"을 의미하기를 희망하겠지만, 그의 요지는 그가 염두에 둔 선택 수준이 무엇이든 상관없이 적용된다.)

월리스는 부분적인 적응이 유용한 한, 자연 선택은 틀림없이 일거에 완전히 적응적인 일을 하지는 않을 것이라는 의견에 제대로 반대했다. 그리고 그는 반쪽 불임조차 종 간 교배를 막는 데 다소 이익이 된다고 말했다. "한 교배의 불임은 다른 교배가 생식력이 있을지라도 이익이 될 것이다. 그리고 지금은 공동으로 작용하는 특성들이 원래는 자연 선택에 따라 각각 따로 축적됐을 수 있는 것처럼, 상반 교잡 역시 한 번에 하나씩 불임이 되는지도 모른다."(Darwin, F. and Seward 1903, i, 293쪽, 또한 294쪽을 보라) 다윈은 월리스의 요지를 원론적으로는 인정했지만, "자연 선택이 그렇게 기묘한 방식으로 작용할 가능성을 (원론적으로) 인정하기"는 여전히 꺼렸다.(Darwin, F. and Seward 1903, i, 295쪽) 이것은 "기묘한 작업"이 창조론에 반하며 자연 선택을 옹호하는 증거라는 생각의 주요 옹호자들이 제시한 다소 임의적인 판단이다.

이제 우리는 "가장 큰 어려움"(Peckham 1959, 444~445쪽, 또한 Darwin 1868, ii, 186쪽도 참조하라.)에 도달했다. 완전한 불임이 한 개체에게 어떻게 이익이 될 수 있는가? 말하자면 상호 교배할 수 있는 두 품종이 서로 교배해서 생식력이 감소한다면, 둘 중 어떤 개체도 그로부터 이익을 얻지는 못할 것이다. "다른 종의 개체와 교배하는 일은, 따라서 자식을 거의 남기지 못하는 행위는 한 개체에게 아무런 직접적 이익을 줄 수 없다. 결과적으로 이러한 개체들은 보존, 선택되지 못할 수 있다."(Peckham 1959, 444쪽) 이미 종 간 교배에서 불임이라는 사실이 알려진 두 종의 사례를 들어 보자. 다시 한번 다윈은 어떤 개체도 계속된 불임으로부터 이익을 얻지 못할 것이라고 말한다.

> 현재 상태에서 이종 교배했을 때, 자손을 거의 남기지 않거나 불임 자손을 생산하는 두 종의 사례를 들어 보자. 자, 이제 상호 불임성이 다소 높아져서 완전한 불임 상태로 한 걸음 더 접근한 이 개체들의 생존을 무엇이 선호하겠는가? 그러나 이런 진보는 자연 선택 이론을 염두에 둘지라도, 많은 종들에서 끊임없이 일어나는 일인 것이 틀림없다.(Peckham 1959, 444쪽)

무엇이 이러한 생존을 선호할 수 있겠는가? 다윈은 이 질문을 수사적으로 던졌다. 그러나 근대 다윈주의는 대답할 준비가 됐다. 기회비용이 그것이다. 상호 임실성이 완전하다면 (그리고 잡종 자식이 열등하지 않다면) 자연 선택이 종 간 불임을 순조롭게 시작할 수 없다는 면에서 다윈은 옳다. 그러나 만약 두 발단종들이 부분적으로 불임이라면, 완전한 상호 불임이 되는 것이 양측의 개체들에게 막대한 이익을 줄 수 있다. 1세기 후 그의 몇몇 계승자들이 그랬던 것처럼 다윈은 "적은 수의 불임 자식들"을 생산하는 비용을 완전히 이해하는 데, 무엇보다도 기회비용의 이해에 실패한 듯하다. 이 점은 다윈의 입장을 이해하는 데 매우 중요하다. 우리는 나중에 이 점을 다시 다룰 예정이다.

이 논의에서 다윈은 이타주의에 대해 가장 명쾌하게 생각하고 상위 수준으로 설명할 가능성을 인정하면서도 거부했던 것처럼 보인다. 코틀러와 루스는 둘 다 다윈을 그렇게 해석한다.(Kottler 1980, 406쪽, Ruse 1979a, 217쪽, 1980, 623~624쪽) 다윈은 확실히 이 문제를 집단과 개체 사이의 차이로 설정한 것처럼 보인다. "부모종 혹은 다른 변종들과 교배했을 때 약간이라도 불임 상태가 되는 것이 발단종들에게 이익이 된다고 …… 인정받을지도 모른다. 그것 때문에 새로 형성된 이 종과 피를 섞을지도 모를 잡종의 질이 낮은 후손들이 더 적게 생산될 것이기 때문이다."(Peckham 1959, 444쪽) 여기서 "질이 낮은"과 "피의 혼합"이라는 표현은, ("질이 낮은 자식"이 질이 더 높은 자식을 돌보는 데 방해가 된다면 개체에서도 역시 환영받지 못하겠지만) 개체 수준의 걱정이라기보다는 집단 수준의 걱정으로 들린다. 그리고 그의 대답은 방금 살펴본 것처럼, 이러한 불임이 어느 개체에게도 이익이 되지 않기 때문에 자연 선택의 결과일 수 없다는 것이다. 다음에 그는 이 사례를 사회성 곤충에서의 불임 사례와 대조시킨다. 여기서 그는 사회성 곤충의 불임은 개체들이 사회 공동체에 속했기 때문에 선호될 수 있다고 말한다.

> 불임 중성 곤충들에서는 동종의 다른 공동체들에 비해 그들이 속한 공동체에 간접적으로 주는 이익 때문에, 구조와 생식력의 변화가 자연 선택에 따라 천천히 축적됐다고 믿을 만한 이유가 있다. 그러나 사회 공동체에 속하지 않은 개체가 이종 교배했을 때 다소 불임이 된다면, 그들의 보존을 이끌 만한 어떠한 이익도 얻지 못할뿐더러 동종의 다른 개체들에게 간접적으로 이익을 주지도 못할 것이다.(Peckham 1959, 444~445쪽, 또한 Darwin 1868, ii, 186~187쪽)

그가 어떤 선택 수준에서 논의를 진행했는지는 말할 수 없다. 그러나 다윈이 곤충의 공동체적 방식과 단독 행동을 하는 비사회성 동물의 낭비적인 불임을 대조하려고 시도했다는 점은 명백하다. (그러나 대조를 하면 할수록, 다윈을 완전한 개체 선택론자로 규정하려는 확신이 점점 약해진다. 예를 들면 루스는 이 문제를 두고 어려움에 빠져서, 다윈이 "꿀벌의 전체 벌집을 하나의 개체로 보았다."라고 단언하며 끝을 맺었다.(Ruse 1979a, 217쪽))

『종의 기원』 6판에서 다윈은 네 번째 고려 사항을 덧붙인다.(Peckham 1959, 447쪽 또한 Darwin 1868, 2nd edn., ii, 214쪽) 확실히 식물의 경우에 자연 선택은 종 간 불임의 원인이 될 수 없다. 그러나 불임 규칙은 동물에서나 식물에서나 거의 동일하다. 그래서 동물에서도 불임이 적응일 가능성은 적다.

> 우리는 식물에서 이종 교배의 불임이 자연 선택과는 상당히 무관한 어떤 원리 때문이라는 결정적인 증거를 가지고 있다. …… 그리고 동식물계에 걸쳐 매우 일정하게 나타나는 다양한 정도의 불임을 지배하는 법칙으로부터, 불임의 원인이 무엇이든지간에 그것은 모든 사례에서 동일하거나 거의 동일할 것이라고 추론할 수 있다.(Peckham 1959, 447쪽)

식물에서 온 증거는 다음과 같다. 어떤 속들(genera)에서는 이종 교배 시에 씨앗을 많이 생산하는 종부터 씨앗을 더 적게 생산하는 종을 거쳐 씨앗을 전혀 생산하지 않지만 외래 화분과 접촉 시 부풀어 오르는 종까지, 종 간 불임의 정도가 단계적으로 달라진다. 다윈의 기본 전술 중 하나는 자연 선택이 작용 중이라는 그럴듯한 증거로써, 여러 종이나 속들에서 일련의 중간 단계들을 취하는 것이었다. 예를 들어 이것은 그가 악명 높았던 문제 기관인, 눈의 진화를 다루었던 방식이다.(Darwin 1859, 187~188쪽) 다양한 종들에서 나타나는 불임의 단계적 변화(gradation)가 처음에는 적응을 나타내는 징후로 여겨질지도 모른다. 그러나 다윈은 이 모습에 오해의 소지가 있다고 주장한다. 중요한 지점에 무엇인가가 빠져있다. 이 특징의 극단적인 형태인 부풀어 오르지만 씨앗을 생산하지 않는 상태는, 다음 세대로 전달되지 못했을 것이 분명하며 따라서 자연 선택의 결과일 수 없다. "이보다 불임 정도가 더 큰 개체들, 즉 이미 씨앗 생산을 멈춘 개체들을 선택하기란 명백히 불가능하다. 따라서 식물의 배아만이 영향을 받을 때, 자연 선택으로는 불임의 절정 상태에 다다를 수가 없다."(Peckham 1959, 447쪽)

한 끝에 불임이 놓인, 생식력의 단계적인 변화보다 다윈이 이 증거를 더 "결정적"이라고 생각한 이유는 분명치 않다. 아마도 다른 사례들은 그렇게 세세하게 조사되지 않았기 때문일 것이다. 그가 다른 곳에서 지적했듯이, 동물에게서 (체내 수정하는 종에서는 특히 더) 비슷한 자료를 얻기란 극단적으로 어렵다.(Darwin, F. and Seward 1903, i, 231쪽) 이 증거는 그에게 종간 불임을 적응적으로 설명할 희망을 주었던 식물의 사례이기 때문에, 그에게 특별히 더 의미 있어 보인다.

다윈은 그 뒤 불임이 적응이 아니라는 주장을 펴기 위해 특별히 노력한다. 그러나 흥미롭게도, 동시에 그는 『종의 기원』의 4판과 5판에서 불임이 결국 (동물에서는 아닐지라도) 식물에서 적응일지도 모르는 이유에 대한, (그러나 6판에서는 삭제한) 추측을 덧붙였다.(Peckham 1959, 445~447쪽, 또한 Darwin 1868, 187~188쪽) 이게 다 무슨 일인가? 왜 다윈은 우선 자연 선택을 도입하기로 결정했을까? 또 왜 그는 불임이 적응일 수 있다는 생각을 확고하게 거부하는 동시에, 망설이며 지지하는 것일까?

다윈의 적응적인 막간

당시의 사정은 이러했다. 1860년대 초 다윈은 식물에서 이종 교배 실험을 하기 시작했다. 그의 발견은 자극적이고 흥미로운 막간을 가져왔다. 그에게 식물의 자가 불임성은 하나의 적응이었다. 또 자연 선택이 이

종 내 불임을 달성할 수 있는 수단들 역시 종 간 불임성을 진화시키는 데 사용된 것처럼 보였다. 마침내 그는 종 내 불임은 거의 적응이 아닐 것이며, 종 간 불임은 결코 적응이 아니라고 결론 내렸다. 그러나 몇 년 동안 그가 쓴 저작들은 이 결론에 대한 추측과 반론들, 실험적인 지지 증거들과 반증들, 그리고 그 자신이 품은 아이디어의 변화하는 운명을 반영하고 있다.

이 이야기는 1861년 다윈이 앵초속(*Primula*)을 대상으로 행한 연구에서 시작됐다.(Darwin 1862a) 카우슬립(*Primula veris*)이나 프림로즈 같은 몇몇 종들에서 꽃은 두 가지 형태로 핀다. 한 식물 내에서는 단일한 형태의 꽃만 피며, 각 형태의 꽃을 가진 식물의 비율은 거의 반반이다. 둘 중 한 형태는 암술대가 길고 수술이 짧다. (암술대 끝을 암술머리라 하며 여기서 화분을 받는다. 수술은 화분립(pollen grain)을 뿌리는 곳이다.) 다른 형태는 암술대가 짧고 수술이 길다. 다윈은 이것이 곤충을 이용한 타가 수분(cross pollination, 같은 종의 식물에서 한 식물 개체의 화분이 다른 식물 개체의 암술머리에 붙는 현상 — 옮긴이)을 일으키기 위한 구조적 도구로써의 적응이라고 생각했다. 박물학자들은 자가 수분한 식물의 자손들은 생장력이 약하다는 사실에 오랫동안 주목했으며, 다윈은 그들보다 먼저 자연 선택이 타가 수분을 선호할 것이라고 결론 내렸다.(Darwin 1862가 그 예이다.) 그는 앵초속의 이형태성(dimorphic)종들 대부분에서 두 가지 형태의 꽃의 수술과 암술대의 길이가 교묘하게 잘 어울리며, 그 결과 꿀을 찾는 곤충이 암술대가 긴 꽃 속으로 주둥이를 밀어 넣으면 수술의 화분이 주둥이에 달라붙게 돼서 이 부위가 나중에 암술대가 짧은 꽃의 암술머리를 건드리게 된다는 점을 보여 줬다. 암술대가 짧은 꽃에서는 그 반대의 상황이 벌어진다. 1861~1863년에 다윈은 아마속(*Linum*)의 아마와 그 외 여러 종들, 부처꽃속(*Lythrum*)의 털부처꽃과 그 외 여러 종들(그중 몇몇은 삼형태성(Trimorphic)

으로 각 형태마다 한 개의 암술대와 두 개의 수술을 갖고 있다.)에서 동일한 구조를 발견했다.(Darwin 1864, 1865)

앵초속에 대해 연구하는 동안 그는 이 설계가 절대적으로 안전하지는 않다는 점에 주목했다. 꽃들은 여전히 부주의로 자가 수분을 할 수 있다. 그는 구조적인 배열에 따라 타가 수분이 촉진되는 것을 보완하기 위해 자신의 화분이 우연히 암술머리에 닿더라도 수정이 일어나지 않도록 자가 수정을 막는, 어떤 생리적인 장벽을 자연 선택이 발달시켰는지 궁금했다. 확실히 암술머리와 화분립은 두 가지 형태의 꽃에서 서로 달랐다. 이러한 생리적인 장벽이 존재할지도 모른다는 징후일 것이다. 그는 동계 교배의 부정적인 효과(그의 가설에 따르면 바로 이러한 장벽이 존재하는 이유다.)가 실험 결과에 영향을 줄 것이기 때문에, 자가 수정된 꽃에서 이 가설을 시험할 수 없었다. 그러나 그는 동일한 형태의 꽃들을 교배(동형태 간 교배(homomorphic crosses), 암술머리가 짧은 것은 짧은 것끼리, 긴 것은 긴 것끼리)했을 때, 이형태 간 교배(heteromorphic crosses)를 했을 때보다 생식력이 훨씬 더 많이 낮아진다는 것을 발견했다. 그는 이처럼 종의 절반을 차지하는 식물들 간의 번식 실패가 자가 불임성의 부수 효과라고 가정했다. 한 꽃 내에서뿐만 아니라 같은 식물체 내에 위치한 다른 꽃들 간에 수정이 일어나는 것도 막아야만 했기 때문에, 자연 선택은 다음과 같은 일반 규칙에 의지했다. 같은 형태의 꽃들 간 어떤 결합도 불임이 되게 하라. 그리고 의도치 않은 부수 효과로, 같은 형태의 꽃을 가진 다른 식물체들 간 결합마저도 불임이 되었다.

덧붙여 다윈은 이 아이디어에 대한 놀랍고 독립적인 증거를 발견했다. 암술대가 짧은 꽃들은 구조적으로 자가 수분에 훨씬 취약했다. 그래서 자연 선택은 그들의 부주의한 결합을 생리적으로 불임이 되게 만드는, 더 강한 예방 조치를 취했다. 실제로 그는 암술대가 짧은 꽃들끼리의 동형 교배가 암술대가 긴 꽃들끼리의 동형 교배보다 훨씬 생식력이 낮다는 사실을 발견했다.

> 자가 수정의 기회는 다른 형태들에서보다 이 (암술대가 짧은) 형태에서 훨씬 더 많다. (이형태성의 목적이 이종 교배를 촉진하는 것이라는) 이 견해에서 우리는 암술대가 짧은 형태의 화분이 불임성이 커져서 얻는 이익을 즉시 이해할 수 있다. 이 불임성은 자가 수정 여부를 점검하는 데 혹은 이종 교배를 선호하는 데 가장 필요할 것이다.(Darwin 1862a, Barrett 1977, ii, 60쪽)

그는 아마속에서도 어떤 형태의 꽃에서는 자기 화분으로도 수정이 이루어지는 반면, 다른 형태의 꽃에서는 "자신의 화분이 다른 목(order)에 속하는 식물의 화분이나 무기체인 먼지 이상의 효과를 내지 못한다."라는 점을 발견했다.(Darwin 1862a, Barrett 1977, ii, 63쪽, 또한 Darwin 1864를 참조하라.) (부처꽃속에서는 생식력이 "부적합" 수정의 구조적인 위험에 **반비례**했기 때문에, 다윈은 여기서 불임이 적응이 아니라는 점을 발견하고 크게 실망했음에 틀림없다. "만약 이 규칙이 사실이라면 우리는 그것을 이 종들이 현재의 상태에 도달할 때까지 지나쳐 온 단계적인 변화들의 부수적이고 쓸모없는 결과로 조사해야만 한다."(Darwin 1865, Barrett 1977, ii, 120쪽) 그러나 그는 자신의 추측을 고집했다.) 그렇다면 자가 불임성은 동형태 간 불임성이라는 의도치 않은 부수 효과를 가진, 자연 선택의 작용으로 생각할 수 있다.

다윈은 자연 선택이 불임을 진화시키는 데 사용한 생리적인 기제들을 자신이 "강력 유전(prepotency, 자화와 타화의 화분이 동시에 주어졌을 때, 자화의 수술 화분보다 타화의 화분이 수분이 더 잘되는 현상. — 옮긴이)"이라고 불렀던 것이라고 추측했다. 이형 화분은 동형 화분보다 훨씬 더 생식력이 커서 우연히 꽃의 암술머리가 자신의 화분에 노출됐을 때 암술머리에 닿은

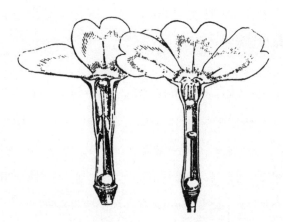

암술대가 긴 형태　　　　**암술대가 짧은 형태**

식물체들의 사랑

"지금까지 내가 발견한 사실들 중에서 암술대의 형태가 다른 꽃들에서 찾아낸 의미만큼 나를 기쁘게 한 발견은 없다"(다윈, 『자서전』에서 인용)

카우슬립의 긴 암술대를 가진 꽃과 짧은 암술대를 가진 꽃(다윈, 『동종 식물에 피는 여러 형태의 꽃들(*The Different Forms of Flowers on Plants of the Same Species*)』에서 인용): 앵초속에 속하는 몇몇 종들은 두 가지 형태의 꽃을 만들어 낸다. 한 형태는 긴 암술대와 화통(floral tube) 속에 낮게 위치한 짧은 수술을 갖고 있다. 다른 형태는 짧은 암술대와 화통 입구 부분에 놓인 긴 수술을 갖고 있다. (암술대 끝 부분에는 암술머리가 달렸다. 암술머리는 화분을 받는 부위이며 수술은 화분을 뿌리는 부분이다.) 식물의 꽃은 모두 이런 형태를 띤다. 다윈은 이 이형태성이 곤충의 타가 수분을 촉진하는 구조적 도구임을 발견했다. 이 두 가지 형태의 꽃에서 수술과 암술대의 길이는 교묘하게 서로 잘 어울려서, 꿀을 찾는 곤충이 암술대가 긴 꽃 속으로 주둥이를 밀어 넣으면 수술의 화분이 곤충 주둥이의 특정 부분에 달라붙는다. 곤충은 나중에 이 부위로 암술대가 짧은 꽃의 암술머리를 건드릴 것이다. 그 반대의 경우도 성립한다.

어떤 이형 화분도, "동형 화분의 작용을 없앨 수 있을 것이다."(Darwin 1862a: Barrett 1977, ii, 59쪽) 이 "강력 유전"은 지금 우리가 성적 부조화(sexual incompatibility)라고 알고 있는 것이며 이 경우에는 자가 불화합성(self-incompatibility)이다. 식물은 자기 화분 혹은 자신과 유사한 화분을 인식해서 거부할 수 있다. 다윈이 생각했던 것처럼, 이것은 자가 수정을 피하는 생화학적 장치로 자가 수분을 피하기 위한 기계적 장치의 지원 수단이

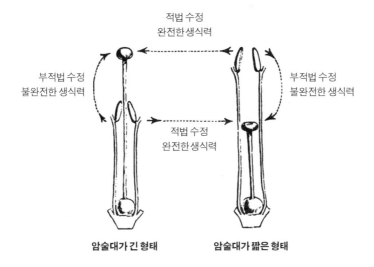

적법 수정
완전한 생식력

부적법 수정
불완전한 생식력

부적법 수정
불완전한 생식력

적법 수정
완전한 생식력

암술대가 긴 형태　　　　**암술대가 짧은 형태**

카우슬립에서의 적법 수정과 부적법 수정(다윈, 『동종 식물에 피는 여러 형태의 꽃들』에서 인용): 다윈은 카우슬립에서 "부적법" 수정(짧은 암술끼리 혹은 긴 암술대끼리 하는 수정)이 "적법" 수정보다 생식력이 낮음을 발견했다. 그는 동시에 이것이 적응일지도 모른다고 생각했다. 타가 수정을 촉진하는 구조적 조정을 보완하기 위해, 자가 수정을 막는 생리적인 장벽 말이다. 이러한 장벽은 자신의 화분이 우연히 암술머리에 닿았을지라도 그 결합이 불임으로 끝나도록 보장해 준다. 또 같은 식물에 위치한 꽃들 사이에서 수정이 일어나는 것을 막아준다. 덧붙여 다윈은 서로 다른 식물체 사이에서 일어난 같은 형태의 꽃들 사이의 결합이, "적법" 수정보다 생식력이 낮다는 것을 발견했다. 그는 이 마지막 사례, 즉 다른 식물체 간 불임이 자가 불임성의 의도치 않은 부산물이자 동일형태의 꽃들 사이의 생식을 전면 금지한 조치의 의도치 않은 결과라고 가정했다. 그렇다면 자연 선택은 자기 종의 구성원 중 과반수와 교배 시에 불임이 되는 막대한 대가를 치르며, 자가 불임을 달성하는 것처럼 보인다. 카우슬립은 "종 내 구성원의 절반이 불임"이었다.

다. 이 장치는 대개 다른 기회를 위해 식물의 난자를 보호할 수 있을 만큼 충분히 일찍 개입하며, 유산 도구보다는 피임 기구처럼 작용한다.

　그러나 이 모든 사실이 종 간 불임과 무슨 관련이 있을까? 다윈에게 그 교훈은 명백히 두 부분으로 이루어져 있다. 불임은 하나의 적응일 수 있다. 강력 유전을 살펴보면 종 간 교배의 경우에서 타종의 화분에 대한 자기 종 화분의 강력 유전은, 자연 선택이 불임을 달성하는 수단일 수 있다. 다윈이 유추를 이끌어 내는 데 신중했지만, 그는 이 모형을 염두에 두었던 것처럼 보인다.

앵초속에 대한 논문에서 그는 종 내 불임과 종 간 불임 사이의 유사점을 넌지시 암시한다. 그는 동형태 간 교배가 이형태 간 교배만큼이나 불임이 많으며, 종 내 불임 정도의 개체 변이는 자연 선택이 작용할 수 있을 만큼 충분히 많다고 말한다. 이것은 우리에게 종 간 불임성을 떠올리게 한다.

> 그러므로 우리가 수행한 성적 능력의 가변성에 대한 기초 작업으로 볼 때, 또 앵초에서 이종 교배를 선호하기 위해 기이한 종류의 불임이 획득됐다는 점으로 볼 때, 형태의 느린 변화를 믿는 사람들은 불임이 뚜렷한 목적, 다시 말해 서로 다른 생활 방식에 적응해 왔던 두 형태들이 혼인으로 섞여서 자신들의 새로운 서식처에 덜 적응하는 일을 막기 위해 획득된 것이 아닐지도 모른다고, 자연스레 자문하게 될 것이다.(Darwin 1862a: Barrett 1977, ii, 61쪽)

(여기서 "형태들"이란 더 상위 수준의 선택이라기보다는 개체를 의미하는 것처럼 보인다. 그는 결국 종 내 개체 수준의 선택에서 비유를 이끌어 내고 있다. 그건 그렇고 앵초속에서의 불임은 "기이하다." 같은 부류들 사이의 불임이기 때문이다.) 그러나 그는 돌연 이러한 추측을 중단한다. "설사 이 견해가 받아들여질지라도 많은 커다란 어려움들이 해결되지 않은 채 남아 있을 것이다."(Darwin 1862a: Barrett 1977, ii, 61쪽) 그럼에도 몇 달 후인 1862년 초에 헉슬리에게 쓴 편지에서 그는 덜 조심스럽다. "《린네 학회 저널(Linn. Journal)》에 실린 앵초속에 관한 제 논문의 후반부는 제게 …… 이후 불임이 대체로 획득되거나 **선택된** 형질 (제가 『종의 기원』에서 입증 증거를 가지기를 희망했던 견해)로 보일 것이 틀림없다는 의혹을 주었습니다."(Darwin, F. 1887, ii, 384쪽) 그해 12월에 자신의 위대한

친구이자 저명한 식물학자인 조지프 후커(Joseph Hooker)에게 쓴 편지에서 그는 다음과 같이 말한다. "이형태성에 관한 연구는 잡종에 관한 저의 생각들을 상당히 많이 변화시키고 있습니다. 저는 이제 불임이 애당초 발단종들을 다르게 유지시키는, 선택된 형질이라고 믿는 쪽으로 크게 기울었습니다."(Darwin, F. and Seward 1903, i, 222~223쪽)

그리고 『종의 기원』의 다음 두 판본들, 1866년의 4판과 1869년의 5판에서 그는 식물에서 종 간 불임이 자연 선택으로 어떻게 획득될 수 있는지를 시험적이나마 실제로 제시한다.

> 많은 (식물) 종들에서, 곤충들은 이웃 식물체들로부터 각 꽃의 암술머리로 끊임없이 화분을 운반한다. 몇몇 종들에서는 이 일이 바람으로 이루어지기도 한다. 그러나 동종의 암술머리로 옮겨 붙은 한 종의 화분이 자연 변이(spontaneous variation)로 다른 종들의 화분보다 아주 조금이나마 우세해진다면, 그것은 확실히 이 종에게 이익이다. 자기 종의 화분이 다른 종의 화분의 효과를 없애고 형질의 퇴보를 막을 것이기 때문이다. 자기 종의 화분이 자연 선택으로 우세해질수록 이익은 더 커진다.(Peckham 1959, 445쪽)

종 간 불임은 이런 강력 유전을 항상 동반한다고 그는 말한다. 이때 큰 의문은 강력 유전과 불임 중 무엇이 먼저 발생하느냐는 것이다. 자가 수정이 보장되지 않는 한, 자연 선택은 외래 화분과의 불임을 촉진할 수 없기 때문이다. "우리는 …… 상호 불임인 종들에서, 암술머리 위에 있는 같은 종의 화분은 항상 다른 종의 화분보다 우세하다는 것을 …… 안다. 그러나 우리는 이런 강력 유전이 상호 불임의 결과인지 아니면 그 반대인지 모른다."(Peckham 1959, 445~446쪽) 만약 강력 유전이 불임에 선행한다면 우리는 자연 선택이 채택할 수 있는 경로를 찾은 셈이다. "강력 유전이 형성 과정에서 종에게 주는 이익 때문에 자연 선택으로 한층 강화됨에 따라, 강력 유전의 결과로 생긴 불임이 동시에 증가했을 것이다. 그 결과로 현존하는 종들에서 나타나는 것 같은 다양한 정도의 불임이 생겨났을 것이다."(Peckham 1959, 446쪽) 분명히 다윈은 강력 유전을 해답의 열쇠로 보았다. 만약 어떤 꽃이 화분 선택을 확실히 할 수 있게 된다면, 선택은 점점 이 종의 화분이 가지는 힘을 증가시키고 다른 종 화분의 힘은 감소시킬 수 있다.

다시 한번 다윈은 상위 수준의 단어를 사용했다. 『종의 기원』 4판에서 그는 심지어 자기 종 화분의 강력 유전은, 그 종에게 이익이 된다고까지 이야기한다. "그것이 품질이 저하, 악화되는 일을 피하게 해 주기" 때문이다.(Peckham 1959, 445쪽) 비록 확실히 종 수준의 관심사인 이 "품질 저하"가 5판에서는 삭제됐어도 그렇다. 그리고 짐작컨대 그는 아직 개체 수준에서 사고하고 있다. 그가 강력 유전을 붙잡고 늘어진 것은 그것이 개체의 비용과 이익이 어떻게 작동할 수 있는지에 대한 실마리를 제공했기 때문이다.

다윈은 자신의 추측을 피력했다. 그 후 신속하게 그것을 철회했다. 그는 동물에는 '화분 선택'에 상응할 만한 것이 없다는 점이 걸림돌이라고 말한다. 동물과 식물에서의 종 간 불임의 양상은 서로 비슷하다. 그래서 그들은 공통된 원인을 가질 가능성이 크다. 아마 어느 쪽에서도 자연 선택은 그 원인이 아닐 것이다.

만약 암컷들이 매 출산 전에 여러 수컷들을 받아들인다면, 이 견해는 동물들에게까지 확대될 수도 있다. …… 그러나 대부분의 수컷과 암컷들은 매번 출산 시마다 서로 한 쌍을 이루며, 그중 몇몇 쌍들은 평생 동안 지속되기도 한다. …… (우리는) 동물에서 이종 교배의 불임이 자연 선택으로 천천히 증가하지 않았을 것이라고 결론 내릴 수 있다. 불임이 식물계와 동물계에서 동일한 일반 규칙을 따른다면, 식물계에서 이종 교배가 동물계와는 다른 과정을 거쳐 불임에 이르게 됐다는 것은, 겉으로는 가능해 보일지라도 있을 법하지 않은 일이다.(Peckham 1959, 446쪽)

(하고 많은 사람들 중에서 다윈이 암컷들은 아무런 선택권을 지니지 못한다고 주장하는 모습을 보다니 역설적이다.) 그래서 그는 "우리는 자연 선택이 작용 중이라는 믿음을 포기해야만 한다. 또 이종 교배 1세대의 불임과 잡종의 불임이 부모종들의 알려지지 않은 번식 체계상 차이에서 기인했을 뿐이라는 이전 입장으로 되돌아가게 된다."라고 결론 내린다.(Peckham 1959, 446쪽 또한 Darwin 1868, ii, 228~229쪽)

다윈은 종 간 불임이 적응적일 수 없다고 점점 확신하게 되었다. 그는 『종의 기원』(1872년, 6판)과 『사육 동식물의 변이』(1875년, 2판) 최종판에서 자신의 추측을 삭제한다. 그리고 『식물의 자가 수정과 타가 수정의 영향 (*Effects of Cross and Self Fertilisation in the Vegetable Kingdom*)』(1876년)과 『동종 식물에 피는 여러 형태의 꽃들』(1877년)에서 그는 한 종 내에서조차 식물의 불임이 적응적일 수 없는, 여러 가지 더 많은 이유들을 열거했다. 그중 하나는 자가 불임성 정도가 자가 수정으로 얻은 자손이 열등한 정도에 대응하지 않아서, 이 열등함이 선택압이었을 가능성이 적다는 것이었다.(Darwin 1876, 345~346쪽) 또 다른 이유는 자가 불임성의 정도가 한 부모의 자식들 사이에서도 크게 달라진다는 점이었다.(Darwin 1876, 346쪽) (다윈은 몇몇 개체들은 상호 교잡(intercrossing, 타식성(他殖性) 작물들 사이의 임의 교배 — 옮긴이)을 하도록 선택되고 또 일부는 '종의 증식을 보장하기 위해' 자가 수정을 하도록 선택된다는(Darwin 1876, 346쪽), 아주 흥미로운 가능성을 제기했지만 자가 불임성 개체들이 너무나 드물기 때문에 이 아이디어를 기각한다. 이것이 상위 수준, 즉 공공 이익주의적인 설명일까? 아니면 더 흥미롭게도 그의 마음속에서 가장 중요한 부분을 차지했던, 빈도 의존적인 개념의 일종일까?) 그는 다양한 동형태 간 교배들에서 불임의 정도가 "불규칙적으로" 달라진다고도 주장했다.(Darwin 1877, 265쪽) 불임의 정도는 온도, 영양분과 그 외 다른 환경적인 요인들의 영향을 크게 받는다.(Darwin 1876, 345~346쪽) 그는 타가 수정이 보장되지 않는 한, 자가 불임성이 선택될 수 없다고 강조했다.(Darwin 1876, 381~382쪽) 그러나 그는 타가 수정을 달성하는 수단들이 너무나도 많아서, "불임은 이 목적에 거의 불필요해 보인다."라고 말했다.(Darwin 1876, 346쪽) 마지막으로 자연 선택은 동형태 간 교배를 모두 불임으로 만들어 식물이 동종의 절반(삼형성(trimorphic)종에서는 종의 3분의 2)과 결합하지 못하게 만드는, 막대한 대가를 치러서까지 자가 불임성을 선택하지는 않을 것이다. 여전히 자가 불임성을 하나의 적응으로 여겼던 때에 쓴, 앵초과에 대한 논문에서조차 그는 "이 목적이 …… (이러한) 대가를 치르고 …… 달성됐다는 점이 몹시 놀랍다."라고 말했다.(Peckham 1959, 459쪽) 그는 다음과 같이 주장했다.

상호 불임의 형태는 너무나도 독특해서 종에게 매우 이익이 되지 않는 한, 특별히 획득되었을 것이라고 믿기 어렵다. 만약 자기 화분과는 불임이어서 타가 수정이 보장되는 것이 개체에게는 이익이 될지라도 동종 개체들의 절반과, 즉 같은 형태를 띤 모든 개체와의 사이에서 불임인 것이 어떻게 식물에 이익일 수 있을까? (Darwin 1877, 264~265쪽)

(만약 다윈이 이 주장을 심각하게 받아들였다면, 성별의 발달 역시 적응적이지 않다고 주장했을 것이다. 그는 분명 성별에 따르는 비용도 이것과 거의 비슷하다고 인식했다.(Darwin 1865, Barrett 1977, ii, 126쪽이 그 예이다.) 다윈은 이처럼 연속된 논거들로 무장하고, 즉시 이종 간 불임을 다루었다.(Darwin 1877, 466~469쪽) 이종 교배와

잡종 형성의 결과는 종 간이나 종 내나 거의 비슷한 패턴으로 나타난다. 그래서 그 원인이 다르다고 가정할 이유가 없다. 따라서 그는 모든 불임은 적응이 아니라고 결론 내렸다. 불임은 모두 부수적인 현상이다. 그가 몇몇 사례들에서는 자연 선택이 자가 불임성을 일으킬 수 있다는 사실을 이따금 인정했더라도(Darwin 1876, 442쪽, 1877, 258쪽이 그 예이다.), 그는 종 간 불임에도 똑같은 주장이 적용될 수 있다는 견해를 완전히 포기했다.

그의 입장에 서 보려고 노력하지 않는 한, 다윈이 그렇게 상황을 복잡하게 만든 이유를 이해하기 힘들다. 다윈은 불임이 적응이라는 생각에 불안해 했다. 스스로 자연 선택의 근본 법칙이라고 확신했던 개체의 번식 성공도 촉진에 위배된다고 여겼기 때문이다. 부분적으로만 상호 불임이 되거나, 열등하거나 불임인 잡종의 자식을 가지는 데 수반되는 기회비용을 그는 과소평가했다.

강력 유전은 그를 이러한 사고 방식에서 자유롭게 했다. 그 결과로 유기체에게서 번식 기회를 빼앗는 것이 아니라 유기체가 더 나은 기회를 이용할 수 있도록 자유롭게 해 주는, 선택이라는 기회비용의 입장에서 사고하게 해 주었다. 불임은 더 이상 번식력의 필연적인 손실이 아니라, 더 나은 번식 기회의 방출로 여겨졌다. 강력 유전은 한 화분과 다른 화분 사이의 선택, 동형태 간 수정과 이형태 간 수정 사이의 선택 같은, 번식 선택의 진화에 대한 모형을 제공했다. 그것은 다윈이 우선 더 나은 선택지가 잘 수립됐는지 확인하고 그 뒤에야 비로소 덜 매력적인 선택지를 철회하는 진화 경로를 상상하게 해 주었다. 불임을 하나의 선택지로 변화시켜 주는 것은, 수정의 대안을 보장하는 것이다. (불임이 적응이 아니라고 결정했을 때) 자가 불임성에 관해 다윈이 말한 것처럼, "타가 수정을 선호하는 수단들은 자가 수정을 막는 수단들보다 먼저 획득돼야만 한다. 타 개체의 화분을 받는 데 이미 잘 적응돼 있지 않는 한, 암술머리가 자

기 화분을 받는 데 실패하면 식물은 분명히 해를 입기 때문이다."(Darwin 1876, 382쪽)

나아가 다윈은 화분의 강력 유전(화분 생식력의 증가)을 관찰했을 때, 선택이 화분의 불임을 촉진하는 데 사용했을 수도 있는 바로 그 경로를, 자신이 지금 보고 있는지도 모른다고 생각했다. 1862년에 후커에게 썼던 것처럼 "만약 당신이 부처꽃속을 자세히 살핀다면 단지 타가 수정을 선호하기 위해 화분이 어떻게 변형될 수 있는지 알게 될 것입니다. 화분은 타가 수정을 막기 위해, 이 정도로 기꺼이 변형될 수도 있습니다. 제가 이형성에 관심을 가지게 된 원인이 바로 이것입니다."(Darwin, F. and Seward 1903, i, 222~223쪽)

(종 분화에서 지리적 격리의 중요성을 이해하며) 다윈이 동소적 종 분화에 대해 어떻게 생각했는지를 떠올리자. 그는 지리적으로 분리된 동안 극적인 적응적인 분산을 겪는 두 집단들이 아니라, 처음에는 서로 매우 비슷했던 두 품종을 염두에 두었다. 그는 이런 조건들 아래서 상호 교배하는 데 드는 비용은, (자가 수정 비용이 타가 수분과 자가 불임성을 촉진하는 엄청난 동기가 되는 종 내 불임의 사례에서와는 달리) 그다지 심각하지 않을 것이라고 여겼다. 실제로 다윈은 오직 자기 집단 내에서만 교배하는 개체들이 얻는 이익보다는, 잠재적인 배우자들을 엄청나게 축소시키는 상호 불임의 위험에 더 깊은 인상을 받은 것처럼 보였다. 다시 한번 말하지만 그는 강력 유전이 진화 경로를 매끄럽게 만든다고 보았던 것으로 짐작된다. 처음에 종 내 교배에는 이익이 따랐지만, 위험의 균형은 다른 품종들과의 교배 역시 계속 선호했을 것이다. 그 뒤 동종 화분의 강력 유전을 선호하는 선택이 이종 교배를 완전히 막지 않은 채, 이 이익을 착취했을 것이다. 일단 종 내 수정의 이익이 (두 집단들 사이의 적응적인 분산 때문에) 충분히 증가하고, (선택이 집단 내 수정을 촉진했기 때문에) 위험이 충분히 감소하면 선택은 다

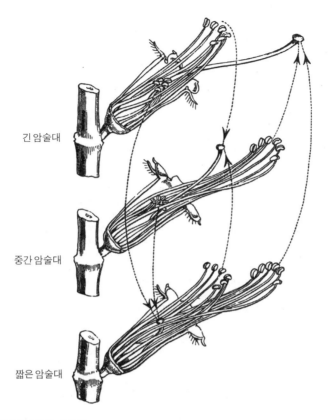

긴 암술대

중간 암술대

짧은 암술대

'가장 복잡한 결합-재배열'

"수정 방식에서 이 식물들은 다른 어떤 식물이나 동물들에서 발견할 수 있는 것보다 훨씬 주목할 만한 사례를 제공한다. …… 자연은 가장 복잡한 결합과 재배열, 즉 세 암수한몸(hermaphrodite)들 사이의 삼자 결합을 정해 놓았다."(다윈, 『동종 식물에 피는 여러 형태의 꽃들』에서 인용)

털부처꽃(Lythrum salicaria)의 세 가지 형태들(다윈, 『동종 식물에 피는 여러 형태의 꽃들』에서 인용): 털부처꽃들은 암술대와 수술의 배열 형태에 따라 세 가지로 나뉜다. (암술대는 끝 부분인 암술머리에서 화분을 받는다. 수술은 화분립을 뿌린다.) 수술은 길이에 따라 긴 것, 중간 것, 짧은 것의 세 종류로 나뉜다. 각 꽃들이 가질 수 있는 수술의 종류는 이 중에서 두 종류뿐이다. 암술대 역시 긴 것, 중간 것, 짧은 것으로 나뉜다. 각 꽃들은 오직 한 개의 암술대만을 가지며 암술대는 항상 수술과 길이의 종류가 다르다. 각 식물들에는 오직 한 가지 형태의 꽃들만 핀다. 다윈은 이 구조가 타가 수분을 촉진하기 위해 교묘히 고안되었음을 깨달았다. 곤충이 꽃들 사이를 날아다닐 때, 그들은 대개 한 꽃의 수술로부터 얻은 화분을 그 수술과 길이가 비슷한 암술대의 암술머리로 운반한다. 그 암술대는 다른 형태의 꽃에 존재할 것이다.

른 품종과의 불임을 선호하게 될 것이다.

다윈의 생각에 대해서는 이쯤하기로 하자. 예상대로 종 간 불임을 적응적으로 설명하려는 월리스의 시도는, 이것과는 매우 다른 방식을 취했다.

월리스: 자연 선택의 힘

월리스는 다윈에게 쓴 편지에서 "저는 자연 선택의 힘에 관한 모든 것에 매우 흥미가 있습니다. 비록 자연 선택이 할 수 없는 일들도 몇 가지 있음을 인정하지만, 저는 아직 불임이 그중 하나라고 생각하지 않습니다."(Marchant 1916, i, 203쪽)라고 말했다. 월리스는 자연 선택이 이처럼 매우 유용하며 보편적이고 획일적인 어떤 특성의 진화를 설명할 수 없다고 인정하고 싶지 않았다. 그는 또한 다윈주의가 종의 기원에 극히 중요한 어떤 것을 적응적으로 설명하는 데 실패했다는 사실을, 반다윈주의자들이 이용하려고 시도할 것을 염려했다.(Marchant 1916, i, 210쪽) (이러한 걱정은 나중에 현실이 되었다. 다윈주의에 대한 비평들에 관해 켈로그가 세기의 전환기에 행한 조사들은 특히 토머스 모건의 공격을 언급하며, 이것을 "상당히 만만찮은 기각 범주" 중 하나로 인용한다.(Kellogg 1907, 76쪽)) 월리스는 적응의 간극을 메우려고 시도했다. 그리고 그는 많은 사람들이 동의하지는 않을지라도 자신이 꽤 잘 해 왔다고 생각했다.(이 문제에 관한 그의 최종 견해는 다윈 사망 후 출간된 그의 저서 『다윈주의』(Wallace 1889, 7장, 특히 168~180쪽)에 언급돼 있다. 이것은 그가 20년 전, 1868년에 다윈과 주고받은 편지에서 제안했던 해결책의 단순 버전이다.(Darwin, F. and Seward 1903, i, 287~299쪽, Marchant 1916, i, 195~210쪽도 대체로 같은 편지를 다루는데, 여기에 추가 사항을 몇 가지 덧붙였다.(203, 207쪽)) 월리스의 책에 실린 버전은 그가 이전에 제시한 견해의 앞부분과 거의 일치한다. 이전에 제시한 견해의 뒷부분은 최초 조건에 대한 다소 복잡한 가정들 몇 가지를 포함하고 있는데, 그 이상의 가치가 없다.(월리스가 나중에 인식했던 것처럼(Darwin, F. and Seward 1903, i, 292~293쪽, n1), 우리는 그것을 다루지 않을 것이다.)

다윈은 종 간 불임에 대해 월리스와 주고받은 편지에서, 한번은 다음과 같이 말했다. "저는 집에 돌아올 때까지 이 불임 논쟁에 대해 고심하게 되리라고 생각하지 않았습니다. 이것에 대해 한두 번 고심했는데 덕분에 위장이 마치 작업대 속에 놓인 것처럼, 옥죄이는 느낌을 받았습니다."(Darwin, F. and Seward 1903, i, 293쪽) 같은 문제에 대해 한두 번 이상 고심해 보면서 나는 다윈과 그의 가족들의 느낌에 공감할 수 있었다. "당신의 논문은 내 아이들 셋을 반쯤 미치게 만들었어요 그 애들은 이 문제에 대해 고심하며 12시까지 깨어 있었습니다."(Darwin, F. and Seward 1903, i, 293쪽) 월리스의 논의는 그의 능력을 완전히 다 보여 주지 않는다. 그가 터득한 바를 알기란 어려우며 때때로 그가 의미한다고 여겨지는 바를 다윈주의의 맥락에서 해석하기도 쉽지 않다. 자신의 저서에서 월리스는 스스로 "이 주장은 따라가기 다소 어려운 것"(Wallace 1889, 179쪽)이라고 인정했으며, 심지어 일부 독자들이 전문을 다 읽을 수 없을 것이라고 의심하고 요약문을 제시하기까지 했다.(Wallace 1889, 179~180쪽) 월리스의 주장은 여러 독립적인 부분들로 이루어진 것처럼 보인다. 그를 정당하게 평가하는 한 가지 방법은 이 부분들을 분리해서 조사한 후, 종합적인 평가를 위해 다시 하나로 합치는 일이다.

월리스의 기본적인 생각은 종 간 불임과 잡종 불임의 진화가 두 단계로 이루어진다는 것이다. 첫 번째 단계에서 불임은 우연히 발생한다. 두 번째 단계에서는 자연 선택이 개입해, 이 우연한 사건들을 종들 간의 체계적인 번식 장벽으로 만들어 낸다. 월리스는 불임이 맨 처음에 우연히 발생한 경우에만 자신의 주장을 적용할 수 있지만, 불임은 매우 흔히 일어나는 일이라는 점을 강조한다.(Marchant 1916, ii, 41쪽, Wallace 1889, 179쪽)

같은 지역 내에서 습지와 건지나 나무와 빈 땅처럼, 서로 다른 환경의 적합한 장소에 적응 중인 두 종들을 고려해 보라고 윌리스는 말한다. 이 두 형태들은 서로 완전히 교배할 수 있을지도 모른다. 그럴 경우 상호 잡종이 훨씬 강하다면 그들은 순수 혈통보다 더 잘 살아남을 것이다. (잡종 강세(Hybrid vigor)는 흔하게 관찰되는 현상이며 문서로 충분히 입증된 효과이다.) 그러나 잡종이 다소 불임일 가능성이 더 높다. 성공적인 번식이 이루어지려면 양성 간의 긴밀한 양립 가능성(compatibility)이 필요하다는 사실을 다윈은 우리에게 보여 주었고, 윌리스가 이것을 다시 상기시켰다. 실제로 생리적인 관점에서 보면 생식력은 상당히 불안정한 조건이다. "생식력은 암컷과 수컷의 서로에 대한 이처럼 섬세한 적응에 의존하기 때문에, 가장 생식력 있는 개체들이 보존되어 계속 유지되지 않는 한 불임은 항상 일어나기 쉬워 보인다."(Wallace 1889, 184쪽) 특히 생식력은 변화에 매우 취약하다. 물론 우리는 변이들이 (새로운 적응들 때문에) 구조적인 변화를 겪고 있으며, 환경의 변화(새로운 니치들)를 경험한다고 가정한다. 그렇다면 "두 종 간 잡종의 부분 불임성(partial sterility)이 우리가 불임의 실제 이유로 여겨왔던 두 가지, 즉 생활 양식의 차이와 두 종 간 내외부적 특성들과 관련해서 생겨난다고 가정해 보자"(Wallace 1889, 175쪽) 잡종의 부분 불임성을 이렇게 가정하는 것은 다윈의 생각과 다를 바 없다. 그러나 윌리스는 자연 선택이 이 부수적인 경향을 불임으로까지 발전시키거나 체계화시킬 수 있다고 주장한다.

우리는 …… 출발점을 …… 알아냈다. …… 이제 우리에게 필요한 전부는 이 최초의 경향을 증가시키거나 축적할 수 있는 수단이다. …… 불임의 다양한 원인들이 유기체의 본성과 상관관계의 법칙 속에 존재한다고 밝혀졌다.

자연 선택이라는 대리인은 오직 이 원인들이 생산해 낸 효과들을 축적하고, 그들의 최종 결과물들이 기존의 사실들에 더 부합하고 더 일관되게끔 만드는 역할을 할 뿐이다.(Wallace 1889, 173~174쪽)

월리스는 자연 선택이 잡종을 선호하지 않는다고 주장한다. 그렇게 함으로써 자연 선택은 하나의 부산물로써, 이종 간 불임성을 촉진할 것이다. 잡종들은 생식력이 낮고 적응력이 떨어지기 때문에, (이것은 잡종 강세에도 불구하고 조건이 악화될 경우 잡종들에게 불리하게 작용할 것이다.) 순수 혈통의 자손들보다 열등하다. 이 선택압의 자동적인 부수 효과로, 자연 선택이 잡종을 생산하지 않는 경향을 선호하게 될 것이다. 따라서 종 간 불임을 선호할 것이다. 월리스가 강조했듯이 자연 선택이 종 간 불임성을 선호하는 쪽으로 작용하지 않고, 잡종 자손을 (열등하기 때문에) 선호하지 않는 식으로 작동한다는 점에 주목해야 한다.

(증가된 종 간 불임성에 대한 선택)이라는 결과가 …… 불임 변이들을 그들의 불임성 때문에 보존해서가 아니라, 잡종 자손들의 열등함, 즉 그들이 순수 혈통의 자손들보다 수가 더 적고 자기 종을 유지할 능력이 부족하며 기존 환경에 대한 적응력이 더 떨어지기 때문에 얻어졌다는 사실에 특별히 주목해야 한다. 핵심은 잡종 자손들의 이런 열등성이다.(Wallace 1889, 175쪽)

그의 말에 따르면 불임성이 다른 이점과 연결되지 않는 한, 선택이 자동적으로 불임성을 근절할 것이기 때문에 이 점이 중요하다. 선택이 선호하는 것은 항상 이점이지 불임이 아니다. 불임성은 하나의 부산물로서 촉진된다. "동종 개체들 사이의 어떤 형태의 불임도 다른 유용한 변이와 연관되지 않는 한, 자연 선택으로 증가할 수 없다, 반면 그렇게 연관되지 않은 모든 불임성은, 끊임없이 스스로를 제거하려는 경향이 있다."
(Wallace 1889, 183쪽) 월리스는 자신이 이런 연관성을 발견했다고 느낀다.
선택은 잡종이 아닌 자식을 선호하며 이 "유용한 변이"는 상호 불임성
과 연관된다.

그래서 월리스는 자신이 다윈이 남긴 요지로부터 주장을 발전시켰다
고, 단순히 부수적인 현상에서 적응적인 것으로 변화시켰다고 결론 내
린다.

> 다윈 씨는 종 간 불임이 …… 특정한 차이의 일관되거나 필연적인 결과가
> 아니라, 번식 체계의 알려지지 않은 특성에 부수된 결과라는 결론에 도달했
> 다. …… 여기 다윈 씨가 남겨 놓은 문제가 있다. 그러나 우리는 진일보했을
> 지도 모를 해결책을 제시했다.(Wallace 1889, 185~186쪽)

월리스의 주장을 이해하기 위해 그가 처한 입장을 생각해 보자. 그는
불임을 적응적으로 설명하기를 원한다. 그러나 다윈처럼 그도 부모가
불임이 되거나 생식력이 낮은 잡종 자손을 가져서 부담하는 비용을 이
해하지 못한다. 따라서 그는 선택이 부모들에게 작용하는 방식을 상상
할 수 없다. 그는 선택이 작용할 수 있는 무엇인가를 찾아내려고 애써야
만 한다. 그의 해답은 그것이 잡종 그 자체라는 것이다. 월리스는 자신이
정통 적응주의자로서 선택이 열등한 잡종 자식을 가진 부모의 불임성
이 아니라, 잡종의 열등함에 작용한다고 주장해야만 한다고 생각한다.
부모의 불임성에 수반되는 기회비용을 인지하지 못했기 때문이다. 그의
(일관되지 않은) 주장을 세부적으로 이해하기는 어렵다. 그러나 그가 입증
하려 했던 주장이 무엇이었는지는 명확하다.

월리스의 주장에 대한 다윈의 주요 반론 중 하나는 똑같은 실수를

강력하게 표출한다. 이미 어느 정도 상호 불임성인 개체들 사이에서 생식력이 더 떨어지는 일을 자연 선택이 선호할 이유가 없다고 다윈은 말한다. 어쨌든 부모의 종 간 결합에서 불임성이 증가해 이들의 순수 혈통 자식이 얻는 이익은 없다.

A, B 두 종을 예로 들어 보자. 이들이 (어떻게 해서든) 반쯤 불임이라고, 즉 낳을 수 있는 전체 자식 수의 절반만을 생산한다고 가정하자. 이제 (자연 선택이) A와 B가 상호 교배 시 완전히 불임이 되게 만들어 보자. 당신은 이 일이 얼마나 어려운지 깨달을 것이다. …… 말하자면 종 간 교배 시 불임 정도가 더 큰 A종의 (어떤) 개체가 A종의 다른 개체와 교배해서 태어날 자손들에게, B종과 교배했을 때 불임 정도가 증가하지 않는 A종보다 가족의 수가 더 증가하는 이익을 주지는 못할 것이다.(Darwin, F. and Seward 1903, i, 289쪽)

그러나 이것은 기회비용, 아마도 다른 곳에서 더 풍부한 결실을 낳을 수 있는 생식 능력이 불임 결합에 묶여 버린 상황을 무시하고 있다.

월리스가 잡종을 때로는 더 큰 활력을 가지기 때문에 유리하다고 가정하고, 또 때로는 적응력이 떨어져서 불리하다고 가정한다는 이유로 다윈은 그의 주장에 반대했다.(Marchant 1916, i, 207쪽) 월리스는 적응적인 이점이 조건들(즉 극심한 경쟁 동안 순수 혈통의 우월한 적응력이 잡종 강세를 능가하는 장점들)에, 의존하므로 자기 입장에 일관성이 없지 않다고 주장했다.

월리스의 주장의 다음 부분은 짝짓기 선호도와 관계있다. 그는 적어도 동물에서는 종 분화와 종 간 불임의 증가가 "서로 교배할 마음이 생기지 않는 것에 …… 크게 도움을 받는다."(Wallace 1889, 176쪽)라고 말한다. 이것은 동물들이 대개 동류들과 교배하기를 강하게 선호하며 체질적인 차이들이 종종 동물들이 인식할 수 있는 외적 차이들, 특히 색깔 특성과 연결되기 때문이다.

> 격리를 일으키는 매우 강력한 원인은 동물의 정신적인 속성(호불호)에 있
> 다. …… 비슷한 상대를 선호하는 동물의 일관적인 성향은 …… 종의 기원을
> 자연 선택의 측면에서 생각할 때, 분명히 큰 중요성을 가진다. 형태나 색깔에
> 서 약간의 분화가 나타나자마자, 곧바로 동물들 자신의 선택적인 결합에 따
> 라 격리가 이루어질 수 있다는 점을 이 사실이 보여 주기 때문이다.(Wallace
> 1889, 172~173쪽)

이 말은 자연 선택이 짝짓기 선호도가 격리 기구로 작용하도록 강화
했다는 근대의 발상과 매우 비슷하게 들린다. 이것은 분명 월리스가 제
시하는 다음 단계로, 정확히 그가 찾고 있었던 우연 위에 수립된 적응
단계로 보인다. 그러나 흥미롭게도 월리스는 동류에 대한 짝짓기 선호를
하나의 적응이라기보다는 자연의 다행스러운 선물로 소개한다. 확실히
이런 선호는 종 간 불임의 경향을 강화한다. 그러나 그들은 어쩌다 그런
작용을 하게 됐을 뿐이지 성공적이지 않은 결합을 막고 성공적인 결합
을 촉진하기 위한 적응적인 반응은 아니다. 이상하게도 하고많은 사람
들 중에서 바로 이 가장 예리한 적응주의자가 다른 곳도 아니고 바로 여
기서, 짝짓기 선호도가 잡종 자식을 갖지 않아서 얻는 이점으로 생겼을
수도 있다는 점을 지적하는 데 실패했다.

하지만 우리는 그의 "인식을 위한 신체색" 이론으로부터 그가 강화
하고자 했던 것이 무엇인지 알 수 있다. 실제로 그는 성 선택 이론에 대
한 대안 설명으로서, 인식에 사로잡혀 있었다. "쉽게 인식할 수 있는 몇
몇 수단들은 …… 양성이 동종을 인식해서 불임 교배를 피할 수 있게
해 준다. …… 특히 새와 곤충들에서 만연한 색채와 표시의 놀라운 다

양성은, 가까운 무리들로부터 계속 분리돼 있기 위한, 새로운 종의 탄생을 위해 무엇보다 필요한 조건 중 하나이다. 이 조건은 쉽게 눈에 띄는 몇 가지 외적인 차이들로 아주 순조롭게 달성될 수 있기 때문에 나타나는지도 모른다."(Wallace 1889, 217~218쪽, 또한 217~228쪽, 1891, 367~368쪽 역시 참조하라.) 그는 1868년에 다윈에게 서신(Wallace 1891, 349, 354이 그 예이다.)을 보낸 후, 이 생각을 발전시켰다. 그가 『다윈주의』를 출간한 1889년까지, 월리스는 "인식(특별히 짝짓기를 위한 것이 아닌 일반적인 인식)이 동물 색채의 다양성을 결정하는 데 있어 다른 어떤 원인들보다 훨씬 광범위한 영향력을 가진다."라고 생각하게 되었다.(Wallace 1889, 217쪽) 그러므로 여기서 우리는 월리스가 가장 소중히 여긴 몇 가지 개념들인 적응주의, 성 선택을 대신하는 자연 선택과 신체색의 중요성을 융합하려 한다. 인식을 위한 신체색은 다윈의 성 선택 이론에 대한 하나의 대안이었다. 또한 몇몇 비평가들이 비적응적이라고 주장했던, 종에 고유한 신체색에 대한 적응적인 설명이었다. 덧붙여 이것은 잡종 형성의 '폐해'를 피하기 위한 하나의 적응이기도 했다.

짝 인식은 월리스가 깨달은, 발단종들을 서로 격리할 수 있는 여러 가지 생식 장벽들 중 하나일 뿐이었다. 월리스는 이것을 종 간 불임에 대한 논쟁에 끌어들이지 않았지만, 다른 곳에서 논의했다. 예를 들면 동물 지리학에 관한 한 논문에서 그는 외양이 비슷한 종들은 "생활 양식과 습관"으로 서로 분리될 수 있으며 "생활 습관이 매우 비슷한" 종들은 "신체색, 형태나 구성 성분"이 다를 가능성이 있다고 지적했다.(Wallace 1879, 257~258쪽) 그런데 다윈은 이런 장벽들에 주의를 덜 쏟았다. 이것은 부분적으로는 그가 신체색을 가능한 한, 성 선택으로 설명하는 쪽을 선호했기 때문이었다. 또 아마도 그가 자기 이론의 모범적인 사례로 식물들을 택했으며 식물에서 불임성이 (아마도 가장 중요하지는 않을지라도(Wilson and Burley 1983)) 가장 확실한 격리 기구이기 때문이었다. 가장 확실한 행동 장벽은 한 걸음 떨어진 곤충들의 행동에서 나타난다.

오늘날의 다윈주의의 언어로 표현하자면, 월리스는 종 분화에서 행동적인 번식 장벽과 그 외 여러 가지 다른 번식 장벽들(구조, 색깔 등)의 중요성을 강조했다고 인정받을 수 있다. 비록 그가 자연 선택이 이들을 얼마나 강화할 수 있는지 이해하지 못했을지라도 그렇다. 월리스의 시대에 이것은 드문 일이었다. 여러 해 동안 대부분의 다윈주의자들은 지리적인 사건들과 불임, 이 두 가지 이외의 다른 장벽들에는 거의 주의를 기울이지 않았다. 한 가지 눈에 띄는 예외가 칼 피어슨(Karl Pearson)이다. "자연 선택은 종의 기원이 의존하는 종 간 교배를 막는 장벽을 만들어 내기 위해 …… 선택 교배(selective mating)를 필요로 한다."라고 그는 주장했다.(Pearson 1892, 423쪽) 그러나 다윈주의자들 대다수가 월리스가 고려했던 번식 격리 기구들을 심각하게 생각하기 시작한 것은, 도브잔스키의 『유전학과 종의 기원』이 출간되고 그 뒤를 따라 마이어의 『계통 분류학과 종의 기원』이 출간된 이후였다.

월리스의 선구적인 통찰력을 인식하고 (또 월리스가 불임을 적응적으로 설명한다고 액면가 그대로 받아들인) 그랜트는 번식 격리에 대한 선택 과정을 "월리스 효과(Wallace effect)"라고 불렀다.(Grant 1966, 99쪽, 1971, 188쪽) "월리스는 …… 자연 선택이 같은 지역 내에서 분화 중인 종들 사이에, 잡종 불임과 짝짓기 행동의 장벽을 구축할 수 있는 모형을 제시했다. 그는 잡종이 부모종보다 적응적으로 열세하다면, 선택은 두 종들 사이의 불임과 행동적인 장벽을 선호할 것이라고 주장했다."(Grant 1963, 503쪽) 일부 비평가들은 월리스의 이론은 선택이 영향을 미칠 수 없는 짝짓기 후 기제들의 선택에 관한 것이라고 주장하며, 이 효과에 그의 이름을 붙일 만한가를 두고 논쟁을 벌였다.(Kottler 1985, 416~417, 430~431쪽, Littlejohn 1981, 320쪽이 그 예이다.)

월리스는 일반적인 번식 격리 기구들의 선택적인 기원을 제시하는 것이 아니라 종 간 교배와 잡종 불임에서 특정한 짝짓기 후 기제들(post mating mechanism)의 선택적인 기원을 제시하고 있다. 현재의 이론에 따르면 이러한 형태의 불임은 선택이 만들어 낼 수 없는 번식 격리 유형에 정확히 해당되기 때문에, 다윈과 월리스의 논쟁은 "월리스 효과"라는 용어에 대해 역사적인 정당성을 거의 부여하지 않는다.(Kottler 1985, 416쪽)

살펴본 것처럼 이 비판은 비논리적인 구분에 의존하고 있다. 월리스는 어쨌든 짝짓기 전 장벽들, 특히 짝짓기 선호에 대한 선택의 중요성을 강조했다. 그가 그 중요성이 가장 필요했던, 자신의 종 간 불임 이론으로 그것을 통합시키지 못했다는 점은 인정하지만 말이다.(Kottler 1985, 430~431쪽, n31도 참조하라.)

이제 월리스 주장의 세 번째 부분을 살펴보자. 다음으로 그는 자신이 언급했던 다양한 요인들이 상호 강화적일 것이라고 제안한다. 그는 상호 불임성의 정도는 발단종들이 서로 다른 정도와 연관되며, 아마도 부분적으로는 그 차이에 의존할 것이라고 말한다. 그럴 경우 상호 불임성은 두 종들이 분기한 정도에 비례해서 증가할 것이다. 그렇다면 이 모든 격리 요인들은 서로 협력해 작용할 것이다. 적응적인 분산, 외양에서의 차이, 동류가 아닌 상대와 짝짓기하기를 꺼리는 경향과 잡종의 불임이 "모두 보조를 맞춰서 진행될 것이며, 궁극적으로는 진짜 종의 구조적인 특성뿐 아니라 생리적인 (여기서 그는 상호 불임성을 의미했다.) 특성들을 모두 갖춘 서로 다른 두 종의 탄생을 이끌 것이다."(Wallace 1889, 176쪽)

불임이 구조적인 차이를 가진 상대와 교배하기를 꺼리는 경향과 동시에 발생한다는 생각에, 다윈과 다른 비평가들은 동의하지 않았다. 어쨌든 다윈은 이 발상은 "식물이나 움직이지 못하는 더 하등한 수중 동물들에는 적용될 수 없다."라고 말했다.(Darwin, F. and Seward 1903, i, 295쪽, Marchant 1916, ii, 42쪽) 월리스는 유기체에 미치는 외란(disturbance)들로부터 불임이 매우 쉽게 유도되기 때문에 불임과 다른 변화들 사이에 상관관계가 생길 것이라고 확신했다. 다윈은 물론 외란의 효과에 대해서는 대략적으로 동의한다. 월리스는 어쨌든 자신의 연구에 의존하고 있었다. 그러나 예를 들자면, 색채의 변화는 짝짓기 선호도의 변화에 동반하는 것일까? 그렇다고 믿을 만한 특별한 이유가 없으며, (20년이 지난 후에 월리스가 유감스러워하며 지적했던 것처럼(Marchant 1916, ii, 42쪽)) 실험적인 증거도 없다. 월리스가 신체색, 짝짓기 선호도 등 모든 상호 보완적인 변화들이 선택이 작용하기 위해 동시에 일어나야 하며, 유전돼야만 한다고 가정하고 있다는 다윈의 의혹은 확실히 옳았다. 앞서 주목했던 것처럼, 이것은 '기적을 요구'할 것이다. 그러나 우리는 동소적 종 분화 모형들이 기적에 의존하지 않고도 월리스가 필요로 했던, 일종의 행복한 우연의 일치를 제공할 수 있다는 사실 역시 안다.

마지막으로 월리스는 집단 선택론자적인 주장처럼 보이는 의견들을 여러 지점에 짜 넣기 시작했다.(Wallace 1889, 178쪽이 그 예이다.) 그는 자신의 이론에서는 부분적으로 불임인 잡종의 비율이 특정 지역 내에서 꽤 높아지는 일이 자신의 이론에 중요하며, 그렇지 않을 경우 두 종 간 불임의 초기 단계가 사라져 버릴 것이라고 말한다. 일단 이 잡종들에 대한 선택이 두 종 간의 상호 불임성을 증가시키면, 상호 불임성이 가장 큰 종들이 상호 임실성이 더 큰 다른 지역의 종들을 장악할 것이다. 그래서 마침내 상호 불임성이 가장 큰 두 종들이 전체 지역을 장악할 것이다. 그 결과 불임성이 자연 선택에 따라 증가할 것이다.

월리스는 이 지점에서 잘 봐야 모호할 뿐이며 그가 실제로 집단 선택에 호소하는 것인지, 아니면 단지 상위 수준의 용어를 사용하고 있을 뿐인지 알아내기 어렵다. 다윈은 이 이론의 이 지점에서의 추론이, 극단적으로 길고 복잡하다는 점을 발견했다. 다윈과 월리스 사이의 의견 충돌은 수학적인 논쟁이 됐으며, 그 세부 사항들은 역사에 남아 있지 않다. 다윈은 그해 케임브리지 대학교의 차석 우등 졸업생이었던 자신의 수학자 아들에게 계산을 넘겼다. 그러나 그조차도 이 작업에 골머리를 앓았다. 이 모든 상황이 자연 선택이 불임성을 촉진할 수 있다는 생각이 처음 보기에는 그럴싸해 보이지만, 세부적으로는 구현이 불가능하다는 다윈의 입장을 강화시켰다.(Darwin, F. and Seward 1903, i, 294쪽) (선택이 이웃 개체군에 미치는 영향에 대해) 그들이 설정했던 이런 종류의 문제들은 오늘날 컴퓨터 시뮬레이션으로 꽤 쉽게 해결될 것이다.

종종 월리스는 다윈의 개체 선택론과 대조해서, 집단 선택론자라는 비판을 널리 받아 왔다.(Bowler 1984, 201쪽, Kottler 1974, 190쪽, 1985, 387~388, 408~410, 414~415쪽, Ruse 1979, 14쪽, 1979a, 214~219쪽, 특히 217쪽과 1980, 624쪽, Sober 1984, 217~218쪽, 1985, 896~897쪽, Vorzimmer 1972, 203~209쪽, 또 207쪽이 그 예이다. 다윈의 개체 선택론에 대해서는 Ghiselin 1969, 149~150쪽, Ruse 1982, 191~192쪽을 참조하라.) 코틀러(Kottler 1985, 407~410쪽)는 월리스의 주장을 조심스럽게 분석했는데, 여기서 월리스의 주장은 확실히 '집단들 사이의 선택'(410쪽)으로 나타난다. 그러나 코틀러는 이 말이 궁극적으로 개체 선택론이 아닌 무엇을 어떻게 의미하는지 명료하게 밝히지 않았다. 이 의미에 대해 일반적으로 인용되는 증거(Kottler 1985, 408쪽, Ruse 1980, 624쪽, Sober 1984, 217~218쪽, 1985, 896쪽, Vorzimmer 1972, 206쪽이 그 예이다.)는 그가 다윈에게 보낸 편지에 쓴 말이다.

저는 연합한 종들 사이의 불임이 자연 선택의 도움을 받았다는 견해에, 당신이 반대하는 이유를 이해할 수 없습니다. 한 종이 각기 특별한 생활 영역에 적응한 두 종으로 분화되는 상황에서, 아주 작은 정도의 불임도 제게는 긍정적인 이점이 되는 것처럼 보입니다. 불임인 개체가 아니라 각 종들에게 말입니다.(Darwin, F. and Seward 1903, i, 288쪽)

인정컨대 월리스가 한 말들은 집단 선택론에 해당되는 것처럼 보인다. 하지만 그렇다면 앞서 인용했던 종 간 불임에 대한 다윈의 진술 역시 그렇다. "자연 선택은 개체에게 유용하지 않은 것에 영향을 미칠 수 없다. 여기서 개체에는 사회 공동체도 포함된다."(Darwin, F. and Seward 1903, i, 294쪽) 앞서 월리스가 말한 구절은, 그가 다윈에게 보낸 편지 서두에 적힌 하나의 진술일 뿐이다. 그가 자신의 이론을 세부적으로 제시하게 됐을 때, 그의 의도는 한번도 명확하지 (또는 확실하지!) 않았다. 다윈처럼 월리스도 아마 상위 수준의 설명을 의도하지 않은 채 상위 수준의 용어들을 무신경하게 사용했을 것이다. 일례로 한번은 그가 다윈에게 다음과 같은 편지를 쓴 적이 있다. "자연 선택이 (불임 정도에서) 이러한 변이들을 축적하여 **종을 보존하는 일이** 불가능할까요?"(Darwin, F. and Seward 1903, i, 294쪽, 굵은 글씨는 이 책의 저자가 강조한 것이다.) 그러나 단 몇 달 후에 그는 다음과 같이 말하고 있다. "만약 '자연 선택'이 **그 식물의 이익을 위해** 다양한 정도의 불임성을 축적할 수 없다면 불임성은 어떻게 삼형태 식물의 교배 중 하나와 연관될 수 있을까?"(Darwin, F. and Seward 1903, i, 298쪽, 굵은 글씨는 이 책의 저자가 강조한 것이다.) 불행히도 다윈과 월리스 모두 종, 품종, 유형, 형태 같은 상위 수준의 용어들을 자유롭게 사용해서, 그들이 실제로 염두에 두었던 이타주의가 무엇인지 명확하게 결정짓지 못하게 만들었다.

월리스는 다윈과 부정적으로 대조되며 초적응주의라는 비난을 받기도 한다.(Ghiselin 1969, 150~151쪽, Kottler 1985, 388쪽, Mayr 1959, 1976, 129~134쪽이 그 예이다. 또한 Gillespie 1979, 72쪽도 참조하라.) 그러나 그의 인식이 본질적으로 잘못돼서 다윈이 모든 희망을 포기했던 곳에서 적응적인 설명을 찾으려고 발버둥 쳤던 것은 아니다. 실제로 우리는 다윈이 스스로 이러한 희망을 여러 해 동안 드러냈던 것을 알고 있다. 이것을 근대적 용어로 표현하자면 월리스는 자연 선택이 종 간 교배에게 방해받을 때조차 상이한 적응을 초래할 정도로 충분히 강력할 수 있다고 가정하면서, 동소적 종 분화 이론을 발달시키려고 애쓰는 중이었다. 그의 이론은 분명 부족하지만 그 결점을 지나치게 열성적인 적응주의 탓으로 돌리려면, 단지 그렇다는 가정이 아니라 입증이 필요하다.

다른 사람들이 어떻게 판단하든지 간에, 월리스는 자신의 설명을 자랑스럽게 여겼다. 너무 자랑스러운 나머지 자서전에서 그는 이것을 (동물의 신체색과 더불어) 자신이 다윈주의를 다윈보다 진일보시킨, 두 가지 주제 중 하나라고 언급했을 정도다.

> 나는 여러 방향에서 내가 (자연 선택 이론을) 확장시키고 강화시켰다고 믿는다. …… 자연 선택 이론의 주요 토대 중 하나인 '유용성'의 원리를 나는 항상 전적으로 변호한다. 이 원리를 거의 모든 종류의 모든 정도의 신체색에 확장시키고, 자연 선택이 잡종 결합의 불임성을 증가시킨다고 주장하면서 나는 이 이론의 범위를 꽤 넓게 확장시켰다. 이런 이유로 비평가들 중 일부는 내가 다윈 자신보다 더 다윈주의적이라고 이야기한다. 여기서 나는 그들이 그렇게 틀리지만은 않았다고 인정한다.(Wallace 1905, ii, 22쪽)

찾기 힘든 기원

근대 다윈주의자들에게는 다윈과 월리스가 자신들의 어려움을 그렇게나 많이 해결해 줄 수 있는 결정적인 요인인, 지리적 격리를 엄청나게 과소평가했다는 사실이 의아하게 여겨진다. 초기에 이 둘은 모두 지리적 격리가 종 분화에서 없어서는 안 될 중요한 역할을 한다고 가정했다.(다윈에 대해서는 Bowler 1984, 160, 170~171, 200~201쪽, Kottler 1978, 284~288쪽, Lesch 1975, 484~485쪽, Sulloway 1979, 23~33쪽, Vorzimmer 1972, 168~168쪽, 월리스에 대해서는 Fichman 1981, 34, 94~95쪽, McKinney 1972, 2장) 왜 이들이 그 중요성을 폄하하게 됐을까? 아마도 그 여러 가지 이유들(Ghiselin 1969, 148~149쪽, Mayr 1959, 221~223쪽, 1976, 120~123쪽, Sulloway 1979, 33~45쪽이 그 예이다.) 중 하나는 종 분화에서 지리적 격리와 자연 선택 이슈가 각기 자기 역할을 하는 것으로 보이기보다, 하나 대 나머지 것으로 보이면서 이상하게도 양극화됐다는 점일 것이다.

여기에 가장 영향력을 많이 미쳤던 인물인 19세기 독일의 박물학자이자 탐험가, 모리츠 바그너(Moritz Wagner)는 자연 선택에 대해 매우 미미한 역할만을 인정했다.(Wagner 1873, Sulloway 1979, 49~58쪽) 결국 그는 자연 선택의 도움을 거의 받지 않고도, 지리적 격리가 종 분화를 초래할 수 있다고 주장했다. 바그너는 1840년대에 지리적 격리의 중요성에 대한 저서를 처음 출간했으며 1860~1870년대에 자신의 생각을 정교하게 다듬었다. 일단 이 이슈가 널리 받아들여지자, 그의 연구는 이후 몇십 년 동안 가장 큰 영향력을 가졌다. 적응적인 설명을 조사하며 살펴보았던 것처럼, 이 시기의 선도적인 인물 중 한 사람은 로마네스였다. 그는 특히 굴릭의 저서들에 감명을 받았다. 그는 자신의 에세이가 "다윈 사망 이후 다윈주의 분야에서 진행된 어떤 연구들보다 더 높은 가치를" 지닌다고

(각주에서 그는 "바이스만의 유전 이론을 …… 아직 미결의 것"으로 간주한다고 덧붙였다.)
(Romanes 1892~1897, iii, 1쪽) 보았다. 로마네스는 격리의 압도적인 중요성을
확신했다.

> 나는 …… 우리가 가진 격리의 원리가 매우 근본적이고 보편적이기 때문
> 에, 자연 선택의 위대한 원리조차도 더 적은 규모의 영역에만 덜 깊게 침투
> 돼 있다고 생각한다. 이 격리의 원리와 동일한 중요성을 가지는 것은 오직 유
> 전과 변이라는 두 가지 기본 원리뿐이며, 이 격리의 원리는 유기체 진화의 상
> 부 구조를 지탱하는 삼각대의 세 번째 기둥을 구성한다.(Romanes 1892~1897,
> iii, 1~2쪽)

(로마네스는 짝짓기 선호도('식별 선택(discriminate selection)')를 통한 격리를 이 원리에 포
함시켰다. 그러나 그는 격리의 이런 행동적인 측면에 대해 훨씬 기이한 입장을 취했다. 그는
이 이론을 "생리학적 선택"이라고 불렀다.(Romanes 1892~1897, iii, 41~100쪽)) 1900년대
초에 켈로그는 "몇몇 사람들은 격리가 종 형성에 미치는 영향력이, 선택
그 자체만큼이나 효과적이라고 여긴다. 몇몇 사람들은 선택보다 더 효
과적이라고도 생각한다."라고 보고했다. 여기서 두 번 쓰인 "몇몇" 사람
들은, "분류학자, 생물의 분포를 공부하는 학생들과 소위 동식물에 대
한 현장 연구자들 중에서 특히 많았다."(Kellogg 1907, 232쪽) 이것보다 덜 극
단적인 태도로는 긴밀하게 연관된 종들 간의 특징의 차이가 대부분 적
응의 결과가 아니며, 지리적 격리가 단지 우연 혹은 '정향 진화의 경향'
(적응주의를 논의할 때 마주쳤던 견해이다. 달팽이를 기억하라.)과 결합해 나타난 결
과라는 견해가 있다. 이 견해는 점점 더 많은 공감을 얻었다. 켈로그에
따르면 격리가 선택을 누르고 승리하도록 만든 토대는, 많은 종 특이적
인 특징들이 적응의 결과가 아니라는 믿음이었다. "실제로 격리 이론들,

특히 지리적 격리 이론의 중요성을 최근 재조명하도록 이끈 것은 특정한 특징들의 대다수가 사소하거나 무차별적이라는 사실에 대한 박물학자들의 인식이었다."(Kellogg 1907, 43쪽)

다윈과 월리스는 이런 주장에 맞서서 서로 관련이 있는 종들은, 단지 분기할 뿐만 아니라 적응적으로 분기한다고 강조하고 싶었다. 그들은 종간 차이의 상당 부분을 마땅히 자연 선택의 탓으로 돌려야 한다고 강조했다. 다윈이 말한 것처럼 "이주도 격리도 그 자체로는 아무것도 할 수 없다."(Darwin 1859, 351쪽) 바그너의 견해를 읽었을 때, 그는 자신의 원고 위에 다음과 같이 휘갈겨 썼다. "완전히 끔찍한 헛소리다. …… 예를 들면 딱따구리가 격리된 지역에서 어떻게 생겨날 수 있는지에 대한 최소한의 설명도 여기에는 없다."(Vorzimmer 1972, 182쪽에서 인용했다.) 또 1876년 바그너에게 쓴 편지에서는 다음과 같이 훨씬 완곡하게 말했다.

당신 이론에 대해 제가 가장 강하게 반대하는 부분은 이 이론이 유기체들의 많은 구조적인 적응들, 예를 들면 딱따구리목(*Picus*)이 나무를 타고 올라와 곤충을 잡아먹는 것, 혹은 올빼미속(*Strix*)이 야간에 곤충을 잡는 것, 또 그 외 기타 등등의 **끝도 없는** 사례들에 대해서 설명하지 않는다는 사실입니다. 이런 적응들을 명쾌하게 설명하지 못하는 한, 제게는 어떤 이론도 조금도 만족스럽지 않습니다.(Darwin, F. 1887, iii, 158~159쪽, 또한 예로 Darwin, F. 1887, iii, 157~162쪽, Darwin, F. and Seward 1903, I, 311쪽, Peckham 1959, 196쪽을 참조하라. 월리스에 대한 예는 Wallace 1889, 144~151쪽을 참조하라.)

이 장의 서두에서 나는 지리적 장벽에 대한 방대한 사례들을 『종의 기원』에서 인용했다. 그중 상당수는 다윈이 행한 상세한 실험의 결과물들이다. 만약 이 사례들이 종 분화에 대한 그의 주장의 일부가 아니라면, 그들을 어떻게 보아야 할까? 해답은 이것들이 지리적 분포에 대한 그의 논의의 일부라는 점이다. 그의 목적은 "동종의 개체들과 관련 종의 동류들이 어떤 하나의 원천으로부터 이동했으며 …… 지리적 분포에 관한 가장 중요한 사실들은 모두 이주와 …… 그 후에 일어난 변화들에 관한 이론에 입각해 설명할 수 있다."라고 주장하는 것이었다.(Darwin 1859, 408쪽) 달리 말해 그의 목적은 위대한 설계자가 아닌, 진화가 생명체들을 현재 그들이 발견된 장소에 위치하게 만들었다고 주장하는 것이었다. 다윈은 지리적인 사건들이 어떻게 생명의 역사를 형성할 수 있는지에 대해 매우 감사했다. 그러나 이것은 우리가 예상했던 감사는 아니었다.

다윈과 월리스가 동소적 종 분화 이론을 받아들였을지라도, 대다수의 진화론자들 사이에서 이 이론들은 오랫동안 지지받지 못했다. 단지 인기가 없었던 것이 아니라 비웃음을 샀다. 특히 마이어는 자연 선택이 번식 격리 기구들을 강화할 수는 있어도, 혼자서 이러한 기제들을 처음부터 설정할 수는 없다고 수십 년 동안 진중하고 영향력 있게 주장했다. "동일한 오래된 주장들이 동소적 종 분화를 옹호하며 거듭 인용되고 있다. 앞서 이러한 주장들이 틀렸다는 사실이, 어떻게 결정적으로 입증되었는지와는 상관없이 말이다. …… 동소적 종 분화는 낡은 머리 하나를 잘라낼 때마다 새로운 머리가 두 개 자라나는 레르나의 히드라 같다." (Mayr 1963, 451쪽) 동소적 종 분화 이론들이 가진 문제는 "최종 분석 시에 (그들) 모두가 …… 새롭게 분화한 종의 개체들이 완전한 종의 모든 특질들(번식 격리가 되는 주된 속성)을 즉시 부여받는다고 멋대로 상정한다는 사실이다."(Mayr 1963, 451쪽)라고 그는 말한다.

나는 동소적 종 분화가 이런 신랄한 반대에 부딪친 이유를 모른다. 호주의 저명한 세포학자인 마이클 제임스 데넘 화이트(Michael James Denham White)에 따르면 척추 동물학자들이 이 생각을 가장 기꺼워하지 않았으며, 식물 진화학자들 역시 (이질 배수성(allopolyploidy)의 경우를 제외하고는) 전체적으로 반응이 좋지 않았다고 한다. 곤충학자들은 훨씬 쉽게 설득됐다. 이것은 아마도 작은 동물들이 다른 생물들에 비해 지리적 분화 없이도, 종 분화를 더 잘 할 수 있기 때문인 것 같다고 그는 말했다.(White 1978, 229쪽) (그러나 곤충학자들이 소인국의 장벽에 대한 걸리버의 견해를 그냥 받아들였을까?)

아마도 우리는 적응주의 대 비적응주의의 성향에 대한 친숙한 이야기를 다시 한번 목격하는 중일 것이다. 우리는 자연 선택이 지리적 장벽의 도움 없이도 종을 갈라놓을 수 있을 만큼 충분히 강력하다는 생각을, 월리스가 얼마나 견고하게 고수했는지 보았다. 그리고 다윈 역시 발단종들 간 미세한 차이들이 언덕(혹은 강이나 그 외 무엇이든지)의 도움 없이도, 이후 세대들에서 축적될 수 있다고 생각했다. (다윈이 월리스에게 동의하지 못한 부분은 지리적 격리에 대한 것이 아니라, 자연 선택이 종 분화 동안 상호 불임성을 처음부터 특히 선호한다고 보는지 아니면 상호 불임성을 분기의 우연한 부수 효과로써만 생기는 특성으로 여기는지에 관한 부분이었다는 점을 기억하라.) 예를 들어 다윈은 『종의 기원』에서 다음과 같이 말했다. "같은 지역 내에서 동일한 동물의 품종들이 다른 위치에 출몰하면서, 또 약간 다른 시기에 교배를 하면서, 혹은 같은 종류끼리의 짝짓기를 선호하는 경향 때문에 오랫동안 서로 다르게 존재할 수 있다."(Darwin 1859, 103쪽) 그리고 그는 『종의 기원』의 5판과 6판에 아래 언급을 덧붙였다. "바그너는 최근 …… 발단종들 사이의 교배를 막는 데 격리가 기여하는 바가, 내가 추측했던 것보다 아마도 더 클 것이라는 점을 보여 주었다. 그러나 …… 나는 더 이상 이주와 격리가 새로운 종의 형성에 필수적인 요소라는 이 박물학자의 의견에 동의하지 않는다."(Peckham 1959, 196쪽) 이것과는 대조적으로 다윈과 월리스보다 선택의 능력을 덜 확신했던 다윈주의자들은, 이주와 격리가 결정적이라고 정반대로 가정했다.

20세기 다윈주의자들 중 몇 명만이 지리적 격리가 발생한 후에 선택의 강화 작용이 이루어진다는 점을 승인하는 것조차, 선택의 힘을 너무나 많이 인정하는 것이라고 느꼈다. 예를 들면 이 장의 앞부분에 나왔던 발생학자 무어는 지리적으로 분리된 동안에 생긴 분기가 격리 기구들로 가득 차 있어서 적절한 새 종을 만들어 내기에 충분하다는 사실을 마이어의 이소적 종 분화 모형이 보여 준다고, 강화가 이루어지는 최종 단계는 가능하지만 불필요하다고 1950년대에 주장했다.(Moore 1957, 325~326, 332쪽) 최근 휴 페터슨(Hugh E. H. Paterson)은 다윈주의자들이 다음과 같은 이유만으로 강화라는 발상을 고수하고 있다고 열심히 주장하며, 무어보다 더 강경한 입장을 취했다.(Paterson 1978, 1982)

> 강화는 신종의 형성에서 자연 선택에게 직접적인 역할을 부여한다. ……도브잔스키는 종이 "생물계가 점차 다양해지는 환경과 생활 방식에 통달하기 위해 스스로 투입한 적응 도구들(adaptive devices)"이라고 믿었다. 이 견해는 지지자들에게 종이 선택의 직접적인 산물임을 받아들일 것을 강요하며, 따라서 종의 강화 모형을 받아들일 것을 요구한다.(Paterson 1978, 369, 371쪽)

페터슨은 배우자 인식에 적응적인 중요성을 너무 많이 부과했다고 주장한다. 배우자 인식의 유일한 진화적 기능은 생식 세포끼리 만나게 하는 일이다. 이것 때문에 발생하는 어떤 번식 격리도 순전히 우연의 산물일 뿐이지 적응은 아니다. 한 종 내에서 이루어지는 짝짓기 선호도 역시 마찬가지다.(Paterson 1982, 53쪽) 그는 심지어 종에 대한 표준적인 견해가 적응을 남발함으로써 적응의 원인이 총체로써의 종에 있는 것으로 여기게 만들어서, 그 결과로 (모순되게도) 집단 선택론자가 된다고 본다. 그 증거로 그는 도브잔스키의 "적응 도구들"이나 "종의 통합"(그는 강화 기제들은 개체 선택론적이기 때문에 이것은 모순된 말이라고 주장한다.) 같은 용어가 폭넓게 사용되는 점을 지적한다.(Paterson 1982, 53~54쪽)

하지만 동소적 종 분화를 다시 살펴보자. 지리적 격리는 다윈 이론의 역사에서 여러 번, 주로 19세기 말과 1940년대 이후에 특히 주된 관심사가 적응보다는 종 분화인 진화론자들 사이에서 엄청나게 주의를 끌었다. 어떤 사람들은 이것을 다윈 이론의 핵심 교의라고 보았다.

> 생리적인 격리 기구들이 발달하기 전에 원개체군의 일부가 지리적으로 격리된다. …… 다윈 이래, 특히 바그너 이래로 종의 지리적 분리가 종 형성의 선행 사건이라는 주장이 그럴듯하다고 인정됐다. …… **일부 분류학자들은 이것을 자신들이 연구해서 얻은 가장 위대한 일반화의 하나라고 여겼다.**
>
> (Dobzhansky 1937, 1st edn., 256~257쪽, 굵은 글씨는 이 책의 저자가 강조한 것이다.)

(그러나 다윈에 대한 도브잔스키의 평가는 틀렸다.) 지리적 격리가 실제로 중요하다는 사실에는 의심의 여지가 없지만, 이 분류학자들이 했던 것처럼 그것을 이 이론에 대한 존경의 근거로 삼는 태도는 기이해 보인다. 이것은 아마도 부분적으로는 일부 다윈주의자들이 '위대한 일반화'라고 여겼던, 그들에게는 틀렸을 뿐만 아니라 완전히 부적절해 보였던 것을 동소적 종 분화가 배제하기 때문이 아닐까?

만약 이 논쟁이 수치상의 일반화에 관한 것이라면, 동소적 종 분화는 아마도 쉽게 승리할 것이다. 가이 부시(Guy Bush)가 지적했듯이 그것이 순전한 숫자만을 다룰 때, 명명된 종들의 약 75퍼센트를 차지하는 곤충들은 어쩌면 이소적 종 분화보다 동소적 종 분화를 훨씬 일반적인 방식으로 만들며 국면을 전환시킬 수 있을지도 모른다.

동소적 종 분화는 특정 종류의 동물들, 즉 초식성 기생 생물과 육식성 기생 생물 그리고 포식 기생자들에게만 제한적으로 나타나는 것으로 보인다. 그러나 이 집단은 엄청난 수의 종들(곤충에서만 50만 종을 훨씬 초과한다.)을 망라한다. ……

기생 생물들이 전체 진핵생물(eukaryote)들 중에서 아마도 가장 많을 것이라는 사실에 입각할 때, 동소적 분기는 많은 집단들에서 이소적 종 분화와 비슷한 정도로 개연성 있고 심지어 일반적인 종 분화 양식일 것이다. 육식성 기생 생물과 초식성 기생 생물의 수는 깜짝 놀랄 정도다. …… (한 추정에 따르면) (세상에서 가장 잘 알려진 것들 중) 영국 전체 곤충의 약 72.1퍼센트가, 식물이나 동물에 기생한다. …… 현재까지 전 세계에서 파악된 곤충종은 75만 종이므로 그중 52만 5천 종 이상이 기생 생물이라는 말이다. 최소한 그 수치의 세 배가 넘는 곤충들이 아직 파악되지 않은 상태라는 점을 고려할 때, 매우 보수적인 추정치지만 다른 모든 식물과 동물 종들을 합친 수보다도 더 많다.(Bush 1975, 352, 354쪽)

그렇지만 곤충들이 양적으로 힘을 실어 줄지라도, 분명히 다윈과 월리스는 지리적 장벽과 이소적 종 분화를 매우 평가 절하했다.

다윈의 이론이 해결하고자 했던 두 가지 근본적인 문제들은, 적응과 다양성이었다. 그는 적응의 수수께끼를 멋들어지게 풀었다. 다양성에 관해 말하자면, 어떤 측면에서 그는 이것과 비슷한 정도로 성공적이었다. 지리적 분포 패턴과 화석 기록, 분류 체계와 비교 발생학은, 모두 그의 예리한 분석 아래서 앞뒤가 딱 맞아떨어진다. 그러나 이러한 성공의 한 가운데에는 그가 파악하지 못한 문제가 하나 남아 있다. 그것은 통렬하게도 종의 기원이라는 문제였다.

에필로그

✧

    다윈주의는 인간의 지성이 달성한, 가장 포괄적인 업적들 중 하나다. 이 이론은 이것이 없다면 이해할 수 없는 중요한 사실들의, 광대하며 다양한 집합을 그러모아서 설명한다. 다른 과학 이론들처럼 다윈주의 역시 해결책뿐만 아니라 문제점들도 양산해 낸다. 우리는 그 문제들 중 두 가지, 이타주의와 성 선택을 살펴보았다. 이 두 가지 주제들은 한때는 문제였지만 지금은 업적이 되었다. 그러나 다윈주의에 대한 다른 어려움들이 아직 남아 있다. 왜 유성 생식을 하는가? 정신과 다른 여러 특성들은 어떻게 진화했는가? 문화의 진화와 유전적인 진화는 서로 어떤 관계인가? 이 질문들은 다윈과 월리스에게 개미와 공작이 그랬던 것처럼, 현대 다윈주의자들을 애먹이고 있다. 앞서의 이례들은 최근 몇십 년 동안의 다원주의 혁명에서 해결됐다. 이 추가적인 어려움들을 다루기 위해 또 다른 혁명이 필요할까? 아니면 더 흥미롭게도, 해답은 이미 우리 눈앞에 있을까?

도판에 대한 감사의 말

❖

2장 다윈 없는 세상

케임브리지 대학교 도서관 이사진들의 허락하에 다윈의 사진을 사용했다. 레이첼 가든(Rachel Garden) 박사는 『다윈의 달: 앨프리드 러셀 월리스의 전기(*Darwin's Moon: A biography of Alfred Russel Wallace*)』(Williams-Ellis, A. 1966, Blackie, London)에서 월리스의 그림을 재사용하도록 허락해 주었다. 어윈 휠러(Alwyne Wheeler)는 『영국의 섬과 북서 유럽의 어류들(*The Fishes of The British Isles and North-West Europe*)』(Wheeler, A. 1969, Macmillan, London)에 실린, 발레리 뒤옹(Valerie Du Heaume)이 그린 모래가자미의 사진을 싣도록 허락해 주었다. 멀리사 베이트슨(Melissa Bateson)은 라마르크주의와 바이스만의 이론, 확장된 표현형의 도표를 그려 주었다.

3장 신·구 다윈주의

베이트슨이 청딱따구리를 그렸다. 티 앤드 에이디 포이저(T.&A. D.
Poyser)는 『어류 도감(*A Dictionary of Birds*)』(Campbell, B. and Lack, E.(eds) 1985, T.
and A. D. Poyser, Calton, Staffordshire)에서 딱따구리의 혀와 설골의 도해를 재
사용하도록 허락해 주었다. 민들레의 전자 현미경 사진은 자연사 박물
관의 허가를 받아 복사했다. 피셔의 사진은 케임브리지 대학교 유전학
부의 허가를 받아 복사했다. 메이너드 스미스는 홀데인과 자신의 사진
을 제공해 주었다. 해밀턴은 자신의 사진을 제공해 주었다. 《사이언티
픽 아메리칸(*Scientific American*)》은 「바우어새에서의 성 선택(Sexual Selection
in bowerbirds)」(1986년)(Borgia, G., *Scientific American* 254(6))(모든 권리는 저작권자인
Scientific American, Inc.에 있음)에서 바우어새(bowerbird)의 둥지 사진을 사용
하도록 허락해 주었다.

4장 설계의 경계

확장된 다면 발현의 도표를 베이트슨이 그렸다. 이 도표는 런던에서
발행되는 과학과 기술에 대한 주간 리뷰 잡지인 《뉴사이언티스트(*New
Scientist*)》지의 1978년 「정직한 광고」 삽화에 제일 처음 등장했다.

6장 오직 자연 선택뿐?

조슈아 긴즈버그(Joshua R. Ginsberg)가 초원 얼룩말들의 사진을 제공해
주었다. 아프리카 물떼새 세 종의 사진은 케임브리지 대학교 도서관 이
사진들의 허락하에 사용했다.

7장 암컷이 수컷의 모양을 결정한다고?

프리실라 배럿(Priscilla Barrett)이 코주부원숭이의 그림을 그렸다. 청란

의 사진은 케임브리지 대학교 도서관 이사진들의 허락하에 사용했다.

8장 분별 있는 암컷은 섹시한 수컷을 선호하는가?

베이트슨이 수컷의 장식에 대한 도해를 그렸다. 블랙웰 과학 출판사는 『에티오피아 샬라 호수에 사는 큰사다새의 번식 생물학(*The breeding biology of the Great White Pelican(Pelecanus onocrotalus roseus) at Lake Shala, Ethiopia)*』(1969년)(Brown, L. H. and Urban, E. K., Ibis 111)에서 사다새의 사진을 사용하도록 허락해 주었다.

14장 전쟁이 아니라 평화를: 관습의 힘

레아 맥널리(Lea MacNally)가 노루 해골의 사진을 제공했다. 베이트슨은 붉은 사슴의 세 단계 전투에 대한 그림을 그렸다.

15장 인간의 이타주의: 자연스런 것인가?

살해율 그래프는 마틴 데일리(Martin Daly)와 마고 윌슨(Margo Wilson)의 「경쟁자 살해(Killing the competition)」(Daly, M. and Wilson, M., *Human Nature* 1(1990년), fig. 1)에서 인용했다.

앞서 언급했던 모든 사람들에게 감사를 표한다. 덧붙여 마크 보이스(Mark Boyce), 티머시 휴 클러턴브록(Timothy Hugh Clutton-Brock), 조지 맥게이븐(George McGavin), 찰스 문(Charles Munn), 아모츠 자하비(Amotz Zahavi)에게 감사드린다. 특히 베이트슨과 유안 던(Euan Dunn), 숀 닐(Sean Neill), 배럿에게 감사한다.

다윈과 윌리스의 편지에 대한 주석

❖

　다윈과 윌리스가 쓴 글들과 편지들은 다음 문헌의 초판에서 인용했다. 다음 목록은 이 문헌들의 판본이 바뀌더라도 그들의 글과 편지의 출처를 찾는 데 도움을 줄 것이다. 이 목록은 『찰스 다윈의 삶과 편지들(*The Life and Letters of Charles Darwin*)』(Darwin, F. 1887)과 『찰스 다윈의 더 많은 편지들(*More Letters of Charles Darwin*)』 (Darwin, F. and Seward 1903), 『앨프리드 러셀 윌리스: 편지와 추억담(*Alfred Russel Wallace: Letters and Reminiscences*)』 (Marchant 1916)에서 인용한 글과 편지가 작성된 시기를 담고 있다.

2장 다윈 없는 세상

Darwin, F. 1887, i, p. 314: Darwin to Julia Wedgwood, 11 July 1861

Darwin, F. 1887, ii, p. 241: Darwin to Charles Lyell, 12 December 1859

Darwin, F. 1887, ii, p. 373: Darwin to Asa Gray, 5 June 1861

Darwin, F. 1887, ii, p. 378: Darwin to Asa Gray, 17 September 1861?

Darwin, F. 1887, ii, p. 382: Darwin to Asa Gray, 11 December 1861

Darwin, F. 1887, iii, pp. 61~62: Darwin to Joseph Dalton Hooker, 8 February 1867

Darwin, F. 1887, iii, p. 266: Darwin to John Murray, 21 September 1861

Darwin, F. 1887, iii, pp. 274~275: Editors' note

Darwin, F. and Seward 1903, i, pp. 190~192, n2: Editors' note

Darwin, F. and Seward 1903, i, pp. 191~193: Darwin to Charles Lyell, 2 August 1861; Darwin to Charles Lyell, 13 August 1861

Darwin, F. and Seward 1903, i, p. 202: Darwin to Asa Gray, 23 July 1862

Darwin, F. and Seward 1903, i, p. 203: Darwin to Asa Gray, 23 July 1862

Darwin, F. and Seward 1903, i, pp. 330~331, n1, n2: Editors' note

Darwin, F. and Seward 1903, i, p. 455: Darwin to Hugh Falconer, 17 December 1859

Marchant 1916, i, p. 170: Wallace to Darwin, 2 July 1866

3장 신·구 다윈주의

Darwin, F. 1887, ii, p. 273: Darwin to Asa Gray, ? February 1860

Darwin, F. 1887, ii, p. 296: Darwin to Asa Gray, 3 April 1860

Darwin, F. 1887, iii, p. 96: Darwin to Wallace, March 1867

5장 공작 꼬리 속의 힘

Darwin, F. 1887, ii, p. 296: Darwin to Asa Gray, 3 April 1860

Darwin, F. 1887, iii, pp. 90~91: Darwin to Wallace, 28 May? 1864

Darwin, F. 1887, iii, pp. 90~96: Darwin to Wallace, 28 May? 1864; Darwin to Wallace, 22 February 1867?; Darwin to Wallace, 23 February 1867; Darwin to Wallace, 26 February 1867; Darwin to Wallace, March 1867

Darwin, F. 1887, iii, pp. 95~96: Darwin to Wallace, March 1867

Darwin, F. 1887, iii, PP. 111~112: Darwin to F. Müller, 22 February 1869?

Darwin, F. 1887, iii, p. 135: Darwin to Wallace, 30 January 1871

Darwin, F. 1887, iii, pp. 137~138: Darwin to Wallace, 16 March 1871

Darwin, F. 1887, iii, pp. 150~151: Darwin to F. Müller, 2 August 1871

Darwin, F. 1887, iii, pp. 156~157: Darwin to August Weismann, 5 April 1872

Darwin, F. and Seward 1903, i, pp. 182~183: Darwin to Henry Walter Bates, 4 April 1861

Darwin, F. and Seward 1903, i, p. 283: Darwin to Wallace, 12 and 13 October 1867

Darwin, F. and Seward 1903, i, pp. 303~304: Darwin to Joseph Dalton Hooker, 21 May 1868

Darwin. F. and Seward 1903, i, p, 316: Darwin to Joseph Dalton Hooker, 13 November

1869

Darwin, F. and Seward 1903, i, pp. 324~327: Darwin to John Morley, 24 March 1871

Darwin, F. and Seward 1903, ii, pp. 35~36: Wallace to Darwin, 29 May 1864

Darwin, F. and Seward 1903, ii, pp. 56~97: Darwin to James Shaw, 11 February 1866; Darwin to James Shaw, April 1866; Darwin to Abraham Dee Bartlett, 16 February 1867?; Darwin to William Bernhard Tegetmeier, 5 March 1867; Darwin to William Bernhard Tegetmeier, 30 March 1867; Darwin to Wallace, 29 April 1867; Darwin to Wallace, 5 May 1867; Darwin to Wallace, 19 March 1868; Darwin to F. Müller, 28 March 1868; Darwin to John Jenner Weir, 27 February 1868; Darwin to John Jenner Weir, 29 February 1868; Darwin to John Jenner Weir, 6 March 1868; Darwin to John Jenner Weir, 13 March 1868; Darwin to John Jenner Weir, 22 March 1868; Darwin to John Jenner Weir, 27 March 1868; Darwin to John Jenner Weir, 4 April 1868; Darwin to Wallace, 15 April 1868; Darwin to John Jenner Weir, 18 April 1868; Darwin to Wallace, 30 April 1868; Darwin to Wallace, 5 May 1868?; Darwin to John Jenner Weir, 7 May 1868; Darwin to John Jenner Weir, 30 May 1868; Darwin to F. Müller, 3 June 1868; Darwin to John Jenner Weir, 18 June 1868; Darwin to Wallace, 19 August 1868; Darwin to Wallace, 23 September 1868; Wallace to Darwin, 27 September 1868; Wallace to Darwin, 4 October 1868; Darwin to Wallace, 6 October 1868; Darwin to Benjamin Dann Walsh, 31 October 1868; Darwin to Wallace, 15 June 1869?; Darwin to George Henry Kendrick Thwaites, 13 February N.D.; Darwin to F. Müller, 28 August 1870; Wallace to Darwin, 27 January 1871; Darwin to G. B. Murdoch, 13 March 1871; Darwin to George Fraser, 14 April 1871; Darwin to Edward Sylvester Morse, 3 December 1871; Darwin to August Weismann, 29 February 1872; Darwin to H. Müller, May 1872

Darwin, F. and Seward 1903, ii, p. 59: Darwin to Wallace, 29 April 1867

Darwin, F. and Seward 1903, ii, p. 62: Entry in Darwin's diary, 4 February 1868

Darwin, F. and Seward 1903, ii, p. 76: Darwin to Wallace, 30 April 1868

Marchant 1916, i, p. 157: Wallace to Darwin, 29 May 1864

Marchant 1916, i, p. 159: Darwin to Wallace, 15 June 1864

Marchant 1916, i, pp. 177~187: Darwin to Wallace, January 1867; Darwin to Wallace, 23 February 1867; note by Wallace; Darwin to Wallace, 26 February 1867; Wallace to Darwin, 11 March 1867; Darwin to Wallace, March 1867; Darwin to Wallace, 29 April 1867; Darwin to Wallace, 5 May 1867; Darwin to Wallace, 6 July 1867

Marchant 1916, i, pp. 190~195: Darwin to Wallace, 12 and 13 October 1867; Wallace to

Darwin, 22 October; Darwin to Wallace, 22 February 1868?

Marchant 1916, i, p. 199: Darwin to Wallace, 27 February 1868

Marchant 1916, i, pp. 202~205: Darwin to Wallace, 17 March 1868; Wallace to Darwin, 19 March; Darwin to Wallace, 19~24 March 1868

Marchant 1916, i, pp. 212~217: Darwin to Wallace, 15 April 1868; Darwin to Wallace, 30 April 1868; Darwin to Wallace, 5 May 1868

Marchant 1916, i, pp. 220~231: Darwin to Wallace, 19 August 1868; Wallace to Darwin, 30 August 1868?; Darwin to Wallace, 16 September 1868; Wallace to Darwin, 18 September 1868; Darwin to Wallace, 23 September 1868; Wallace to Darwin, 27 September 1868; Wallace to Darwin, 4 October 1868; Wallace to Darwin, 6 October 1868

Marchant 1916, i, pp. 256~261: Wallace to Darwin, 27 January 1871; Darwin to Wallace, 30 January 1871; Wallace to Darwin, 11 March 1871; Darwin to Wallace, 16 March 1871

Marchant 1916, i, p. 270: Darwin to Wallace, 1 August 1871

Marchant 1916, i, p. 292: Darwin to Wallace, 17 June 1876

Marchant 1916, i, pp. 298~302: Wallace to Darwin, 23 July 1877; Darwin to Wallace, 31 August 1877; Wallace to Darwin, 3 September 1877; Darwin to Wallace, 5 September 1877

6장 오직 자연 선택뿐

Darwin, F. 1887, iii, p. 93: Darwin to Wallace, 22 February 1867?

Darwin, F. 1887, iii, pp. 93~94: Darwin to Wallace, 23 February 1867; Darwin to Wallace, 26 February 1867

Darwin, F. 1887, iii, p. 94: Darwin to Wallace, 26 February 1867

Darwin, F. 1887, iii, p. 138: Darwin to Wallace, 16 March 1871

Darwin, F. and Seward 1903, ii, p. 60: Darwin to Wallace, 29 April 1867

Darwin, F. and Seward 1903, ii, p. 67: Darwin to John Jenner Weir, 6 March 1868

Darwin, F. and Seward 1903, ii, p. 71: Darwin to John Jenner Weir, 4 April 1868

Darwin, F. and Seward 1903, ii, p. 73: Darwin to Wallace, 15 April 1868

Darwin, F. and Seward 1903, ii, p. 74: Darwin to Wallace, 15 April 1868

Darwin, F. and Seward 1903, ii, p. 84: Darwin to Wallace, 19 August 1868

Darwin, F. and Seward 1903, ii, p. 86: Wallace to Darwin, 27 September 1868

Darwin, F. and Seward 1903, ii, pp. 86~88: Wallace to Darwin, 27 September 1868

Darwin, F. and Seward 1903, ii, p. 87: Wallace to Darwin, 27 September 1868

Darwin, F. and Seward 1903, ii, pp. 91~92: Darwin to F. Müller, 28 August 1870

Darwin, F. and Seward 1903, ii, p. 93: Darwin to G. B. Murdoch, 10 March 1871

Darwin, F. and Seward 1903, ii, p. 94: Darwin to G. B. Murdoch, 10 March 1871; B. T. Lowne, 1871

Marchant 1916, i, p. 177: Darwin to Wallace, January 1867

Marchant 1916, i, p. 217: Darwin to Wallace, 5 May 1868

Marchant 1916, i, p. 225: Wallace to Darwin, 18 September 1868

Marchant 1916, i, pp. 235~236: Wallace to Darwin, 10 March 1869

Marchant 1916, i, p. 298: Wallace to Darwin, 23 July 1877

Marchant 1916, i, p. 302: Darwin to Wallace, 5 September 1877

7장 암컷이 수컷의 모양을 결정한다고?

Darwin, F. 1887, iii, p. 138: Darwin to Wallace, 16 March 1871

Darwin, F. 1887, iii, p. 151: Darwin to F. Müller, 2 August 1871

Darwin, F. 1887, iii, p. 157: Darwin to August Weismann, 5 April 1872

Darwin, F. and Seward 1903, i, pp. 324~325, n3: Editors' note

Darwin, F. and Seward 1903, i, p. 325: Darwin to John Morley, 24 March 1871

Darwin, F. and Seward 1903, i, pp. 325~326: Darwin to John Morley, 24 March 1871

Darwin, F. and Seward 1903, ii, pp. 62~63: Darwin to Wallace, 19 March 1868

Darwin, F. and Seward 1903, ii, p. 63: Darwin to Wallace, 19 March 1868

9장 "면밀한 실험이 행해질 때까지……"

Darwin, F. 1887, iii, pp. 94~95: Darwin to Wallace, 26 February 1867

Darwin, F. 1887, iii, p. 151: Darwin to F. Müller, 2 August 1871

Darwin, F. 1887, iii, p. 157: Darwin to August Weismann, 5 April 1872

Darwin, F. and Seward 1903, ii, pp. 57~59: Darwin to William Bernhard Tegetmeier, 5 March 1867; Darwin to William Bernhard Tegetmeier, 30 March 1867

Darwin, F. and Seward 1903, ii, pp. 64~65: Darwin to John Jenner Weir, 27 February 1868; Darwin to John Jenner Weir, 29 February 1868

Marchant 1916, i, p. 270: Darwin to Wallace, 1 August 1871

10장 다윈주의의 유령들을 뛰어넘어

Darwin, F. and Seward 1903. ii, p. 90: Darwin to Wallace, 15 June 1869?

15장 인간의 이타주의: 자연적인 것인가?

Darwin, F. 1887, ii, pp. 141~142: Darwin to Herbert Spencer, 25 November 1858

Darwin, F. 1887, iii, pp. 55~56: Darwin to Joseph Dalton Hooker, 10 December 1866

Darwin, F. 1887, iii, p. 99: Darwin to Alphonse de Candolle, 6 July 1868

Darwin, F. 1887, iii, p. 120: Darwin to E. Ray Lankester, 15 March 1870

Darwin, F. 1887, iii, pp. 165~166: Darwin to Herbert Spencer, 10 June 1872

Darwin, F. 1887, iii, p. 193: Darwin to John Fiske, 8 December 1874

Darwin, F. and Seward 1903, i, p. 271: Darwin to Wallace, 5 July 1866

Darwin, F. and Seward 1903, ii, p. 235: Darwin to Joseph Dalton Hooker, 30 June 1866

Darwin, F. and Seward 1903, ii, pp. 424~425: Darwin to Francis Maitland Balfour, 4 September 1880

Darwin, F. and Seward 1903, ii, p. 442: Darwin to Herbert Spencer, 9 December 1867

16장 이종 교배

Darwin, F. 1887, ii, p. 384: Darwin to T. H. Huxley, 14 January? 1862

Darwin, F. 1887, iii, pp. 157~162: Darwin to Moritz Wagner, 1868?; Darwin to Moritz Wagner, 13 October 1876; Darwin to Karl Semper, 26 November 1878; Darwin to Karl Semper, 30 November 1878

Darwin, F. 1887, iii, pp. 158~159: Darwin to Moritz Wagner, 13 October 1876

Darwin, F. and Seward 1903, i, pp. 137~138: Darwin to T. H. Huxley, 11 January 1860?

Darwin, F. and Seward 1903, i, pp. 222~223: Darwin to Joseph Dalton Hooker, 12 December 1862

Darwin, F. and Seward 1903, i, pp. 225~226: Darwin to T. H. Huxley, 28 December 1862

Darwin, F. and Seward 1903, i, pp. 230~232: Darwin to T. H. Huxley, 18 December 1862; Darwin to T. H. Huxley, 10 January 1863

Darwin, F. and Seward 1903, i, p. 231: Darwin to T. H. Huxley, 10 January 1863

Darwin, F. and Seward 1903, i, p. 274: Darwin to T. H. Huxley, 22 December 1866?

Darwin, F. and Seward 1903, i, p. 277: Darwin to T. H. Huxley, 7 January 1867

Darwin, F. and Seward 1903, i, p. 287: Darwin to T. Il. Huxley, 30 January 1868

Darwin, F. and Seward 1903, i, pp. 287~299: Wallace to Darwin, February 1868; Darwin to Wallace, 27 February 1868; Wallace to Darwin, 1 March 1868; Darwin to Wallace, 17 March 1868; Wallace to Darwin, 24 March 1868; Darwin to Wallace, 6 April 1868; Wallace to Darwin, 8 April? 1868; Wallace to Darwin, 16 August 1868

Darwin, F. and Seward 1903, i, p. 288: Wallace to Darwin, February 1868

Darwin, F. and Seward 1903, i, p. 289: Darwin to Wallace, 27 February 1868

Darwin, F. and Sovard 1903, i, p. 293: Darwin to Wallace, 17 March 1868

Darwin, F. and Seward 1903, i, pp. 292~293 n1: Note by Wallace, 1899

Darwin, F. and Seward 1903, i, p. 293: Wallace to Darwin, 1 March 1868

Darwin, F. and Seward 1903, i, p. 294: Wallace to Darwin, 24 March 1868

Darwin, F. and Seward 1903, i, p. 295: Darwin to Wallace, 6 April 1868

Darwin, F. and Seward 1903, i, p. 298: Wallace to Darwin, 16 August 1868

Darwin, F. and Seward 1903, i, p. 311: Darwin to August Weismann. 22 October 1868

Marchant 1916, i, pp. 195~210: Wallace to Darwin, February 1868?; Darwin to Wallace, 27 February 1868; Wallace to Darwin, 1 March 1868; Wallace to Darwin, 8 March 1868; Darwin to Wallace, 17 March 1868; Wallace to Darwin, 19 March 1868; Darwin to Wallace, 19~24 March 1868; Wallace to Darwin, 24 March 1868; Darwin to Wallace, 27 March 1868; Darwin to Wallace, 6 April 1868; Wallace to Darwin, 8 April? 1868

Marchant 1916, i, p. 203: Wallace to Darwin, 19 March 1868

Marchant 1916, i, p. 207: Darwin to Wallace, 27 March 1868

Marchant 1916, i, p. 210: Wallace to Darwin, 8 April? 1868

Marchant 1916, ii, p. 41: Wallace to Raphael Meldola, 20 March 1888

Marchant 1916, ii, p. 42: Wallace to Raphael Meldola, 12 April, 1888

참고 문헌

❖

일반적으로 초판에서 인용했으며, 그렇지 않은 경우 별표를 붙이거나 설명을 추가했다.

Alexander, R. D. (1979) *Darwinism and Human Affairs*, University of Washington Press, Washington

Alexander, R. D. (1987) *The Biology of Moral Systems*, Aldine de Gruyter, New York

Alexander, R. D. and Tinkle, D. W. (eds.) (1981) *Natural Selection and Social Behaviour: Recent research and new theory*, Blackwell, Oxford

Allee, W. C. (1938) *The Social Life of Animals*, William Heinemann, London

Allee, W. C. (1951) *Cooperation Among Animals with Human Implications; a revised and amplified edition of The Social Life of Animals*, Henry Schuman, New York

Allee, W. C., Emerson, A. E., Park, O., Park, T. and Schmidt, K. P. (1949) *Principles of Animal Ecology*, W. B. Saunders, Philadelphia

Allen, E. et al. fifteen other signatories (1975) 'Against "Sociobiology"', *New York Review of*

Books 13 November; *reprinted in Caplan 1978, pp. 259~264

Allen, G. (1879) *The Colour-Sense: Its origin and development. An essay in comparative psychology*, Trübner, London

Allen, G. E. (1978) *Thomas Hunt Morgan: The man and his science*, Princeton University Press, Princeton, New Jersey

Andersson, M. (1982) 'Female choice selects for extreme tail length in a widowbird', *Nature* 299, 818~820

Andersson, M. (1982a) 'Sexual selection, natural selection and quality advertisement', *Biological Journal of the Linnean Society 17*, 375~393

Andersson, M. (1983) 'Female choice in widowbirds', *Nature 302*, 456

Andersson, M. (1983a) 'On the function of conspicuous seasonal plumages in birds', *Animal Behaviour 31*, 1262~1264

Andersson, M. (1986) 'Evolution of condition-dependent sex ornaments and mating preferences: sexual selection based on viability differences', *Evolution 40*, 804~816

Andersson, M. B. and Bradbury, J. W. (1987) 'Introduction' in Bradbury and Andersson 1987, pp. 1~8

Anon (1871) 'Artistic feeling of the lower animals', *The Spectator Il March*, 280~281

Anon (1871a) 'Mr Darwin's *Descent of Man*', *The Spectator 18 March*, 319~320

Anon (1917) *Geoffrey Watkins Smith*, Printed for private circulation, Oxford

Arak, A. (1983) 'Male-male competition and mate choice in anuran amphibians' in Bateson 1983a, pp. 181~210

Arak, A. (1988) 'Female mate choice in the natterjack toad: active choice or passive attraction?', *Behavioral Ecology and Sociobiology 22*, 317~327

Argyll, Duke of (Campbell, G. D.) (1862) Review of Darwin's 'On the Various Contrivances by which British and Foreign Orchids are Fertilised by Insects', *Edinburgh Review 116*, 378~397

Argyll, Duke of (Campbell, G. D.) (1867) *The Reign of Law*, Alexander Strahan, London

Arnold, S. J. (1983) 'Sexual selection: the interface of theory and empiricism' in Bateson 1983a, pp. 67~107

Atchley, W. R. and Woodruff, D. S. (eds.) (1981) *Evolution and Speciation: Essays in honor of M. J. D. White*, Cambridge University Press, Cambridge

Axelrod, R. (1984) *The Evolution of Cooperation*, Basic Books, New York

Axelrod, R. (1986) 'An evolutionary approach to norms', *American Political Science Review 80*, 1095~1111

Axelrod, R. and Hamilton, W. D. (1981) 'The evolution of cooperation', *Science 211*, 1390~1396

Baer, K. E. von (1873) 'Zum Streit über den Darwinismus', *Augsburger Allgemeine Zeitung 130*, 1986~1988; *reprinted in translation in Hull 1973, pp. 416~425

Bajema, C. J. (ed.) (1984) *Evolution by Sexual Selection Theory: Prior to 1900*, Benchmark Papers in Systematic and Evolutionary Biology 6, Van Nostrand Reinhold, New York

Baker, R. R. (1985) 'Bird coloration: in defence of unprofitable prey', *Animal Behaviour 33*, 1387~1388

Baker, R. R. and Bibby, C. J. (1987) 'Merlin *Falco columbarius* predation and theories of the evolution of bird coloration', *Ibis 129*, 259~263

Baker, R. R. and Hounsome, M. V. (1983) 'Bird coloration: unprofitable prey model supported by ringing data', *Animal Behaviour 31*, 614~615

Baker, R. R. and Parker, G. A. (1979) 'The evolution of bird coloration', *Philosophical Transactions of the Royal Society of London B 287*, 63~130

Baker, R. R. and Parker, G. A. (1983) 'Female choice in widowbirds', *Nature 302*, 456

Barkow, J. H. (1984) 'The distance between genes and culture', *Journal of Anthropological Research 40*, 367~379

Barkow, J. H., Cosmides, L and Tooby, J. (eds.) (1992) *The Adapted Mind: Evolutionary psychology and the generation of culture*, Oxford University Press, New York

Barlow, G. W. and Silverberg, J. (eds.) (1980) *Sociobiology: Beyond Nature/Nurture? Reports, definitions and debate*, AAAS Selected Symposium 35, Westview Press, Boulder, Colorado

Barnard, C. J. and Behnke, J. M. (cds.) (1990) *Parasitism and Host Behaviour*, Taylor and Francis, London

Barnett, S. A. (ed.) (1958) *A Century of Darwin*, Heinemann, London; *reprinted Mercury Books, London. 1962

Barrett, P. H. (ed.) (1977) *The Collected Papers of Charles Darwin*, University of Chicago Press, Chicago

Bartholomew, M. J. (1975) 'Huxley's defence of Darwin', *Annals of Science 32*, 525~535

Barton, N. H. and Hewitt, G. M. (1985) 'Analysis of hybrid zones', *Annual Review of Ecology and Systematics 16*, 113~148

Barton, N. H. and Hewitt, G. M. (1989) 'Adaptation, speciation and hybrid zones', *Nature 341*, 497~503

Bartz, S. H. (1979) 'Evolution of eusociality in termites', *Proceedings of the National Academy of Sciences USA 76 (11)*, 5764~5768

Bartz, S. H. (1980) 'Correction' to Bartz 1979, *Proceedings of the National Academy of Sciences USA 77 (6)*, 3070

Bates, H. W. (1862) 'Contributions to an insect fauna of the Amazon Valley, Lepidoptera: Heliconidae', *Transactions of the Linnean Society of London 23*, 495~566

Bates, H. W. (1863) *The Naturalist on the River Amazons*, John Murray, London

Bateson, P. P. G. (1983) 'Rules for changing the rules' in Bendall 1983, pp. 483~507

Bateson, P. P. G. (ed.) (1983a) *Mate Choice*, Cambridge University Press, Cambridge

Bateson, P. P. G. (1983b) 'Optimal outbreeding' in Bateson 1983a, pp. 257~277

Bateson, P. P. G. and Hinde, R. A. (eds.) (1976) *Growing Points in Ethology*, Cambridge University Press, Cambridge

Bateson, W. (1910) 'Heredity and variation in modern lights' in Seward 1910, pp. 85~101

Bateson, W. (1922) 'Evolutionary faith and modern doubts', *Science, new series 55*, 55~61

Beddard, F. E. (1892) *Animal Coloration*, Swan Sonnenschein, London

Bell, G. (1978) 'The handicap principle in sexual selection', *Evolution 32*, 872~885

Bell, P. R. (ed.) (1959) *Darwin's Biological Work: Some aspects reconsidered*, Cambridge University Press, Cambridge; *reprinted John Wiley, New York, 1964

Bell, R. W. and Bell, N. J. (eds.) (1989) *Sociobiology and the Social Sciences*, Texas Tech University Press, Lubbock

Belt, T. (1874) *The Naturalist in Nicaragua: A narrative of a residence at the gold mines of Chontales; journeys in the savannahs and forests; with observations on animals and plants in reference to the theory of evolution of living forms*, John Murray, London

Bendall, D. S. (ed.) (1983) *Evolution from Molecules to Men*, Cambridge University Press, Cambridge

Bernal, J. D. (1954) *Science in History*, Watts, London

Bertram, B. C. R. (1979) 'Ostriches recognise their own eggs and discard others', *Nature 279*, 233~234

Bertram, B. C. R. (1979a) 'Breeding system and strategies of ostriches', *Proceedings of the XVII International Ornithological Congress*, 890~894

Bethel, W. M. and Holmes, J. C. (1973) 'Altered evasive behavior and responses to light in amphipods harboring acanthocephalan cystacanths', *Journal of Parasitology 59*, 945~956

Bethel, W. M. and Holmes, J. C. (1974) 'Correlation of development of altered evasive behavior in *Gammarus lacustris* (Amphipoda) harboring cystacanths of *Polymorphus paradoxus* (Acanthocephala) with the infectivity to the definitive host', *Journal of Parasitology 60*, 272~274

Bethel, W. M. and Holmes, J. C, (1977) 'Increascd vulnerability of amphipods to predation owing to altered behavior induced by larval acanthocephalans', *Canadian Journal of Zoology 55*, 110~115

Blair. W. F, (1955) 'Mating call and stage of speciation in the *Microhyla olivacea-M. carolinensis* complex'. *Evolution 9*, 469~80

Blair, W. F. (ed.) (1961) *Vertebrate Speciation*, University of Texas Press, Austin

Blaisdell, M. (1982) 'Natural theology and nature's disguises', *Journal of the History of Biology 15.* 163~189

Blake, C. C. (1871) 'The life of Dr Knox', *Journal of Anthropology 3*, 332~338

Bloch, M. (1977) 'The past and the present in the present', *Man, new series 12*, 278~292

Blum, M. S. and Blum, N. A. (eds.) (1979) *Sexual Selection and Reproductive Competition in Insects*, Academic Press. New York

Bonavia. E. (1870) 'Man's bare back', *Nature 3*, 127

Borgia. G. (1979) 'Sexual selection and the evolution of mating systems' in Blum and Blum 1979, pp. 19~80

Borgia. G. (1985) 'Bower quality, numbcr of decoration and mating success of male satin bowerbirds (*Ptilonorhynchus violaceus*): an experimental analysis', *Animal Behaviour 33*, 266~271

Borgia. G. (1985a) 'Bower destruction and sexual competition in the satin bowerbird (*Ptilonorhynchus violaceus*)', *Behavioral Ecology and Sociobiology 18*, 91~100

Borgia. G. (1986) 'Sexual selection in bowerbirds', *Scientific American 254 (6)*, 709

Borgia. G. (1986a) 'Satin bowerbird parasites: a test of the bright male hypothesis', *Behavioral Ecology and Sociobiology 19*, 355~358

Borgia. G. and Collis, K. (1989) 'Female choice for parasite-free male satin bowerbirds and the evolution of bright male plumage', *Behavioral Ecology and Sociobiology 25*, 445~453

Borgia, G. and Gore. M, A, (1986) 'Feather stealing in the satin bowerbird (*Ptilonorhynchus violaceus*): male competition and the quality of display', *Animal Behavior 34*, 727~738

Borgia, G., Kaatz, I. and Condit, R. (1987) 'Female choice and bower decoration in the satin bowerbird *Ptilonorhynchus violaceus*: a test of hypotheses for the evaluation of male display', *Animal behaviour 35*, 1129~1139

Bowler, P. J. (1976) 'Malthus, Darwin and the concept of struggle'. *Journal of the History of Ideas 37*, 631~650

Bowler, P. J, (1977) 'Darwinism and the argument from design: suggestions for a reevaluation', *Journal of History of Biology 10*, 29~43

Bowler, P, L (1983) *The Eclipse of Darwinism: Anti-Darwinian evolution theories in the decades around 1900*, Johns Hopkins University Press, Baltimore

Bowler, P. J. (1984) *Evolution: The history of an idea*, University of California Press, Berkeley

Boyd, R. and Richerson, P. J. (1985) *Culture and the Evolutionary Process*, University of Chicago Press, Chicago

Bradbury, J. W. (1981) 'The evolution of leks' in Alexander and Tinkle 1981, pp. 138~169

Bradbury, J. W. and Gibson, R. M. (1983) 'Leks and mate choice' in Bateson 1983a, pp. 109~138

Bradbury, W. and Andersson, M. B. (eds.) (1987) *Sexual Selection: Testing the alternatives*, Report of the Dahlem Workshop on Sexual Selection, Life Sciences Research Report 39, Dahlem Konferenzen, Berlin, John Wiley, Chichester

Brandon, R. N. and Burian, R. M. (eds.) (1984) *Genes, Organisms, Populations: Controversies over the units of selection*, MIT Press, Cambridge, Mass

Brockmann, H. J. (1984) 'The evolution of social behaviour in insects' in Krebs and Davies 1978, second edition, pp. 340~361

Brooke, M. de L. and Davies, N. B. (1988) 'Egg mimicry by cuckoos Cuculus canorus in relation to discrimination by hosts', *Nature 335*, 630~632

Brooks, J. L. (1984) *Just Before the Origin: Alfred Russel Wallace's theory of evolution*, Columbia University Press, New York

Brown, J. L. (1978) 'Avian communal breeding systems', *Annual Review of Ecology and Systematics 9*, 123~155

Brown, J. L. (1983) 'Intersexual selection', *Nature 302*, 472

Brown, L. (1981) 'Patterns of female choice in mottled sculpins (Cottidae, Teleostei)', *Animal Behaviour 29*, 375~382

Burley, N. (1981) 'Sex ratio manipulation and selection for attractiveness', *Science 211*, 721~722

Burley, N. (1985) 'Leg-band color and mortality patterns in captive breeding populations of zebra finches', *Auk 102*, 647~651

Burley, N. (1986) 'Sexual selection for aesthetic traits in species with biparental care', *American Naturalist 127*, 415~445

Burley, N. (1986a) 'Comparison of the band-colour preferences of two species of estrildid finches', *Animal Behaviour 34*, 1732~1741

Burley, N. (1986b) 'Sex-ratio manipulation in color-banded populations of zebra finches', *Evolution 40*, 1191~1206

Burley, N. (1988) 'Wild zebra finches have band-colour preferences', *Animal Behaviour 36*, 1235~1237

Burley, N. (1988a) 'The differential-allocation hypothesis: an experimental test', *American Naturalist 132*, 611~628

Bush, G. L. (1975) 'Modes of animal speciation', *Annual Review of Ecology and Systematics 6*, 339~364

Butler, S. (1879) *Evolution, Old and New; Or the theories of Buffon, Dr Erasmus Darwin, and Lamarck, as compared with that of Mr Charles Darwin*, Hardwicke and Bogue, London

Cade, W. (1979) 'The evolution of alternative male reproductive strategies in field crickets' in Blum and Blum 1979, pp. 343~379

Cade. W. (1980) 'Alternative male reproductive behaviors', *Florida Entomologist 63*, 30~45

Cain, A. J. (1964) 'The perfection Of animals' in Carthy and Duddington 1964, pp. 36~63

Cameron, R. A. De, Carter, M. A and Palles-Clark. M. A. (1980) '*Cepaea* on Salisbury Plain: patterns of variation, landscape history and habitat stability' *Biological Journal of the Linnean Society 14*, 335~358

Campbell, B. (ed.) (1972) *Sexual Selection and the Descent of Man 1871-1971*, Heinemann, London

Canning, E. Us and Wright, C. A. (eds.) (1972) *Behavioural Aspects of Parasite Transmission*, Zoological Journal of Linnean Society 51, supplement 1, Academic Press, London

Caplan, A. L. (ed.) (1978) *The Sociobiology Debate: Readings on ethical and scientific issues*, Harper and Row, New York

Caplan, A. L. (1981) 'Popper's philosophy'. *Nature 290*, 623~624

Carneiro, R. L. (ed.) (1967) *The Evolution of Society: Selections front Herbert Spencer's 'Principles of Sociology'*, University of Chicago Press. Chicago

Carpenter, W. B. (1847) Review of Owen's 'Lectures on the Comparative Anatomy and Physiology of the Vertebrate Animals, delivered at the Royal College of Surgeons of England, in 1844 and 1846', *British and Foreign Medical Review 23*, 472-492

Carthy, J. D. and Duddington, C. L. (eds.) (1964) *Viewpoints in Biology 3*, Butterworth, London

Catchpole, C. K. (1980) 'Sexual selection and the evolution of complex songs among European warblers of the genus *Acrocephalus*', *Behaviour 74*, 149~166

Catchpole, C. K. (1987) 'Bird song, sexual selection and female choice', *Trends in Ecology and Evolution 2*, 94~97

Catchpole, C. K. (1988) 'Sexual selection and the evolution of animal behaviour', *Science Progress 72*, 281~295

Catchpole, C. K., Dittani, J. and Leisler, B. (1984) 'Differential responses to male song repertoires in female songbirds implanted with oestradiol', *Nature 312*, 563~564

Cavalli-Sforza, L. L. and Feldman, M. W. (1981) *Cultural Transmission and Evolution: A quantitative approach*, Princeton University Press, Princeton, New Jersey

Chalmers, T. (1835) *The Adaptation of External Nature to the Moral and Intellectual Constitution of Man, The Bridgewater Treatises on the Power. Wisdom and Goodness of God, as Manifested in the Creation*, i. William Pickering, London

Charlesworth, W. R. and Kreutzer, M. A. (1973) 'Facial expressions of infants and children' in Ekman 1973, pp. 91~168

Charnov, E. L. and Krebs, J. R. (1975) 'The evolution of alarm calls: altruism or manipulation?', *American Naturalist 109*, 107~112

Cheng, P. W. and Holyoak, K. J. (1989) 'On the natural selection of reasoning theories', *Cognition 33*, 285~313

Clark, R. W. (1985) *The Survival of Charles Darwin: A biography of a man and an idea*, Weidenfeld and Nicolson, London

Clayton, D. H. (1990) 'Mate choice in experimentally parasitized rock doves: lousy males lose', *American Zoologist 30*, 251~262

Clutton-Brock, T. H. (1982) 'The functions of antlers', *Behaviour 79*, 108~125

Clutton-Brock, T. H. and Albon, S. D. (1979) 'The roaring of deer and the evolution of honest advertisement', *Behaviour 69*, 145~170

Clutton-Brock, T. H. and Harvey, P. H. (1979) 'Comparison and adaptation', *Proceedings of the Royal Society of London B 205*, 547~565

Clutton-Brock, T. H. and Harvey, P. H. (1980) 'Primates, brains and ecology', *Journal of Zoology 190*, 309~323

Clutton-Brock, T. H. and Harvey, P. H. (1984) 'Comparative approaches to investigating adaptation' in Krebs and Davies 1978, second edition, pp. 7~29

Clutton-Brock, T. H., Albon, S. D.. Gibson, R. M. and Guinness, F. E. (1979) 'The logical stag: adaptive aspects of fighting in red deer (*Cervus elaphus* L.)', *Animal Behaviour 27*, 211~225

Clutton-Brock, T. H., Albon, S. D. and Guinness, F. E. (1981) 'Parental investment in male and female offspring in polygynous mammals', *Nature 289*, 487~489

Clutton-Brock, T. H., Albon, S. D. and Harvey, P. H. (1980) 'Antlers, body size and breeding group size in the Cervidae', *Nature 285*, 565~567

Clutton-Brock, T. H., Guinness, F. E. and Albon, S. D. (1982) *Red Deer: Behaviour and ecology of two sexes*, Edinburgh University Press, Edinburgh

Cohen, J. (1984) 'Sexual selection and the psychophysics of female choice', *Zeitschrift für Tierpsychologie 64*, 1~8

Coleman, W. (1971) *Biology in the Nineteenth Century: Problems of form, function, and transformation*, John Wiley, New York

Collins, J. P. (1986) 'Evolutionary ecology and the use of natural selection in ecological theory', *Journal of the History of Biology 19*, 257~288

Cooke, F, and Buckley, P. A. (eds.) (1987) *Avian Genetics: A population and ecological approach*, Academic Press, London

Cooke, F. and Davies, J. C. (1983) 'Assortative mating, mate choice and reproductive fitness in Snow Geese' in Bateson 1983a, pp. 279~295

Cosmides, L. (1989) 'The logic of social exchange: Has natural selection shaped how humans reason? Studies with the Wason selection task', *Cognition 31*, 187~276

Cosmides, L. and Tooby, J. (1987) 'From evolution to behavior: evolutionary psychology as the missing link' in Dupré 1987, pp. 277~306

Cosmides, L. and Tooby, J. (1989) 'Evolutionary psychology and the generation of culture, Part 2: Case study: a computational theory of social exchange', *Ethology and Sociobiology 10*, 51~97

Cott, H. B. (1940) *Adaptive Coloration in Animals*, Methuen, London

Cott, H. B. (1946) 'The edibility of birds: Illustrated by five years' experiments and observations (1941~1946) on the food preferences of the hornet, cat and man; and considered with special reference to the theories of adaptive coloration', *Proceedings of the Zoological Society of London 116*, 371~524

Cox, C. R. and Le Boeuf, B. J. (1977) 'Female incitation of male competition: a mechanism in mate selection', *American Naturalist 111*, 317~335

Cox, F. E. G. (1989) 'Parasites and sexual selection', *Nature 341*, 289

Coyne. J. (1974) 'The evolutionary origin of hybrid inviability'. *Evolution 28*, 505~506

Crampton, H. E. (1916) *Studies on the Variation. Distribution, and Evolution of the Genus Partula: The species inhabiting Tahiti*, Carnegie Institution of Washington Publication 228. Washington

Crampton, H. E. (1925) *Studies on the Variation, Distribution, and Evolution of the Genus*

Partula: *The species of the Mariana Islands, Guam and Saipan*, Carnegie Institution of Washington Publication 228a, Washington

Crampton, H. E. (1932) *Studies on the Variation, Distribution, and Evolution Mthe Genus Partula*: *The species inhabiting Moorea*, Carnegie Institution of Washington Publication 410, Washington

Crawford. C., Smith, M. and Krebs, De (eds.) (1987) *Sociobiology and Psychology*: *Ideas, issues and applications*, Lawrence Erlbaum, Hillsdale, New Jersey

Crozier, R. H. and Luykx, P. (1985) 'The evolution of termite eusociality is unlikely to have been based on a male-haploid analogy', *American Naturalist 126*, 867~869

Daly, M. (1989) 'Parent-offspring conflict and violence in evolutionary perspective', in Bell and Bell 1989. pp. 25~43

Daly, M. and Wilson, M. (1978) *Sex, Evolution, and Behavior*, Duxbury Press, North Scituate, Mass; *second edition Willard Grant Press. Boston, Mass, 1983

Daly, M. and Wilson, M. (1984) 'A sociobiological analysis of human infanticide' in Hausfater and Hrdy 1984, pp. 487~502

Daly, M. and Wilson, M. (1988) *Homicide*, Aldine de Gruyter, New York

Daly, M. and Yttilson, M. (1988a) 'The Darwinian psychology of discriminative parental solicitude', *Nebraska Symposium on Motivation 1987 35*, 91~144

Daly, M. and Wilson, M. (1989) 'Homicide and cultural evolution', *Ethology and Sociobiology 10*, 99~110

Daly. M. and Wilson. M. (1990) 'Killing the competition', *Human Nature 1* 83~109

Darwin. C, (1845) *Journal of Researches into the Natural History and Geology of the Countries Visited During the Voyage of H.M.S. 'Beagle' Round the World, under the Command of Capt. Fitz Roy. R.N.*, John Murray, London; *new edition with a biographical introduction by G. T. Bettany, Ward, Lock. 1891

Darwin, C. (1859) *On the Origin of Species by means of Natural Selection or the Preservation of Favoured Races in the Struggle for Life*, John Murray, London; facsimile reproduction with an introduction by Ernst Mayr. Atheneum. New York, 1967

Darwin, C. (1862) *On the Various Contrivances by which British and Foreign Orchids are Fertilised by Insects*, John Murray, London; second edition 1877

Darwin, C. (1862a) 'On the two forms, or dimorphic condition, in the species of *Primula*, and on their remarkable sexual relations', *Journal of the Proceedings of the Linnean Society (Botany) 6*, 77~96; *reprinted in Barrett 1977, ii, pp. 45~63

Darwin, C. (1863) Review of Bates' 'Contributions to an insect fauna', *Natural History*

Review: *Quarterly Journal of Biological Science*, 219~224; *reprinted in Barrett 1977. ii, pp. 87~92

Darwin, C. (1864) 'On the existence of two fonns. and on their reciprocal sexual relation, in several species of the genus *Linum*', *Journal of the Proceedings of the Linnean Society (Botany) 7*, 69~83; *reprinted in Barrett 1977. ii. pp. 93~105

Darwin. C. (1865) 'On the sexual relations of the three forms of *Lythrum salicaria*', *Journal of the Proceedings of the Linnean Seciety (Botany) 8*, 169~196; *reprinted in Barrett 1977, ii. pp. 106~131

Darwin, C. (1868) *The Variation of Animals and Plants under Domestication*, John Murray, London; second edition 1875

Darwin, C. (1869) 'Origin of species', *Athenaeum 2174*, 861; *reprinted in Barrett, 1977, ii, pp. 156~157

Darwin, C. (1869a) 'Origin of species', *Athenaeum 2177*, 82; *reprinted in Barrett 1977, ii, pp. 157~158

Darwin, C. (1871) *The Descent of Man and Selection in Relation to Sex*, John Murray, London; second edition 1874; facsimile reproduction of first edition with an introduction by John Tyler Bonner and Robert M. May, Princeton University Press, Princeton, 1981

Darwin, C. (1872) *The Expression of the Emotions in Man and Animals*, John Mumay, London; facsimile reproduction with an introduction by Konrad Lorenz, University of Chicago Press, Chicago, 1965

Darwin, C. (1876) *The Effects of Cross and Self Fertilisation in the Vegetable Kingdom*, John Murray, London; second edition 1878

Darwin, C. (1876a) 'Sexual selection in relation to monkeys'. *Nature 15*. 18~19; *reprinted in Barrett 1977, ii, pp. 207~211

Darwin, C. (1877) *The Different Forms of Flowers on Plants of the Same Species*, John Murray, London; second edition 1892

Darwin, C. (1880) 'The sexual colours of certain butterflies', *Nature 21*, 237; *reprinted in Barrett 1977. ii, pp. 220~222

Darwin, C. (1882) 'A preliminary notice: "On the modification of a race of Syrian street-dogs by means of sexual selection"', *Proceedings of the Zoological Society of London*, 367~369; *reprinted in Barrett 1977, ii, pp. 278~280

Darwin, C. and Wallace, A. R. W. (1858) 'On the tendency of species to form varieties; and on the perpetuation of varieties and species by natural means of selection', *Journal of the*

Linnean Society of London (Zoology) 3, 45~62; *reprinted in Linnean Society 1908, pp. 87~107

Darwin, F. (ed.) (1887) *The Life and Letters of Charles Darwin*, John Murray, London

Darwin, F. (ed.) (1892) *The Autobiography of Charles Darwin and Selected Letters*, John Murray, London; facsimile reproduction Dover, New York, 1958

Darwin, F. and Seward, A. C. (eds.) (1903) *More Letters of Charles Darwin: A record of his work in a series of hitherto unpublished letters*, John Murray, London

Davies, N. B. (1978) 'Territorial defence in the speckled wood butterfly (*Pararge aegeria*): the resident always wins', *Animal Behaviour 26*, 138~147

Davies, N. B. (1982) 'Cooperation and conflict in breeding groups', *Nature 296*, 702~703

Davis, J. W. F. and O'Donald, P. (1976) 'Sexual selection for a handicap: a critical analysis of Zahavi's model', *Journal of Theoretical Biology 57*, 345~354

Davison, G. W. Il. (1981) 'Sexual selection and the mating system of *Argusianus argus* (Aves: Phasianidae)', *Biological Journal of the Linnean Society 15*, 91~104

Dawkins, M. S. (1986) *Unravelling Animal Behaviour*, Longman, Essex

Dawkins, R. (1976) *The Selfish Gene*, Oxford University Press, Oxford; second edition 1989

Dawkins, R. (1978a) 'Reply to Fix and Greene', *Contemporary Sociology 7*, 709~712

Dawkins, R. (1979) 'Twelve misunderstandings of kin selection', *Zeitschrift für Tierpsychologie 51*, 184~200

Dawkins, R. (1980) 'Good strategy or evolutionarily stable strategy?' in Barlow and Silverberg 1980, pp. 331~367

Dawkins, R. (1981) 'In defence of selfish genes', *Philosophy 56*, 556~573

Dawkins, R. (1982) *The Extended Phenotype: The gene as the unit of selection*, W. H. Freeman, Oxford

Dawkins, R. (1982a) 'The necessity of Darwinism', *New Scientist 94*, 130~132

Dawkins, R. (1983) 'Universal Darwinism' in Bendall 1983, pp. 403~425

Dawkins, R. (1986) *The Blind Watchmaker*, Longman, Essex

Dawkins, R. (1986a) 'Sociobiology: the new storm in a teacup' in Rose and Appignanesi 1986, pp. 61~78

Dawkins, R. (1989) 'The evolution of evolvability' in Langton 1989, pp. 201~220

Dawkins, R. (1990) 'Parasites, desiderata lists and the paradox of the organism' in Keymer and Read 1990, pp. S63~73

Dawkins, R. and Krebs, J. R. (1978) 'Animal signals: information or manipulation?' in Krebs and Davies 1978, pp. 282~309

Dawkins, R. and Krebs, J. R. (1979) 'Arms races within and between species', *Proceedings of the Royal Society of London B 205*, 489~511

Dawkins, R. and Ridley, M. (eds.) (1985) *Oxford Surveys in Evolutionary Biology 2*, Oxford University Press, Oxford

de Beer, G. R. (ed.) (1938) *Evolution: Essays on aspects of evolutionary biology, presented to Professor E. S. Goodrich on his seventieth birthday*, Clarendon Press, Oxford

de Beer, G. R. (1963) *Charles Darwin: Evolution by natural selection*, Thomas Nelson, London

de Beer, G. R. (1971) 'Darwin, Charles Robert' in Gillispie 1971, iii, pp. 565~577

de Beer, G. R., Rowlands, M. J. and Skramovsky, B. M. (eds.) (1960~1967) 'Darwin's Notebooks on Transmutation of Species', *Bulletin of The British Museum (Natural Ilistory) Historical Series 2 (2-6), 3 (5)*

Delfino, V. P. (ed.) (1987) *International Symposium on Biological Evolution, Bari 9-14 April 1985*, Adriatica Editrice, Bari

Dennett, D. C. (1984) *Elbow Room: The varieties of free will worth wanting*, Oxford University Press, Oxford

Dewar, D. and Finn, F. (1909) *The Making of Species*, John Lane, London

Dewey, J. (1909) 'The influence of Darwinism on philosophy', *Popular Science Monthly*; *reprinted in Dewey 1910, pp. 1~19

Dewey, J. (1910) *The Influence of Darwin on Philosophy and Other Essays in Contemporary Thought*, Henry Holt, New York; facsimile reproduction Peter Smith, New York, 1951

Diamond, J. (1981) 'Birds of paradise and the theory of sexual selection', *Nature 293*, 257~258

Diamond, J. (1982) 'Evolution of bowerbirds' bowers: animal origins of the aesthetic sense', *Nature 297*, 99~102

Diamond, J. (1987) 'Biology of birds of paradise and bowerbirds', *Annual Review of Ecology and Systematics 17*, 17~37

Diamond, J. (1988) 'Experimental study of bower decoration by the bowerbird *Amblyornis inornatus*, using colored poker chips', *American Naturalist 131*, 631~653

Diver, C. (1940) 'The problem of closely related species living in the same area' in Huxley 1940, pp. 303~328

Dobzhansky, Th. (1937) *Genetics and the Origin of Species*; *third edition Columbia University Press, New York, 1951

Dobzhansky, Th. (1940) 'Speciation as a stage in evolutionary divergence', *American*

Naturalist 74, 312~321

Dobzhansky, Th. (1956) 'What is an adaptive trait?', *American Naturalist 90*, 337~347

Dobzhansky, Th. (1970) *Genetics of the Evolutionary Process*, Columbia University Press, New York

Dobzhansky, Th. (1975) 'Analysis of incipient reproductive isolation within a species of *Drosophila*', *Proceedings of the National Academy of Sciences USA 72 (9)*, 3638~3641

Doherty, J. A. and Gerhardt, H. C. (1983) 'Acoustic communication in hybrid treefrogs: sound production by males and selective phonotaxis by females', *Journal of Comparative Physiology A 154*, 319~330

Dohrn, A. (1871) Review of Wallace's 'Contributions to the Theory of Natural Selection: A series of essays', *The Academy 2*, 159~160

Dominey, W. J. (1983) 'Sexual selection, additive genetic variance and the "phenotypic handicap"', *Journal of Theoretical Biology 101*, 495~502

Douglass, G. N. (1895) 'On the Darwinian hypothesis of sexual selection', *Natural Science 7*, 326~332, 398~406

Downhower, J. F. and Brown, L. (1980) 'Mate preferences of female mottled sculpins, *Cottus bairdi*', *Animal Behaviour 28*, 728~734

Downhower, J. F. and Brown, L. (1981) 'The timing of reproduction and its behavioural consequences for mottled sculpins, *Cottus bairdi*' in Alexander and Tinkle 1981, pp. 78~95

Duncan, D. (ed.) (1908) *The Life and Letters of Herbert Spencer*, Methuen, London

Dunford, C. (1977) 'Kin selection for ground squirrel alarm calls', *American Naturalist 111*, 782~785

Dupré, J. (ed.) (1987) *The Latest on the Best: Essays on evolution and optimality*, MIT Press, Cambridge, Mass

Durant, J. R. (1979) 'Scientific naturalism and social reform in the thought of Alfred Russel Wallace', *British Journal for the History of Science 12*, 31~58

Durant, J. R. (1981) 'Innate character in animals and man: a perspective on the origins of ethology' in Webster 1981, pp. 157~192

Durant, J. R. (1985) 'The ascent of nature in Darwin's *Descent of Man*' in Kohn 1985, pp. 283~306

Eberhard, W. G. (1979) 'The function of horns in *Podischnus agenor*(Dynastinae) and other beetles' in Blum and Blum 1979, pp. 231~258

Eberhard, W. G. (1980) 'Horned beetles', *Scientific American 242 (3)*, 124~131

Eberhard, W. G. (1985) *Sexual Selection and Animal Genitalia*, Harvard University Press, Cambridge, Mass

Ebling, F. J. and Stoddart, D. M. (eds.) (1978) *Population Control by Social Behaviour*, Proceedings of a symposium held at the Royal Geographical Society, London, on 20 and 21 September 1977, Symposia of the Institute of Biology 23, Institute of Biology, London

Egerton, F. N. (1973) 'Changing concepts of the balance of nature', *Quarterly Review of Biology 48*, 322~350

Eibl-Eibesfeldt, I. (1970) *Ethology: The biology of behavior*, Holt, Rinehart and Winston, New York

Eiseley, L. (1958) *Darwin's Century: Evolution and the men who discovered it*, Doubleday, New York; *reprinted Anchor Books, New York, 1961

Eisenberg, J. F. and Dillon, W. S. (eds.) (1971) *Man and Beast: Comparative social behavior*, Papers delivered at the Smithsonian Institution Annual Symposium 1969, Smithsonian Annual 3, Smithsonian Institution Press, Washington DC

Ekman, P. (ed.) (1973) *Darwin and Facial Expression: A century of research in review*, Academic Press, New York

Ellegård, A. (1958) *Darwin and the General Reader: The reception of Darwin's theory of evolution in the British periodical press, 1859-1872*, University of Göteborg, Göteborg

Elster, J. (1983) *Explaining Technical Change: A case study in the philosophy of science*, Cambridge University Press, Cambridge

Emerson, A. E. (1958) 'The evolution of behavior among social insects' in Roe and Simpson 1958, pp. 311~335

Emerson, A. E. (1960) 'The evolution of adaptation in population systems', in Tax 1960, i, *The Evolution of Life: Its origin, history and future*, pp. 307~348

Emlen, S. T. (1984) 'Cooperative breeding in birds' in Krebs and Davies 1978, second edition, pp. 305~339

Endler, J. A. (1977) *Geographic Variation, Speciation and Clines*, Princeton University Press, Princeton, New Jersey

Engelhard, G., Foster, S. P. and Day, T. H. (1989) 'Genetic differences in mating success and female choice in seaweed flies (*Coelopa frigida*)', *Heredity 62*, 123~131

Eriksson, D. and Wallin, L. (1986) 'Male bird song attracts females - a field experiment', *Behavioral Ecology and Sociobiology 19*, 297~299

Eshel, I. (1978) 'On the handicap principle - a critical defence', *Journal of Theoretical*

Biology 70, 245~250

Evans, J. St. B. T. (ed.) (1983) *Thinking and Reasoning: Psychological approaches*, Routledge and Kegan Paul, London

Farley, J. (1982) *Gametes and Spores: Ideas about sexual reproduction 1750-1914*, Johns Hopkins University Press, Baltimore

Fichman, M. (1981) *Alfred Russel Wallace*, Twayne, Boston

Fischer, E. A. (1980) 'The relationship between mating system and simultaneous hermaphroditism in the coral reef fish, *Hypoplectrus nigricans* (Serranidae)', *Animal Behaviour 28*, 620~633

Fisher, R. A. (1915) 'The evolution of sexual preference', *Eugenics Review 7*, 184~192

Fisher, R. A. (1930) *The Genetical Theory of Natural Selection*, Clarendon Press, Oxford; *revised edition Dover, New York, 1958

Fodor, J. A. (1983) *The Modularity of Mind: An essay on faculty psychology*, MIT Press, Cambridge, Mass

Ford, E. B. (1964) *Ecological Genetics*, Methuen, London; *fourth edition Chapman and Hall, London, 1975

Foster, M. and Lankester, E. R. (eds.) (1898) *Scientific Memoirs of T. H. Huxley*, Macmillan, London

Fox, D. L. (1953) *Animal Biochromes and Structural Colours: Physical, chemical, distributional and physiological features of coloured bodies in the animal world*, Cambridge University Press, Cambridge; *second edition University of California Press, Berkeley, 1976

Fox, R. (ed.) (1975) *Biosocial Anthropology*, ASA Studies 1, Malaby Press, London

Fraser, G. (1871) 'Sexual selection', *Nature 3*, 489

Freeman, R. B. (1978) *Charles Darwin: A companion*, William Dawson, Folkestone, Kent

Futuyma, D. J. (1986) *Evolutionary Biology*, Sinauer Associates, Sunderland, Mass, second edition

Gadgil, M. (1981) 'Evolution of reproductive strategies' in Scudder and Reveal 1981, pp. 91~92

Gale, B. G. (1972) 'Darwin and the concept of a struggle for existence: a study in the extrascientific origins of scientific ideas', *Isis 63*, 321~344

Geddes, P. and Thomson, J. A. (1889) *The Evolution of Sex*, Walter Scott, London; *second edition 1901

Geist, V. (1974) 'On fighting strategies in animal combat', *Nature 250*, 354

George, W. (1982) *Darwin*, Fontana

Ghiselin, M. T. (1969) *The Triumph of the Darwinian Method*, University of California Press, Berkeley

Ghiselin, M. T. (1974) *The Economy of Nature and the Evolution of Sex*, University of California Press, Berkeley

Gibson, R. M. and Bradbury, J. W. (1985) 'Sexual selection in lekking sage grouse: phenotypic correlates of male mating success', *Behavioral Ecology and Sociobiology 18*, 117~123

Gillespie, N. C. (1979) *Charles Darwin and the Problem of Creation*, University of Chicago Press, Chicago

Gillispie, C. C. (1951) *Genesis and Geology*, Harvard University Press, Cambridge, Mass; *reprinted Harper and Row, New York, 1959

Gillispie. C. C. (ed.) (1971) *Dictionary of Scientific Biography*, Charles Scribner's Sons, New York

Glisertnan. S. (1975) 'Early Victorian science writers and Tennyson's *In Memoriam*: a study in cultural exchange', *Victorian Studies 18*, 277~308, 437~459

Gould, S. J. (1978) *Ever Since Darwin: Reflections in natural history*, Burnett Books, London; *reprinted Penguin, Middlesex, 1980

Gould, S. J. (1978a) 'Sociobiology and human nature: a postpanglossian vision', *Human Nature 1*; *reprinted in Montagu 1980, pp. 283~290

Gould, S. J. (1980) *The Panda's Thumb: More reflections in natural history*, W. W. Norton, New York

Gould, S. J. (1980a) 'Sociobiology and the theory of natural selection' in Barlow and Silverberg 1980, pp. 257~269

Gould, S. J. (1983) *Hen's Teeth and Horse's Toes: Further reflections in natural history*, W. W. Norton, New York; *reprinted Penguin, Middlesex, 1984

Gould, S. J. and Lewontin, R. C. (1979) 'The spandrels of San Marco and the Panglossian paradigm: a critique of the adaptationist programme', *Proceedings of the Royal Society of London B 205*, 581~598

Gowaty, P. A. and Karlin, A. A. (1984) 'Multiple maternity and paternity in single broods of apparently monogamous eastern bluebirds (*Sialia sialis*)', *Behavioral Ecology and Sociobiology 15*, 91~95

Grafen, A. (1984) 'Natural selection, kin selection and group selection' in Krebs and Davies 1978, second edition, pp. 62~84

Grafen, A. (1985) 'A geometric view of relatedness' in Dawkins and Ridley 1985, pp. 28~89

Grafen, A. (1990) 'Sexual selection unhandicapped by the Fisher process', *Journal of Theoretical Biology 144*, 473~516

Grafen, A. (1990a) 'Biological signals as handicaps', *Journal of Theoretical Biology 144*, 517~546

Graham, W. (1881) *The Creed of Science: Religious, moral and social*, Kegan Paul, London

Grant, V. (1963) *The Origin of Adaptations*, Columbia University Press, New York

Grant, V. (1966) 'The selective origin of incompatibility barriers in the plant genus Gilia', *American Naturalist 100*, 99~118

Grant, V. (1971) *Plant Speciation*, Columbia University Press. New York; *second edition 1981

Gray, A. (1876) *Darwiniana: Essays and reviews pertaining to Darwinism*, Appleton, New York; *reprinted with an introduction by A. Hunter Dupree, Harvard University Press, Cambridge, Mass. 1963

Gray, R. D. (1988) 'Metaphors and methods: behaviourat ecology, panbiogeography and the evolving synthesis' in Ho and Fox 1988, pp. 209~242

Greene, J. C. (1959) *The Death of Adam: Evolution and its impact on western thought*, Iowa State University Press, Ames

Gregorio, M. A. di (1982) 'The dinosaur connection: a reinterpretation of T. H. Huxley's evolutionary view', *Journal of the History of Biology 15*, 397~418

Grene, M. (ed.) (1983) *Dimensions of Darwinism: Themes and counterthemes in twentieth-century evolutionary theory*, Cambridge University Press, Cambridge

Grinnell, G. J. (1985) 'The rise and fall of Darwin's second theory', *Journal of the History of Biology 18*, 51~70

Groos, K. (1898) *The Play of Animals: A study of animal life and instinct*, Chapman and Hall, London

Gruber, H. E. (1974) *Darwin on Man: A psychological study of scientific creativity, together with Darwin's early and unpublished notebooks transcribed and annotated by Paul H. Barrett*, Wildwood House, London

Gulick, J. T. (1872) 'On the variation of species as related to their geographical distribution, illustrated by the *Achatinellinae*', *Nature 6*, 222~224

Gulick, J. T. (1873) 'On diversity of evolution under one set of external conditions', *Journal of the Linnean Society (Zoology) 11*, 496~505

Gulick, J. T. (1890) 'Divergent evolution through cumulative segregation', *Journal of the Linnean Society (Zoology) 20*, 189~274

Haas, R. (1978) 'Sexual selection in *Notobranchius guentheri* (Pisces: Cyprinodontidae)', *Evolution 30*, 614~622

Haldane, J. B. S. (1932) *The Causes of Evolution*, Longmans, Green, London; *reprinted Cornell University Press, Ithaca, 1966

Haldane, J. B. S. (1939) *Science and Everyday Life*, Lawrence and Wishart, London; reprinted in part in Maynard Smith 1985b

Haldane, J. B. S. (1955) 'Population genetics', *New Biology 18*, 34~51

Halliday, T. R. (1983) 'Do frogs and toads choose their mates?', *Nature 306*, 226~227

Halliday, T. R. (1983a) 'The study of mate choice' in Bateson 1983a, pp. 3~32

Hamilton, W. D. (1963) 'The evolution of altruistic behavior', *American Naturalist 97*, 354~356

Hamilton, W. D. (1964) 'The genetical evolution of social behaviour', *Journal of Theoretical Biology 7*, 1~16, 17~52

Hamilton, W. D. (1971) 'Notes and addendum' in Williams 1971, pp. 62, 63, 87~89

Hamilton, W. D, (1971a) 'Selection of selfish and altruistic behavior in some extreme models' in Eisenberg and Dillon 1971, pp. 57~91

Hamilton, W. D, (1972) 'Altruism and related phenomena, mainly in social insects', *Annual Review of Ecology and Systematics 3*, 193~232

Hamilton, W. D. (1975) 'Innate social aptitudes of man: an approach from evolutionary genetics' in Fox 1975, pp. 133~155

Hamilton, W. D. (1979) 'Wingless and fighting males in fig wasps and other insects' in Blum and Blum 1979, pp. 167~220

Hamilton, W. D. and Zuk, M. (1982) 'Heritable true fitness and bright birds: a role for parasites?', *Science 218*, 384~387

Hamilton, W. D. and Zuk, M. (1989) 'Parasites and sexual selection', *Nature 341*, 289~290

Harcourt, A. H., Harvey, P. H., Larson, S. G. and Short, R. V. (1981) 'Testis weight, body weight and breeding system in primates', *Nature 293*, 55~57

Harris, M. (1968) *The Rise of Anthropological Theory: A history of theories of culture*, Thomas Y. Crowell, New York

Harris, M. (1974) *Cows, Pigs, Wars and Witches: The riddles of culture*, Random House, New York; *reprinted Hutchinson, London, 1975

Harris, M. (1986) *Good to Eat: Riddles of food and culture*, Allen and Unwin, London

Harvey, P. H. (1986) 'Birds, bands and better broods?', *Trends in Ecology and Evolution 1*, 8~9

Harvey, P. H. and Clutton-Brock, T. H. (1983) 'The survival of the theory', *New Scientist* 98, 312~315

Harvey, P. H. and Mace, G. M. (1982) 'Comparisons between taxa and adaptive trends: problems of methodology' in King's College Sociobiology Group 1982, pp. 343~361

Harvey, P. H. and Pagel, M. D. (1991) *The Comparative Method in Evolutionary Biology*, Oxford University Press, Oxford

Harvey, P. H. and Wilcove, D. S. (1985) 'Sex among the dunnocks', *Nature 313*, 180

Harvey, P. H., Kavanagh, M. and Clutton-Brock, T. H. (1978) 'Sexual dimorphism in primate teeth', *Journal of Zoology 186*, 475~485

Harvey, P. H., Kavanagh, M. and Clutton-Brock, T. H. (1978a) 'Canine tooth size in female primates', *Nature 276*, 817~818

Hausfater, G. and Hrdy, S. B. (eds.) (1984) *Infanticide: Comparative and evolutionary perspectives*, Aldine, New York

Hausfater, G., Gerhardt, H. C. and Klump, G. M. (1990) 'Parasites and mate choice in gray treefrogs, *Hyla versicolor*', *American Zoologist 30*, 299~311

Herbert, S. (1971) 'Darwin, Malthus, and selection', *Journal of the History of Biology 4*, 209~217

Herbert, S. (1977) 'The place of man in the development of Darwin's theory of transmutation', *Journal of the History of Biology 1*, 155~227

Herschel, J. F. W. (1861) *Physical Geography*, Adam and Charles Black, Edinburgh

Heslop-Harrison, J. (1958) 'Darwin as a botanist' in Barnett 1958, pp. 267~295

Heslop-Harrison, J. (1959) 'The origin of isolation', *New Biology 28*, 65~69

Hillgarth, N. (1990) 'Parasites and female choice in the ring-necked pheasant', *American Zoologist 30*, 227~233

Himmelfarb, G. (1959) *Darwin and the Darwinian Revolution*, Doubleday, New York; second edition 1962; *reprint of second edition W. W. Norton, New York, 1968

Hingston, R. W. G. (1933) *The Meaning of Animal Colour and Adornment*, Edward Arnold, London

Hirst, P. Q. (1976) *Social Evolution and Sociological Categories*, George Allen and Unwin, London

Hitching, F. (1982) *The Neck of the Giraffe: Or where Darwin went wrong*, Pan, London

Ho, M-W. (1988) 'On not holding nature still: evolution by process, not by consequence' in Ho and Fox 1988, pp. 117~145

Ho, M-W. and Fox, S. W. (eds.) (1988) *Evolutionary Processes and Metaphors*, John Wiley,

Chichester

Hofstadter, D. R. (1982) 'Can inspiration be mechanized?', *Scientific American 247 (3)*, 18~31; *reprinted as 'On the seeming paradox of mechanizing creativity' in Hofstadter 1985, pp. 526~546

Hofstadter, D. R. (1985) *Metamagical Themas: Questing for the essence of mind and pattern*, Basic Books; *reprinted Penguin, Middlesex, 1986

Hogan-Warburg, A. J. (1966) 'Social behaviour of the ruff, *Philomachus pugnax*(L.)' *Ardea 54*, 109~229

Holmes, J. C. and Bethel, W. M. (1972) 'Modification of intermediate host behaviour by parasites' in Canning and Wright 1972, pp. 123~147

Horn, D. J., Stairs, G. R. and Mitchell, R. D. (eds.) (1979) *Analysis of Ecological Systems*, Ohio State University Press, Columbus

Howard, J. C. (1981) 'A tropical Volute shell and the Icarus syndrome', *Nature 290*, 441~442; *reprinted with Addendum in Maynard Smith 1982c, pp. 100~105

Howlett, R. (1988) 'Sexual selection by female choice in monogamous birds', *Nature 332*, 583~584

Hoy, R. H., Hahn, J. and Paul, R. C. (1977) 'Hybrid cricket auditory behavior: evidence for genetic coupling in animal communication', *Science 195*, 82~84

Hoyle, F. and Wickramasinghe, N. C, (1981) *Evolution from Space*, J. M. Dent, London

Hudson, W. H. (1892) *The Naturalist in La Plata*, Chapman and Hall, London

Hull, D. L. (1973) *Darwin and His Critics: The reception of Darwin's theory of evolution by the scientific community*, Harvard University Press, Cambridge, Mass

Hull, D. L. (1981) 'Units of evolution: a metaphysical essay' in Jensen and Harré 1981, pp. 23~44

Hull, D. L. (1983) 'Darwin and the nature of science' in Bendall 1983, pp. 63~80

Hull, D. L. (1984) 'Rich man, poor man', *Nature 308*, 798~799

Hume, D. (1779) *Dialogues Concerning Natural Religion*; *reprinted Hafner, New York, 1948

Humphrey, N. (1976) 'The social function of intellect' in Bateson and Hinde 1976, pp. 303~325

Humphrey, N. (1986) *The Inner Eye*, Faber and Faber, London

Huxley, J. S. (1914) 'The courtship-habits of the great crested grebe (*Podiceps cristatus*); with an addition to the theory of sexual selection', *Proceedings of the Zoological Society of London*, 491~562

Huxley, J. S. (1921) 'The accessory nature of many structures and habits associated with courtship', *Nature 108*, 565~566

Huxley, J. S. (1923) 'Courtship activities in the red-throated diver (*Colymbus Stellatus* pontopp.); together with a discussion of the evolution of courtship in birds', *Journal of the Linnean Society of London (Zoology) 35*, 253~292

Huxley, J. S. (1923a) *Essays of a Biologist*, Chatto and Windus, London; *second edition 1923

Huxley, J. S. (1931) 'The relative size of antlers in deer', *Proceedings of the Zoological Society of London*, 819~864

Huxley, J. S. (1932) *Problems of Relative Growth*, Methuen, London

Huxley, J. S. (1938) 'Darwin's theory of sexual selection and the data subsumed by it, in the light of recent research', *American Naturalist 72*, 416~433

Huxley, J. S. (1938a) 'The present standing of the theory of sexual selection' in de Beer 1938, pp. 11~42

Huxley, J. S. (ed.) (1940) *The New Systematics*, Oxford University Press, Oxford

Huxley, J. S, (1942) *Evolution: The modern synthesis*, George Allen and Unwin, London; *second edition 1963

Huxley, J. S. (1947) 'The vindication of Darwinism' in Huxley and Huxley 1947, pp. 153~176

Huxley, J. S. (1966) 'Introduction', *Philosophical Transactions of the Royal Society B 251*, 249~271

Huxley, L. (ed.) (1900) *The Life and Letters of Thomas Henry Huxley*, Macmillan, London

Huxley, T. H. (1856) 'On natural history, as knowledge, discipline, and power', *Proceedings of the Royal Institution 2 1854-1858*, 187~195; reprinted in Foster and Lankester 1898, i, pp. 305~314

Huxley, T. H. (1860) 'The origin of species' in Huxley 1893~1894, ii, pp. 22~79

Huxley, T. H. (1860a) 'On species and races, and their origin'. *Proceedings of the Royal Institution 3 1858-1862*, 195~200; reprinted in Foster and Lankester 1898, ii, pp. 388~394

Huxley, T. H. (1863) 'On the relations of man to the lower animals' in Huxley 1893~1894, vii, pp. 76~156

Huxley, T. H. (1863a) *On Our Knowledge of the Causes of the Phenomena of Organic Nature*, Robert Hardwicke, London

Huxley, T. H. (1871) 'Mr Darwin's critics', *Contemporary Review 18*, 443~476

Huxley, T. H. (1887) 'On the reception of the *Origin of Species*' in Darwin. F. 1887. ii, pp.

179~204

Huxley, T. H. (1888) 'The struggle for existence in human society: a programme', *Nineteenth Century 23*, 161~180; *reprinted in Huxley 1893~1894, ix, pp. 195~236

Huxley, T. H. (1892) 'Prologue Controverted Questions' in Huxley 1893~1894, v, pp. 1~58

Huxley, T. H. (1893) 'Evolution and ethics', The Romanes Lecture 1893, Macmillan, London; *reprinted in Huxley 1893~1894, ix, pp. 46~116

Huxley, T. H. (1893~1894) *Collected Essays*, Macmillan, London

Huxley, T. H. (1894) 'Evolution and ethics: prolegomena' in Huxley 1893~1894, ix, pp. 1~45

Huxley, T. H. (1894a) 'Preface' in Huxley 1893~1894. ix, pp. v~xiii

Huxley, T, H. and Huxley, J. S. (1947) *Evolution and Ethics 1893-1943*, Pilot Press, London

Irvine, W. (1955) *Apes, Angels and Victorians: The story of Darwin, Huxley and evolution*, McGraw-Hill, New York

Jacob, F. (1977) 'Evolution and tinkering', *Science 196*, 1161~1166

Jaenike, J. (1988) 'Parasitism and male mating success in *Drosophila testacea*', *American Naturalist 131*, 774~780

Jarvie, I. (1964) *The Revolution in Anthropology*, Routledge and Kegan Paul, London; *reprinted with corrections and additions 1967

Jensen, V. J. and Harré, R. (eds.) (1981) *The Philosophy of Evolution*, Harvester Press, Brighton

Johnson, L. L. and Boyce, M. S. (1991) 'Female choice of males with low parasite load in sage grouse' in Loye and Zuk 1991, pp. 377~388

Jones, J. S. (1982) 'Of cannibals and kin', *Nature 299*, 202~203

Jones, J. S. (1982a) 'Genetic differences in individual behaviour associated with shell polymorphism in the snail *Cepea nemoralis*', *Nature 298*, 749~750

Jones, J. S., Leith, B. H, and Rawlings, P. (1977) 'Polymorphism in *Cepca*: a problem with too many solutions?', *Annual Review of Ecology and Systematics 8*, 109~143

Kellogg, V. L. (1907) *Darwinism To-day: A discussion of present-day scientific criticism of the Danvinian selection theories, together with a brief account of the principal other proposed auxiliary and alternative theories of species-forming*, Henry Holt, New York

Kennedy, C E. J., Endler, J. A., Poynton, S. L. and McMinn, H. (1987) 'Parasite load predicts mate choice in guppies', *Behavioral Ecology and Sociobiology 21*, 291~295

Keymer, A. E. and Read, A. F. (eds.) (1990) *The Evolutionary Biology of Parasitism*, Symposia of the British Society for Parasitology 27, Parasitology 100, supplement 1990, Cambridge

University Press, Cambridge

Kimler, W. C. (1983) 'Mimicry: views of naturalists and ecologists before the modern synthesis' in Grene 1983, pp. 97~127

Kimura, M. (1983) *The Neutral Theory of Molecular Evolution*, Cambridge University Press, Cambridge

King's College Sociobiology Group (eds.) (1982) *Current Problems in Sociobiology*, Cambridge University Press, Cambridge

Kirkpatrick, M. (1982) 'Sexual selection and the evolution of female choice', *Evolution 36*, 1~12

Kirkpatrick, M. (1986) 'The handicap mechanism of sexual selection does not work', *American Naturalist 127*, 222~240

Kirkpatrick, M. (1987) 'Sexual selection by female choice in polygynous animals', *Annual Review of Ecology and Systematics 18*, 43~70

Kirkpatrick, M. (1989) 'Is bigger always better?', *Nature 337*, 116~117

Kirkpatrick, M., Price, T. and Arnold, S. J. (1990) 'The Darwin-Fisher theory of sexual selection in monogamous birds', *Evolldion 44*, 180~193

Knox, R. (1831) 'Observations on the structure of the stomach of the Peruvian lama: to which are prefixed remarks on the analogical reasoning of anatomists, in the determination a priori of unknown species and unknown structures', *Transactions of the Royal Society of Edinburgh 11*, 479~498

Kodric-Brown, A. and Brown, J. H. (1984) 'Truth in advertising: the kinds of traits favoured by sexual selection', *American Naturalist 124*, 309~323

Koestler, A. (1971) *The Case of the Midwife Toad*, Hutchinson, London; *reprinted Pan Books, London 1974

Koestler, A. (1978) *Janus: A summing up*, Hutchinson, London

Kohn, D. (1980) 'Theories to work by: rejected theories, reproduction and Darwin's path to natural selection', *Studies in the History of Biology 4*, 67~170

Kohn, D. (ed.) (1985) *The Darwinian Heritage*, Princeton University Press, Princeton

Kottler, M. J. (1974) 'Alfred Russel Wallace, the origin of man and spiritualism', *Isis 65*, 144~192

Kottier, M. J. (1978) 'Charles Darwin's biological species concept and theory of geographie speciation: the Transmutation Notebooks', *Annals of Science 35*, 275~297

Kottler, M. J. (1980) 'Darwin, Wallace, and the origin of sexual dimorphism', *Proceedings of the American Philosophical Society 124*, 203~226

Kottler, M. J, (1985) 'Charles Darwin and Alfred Russel Wallace: Two decades of debate over natural selection' in Kohn 1985, pp. 367~432

Krebs, J. R. (1979) 'Bird colours', *Nature 282*, 14~16

Krebs, J. R. and Davies, N. B. (eds.) (1978) *Behavioural Ecology: An evolutionary approach*, Blackwell, Oxford; second edition 1984

Krebs, J. R. and Dawkins, R. (1984) 'Animal signals: mind-reading and manipulation' in Krebs and Davies 1978, second edition, 380~402

Krebs, J. R. and Harvey, P. (1988) 'Lekking in Florence', *Nature 333*, 12~13

Kroodsma, D. E. (1976) 'Reproductive development in a female songbird: differential stimulation by quality of male song', *Science 192*, 574~575

Kropotkin, P. (1899) *Memoirs of a Revolutionist*, Smith, Elder, London

Kropotkin, P. (1902) *Mutual Aid: A factor of evolution*; *reprinted Penguin, Middlesex, 1939

Kummer, H. (1978) 'Analogs of morality among non-human primates' in Stent 1978, pp. 31~47

Lack, D. (1966) *Population Studies of Birds*, Clarendon Press, Oxford

Lack, D. (1968) *Ecological Adaptations for Breeding in Birds*, Methuen, London

Lacy, R. C, (1980) 'The evolution of eusociality in termites: a haplodiploid analogy?', *American Naturalist 116*, 449~451

Lacy, R. C. (1984) 'The evolution of eusociality: reply to Leinaas', *American Naturalist 123*, 876~878

Lande, R, (1981) 'Models of speciation by sexual selection on polygenic traits', *Proceedings of the National Academy of Sciences USA 78 (6)*, 3721~3725

Langton, C. (ed.) (1989) *Artificial Life*, Addison-Wesley, Redwood City, California

Lankester, E. R. (1889) Review of Wallace's 'Darwinism', *Nature 40*, 566~570

Leinaas. H. P. (1983) 'A haploid analogy in the evolution of termite eusociality? Reply to Lacy', *American Naturalist 121*, 302~304

Lesch, J. E. (1975) 'The role of isolation in evolution: George J. Romanes and John T. Gulick', *Isis 66*, 483~503

Lewis, D. (1979) *Sexual Incompatibility in Plants*, Institute of Biology's Studies in Biology 110, Edward Arnold, London

Lewontin, R. C. (1978) 'Adaptation', *Scientific American 239 (3)*, 156~169

Lewontin, R. C. (1979) 'Sociobiology as an adaptationist program', *Behavioral Science 24*, 5~14

Lewontin, R. C. (1979a) 'Fitness, survival and optimality' in Horn, Stairs and Mitchell

1979, pp. 3~21

Lewontin, R. C. (1983) 'The organism as the subject and object of evolution', *Scientia 118*, 65~82

Ligon, J. D. and Ligon, S. H. (1978) 'Communal breeding in green woodhoopoes as a case for reciprocity', *Nature 276*, 496~498

Lill, A. (1976) 'Lek behavior in the golden-headed manakin, *Pipra erythrocephala* in Trinidad (West Indies)', *Fortschritte der Verhaltensforschung Zugleich Beiheft 18 zur Zeitschrift für Tierpsychologie*, Paul Parey Verlag, Berlin

Linnean Society (1908) *The Darwin-Wallace Celebration held on Thursday 1 July 1908 by the Linnean Society of London*, Linnean Society, London

Littlejohn, M. J. (1981) 'Reproductive isolation: a critical review' in Atchley and Woodruff 1981, pp. 298~334

Lloyd, J. E. (1979) 'Sexual selection in luminescent beetles' in Blum and Blum 1979, pp. 293~342

Lombardo, M. P. (1985) 'Mutual restraint in tree swallows: a test of the Tit for Tat model of reciprocity', *Science 227*, 1363~1365

Lorenz, K. (1965) 'Preface' in Darwin 1872, pp. ix~xiii

Lorenz, K. (1966) *On Aggression*, Methuen, London

Lovelock, J. E. (1979) *Gaia*, Oxford University Press, Oxford

Loye, J. E., and Zuk, M. (eds.) (1991) *Bird-Parasite Interactions: Ecology, evolution and behaviour*, Oxford University Press, Oxford

Lumsden, C. J. and Wilson, E. O. (1981) *Genes, Mind, and Culture: The coevolutionary process*, Harvard University Press, Cambridge, Mass

Lumsden, C. J. and Wilson, E. O. (1983) *Promethean Fire: Reflections on the origin of mind*, Harvard University Press, Cambridge, Mass

Lyon, B. E. and Montgomerie, R. D. (1985) 'Conspicuous plumage of birds: sexual selection or unprofitable prey?', *Animal Behaviour 33*, 1038~1040

MacBride, E. W. (1925) 'Zoology' in *Evolution in the Light of Modern Knowledge: A collective work*, Blackie, London; *1932 edition, pp. 211~261

Manier, E. (1978) *The Young Darwin and His Cultural Circle: A study of the influences which helped shape the language and logic of the first drafts of the theory of natural selection*, Studies in the History of Modern Science 2, Reidel. Dordrecht

Manier, E. (1980) 'Darwin's language and logic', *Studies in the History and Philosophy of Science 11*, 305~323

Marchant, J. (ed.) (1916) *Alfred Russel Wallace: Letters and reminiscences*, Cassell, London

Marler, P. (1985) 'Foreword' in Ryan 1985. pp. ix~xi

Marshall, J. (1980) 'The new organology', *Behavioral and Brain Sciences 3*, 23~25

Mayer, A. G. (1900) 'On the mating instinct in moths', *Psyche 9*, 15~20

Mayer, A. G. and Soule, C. G. (1906) 'Some reactions of caterpillars and moths', *Journal of Experimental Zoology 3*, 427~431

Maynard Smith, J. (1958) *The Theory of Evolution*, Penguin, Middlesex; *third edition 1975

Maynard Smith, J. (1958a) 'Sexual selection' in Barnett 1958, pp. 231~244

Maynard Smith, J. (1964) 'Group selection and kin selections', *Nature 201*, 1145~1147

Maynard Smith, J. (1972) *On Evolution*, Edinburgh University Press, Edinburgh

Maynard Smith, J. (1974) 'The theory of games and the evolution of animal conflicts', *Journal of Theoretical Biology 47*, 209~221

Maynard Smith, J. (1976) 'Group selection', *Quarterly Review of Biology 51*, 277~283

Maynard Smith, J. (1976a) 'Sexual selection and the handicap principle', *Journal of Theoretical Biology 57*, 239~242

Maynard Smith, J. (1976b) 'Evolution and the theory of games', *American Scientist 64*, 41~45

Maynard Smith, J. (1978) *The Evolution of Sex*, Cambridge University Press, Cambridge

Maynard Smith, J. (1978a) 'The handicap principle – a comment', *Journal of Theoretical Biology 70*, 251~252

Maynard Smith, J. (1978b) 'The evolution of behavior', *Scientific American 239 (3)*, 136~145

Maynard Smith, J. (1978c) 'Optimization theory in evolution', *Annual Review of Ecology and Systematics 9*, 31~56

Maynard Smith, J. (1978d) 'Constraints on human nature', *Nature 276*, 120

Maynard Smith, J. (1982) *Evolution and the Theory of Games*, Cambridge University Press, Cambridge

Maynard Smith, J. (1982a) 'Storming the fortress', *New York Review of Books 29*, 41~42

Maynard Smith, J. (1982b) 'The evolution of social behaviour – a classification of models' in King's College Sociobiology Group 1982, pp. 29~44

Maynard Smith, J. (ed.) (1982c) *Evolution Now: A century after Darwin*, Macmillan, London

Maynard Smith, J. (1984) 'Game theory and the evolution of behaviour', *Behavioral and Brain Sciences 7*, 95~125

Maynard Smith, J. (1984a) 'Preface, August 1983' in Brandon and Burian 1984, pp. 238~239

Maynard Smith, J. (1985) 'Sexual selection, handicaps and true fitness'. *Journal of Theoretical Biology 115*, 1~8

Maynard Smith, J. (1985a) 'Biology and the behaviour of man', *Nature 318*, 121~122

Maynard Smith, J. (ed.) (1985b) *On Being the Right Size and Other Essays by J. B. S. Haldane*, Oxford University Press, Oxford

Maynard Smith, J. (1986) *The Problems of Biology*, Oxford University Press, Oxford

Maynard Smith, J. (1987) 'Sexual selection - a classification of models' in Bradbury and Andersson 1987, pp. 9~20

Maynard Smith, J. and Parker, G. A. (1976) 'The logic of asymmetric contests', *Animal Behaviour 24*, 159~175

Maynard Smith, J. and Price, G. R. (1973) 'The logic of animal conflict', *Nature 246*, 15~18

Maynard Smith, J. and Ridpath, M. G. (1972) 'Wife sharing in the Tasmanian native hen, *Tribonyx mortierii*: a case of kin selection?', *American Naturalist 106*, 447~452

Maynard Smith, J. and Warren. N. (1982) 'Models of cultural and genetic change', *Evolution 36*, 620~627

Mayr, E. (1942) *Systematics and the Origin of Species from the Viewpoint of a Zoologist*, Columbia University Press, New York; *corrected edition with a new Preface by the author, Dover, New York, 1964

Mayr, E. (ed.) (1957) *The Species Problem*, A symposium presented at the Atlanta meeting of the American Association for the Advancement of Science, December 28~29 1955, Publication 50 of the AAAS, Washington DC

Mayr, E. (1959) 'Isolation as an evolutionary factor', *Proceedings of the American Philosophical Society 103*, 221~230

Mayr, E. (1963) *Animal Species and Evolution*, Harvard University Press. Cambridge, Mass

Mayr, E. (1972) 'Sexual selection and natural selection' in Campbell 1972, pp. 87~104

Mayr, E. (1976) *Evolution and the Diversity of Life: Selected essays*, Harvard University Press, Cambridge, Mass

Mayr, E. (1982) *The Growth of Biological Thought: Diversity, evolution, and inheritance*, Harvard University Press, Cambridge. Mass

Mayr, E. (1983) 'How to carry out the adaptationist programme?', *American Naturalist 121*, 324~334

Mayr, E. and Provine, W. B. (1980) *The Evolutionary Synthesis: Perspectives on the unification of biology*, Harvard University Press, Cambridge, Mass

McClelland, D. C., Atkinson, J. W., Clark, R. A. and Lowell, E. L. (eds.) (1953) *The*

AchievementMotive, Appleton-Century-Crofts, New York

McClelland, J. L., Rumelhart, D. E. and Hinton, G. E. (1986) 'The appeal of parallel distributed processing' in Rumelhart, McClelland and the PDP Research Group 1986, pp. 3~44

McKinney, H. L. (1966) 'Alfred Russel Wallace and the discovery of natural selection', *Journal of the History of Medicine and Allied Sciences 21*, 333~357

McKinney, H. L. (1972) *Wallace and Natural Selection*, Yale University Press, New Haven

Mecham, J. S. (1961) 'Isolating mechanisms in anuran amphibians' in Blair 1961, pp. 24~61

Medawar, P. B. (1963) 'Onwards from Spencer: Evolution and evolutionism', *Encounter 21 (3) September*, 35~43; *reprinted as 'Herbert Spencer and the law of general evolution' (Spencer Lecture for 1963) in Medawar 1982, pp. 209~227

Medawar, P. B. (1967) *The Art of the Soluble*, Methuen, London

Medawar, P. B. (1982) *Pluto's Republic*, Oxford University Press, Oxford

Meek, R. L. (ed.) (1953) *Marx and Engels on Malthus: Selections from the writings of Marx and Engels dealing with the theories of Thomas Robert Malthus*, Lawrence and Wishart, London

Meeuse, B. and Morris, S. (1984) *The Sex Life of Flowers*, Faber and Faber, London

Midgley, M. (1979) *Beast and Man: The roots of human nature*, Harvester Press, Brighton; *reprinted Methuen, London, 1980

Midgley, M. (1979a) 'Gene-juggling', *Philosophy 54*, 439~458

Milinski, M. (1987) 'Tit for Tat in sticklebacks and the evolution of cooperation', *Nature 325*, 433~435

Miller, L. G. (1976) 'Fated genes: An essay review of E. O. Wilson, *Sociobiology: The new synthesis*', *Journal of the History of the Behavioral Sciences 12*, 183~190; *reprinted in Caplan 1978, pp. 269~279

Mivart, St G. (1871) Review of Darwin's 'Descent of Man', *Quarterly Review 131*, 47~90

Mivart, St G. (1871a) *On the Genesis of Species*, Macmillan, London

Møller, A. P. (1988) 'Female choice selects for male sexual tail ornaments in the monogamous swallow', *Nature 332*, 640~642

Møller, A. P. (1990) 'Effects of a haematophagous mite on secondary sexual tail ornaments in the barn swallow (*Hirundo rustica*): a test of the Hamilton and Zuk hypothesis', *Evolution 44*, 771~784

Møller, A. P. (1991) 'Parasites, sexual ornaments and mate choice in the barn swallow' in Loye and Zuk 1991, pp. 328~343

Montagu, A. (1952) *Darwin: Competition and Cooperation*, Henry Schuman, New York

Montagu, A. (ed.) (1980) *Sociobiology Examined*, Oxford University Press, Oxford

Montagu, A. (1980a) 'Introduction' in Montagu 1980, pp. 3~14

Moodie, G. E. E. (1972) 'Predation, natural selection and adaptation in an unusual threespine stickleback', *Heredity 28*, 155~167

Moore, J. (1984) 'Parasites that change the behavior of their host', *Scientific American 250 (5)*, 82~89

Moore, J. (1984a) 'Altered behavioral responses in intermediate hosts – an acanthocephalan parasite strategy', *American Naturalist 123*, 572~577

Moore, J. and Gotelli, N. J. (1990) 'A phylogenetic perspective on the evolution of altered host behaviours: a critical look at the manipulation hypothesis' in Barnard and Behnke 1990, pp. 193~229

Moore, J. A. (1957) 'An embryologist's view of the species concept' in Mayr 1957, pp. 325~338

Morgan, C. L. (1890~1891) *Animal Life and Intelligence*, Edward Arnold, London

Morgan, C. L. (1896) *Habit and Instinct*, Edward Arnold, London

Morgan, C. L. (1900) *Animal Behaviour*, Edward Arnold. London

Morgan, T. H. (1903) *Evolution and Adaptation*, Macmillan, New York

Mott, F. T. (1874) 'Insects and colour in flowers', *Nature 11*, 28

Mottram, J. C. (1914) *Controlled Natural Selection and Value Marking*, Longmans, Green, London

Mottram, J. C. (1915) 'The distribution of secondary sexual characters amongst birds, with relation to their liablity to the attack of enemies', *Proceedings of the Zoological Society of London*, 663~678

Munn, C. A. (1986) 'Birds that cry "wolf"', *Nature 319*, 143~145

Murray, J. (1972) *Genetic Diversity and Natural Selection*, Oliver and Boyd, Edinburgh

Myles, T. G. and Nutting, W. L. (1988) 'Termite eusocial evolution: a reexamination of Bartz's hypothesis and assumptions', *Quarterly Review of Biology 63*, 1~23

Nordenskiöld, E. (1929) *The History of Biology: A survey*, Kegan Paul, Trench, Trubner, London

Nur, N. and Hasson, O. (1984) 'Phenotypic plasticity and the handicap principle', *Journal of Theoretical Biology 110*, 275~297

O'Donald, P. (1962) 'The theory of sexual selection', *Heredity 17*, 541~552

O'Donald, P. (1980) *Genetic Models of Sexual Selection*, Cambridge University Press,

Cambridge

O'Donald, P. (1987) 'Polymorphism and sexual selection in the Arctic skua' in Cooke and Buckley 1987, pp. 433~450

Ochman, H., Jones, J. S. and Selander, R. K. (1983) 'Molecular area effects in *Cepaea*', *Proceedings of the National Academy of Sciences USA 80 (3)*, 4189~4193

Ochman, H., Jones, J. S. and Selander, R. K. (1987) 'Large scale patterns of genetic differentiation at enzyme loci in the land snails *Cepaea nemoralis* and *Cepaea hortensis*', *Heredity 58*, 127~138

Oldroyd, D. R. (1980) *Darwinian Impacts: An introduction to the Darwinian revolution*, Open University Press, Milton Keynes

Ospovat, D. (1978) 'Perfect adaptation and teleological explanation: approaches to the problem of the history of life in the mid-nineteenth century', *Studies in the History of Biology 2*, 33~56

Ospovat, D. (1980) 'God and natural selection: the Darwinian idea of design', *Journal of the History of Biology 13*, 169~194

Ospovat, D. (1981) *The Development of Darwin's Theory: Natural history, natural theology and natural selection 1838-1859*, Cambridge university Press, Cambridge

Otte, D. (1979) 'Historical developments of sexual selection theory' in Blum and Blum 1979, pp. 1~18

Owen, R. (1849) *On the Nature of Limbs*, John van Voorst, London

Packer, C. (1977) 'Reciprocal altruism in *Papio anubis*', *Nature 265*, 441~443; *reprinted in Maynard Smith 1982c, pp. 204~208

Pagel, M. D. and Harvey, P. H. (1988) 'Recent developments in the analysis of comparative data', *Quarterly Review of Biology 63*, 413~440

Pagel, M. D., Trevelyan, R. and Harvey, P. H. (1988) 'The evolution of bowerbuilding', *Trends in Ecology and Evolution 3*, 288~290

Paley, W. (1802) *Natural Theology; or evidences of the existence and attributes of the deity, collected from the appearances of nature*; *thirteenth edition Faulder, London, 1810

Paradis, J. G. (1978) *T. H. Huxley: Man's place in nature*, University of Nebraska Press, Lincoln

Parker, G. A. (1974) 'Assessment strategy and the evolution of fighting behaviour', *Journal of Theoretical Biology 47*, 223~243

Parker, G. A. (1979) 'Sexual selection and sexual conflict' in Blum and Blum 1979, pp. 123~166

Parker, G. A. (1983) 'Mate quality and mating decisions' in Bateson 1983a, pp. 141~166

Parker, G. A. (1984) 'Evolutionarily stable strategies' in Krebs and Davies 1978, second edition, pp. 30~61

Partridge, L. (1980) 'Mate choice increases a component of offspring fitness in fruit flies', *Nature 283*, 290~291; *reprinted in Maynard Smith 1982c, pp. 224~226

Partridge, L. and Halliday, T. (1984) 'Mating patterns and mate choice' in Krebs and Davies 1978, second edition, pp. 222~250

Paterson, H. E. H. (1978) 'Mote evidence against speciation by reinforcement', *South African Journal of Science 74*, 369~371

Paterson, H. E. H. (1982) 'Perspective on speciation by reinforcement', *South African Journal of Science 78*, 53~57

Payne, R. B. (1983) 'Bird songs, sexual selection, and female mating strategies' in Wasser 1983, pp. 55~90

Payne. R. B. and Payne, K. Z. (1977) 'Social organization and mating success in local song populations of village indigobirds, *Vidua chalybeata*', *Zeitschrift für Tierpsychologie 45*, 113~173

Pearson. K. (1892) *The Grammar of Science*, Adam and Charles Black, London; *second edition 1900

Peckham, G. W. and Peckham, E. G. (1889) 'Observations on sexual selection in spiders of the family Attidae', *Occasional Papers of the Natural History Society of Wisconsin 1*, 1~60

Peckham, G. W. and Peckham, E. G. (1890) 'Additional observations on sexual selection in spiders of the family Attidae, with some remarks on Mr Wallace's theory of sexual ornamentation'. *Occasional Papers of the Natural History Society of Wisconsin 1*, 115~151

Peckham. M. (ed.) (1959) *The Origin of Species by Charles Darwin: A variorum text*, University of Pennsylvania Press, Philadelphia

Peek, F. W. (1972) 'An experimental study of the territorial function of vocal and visual display in the male red-winged blackbird (*Agelaius phoeniceus*)', *Animal Behaviour 20*, 112~118

Peel, J. D. Y. (1971) *Herbert Spencer: The evolution of a sociologist*, Heinemann, London

Peel, J. D. Y. (ed.) (1972) *Herbert Spencer: On social evolution - Selected writings*, University of Chicago Press, Chicago

Petrie. M. (1983) 'Female moorhens compete for small fat males', *Science 220*, 413~415

Petrie, M., Halliday, T. and Sanders, C. (1991) 'Peahens prefer peacocks with elaborate trains', *Animal Behaviour 41*, 323~331

Pittendrigh, C. S. (1958) 'Adaptation. natural selection and behavior' in Roe and Simpson

1958, pp. 390~416

Pocock, R. I. (1890) 'Sexual selection in spiders', *Nature 42*, 405~406

Pomiankowski, A. (1987) 'Sexual selection: the handicap principle does work sometimes', *Proceedings of the Royal Society of London B 231*, 123~145

Pomiankowski, A. (1989) 'Mating success in male pheasants', *Nature 337*, 696

Popper, K. R. (1957) 'The aim of science', *Ratio 1*, 24~35: *reprinted with revisions in Popper 1972. pp. 191~205

Popper, K. R. (1972) *Objective Knowledge*, Oxford University Press, Oxford

Poulton, E. B. (1890) *The Colours of Animals: Their meaning and use, especially considered in the case of insects*, Kegan Paul. Trench, Trübner, London

Poulton, E. B. (1896) *Charles Darwin and the Theory of Natural Selection*, Cassell, London

Poulton, E. B. (1908) *Essays on Evolution 1889-1907*, Clarendon Press. Oxford

Poulton, E. B. (1909) *Charles Darwin and the Origin of Species*, Longmans, Green. London

Poulton, E. B. (1910) 'The value of colour in the struggle for life' in Seward 1910, pp. 271~297

Powell, B. (1857) *The Study of the Evidences of Natural Theology*, Oxford Essays, John W. Parker, London

Provine, W. B. (1985) 'Adaptation and mechanisms of evolution after Darwin: a study in persistent controversies' in Kohn 1985, pp. 825~866

Provine, W. B. (1985a) 'The R. A. Fisher~Sewall Wright controversy and its influence upon modern evolutionary theory' in Dawkins and Ridley 1985, pp. 197~219

Provine, W. B. (1986) *Sewall Wright and Evolutionary Biology*, University of Chicago Press, Chicago

Pruett-Jones, S. G., Pruett-Jones, M. A. and Jones, H. I. (1990) 'Parasites and sexual selection in birds of paradise', *American Zoologist 30*, 287~298

Pruett-Jones, S. G., Pruett-Jones, M. A. and Jones, H. I. (1991) 'Parasites and sexual selection in a New Guinea avifauna', *Current Ornithology 8*, 213~246

Rádl, E. (1930) *The History of Biological Theories* (translated and adapted by E. J. Hatfield), Oxford University Press, London

Radnitzky, G. and Andersson, G. (eds.) (1978) *Progress and Rationality in Science*, Boston Studies in the Philosophy of Science 125, Reidel, Dordrecht

Read, A. F. (1987) 'Comparative evidence supports the Hamilton and Zuk hypothesis on parasites and sexual selection', *Nature 328*, 68~70

Read, A. F. (1988) 'Sexual selection and the role of parasites', *Trends in Ecology and Evolution*

3, 97~101

Read, A. F. (1990) 'Parasites and the evolution of host sexual behaviour' in Barnard and Behnke 1990, pp. 117~157

Read, A. F. and Harvey, P. H. (1989) 'Reassessment of comparative evidence for Hamilton and Zuk theory on the evolution of secondary sexual characters', *Nature 339*, 618~620

Read, A. F. and Harvey, P. H. (1989a) 'Validity of sexual selection in birds', *Nature 340*, 104~105

Read, A. F. and Weary, D. M. (1990) 'Sexual selection and the evolution of bird song: a test of the Hamilton-Zuk hypothesis', *Behavioral Ecology and Sociobiology 26*, 47~56

Rehbock, P. F. (1983) *The Philosophical Naturalists: Themes in early nineteenth -century British biology*, University of Wisconsin Press, Madison

Reid, J. B. (1984) 'Bird coloration: predation, conspicuousness and the unprofitable prey model', *Animal Behaviour 32*, 294

Reighard, J. (1908) 'An experimental field-study of warning coloration in coral-reef fishes', *Carnegie Institution of Washington Publications 103*, 257~325

Rensch, B. (1959) *Evolution Above the Species Level*, Methuen, London

Richards, O. W. (1927) 'Sexual selection and allied problems in the insects', *Biological Reviews 2*, 298~360

Richards, O. W. (1953) *The Social Insects*, Macdonald, London

Richards, R. J. (1979) 'The influence of the sensationalist tradition on early theories of the evolution of behavior', *Journal of the History of Ideas 40*, 85~105

Richards, R. J. (1981) 'Instinct and intelligence in British natural theology: some contributions to Darwin's theory of the evolution of behavior', *Journal of the History of Biology 14*, 193~230

Richards, R. J. (1982) 'The emergence of evolutionary biology of behaviour in the early nineteenth century', *British Journal for the History of Science 15*, 241~280

Ridley, M. (1983) *The Explanation of Organic Diversity: The comparative method and adaptations for mating*, Oxford University Press, Oxford

Ridley, M. (1985) *The Problems of Evolution*, Oxford University Press, Oxford

Ridley, M. (1985a) 'More Darwinian detractors', *Nature 318*, 124~125

Ridley, M. and Dawkins, R. (1981) 'The natural selection of altruism' in Rushton and Sorrentino 1981, pp. 19~39

Ridley, Matt (1981) 'How the peacock got his tail', *New Scientist 91*, 398~401

Robson, G. C. and Richards, O. W. (1936) *The Variation of Animals in Nature*, Longmans,

Green, London

Roe, A. and Simpson, G. G. (eds.) (1958) *Behavior and Evolution*, Yale University Press, New Haven

Romanes, G. J. (1886) 'Physiological selection: an additional suggestion on the origin of species', *Journal of the Linnean Society (Zoology) 19*, 337~411

Romanes, G. J. (1886a) 'Physiological selection: an additional suggestion on the origin of species', *Nature 34*, 314~316, 336~340, 362~365

Romanes, G. J. (1890) 'Before and after Darwin', *Nature 41*, 524~525

Romanes, G. J. (1892~1897) *Darwin, and After Darwin: An exposition of the Darwinian theory and a discussion of post-Darwinian questions*, Longmans, Green, London; *new edition 1900~1905

Rood, J. P. (1978) 'Dwarf mongoose helpers at the den', *Zeitschrift für Tierpsychologie 48*, 277~287

Rose, M. and Charlesworth, B. (1980) 'A test of evolutionary theories of senescence', *Nature 287*, 141~142

Rose, S. and Appignanesi, L. (eds.) (1986) *Science and Beyond*, Basil Blackwell, Oxford

Rozin, P. (1976) 'The evolution of intelligence and access to the cognitive unconscious' in Sprague and Epstein 1976, pp. 245~280

Ruben, D-H. (1985) *The Metaphysics of the Social World*, Routledge and Kegan Paul, London

Rumelhart, D. E., McClelland, J. L. and the PDP Research Group (1986) *Parallel Distributed Processing: Explorations in the microstructures of cognition*, i, *Foundations*, MIT Press, Cambridge, Mass

Ruse, M. (1971) 'Natural selection in *The Origin of Species*', *Studies in the History and Philosophy of Science 1*, 311~351

Ruse, M. (1979) *Sociobiology: Sense or Nonsense*, Reidel, Dordrecht

Ruse, M. (1979a) *The Darwinian Revolution*, University of Chicago Press, Chicago

Ruse, M. (1980) 'Charles Darwin and group selection', *Annals of Science 37*, 615~630

Ruse, M. (1982) *Darwinism Defended: A guide to the evolution controversies*, Addison-Wesley, Reading, Mass

Ruse, M. (1986) *Taking Darwin Seriously: A naturalistic approach to philosophy*, Blackwell, Oxford

Rushton, J. P. and Sorrentino, R. M. (eds.) (1981) *Altruism and Helping Behavior: Social, personality and developmental perspectives*, Lawrence Erlbaum, Hillsdale, New Jersey

Ryan, M. J. (1985) *The Túngara Frog: A study in sexual selection and communication*, University of Chicago Press, Chicago

Ryan, M. J., Tuttle, M. D. and Rand, A. S. (1982) 'Bat predation and sexual advertisement in a neotropical anuran', *American Naturalist 119*, 136~139

Sahlins, M. (1976) *The Use and Abuse of Biology: An anthropological critique of sociobiology*, University of Michigan Press, Ann Arbor

Schuster, A. and Shipley, A. (1917) *Britain's Heritage of Science*, Constable, London

Schwartz, J. S. (1984) 'Darwin, Wallace, and the Descent of Man', *Journal of the History of Biology 17*, 271~289

Schweber, S. S. (1977) 'The origin of the *Origin* revisited', *Journal of the History of Biology 10*, 229~316

Schweber, S. S. (1980) 'Darwin and the political economists: divergence of character', *Journal of the History of Biology 13*, 195~289

Scudder, G. E. and Reveal, J. L. (1981) *Evolution Today*, Proceedings of the Second International Congress of Systematic and Evolutionary Biology, University of British Columbia, Vancouver, Canada, 1980, Hunt Institute for Botanical Documentation, Carnegie-Mellon University, Pittsburgh

Searcy, W. A. (1982) 'The evolutionary effects of mate selection', *Annual Review of Ecology and Systematics 13*, 57~85

Searcy, W. A. and Yasukawa, K. (1983) 'Sexual selection and red-winged blackbirds', *American Scientist 71*, 166~174

Seger, J. (1985) 'Unifying genetic models for the evolution of female choice', *Evolution 39*, 1185~1193

Selander, R. K. (1972) 'Sexual selection and dimorphism in birds' in Campbell 1972, pp. 180~230

Selous, E. (1910) 'An observational diary on the nuptial habits of the blackcock (*Tetrao tetrix*) in Scandinavia and England', *The Zoologist, fourth series 14*, 51~56, 176~182, 248~265

Selous, E. (1913) 'The nuptial habits of the blackcock', *The Naturalist 673*, 96~98

Semler, D. E. (1971) 'Some aspects of adaptation in a polymorphism for breeding colours in the Threespine stickleback (*Gasterosteus aculeatus*)', *Journal of Zoology 165*, 291~302

Seward, A. C. (ed.) (1910) *Darwin and Modern Science: Essays in commemoration of the centenary of the birth of Charles Darwin and of the fiftieth anniversary of the publication of 'The Origin of Species'*, Cambridge University Press, Cambridge

Seyfarth, R. M. and Cheney, D. L. (1984) 'Grooming, alliances and reciprocal altruism in vervet monkeys', *Nature 308*, 541~543

Shepard, R. N. (1987) 'Evolution of a mesh between principles of the mind and regularities of the world' in Dupré 1987, pp. 251~275

Sheppard, P. M. (1958) *Natural Selection and Heredity*, Hutchison, London; *fourth edition 1975

Sherman, P. and Morton, M. L. (1988) 'Extra-pair fertilizations in mountain white crowned sparrows', *Behavioral Ecology and Sociobiology 22*, 413~420

Sherman, P. W. (1977) 'Nepotism and the evolution of alarm calls', *Science 197*, 1246~1253; *reprinted in Maynard Smith 1982c, pp. 186~203

Sherman, P. W. (1980) 'The meaning of nepotism', *American Naturalist 116*, 604~606

Sherman, P. W. (1980a) 'The limits of ground squirrel nepotism' in Barlow and Silverberg 1980, pp. 505~544

Shull, A. F. (1936) *Evolution*, McGraw-Hill, New York

Simpson, G. G. (1944) *Tempo and Mode in Evolution*, Columbia University Press, New York

Simpson, G. G. (1950) *The Meaning of Evolution: A study of the history of life and of its significance for man*, Oxford University Press, London

Simpson, G. G. (1953) *The Major Features of Evolution*, Columbia University Press, New York

Singer, C. (1931) *A Short History of Biology: A general introduction to the study of living things*, Oxford University Press, Oxford

Sloan, P. R. (1981) Review of Ruse's 'The Darwinian Revolution', *Philosophy of Science 48*, 623~627

Smith, D. G. (1972) 'The role of the epaulets in the red-winged blackbird, (*Agelaius phoeniceus*) social system', *Behaviour 41*, 251~268

Smith, R. (1972) 'Alfred Russel Wallace: philosophy of nature and man', *British Journal for the History of Science 6*, 177~199

Sober, E. (1984) *The Nature of Selection: Evolutionary theory in philosophical focus*, MIT Press, Cambridge, Mass

Sober, E. (1985) 'Darwin on natural selection: a philosophical perspective' in Kohn 1985, pp. 867~899

Spencer, H. (1863~1867) *The Principles of Biology*, Williams and Norgate, London

Spencer, H. (1887) *Factors of Organic Evolution*, Williams and Norgate, London

Sprague, J. M. and Epstein, A. N. (eds.) (1976) *Progress in Psychobiology and Physiological Psychology 6*, Academic Press, New York

Spurrier, M. F., Boyce, M. S. and Manly, B. F. (1991) 'Effects of parasites on mate choice by captive sage grouse' in Loye and Zuk 1991, pp. 389~398

Stacey, P. B. and Koenig, W. D. (1984) 'Cooperative breeding in the acorn woodpecker', *Scientific American 251 (2)*, 100~107

Stacey, P. B. and Koenig, W. D. (eds.) (1990) *Cooperative Breeding in Birds*, Cambridge University Press, Cambridge

Stauffer, R. C. (ed.) (1975) *Charles Darwin's Natural Selection, Being the Second Part of His Big Species Book Written from 1856 to 1858*, Cambridge University Press, London

Stebbins, G. L. (1950) *Variation and Evolution in Plants*, Oxford University Press, Oxford

Steele, E. J. (1979) *Somatic Selection and Adaptive Evolution: On the inheritance of acquired characters*, Williams and Wallace, Toronto

Stent, G. S. (ed.) (1978) *Morality as a Biological Phenomenon*, Report of the Dahlem Workshop on Biology and Morals, Life Sciences Research Report 9, Dahlem Konferenzen, Berlin; *revised edition University of California Press, Berkeley and Los Angeles, California, 1980

Stolzmann, J. (1885) 'Quelques remarques sur le dimorphisme sexuel', *Proceedings of the Zoological Society of London*, 421~432

Stonehouse, B. and Perrins, C. (eds.) (1977) *Evolutionary Ecology*, Macmillan, London

Sulloway, F. J. (1979) 'Geographic isolation in Darwin's thinking: the vicissitudes of a crucial idea', *Studies in the History of Biology 3*, 23~65

Sulloway, F. J. (1982) 'Darwin and his finches: the evolution of a legend', *Journal of the History of Biology 15*, 1~53

Swift, J. (1726) *Travels into Several Remote Nations of the World. In Four parts. By Lemuel Gulliver*; *reprinted Penguin, Middlesex, 1976

Symondson, A. (ed.) (1970) *The Victorian Crisis of Faith*, SPCK and Victorian Society, London

Symons, D. (1979) *The Evolution of Human Sexuality*, Oxford University Press, New York

Symons, D. (1980) 'Précis of The Evolution of Human Sexuality' and 'Author's response', *Behavioral and Brain Sciences 3*, 171~181 , 203~214

Symons, D. (1987) 'If we're all Darwinians, what's the fuss about?' in Crawford, Smith and Krebs 1987, pp. 121~146

Symons, D. (1989) 'A critique of Darwinian anthropology', *Ethology and Sociobiology 10*, 131~144

Symons, D. (1992) 'On the use and misuse of Darwinism in the study of human behavior' in Barkow, Cosmides and Tooby, 1992

Syren, R. M. and Luykx, P. (1977) 'Permanent segmental interchange complex in the termite *Incisitermes schwarzi*', Nature 266, 167~168

Tax, S. (ed.) (1960) *Evolution After Darwin, The University of Chicago Centennial*, University of Chicago Press, Chicago

Thomson, W. (Lord Kelvin) (1872) 'Presidential Address', *Report of the Forty-First Meeting of the British Association for the Advancement of Science, Edinburgh, 1871*, pp. lxxxiv~cv, John Murray, London

Thornhill, R. (1976) 'Sexual selection and nuptial feeding behavior in *Bittacus apicalis* (Insecta: Mecoptera)', *American Naturalist 110*, 529~548

Thornhill, R. (1979) 'Male and female sexual selection and the evolution of mating strategies in insects' in Blum and Blum 1979, pp. 81~121

Thornhill, R. (1980) 'Competitive, charming males and choosy females: was Darwin correct?', *Florida Entomologist 63*, 5~29

Thornhill, R. (1980a) 'Sexual selection in the black-tipped hangingfly', *Scientific American 242 (6)*, 138~145

Thornhill, R. (1980b) 'Mate choice in *Hylobittacus apicalis* (Insecta: Mecoptera) and its relation to some models of female choice', *Evolution 34*, 519~538

Thornhill, R. and Alcock, J. (1983) *The Evolution of Insect Mating Systems*, Harvard University Press, Cambridge, Mass

Tinbergen, N. (1963) 'On aims and methods of ethology', *Zeitschrift für Tierpsychologie 20*, 410~433

Tooby, J. and Cosmides, L. (1989) 'Evolutionary psychology and the generation of culture, Part 1 : Theoretical considerations', *Ethology and Sociobiology 10*, 29~49

Tooby, J. and Cosmides, L. (1989a) 'The innate versus the manifest: How Universal does universal have to be?', *Behavioral and Brain Sciences 12*, 36~37

Tooby, J. and Cosmides, L. (1989b) 'Evolutionary psychologists need to distinguish between the evolutionary process, ancestral selection pressures, and psychological mechanisms', *Behavioral and Brain Sciences 12*, 724~725

Trivers, R. L. (1971) 'The evolution of reciprocal altruism', *Quarterly Review of Biology 46*, 35~57

Trivers, R. L. (1972) 'Parental investment and sexual selection' in Campbell 1972, pp. 136~179

Trivers, R. L. (1974) 'Parent-offspring conflict', *American Zoologist 14*, 249~264

Trivers, R. L. (1983) 'The evolution of a sense of fairness', *Absolute Values and the Creation of the New World*, Proceedings of the Eleventh International Conference on the Unity of the Sciences, ii, International Cultural Foundation Press, New York, pp. 1189~1208

Trivers, R. L. (1985) *Social Evolution*, Benjamin/Cummings, Menlo Park, California

Turner, F. M. (1974) *Between Science and Religion: The reaction to scientific naturalism in late Victorian England*, Yale University Press, New Haven

Turner, J. R. G. (1978) 'Why male butterflies are non-mimetic: natural selection, sexual selection, group selection, modification and sieving', *Biological Journal of the Linnean Society 10*, 385~432

Turner, J. R. G. (1983) '"The hypothesis that explains mimetic resemblance explains evolution": the gradualist-saltationist schism' in Grene 1983, pp. 129~169

Tylor, A. (1886) *Coloration in Animals and Plants*, Alabaster. Passmore, London

Urbach, P. (1987) *Francis Bacon's Philosophy of Science: An account and a reappraisal*, Open Court, La Salle, Illinois

Vehrencamp, S. L. and Bradbury, J. W. (1984) 'Mating systems and ecology' in Krebs and Davies 1978, second edition, pp. 251~278

von Schantz, T., Göransson, G., Andersson, G., Fröberg, I., Grahn, M., Helgée, A. and Wittzell, H. (1989) 'Female choice selects for a viability-based male trait in pheasants', *Nature 337*, 166~169

Vorzimmer, P. (1969) 'Darwin, Malthus and natural selection', *Journal of the History of Ideas 30*, 527~542

Vorzimmer, P. (1972) *Charles Darwin: The years of controversy - The 'Origin Of Species' and its critics 1859-1882*, University of London Press, London

Wagner, M. (1873) *The Darwinian Theory and the Law of the Migration of Organisms* (translated by J. L. Laird), Edward Stanford, London

Wallace, A. R. (1853) *A Narrative of Travels on the Amazon and Rio Negro*, Reeve, London; second edition Ward, Lock, London, 1889; *reprint of second edition with a new introduction by H. Lewis McKinney, Dover Publications, New York, 1972

Wallace, A. R. (1856) 'On the habits of the orang-utan of Borneo', *Annals and Magazine of Natural History, second series 18*, 26~32

Wallace, A. R. (1864) 'The origin of human races and the antiquity of man deduced from the theory of "natural selection"', *Anthropological Review and Journal of Anthropological Society of London 2*, 158~187; revised and reprinted as 'The development of human races under the law of natural selection' in Wallace 1870, pp. 303~331 and in Wallace 1891, pp. 167~185

Wallace, A. R. (1864a) '"Natural selection" as applied to man', *Natural History Review 4*, 328~336

Wallace, A. R. (1869) 'Geological climates and the origin of species', *Quarterly Review 126*, 359~394

Wallace, A. R. (1869a) *The Malay Archipelago: The land of the orang-utan, and the bird of paradise; a narrative of travel, with studies of man and nature*, Macmillan, London

Wallace, A. R. (1870) *Contributions to the Theory of Natural Selection: A series of essays*, Macmillan, London

Wallace, A. R. (1870a) 'Man and natural selection', *Nature 3*, 8~9

Wallace, A. R. (1871) Review of Darwin's Descent of Man, *The Academy 2*, 177~183

Wallace, A. R. (1877) 'Presidential Address', Biology Section, *Report of the Forty-Sixth Meeting of the British Association for the Advancement of Science, Glasgow, 1876*, Transactions of the Sections, pp. 110~119, John Murray, London; reprinted as 'By-paths in the domain of biology' in Wallace 1878, pp. 249~303 and reprinted in part as 'The antiquity and origin of man' in Wallace 1891, pp. 416~432

Wallace, A. R. (1878) *Tropical Nature and Other Essays*, Macmillan, London

Wallace, A. R. (1879) 'Animals and their countries', *Nineteenth Century 5*, 247~259

Wallace, A. R. (1889) *Darwinism*, Macmillan, London; *third edition 1901

Wallace, A. R. (1890) 'Human selection', *Fortnightly Review, new series 48*, 325~337; *reprinted in Wallace 1900, i, pp. 509~526

Wallace, A. R. (1890a) Review of Poulton's 'The Colours of Animals', *Nature 42*, 289~291

Wallace, A. R. (1891) *Natural Selection and Tropical Nature: Essays on descriptive and theoretical biology*, Macmillan, London

Wallace, A. R. (1892) 'Note on sexual selection', *Natural Science 1*, 749~750

Wallace, A. R. (1893) 'Are individually acquired characters inherited?', *Fortnightly Review, new series 53 (old series 59)*, 490~498, 655~668

Wallace, A. R. (1900) *Studies, Scientific and Social*, Macmillan, London

Wallace, A. R. (1905) *My Life: A record of events and opinions*, Chapman and Hall, London

Ward, P. I. (1988) 'Sexual dichromatism and parasitism in British and Irish freshwater fish', *Animal Behaviour 36*, 1210~1215

Wason, P. C. (1983) 'Realism and rationality in the selection task' in Evans 1983, pp. 44~75

Wasser, S. K. (ed.) (1983) *Social Behavior of Female Vertebrates*, Academic press, New York

Watkins, J. W. N. (1984) *Science and Scepticism*. Princeton University press, Princeton

Watt, W. B., Carter, P. A. and Donohue, K. (1986) 'Females' choice of "good genotypes" as mates is promoted by an insect mating system', *Science 233*, 1187~1190

Webster, C. (ed.) (1981) *Biology, Medicine and Society 1840-1940*, Cambridge University Press. Cambridge

Weismann, A. (1893) 'The all-sufficiency of natural selection: a reply to Herbert Spencer', *Contemporary Review 64*, 309~338, 596~610

West, M. J., King, A. P. and Eastzer, D. H. (1981) 'Validating the female bioassay of cowbird song: relating differences in song potency to mating success', *Animal Behaviour 29*, 490~501

West-Eberhard, M. J. (1979) 'Sexual selection, social competition, and evolution', *Proceedings of the American Philosophical Society 123*, 222~234

West-Eberhard, M. J. (1983) 'Sexual selection, social competition, and speciation', *Quarterly Review of Biology 58*, 155~183

Westermarck, E. (1891) *The History of Human Marriage*, Macmillan, London; *fifth edition 1921

Westneat, D. F. (1987) 'Extra-pair copulations in a predominantly monogamous bird: observations of behaviour', *Animal Behaviour 35*, 865~876

Westneat, D. F. (1987a) 'Extra-pair fertilizations in a predominantly monogamous bird: genetic evidence', *Animal Behaviour 35*, 877~886

Wheeler, W. M. (1911) 'The ant-colony as an organism', *Journal of Morphology 22*, 307~325

Wheeler. W. M. (1928) *The Social Insects: Their origin and evolution*, Kegan Paul, Trench, Trubner, London

White, M. J. D. (1978) *Modes of Speciation*, W. H. Freeman, San Francisco

Whitehouse, H. L. K. (1959) 'Cross-and self-fertilization in plants' in Bell 1959, pp. 207~261

Wiley, R. H. (1973) 'Territoriality and non-random mating in sage grouse, *Centrocerus urophasianus*', *Animal Behaviour Monographs 6*, 85~169

Wilkinson, G. S. (1984) 'Reciprocal food sharing in the vampire bat', *Nature 308*, 181~184

Wilkinson, G. S. (1985) 'The social organization of the common vampire bat', *Behavioral Ecology and Sociobiology 17*, 111~121

Williams, G. C. (1957) 'Pleiotropy, natural selection and the evolution of senescence', *Evolution 11*, 398~411

Williams, G. C. (1966) *Adaptation and Natural Selection: A critique of some current evolutionary thought*, Princeton University Press, Princeton, New Jersey

Williams. G. C. (ed.) (1971) *Group Selection*, Aldine Atherton, Chicago

Willson, M. F. and Burley, N. (1983) *Mate Choice in Plants: Tactics, mechanisms and consequences*, Princeton University Press, Princeton, New Jersey

Wilson, E. O. (1971) *The Insect Societies*, Harvard University Press, Cambridge, Mass

Wilson, E. O. (1975) *Sociobiology: The new synthesis*, Harvard University Press, Cambridge, Mass

Wilson, E. O. (1978) *On Human Nature*, Harvard University Press, Cambridge, Mass

Wilson, M. and Daly, M. (1985) 'Competitiveness, risk taking, and violence: the young male syndrome', *Ethology and Sociobiology 6*, 59~73

Worrall, J. (1978) 'The ways in which the methodology of scientific research programmes improves on Popper's methodology' in Radnitzky and Andersson 1978, pp. 45~70

Wrege, P. H. and Emlen, S. T. (1987) 'Biochemical determination of parental uncertainty in white-fronted bee-eaters', *Behavioral Ecology and Sociobiology 20*, 153~160

Wright, C. (1870) Review of Wallace's 'Contributions to the Theory of Natural Selection: A series of essays', *North American Review 111*, 282~311

Wright, S. (1932) 'The roles of mutation, inbreeding, crossbreeding and selection in evolution', *Proceedings of the Sixth International Congress of Genetics*, i, 356~366; *reprinted in Wright 1986, pp. 161~171

Wright, S. (1945) 'Tempo and mode in evolution: a critical review', *Ecology 26*, 415~419

Wright, S. (1951) 'Fisher and Ford on "the Sewall Wright effect"', *American Scientist 39*, 452~458, 479; *reprinted in Wright 1986, pp. 515~522

Wright, S. (1968~1978) *Evolution and the Genetics of Populations: A treatise in four volumes*, University of Chicago Press, Chicago

Wright, S. (1986) *Evolution: Selected papers, edited by W. B. Provine*, University of Chicago Press, Chicago

Wynne-Edwards, V. C. (1959) 'The control of population-density through social behaviour: a hypothesis', *Ibis 101*, 436~441

Wynne-Edwards, V. C. (1962) *Animal Dispersion in Relation to Social Behaviour*, Oliver and Boyd, Edinburgh

Wynne-Edwards, V. C. (1963) 'Intergroup selection in the evolution of social systems', *Nature 200*, 623~626

Wynne-Edwards, V. C. (1964) 'Group selection and kin selection' and 'Survival of young swifts in relation to brood-size', *Nature 201*, 1147, 1148~1149

Wynne-Edwards, V. C. (1977) 'Society versus the individual in animal evolution' in Stonehouse and Perrins 1977, pp. 5~17

Wynne-Edwards, V. C. (1978) 'Intrinsic population control: an introduction' in Ebling and Stoddart 1978, pp. 1~22

Wynne-Edwards, V. C. (1982) Review of Boorman and Levitt's 'The Genetics of Altruism', *Social Science and Medicine 16*, 1095~1098

Wynne-Edwards, V. C. (1986) *Evolution Through Group Selection*, Blackwell Scientific Publications, Oxford

Yasukawa, K. (1981) 'Song repertoires in the red-winged blackbird (*Agelaius phoeniceus*): a test of the Beau Geste hypothesis', *Animal Behaviour 29*, 114~125

Yasukawa, K., Blank, J. L. and Patterson, C. B. (1980) 'Song repertoires and sexual selection in the red-winged blackbird', *Behavioural Ecology and Sociobiology 7*, 233~238

Yeo, R. (1979) 'William Whewell, natural theology and the philosophy of science in mid nineteenth century Britain', *Annals of Science 36*, 493~516

Young, J. Z. (1957) *The Life of Mammals*, Oxford University Press, London

Young, R. M. (1969) 'Malthus and the evolutionists: the common context of biological and social theory', *Past and Present 43*, 109~145

Young, R. M. (1970) 'The impact of Darwin on conventional thought' in Symondson 1970, pp. 13~35

Young, R. M. (1971) 'Darwin's metaphor: does nature select?', *Monist 55*, 442~503

Zahar, E. (1973) 'Why did Einstein's programme supersede Lorentz's?', *British Journal for the Philosophy of Science 24*, 95~123, 223~262

Zahavi, A. (1975) 'Mate selection - a selection for a handicap', *Journal of Theoretical Biology 53*, 205~214

Zahavi, A. (1977) 'Reliability in communication systems and the evolution of altruism' in Stonehouse and Perrins 1977, pp. 253~259

Zahavi, A. (1978) 'Decorative patterns and the evolution of art', *New Scientist 80*, 182~184

Zahavi, A. (1980) 'Ritualization and the evolution of movement signals', *Behaviour 72*, 77~81

Zahavi, A. (1981) 'Natural selection, sexual selection and the selection of signals' in Scudder and Reveal 1981, pp. 133~138

Zahavi, A. (1987) 'The theory of signal selection and some of its implications' in Deifino 1987, pp. 305~327

Zahavi, A. (1990) 'Arabian babblers: the quest for social status in a cooperative breeder' in Stacey and Koenig 1990, pp. 103~130

Zuk, M. (1987) 'The effects of gregarine parasites, body size, and time of day on spermatophore production and sexual selection in field crickets', *Behavioral Ecology and Sociobiology 21*, 65~72

Zuk, M. (1988) 'Parasite load, body size, and age of wild-caught male field crickets (Orthoptera: Gryllidae): effects on sexual selection', *Evolution 42*, 969~976

Zuk, M. (1989) 'Validity of sexual selection in birds', *Nature 340*, 104~105

Zuk, M. (1991) 'Parasites and bright birds: new data and a new prediction' in Loye and Zuk 1991, pp. 317~327

Zuk, M., Thornhill, R., Ligon, J. D. and Johnson, K. (1990) 'Parasites and mate choice in red jungle fowl', *American Zoologist 30*, 235~244

찾아보기

✤